DRUCKLUFT HANDBUCH

Erwin Ruppelt (Hrsg.)

DRUCKLUFT HANDBUCH

3. Auflage

VULKAN-VERLAG ESSEN

Die Deutsche Bibliothek – CIP-Einheitsaufnahme

Druckluft-Handbuch / Erwin Ruppelt (Hrsg.). – 3. Aufl. –
Essen : Vulkan-Verlag, 1996
2. Aufl. u.d.T.: Charchut, Werner: Druckluft-Handbuch

ISBN 3-8027-2692-8

NE: Ruppelt, Erwin [Hrsg.]

Vorwort

Druckluft ist eine Energieform, die vom Kleinbetrieb bis hin zum Großbetrieb in verschiedenster Weise genutzt wird.

Erst Druckluft ermöglicht eine große Zahl von Produktionsverfahren oder macht sie wirtschaftlich. Ja selbst moderne Umwelttechnik läßt sich ohne Druckluft nicht wirtschaftlich betreiben.

Es ist daher überaus wichtig, diese Energie sicher und kostengünstig zu erzeugen, zu transportieren und zu nutzen. Weist das Druckluftsystem in nur einem dieser drei Punkte Schwächen auf, dann werden die Kosten für den Drucklufteinsatz unverantwortlich hoch.

In dieser dritten Auflage des Druckluft-Handbuches haben Spezialisten der einzelnen Fachbereiche Empfehlungen und Leitlinien erarbeitet, nach denen der Anwender ein optimales Druckluftsystem auslegen kann. Nach der Lektüre wird der Leser zwar kein Konstrukteur von Kompressoren, Drucklufttrocknern oder -filtern geworden sein; er wird aber in der Lage sein, ein Druckluftsystem und dessen Bausteine für seinen speziellen Anwendungsfall zu dimensionieren und die Rahmenbedingungen für ein wirtschaftliches und betriebssicheres Arbeiten der Einzelkomponenten zu schaffen.

Nicht weniger wichtig ist für den Anwender die technische Vergleichbarkeit von Angeboten. Hier sollen Erläuterungen der einzelnen Normen und Begriffe in technischen Angeboten dem Nutzer von Druckluftsystemen die Übersicht erleichtern.

Dies waren die beiden Hauptgründe dafür, die Gliederung der vorliegenden dritten gegenüber der zweiten Auflage vollkommen zu überarbeiten. Im wesentlichen besteht das Buch aus drei Hauptteilen. Im ersten Teil werden zunächst die einzelnen Komponenten eines Druckluftsystems beschrieben. Da die Anforderungen an die Druckluftqualität ständig steigen, ist in diesem Teil vor allem das Kapitel Druckluftaufbereitung neu bearbeitet worden.

Im zweiten Teil werden einige Systeme beschrieben, die mit Druckluft betrieben werden.

Im dritten Teil rückt dann das Zusammenspiel der Einzelkomponenten in den Vordergrund der Darstellung. Das hat seine guten Gründe: Diese Einzelkomponenten wie Kompressoren, Trockner, Filter, Verteilungssysteme, aber auch Druckluftmotoren und -werkzeuge haben einerseits einen sehr hohen technischen Stand und eine hohe Zuverlässigkeit erreicht. Andererseits sind aber gerade im Bereich ihres Zusammenspiels, auf den die Hersteller der Einzelkomponenten keinen Einfluß haben, die Ursachen für mangelhafte oder unwirtschaftliche Arbeitsweise der Druckluftstationen zu finden.

Deshalb ist in dieser Neuauflage des Druckluft-Handbuches auf die Größenbestimmung und Planung der Kompressorenstation, der Druckluftverteilungs- und Regelsysteme besonderer Wert gelegt worden.

Im Interesse der Übersichtlichkeit blieb allerdings der Bereich der fahrbaren Kompressoren und der Drucklufteinsatz im Baugewerbe ausgeklammert.

Tafeln, Zeichnungen und sonstige Illustrationen wurden auf den neuesten Stand gebracht. Sie sollen das Arbeiten mit dem Druckluft-Handbuch und die korrekte Anwendung der Druckluft erleichtern.

So bietet das vorliegende Kompendium seinen Lesern einen umfassenden Überblick über den derzeitigen Stand der Technik im Bereich der Drucklufterzeugung, -aufbereitung, -verteilung und -nutzung.

Allen Mitarbeitern an diesem Handbuch möchte ich dafür danken, daß sie ihr Fachwissen eingebracht und ihre Erfahrung anschaulich weitergegeben haben.

Autorenverzeichnis

Michael Bahr
Pressereferent
Kaeser Kompressoren GmbH
Carl-Kaeser-Str. 26a
96410 Coburg

Hans-Werner Brinkhoff
BEKO
Kondensat - Technik GmbH
Im Taubental 7
41468 Neuss
Tel: 02131/988-116
Fax: 02131/988-900

Dipl.-Ing. Werner Brosowski
Krupp Polysius AG
Abt. 332
Graf-Galen-Straße 17
59269 Beckum
Tel: 02525/99-2323
Fax:02525/99-2126

Prof. Dipl.-Ing. Werner Charchut
Rennbaumer Straße 78 A
42349 Wuppertal
Tel: 0202/401330

Karl-Heinz Feldmann
Metapipe
Hamburger Straße 130
44135 Dortmund
Tel: 0231/5279-95/96

Dipl.-Ing. (FH) Horst Häußler
Lindauer Dornier GmbH
Rickenbacherstraße 119
88129 Lindau
Tel: 08382/703-297
Fax: 08382/703-410

Dipl.-Ing. Norbert Kurt Hochgräfer
Hankison GmbH
47443 Moers
Gutenbergstr. 40
Tel: 02841/819-0
Fax: 02841/87112

Leonore Karsten
Ultrafilter
Büssing Straße 1
42781 Haan
Tel: 02129/569-0

Dirk Kronsbach
Ultrafilter
Büssing Straße 1
42781 Haan
Tel: 02129/569-0

Dipl.-Volkswirt Robert Krötz
Redaktionsbüro
Hinderpad 17
45525 Hattingen
Tel: 02324/21856
Fax: 02324/21856

Dipl.-Ing. Hans-Jürgen Kuhl
SAMSOMATIC
Automationssysteme GmbH
Weismüllerstraße 20-22
60314 Frankfurt/Main
Tel: 069/4009-279
Fax: 069/4009-644

Ing. Karl Neunert †
Deprag
Schulz GmbH & Co.
Kurfürstenring 12-18
92224 Amberg

Dr.-Ing. Rolf Pfeiffer
Deprag
Schulz GmbH & Co.
Kurfürstenstraße 12-18
92203 Amberg
Tel: 09621/371-24
Fax: 09621/371-20

Oberingenieur Otto Reichetzeder
vorm. Leobersdorfer Maschinenfabrik,
Leobersdorf
Bingagasse 17, Haus 5
A-1238 Wien
Tel: 0043/1/8818792

Dipl.-Ing. (FH) Dieter Reinger
Mannesmann Demag
Verdichter Wittig
Johann-Sutter-Straße 6+8
79650 Schopfheim
Tel: 07622/394-215
Fax: 07622/394-200

Dr.-Ing. Martin Rothstein
Mannesmann Demag
Verdichter Wittig
Johann-Sutter-Straße 6+8
79650 Schopfheim
Tel: 07622/394-216
Fax. 07622/394-200

Dipl.-Ing. (FH) Erwin Ruppelt
Mönchswiesenweg 8a
96479 Weidach
Tel: 09561/30568

Dipl.-Wirtsch. Ing. Armin Schmidt
vorm. Kaeser
Projekt-Manager
Ploenzke AG
Akademie Competence
Center Unternehmenszentrale
Am Hahnwald 1
65399 Kiedrich
Tel: 06123/630-0
Fax: 06123/630-499

Dipl.-Ing. (FH) Gerhard Schubart
Kaeser Kompressoren
Karl-Kaeser-Straße 16
96450 Coburg
Tel: 09561/640-610

Dipl.-Ing. Klaus Schwab
Krupp Polysius AG
Abt. 332
Graf-Galen-Straße 17
59269 Beckum-Neubeckum
Tel: 02525/99-2503
Fax: 02525/99-2100

Dipl.-Ing. (TH) Peter Werhahn
Produkt Manager
Wälzkolbengebläse
KAESER Kompressoren GmbH
Carl-Kaeser-Straße 26
96450 Coburg
Tel: 09561/640-122
Fax: 09561/640-130

Dipl.-Ing. (TU) Gerd Zinn
Deprag
Schulz GmbH & Co.
Postfach 13 52
92203 Amberg
Tel: 09621/371-45

Inhalt

1.	**Thermodynamik der trockenen und feuchten Luft**	1
	Prof. Dipl.-Ing. Werner Charchut, Wuppertal	
1.1	Kinetische Gastheorie	1
1.2	Größen, Grundbegriffe und Normen	2
1.2.1	Zustandsgrößen und Zustandsänderungen	2
1.2.2	Mengen-, Volumen- und Stromangaben	4
1.2.3	Druckangaben	5
1.2.4	Normzustand von Stoffen	6
1.2.5	Zustandsgleichung der trockenen Luft	6
1.3	Energiewandlung bei Zustandsänderungen der Luft	7
1.4	Wärmeübergang	9
1.4.1	Wärmekapazität	9
1.4.2	Entropie	10
1.5	Zustandsänderung der Luft	12
1.5.1	Spezielle Zustandsänderung	12
1.5.2	Allgemeine Zustandsänderung	14
1.6	Drucklufterzeugung	16
1.6.1	Leistungsbedarf	16
1.6.2	Volumetrischer Wirkungsgrad	17
1.7	Druckluftverwertung	18
1.8	Feuchte Luft	19
2.	**Drucklufterzeugung**	23
2.1	Kompressorbauarten	23
	Dipl.-Ing. (FH) Erwin Ruppelt, Weidach	
2.2	Kolbenkompressoren	25
2.2.1	Liefermenge im Bereich von 3 bis 200 Nm^3/h	25
	Dipl.-Ing. (FH) Gerhard Schubart, Kaeser Kompressoren, Coburg	
2.2.1.1	Grundlagen	25
2.2.1.2	Bauformen und Einsatzbereiche	28
2.2.1.3	Bauteile	39
2.2.1.4	Antriebsarten	55
2.2.1.5	Regelungs- und Steuerungsarten von Kolbenkompressoren	58
2.2.1.6	Kühlung	61
2.2.1.7	Aufstellung der Kompressoren	63
2.2.1.8	Zubehör	67
2.2.2	Liefermenge 200 bis 5000 m^3/h	70
	Ing. Otto Reichetzeder, LMF, Leobersdorf, Österreich	
2.2.2.1	Grundlagen	70
2.2.2.1.1	Geschichtliches	70
2.2.2.1.2	Allgemeiner Aufbau	70

2.2.2.2	Bauformen und Einsatzbereiche	75
2.2.2.3	Bauteile	86
2.2.2.4	Antriebsarten	96
2.2.2.5	Steuerungs- und Regelungsarten	97
2.2.2.6	Kühlung	100
2.2.2.7	Aufstellung	105
2.2.2.8	Zubehör	108
2.2.3	Nachverdichter	112
	Ing. Otto Reichetseder, LMF, Leobersdorf, Österreich	
2.3.3.1	Grundlagen	112
2.2.3.2	Bauformen	112
2.2.3.3	Bauteile	115
2.2.3.4	Antriebsarten, Steuerung und Regelung	115
2.2.3.5	Kühlung	117
2.2.3.6	Aufstellung	117
2.3	Rotationskompressoren	117
2.3.1	Einwellige Rotationsverdichter	117
	Dipl.-Ing. Dieter Reinger und Dr.-Ing. Martin Rothstein, Mannesmann	
	Demag Verdichter Wittig, Schopfheim	
2.3.1.1	Grundlagen	117
2.3.1.1.1	Einleitung	117
2.3.1.1.2	Spezifizierung	117
2.3.1.1.3	Aufbau und Funktionsprinzip	118
2.3.1.1.4	Einfluß der Auslaßsteuerkante	119
2.3.1.1.5	Zellenvolumenverlauf	120
2.3.1.1.6	Zellendruckverlauf	120
2.3.1.1.7	Leistungsbedarf	120
2.3.1.1.8	Wirkungsgrade	121
2.3.1.2	Bauformen und Einsatzbereiche	123
2.3.1.2.1	Trockenlaufende Rotationsverdichter	124
2.3.1.2.2	Frischölgeschmierte Rotationsverdichter	124
2.3.1.2.3	Öleingespritzte Rotationsverdichter	126
2.3.1.2.4	Einsatzbereiche von Rotationsverdichtern	129
2.3.1.3	Bauteile	130
2.3.1.4	Antriebsarten	131
2.3.1.5	Steuerungs- und Regelungsarten	131
2.3.1.6	Kühlung	133
2.3.1.7	Aufstellung	134
2.3.2.1	Drehkolbengebläse	135
	Dipl.-Ing. Peter Werhahn, Kaeser Kompressoren, Coburg	
2.3.2.1.1	Grundlagen	135
2.3.2.1.2	Betriebsverhalten	136
2.3.2.1.2.1	Liefermenge	136
2.3.2.1.2.2	Temperaturerhöhung	137
2.3.2.1.2.3	Verfahren zur Bestimmung der inneren Dichtheit	138
2.3.2.1.2.4	Antriebsleistung	138
2.3.2.1.2.5	Diagramme und Formeln zur Auslegung	138
2.3.2.1.3	Drehkolbengebläse-Aggregate	138

2.3.2.1.3.1 Grundaufbau 138
2.3.2.1.3.2 Ansaugfilter 141
2.3.2.1.3.3 Schalldämpfer 141
2.3.2.1.3.4 Schalldämmhauben 142
2.3.2.1.4 Zubehör 143
2.3.2.1.4.1 Druckabsicherung 143
2.3.2.1.4.2 Anlaufentlastung 143
2.3.2.1.4.3 Rückschlagklappe 143
2.3.2.1.5 Steuerungs- und Regelungsarten 143
2.3.2.1.5.1 Abblasregelung 143
2.3.2.1.5.2 Polumschaltung 143
2.3.2.1.5.3 Frequenzumrichtung 144
2.3.2.1.6 Sonderbauformen 144
2.3.2.1.6.1 Dreiflüglige Gebläse mit Überströmkanälen 144
2.3.2.1.6.2 Voreinlaßkühlung 144
2.3.2.1.6.3 Gasdichte Ausführungen 145
2.3.2.1.6.4 Brüdenverdichter 145

2.3.2.2 Schraubenverdichter 145
Dipl.-Wirtsch.-Ing. Armin Schmidt, Ploenzke AG, Kiedrich

2.3.2.2.1 Grundlagen 145
2.3.2.2.2 Einsatzbereiche 146
2.3.2.2.3 Bauarten 148
2.3.2.2.4 Bauteile 149
2.3.2.2.5 Antriebsarten 150
2.3.2.2.6 Steuerungs- und Regelungsarten 152
2.3.2.2.7 Kühlung 153
2.3.2.2.8 Aufstellung 154
2.3.2.2.9 Wärmerückgewinnung 154

3. Druckluftaufbereitung 155
Dipl.-Ing. (FH) Erwin Ruppelt, Weidach

3.1 Luft- und Druckqualität 156
Dirk Kronsbein und Leonore Karsten, Ultrafilter, Haan

3.1.1 Verunreinigungen der angesaugten Luft 157
3.1.2 Verunreinigungen der komprimierten Luft 158
3.1.3 Qualitätsklassen nach ISO 8573 161

3.2 Druckluftaufbereitung durch den Kompressor und das Druckluftnetz 164
Dipl.-Ing. (FH) Erwin Ruppelt, Weidach

3.2.1 Ansaugluftfilter 164
3.2.1.1 Luftvorfiltration 164
3.2.1.2 Naßluftfilter 166
3.2.1.3 Ölbadfilter 166
3.2.1.4 Papiersternpatronen 167
3.2.1.5 Stofftaschenluftfilter 169
3.2.2 Ölabscheider 169
3.2.3 Nachkühler 171
3.2.4 Kessel 173

3.2.5	Zyklonabscheider	174
3.2.6	Wassersack	175
3.2.7	Rohrleitung	175
3.3	Druckluft-Trocknung	178
	Dipl.-Ing. Norbert Hochgräfer, Hankison GmbH, Moers	
3.3.1	Überverdichtung	181
3.3.2	Kühlung der Druckluft durch Eiswasser oder Sole	181
3.3.3	Absorptionstrockner	181
3.3.4	Adsorptionstrockner	183
3.3.4.1	Kaltregenerierte Adsorptionstrockner	184
3.3.4.2	Warmregenerierte Adsorptionstrockner	186
3.3.5	Kältetrockner	191
3.3.5.1	Kältetrockner mit direkter Kühlung	194
3.3.5.2	Kältetrockner mit indirekter Kühlung	196
3.3.5.3	Kältemittel und Umweltverträglichkeit	197
3.3.6	Trocknung durch Kombination mehrerer Systeme	198
3.3.7	Neue Technologien	200
3.4	Filtration	202
	Dirk Kronsbein und Leonore Karsten, Ultrafilter, Haan	
3.4.1	Grundlagen und Geschichtliches	202
3.4.2	Filtrationsarten	205
3.4.3	Filtermedien	209
3.4.4	Reinigung durch Adsorption	216
3.4.5	Kombinierte Filtration	217
3.4.6	Einsatzbereiche	219
3.4.7	Kostenvergleich	221
4.	**Kondensatentsorgung**	229
4.1	Kondensatableitung	229
	Werner Brinkhoff, BEKO, Neuss	
4.1.1	Kondensatmengen	229
4.1.1.1	Allgemeines	229
4.1.1.2	Berechnung der Kondensatmenge	229
4.1.1.3	Jahreskondensatmenge	233
4.1.2	Kondensatverunreinigungen	234
4.1.2.1	Angesaugte Schadstoffe	234
4.1.2.2	Kompressorenöl	234
4.1.2.3	pH-Wert und Aggressivität des Kondensates	234
4.1.2.4	Kompressorenabrieb	236
4.1.2.5	Korrosionsanteile	236
4.1.2.6	Sonstige Kondensatverunreinigungen	236
4.1.3	Kondensatabscheidung	236
4.1.4	Kondensatableiter	237
4.1.4.1	Manuelles Ableiten	237
4.1.4.2	Schwimmergesteuerte Ableiter	237
4.1.4.3	Zeitabhängig gesteuerte Magnetventile	239
4.1.4.4	Elektronisch niveaugeregelte Kondensatableiter	242
4.1.4.5	Installation von Kondensatableitern	246

4.2	Kondensataufbereitung	246
	Werner Brinkhoff, BEKO, Neuss	
4.2.1	Grundlagen der Kohlenwasserstoffverbindungen	246
4.2.2	Kompressorenöle	247
4.2.2.1	Entwicklung der Kompressorenöle	247
4.2.2.2	Entwicklung spezieller Schraubenkompressorenöle	248
4.2.2.3	Kolbenkompressoren und Schmieröle	249
4.2.2.4	Schmierung von Rotationskompressoren	249
4.2.3	Die Kompressorenölklassen im Überblick	250
4.2.3.1	Motorenöle	250
4.2.3.2	Spezielle Schraubenkompressorenöle	250
4.2.3.3	Kompressorenöle nach VDL-Klassifikation	250
4.2.3.4	Turbinenöle	250
4.2.3.5	Hydrauliköle	250
4.2.3.6	Synthetische Öle	250
4.2.4	Besondere Einflüsse auf das Demulgierverhalten der Kompressorenöle	250
4.2.5	Gesetzliche Grundlagen zur Behandlung ölhaltiger Druckluftkondensate	251
4.2.5.1	Systeme und Möglichkeiten für die gesetzeskonforme Behandlung ölhaltiger Druckluftkondensate	251
4.2.5.2	Prüfzeichen und Zulassung	253
4.2.6	Verfahren zur Aufbereitung ölhaltiger Luftkompressorenkondensate	253
4.2.6.1	Theorie der Öl-Wasser-Trennung	254
4.2.6.2	Die Funktionsweise von Öl-Wasser-Trennern	257
4.2.6.3	Mögliche Betriebsstörungen	264
4.2.7	Emulsionsspaltanlagen	266
4.2.7.1	Ultrafiltration	266
4.2.7.2	Chemische Spaltverfahren	267
4.2.7.3	Adsorptionsverfahren	268
4.2.8	Schlußwort	270
5.	**Druckluftverteilung**	271
	Karl-Heinz Feldmann, Metapipe, Dortmund	
5.1	Rohrleitungen	271
	Karl-Heinz Feldmann, Metapipe, Dortmund	
5.1.1	Grundlagen	271
5.1.1.1	Der Zusammenhang Druckluftqualität/Rohrqualität	271
5.1.1.2	Vermeidung teurer Leckagen	273
5.1.1.3	Druckabfälle sind kostspielig	273
5.1.1.4	Komponenten der Druckluftverteilung	274
5.1.2	Rohrdimensionierung	277
5.1.2.1	Anschlußwerte von heute – Druckverluste von morgen	277
5.1.2.2	Schritte zur richtigen Dimensionierung	279
5.1.2.3	Strömungsarten, -formen und -verhalten	280
5.1.3	Verlegung und Kennzeichnung von Rohrleitungen	284
5.1.3.1	Leitungsverlegung und -führung	284
5.1.3.2	Kennzeichnung von Rohrleitungen	285
5.1.4	Rohrleitungsmaterialien	285
5.1.5	Sanierung von Altsystemen	288
5.1.5.1	Feststellung von Leckagen und deren Beseitigung	288

5.1.5.2	Orten von Druckabfällen und ständige Überwachung der Leistungsfähigkeit eines Druckluftnetzes	291
5.1.5.3	Beseitigung von Engpässen mit Hilfe eines Computers	294
5.2	Regelungstechnik/Regelarmaturen	297
	Dipl.-Ing. Hans-Jürgen Kuhl, Samsomatic, Frankfurt a. Main	
5.2.1	Grundlagen	297
5.2.1.1	Klärung der Aufgabenstellung	303
5.2.1.2	Berechnung des kv-Wertes und des Geräuschpegels	304
5.2.1.3	Auswahl des Regelsystems	307
5.2.2	Anwendungsbeispiele	309
5.2.2.1	Überströmregelung	309
5.2.2.2	Nachdruckregelung	313
5.2.2.3	Durchflußregelung	316
5.2.2.4	Druckregelung mit Durchflußbegrenzung oder Durchflußregelung mit Druckbegrenzung	319
5.2.2.5	Temperaturregelung	321
5.2.3	Schlußbemerkung	323
6.	**Druckluftbetriebene Maschinen**	325
6.1	Druckluftmotoren	325
	Dipl.-Ing. Gerd Zinn, Deprag, Amberg	
6.1.1	Einsatzbereiche	325
6.1.2	Bauarten und Wirkungsweise	325
6.1.2.1	Lamellenmotor	326
6.1.2.2	Kolbenmotor	327
6.1.2.3	Zahnradmotoren	328
6.1.2.4	Turbine	330
6.1.3	Leistungsbereiche	331
6.1.4	Kennlinien	332
6.1.4.1	Drehmoment	332
6.1.4.2	Leistung	334
6.1.4.3	Einfluß des Betriebsdruckes	334
6.1.4.4	Luftverbrauch	334
6.1.4.5	Verluste	335
6.1.4.5.1	Reibungsverluste	335
6.1.4.5.2	Strömungsverluste	335
6.1.4.5.3	Leckverluste	335
6.1.5	Steuerung und Regelung	336
6.1.5.1	Steuerung	336
6.1.5.2	Drehzahlregelung	336
6.1.6	Dimensionierung	338
6.1.7	Einsatzbeispiele	338
6.2	Druckluftwerkzeuge in der Fertigung	339
	Ing. Karl Neunert, Deprag, Amberg †	
6.2.1	Grundlagen und Geschichtliches	339
6.2.2	Bauformen	341
6.2.3	Einsatzbereiche	343

6.2.3.1	Bohr- und Gewindeschneidmaschinen	345
6.2.3.2	Schleifmaschinen	350
6.2.3.3	Fräsmaschinen	357
6.2.3.4	Blechbearbeitungsmaschinen	357
6.2.3.5	Sägen	359
6.2.4	Druckluftqualität	361
6.2.5	Schmierung	362
6.3	Druckluftwerkzeuge für die Montage	363
	Dr. Rolf Pfeiffer, Deprag, Amberg	
6.3.1	Grundlagen	363
6.3.2	Handwerkzeuge	364
6.3.2.1	Klassifizierungsmöglichkeiten	364
6.3.2.2	Steuerungsprinzipien	365
6.3.2.3	Bauformen	367
6.3.2.4	Antriebsmedium	370
6.3.3	Schraubautomaten	372
6.3.3.1	Allgemeines	372
6.3.3.2	Standardkomponenten	373
6.3.3.3	Schraubenzuführung	375
6.3.3.4	Beispiele	377
6.3.4	Prozeßbeschreibung	377
6.3.4.1	Grundlagen	377
6.3.4.2	Drehmomentmessung	379
6.3.4.3	Anzugsverfahren	381
6.3.4.4	Qualitätssicherung	386
6.4	Webmaschinen	388
	Horst Häusler, Lindauer Dornier GmbH, Lindau	
6.4.1	Grundlagen und Geschichtliches	388
6.4.2	Weben mit Druckluft	390
6.4.3	Maschinensteuerung	391
6.4.4	Druckluftqualität	394
6.4.5	Dimensionierung	394
6.5	Pneumatische Förderungsanlagen	396
	Dipl.-Ing. K. Schwab und Dipl.-Ing. W. Brosowski, Krupp Polysius, Beckum	
6.5.1	Einleitung	396
6.5.2	Förderprinzip und geschichtlicher Werdegang	397
6.5.3	Vor- und Nachteile der pneumatischen Förderung	398
6.5.4	Einteilung der pneumatischen Förderung	399
6.5.4.1	Einteilung nach der Bauform	399
6.5.4.2	Einteilung nach dem Druckniveau	399
6.5.4.3	Einteilung nach dem Förderzustand	399
6.5.5	Aufbau einer pneumatischen Förderanlage	400
6.5.5.1	Materialeinschleusung	400
6.5.5.1.1	Saugdüse	400
6.5.5.1.2	Injektor	402
6.5.5.1.3	Zellenradschleuse	403
6.5.5.1.4	Durchblasschleuse	405

6.5.5.1.5	Wirbelschichtschleuse	406
6.5.5.1.6	Schneckenpumpe	407
6.5.5.1.7	Druckgefäß	408
6.5.5.1.8	Förderanlagen besonderer Art	411
6.5.5.2	Rohrleitung und Zubehör	413
6.5.5.3	Abscheidevorrichtung und Filter	418
6.5.5.4	Lufterzeuger	422
6.5.6	Auslegung pneumatischer Förderanlagen	422
6.6	Sonderanwendungen	424
	Dipl.-Volkswirt Robert Krötz, Hattingen	
6.6.1	Druckluft im Dienste der Umwelt	424
6.6.1.1	Druckluft in der Gewässersanierung	424
6.6.1.2	Druckluft in der Bodensanierung	427
7.	**Planung einer Kompressorenstation**	**435**
	Dipl.-Ing. (FH) Erwin Ruppelt, Weidach	
7.1	Größenbestimmung von Kompressoren	435
7.1.1	Auslegung des Druckes	435
7.1.2	Auslegung der Fördermenge	436
7.1.2.1	Einsatz von Altkompressoren zur Ermittlung der Luftverbrauchsmenge	436
7.1.2.2	Ermittlung der Fördermenge durch Berechnung bei Neuplanung	436
7.1.3	Aufteilung der Fördermenge auf einzelne Kompressoren	441
7.1.4	Übergeordnete Steuerung der Kompressoren	446
7.2	Größenbestimmung der Druckluftaufbereitung	450
7.2.1	Zyklonabscheider	450
7.2.2	Trockner	453
7.2.2.1	Kältetrockner	453
7.2.2.2	Adsorptionstrockner	454
7.2.3	Filter	455
7.2.4	Zusammenfassung	458
7.3	Größenbestimmung der Kessel	458
7.3.1	Kessel zur Kompressorensteuerung	459
7.3.2	Kessel als Pufferbehälter	460
7.3.3	Installation des Kessels im Druckluftsystem	460
7.4	Kühlung der Kompressorenstation	463
7.4.1	Belüftung der Kompressorenstation	463
7.4.1.1	Umgebungsbedingungen	464
7.4.1.2	Natürliche Belüftung	465
7.4.1.3	Künstliche Belüftung	465
7.4.1.3.1	Belüftung mit externem Ventilator	465
7.4.1.3.2	Belüftung mit Lüftungskanal	465
7.4.2	Wasserkühlung der Kompressorenstation	469
7.4.2.1	Naturwasserkühlung	470
7.4.2.2	Kreislaufwasserkühlung	470
7.4.2.2.1	Hermetisch geschlossene Kühlwasserkreisläufe	470
7.4.2.2.2	Offene Kühlwasserkreisläufe	471
7.4.2.3	Frischwasserkühlung	472
7.4.2.4	Belüftung	473
7.5	Rohrverlegung in einer Kompressorenstation	473

7.5.1	Dimensionierung	474
7.5.2	Materialauswahl	475
7.5.3	Verlegung im Naßbereich	476
7.5.4	Trockenbereich	480
7.5.5	Kompressorenanbindung	481
7.6	Sicherheitsvorschriften	481

8. Bewertung der Wirtschaftlichkeit einer Drucklufterzeugung 485
Dipl.-Ing. (FH) Erwin Ruppelt, Weidach

8.1	Anschaffungskosten	485
8.2	Energiekosten	488
8.2.1	Vergleichbarkeit der Angebote	488
8.2.1.1	Der Verdrängerkompressor	488
8.2.1.2	Dynamische Kompressoren	489
8.2.1.3	Liefermenge – Volumenstrom	490
8.2.1.3.1	Luftmenge/Luftgewicht/Normkubikmeter	492
8.2.1.3.2	Umrechnung von Normalvolumen auf das Normvolumen nach DIN 1343	492
8.2.1.4	Leistung	495
8.2.1.5	Druckangabe	496
8.2.1.6	Spezifischer Leistungsbedarf	497
8.2.1.7	Stromaufnahme	498
8.2.1.8	Wärmerückgewinnung	498
8.2.1.8.1	Wärmerückgewinnung bei öleingespritzten Schraubenkompressoranlagen	499
8.3	Wartungskosten	502
8.4	Betriebssicherheit	504
8.5	Wirtschaftlichkeitsberechnung	507
	Literaturhinweis	511
	Stichwortverzeichnis	514

1. Thermodynamik der trockenen und feuchten Luft

Verwendete Formelzeichen

Zeichen	Bedeutung	Einheit
A	Fläche	m^2
C	Wärmekapazität	J/K
c	spezifische Wärmekapazität	J/ (kg.K)
c	Geschwindigkeit	m/s
F	Kraft	$1\,N = 1\,kg.m/s^2$
f	Wasserdampfgehalt	g/m^3
h	spezifische Enthalpie	J/kg
m	Masse	kg
$\dot{m}$	Massenstrom	kg/s
n	Polytropenexponent	1
q	spezifische Wärmemenge	J/kg
P	Leistung	$1\,W = 1\,Nm/s^2$
p	Druck	$1\,bar = 10^5\,N/m^2$
R	Gaskonstante	J/(kg.K)
s	spezifische Entropie	J/(kg.K)
T	thermodynamische Temperatur	K
u	spez. innere Energie	J/kg
V	Volumen	m^3
$\dot{V}$	Volumenstrom	m^3/s
v	spezifisches Volumen	m^3/kg
$\dot{v}$	spezifischer Volumenstrom	$m^3/(kg.s)$
W	mechanische Arbeit	$1\,J = 1\,Nm$
w	spezifische Arbeit	J/kg
Z	Realgasfaktor	1
φ	relative Feuchtigkeit	1
ρ	Dichte	kg/m^3
κ	Isentropenexponent	1
η	Wirkungsgrad	1
λ	Liefergrad	1

1.1 Kinetische Gastheorie

Luft ist ein Gasgemisch, das sich dank seiner „fluidischen" Eigenschaften ausgezeichnet zur Speicherung und Übertragung von Energie eignet.

Nach der kinetischen Gastheorie bestehen bei gasförmiger Materie zwischen den einzelnen Molekülen kaum noch Bindungskräfte, sie bewegen sich vielmehr frei im Raum nach allen nur möglichen Richtungen. Füllt man Gas in einen geschlossenen Behälter, z.B. einen Arbeits-Zylinder, so wird die Bewegungsfreiheit der Moleküle eingeengt – sie prallen auf die Behälterwände und erzeugen einen Druck.

Der statische Druck eines in einem geschlossenen Behälter eingeschlossenen Gases kann als die Gesamtwirkung der Kraftstöße der Gasmoleküle auf die Behälterwände gedeutet werden. Wegen des großen Abstandes der Moleküle untereinander ist ihre potentielle Energie (Massenanziehungskraft) im Verhältnis zur kinetischen nur sehr gering und kann daher vernachlässigt werden.

Mit den Methoden der Wahrscheinlichkeitsrechnung kann für die Gesamtheit der Moleküle einer eingeschlossenen Gasmenge der Druck p aus der Dichte ρ und dem Mittelwert des Quadrates der Geschwindigkeit c der einzelnen Moleküle näherungsweise errechnet werden.

$$p = \frac{1}{3}\rho c^2 . \tag{1}$$

Die mittlere Geschwindigkeit der Moleküle beträgt bei einem Druck von 1 bar und einer Temperaturen von 20 °C ca. 500 m/s.

Je mehr die Bewegungsfreiheit der Moleküle durch Raumverkleinerung, z.B. Hineindrücken des Zylinder-Kolbens, eingeengt wird, um so dichter ist die Kraftwirkung und um so höher steigt der Druck. Ebenso steigt der Druck, wenn man bei unverändertem Volumen durch Beheizen die Temperatur des eingeschlossenen Gases erhöht. Die Bewegungsenergie der Moleküle nimmt mit steigender Temperatur zu, die Moleküle stoßen mit erhöhter Geschwindigkeit gegen die Behälterwandungen. Umgekehrt wird mit sinkender Temperatur die Bewegungsenergie immer geringer, und bei –273,12 °C wird der Nullpunkt der in Kelvin (K) gemessenen thermodynamischen Temperatur erreicht. Die Moleküle befinden sich dann im Zustand der absoluten Ruhe.

1.2 Größen, Grundbegriffe und Normen

1.2.1 Zustandsgrößen und Zustandsänderungen

Die Größen Druck, Volumen und thermodynamische Temperatur bestimmen den jeweiligen Zustand eines Gases, sie werden als thermische Zustandsgröße bezeichnet.

Das materielle Molekülvolumen eines Gases ist bei normaler Raumtemperatur im Verhältnis zum eingenommenen Raum außerordentlich klein, so daß unter Aufwendung von mechanischer Arbeit eine erhebliche Verkleinerung des eingenommenen Raumes durchgeführt werden kann. Gase lassen sich daher bis zur Änderung ihres Aggregatzustandes, der Dampfbildung und Verflüssigung, verdichten. Dank des dabei steigenden inneren Spannungszustandes – des Druckes – und der dabei erfolgten Raumverkleinerung wird das Arbeitsvermögen (Energiepotential) der eingeschlossenen Gasmenge angehoben, wobei aber ein gleichzeitiger Anstieg der Temperatur zu verzeichnen ist.

Läßt man das verdichtete Gas sich entspannen, so kann es wieder äußere mechanische Arbeit verrichten.

Hierbei ist eine Abkühlung zu beobachten. Beide Vorgänge, das Verdichten und das Entspannen, sind praktisch nicht ohne Austausch von Wärmeenergie durchführbar. Die bei der Verdichtung nach außen an die Umgebung abgegebene Wärmeenergie ist wegen des nur in einer Richtung verlaufenden Temperaturgefälles für eine Rückgewinnung, d.h. Rückwandlung in mechanische Arbeit, nicht mehr nutzbar; dagegen kann sie mit Hilfe eines Wärmetauschers für andere Zwecke, z.B. Heizung, nutzbar gemacht werden. Neben der Verlaufsrichtung eines Wärmeaustausch-Prozesses ist daher auch der Energieinhalt des arbeitenden Gases von Bedeutung.

Den energetischen Zustand einer abgegrenzten Menge Luft geben die kalorischen Zustandsgrößen „innere Energie" und „Enthalpie" an. Art und Umfang des bei einer Zustandsänderung stattfindenden Austausches an Wärmeenergie werden durch die Änderung der Größe „Entropie" beschrieben.

Bei einer Zustandsänderung nehmen die einzelnen Zustandsgrößen andere Werte an, den mathematisch-physikalischen Zusammenhang gibt die Zustandsgleichung an.

Bei den Zustandsänderungen handelt es sich um komplexe und z.T. komplizierte Vorgänge, die nur unter Annahme gewisser Vereinfachungen und Treffen von Vereinbarungen mit einem für die Praxis vertretbaren Aufwand einer Berechnung zugänglich gemacht werden können. Die hierbei in Kauf genommenen Ungenauigkeiten sind in der Regel vernachlässigbar gering.

Die Formeln und Angaben beziehen sich meistens auf ideale (vollkommene) Gase. Nur für diese gilt z.B. genau die Zustandsgleichung

$$\frac{p \cdot v}{T} = \text{konst.} \qquad (2)$$

Die realen (wirklichen) Gase folgen dieser Gleichung nur im Gebiet niederer Absolutdrücke und höhrer Temperatur hinreichend genau. Die Abweichungen sind um so geringer, je gasförmiger ihr Zustand ist. Nähert man sich dem dampfförmigen Zustand oder enthält das Gas einen größeren Anteil an Wasserdampf, so muß durch Einführung eines Realgasfaktors Z eine Korrektur vorgenommen werden. Die Gleichung lautet dann

$$\frac{p \cdot v}{T \cdot Z} = \text{konst.} \qquad (2\,a)$$

Die Größe Z ist ihrerseits eine Funktion von p und T (Bild 2.-1.). Für reine Luft, den Temperaturbereich 0... 200 °C und den Druckbereich 0 ... 20 bar liegt der Realgasfaktor Z nahe bei 1.

Nur bei idealen Gasen ist die Wärmekapazität C eine von der thermodynamischen Temperatur abhängige Größen definiert werden.

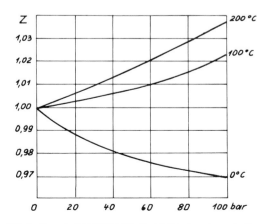

Bild 2.–1:   Realgasfaktor Z für trockene Luft in Abhängigkeit vom Druck und von der Temperatur

Für Gemische aus Gasen und Dämpfen, wie z.B. Luft, sind die Gasgesetze meistens nur deshalb ohne Korrektur anwendbar, weil der Dampfanteil, in diesem Falle der Wasserdampf, im Verhältnis zum Anteil der Gase sehr klein ist.

Um die Zustandsänderung von Gasen beim Durchströmen eines Verdichters oder einer Arbeitsmaschine rechnerisch erfassen zu können, werden die einzelnen Vorgänge, wie Wandlung der mechanischen Energie und Wärmeaustausch, idealisiert oder in sogenannten Vergleichsprozessen betrachtet. Es ist aber stets zu beachten, daß diese Annahmen nur bedingt mit der Wirklichkeit übereinstimmen.

1.2.2 Mengen-, Volumen- und Stromangaben

Alle Volumenangaben von Gasen setzen eine zusätzliche Angabe des thermodynamsichen Zustandes voraus. Dagegen ist die in kg gemessene Masse m auch bei Gasen eine vom Zustand und der atmosphärischen Höhenlage unabhängige Mengenabgabe und sollte in den jenigen Fällen, in denen es auf wissenschaftliche Exaktheit ankommt, bevorzugt werden. Bei Gasgemsichen ist es in diesem Falle auch zweckmäßig, die Menge als molare Masse M in kg/mol anzugeben.

Der Strom eines Gases ist die je Zeiteinheit durch einen Meßquerschnitt fließende Menge. Er kann entweder als Volumenstrom $\dot{V}$ oder Massenstrom $\dot{m}$ angegeben werden.

Analog zum Volumen erfordert der Volumenstrom stets die zusätzliche Angabe des Bezugszustandes.

Für die Praxis ist die Angabe des Volumenstromes meistens zweckmäßiger, weil die Größe bei allen strömungsmechanischen Vorgängen eine maßgebende Rolle spielt und außerdem meßtechnisch besser zu erfassen ist.

Bei den Drucklufterzeugern kommt der Angabe des geförderten Volumenstromes eine erhebliche Bedeutung zu.

Für Verdichter ist es üblich, bei gleichzeitiger Angabe des Enddruckes p_e, den nutzbaren Ansaugvolumenstrom $\dot{V}_{nu}$ (kurz: Nutzansaugstrom) anzugeben. Dies ist der effektiv vom Verdichter geförderte und am Austrittsquerschnitt nutzbar zur Verfügung stehende Luftstrom, der rechnerisch auf Druck und Temperatur des Ansaugzustandes bezogen ist.

Für einen genaueren Vergleich oder eine weitere Verarbeitung von Werten sind folgende zusätzliche Angaben unerläßlich: Anfang- und Endtemperatur, Anfangsdruck, Feuchte, Ort der Meßstellen, Größe der Querschnitte am Ein- und Austritt.

Für Angaben des Druckluftbedarfs von Druckluftverbrauchern eignet sich in der Regel der Volumenstrom im atmosphärischen Normalzustand, entsprechend der ISO-Empfehlung 2787 t = 20 °C und p_e = 1,0 bar. In den meisten Fällen entspricht dieser Bezugszustand auch annähernd dem Ansaugzustand der Luft des in der Nähe des Verbrauchsorts aufgestellten Kompressors. Bei stark unterschiedlichen Verhältnissen läßt sich eine Umrechnung leicht mit Hilfe der Zustandsgleichung bewerkstelligen. Es ist

$$\dot{V}_2 = \dot{V}_1 \cdot \frac{p_1}{p_2} \frac{T_2}{T_1} \ . \tag{3}$$

Für die Angabe und Ableitung von Berechnungsformeln ist es günstig spezifische (Formelzeichen in Kleinbuchstaben), d.h. auf die Masseneinheit bezogene Größen zu verwenden:

Spezifisches Volumen $\qquad\qquad v = \dfrac{V}{m}$.

Dichte $\qquad\qquad\qquad\qquad \rho = \dfrac{1}{v}$

spezifischer Volumenstrom $\qquad \dot{v} = \dfrac{\dot{V}}{m}$

Werden aus Gründen der Bemessung oder meßtechnischen Erfassung effektive Mengen benötigt, so sind diese jederzeit leicht durch Multiplikation mit der gewünschten Menge (Masse) zu gewinnen, ohne daß dadurch die physikalischen Gesetzmäßigkeiten durchbrochen werden.

1.2.3 Druckangaben (DIN 1314)

Druck ist die auf eine Flächeneinheit verteilte Kraftwirkung einer Normalkraft F_N.

$$p = \frac{F_N}{A} \qquad\qquad\qquad\qquad (4)$$

Im praktischen Sprachgebrauch wird die Benennung „Druck" oft für verschiedene Druckgrößen, häufig auch für Druckdifferenzen benutzt. in denjenigen Fällen, in denen Mißverständnisse zu erwarten sind, sollten genauere Benennungen verwenaet und die Formelzeichen mit entsprechenden Indizes versehen werden.

Besonders bei strömender Luft ist der statische Druck p vom dynamischen Druck p_d zu unterscheiden.

Der dynamische Druck erfaßt die Kraftwirkung der strömenden Luftmasse auf eine ruhende, senkrecht zur Strömungsrichtung liegende Wand.

$$p_d = \frac{\rho}{2} \cdot c^2 \qquad\qquad\qquad\qquad (5)$$

c = Strömungsgeschwindigkeit

Der Druck, den das strömende Fluid hingegen auf ein parallel zur Strömungsrichtung liegende Wand ausübt, kann als statischer Druck bezeichnet werden. Der Gesamtdruck ist die Summe des statischen und dynamischen Druckes.

Bei einer genauen meßtechnischen Erfassung des Druckes von strömender Luft muß entsprechend dem Gesetz von Bernouilli der Anteil des dynamischen Druckes berücksichtigt werden.

Für Berechnungszwecke, besonders in der Thermodynamik, sollte der statische Druck in der Regel als absoluter Druck p_{abs} angegeben werden.

Der absolute Druck ist die Druckdifferenz gegenüber dem Druck Null im leeren Raum.

Der Atmosphärendruck p_{amb} ist von der geographischen Höhenlage abhängig. Als rechnerische Bezugsgröße ist der Normdruck $p_n = 1{,}01325$ bar $\approx p_{amb}$ festgelegt.

Die Differenz zweier Drücke p_1 und p_2 wird Druckdifferenz $\Delta p = p_1 - p_2$ genannt. Als Meßgröße kann die Differenz zweier Drücke auch als Differenzdruck $p_{1,2}$ bezeichnet werden.

Die Differenz zwischen dem absoluten Druck p_{abs} und dem Atmosphärendruck p_{amb} wird Überdruck genannt.

$$p_e = p_{abs} - p_{amb}$$

Der Überdruck p_e kann ein positives oder negatives (früher „Unterdruck") Vorzeichen aufweisen. Für viele praktische Anwendungen wird mit der Benennung „Druck" stets der Überdruck gegenüber dem Atmosphärendruck gemeint.

1.2.4 Normzustand von Stoffen

Infolge der Wechselbeziehungen der Zustandsgrößen untereinander und der hohen Kompressiblität müssen besonders bei Gasen alle Angaben auf einen genau definierten und vereinbarten Zustand bezogen werden. In DIN 1343 ist allgemeingültig der Normzustand der festen, flüssigen und gasförmigen Stoffe festgelegt. Es ist derjenige Zustand, den sie bei der

Normtemperatur T_n = 273,15 K und bei dem
Normdruck p_n = 1.01325 bar einzunehmen.

Das Normvolumen V_n ist das auf die Normtemperatur und den Normdruck bezogene Volumen.

Das stoffmengenbezogene, molare Normvolumen der idealen Gase beträgt

$$V_{om} = 22{,}41383 \text{ m}^3/\text{kmol}.$$

Im Normzustand wiegt 1 l trockene Luft 1,2924 g.

Entsprechend der ISO 2787 „Rotary and percussive pneumatic tools – Acceptance Test" sollten für die Angabe des Luftvolumens der Bezugsdruck 1,0 bar und die Bezugstemperatur 20 °C akzeptiert und künftig als international gültiger Normzustand übernommen werden. In diesem Zustand wiegt 1 l trockene Luft 1,189 g.

Der von der ISO empfohlene Bezugszustand ist schon seit langem als sog. „technischer und atmosphärischer Normalzustand" bekannt und im Gebrauch.

In verschiedenen Bereichen, z.B. der Luffahrt und Meteorologie, sind z.Z. auch noch andere Bezugszustände im Gebrauch. In der Internationalen Normatmosphäre (CINA) werden die sich mit der Höhenlage ändernden atmosphärischen Verhältnisse berücksichtigt.

1.2.5 Zustandsgleichung der trockenen Luft

Nach dem Gesetz von Avogadro ist das molare Volumen für alle Gase und Gasgemische bei gleichem thermodynamischen Zustand gleich. Legt man den Normzustand zugrunde, so ermittelt man an Hand der Zustandsgleichung die allgemeine, auf die Einheit der Stoffmenge (1 kmol) bezogene, und daher für alle Gase gültige Gaskonstante.

$$R_{om} = \frac{p_n \cdot V_{on}}{T_n} = \frac{1{,}01325 \cdot 10^5 \text{ N/m}^2 \cdot 22{,}41383 \text{ m}^3/\text{kmol}}{273{,}15 \text{ K}}$$

$$= 8314{,}41085 \text{ Nm}/(\text{kmol} \cdot \text{K})$$

Die Gaskonstante gibt die physikalische Arbeit an, die die molare Mengeneinheit des idealen Gases bei unverändertem Druck und einer Erwärmung um 1 Kelvin verrichtet.

Die „technische Gaskonstante" gilt für die Luftmasse 1 kg und läßt sich daher aus den Raumteilen und der Summe der molaren Massen M_i der Bestandteile ermitteln.

Gasart	Raumanteil	M kg/kg/mol	M_i kg/kmol
Sauerstoff	0,2090	32,00	6,688
Stickstoff	0,7813	28,02	21,892
Argon	0,0094	39,90	0,375
Kohlendioxid	0,0003	44,40	0,013
			Σ 28,968

Die Gaskonstante der Luft beträgt:

$$R_L = \frac{R_{om}}{\Sigma M_i} = \frac{8314,41\,Nm/(kmol \cdot K)}{28,968\,kg/kmol} = 287,02\,Nm/(kg \cdot K)$$

Die spezifische Zustandsgleichung für Luft lautet somit:

$$p \cdot v = R_L \cdot T = 287,02 \cdot T \tag{6}$$

1.3 Energiewandlung bei Zustandsänderungen der Luft

Sowohl die Verdichtung, als auch die Ausdehnung von Luft stellen Energiewandlungsprozesse dar, bei denen mechanische Arbeit und Wärme (thermische Energie) beteiligt sind.

Alle Energiearten sind gleichwertig und werden aufgrund internationaler Vereinbarung künftig mit der gleichen Maßeinheit 1 J (Joule) = 1 Nm gemessen.

Nach dem Gesetz der Erhaltung der Energie kann bei Umwandlungsprozessen der Energieinhalt eines nach außen abgeschlossenen Systems weder zu- noch abnehmen. Dagegen nimmt durch Zuführen von Wärme von außen oder die Einwirkung von mechanischer Arbeit beim Verdichten der Energieinhalt des Systems zu.

Ebenso findet eine Änderung des Energieinhaltes statt, wenn durch Ausdehnen der eingeschlossenen Luft äußere Arbeit verrichtet wird, d.h. Energie abgeführt wird.

Wird z.B. einer eingeschlosssenen Menge Luft eine unendlich kleine Wärmemenge dq zugeführt, wobei gleichzeitig eine Volumenänderung dv als Ausdehnung zugelassen wird, so ändert sich deren Energieinhalt – die innere Energie – um den Betrag du nach folgender Gleichung:

$$du = dq - p \cdot dv \tag{7}$$

Findet hingegen eine Volumenverringerung durch Verdichten statt, so gilt:

$$du = dq + p \cdot dv \tag{7 a}$$

Das Produkt $p \cdot dv$ beinhaltet die ab- oder zugeführte mechanische Energie, auch als „physikalische" Arbeit des Gases oder Volumenänderungs-Arbeit bezeichnet.

Eine weitere Möglichkeit ergibt sich, wenn eine Ausdehnung der eingeschlossenen Luft nicht zugelassen wird bzw. eine Volumenänderung nicht stattfindet.

Der Energieinhalt ändert sich dann um den Betrag

$$dh = dq \pm v \cdot dp \tag{8}$$

Den Energieinhalt bezeichnet man in diesem Falle zweckmäßig mit „Wärmeinhalt" oder Enthalpie h, da es sich bei der hier auftretenden Druckänderung dp um einen rein thermischen Vorgang handelt. Eine Erhöhung der Enthalpie bedeutet eine Zunahme des Arbeitvermögens.

Das Produkt $v \cdot dp$ bezeichnet man als „technische Arbeit" oder „Druckänderungs-Arbeit". Den Betrag der mechanischen Arbeit bei einem endlichen Vorgang ermittelt man durch Summierung. d.h. Integration der Zustandsänderungsfunktion innerhalb der vorgegebenen Grenzen. Im p, v-Diagramm (Bild 3.–2) sind die physikalische und technische Arbeit der Luft bei einer Zustandsänderung veranschaulicht.

Aus dem Vorhergehenden ergeben sich für die Bestimmung des Wärmeaustausches bei der Energieumsetzung unter Berücksichtigung des Energieinhaltes und der aufgenommenen oder abgegebenen mechanischen Energie folgende Zusammenhänge.

Bei der Verdichtung:

$$q = (u_2 - u_1) - \int_1^2 p \cdot dv , \tag{9}$$

Bei der Ausdehnung

$$q = (u_1 - u_2) + \int_1^2 p \cdot dv , \tag{9 a}$$

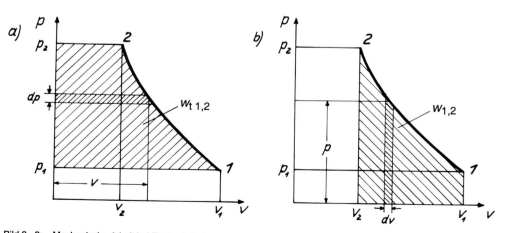

Bild 3.–2:   Mechanische Arbeit bei Zustandsänderungen von Gasen im p,v-Diagramm
          a) technische Arbeit $w_{t1,2}$
          b) physikalische Arbeit $w_{1,2}$

Das Integral $\int\limits_1^2 p \cdot dv$ stellt die zu- oder abgeführte mechanische Energie dar; sie ist geometrisch durch die schraffierte Fläche unter der Funktionslinie p = f (v) dargestellt (Bild 3–2b).

Unter Berücksichtigung der Flächeninhalte ergibt sich durch Umformung

$$q = (u_2 - u_1) - \left[\int\limits_1^2 v \cdot dp + p_1 \cdot v_1 - p_2 \cdot v_2 \right]$$

$$= (u_2 + p_2 \cdot v_2) - (u_1 + p_1 \cdot v_1) - \int\limits_1^2 v \cdot dp \, .$$

Mit h = u + p · v für die Enthalpie erhält man für den Fall der Umsetzung der Energie in technische Arbeit

$$q = (h_2 - h_1) - \int\limits_1^2 v \cdot dp \tag{10}$$

Das Integral $\int\limits_1^2 v \cdot dp$ läßt sich geometrisch im Bild 3.–2 a durch die schraffierte Fläche neben der Funktionslinie p = f (v) verdeutlichen.

1.4 Wärmeübergang

1.4.1 Wärmekapazität

Den Zusammenhang zwischen kalorischen und thermischen Zustandsgrößen stellt die allgemeine Wärmeübergangsgleichung her. Die Wärmeaufnahmefähigkeit eines Stoffes wird durch die Wärmekapazität C ausgedrückt. Sie ist die Wärmemenge, die ein Stoff aufnehmen muß, damit seine Temperatur um 1 Kelvin steigt. Günstig ist es, die spezifische Wärmekapazität c zu verwenden, bei der die Wärmemenge auf 1 kg Stoffmasse bezogen wird.

$$c = \frac{C}{m}$$

Die je 1 kg Stoff aufgenommene Wärme ergibt sich aus

$$dq = c \cdot dT \tag{11}$$

Die spezifische Wärmekapazität c ist zwar eine von der Temperatur selbst abhängige Größe, es kann aber in bestimmten Temperaturbereichen genügend genau mit einem Mittelwert gerechnet werden. Bei Gasen hängt ferenr c maßgeblich davon ab, ob der Wärmeaustausch bei konstantem Druck c_p oder konstantem Volumen c_v stattfindet.

Mit Hilfe der spezifischen Wärmekapazitäten c_p und c_v lassen sich die Größen „innere Energie" und „Enthalpie" als Funktionen der thermodynamischen Temperatur deuten. Beim absoluten Nullpunkt, O Kelvin der Temperaturskala, ist deren Wert ebenfalls Null. Ferner ist:

$$u = c_v \cdot T \tag{12}$$

$$h = c_p \cdot T \tag{13}$$

$$p \cdot v = h - u = (c_p - c_v) \cdot T = R \cdot T$$

Für Luft, im Temperaturbereich 20 bis 100 °C, werden im Mittel folgende Werte gemessen:

$$c_p = 1,007 \text{ kJ/(kg.K)}; \quad c_v = 0,720 \text{ kJ/(kg.K)}.$$

Daraus ergibt sich:

$$c_p - c_v = R_L = 287 \text{ J/kg.K)}$$

$$c_p/c_v = 1,4 = \kappa \text{ (Isentropenexponent)};$$

$$c_v = R_L/(\kappa-1); \quad c_p = \kappa \cdot R_L/(\kappa-1).$$

1.4.2 Entropie

Betrachtet man die Möglichkeiten der Energiewandlung, so nimmt die Wärme als Energieform eine Sonderstellung ein. Da der Wärmeübergang nur in einer bestimmten Richtung, in Richtung des vorhandenen Temperaturgefälles, stattfinden kann, ist die Rückwandlung stark eingeschränkt.

Es gibt auch physikalische Vorgänge, die nicht umkehrbar sind, wie z.B. die Wärmeentwicklung durch Reibung. Durch die mechanische Arbeit der Reibung wird zwar Wärme erzeugt, aus einer Wärmezufuhr kann jedoch keine Reibung entstehen. Daraus ist ersichtlich, daß bei allen technischen Arbeitsvorgängen, die mit Wärmeentwicklung verbunden sind, ein gewisser Anteil der entstehenden Wärmeenergie durch Umkehrung des Prozesses nicht rückgewinnbar und somit als Verlust zu verbuchen ist.

Dies trifft auch für die Vorgänge Verdichten und Entspannen von Luft zu.

Die Entropie S stellt eine Zustandsfunktion dar, die es gestattet, den Anteil der nicht mehr rückgewinnbaren Wärme zu erfassen. Ihr Bezugspunkt ist willkürlich, da nur die Entropieänderung ΔS von Bedeutung ist.Bei allen umkehrbaren Vorgängen – das sind idealisierte und praktisch nicht erreichbare Grenzfälle – ändert sich die Gesamtentropie nicht, ΔS = O und S = konstant.

Bei allen natürlichen und nicht umkehrbaren Vorgängen nimmt dagegen die Gesamtropie stets zu, d.h. ΔS > 0; sie erreicht am Ende eines Vorganges ihren Größtwert. Formalmathematisch ist die Entropie eine auf die Temperatur bezogene Wärmemenge. Es ist ebenfalls zweckmäßig, sie auf die Einheit der Stoffmenge zu beziehen. Die spezifische Entropieänderung Δs stellt dann die auf 1 kg Stoffmasse und auf die Temperaturdifferenz 1 K bezogene, zu- oder abgeführte Wärmemenge dar.

$$ds = \frac{dq}{T} \tag{14}$$

Aus Gleichung (7) erhält man mit den Gleichungen (12), (14) und $\frac{p}{T} = \frac{R}{v}$

$$\Delta s = s_2 - s_1 = c_v \int_1^2 \frac{dT}{T} + R \int_1^2 \frac{dv}{v}.$$

Die Integration ergibt:

$$\Delta s = c_v \cdot \ln\frac{T_2}{T_1} + R \cdot \ln\frac{v_2}{v_1} . \tag{15}$$

Durch weitere Umformung in Verbindung mit $c_p - c_v = R$ und $\dfrac{v_2}{v_1} = \dfrac{T_2}{T_1} \cdot \dfrac{p_1}{p_2}$

gewinnt man:

$$\Delta s = c_p \cdot \ln\frac{T_2}{T_1} + R \cdot \ln\frac{p_1}{p_2} \qquad \text{bzw.} \tag{16}$$

$$\Delta s = c_p \cdot \ln\frac{v_2}{v_1} + c_v \cdot \ln\frac{p_2}{p_1} .$$

T, s-Diagramm

Die Entropieänderung Δs stellt ein bequemes Hilfsmittel dar, um bei technischen Prozessen den Wärmeumsatz zu erfassen und das Verhältnis der Nutz- zur Verlustwärme zu ermitteln. Insbesondere gestattet das T, s-Diagramm (Bild 4–3) den Wärmezusatz in Abhägigkeit vom Temperaturgefälle anschaulich darzustellen und Aussagen über die Arbeitsfähigkeit eines Stoffes oder die Wirksamkeit eines Prozesses zu machen.

Der im Bild 4.–4 dargestellte CARNOTsche Kreisprozeß veranschaulicht dies.

In diesem werden idealisierend folgende Zustandsänderungen angenommen:

1 → 2 isotherme Verdichtung (Wärmeabfuhr)
2 → 3 isentrope Verdichtung (kein Wärmeaustausch)
3 → 4 isotherme Ausdehnung (Wärmezufuhr)
4 → 1 isentrope Ausdehnung (kein Wärmeaustausch)

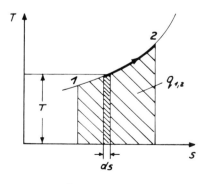

Bild 4.–3:   Spezifischer Wärmeumsatz $q_{1,2} = \displaystyle\int\limits^{2} T \cdot ds$ im T,s-Diagramm

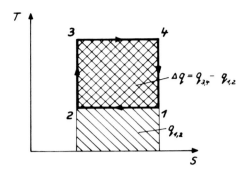

Bild 4.–4:   CARNOT'scher Kreisprozeß im T,s-Diagramm

Die Nutzwärme ergibt sich aus der Differenz der zu- und abgeführten Wärme

$$\Delta q = T_3 \cdot \Delta s - T_1 \cdot \Delta s.$$

Der thermische Wirkungsgrad des Kreissprozesses beträgt

$$\eta_{th} = \frac{\Delta q}{q_{3,4}} = \frac{T_3 - T_1}{T_3} = 1 - \frac{T_1}{T_3}.$$

Daraus erkennt man, daß die Wirksamkeit dieses Prozesses allein durch das Verhältnis der Anfangs- zur Endtemperatur bestimmt wird.

1.5 Zustandsänderung der Luft

1.5.1 Spezielle Zustandsänderung

Bei jedem Energieaustausch zwischen einer eingeschlossenen Menge Luft und der Umgebung ändert sich der Zustand der Luft. Die Art der Änderung kann durch die Änderung der thermischen und kalorischen Zustandsgrößen ausgedrückt und mittels des p,v-Diagrammes und T,s-Diagrammes veranschaulicht werden.

Die Zustandsänderungen können reversibel oder irreversibel sein. Da es sich in Wirklichkeit stets um einen komplizierten Vorgang handelt, ist es zweckmäßig, zunächst einfache Sonderfälle zu betrachten und den Grad der Übereinstimmung mit dem jeweils vorliegenden Fall zu prüfen.

Es können folgende einfache, jedoch spezielle Zustandsänderungen unterschieden werden (Bild 5.–5):

a) Isochore: Zustandsänderung bei konstantem Volumen.
b) Isobare: Zustandsänderung bei konstantem Druck.
c) Isotherme: Zustandsänderung bei konstanter Temperatur.
d) Isentrope: Zustandsänderung ohne Wärmeaustausch.

Für die speziellen Zustandsänderungen sind in Bild 5–6 die wichtigsten Gesetzmäßigkeiten zusammengestellt.

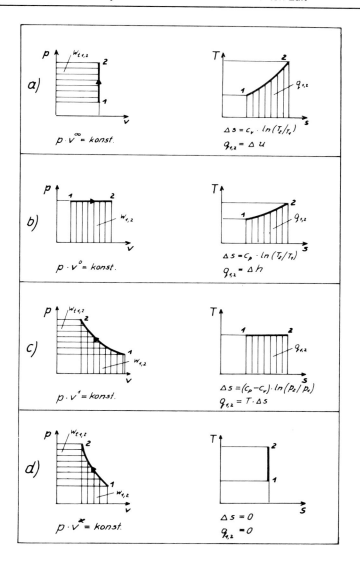

Bild 5.–5:   Spezielle Zustandsänderungen von Gasen

	Isochore v = konst. (Bild 1.5-5a)	Isobare p = konst. (Bild 1.5-5b)	Isotherme T = konst. (Bild 1.5-5c)	Isentrope S = konst. (Bild 1.5-5d)	Polytrope
Zustandsänderungsverhalten	$\dfrac{p_2}{p_1} = \dfrac{T_2}{T_1}$	$\dfrac{v_2}{v_1} = \dfrac{T_2}{T_1}$	$\dfrac{p_2}{p_1} = \dfrac{v_1}{v_2}$	$\dfrac{p_2}{p_1} = \left(\dfrac{v_1}{v_2}\right)^{\kappa} = \left(\dfrac{T_2}{T_1}\right)^{\frac{\kappa}{\kappa-1}}$	$\dfrac{p_2}{p_1} = \left(\dfrac{v_1}{v_2}\right)^{n} = \left(\dfrac{T_2}{T_1}\right)^{\frac{n}{n-1}}$
Wärmeaustausch $q_{1,2}$	$= u_2 - u_1$ $= c_v (T_2 - T_1)$ $= \dfrac{R}{\kappa-1}(T_2 - T_1)$	$= h_2 - h_1$ $= c_p (T_2 - T_1)$ $= \dfrac{\kappa}{\kappa-1} R (T_2 - T_1)$	$= p_1 v_1 \cdot \ln\dfrac{p_2}{p_1}$ $= R\,T \cdot \ln\dfrac{p_2}{p_1}$ $= R\,T \cdot \ln\dfrac{v_1}{v_2}$	$= 0$	$= c\,(T_2 - T_1)$
Entropieänderung Δs	$= c_v \cdot \ln\dfrac{T_2}{T_1}$ $= \dfrac{R}{\kappa-1}\cdot \ln\dfrac{T_2}{T_1}$	$= c_p \cdot \ln\dfrac{T_2}{T_1}$ $= \dfrac{\kappa}{\kappa-1} R \cdot \ln\dfrac{T_2}{T_1}$	$= R \cdot \ln\dfrac{p_2}{p_1} = \dfrac{q_{1,2}}{T}$ $= c_p \cdot \ln\dfrac{v_1}{v_2} + c_v \cdot \ln\dfrac{p_1}{p_2}$	$= 0$	$= c \cdot \ln\dfrac{T_2}{T_1}$
Volumenänderungsarbeit $w_{1,2} = \displaystyle\int_1^2 p \cdot dv$	$= 0$	$= p(v_2 - v_1)$ $= R(T_2 - T_1)$ $= \dfrac{\kappa-1}{\kappa}\cdot q_{1,2}$	$= q_{1,2}$	$= \dfrac{R}{\kappa-1}(T_2 - T_1)$ $= \dfrac{p_1 v_1}{\kappa-1}\left[\left(\dfrac{p_2}{p_1}\right)^{\frac{\kappa-1}{\kappa}} - 1\right]$	$= \dfrac{R}{n-1}(T_2 - T_1)$ $= \dfrac{p_1 v_1}{n-1}\left[\left(\dfrac{p_2}{p_1}\right)^{\frac{n-1}{n}} - 1\right]$
Technische Arbeit $w_{t1,2} = \displaystyle\int_1^2 v \cdot dp$	$= v(p_2 - p_1)$ $= R(T_2 - T_1)$ $= (\kappa - 1)\cdot q_{1,2}$	$= 0$	$= q_{1,2}$	$= \kappa \cdot w_{1,2}$ $= c_p (T_2 - T_1)$	$= n \cdot w_{1,2}$

Bild 5.–6:   Physikalische Gesetze für die Zustandsänderungen von Gasen

1.5.2 Allgemeine Zustandsänderung

Betrachtet man die speziellen Zustandsänderungen als Sonderfälle, so läßt sich jede Zustandsänderung von Luft allgemein durch die Gleichung einer Polytropen ausdrücken

$$p \cdot v^n = \text{konst.} \tag{18}$$

Für die speziellen Zustandsänderungen nimmt der Exponent n folgende Werte an:

Isochore	$n = \infty$
Isobare	$n = 0$
Isotherme	$n = 1$
Isentrope	$n = \kappa$

Setzt man weiter voraus, daß der Exponent n zwar jeden Wert zwischen 0 und ∞ annehmen kann, jedoch für den jeweiligen Anwendungsfall als konstante Größe zu betrachten ist, so gelten für die Polytrope die gleichen mathematischen Beziehungen wie für die Isentrope, anstelle des Exponenten κ ist lediglich n einzusetzen.

Wird ferner für die spezifische Wärmekapazität c ein konstanter Wert angenommen, was für Druckluft bis 20 bar mit t = 0 ... 200 °C im allgemeinen zulässig ist, so ist auch bei der polytropen Zustandsänderung der Wärmeaustausch der Temperaturänderung proportional.

$$q_{1,2} = c \, (T_2 - T_1) \tag{19}$$

$$c = c_v \left(\frac{n - \kappa}{n - 1} \right)$$

Die Volumenänderungsarbeit beträgt

$$w_{1,2} = \frac{1}{n-1} \cdot p_1 \cdot v_1 \left[\left(\frac{p_2}{p_1} \right)^{(n-1)/n} \right] \tag{20}$$

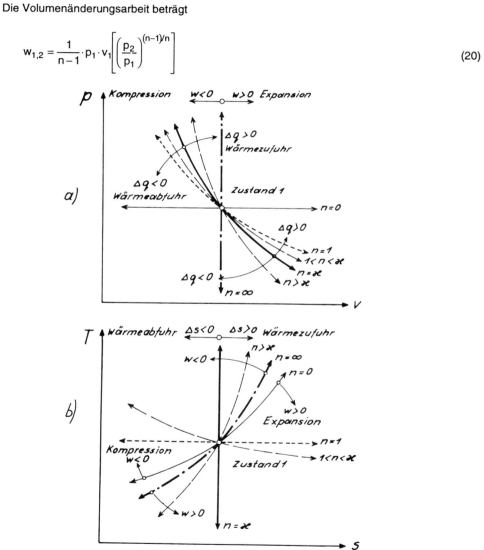

Bild 5.–7: Verlauf von Zustandsänderungen von Gasen in vergleichender Darstellung
a) im p,v-Diagramm
b) im T,s-Diagramm

Die technische Arbeit beträgt

$$w_{t1,2} = n \cdot w_{1,2} \qquad (21)$$

Eine zusammenfassende Übersicht über den Verlauf von Zustandsänderungen, dargestellt im p, v -Diagramm sowie T, s -Diagramm, bieten die Bilder 5–7 a und 7 b.

1.6 Drucklufterzeugung

1.6.1 Leistungsbedarf

Im Kompressor wird Luft vom Umgebungsdruck unter Zufuhr mechanischer Energie auf einen höheren Enddruck gebracht. Hierbei findet eine polytrope Zustandsänderung der Luft statt, für die der Wert des Exponenten n zwischen 1 und 1,4 angenommen werden kann.

Eine isotherme Kompression würde den geringsten Arbeitsaufwand erfordern, doch läßt sich diese praktisch nicht realisieren. Damit keine Temperaturerhöhung stattfindet, müßte die gesamte hierbei anfallende Wärme vollständig an die Umgebung oder ein Kühlmittel abgeführt werden. Jeder Kompressor kann indessen nur einen geringen Teil der anfallenden Wärme an die Umgebung abgeben. Durch besondere Kühlmaßnahmen, z.B. die Öleinspritzung bei Schraubenkompressoren, ist eine beachtliche Steigerung der Wärmeabfuhr möglich. Bei Wirtschaftlichkeitsvergleichen ist der für eine künstliche Kühlung evtl. erforderliche Mehraufwand in Betracht zu ziehen. Zur Beurteilung der Wirksamkeit eines Kompressors ist es zweckmäßig, den theoretisch kleinstmöglichen, d.h. den isothermen Leistungsbedarf, mit der praktisch an der Wellenkupplung zugeführten Leistung p_{Ku} zu vergleichen.

Den isothermen Leistungsbedarf errechnet man aus

$$P_T = p_1 \cdot \dot{V}_{1nu} \cdot \ln\frac{p_2}{p_1} . \qquad (22)$$

Der isotherme Wirkungsgrad beträgt dann

$$\eta_T = \frac{P_T}{P_{Ku}} \qquad (23)$$

Zu beachten ist, daß der auf diese Weise errechnete isotherme Wirkungsgrad auch mechanische und volumetrische Verluste berücksichtigt und somit einen Gesamtwirkungsgrad darstellt.

Für eine Vorausberechnung des Leistungsbedarfs oder des zu erwartenden Temperaturanstiegs eignet sich dagegen besser die isentrope Zustandsänderung, weil sie in den meisten Fällen der tatsächlichen polytropen Zustandsänderung sehr nahe kommt.

Den isentropen Leistungsbedarf errechnet man aus

$$P_s = \frac{\kappa}{\kappa - 1} \cdot \dot{V}_{1nu} \cdot p_1 \left[\left(\frac{p_2}{p_1} \right)^{(\kappa-1)/\kappa} - 1 \right] . \qquad (24)$$

Der isentrope Wirkungsgrad beträgt

$$\eta_s = \frac{P_s}{P_{Ku}} . \qquad (25)$$

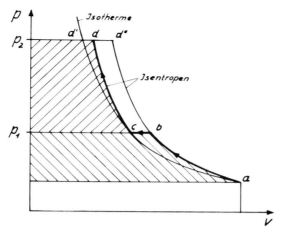

Bild 6.–8:   Zweistufige Verdichtung im p,v-Diagramm

Der Temperaturanstieg ergibt sich aus

$$\Delta T = T_2 - T_1 = T_1 \left[\left(\frac{p_2}{p_1} \right)^{(\kappa-1)/\kappa} - 1 \right]. \tag{26}$$

Zur Erziehung eines höheren Druckes wird stufenweise verdichtet. In den einzelnen Stufen findet annähernd eine isentrope Kompression statt. Dadurch, daß nach jeder Stufe die Druckluft in einem Wärmeaustauscher auf Umgebungstemperatur zurückgekühlt wird, läßt sich im Gesamtverlauf eine Annäherung an die isotherme Kompression erzielen (Bild 6.–8)

Für die Anzahl der vorzusehenden Stufen sind neben der zu erzielenden Druckhöhe auch wirtschaftliche Erwägungen maßgebend.

1.6.2 Volumetrischer Wirkungsgrad

Der effektiv gelieferte Volumenstrom, d.h. die Liefermenge eines Kompressors je Zeiteinheit ist stets geringer als der aus dem Hubvolumen und der Hubfrequenz errechnete. Gründe hierfür sind zu suchen in

a) der Expansion der im schädlichen Raum (auch: Schadraum) komprimierten Luft,

b) den Verlusten infolge Undichtigkeit,

c) der Erwärmung der angesaugten Luft.

Das Verhältnis des effektiven Volumenstroms zum theoretischen Hubvolumenstrom gibt der volumetrische Wirkungsgrad an

$$\eta_v = \frac{\dot{V}_{1nu}}{V_H \cdot n_H} \tag{27}$$

Annähernd läßt sich η_v vorausberechnen aus

$$\eta_v = \lambda_v \cdot \lambda_s \cdot \sigma \tag{28}$$

λ_v berücksichtigt die Leckverluste und σ den Einfluß der Erwärmung der Ansaugluft.
Der Liefergrad λ_s berücksichtigt den Einfluß des schädlichen Raumes.

$$\lambda_s = 1 - \varepsilon \left[\left(\frac{p_2}{p_1} \right)^{1/n} - 1 \right] \tag{29}$$

Der relative schädliche Raum ergibt sich aus

$$\varepsilon = \frac{V_{sch}}{V_H} \tag{29 a}$$

Das Volumen des schädlichen Raumes V_{Sch} läßt sich praktisch nur durch Auslitern ermitteln. Bei normalen Kompressoren ist $\varepsilon = 0,06$ bis $0,12$.

1.7 Druckluftverwertung

Bei der arbeitsverrichtenden Expansion von Druckluft findet näherungsweise eine isentrope Zustandsänderung statt, da praktisch eine Wärmezufuhr von außen an die Druckluftmaschine und an die durchströmende Luft nicht möglich ist.

Die technische Arbeit der Luft, die nach außen nutzbar abgeführt wird, beträgt

$$w_{t1,2} = \frac{\kappa}{\kappa - 1} \cdot p_1 \cdot v_1 \left[\left(\frac{p_2}{p_1} \right)^{(\kappa-1)/\kappa} \right]. \tag{30}$$

Sowohl bei den nach dem Verdrängungs- als auch nach dem Turbinenprinzip arbeitenden Druckluftmotoren entspricht die verrichtete Arbeit annähernd der Enthalpieabnahme der Druckluft.

$$w_{t1,2} = h_1 - h_2 = c_p (T_1 - T_2) \tag{30 a}$$

Die Luft kühlt sich beim Expansionsvorgang so stark ab, daß bei Verwendung von feuchter Luft u. U. Verweisung auftritt. Der Temperaturabfall beträgt

$$\Delta T = T_1 - T_2 = T_1 \left[1 - \left(\frac{p_2}{p_1} \right)^{(\kappa-1)/\kappa} \right]. \tag{31}$$

Die meisten in der Praxis verweneten Luftmotoren arbeiten nach dem Verdrängungsprinzip. Hierfür kann der Arbeitsprozeß eines idealen Kolbenmotors (Bild 7.–9) zum Vergleich herangezogen werden.

Die Linien zwischen den Verlaufspunkten geben die Art der Zustandsänderungen an, die Fläche innerhalb des geschlossenen Linienzuges stellt die verrichtete Arbeit dar.

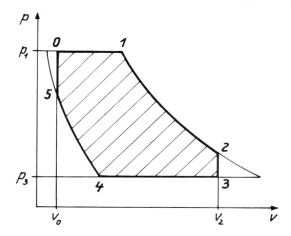

Bild 7.–9:   Arbeitsprozeß eines idealen Kolbenmotors im p,v-Diagramm

0-1 isobares Füllen, bei 1 schließt das Einlaßventil;
1-2 isentrope Expansion während des Arbeitshubes;
2-3 isochorer Druckabfall nach Öffnen des Auslaßventils bei 2;
3-4 Ausschieben der Luft während des Rückhubes, bei 4 schließt das Auslaßventil;
4-5 isentrope Kompression bis zum Öffnen des Einlaßventiles bei 5;
5-0 Druckanstieg bis zum Beginn des Arbeitshubes.

1.8 Feuchte Luft

Druckluft ist ein Gas-Wasserdampfgemisch, denn die von einem Kompressor angesaugte atmosphärische Luft enthält stets Wasserdampf, deren Menge von den klimatischen Verhältnissen der Umgebung abhängt. Bis zur Sättigungstemperatur verhält sich Wasserdampf wie die übrigen Gase des Gasgemisches „Luft", d.h. jedes Gas nimmt den ihm zur Verfügung stehenden Raum so ein, als wäre es allein vorhanden und übt einen der Raumgröße entsprechenden Teildruck aus (Gesetz von Dalton). Der Gesamtdruck des Gemisches ergibt sich aus der Summe der Teildrücke. Für ungesättigten Wasserdampf kann annähernd die Gültigkeit der allgemeinen Zustandsgleichung für ideale Gase vorausgesetzt werden.

Da bekanntlich die Dampfbildung von der Druck- und Temperaturhöhe abhängt, kann eine abgegrenzte Menge Luft bei einer bestimmten Temperatur nur soviel Wasserdampf enthalten, wie der Sättigungsdruck des Dampfes dies zuläßt. Bei weiterer Zunahme der Feuchtigkeit schlägt sich der überschüssige Dampf in Form von Nebel, d.h. in Wassertropfenform nieder.

Die maximale Wasserdampfmenge, die von der Luft aufgenommen werden kann, ist nur von der Temperatur und dem zur Verfügung stehenden Volumen abhängig, d.h. bei gleichbleibender Temperatur kann komprimierte oder verdünnte Luft pro 1 m³ Rauminhalt nicht mehr Wasserdampf halten als das gleiche Volumen atmosphärischer Luft.

Wird 1 m³ Luft mit gesättigtem Wasserdampf bei gleicher Temperatur auf das halbe Volumen komprimiert, dann müßte der Dampfdruck auf den doppelten Wert des Sättigungsdruckes steigen. Da dies nicht möglich ist, wird sich die Hälfte des in der Luft enthaltenen Wasserdampfes als Wasser niederschlagen. In der Praxis ist die Kompression stets mit einer hohen Temperatursteigerung verbunden. Da aber mit steigender Temperatur auch der Sättigungsdruck, d.h. die Fähigkeit der Luft Wasserdampf zu halten steigt, kommt es während des Kompressionsvorganges nicht zum Wasserausfall, sondern erst in nachgeschalteten Kühlern oder im Leitungsnetz, wenn die Temperatur der Druckluft auf den Taupunkt abgesenkt wird.

Der Taupunkt, d.h. die jenige Temperatur, bei der der jeweilige Dampfdruck zur Sättigung ausreicht, hat somit für die Praxis der Drucklufttechnik große Bedeutung.

In Bild 8.–10 sind die Taupunkte, d.h. Temperaturen mit der jeweils zugehörigen Sättigungs-Dampfdichte aufgeführt. Während sich der atmosphärische Taupunkt auf die Volumeneinheit bei atmosphärischem Druck bezieht, gilt der Drucktaupunkt für die auf Betriebsdruck verdichtete Volumeneinheit.

Im folgenden werden häufig verwendete Begriffe und die wichtigsten physikalischen Zusammenhänge angegeben.

t	f	p'_D	t	f	p'_D
$°C$	g/m^3	$10^2\ N/m^2$	$°C$	g/m^3	$10^2\ N/m^2$
− 15	1,38	1,6	11	9,96	13,3
14	1,51	1,8	12	10,60	14,0
13	1,65	2,1	13	11,27	15,05
12	1,80	2,45	14	11,99	16,1
11	1,96	2,7	15	12,74	17,2
10	2,16	2,95	16	13,53	18,3
9	2,34	3,25	17	14,37	19,7
8	2,54	3,5	18	15,25	20,8
7	2,75	3,75	19	16,17	22,05
6	2,98	4,1	20	17,15	23,4
5	3,24	4,4	21	18,19	24,75
4	3,51	4,7	22	19,25	26,15
3	3,89	5,0	23	20,38	27,85
2	4,13	5,3	24	21,58	29,65
1	4,49	5,7	25	22,83	31,55
0	4,87	6,1	26	24,14	33,5
+ 1	5,21	6,6	27	25,52	35,7
2	5,57	7,1	28	26,97	37,75
3	5,95	7,6	29	28,48	40,05
4	6,36	8,2	30	30,08	42,45
5	6,79	8,75	40	50,67	73,7
6	7,25	9,4	50	82,26	123,3
7	7,73	10,0	60	132,0	199,2
8	8,24	10,75	70	198,0	311,6
9	8,78	11,6	80	292,0	473,7
10	9,36	12,3	90	421,8	701,3

Bild 8.–1C: Wasserdampfgehalt f und Dampfdruck p'ᴅ feuchter Luft bei Sättigung

Bezeichnungen:

p   Gesamtdruck des Gemisches
p_L Teildruck der Luft
p_D Teildruck des Wasserdampfes
p'_D Sättigungsdruck des Wasserdampfes
m_D Masse des Dampfes
m_L Masse der Luft
m   Gesamtmasse des Gemisches
R_D = 461,53 J/(kg. K) Gaskonstante des Dampfes
R_L = 287,02 J/(kg. K) Gaskonstante der Luft
R_f Gaskonstante der feuchten Luft

Die relative Feuchte ist

$$\varphi = \frac{p_D}{p'_D} \qquad\qquad (32)$$

Bei $\varphi = 1$ wird Sättigung erreicht.

Nach Dalton ist

$$p = p_L + p_D \, .$$

Mit $p_D = m_D \cdot R_D \cdot T/V$ und $p_L = m_L \cdot R_L \cdot T/V$

ergibt sich der Wasserdampfgehalt x_L der feuchten Luft, auch als absolute Feuchtigkeit bezeichnet. Es ist die auf die Menge der trockenen Luft bezogene Dampfmenge in g/g.

$$x_L = \frac{m_D}{m_L} = \frac{p_D \cdot R_L}{p_L \cdot R_D} = \frac{p_D}{p - p_D} \cdot \frac{R_L}{R_D} = \frac{\varphi p'_D}{p - \varphi p'_D} \cdot 0{,}622 \qquad (33)$$

Der Wasserdampfgehalt f, die Wasserdampfmenge bezogen auf 1 m³ trockene Luft im Normzustand, ergibt sich aus

$$f = x_L \cdot 1292{,}4 \text{ g/m}^3 \, . \qquad\qquad (34)$$

Den Teildruck (Partialdruck) des Wasserdampfes errechnet man aus

$$p_D = \frac{p \cdot x_L}{x_L + 0{,}622} \qquad\qquad (35)$$

Raumanteil des Wasserdampfes in der feuchten Luft:

$$r_D = \frac{v_D}{v} = \frac{p_D}{p} = \frac{\varphi p'_D}{p} = \frac{x_L}{x_L + 0{,}622} \qquad (36)$$

Gewichtsanteil des Wasserdampfes im Gemisch, d.h. Verhältnis der Wasserdampfmenge zur Gesamtmenge:

$$g_D = \frac{m_D}{m} = \frac{p_D}{p} \cdot \frac{R_f}{R_D} = \frac{\varphi p_D'}{p} \cdot \frac{R_f}{R_D} . \tag{37}$$

Die Gaskonstante feuchter Luft beträgt:

$$R_f = R_L \frac{1}{1 - \dfrac{\varphi p_D'}{p}\left(1 - \dfrac{R_L}{R_D}\right)}$$

$$= R_L \frac{1}{1 - \dfrac{\varphi p_D'}{p} \cdot 0{,}378} \tag{38}$$

$$= R_L \left(1 + 0{,}608 \frac{x_L}{1 + x_L}\right) .$$

2. Drucklufterzeugung

2.1 Kompressorbauarten

Spricht man von Drucklufterzeugung, so ist zunächst einmal zwischen zwei grundsätzlich unterschiedlichen Verdichtungsprinzipien zu unterscheiden, und zwar zwischen der dynamischen Verdichtung und der Verdichtung nach dem Verdrängungsprinzip (Bild 2.1/1).

Der nach dem Verdrängungsprinzip arbeitende Kompressor arbeitet in der Regel mit einem geometrisch genau definierten Kompressionsraum, den er verkleinert und vergrößert, und somit exakt bestimmte Luftvolumen ansaugt und komprimiert. Rechnet man seine geförderte Luftmenge zurück auf den jeweiligen Ansaugzustand, aus dem er ansaugt, so wird sich hier unter allen Ansaugbedingungen nahezu die gleiche Förderleistung des Kompressors ergeben.

Deshalb ändert sich auch der Leistungsbedarf bei unterschiedlichen Ansaugbedingungen des Kompressors nur sehr wenig. Änderungen des angesaugten Luftgewichts gehen nicht in vollem Umfange in eine Änderung der Verdichterwellenleistung ein, so daß Schwankungen der Ansaugtemperaturen und Ansaugdrücke, wie sie z.B. in Mitteleuropa vorkommen, die Auslegung eines derartigen Kompressors nur geringfügig beeinflussen.

Dynamische Kompressoren arbeiten im Unterschied zum Verdrängerverdichter nicht mit einem exakt definierten Verdichtungsraum, sondern sie beschleunigen die Luft in der Regel in einem Laufrad und bremsen die Luftmassen dann in einem Leitrad ab.

Ihr Ansaugvolumen ist nicht genau definiert und hängt stark vom Luftgewicht ab. Da diese Kompressoren eine Luftmasse beschleunigen und abbremsen, werden sie in hohem Maße vom Gewicht der angesaugten Luft beeinflußt.

Sich ändernde Umgebungsbedingungen haben einen ausgeprägten Einfluß auf das Leistungsverhalten dieser Kompressoren.

Es ist daher wichtig, daß diese Maschinen jeweils auf die durchschnittlichen Aufstellungsbedingungen d.h. auf die durchschnittliche Ansaugtemperatur, den durchschnittlichen Ansaugluftdruck und die durchschnittliche Luftfeuchtigkeit am Stellungsort ausgelegt und optimiert sind. Natürlich sind auch die Extremwerte der Aufstellungsbedingungen zu berücksichtigen.

Bei den Verdrängerverdichtern, und damit beschäftigt sich dieses Buch hauptsächlich, unterscheidet man Rotationsverdichter und Kolbenverdichter.

Während sich die Kolbenverdichter hauptsächlich auf Grund ihrer Bauart als Tauchkolben-, Kreuzkopfkolben-, Freikolben- Labyrinth- und Membranverdichter klassifizieren lassen, gibt es bei den Rotationsverdichtern die Klassifizierungen einwellige und zweiwellige Rotationsverdichter.

Zu den einwelligen Rotationsverdichtern gehört der Lamellenverdichter und der Flüssigkeitsringverdichter.

Zu den zweiwelligen Rotationsverdichtern gehören Schraubenkompressoren und Drehkolbengebläse. Ein weiteres, sowohl bei Kolben- als auch bei Rotationsverdichtern vorhandenes Unterscheidungsmerkmal ist der Grad der Belastung des Verdichtungsraumes mit Kühl- oder Schmieröl.

All die hier kurz beschriebenen Kompressoren lassen sich natürlich nicht in jedem Drucklufteinsatzbereich, und dies sind Druckbereiche von 1×10^{-5} mbar absolut bis 1000 bar absolut bei Förder-

Kompressorbauarten

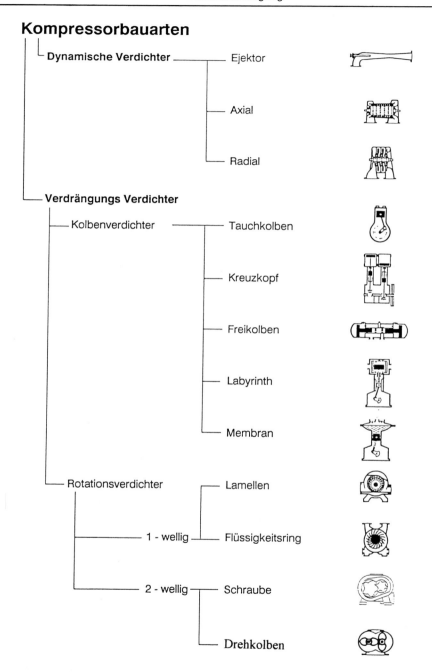

- Dynamische Verdichter
  - Ejektor
  - Axial
  - Radial
- Verdrängungs Verdichter
  - Kolbenverdichter
    - Tauchkolben
    - Kreuzkopf
    - Freikolben
    - Labyrinth
    - Membran
  - Rotationsverdichter
    - Lamellen
    - 1 - wellig
      - Flüssigkeitsring
    - 2 - wellig
      - Schraube
    - Drehkolben

Bild 2.1/1: Grobgliederung Kompressorenbauarten

leistungen vom 1 ml/min bis 30.000 m³/min wirtschaftlich einsetzen. Die wichtigsten Kompressoren werden deshalb in den folgenden Kapiteln genauer beschrieben.

Ausschlaggebend für den Einsatz eines Kompressors sollten heute lediglich Energie-, Wartungskosten und Betriebssicherheit in den jeweiligen Einsatzbereichen sein.

Die Wirtschaftlichkeit, und dieser Begriff schließt die vorgenannten Kriterien ein, sollte einziges Bewertungskriterium für den Einsatz eines Kompressors in einem bestimmten Bereich sein.

2.2. Kolbenkompressoren

2.2.1. Liefermenge im Bereich von 3 bis 200 Nm³/h.

2.2.1.1 Grundlagen

a) Geschichtliches

Strenggenommen bediente sich der Mensch schon in prähistorischer Zeit der Druckluft: Denn von dem Augenblick an, in dem er lernte, das Feuer zu beherrschen, setzte er Druckluft ein, um z. B. ein flackerndes Feuer durch Anblasen voll zu entfachen. Die menschliche Lunge fungierte dabei als eine Art natürlicher Kompressor. Immerhin sind die Leistungsdaten dieses Organs mit bis zu 100 l/min bei 0,02 bis 0.08 bar doch recht beachtlich.

Im vierten Jahrtausend vor Chr. begann der Mensch dann, Metalle wie Gold, Kupfer, Zinn und Blei zu schmelzen. Um die erforderlichen hohen Schmelztemperaturen zu erreichen, brauchte er ebenfalls Blasluft.

Aus dieser Notwendigkeit heraus entstand der handbediente Blasebalg und später, etwa 1500 vor Chr., kam der fußbediente Blasebalg auf, der es ermöglichte, auch Kupfer- und Zinnlegierungen herzustellen.

Der nächste bedeutende Entwicklungsschritt fällt ins ausgehende 18. Jahrhundert: Damals stieg die Kapazität der Hochöfen mit Koksfeuerung in Westeuropa stark an, und es wurden noch leistungsfähigere Gebläse als bisher gebraucht.

Als John Wilkinson dann eine Bohrmaschine für Kanonenrohre erfunden hatte, konnten auch große,exakt bearbeitete gußeiserne Zylinder hergestellt werden. Damit war die Voraussetzung geschaffen, einen Kompressor mit einem Kolben zu bauen.

1776 wurde der erste Kolbenkompressor in einer Maschinenfabrik in Shopshire/England installiert. Er war für einen Druck von nur 1 bar ausgelegt, da die eingesetzten Ventile noch aus Holz bzw. Leder waren und somit keine höheren Verdichtungstemperaturen zuließen.

Später ersetzte man diese Ventile durch Stahlplattenventile, so daß auch höhere Drücke erreicht und damit höhere Temperaturen technisch bewältigt werden konnten.

Mit dem Aufkommen der Industrialisierung in der zweiten Hälfte des 19. Jahrhunderts wurde die Druckluft zunehmend zu einem wichtigen Energie- und Arbeitsmedium.

So baute man z. B. bereits 1888 in Paris eine zentrale Druckluftversorgung für die ganze Stadt auf, bestehend aus 14 Kompressoren mit insgesamt 1500 kW Antriebsleistung. Die Druckluft wurde dabei sehr vielfältig eingesetzt, z. B. für Druckluftuhren, Rohrpostsysteme, Personenaufzüge, beim Wein- und Bierausschank, für Druckluftmotoren zum Betreiben von Werkzeugmaschinen, Webstühlen und Pressen. Daß sich dieses System einer zentralen Druckluftversorgung analog zur Gasversorgung nicht durchsetzen konnte, lag wahrscheinlich an der zu hohen Leckagerate bzw. an dem zu hohen Installationsaufwand.

So ist es aus heutiger Sicht nur verständlich, daß für die verschiedenen Anwendungen in Industrie und Handwerk eine Vielzahl von Kolbenkompressoren je nach Größe, erforderlichem Druck und Zweckmäßigkeit entwickelt wurde.

Durch den Einsatz der Druckluft im Handwerk und im Bauwesen wurden viele Arbeiten spürbar erleichtert und zum Teil überhaupt erst möglich gemacht. Seit dem Beginn des 20. Jahrhunderts mit der fortschreitenden Industrialisierung und Rationalisierung hat sich das Anwendungsspektrum der Druckluft ständig erweitert. So ist Druckluft heute ein integrierender Bestandteil unserer modernen Arbeitswelt. Ihre Anwendung trägt in hohem Maße zu unserem heutigen Lebensstandard bei.

b) Begriffsbestimmung der Kolbenkompressoren

Unter Kolbenkompressoren versteht man Verdrängermaschinen, bei denen mit einem Kolben, der eine Hubbewegung ausführt, Gase meist durch selbsttätige Ventile (Saug- und Druckventil) in einen Zylinder gesaugt und dann auf ein höheres Druckniveau verdichtet werden.

Die Arbeitsweise des Kolbenkompressors ist periodisch und ergibt somit eine pulsierende Strömung beim Ein- und Austritt aus dem Arbeitsraum. Das Drehmoment an der Kurbelwelle ist ebenfalls periodisch ansteigend und abfallend je nach Position des Kolbens.

Die oszillierende Bewegung des Kolbens und der Übertragungselemente sowie die erforderlichen Zeiten für den Gaswechsel durch die Ventile begrenzen die Drehzahl des Kolbenkompressors nach oben.

Andererseits lassen sich beim Kolbenkompressor durch die Kompression der Arbeitsgase auch bereits bei nur einer Verdichtungsstufe hohe Druckverhältnisse verwirklichen. Kolbenkompressoren eignen sich deshalb dank der guten Abdichtung zwischen Kolben und Zylinderwand generell für hohe Druckverhältnisse – auch bei kleinen Massenströmen.

Der Arbeitsvorgang läßt sich anschaulich im PV-Diagramm darstellen.

Der Hubraum eines Kolbenkompressors stellt das Produkt aus der Kolbenfläche und dem Kolbenhub dar. Dieser Hubraum ist etwas kleiner als das tatsächliche Zylindervolumen. Die Differenz

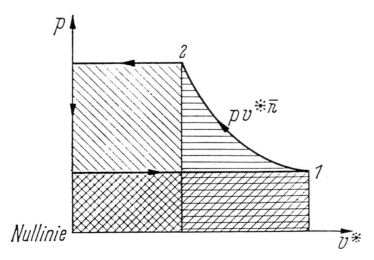

Bild 2.2.1-1: Ideales PV-Diagramm

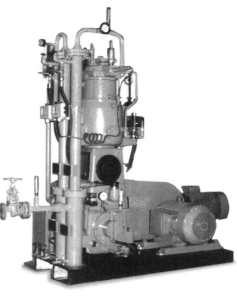

A 1

A 2

aus beiden ergibt den sogenannten Schadraum. Dieser wird aus konstruktiven Gründen benötigt und hängt im wesentlichen von folgenden Faktoren ab:

- dem notwendigen Spiel zwischen Kolben und der Ventilplatte zur Aufnahme der Längenausdehnung von Pleuel und Kolben bei Temperaturänderungen,

- den Fertigungstoleranzen,

- den konstruktiven Erfordernissen für die Ventile und deren Anordnung im Zylinderkopf.

Der Schadraum sollte nach Möglichkeit so klein wie möglich gehalten werden, da mit sich vergrößerndem Schadraum die Liefermenge verringert wird.

c) Verdichtungsvorgang in einer Stufe

Bei einem idealen Verdichtungsprozeß ohne Schadraum würde das gesamte angesaugte Gas im Zylinderraum verdichtet und dann ausgeschoben werden. Der reale Verdichtungsprozeß läuft auf Grund des vorhandenen Schadraumes nach folgendem PV-Diagramm ab.

Dabei wird auch erkennbar, daß die Größe des Schadraumes mit steigendem Verdichtungsenddruck den Liefergrad stark vermindert:

Im Punkt 1 am unteren Totpunkt schließt das federbelastete Saugventil. Beim Weiterdrehen der Kurbelwelle wird der Kolben vom Pleuel nach oben geschoben. Dabei ändert sich der Gaszustand im Zylinderraum entsprechend einer Polytropenverdichtung bis zum Punkt 2, bis das Druckventil gegen den anstehenden Druck im Druckstutzen und die Federkraft des Druckventils selbsttätig geöffnet wird.

Dabei läßt sich ein geringer Druckanstieg beobachten, der mit der Beschleunigung der Gasmassen und der Trägheit der Ventilplatte erklärt werden kann.

$$\mu = \frac{s_0}{s} = \frac{V_s}{V_h} \, 1.$$

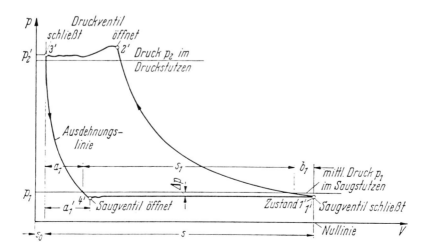

Bild 2.2.1-2: Reales PV-Diagramm

Anschließend wird das verdichtete Gasvolumen bis zum Punkt 3, dem oberen Totpunkt, ausgeschoben. Jedoch verbleibt im Zylinder noch das Gasvolumen des Schadraumes. Nachdem das Druckventil geschlossen hat, entspannt sich beim Weiterdrehen der Kurbelwelle das im Schadraum befindliche Gas. Das Saugventil kann erst öffnen, wenn der Druck im Zylinder unter den im Saugstutzen herrschenden Druck gefallen ist. Die nötige Druckdifferenz ist hierbei von den Strömungswiderständen, der Federkraft des Saugventils und der Beschleunigung der Ventilplatte abhängig.

Beim Abwärtshub sind die Saugventile von Punkt 4 bis Punkt 1 geöffnet und der Kolben saugt neues Gas in den Zylinder.

2.2.1.2 Bauformen und Einsatzbereiche

Die Bauformen der Kolbenkompressoren sind ebenso vielfältig wie ihre Einsatzbereiche. Man kann nach folgenden Kriterien unterscheiden:

a) Nach der Stufenzahl: einstufig oder mehrstufig

Der einstufige Kolbenkompressor erscheint nach der Angabe des Hubvolumens bei niedrigem Verdichtungsenddruck bis 8 bar von der Anschaffung her als die eindeutig preisgünstigste Lösung.

Der Verdichtungsenddruck wird allerdings von der Verdichtungsendtemperatur beschränkt. Es gilt hierbei die Formel nach der polytropen Zustandsänderung für Gase:

$$T_2 = T_1 \left(\frac{P_2}{P_1} \right)^{\frac{n-1}{n}}$$

Dabei kann je nach Baugröße und Auslastung der Verdichtungsenddruck unterschiedlich sein. In der Regel sind bis 2 Nm³/min einstufig 10 bar Verdichtungsenddruck bei guter Luftkühlung noch möglich. Kleinere Kolbenkompressoren mit einer Ansaugleistung unter 100 l/min können bei intermittierendem Betrieb auch höhere Drücke, teilweise bis 20 bar, erreichen.

Für Kolbenkompressoren, die im Dauerbetrieb eingesetzt werden und über 8 bar verdichten, ist auf jeden Fall eine zweistufige Ausführung die kostengünstigere Lösung. Hier muß zwar bei der Anschaffung etwas mehr investiert werden, aber in puncto Folgekosten, wie Energie- und Wartungskosten, ist der zweistufige Kompressor letztlich günstiger.

Beim zweistufigen Kompressor wird das verdichtete Gas nach dem Verlassen der ersten Stufe im Zwischenkühler zurückgekühlt. Dadurch bleibt auch in der nachfolgenden zweiten Stufe die Verdichtungsendtemperatur durch das kleinere Druckverhältnis vom Zwischendruck zum Enddruck niedrig und mit ihr der Energieaufwand.

Siehe dazu das nachfolgende PV-Diagramm einer zweistufigen Verdichtung:

Die zweistufige Verdichtung erlaubt in der Regel Drücke bis 16 bar, in bestimmten Fällen bei guter Kühlung und guter Abstimmung der einzelnen Druckstufen auch bis etwa 35 bar.

Für höhere Drücke werden dann je nach dem Hubvolumen mehr Druckstufen benötigt z.B. drei Stufen bis ca. 200 bar oder vier Stufen für noch höhere Drücke.

b) Nach der Kolbenform: Tauchkolben oder Stufenkolben bzw. Kreuzkopf

Der einfachste und damit auch wirtschaftlichste Kolben ist mit Sicherheit der Tauchkolben. Deshalb wird er auch bei den meisten Kolbenkompressoren eingesetzt. Er ist direkt mit dem Pleuel am Triebwerk verbunden und taucht im unteren Totpunkt etwas in das Kurbelgehäuse ein.

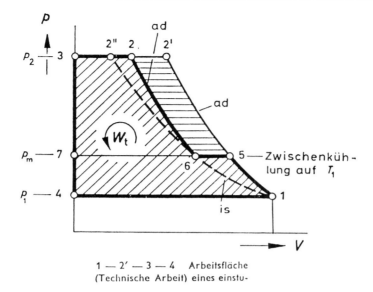

1 — 2' — 3 — 4   Arbeitsfläche
(Technische Arbeit) eines einstu-

Bild 2.2.1-3:   Theoretisches PV-Diagramm für eine zweistufige Verdichtung

Der Stufenkolben kommt dagegen zum Einsatz, wenn mehrstufig gebaut und eine kompakte Lösung angestrebt wird. Dabei kann es wegen der beengten Platzverhältnisse bisweilen Probleme mit der Anbringung der Ventile geben.

Hierzu nachstehend einige Ausführungsbeispiele:

Kreuzkopfmaschinen ermöglichen mit dem gleichen Triebwerk auch Sonderkonstruktionen mit Spezialzylindern, so daß leichter auf individuelle Wünsche des Betreibers eingegangen werden kann. Hier nimmt der Kreuzkopf die auftretenden Seitenkräfte auf. In der Regel werden diese Verdichter für höhere Drücke und mit Stufenkolben gebaut. Aber auch für die ölfreie Verdichtung im Bereich größerer Kompressoren kommt diese Bauweise zum Einsatz. Dabei ist nur das Triebwerk ölgeschmiert, während in den Zylinderbereich kein Öl gelangt und der Kolben mit Hilfe von Teflonringen völlig ölfrei auf der Zylinderlaufbahn gleitet.

c) Nach der Schmierung: ölgeschmiert oder ölfrei verdichtend

Bei den ölgeschmierten Kompressoren werden das Triebwerk und die Zylinderlaufbahn meist mit Öl aus dem Kurbelgehäuse, das gleichzeitig auch als Ölvorratsbehälter dient, geschmiert.

Für den Transport des Öls an die entsprechenden Schmierstellen gibt es die verschiedensten Lösungen.

Die einfachste von allen ist wohl der Ölstift am Pleuel, der bei jeder Umdrehung einmal ins Ölbad eintaucht, wobei mit dem Stift ein kleiner Ölfaden hochschleudert wird. Dabei werden alle Teile, die mit Öl versorgt werden müssen, erreicht wie z.B. Zylinder, Kolben und Lager. Diese Schmierung wird aus Kostengründen hauptsächlich bei kleinen Kompressoren eingesetzt. Wenn der Ölstift direkt in den Ölsumpf eintaucht, wird meist zuviel Öl hochgeschleudert, wodurch der Ölverbrauch ansteigt. Deshalb ist der Gehäuseboden für eine angemessene Dosierung häufig mit einer kleinen Ölmulde ausgestattet. So läuft immer nur die Ölmenge durch eine vorgegebene Bohrung in die Öl-

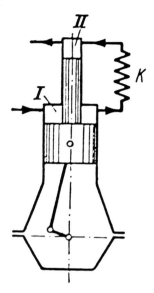

Bild 2.2.1-4: Zweistufiger einfacher Stufenkolben

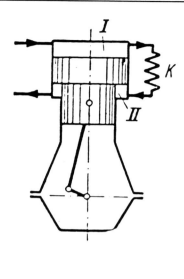

Bild 2.2.1-5: Zweistufig, HD-Stufe als Ringraum

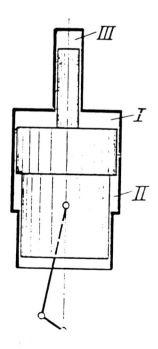

Bild 2.2.1-6: Drei Stufen, einfachste Anordnung

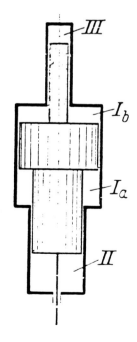

Bild 2.2.1-7: Drei Stufen, ND-Stufe aufgeteilt

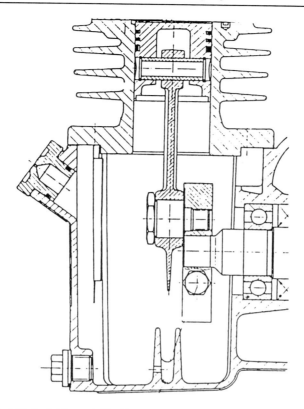

Bild 2.2.1-8. Pleuel mit Ölstift, Gehäuse mit Ölmulde

mulde, die tatsächlich gebraucht wird. Dabei bleibt der Ölstand in der Mulde fast immer auf gleichem Niveau, und zwar unabhängig vom übrigen Ölstand im Gehäuse.

Somit ergibt sich über den ganzen Zeitraum vom maximalen bis zum minimalen Ölstand im Schauglas ein annähernd gleicher Ölverbrauch.

Bei größeren Kompressoren mit meist zwei oder drei Zylindern wird statt des Ölstiftes ein Ölring eingesetzt. Dieser Ölring läuft auf der Kurbelwelle auf einem Wellenabsatz und wird von der Kurbelwelle angetrieben. Er dreht sich aber nicht mit der Drehzahl der Kurbelwelle, sondern durch das Übersetzungsverhältnis von seinem Außendurchmesser zum Wellenzapfen mit einer viel kleineren Drehzahl. Das ist für den Öltransport entscheidend, denn das Öl wird vom Ölring bis zum Wellenzapfen hochtransportiert und dann erst seitlich in die Ölringkammer abgegeben. Von hier aus gelangt es dann durch die Fliehkraft in den hohlgegossenen Kurbelzapfen und anschließend über Ölbohrungen zu den Gleitlagern der Pleuel, Zylinder und Kolben. Der Querschnitt des Ölringes kann rund oder rechteckig sein, je nach der Ölmenge, die transportiert werden soll.

Die Ölringschmierung stellt eine bewährte Schmierung dar, die nicht störanfällig ist.

Nur in unüblichen Schräglagen könnte es Probleme mit dem Ölring geben, da sich dann der Ölring auf die Führungen legen und nicht mehr drehen könnte. Dies tritt aber erst über 15° Schräglage in Achsrichtung der Kurbelwelle auf. Im Normalfall wird der Ölstand am Ölauge kontrol-

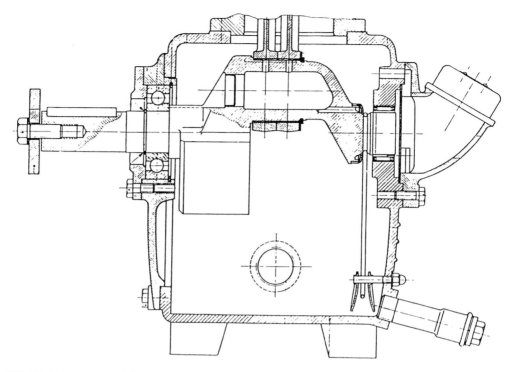

Bild 2.2.1-9: Kompressor mit Ölringschmierung, K 500 Schnittzeichnung Fa. Kaeser

liert. Für eine höhere Sicherheit kann der Ölstand auch mit einer Ölstandskontrolle elektronisch überwacht werden, so daß beim Unterschreiten des Minimalniveaus der Kompressor automatisch abgeschaltet wird, ohne daß ein Schaden eintritt.

Bei größeren Kompressoren werden für die Schmierung Ölpumpen eingesetzt, die die Gleitlager und die Zylinderlaufbahn mit Öl versorgen. Der Öldruck wird überwacht, so daß im Falle einer Störung der Kompressor rechtzeitig abgeschaltet werden kann.

Bei den ölgeschmierten Kompressoren gelangt ein geringer Anteil Öl über die Zylinder am Kolben vorbei in den Verdichtungsraum und damit auch in die Druckluft. Bei den meisten Druckluftanwendungen stört das nicht, da für die Druckluftwerkzeuge ohnehin noch Öler eingesetzt werden.

Es gibt aber auch Anwendungen, bei denen die Druckluft ölfrei sein muß, wie z. B. in der Lebensmitteltechnik, bei Laboranwendungen, bei der Verarbeitung von Mikrochips oder im Dentalbereich.

Deshalb wurden für diese Spezialanwendungsgebiete ölfrei verdichtende Kompressoren entwickelt. Deren Kolben werden nicht geschmiert und laufen ölfrei mit einem Führungsring aus einem Teflon-Compound im Zylinder. Zur Abdichtung werden ebenfalls Kolbenringe aus Teflon eingesetzt. Diese Ringe können je nach Auslegung und Betriebsbedingungen eine hohe Standzeit erreichen. Dabei liegen 10.000 h Laufzeit durchaus im Bereich des Möglichen. Dann allerdings sollten diese Ringe gewechselt werden. Nach einer Generalüberholung kann der Kompressor meist wieder voll eingesetzt werden.

Bei neueren Konstruktionen wird der Führungsring auch im Festverbund auf dem Kolben aufgebracht. Allerdings hat das den Nachteil, daß nach dem Verschleiß der Führungsschicht der Kolben ersetzt werden muß und nicht wieder verwendet werden kann.

Die Kurbelwelle und die Pleuel sind bei diesen Konstruktionen mit dauergeschmierten Lagern versehen. Dabei spielen das eingesetzte Fett und die Abdichtung eine entscheidende Rolle. Es muß hier ein Spezialfett und eine Sonderabdichtung bei den Lagern zum Einsatz kommen, da mit den Standardfetten und der normalen Abdichtung der Lager eine ausreichende Lebensdauer nicht zu erreichen ist.

In puncto Zylinderwerkstoff hat sich für die Paarung mit Teflonringen ein feinlamellarer Grauguß, der nach der Feinbearbeitung noch mit einer Schutzschicht versehen wird, hervorragend bewährt. In der Praxis werden aber auch andere Paarungen eingesetzt wie etwa Messingbüchsen

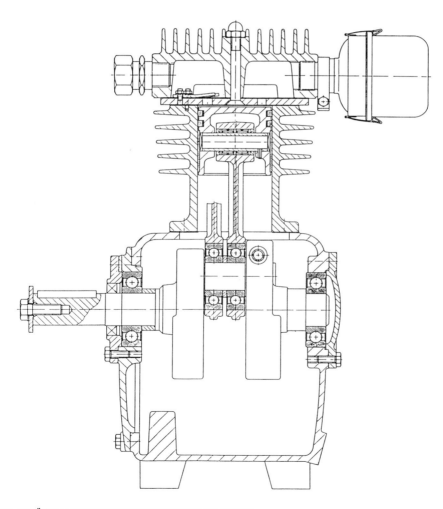

Bild 2.2.1-10: Ölfrei verdichtender Kompressor KT 500 Fa. Kaeser

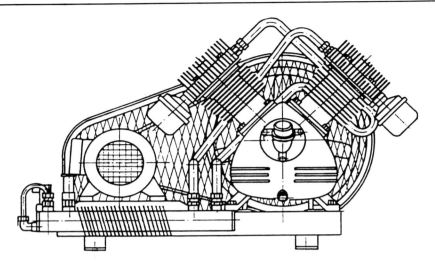

Bild 2.2.1-11: Kompressoraggregat mit Keilriemenantrieb

oder hartcoatierte Aluminiumzylinder. Für den Verschleiß der Führungsringe ist die Rauhigkeit im Zylinder von entscheidender Bedeutung. Sie sollte möglichst niedrig sein, um auch den Reibwert so gering wie möglich zu halten.

c) Nach der Antriebsart: Riemen- oder Direktantrieb

Beim Antrieb in der herkömmlichen Bauweise denkt man sicherlich zunächst an den altbewährten Keilriemenantrieb. Dazu werden Kompressor und Antriebsmotor auf einer Grundplatte montiert und der Keilriemen wird mit einer Spanneinrichtung auf die richtige Spannung gebracht. Bei diesem Antrieb sind noch weitere Anbauteile wie Motorscheibe und Kompressorscheibe und die entsprechenden Schutzeinrichtungen für den Riementrieb erforderlich. Die Kompressorscheibe ist in den meisten Fällen auch als Lüfterscheibe zur Kühlung des Kompressor ausgebildet. Außerdem übernimmt sie mit ihrer Masse die Aufgabe zum Ausgleich des ungleichförmigen Drehmomentes des Kompressors. Dazu nachstehende Abbildung eines Kompressoraggregates:

Bei neueren Konstruktionen wird häufig aus Kostengründen und wegen der kompakten, platzsparenden Bauweise die direkte Kupplung von Antriebsmotor und Kompressor bevorzugt. Bei kleineren Kompressoren wird das Kompressorgehäuse direkt an dem Motor angeflanscht. Der Kurbelflansch wird meist auf die Motorwelle geklemmt, so daß die Motorwelle in der Verlängerung auch gleichzeitig noch die Kurbelwelle darstellt. Diese Konstruktion stellt eine sehr wirtschaftliche Lösung dar. Zusätzliche Teile für den Schutz der Kupplung werden nicht gebraucht, da die bewegten Teile im Gehäuseflansch untergebracht sind. Ebenso entfällt das Nachspannen für den Keilriemen.

Bei größeren Kompressoren, wenn Kompressor und Motor getrennt auf einem Grundrahmen gegenüberliegend montiert und damit auch größere Fluchtfehler überbrückt werden müssen, kommen nur elastische Kupplungen zum Einsatz.

Bei genau zueinander zentrierten Gehäusen von Motor und Kompressor kann dagegen auch mit einer starren Kupplung als Kegelverbindung gearbeitet werden.

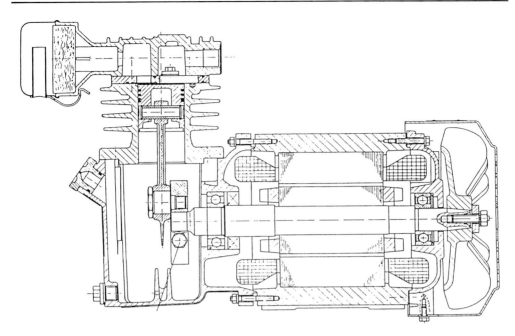

Bild 2.2.1-12: Direktgekuppelter Kompressorblock

d) Nach der Zylinderzahl und deren Anordnung

Kleinere Kompressoren bis ca. 350 l/min Ansaugvolumen haben in der Regel nur einen Zylinder. Es gibt hier jedoch auch viele Ausführungen, die bereits für kleinere Ansaugleistungen mit zwei Zylindern gebaut werden. Der Vorteil liegt hier im besseren Massenausgleich, da in der V-Anordnung die Massenkräfte von Kolben und Pleuel in der ersten Ordnung zu 100 % mit rotierenden Gegengewichten ausgeglichen werden können. Bei größeren Kompressoren gibt es dabei noch den Vorteil, daß mehrere gleiche Teile aufgebaut sind und damit ein gewisses Baukastensystem für eine Kompressorenbaureihe möglich wird. Für den Anwender hat das den Vorteil, daß ebenfalls gleiche Ersatzteile wie Ventilplatten, Kolben und Zylinder für mehrere Kompressorgrößen verwendbar sind.

Bei der Zylinderanordnung hat sich eigentlich die freistehende Zylinderanordnung in V- oder W-Anordnung durchgesetzt, weil die Zylinder gut im Kühlluftstrom plaziert werden können. Deshalb ist die Reihenanordnung, bei der der zweite Zylinder praktisch im Kühlluftschatten des ersten Zylinders liegt, rückläufig.

Darüber hinaus gibt es noch weitere Möglichkeiten, z. B. in liegender Bauweise in Boxeranordnung oder in stehender bzw. liegender Ausführung von Einzylinderkreuzkopfmaschinen. Diese haben aber für den oben genannten Leistungsbereich keine Bedeutung. Es gibt auch Konstruktionen, mit vier bzw. sechs Zylindern. Bei den Sechszylindermaschinen sind die Zylinder dann in Sternanordnung angebracht. Mit steigender Zylinderzahl kann zwar die Laufruhe des Kompressores weiter verbessert werden, jedoch dürften die Produktionskosten im Vergleich zu Konstruktionen mit weniger und größeren Zylindern stärker zunehmen. Hier gilt es genau abzuwägen, welche Lösung auch im Hinblick auf die Wartungskosten die wirtschaftlichere ist.

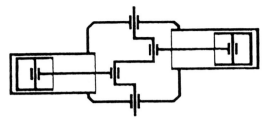

Boxeranordnung

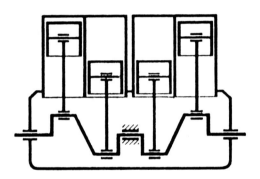

Reihenanordnung

Sternanordnung

Bild 2.2.1-13: Zylinderanordnungen

Einzylinder

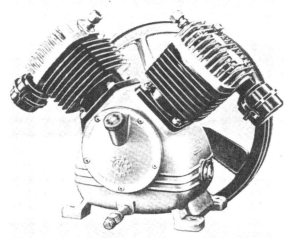

Zweizylinder in
V-Anordnung

Dreizylinder in
W-Anordnung

f) Nach der Ausführung der Kompressoreinheit: Aggregat oder Anlage mit Druckbehälter

Im allgemeinen versteht man unter der Bezeichnung Kompressoraggregat nur den Kompressor mit dem Antrieb auf einer Grundplatte. Für den Betrieb des Aggregates sind dann noch die Steuer- und Regelgeräte erforderlich, ebenso der Druckbehälter als Speicherbehälter für das zu verdichtende Medium und die Verbindungsleitungen vom Aggregat zum Druckbehälter. Bei den Kompressoranlagen ist der Druckluftbehälter meist untergebaut. Die Anlage ist dann voll betriebsfertig und mit allen Regel- und Überwachungseinrichtungen versehen.

Es gibt allerdings je nach Einsatzgebiet eine Vielzahl verschiedener Ausführungen, beginnend beim Hobby- und Handwerkerbereich mit geringen Leistungen und zum Teil tragbaren oder fahrbaren Kompressoren, wobei die Druckbehältergröße im transportablen Bereich verständlicherweise möglichst klein gehalten wird, um eine große Mobilität zu erhalten.

Nachstehend einige Ausführungsbeispiele solcher Kompressoranlagen:

Es gibt auch Ausführungen, bei denen zwei Kompressoraggregate auf einen Druckbehälter aufgebaut sind. Diese Ausführung erfordert meist einen etwas längeren Behälter, um genügend Platz zum Aufbau beider Aggregate zu erhalten. Solche Anlagen werden hauptsächlich dann eingesetzt, wenn aus Sicherheitsgründen, wie etwa bei Sprinkleranlagen, immer ein Aggregat betriebsbereit sein muß.

g) Nach dem Schallpegel: ungedämpfte bzw. geräuschgedämpfte Kompressoranlagen

Daß Kompressoren nicht gerade zu den leisesten Maschinen gehören, dürfte allgemein bekannt sein. Früher wurde der relativ hohe Lärmpegel auch mehr oder weniger akzeptiert. Inzwischen ist jedoch erwiesen, daß ein zu hoher Lärmpegel Gesundheit und Allgemeinbefinden nachhaltig verschlechtern kann, wenn man ihm längere Zeit ausgesetzt ist. Deshalb werden immer höhere Anforderungen an den Lärmschutz bei Kompressoren gestellt.

Bild 2.2.1-14a: Kompressoranlage mit Druckbehälter EPC 630-250 Fa. Kaeser

Bild 2.2.1-14b: Fahrbare Kompressoranlage ECO-Car 300

Auf diese Bedürfnisse hat sich die Industrie inzwischen bereits eingestellt. Es gibt für eine ganze Reihe von Kolbenkompressoren geeignete schallvermindernde Maßnahmen. Zu den einfachsten zählen hier wohl die Schalldämmhauben, die einfach über die Kompressoreinheit montiert werden. Sie lassen sich in den meisten Fällen auch noch nachträglich anbringen. Die Schallreduzierung kann dabei je nach Aufwand der Schalldämmhaube zwischen 10 bis 15 dB (A) betragen.

Neuere Konstruktionen zielen jedoch gleich auf eine serienmäßige Geräuschpegelreduzierung hin und sind entsprechend kompakt und für eine gute Schalldämmung ausgelegt. Das zeigt z. B. die nachstehend abgebildete Kompressoranlage.

Der Kompressor wird platzsparend über dem Motor auf einem Grundrahmen angeordnet und bildet mit diesem eine Einheit. Diese Einheit ist gegenüber dem äußeren Rahmen mit elastischen Elementen isoliert, so daß kein Körperschall nach außen übertragen werden kann. Für die Kühlung sorgt ein großdimensionierter Lüfterflügel, der sich auf der Motorwelle befindet, die Kühlluft von außen ansaugt und dann durch die Kompressoranlage am Motor vorbei und auf die Zylinder bläst. Die Zuluft- und Abluftöffnungen sind mit geeigneten Schalldämmkulissen versehen.

2.2.1.3 Bauteile

Die wichtigsten Bauteile eines Kolbenkompressors sind Kolben, Zylinder, Pleuel, Kurbelwelle, Ventile, Lager, Gehäuse und Zylinderkopf.

a) Ölgeschmierte Kolben und Kolbenringe

Auf die verschiedenen Kolbenausführungen wie Tauchkolben, Stufenkolben wurde bereits unter dem Kapitel Bauformen eingegangen. Hier soll deshalb die detaillierte Betrachtung des eigentlichen Kolbens folgen. Beim überwiegenden Teil der Kolben wird wegen ihrer guten Gleit- und Verschleißeigenschaft eine leichte Aluminiumlegierung mit ca. 10 % Siliziumgehalt als Werkstoff gewählt. Mit dieser Legierung lassen sich die Kolben auch für den Serieneinsatz im Druckguß- oder im Kokillengußverfahren wirtschaftlich herstellen. Um die oszillierenden Massen niedrig zu halten,

Bild 2.2.1- 15: Kompressoranlage ohne Schalldämmung

wird ein geringes Kolbengewicht angestrebt. Graugußkolben kommen vereinzelt noch in der Hochdruckstufe zweistufiger Verdichter in V-Anordnung zum Einsatz, um den Massenausgleich zu optimieren.

Der Kolben hat die Aufgabe, das Medium im Zylinder zu verdichten und zum Kurbelgehäuse hin gut abzudichten. Die Abdichtfunktion übernehmen dabei die Kolbenringe. Sie haben ferner die Aufgabe, das überschüssige Öl, das aus dem Kurbelgehäuse in die Zylinder geschleudert wird, wieder abzustreifen.

Die wichtigsten Kolbenring-Formen sind der Rechteckring, der Minutenring, der Nasenring und der Gleichfasen- bzw. der Dachfasenring. Durch Anordnung, Form und Anzahl der Kolbenringe lassen sich Dichtwirkung und Ölverbrauch beeinflussen.

Ziel sollte ein möglichst niedriger Ölverbrauch des Kompressors sein, um lange Ölnachfüllintervalle zu erreichen. Ein niedriger Ölverbrauch bedeutet aber auch geringe Ölkohlebildung und damit weniger Störungen und Verschleiß an den Ventilen.

Bild 2.2.1- 16: Kompressoranlage mit Schalldämmhaube

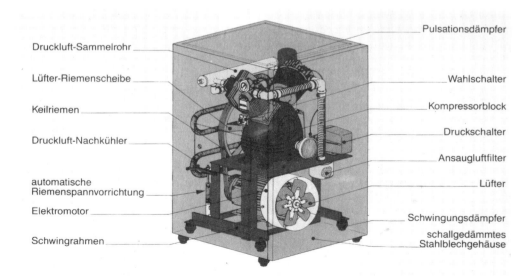

Bild 2.2.1-17: Neukonstruktion mit Schalldämmung, Kompressoranlage Airbox 500 Fa. Kaeser

Für den normalen Standard-Kolben bei Kompressoren bis 10 bar Verdichtungsendruck zeichnet sich heute folgende Ringbestückung und Anordnung ab:

Siehe nachstehendes Bild 2.2.1-18.

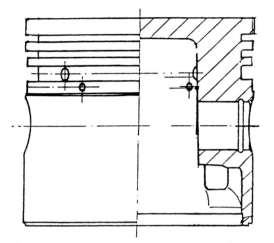

Nut I
Minutenring nach DIN 70915

Nut II
Nasenring nach DIN 70930

Nut III
Gleichfasenring nach DIN 70948
oder Dachfasenring nach DIN 70947

Bild 2.2.1-18: Standardkolben für ölgeschmierten Kompressor

Die Kolbenform ist nicht genau rund, sondern meist oval, wobei der kleinere Durchmesser sich auf der Kolbenbolzenachse befindet, um die Verformung durch die Gaskräfte besser ausgleichen zu können. Aber auch auf der Längsachse weicht er von der zylindrischen Form ab und wird häufig am Schaft ballig und im Bereich der Kolbenringe leicht konisch ausgeführt, um die höhere Wärmeausdehnung, bedingt durch die Verdichtungswärme, die über den Kolbenboden in den Kolben einströmt, auszugleichen. Hinsichtlich der ovalen Formgebung reichen beim Kompressorkolben meist wenige Hundertstel mm aus, im Gegensatz zum Kolben eines Verbrennungsmotors, wo die ovale Form deutlicher ausgeprägt sein muß. Dies liegt in erster Linie an den beim Verbrennungsmotor auftretenden weitaus höheren Temperaturen.

Die Anzahl und Auswahl der Kolbenringe richtet sich nach dem Verdichtungsenddruck. Für einen Verdichtungsenddruck von 10 bar reichen im allgemeinen drei Kolbenringe aus, wie in Bild 2.2.1-18 gezeigt wird. Bei höheren Drücken über 10 bar muß die Ringanzahl erhöht werden, wobei es wegen der besseren Dichtwirkung notwendig ist, in den ersten Ringnuten mindestens einen Rechteckring einzusetzen.

Die Kolbenringe müssen sich in den Kolbenringnuten frei bewegen können. Deshalb ist ein Mindestspiel in axialer Richtung und in radialer Richtung erforderlich. Wenn die Kolbenringe längere Zeit im Einsatz sind, können sie sich radial abnutzen, so daß dann auch das Stoßspiel größer wird. Bei einem zu großem Stoßspiel der Ringe nimmt die Liefermenge des Kompressors ab und es erhöht sich in gleichem Maße die Durchblasmenge über das Kurbelgehäuse.

Durch den Gasdruck werden die Kolbenringe zusätzlich zur eigenen Vorspannung nach außen an die Zylinderwand gepreßt. Eine zu hohe Vorspannung bewirkt bei den Kolbenringen einen zu hohen Verschleiß der Zylinderlaufbahn und mehr Reibarbeit. Wird hingegen der Kolbenring zuwenig vorgespannt, dann dichtet dieser nicht richtig ab und es kommt zu erhöhtem Ölverbrauch und mehr Leckage im Zylinder.

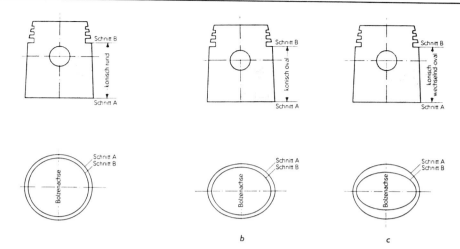

Bild 2.2.1-19: Kolbenform

Der Standardwerkstoff der Kolbenringe für ölgeschmierte Kompressoren ist ein verschleißfester, feinlamellarer Grauguß mit einem Grundgefüge aus Perlit und einem fein verteilten Phosphidnetz. Für extrem hohe Belastungen gibt es Sonderwerkstoffe, die aber im praktischen Einsatz von Serienmaschinen nur eine untergeordnete Bedeutung haben.

Ein wichtiges Kriterium der Kolbenringe ist die Rundheit, mit der sie im Zylinder anliegen. Die Ursache für einen zu hohen Ölverbrauch ist häufig in nicht gut tragenden Kolbenringen zu suchen. Deshalb werden die Ringe von den Herstellern je nach Bedarf auch am Außendurchmesser geläppt. Beim Einbau der Kolbenringe ist auf die richtige Einbaulage zu achten. Dies gilt gleichermaßen für den Minuten-, Nasen- und den Gleichfasenring. Dabei muß immer die mit „Top" gekennzeichnete Seite zum Kolbenboden hinweisen, um die richtige Abstreifwirkung an der Zylinderwand in Richtung Kurbelgehäuse zu erreichen. Wird z. B. der Minutenring falsch montiert, dann steigt der Ölverbrauch sprunghaft auf ein Mehrfaches des üblichen Wertes an.

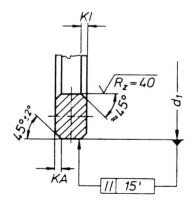

Bild 2.2.1-20: DIN 70910 Rechteckring

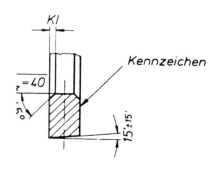

Bild 2.2.1-21: DIN 70911 Minutenring

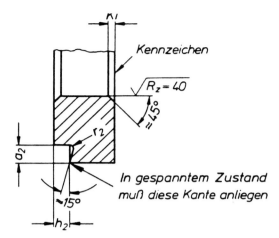

Bild 2.2.1-22: DIN 70930 Nasenring

Für den Kompressoreneinsatz werden im allgemeinen die Kolbenringe nach den folgenden DIN-Reihen verwendet:

Bei den Minutenringen gehen die Bestrebungen zu einer größeren Schräge, um ein rasches Einlaufen zu erreichen.

Die Nasenringe sind meist zugleich noch als Minutenringe ausgebildet. Die Ölabstreifwirkung dieser Ringe ist beachtlich. Bei den Gleichfasenringe ist es wichtig, daß beide Fasen gut zum Tragen kommen.

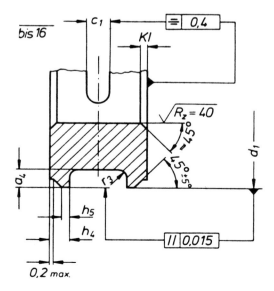

Bild 2.2.1-23: DIN 70947 Dachfasenring

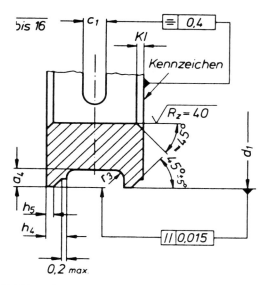

Bild 2.2.1-24: DIN 70948 Gleichfasenring

b) Ölfreie Kolben und Kolbenringe

Kolben für ölfrei verdichtende Kompressoren weisen eine andere Konstruktion auf als die für ölgeschmierte Kompressoren. Bei ersteren kommen zusätzlich zu den Kolbenringen noch ein oder – je nach Größe – zwei Führungsringe hinzu. Der Führungsring, der früher aus einer Kohlebüchse bestand und heute meist aus einem elastischen PTFE-Compound (Polytetrafluräthylen) gefertigt ist, hat die Aufgabe, die Führung des Kolbens bei einem minimalen Reibaufwand zu übernehmen und die Berührung des eigentlichen Aluminiumkolbens mit dem Zylinder zu verhindern.

Reines PTFE ist zu weich und wird deshalb mit verschiedenen Füllstoffen wie Graphit, Bronze, Kohle- oder Glasfaser zum Compound gemischt. Um dabei eine ausreichende Standzeit zu erhalten, ist auf die Auslegung des Führungsringes besonders zu achten. Vor allem darf der Führungsring nicht zu kurz sein, damit er seine Aufgabe auch erfüllen kann und nicht zu schnell verschleißt. Hat sich ein zu großer Verschleiß am Führungsring eingestellt, kann der Kolben zu stark im Zylinder verkippen, was bald zu einer Berührung des Aluminiumkolbenschaftes mit der Zylinderwand führt.

Bei den Kolbenringen, die ebenfalls aus PTFE-Compound gefertigt sind, gibt es verschiedene Ausführungen. Diese Kolbenringe sind deutlich breiter als Graugußkolbenringe für ölgeschmierte Kolbenkompressoren. Dies ist zum einen wegen der Bearbeitbarkeit und zum anderen wegen der Tatsache, daß die Abdichtung ohne Öl einen breiteren Dichtspalt erfordert, notwendig.

Die Kolbenringe haben ein radiales Spiel zum Nutgrund des Kolbens. Um eine bessere Dichtwirkung zu erreichen, werden zum Andrücken der PTFE-Ringe an die Zylinderwand häufig noch Andrückfedern benutzt. Diese Federn übernehmen, wenn sie als Flachfedern ausgeführt sind, noch eine zusätzliche Abdichtfunktion am Kolbenringstoß. Beim Einbau ist darauf zu achten, daß der Stoß der Andrückfeder zum Stoß des Kolbenringes um 180° versetzt montiert wird.

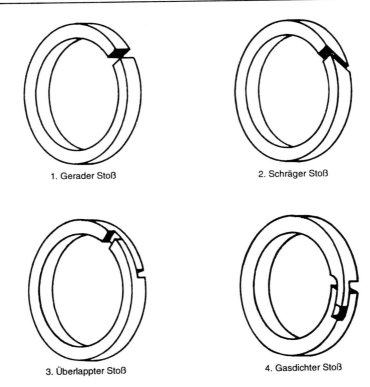

1. Gerader Stoß   2. Schräger Stoß

3. Überlappter Stoß   4. Gasdichter Stoß

Bild 2.2.1-25: Kolbenringe aus PTFE Stoßausführungen

Die Masse der Andrückfeder ist möglichst niedrig zu halten, damit sich die Federn durch die eigene Vorspannung am Kolbenring halten und keinen zusätzlichen axialen Bewegungen durch die Beschleunigungenkräfte ausgesetzt sind. Diese würden nur dazu führen, daß die Kolbenringstege besonders bei höheren Drehzahlen von den Andrückfedern durch ständiges Reiben verschlissen würden.

c) Taumelkolben für ölfrei verdichtende Kompressoren

Bei dieser Konstruktion sind Kolben und Pleuel ein Teil. Die Führung und die Abdichtung wird von einer PTFE-Manschette, die am Kolbenboden eingespannt ist, übernommen.

Der Kolben selbst besteht nur aus einer flachen Scheibe, die sich während der Hubbewegung taumelnd seitlich in der Kurbelebene bewegt. Die elastische Manschette kann sich hierbei in den jeweiligen Endlagen der runden Zylinderform gut anpassen, so daß eine gute Abdichtung gewährleistet ist.

Es handelt sich hier um eine kostengünstige Konstruktion, die jedoch nur für kleine Leistungsbereiche (60 bis 120 l/min Hubvolumen) und beschränkte Lebensdauer (1000 bis 2000 h) eingesetzt wird.

Der Kolbenhub ist beim Taumelkolben begrenzt und dürfte bei einer Pleuellänge von 120 mm maximal etwa 30 mm betragen. Dabei gilt: Je länger der Hub, um so länger muß das Pleuel wer-

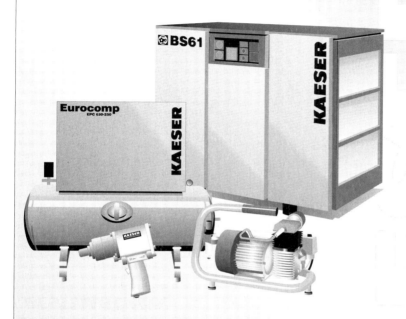

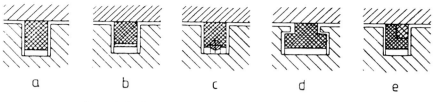

Querschnittsformen von Kolbenringen (a - e)

Rechteckform (a) ohne Rechteckfeder
       " (b) mit Rechteckfeder
       " (c) mit Rundfeder

Bild 2.2.1-26: Querschnittsformen von Kolbenringen

den. Der Kippwinkel von 4° sollte dabei nicht überschritten werden, damit die Manschette noch abdichten kann. Wird dieses Verhältnis überschritten, kann die Manschette die Dichtfunktion in den Endlagen des Kolbens nicht mehr 100%ig übernehmen.

d) Zylinder

Der Zylinder stellt den eigentlichen Arbeitsraum des Kompressors dar. Hier gibt es je nach Anwendung, Druck, Medium, Kühlung und Maschinenbauart konstruktive Erfordernisse, die auf Grund der Erfahrungen des Herstellers festgelegt werden.

Die Zylinderform richtet sich natürlich auch in erster Linie nach der Kolbenform. Bei Stufenkolben können noch die Ventile im Zylinder seitlich mit eingebaut werden. Für wassergekühlte Maschinen müssen bei den Zylindern eingebaute Kühlwasserräume vorgesehen werden..

Im Liefermengenbereich von 2 bis 200 Nm^3/h wird vorwiegend der einfachwirkende Zylinder mit Luftkühlung und angegossenen Kühlrippen bevorzugt. Diese Konstruktion ist sowohl vom Kostenaspekt als auch von der Fertigungstechnik her recht günstig.

Größe, Dicke, Abstand und Anzahl der Kühlrippen richten sich dabei vorwiegend nach dem Massendurchsatz und dem Verdichtungsenddruck sowie nach dem äußeren Kühlluftstrom, der an

Bild 2.2.1-27: Taumelkolben mit Manschette

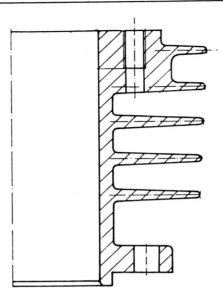

Bild 2.2.1-28: Luftgekühlter Zylinder mit angegossenen Kühlrippen

den Zylindern vorbeistreicht. Bei der Konstruktion muß bereits an das Gießverfahren gedacht werden, mit dem der Zylinder hergestellt werden soll. Dies hängt wieder im wesentlichen von der Stückzahl und der Größe des Zylinders ab.

Als Zylinderwerkstoff kommt im Normalfall Grauguß GG 25 mit feinlamellarem Perlit zur Anwendung.

Einen wesentlichen Einfluß auf den Ölverbrauch und das Einlaufverhalten der Kolbenringe hat die Oberflächenbeschaffenheit der Zylinderlaufbahn.

Früher wurden die Zylinder in einem Honvorgang auf eine mittlere Rauhigkeit von Rz 5 bis 7 µ m gehont. Dabei trat nach dem Einlaufen eine Glättung von ca 2 bis 3 µm ein, so daß nur noch eine geringe Rauhigkeit für den weiteren Betrieb zur Verfügung stand.

Heute werden die meisten Zylinder plateaugehont.

Durch das Plateauhonen wird der Einlaufvorgang deutlich verkürzt, und es kommt gleich beim Einlaufen zu wenig Verschleiß an den Kolbenringen und im Zylinder. Es kann auch gleich zu Beginn mit einem niedrigen Ölverbrauch gerechnet werden.

Für ölfreie Kompressoren mit PTFE-Kolben müssen die Zylinder im Gegensatz zum ölgeschmierten Zylinder eine möglichst geringe Rauhigkeit haben, damit der Verschleiß der Kolbenringe, Manschetten bzw. Führungsringe niedrig bleibt.

Bei der idealen Rauhigkeit trägt sich ein leichter PTFE-Film aus dem Einlaufabrieb der Kolbenringe auf die Zylinderlaufbahn auf und bleibt an der Zylinderwand haften. Dann läuft praktisch PTFE gegen PTFE, was den niedrigsten Reibfaktor ergibt.

Bei Zylindern aus GG muß die Zylinderlaufbahn nachträglich vor Korrosion geschützt werden.

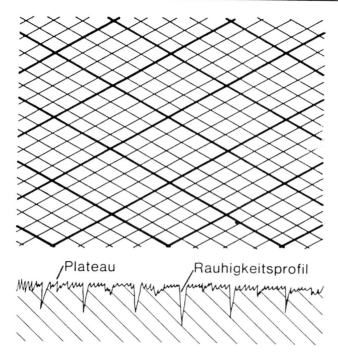

Bild 2.2.1-29: Rauhigkeit der Zylinderoberfläche plateaugehont

Bei neueren Konstruktionen werden für ölfrei verdichtende Kompressoren Aluminiumzylinder mit einer hartcoatierten Zylinderlaufbahn eingesetzt. Diese Beschichtung ist korrosionsfest und hat gute Verschleißeigenschaften. Von den Eigenschaften her entspricht die Hartcoatschicht einer Keramikbeschichtung mit einer sehr großen Härte.

Verschiedentlich werden auch Zylinder mit eingebauter Ms-Büchse eingesetzt. Diese haben jedoch den Nachteil, daß die Zylinderlaufbahn geringeren Widerstand gegen Verschleiß aufweist.

e) Ventile

Man unterscheidet Einzelventile, konzentrische Ventile und Lamellenventile.

Für die richtige Funktion und die Lebensdauer des Kompressors spielen die Ventile eine entscheidende Rolle. Ventilbefederung und Spaltquerschnitt müssen nach Drehzahl, Kolbendurchmesser, Hub und Druckbereich genau auf den Kompressor abgestimmt werden, um gute Ergebnisse und lange Ventilstandzeiten zu erreichen.

Die Ventile haben die Aufgabe, beim Gaswechsel im Zylinderraum rechtzeitig zu öffnen und zu schließen. Deshalb ist mindestens ein Saug- und ein Druckventil erforderlich.

An die Ventile werden folgende Anforderungen gestellt:

− Dichtheit im geschlossenen Zustand,

− geringer Schadraum,

− geringe Saug- bzw. Druckverluste,

- leichtes und schnelles Öffnen,

- schnelles und sanftes Schließen,

- hohe Verschleißfestigkeit und damit lange Lebensdauer,

- Temperaturbeständigkeit.

Es werden fast ausnahmslos selbsttätige Plattenventile eingesetzt, bei denen das Öffnen und Schließen durch die Druckverhältnisse im Zylinderraum bewirkt wird.

Eine einwandfreie Funktion ist hauptsächlich von der Abstimmung der Befederung, einem ausreichenden Strömungsquerschnitt und dem Ventilhub abhängig.

Eine zu hohe Schmierölmenge kann einen negativen Einfluß auf die Lebensdauer der Ventile haben. Es kann zum Verkleben der Ventilplatten bzw. zur Anlagerung von Ölkohle und dann zur Undichtheit kommen.

Bei unwirksamen Abscheidern kann Kondenswasser in die Zwischenstufe eindringen, zur Korrosion der Ventilplatten und damit zum Plattenbruch führen. Die Einzelventile werden am häufig-

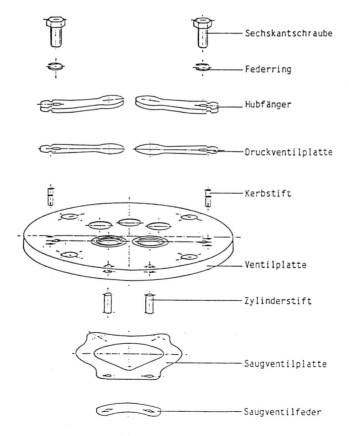

Bild 2.2.1-30:   Lamellenventil (Saug- und Druckventil)

sten dann eingesetzt, wenn die Einbauverhältnisse dies zulassen. Reicht der Platz nicht aus, so kommen konzentrische Ventile zur Anwendung, wie dies häufig im Hochdruckbereich der Fall ist.

Bei Kleinkompressoren haben sich in der ersten Stufe heute zum größten Teil die einfachen und unkomplizierten Lamellenventile durchgesetzt.

f) Kurbelwelle

Die Kurbelwelle hat die eigentliche Aufgabe, die Drehbewegung des Antriebsmotors in eine oszillierende Bewegung des Kolbens umzuwandeln.

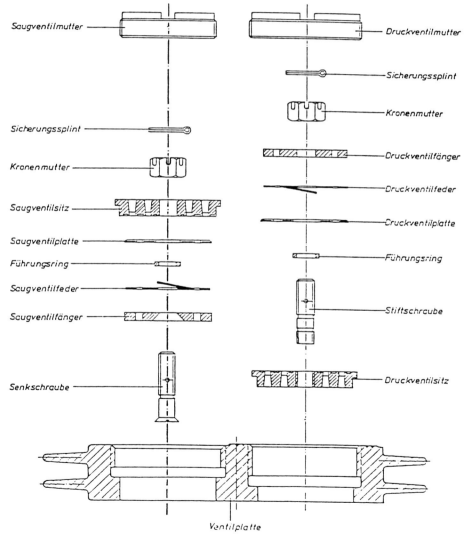

Bild 2.2.1-31: Einzelventile, Fabr. Dienes, Saug- und Druckventil

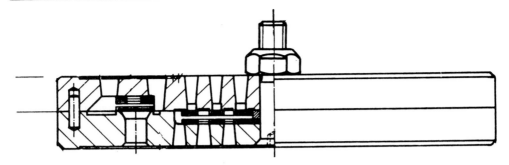

Bild 2.2.1-32: Konzentrisches Ventil, Fabr. Dienes

Es gibt hier verschiedene Bauweisen. In der Regel werden sternförmige Kurbelwellen verwendet, bei denen auf einem Kurbelzapfen mehrere Pleuel nebeneinander montiert sind. Gerne wird dabei eine Gleitlagerung für die Pleuel am Kurbelzapfen vorgezogen, da dann noch die Möglichkeit besteht, die Pleuel über dem gekröpften Kurbelwellenende aufzufädeln. Dies erspart eine Teilung der Pleuel auf der Kurbelwellenseite.

Eine ausgefeilte Konstruktion stellt dabei ein Sonderfall dar, bei dem die Kurbelwelle nur auf der einen Seite an der Kurbelwange ein Gegengewicht aufweist. Der Momentausgleich wird dann in die Lüfterscheibe gelegt.

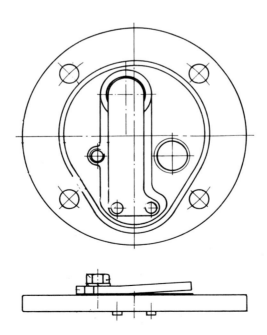

Bild 2.2.1-33: Lamellenventil

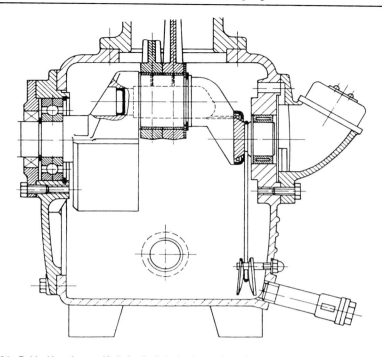

Bild 2.2.1-34: Beidseitig gelagerte Kurbelwelle jedoch mit nur einem Gegengewicht

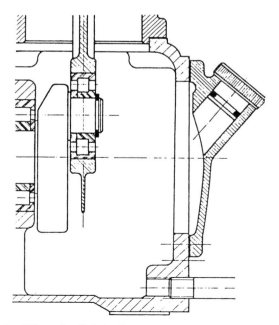

Bild 2.2.1-35: Kurbelwelle mit fliegendem Kurbelzapfen

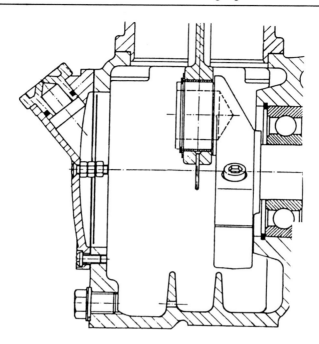

Bild 2.2.1-36: Geklemmter Kurbelflansch

Bei Kleinkompressoren gibt man auch häufig der einfachen Konstruktion einer fliegenden Lagerung des Kurbelzapfens den Vorzug. Dabei kann der Kurbelzapfen an der eigentlichen Kurbelwelle angeschmiedet oder als Kurbelflansch aufgeklemmt sein. Letzteres erleichtert die Demontage im Reparaturfall erheblich.

Früher wurden vorwiegend geschmiedete Kurbelwellen eingesetzt, die aber heute zunehmend durch die kostengünstigeren gegossenen Kurbelwellen aus Sphäroguß verdrängt werden.

g) Pleuel

Um die Massenkräfte möglichst niedrig zu halten, muß das Pleuel möglichst leicht sein. Dies führt zu schlanken, aber dennoch steifen Konstruktionen (Doppel-T-Profil). Da bei Kompressoren die Gaskräfte nicht so hoch sind wie bei Verbrennungsmotoren, hat dort das Aluminiumpleuel beträchtlich an Bedeutung gewonnen. Insbesondere auch deshalb, weil es bei hoher Stückzahl im Druckguß kostengünstig hergestellt werden kann. Bei der richtigen Wahl der Aluminiumlegierung kann diese auch als Gleitlagerwerkstoff für die Pleuelbohrungen benutzt werden.

Für die Hochdruckstufen werden aber weiterhin Pleuel aus Stahl oder Sphäroguß eingesetzt, um einen sicheren Sitz für das Nadellager am Kolbenbolzen bzw. am Pleuellager zum Kurbelzapfen zu erhalten.

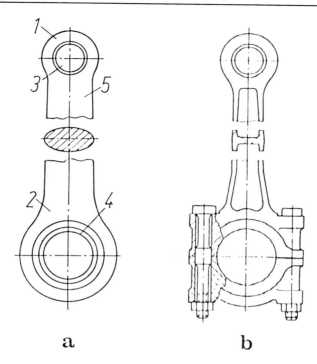

Bild 2.2.1-37: Querschnittsformen von Pleueln

2.2.1.4 Antriebsarten

a) Keilriemenantrieb

Beim Antrieb eines Kolbenkompressors denkt man in der Regel zuerst an den bewährten Keilriemenantrieb mit Elektromotor. Dieser Antrieb ist bei kleinen und mittleren Kompressoren sehr häufig vorzufinden. Dabei kann die Drehzahl des Kompressors durch Verändern der Motorscheiben genau der Motorabgabeleistung angepaßt werden.

Auch der Frequenzwechsel von 50 auf 60 Hz bedeutet nur einen Wechsel der Motorscheibe bei gleicher Drehzahl des Kompressors. Nachteilig ist beim Keilriemenantrieb allerdings die notwendige Nachspannung für den Keilriemen. Diese kann zwar auch so konstruiert sein, daß sie in einem bestimmten Bereich automatisch durch Federkraft erfolgt, bedeutet aber in jedem Fall einen zusätzlichen Aufwand.

Bei nicht automatischen Nachstellungen muß der Keilriemen von Zeit zu Zeit auf die richtige Riemenspannung hin geprüft werden. Dazu gibt es Prüfgeräte, mit denen man die Spannung direkt am Keilriementrieb kontrollieren kann.

Ansonsten stellt der Keilriemenantrieb einen problemlosen Antrieb und deshalb auch eine weitverbreitete Antriebsart nicht nur bei Kompressoren, sondern auch im allgemeinen Maschinenbau dar.

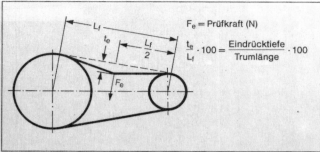

Bild 2.2.1-38: Prüfen der Riemenspannung

b) Direktgekuppelter Antrieb

Als zweite Antriebsart gibt es den direkten Antrieb durch eine elastische Kupplung oder eine starren Verbindung. Dabei dreht sich der Kompressor mit der gleichen Drehzahl wie der Antriebsmotor. Bei straßenfahrbaren Kompressoren gibt es die Möglichkeit mit einem dazwischengeflanschten Getriebe. Da diese Kolbenkompressoren für das Bauwesen heute weitestgehend durch Schraubenkompressoren ersetzt sind, hat diese Konstruktion nur noch eine untergeordnete Bedeutung.

Bei Kleinkompressoren ist aus Kostengründen eindeutig ein Trend zum direktgekuppelten Kompressor erkennbar. Wohl auch deshalb, weil in diesem Bereich die Stückzahlen höher liegen und damit oft Sonderkonstruktionen gerechtfertigt erscheinen.

Da der direkte Antrieb besonders platzsparend ist, kann damit die häufige Forderung der Industrie nach kompakten Kompressoraggregaten gut erfüllt werden.

Siehe hierzu Bild 2.2.1-11 und 12.

c) Motoren

Zum Antrieb von Kolbenkompressoren werden überwiegend Elektromotoren eingesetzt. Dabei ist ab einer Antriebsleistung von 3 kW eigentlich nur der Drehstrom-Kurzschlußläufermotor von Bedeutung.

Dieser Motor ist zuverlässig und hat ein starkes Anzugsmoment von ca. 260 % des Nennmomentes. Er kann daher das Hochlaufen des Kompressors ohne Mühe vollziehen. Dabei lassen sich Motoren bis ca. 4 kW direkt einschalten, während Motoren mit höheren Antriebsleistungen meist über einen Stern-Dreieckschalter gestartet werden.

Im Bereich unterhalb von 2,2 kW tritt neben den Drehstrom-Kurzschlußläufermotor der Wechselstrommotor mit drei verschiedenen Ausführungsformen auf.

1. Der Wechselstrom-Kondensator-Motor mit Betriebskondensator

Hier handelt es sich um den in der Praxis am meisten eingesetzten Motor. Seine Vorteile sind ein günstiger Anschaffungspreis, geringe Störanfälligkeit und ein niedriger Wartungsbedarf. Um den Nachteil des geringeren Anzugsmomentes gegenüber den beiden anderen Motorvarianten wieder wettzumachen, wurden für Kompressoren in den meisten Fällen spezielle Motorwicklungen hergestellt.

Im Handwerks- und Hobbybereich überwiegt dieser Motor heute, weil auf Baustellen und in Hobbywerkstätten eher ein Wechselstromanschluß als ein Drehstromanschluß vorhanden ist. Nach oben hin sind diesem Motor jedoch Leistungsgrenzen gesetzt, die bei maximal 2,2 kW liegen. Diese Grenze ist durch die in den Haushalten übliche Absicherung von 16 A gegeben.

Bei langen Zuleitungen bis zu 50 m, wie sie häufig auf Baustellen vorzufinden sind, kann es zu einem erheblichen Spannungsabfall am Motor und damit zu einer Überlastung des Motors kommen. Deshalb müssen hier weitere Maßnahmen getroffen werden, um den Anlauf des Kompressors zu erleichtern. Dazu gehören entsprechende Entlastungseinrichtungen, die die Druckleitung des Kompressors während des Starts und gegebenenfalls noch im Anlauf entlüften und damit das Gegenmoment des Kompressors niedrig halten.

2. Der Wechselstrom-Kondensator-Motor mit Anlauf- und Betriebskondensator

Motoren dieser Bauart weisen ein gutes Anlaufmoment auf. Sie haben aber den Nachteil, daß der Anlaufkondensator nach dem Hochlaufen des Motors wieder abgeschaltet werden muß.

Dazu ist entweder ein Fliehkraftschalter, ein stromabhängiges Relais oder ein Zeitglied erforderlich. Der Fliehkraftschalter übernimmt bei einer bestimmten Drehzahl das Abschalten des Anlaufkondensators. Bei ungünstigen Spannungsverhältnissen kann es nach dem Anlauf wieder zu einem Drehzahlabfall kommen, wenn der Verdichtungsdruck ansteigt, wobei dann der Fliehkraftschalter den Anlaufkondensator erneut zuschaltet. Dadurch steigen Drehmoment und Drehzahl wieder an, bis der Fliehkraftschalter durch die höhere Drehzahl abschaltet usw. und sofort. Dies führte bei diesen Motoren in der Vergangenheit zu häufigen Ausfällen, so daß sie heute fast nicht mehr anzutreffen sind.

3. Der Repulsionsmotor

Der Repulsionsmotor hat ein hohes Anlaufmoment und läuft auch bei einem erheblichen Spannungsabfall noch gut und weich an. Allerdings ist der Wartungsaufwand deutlich höher, da hier von Zeit zu Zeit die Kohlen an den Bürsten ausgewechselt werden müssen. Wenn diese Wartungsarbeit nicht rechtzeitig durchgeführt wird, kann der Kollektor stark beschädigt werden.

Der Repulsionsmotor ist der technisch aufwendigste somit auch der teuerste Motor. Deshalb hat er heute im Kompressorenbau fast keine Bedeutung mehr.

Im Baugewerbe und im Bereich von Sonderanwendungen werden auch Kompressoren mit Benzin- oder Dieselmotor eingesetzt.

Die Benzinmotoren (vorwiegend Viertaktmotoren) treiben den Kompressor über eine Fliehkraftkupplung und einen Keilriemen an. Beim Anwerfen des Benzinmotors mit dem Reversierstarter bleibt der Kompressor zunächst noch im Stillstand und kommt erst in Bewegung, wenn der Benzinmotor hochgelaufen ist. Die Drehzahl des Benzinmotors wird dann auf einen festen Wert eingestellt, um eine aufwendige Drehzahlregelung zu vermeiden.

Anders sieht es beim Antrieb mit Dieselmotoren aus. Um Dieselkraftstoff einzusparen, wird hier bei größeren Kompressoren die Drehzahl geregelt.

Allerdings sind straßenfahrbare Kolbenkompressoren für den Bau, die früher über ein Zwischengetriebe angetrieben wurden, heute meist durch Schraubenkompressoren ersetzt worden, da diese häufig mit Direktkupplung arbeiten und sich wesentlich kompakter bauen lassen.

Von untergeordneter Bedeutung im Kompressorenbau ist der Gleichstrommotor. Seine Anwendung beschränkt sich auf wenige Sonderfälle, in denen nur Gleichstrom zur Verfügung steht.

2.2.1.5 Regelungs- und Steuerungsarten von Kolbenkompressoren

Da in der Praxis der Druckluftbedarf nicht konstant, sondern häufig starken Schwankungen unterworfen ist, müssen die Kompressoren für den maximalen Luftbedarf und eine zusätzliche Reserve ausgelegt sein. Darüber hinaus muß ihre Liefermenge über eine Regelung dem jeweiligen Luftbedarf angepaßt werden. Um einen unnötigen Energieaufwand für eine Höherverdichtung zu vermeiden, sollten die Kompressoren möglichst in dem Druckbereich arbeiten, der auch tatsächlich vom Verbraucher benötigt wird.

Als Regelstrecke dienen dabei der Druckbehälter und das Druckluftnetz, das gerade bei größeren Druckluftanlagen ein beachtliches Speichervolumen, etwa in Form einer Ringleitung, bieten kann.

Steigt der Luftbedarf, dann sinkt der Druck im Behälter und im Druckluftnetz. Deshalb wird der Druck als Regelgröße herangezogen.

Es gibt eine ganze Reihe unterschiedlicher Regelungen:

a) Die Aussetzregelung

Bei der Aussetzregelung wird der Kompressor über einen Zweipunktregler (Druckschalter) automatisch ein- und ausgeschaltet. Die Förderung liegt während des Einschaltens immer bei 100 %. Es gibt keinen Leerlauf und daher auch keine Verluste. Der Kompressor läuft innerhalb der Schaltdifferenz, mit der der Druckschalter eingestellt ist. Diese muß geringfügig oberhalb des tatsächlich benötigten Betriebsdruckes liegen.

Da die Motoren wegen der Motorerwärmung nur eine bestimmte Anzahl von Schaltungen zulassen, ist dafür zu sorgen, daß der Druckbehälter die richtige Speichergröße hat, um die für die Stillstandszeiten des Kompressors erforderliche Luftmenge zu bevorraten.

Die zulässige Schalthäufigkeit richtet sich nach der Motorgröße. Siehe hierzu nachstehende Tafel:

Tafel 2.2.1-1: Schalthäufigkeit in Abhängigkeit von der Motorgröße

Motorleistung [kW]	Schalthäufigkeit h
15–22	12
7,5–11	15
4–5,5	20
1,5–3	25
0,37–1,1	30

Die Aussetzregelung ist bei Kleinkompressoren die häufigste und wirtschaftlichste Regelungsart. Um die jeweiligen Anforderungen zu erfüllen, gibt es verschiedene Druckschaltervarianten.

Die Druckschalter gibt es für verschiedene Druckbereiche mit verstellbaren Schaltdifferenzen. Des weiteren können diese Druckschalter mit verschiedenen Motorschutzschaltern mit verstellbaren Stromwerten ausgerüstet und damit der jeweiligen Motorgröße genau angepaßt werden.

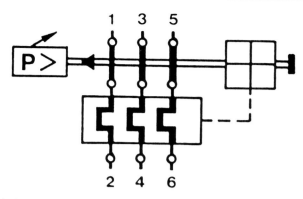

Bild 2.2.1-39: Druckschalter mit Motorschutzschalter dreipolig für einen Drehstrommotor

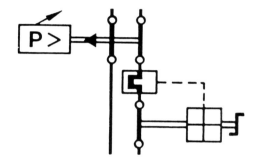

Bild 2.2.1-40: Druckschalter zweipolig für einen Wechselstrommotor mit Anlaufentlastungsventil

Um den Anlauf des Kompressors zu erleichtern, lassen sich diese Druckschalter auch mit Entlastungsventilen versehen. Dabei wird nach dem Abschalten die Druckleitung vom Kompressor bis zum Rückschlagventil am Druckluftbehälter entlüftet, so daß der Kompressor beim nächsten Anlauf entlastet anlaufen kann.

Neuere Entlüftungsventile bleiben beim Anlauf noch kurzzeitig offen, bis der Kompressor seine Nenndrehzahl nahezu erreicht hat. Sie schließen dann durch den höheren Staudruck im Ventil selbsttätig. Derartige Ventile werden gerne in Verbindung mit Wechselstrommotoren eingesetzt.

b) Regelung durch Verschließen der Saugleitung

Hierbei wird die Saugleitung mit einem pneumatischen Ventil oder einem Magnetventil geschlossen, wenn der obere Schaltpunkt erreicht ist. Der Kompressor läuft dann im Leerlauf weiter, ohne Gas anzusaugen und zu verdichten. Fällt der Druck am Behälter wieder auf den unteren Schaltpunkt, dann öffnet das Ventil in der Saugleitung und der Kompressor kann wieder Gas ansaugen. Nachteilig ist im Leerlauf der hohe Unterdruck im Zylinderraum, der zu einem Ansteigen des Ölverbrauchs führt. Durch den Leckageeffekt der Kolbenringe wird nämlich Gas aus dem Kurbelgehäuse nach oben gesaugt und mit diesem auch Öl.

Deshalb ist diese Regelung etwas ungünstig. Sie wird hauptsächlich bei Nachverdichtern eingesetzt, wobei allerdings der Leerlaufanteil gering sein sollte.

Ansonsten ist ein Bypass-Ventil vorzusehen, mit dem vermieden wird, daß im Zylinder ein zu hoher Unterdruck entsteht. Die im Leerlauf angesaugte Gasmenge wird nicht verdichtet, sondern mit atmosphärischen Druck wieder ins Freie ausgestoßen.

c) Regelung durch Offenhalten der Saugventile mit Greifer

Wenn der obere Schaltpunkt erreicht ist, werden bei dieser Regelung die Saugventile offengehalten, so daß die angesaugte Gasmenge beim eigentlichen Ausschub nicht verdichtet wird, sondern durch die offenen Saugventile wieder zurück in die Ansaugleitung oder über die Ansaugfilter in die Atmosphäre geschoben wird.

Das zwangsweise Offenhalten der Saugventile verrichtet ein Greifer, der durch die Schlitze der Ansaugöffnungen im Saugventil auf die Saugventilplatte drückt und diese in geöffneter Stellung hält. Dabei wird der Greifer mechanisch von einem kleinen pneumatisch betätigten Kolben bewegt und durch Federkraft in die geschlossene Stellung zurückgestellt. Die Beaufschlagung des Kolbens kommt von einem Regler, der am Druckbehälter oder in der Druckleitung angebracht ist.

Fällt der Behälterdruck durch Luftentnahme auf den unteren Schaltpunkt ab, so entlüftet der Aussetzregler die Steuerleitung für den pneumatischen Kolben, die Feder drückt den Kolben und den Greifer dann zurück, so daß das Saugventil wieder schließt, und der Kompressor beginnt wieder zu arbeiten.

Diese Regelung kann auch kombiniert mit einer Aussetzregelung betrieben werden. Dann wird der Kolben nicht von einem mechanischen Aussetzregler angesteuert, sondern von einem 3/2 Wegemagnetventil. Hierfür sind noch ein Druckschalter und ein Zeitglied für die Dauer der Leerlaufzeit erforderlich. Nach dem Ablaufen der Leerlaufzeit schaltet der Kompressor dann automatisch ab.

d) Regelung durch Verändern der Drehzahl

Diese Regelungsart findet man hauptsächlich bei Baukompressoren mit Dieselmotorantrieb. Dabei wird der Dieselmotor im Drehzahlbereich von ca. 20 % der Nenndrehzahl abgeregelt. Der Regelbereich richtet sich auch nach der Charakteristik des Motors, insbesondere nach dem Drehmomentverlauf bei fallender Drehzahl. Das Drehmoment des Kompressors fällt mit der Drehzahl kaum ab. Anders sieht es allerdings beim Verbrennungsmotor aus. Für den Drehstrommotor gibt es die Möglichkeit, die Drehzahlregelung über eine Frequenzveränderung vorzunehmen. Dies könnte durchaus interessant werden, wenn frequenzgeregelte Antriebe weitere Verbreitung finden und damit kostengünstiger werden.

Mit Gleichstrommotoren ist eine Drehzahlregelung zwar auch denkbar, aber wegen des erhöhten Aufwands von Umformer und Regelungstechnik noch zu teuer. Hier stehen notwendiger Aufwand und erreichbarer Nutzen in keinem vernünftigen Verhältnis.

e) Verringerung der Liefermenge durch Zuschalträume

Bei dieser Regelung wird der Zylinderraum durch ein federbelastetes Regelventil mit einem Zusatzraum verbunden und damit der Schadraum derart vergrößert, daß die vom Kompressor geförderte Luftmenge deutlich reduziert wird. Diese Regelung hat jedoch in der Praxis nur einen sehr begrenzten Anwendungsbereich.

f) Regelung durch Abschalten einzelner Kompressoren

Besteht die Kompressorenstation aus mehreren Kompressoren, so können einzelne Anlagen entsprechend dem Luftbedarf zu- oder abgeschaltet werden.

Die Regelung geschieht durch unterschiedliche Einstellungen der Druckschalter, wobei für jeden Kompressor ein Druckschalter erforderlich ist. Dabei läßt sich auch der Vorrang der einzelnen

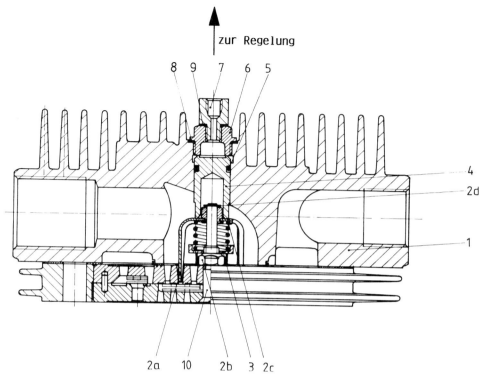

Bild 2.2.1-41: Leerlaufregelung mit Greifer, Ventilplatte und Regler

Kompressoren automatisch oder manuell von Zeit zu Zeit wechseln, um eine gleichmäßige Auslastung der Kompressoren zu erreichen.

Mit Hilfe einer Zeitschaltuhr kann der automatische Wechsel täglich oder wöchentlich erfolgen.
Es besteht auch die Möglichkeit, nach jedem Start automatisch jeweils einem anderen Kompressor
den Vorrang einzuräumen. (Siehe Kapitel 7.)

2.2.1.6 Kühlung

Während der Verdichtung erfährt das Gas im Zylinderraum nach folgender Polytropenformel eine Temperaturerhöhung T1 auf T2:

$$T_2 = T_1 \cdot \left(\frac{p_2}{p_1} \right)^{\left(\frac{x-1}{x} \right)} \ [K]$$

Um eine polytrope Verdichtung zu erreichen, muß während der Verdichtung im Zylinder bereits
Wärme abgeführt werden. Deshalb ist es notwendig, daß die Zylinder und Zylinderköpfe mit großen
Kühlrippen versehen und diese möglichst gut gekühlt werden, um bereits während des Verdich-
tungsvorgangs viel Wärme abzuführen. Das gilt besonders für Druckverhältnisse über 4.

Bei guter Kühlung verläuft der Verdichtungsvorgang mehr in der Nähe der isothermen Verdichtung und benötigt somit weniger Energie. Die isotherme Verdichtung mit dem geringsten Energieaufwand kann allerdings in der Praxis nicht erreicht werden, da die Verdichtungswärme auf Grund des Wärmegefälles während des Verdichtungsvorganges nicht vollständig abgeführt werden kann.

Bei schlechter Kühlung verläuft die Verdichtung eher als adiabatischer Vorgang. Eine reine adiabatische Verdichtung würde stattfinden, wenn während der Verdichtung überhaupt keine Wärme abgeführt würde. Das kommt in der Praxis jedoch nicht vor, da immer geringe Wärmeverluste am Zylinder oder an den Rohren auftreten.

Die Verdichtungsendtemperatur erreicht bei der adiabtischen Verdichtung den höchsten Wert.

Als Kühlmittel werden Wasser oder Luft eingesetzt. Wasser ermöglicht eine intensivere Kühlung, hauptsächlich auch an bestimmten, besonders kritischen Stellen, z.B. an den Druckventilen. Dazu kann Frisch- oder Umlaufwasser mit einem Rückkühler eingesetzt werden. Bei geschlossenen Systemen muß für die Wintermonate Frostschutzmittel hinzugegeben werden, um Frostschäden zu vermeiden.

Die Luftkühlung erfordert einen beträchtlich geringeren Aufwand als die Wasserkühlung. Hier muß nicht auf Frostsicherheit und anderen Regelventilen geachtet werden. Die Betriebsbereitschaft ist mit dem Einschalten sofort gegeben. Deshalb wird die Luftkühlung für kleinere und mittlere Kompressoren fast ausnahmslos angewandt. Zu diesem Zweck sind die Zylinder und die Zylinderköpfe mit großen Kühlrippen zu versehen, womit je nach Anzahl und Größe der Kühlrippen eine deutliche Vergrößerung der Kühloberfläche um den Faktor 5 bis 7 gegenüber der normalen Manteloberfläche eines Zylinders und Zylinderkopfes ohne Kühlrippen erreicht wird.

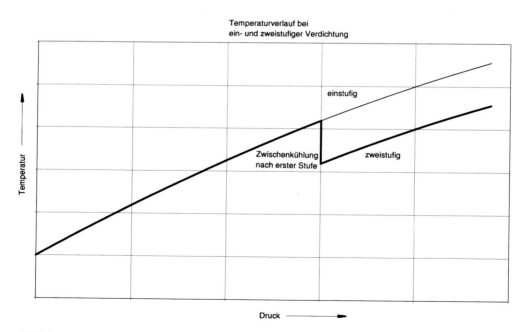

Bild 2.2.1-42: Temperaturverlauf bei einstufiger und zweistufiger Verdichtung

Bei der Luftkühlung wird der Kühlluftstrom meist mit Hilfe des Antriebsrades, das gleichzeitig als Lüfterrad ausgebildet ist, erzeugt. Der Kühlluftstrom soll dabei möglichst nahe und intensiv auf die Zylinder und die Zylinderköpfe gerichtet werden. Die Geschwindigkeit des Kühlluftstromes kann dabei von 4 m/s bis 10 m/s gehen.

Trotz intensivster Kühlung kann jedoch am Zylinder und am Zylinderkopf nur ein geringer Teil der Verdichtungswärme abgeführt werden. Er beträgt bei Drücken bis 10 bar und einstufiger Verdichtung nur etwa 10 %.

Deshalb ist noch eine weitere Abkühlung nach dem Druckstutzen im Nachkühler erforderlich, um die vorgeschriebenen Temperaturgrenzen nach EN 1012-1 einzuhalten, die für den Eintritt der Druckluft in den Druckbehälter zulässig sind. Mit der Begrenzung der Temperaturen soll die Brandgefahr in den Druckluftleitungen vermieden werden. Ebenso wird damit die Lebensdauer der Druckventile und der sich anschließenden Verbindungsschläuche vom Kompressor zum Druckbehälter und die Funktion der Armaturen sowie der Sicherheits- und Rückschlagventile verlängert.

Damit für größere Liefermengen (ab 2 m³/min) die Temperaturen und der Leistungsbedarf möglichst niedrig bleiben, werden die Kompressoren in der Regel bereits ab 8 bar Verdichtungsenddruck zweistufig gebaut. Nach der ersten Stufe wird die Druckluft im Zwischenkühler heruntergekühlt und dann in der zweiten Stufe weiter verdichtet. Das Diagramm unten zeigt deutlich, daß bei zweistufiger Verdichtung für 8 bar Enddruck eine niedrigere Endtemperatur erreicht wird und damit weniger Energie aufgebracht werden muß als bei der einstufiger Verdichtung.

Cu-Rohr mit gewalzten Kühlrippen

Alu-Mehrkammerprofil

Flachrohre aus Stahl

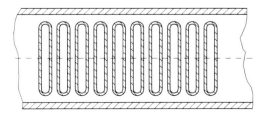

Bild 2.2.1-43: Kühlrohre von Luftkühlern

Luftgekühlte Zwischen- und Nachkühler sind in der einfachsten Form glatte Kupferrohre oder Kupferrohre mit aufgewalzten Kühlrippen. Diese können zu ganzen Rohrbündeln zusammengefaßt werden und bilden dann in einer Einheit den Zwischen- bzw. den Nachkühler. Da solche Rohre auch für höhere Drücke geeignet sind, ergibt sich so eine kostengünstige Kühlerkonstruktion. Es gibt auch Kühler mit Flachrohrpaketen, die untereinander mit Lamellenblechen verbunden sind, um eine größere Kühlfläche zu erhalten. Diese Stahlflachrohre sind an den Enden jeweils in einen Kasten eingeschweißt. Der ganze Kühler wird zum Schutz gegen Korrosion innen und außen verzinkt.

Eine weitere Kühlervariante stellt der Aluminiumringkühler mit einem Mehrkammerprofil für direktgekuppelte Kompressoren dar. Dabei dient der Kühler gleichzeitig als Schutz zum Lüfterflügel hin, der innerhalb der geschlossenen Ringform rotiert und die Kühlluft auf der Innenseite des Kühlers hindurchbläst.

Bei der Konstruktion der Kühler ist darauf zu achten, daß eine möglichst gute Anströmung des Kühlmediums am Kühler erreicht wird.

Für einen Leistungsbereich bis 3 m³/min werden die Zwischenkühler und auch die Nachkühler noch am Aggregat direkt im Bereich des Kühlluftstroms der Kompressor-Lüfterscheibe angeordnet.

Für eine weitere Nachkühlung ist ein zusätzlicher luft- oder wassergekühlter Nachkühler erforderlich. Dies gilt besonders dann, wenn die Druckluft mit einem Kältetrockner weiter heruntergekühlt werden muß, um einen möglichst tiefen Taupunkt zu erhalten.

2.2.1.7 Aufstellung der Kompressoren

a) Fundamente für Kolbenkompressoren

Die Fundamente von Kolbenmaschinen werden durch statische und vorwiegend durch dynamische Kräfte beansprucht, die von den freien Massenkräften und Momenten des Kompressors herrühren.

Deshalb ist es bei der Aufstellung wichtig, auf die Eigenfrequenz des Kompressors und des Fundaments zu achten. Diese dürfen nicht miteinander übereinstimmen, da es sonst zu einer Resonanzanregung kommen würde. Bei den Kompressoren im vorhandenen Leistungsbereich genügt es in der Regel, sie auf elastische Schwingelemente, die von der Unterseite am Fundament angedübelt werden, zu montieren. Dabei ist darauf zu achten, daß die Elemente bei der Erregerfrequenz des Kompressors eine dämpfende Wirkung erzielen und nicht etwa durch die Erregerfrequenz des Kompressors die Schwingungen durch Resonanz noch verstärken. Es ist wichtig, daß der Untergrund eben ist, damit die Elemente gleichmäßig belastet werden und der Grundrahmen des Kompressors nicht durch Montagespannungen verspannt wird.

Die Eigenfrequenz ergibt sich nach der Formel:

$$\gamma_e = \frac{300}{\sqrt{f}} \ [1/\min]$$

f = Einfederung [cm]

Um eine ausreichende Dämpfung zu erreichen, muß die Eigenfrequenz, die sich aus der Einfederung berechnet, weit genug von der Erregerfrequenz entfernt liegen. In der Regel reicht es, wenn die Erregerfrequenz mindestens 20 % oberhalb oder unterhalb der Eigenfrequenz liegt.

Kleinere Kompressoranlagen können direkt auf elastische Schwingelemente auf den Betonboden gestellt werden, wenn sichergestellt ist, daß die Laufruhe der Kompressoren eine zusätzliche Sicherung nicht erforderlich macht.

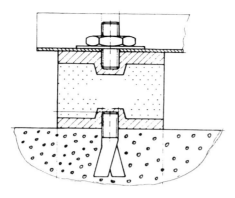

Bild 2.2.1-44: Elastisches Element zur Befestigung des Kompressoraggregats am Fundament

Dann sollten aber immer diejenigen elastischen Elemente untergebaut werden, die der Hersteller vorschreibt. Werden falsche Elemente eingesetzt, kann es noch immer zu Resonanzschwingungen kommen, wodurch Grundplatten und bei Behältern mit aufgebauten Kompressoren die Behältermäntel an den Schweißstellen der Grundplatten und der Füße einreißen können. Deshalb ist es empfehlenswert, bei der Aufstellung von Kompressoren mit untergebauten Behältern die Behälterfüße nicht direkt am Betonboden zu verschrauben, sondern auf elastische Elemente zu montieren.

Bei der starren Befestigung mit Montageschrauben wird häufig eine Unebenheit übersehen, wodurch an den kritischen Stellen zusätzliche Montagespannungen erzeugt werden.

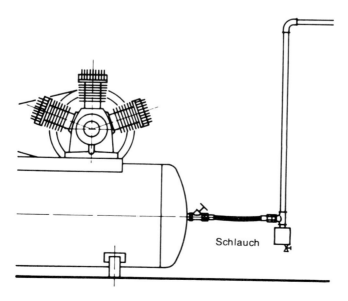

Bild 2.2.1-45: Kompressoranlage Verbindung mit einer elastischen Schlauchleitung

b) Verbindungsleitung des Kompressors mit dem Druckluftnetz

Beim Anschluß des Kompressoraggregates oder der Kompressoranlage ans Druckluftnetz oder an einen separat angeordneten Druckbehälter sollte immer eine elastische Schlauchleitung verwendet werden, damit die Schwingungen, die vom Kompressoraggregat auf Grund der freien Massenkräfte ausgehen, von der elastischen Schlauchleitung abgefangen werden können. Bei einer starren Rohrverbindung besteht die Gefahr, daß sie durch die Schwingungen zerstört oder undicht werden könnte.

Außerdem ist bei einer elastischen Verbindung ein Auswechseln der Kompressoren im Wartungs- und Überholungsfall leichter. Die Schlauchleitungen sollten auf beiden Seiten leicht lösbar und montierbar sein.

c) Kompressorenraum

Der Kompressorenraum sollte sauber, staubfrei, trocken und kühl sein. Die Nordseite eines Gebäudes ist daher wegen der geringeren Sonneneinstrahlung vorzuziehen.

Zur Vermeidung von Frostschäden sollte die Temperatur nicht unter + 5 °C absinken. Deshalb ist es zweckmäßig, die Zuluftöffnungen mit verstellbaren Jalousien zu versehen, um die jahreszeitlichen Schwankungen der Außentemperatur ausgleichen zu können.

Für die Wartung der Kompressoren und der wiederkehrenden Prüfungen der Druckbehälter durch den TÜV ist schon bei der Aufstellung genügend Platz für eine gute Zugänglichkeit vorzusehen. Bei der Aufstellung von Druckbehältern ist auch an das erhöhte Gewicht des Behälters bei der wiederkehrenden Wasserdruckprüfung zu achten. Deshalb müssen die Fundamente bzw. die Wandkonstruktionen auch dafür ausgelegt werden.

Luftgekühlte Kompressoren erfordern einen ausreichenden Kühlluftstrom. Die Raumtemperatur sollte zwischen + 5 °C und maximal 35 °C liegen.

Bis 22 kW kann bei intermittierendem Betrieb mit ausreichend großen Zu- und Abluftöffnungen die anfallende Wärme noch durch natürliche Belüftung aus dem Kompressorenraum abgeführt werden. Dabei sollte sich die Zuluftöffnung direkt vor der Lüfterscheibe des Kompressors befinden und die Abluftöffnung gegenüber, unterhalb der Decke, damit unter den gegebenen physikalischen Bedingungen ein möglichst guter Luftaustausch zustande kommt. Bei kleineren Kompressoren kann die Zuluftöffnung oft aus baulichen Gründen nicht direkt vor der Lüfterscheibe angeordnet werden. Deshalb ist dann auf den Mindestabstand zur Wand zu achten, damit der Kompressor mit seiner Lüfterscheibe noch ausreichend Kühlluft ansaugen und auf die Zylinder und Zylinderköpfe blasen kann. In der Regel liegen diese Abstände je nach Größe des Kompressors bei 0,3 m bis 0,5 m.

Sind mehrere Kompressoren in einem Raum aufgestellt, so bietet sich zur Belüftung des Raumes neben der natürlichen auch die künstliche Belüftung an.

Dabei sollte für jeden Kompressor eine entsprechende Zuluftöffnung, die sich nach der Antriebsleistung richtet, direkt vor dem Aggregat vorgesehen werden. Als Abluftöffnung genügt für die natürliche Belüftung eine große Öffnung, die der Fläche der Zuluftöffnungen entspricht.

Bei der künstlichen Belüftung ist es sinnvoll, die Abluft mit einem thermostatisch gesteuerten Ventilator aus dem Kompressorenraum zu blasen. Im Winter kann dann die warme Abluft auch zum Heizen angrenzender Betriebsräume verwendet werden, wenn im Abluftkanal Umlenkklappen angeordnet sind. Im Sommer wird die Abluft ins Freie geblasen (weitere Informationen siehe Kapitel 7.4).

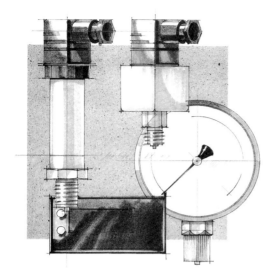

Hansjürgen Ullrich

Wirtschaftliche Planung und Abwicklung verfahrenstechnischer Anlagen

1992, 200 Seiten mit zahlreichen Abbildungen, Diagrammen und Tabellen, Format 16,5 x 23 cm, broschiert, DM 56,- / öS 437,- / sFr 56,-
ISBN 3-8027-8508-8

Verfahrenstechnische Anlagen und Anlagen der Chemischen Industrie stehen im Mittelpunkt der Betrachtungen dieses Buches. Die Probleme der Planung (Erarbeiten der Fließbilder und der gesamten technischen Konzeption) sowie die damit untrennbar verbundenen Wirtschaftlichkeitsfragen werden ausführlich erörtert.

Dem erstmals mit der Bearbeitung eines komplexen Projekts betrauten Ingenieur oder Chemiker soll das Buch einen Weg für die Bewältigung dieser Aufgaben zeigen; dem in der Praxis stehenden, erfahrenen Ingenieur soll es durch übersichtliche Zusammenstellung häufig gebrauchter Symbole, durch Checklisten usw. bei der täglichen Arbeit helfen. Dem Studenten soll das Buch einen Überblick über das weitverzweigte Gebiet des Anlagenbaus geben.

Haus der Technik
Fachbuchreihe
Herausgeber Prof. Dr.-Ing. E. Steinmetz · Essen

Wirtschaftliche Planung und Abwicklung verfahrenstechnischer Anlagen

Prof. Dipl.-Ing. Dr. techn.
Hansjürgen Ullrich

Vulkan-Verlag Essen

VULKAN ▽ VERLAG

Fachinformation aus erster Hand
Postfach 10 39 62 · 45039 Essen
Telefon (0201) 8 20 02-14 · Fax (0201) 8 20 02-40

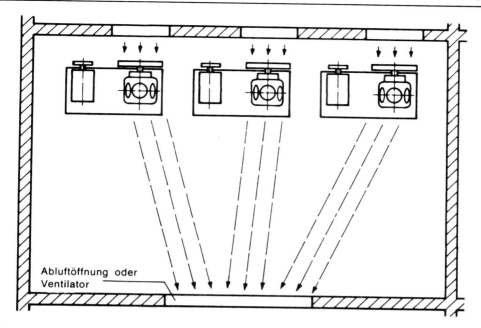

Bild 2.2.1-46: Kompressorenraum

2.2.1.8 Zubehör

a) Druckbehälter

Damit der Kompressor wirtschaftlich betrieben werden kann, ist in den meisten Fällen ein Druckbehälter erforderlich. Er gleicht den schwankenden Druckluftbedarf aus, wobei der Behälter eine gewisse Regelstecke darstellt, wenn der Kompressor nicht im Dauerbetrieb läuft.

Die Druckbehälter können dabei je nach der Raumhöhe und weiteren Erfordernissen in liegender oder stehender Ausführung zum Einsatz kommen. Stehende Behälter sollten jedoch liegenden vorgezogen werden, weil weniger Grundfläche benötigt wird und das Kondensat im Behälter besser abgeleitet werden kann. Das kann sich wegen der damit geringeren Korrosion durch weniger anstehendes Kondensat auch auf die Lebensdauer des Behälters positiv auswirken. Bei der Auswahl der Behältergröße sollte auch unbedingt die Schalthäufigkeit des Kompressors beachtet werden. Sie richtet sich nach der Motorstärke (siehe Tafel 2.2.1/1).

Für die meisten Behälter genügt ein Korrosionsschutz durch Einölen der Innenwandung. Die Druckluft ölgeschmierter Kompressoren ist außerdem ohnehin immer etwas ölhaltig und wirkt zusätzlich korrosionsmindernd auf die Innenwand des Behälters. In vielen Fällen wird damit eine Behälterstandzeit von weit über zehn Jahren erreicht.

Zur weiteren Verbesserung der Standzeit kann jedoch eine Innenbeschichtung oder eine Vollbadverzinkung vorgenommen werden. Allerdings ist beim Vollbadverzinken eine Grenze durch die Verzinkungsbäder gesetzt, die z. Zt. bei einem maximalen Durchmesser von 1600 mm liegt.

Behälter, die ölfreien Kompressoren nachgeschaltet sind, sollten unbedingt mit einen zusätzlichen Schutz versehen, also verzinkt oder mit einer Kunststoffbeschichtung ausgestattet sein, da hier im Behälter reines Kondensat anfällt und dies besonders aggressiv ist und die Korrosion begünstigt. Es wäre dann auch empfehlenswert, dem Behälter einen Kältetrockner vorzuschalten.

Für den Werkstoff, die Bauart, die Herstellung und die erste sowie die wiederkehrenden Prüfungen der Druckbehälter gelten genaue Vorschriften der Berufsgenossenschaften.

Entsprechend der Druckbehälterverordnung werden die Behälter nach der Größe (Inhalt) und zulässigem Druck (bar) in Gruppen eingeteilt.

Seit dem 1.1.93 sind in der EG die neuen europäischen Behältervorschriften gültig. Für einfache Druckbehälter gilt die EG-Richtlinie 87/404 EWG sowie die EN 286, Teil 1.Damit soll eine wesentliche Vereinfachung erreicht werden, um innerhalb Europas die gleichen Behälter einsetzen zu können.

b) Armaturen für den Druckbehälter

Um einen sicheren Betrieb der Kompressorstation zu gewährleisten, müssen die Druckbehälter mit den nötigen und geeigneten Armaturen ausgerüstet werden. Dazu gehört das Sicherheitsventil, das Manometer, der Prüfflansch für die wiederkehrende Prüfung, die entsprechenden Absperrhähne (Kugel- oder Schieberhähne), Rückschlagventil, Schlauchleitungen, Druckregler und das Entwässerungsventil (manuell oder automatisch mit Schwimmerventil).

Das Sicherheitsventil am Behälter muß so bemessen sein, daß es die gesamte Liefermenge der Kompressoren, die auf den Behälter fördern, abblasen kann. Dies ist besonders dann zu beachten, wenn nachträglich noch ein weiterer Kompressor installiert wird. Dann muß auch das Sicherheitsventil überprüft werden. Beim Öffnen muß es spätestens beim 1,1fachen Nenndruck voll geöffnet haben und unterhalb von 10% wieder einwandfrei schließen.

Bei der Auslegung des Manometers ist darauf zu achten, daß der Höchstdruck im Anzeigefeld auch noch dem Prüfdruck bei den wiederkehrenden Prüfungen standhält, ansonsten müßte das Manometer vor dem Überprüfen abgebaut werden.

Für den Kondensatablaß gibt es automatische Systeme (siehe Kapitel 5).

c) Ansaugluftfilter

Für die Ansaugluft gibt es verschiedene Filtertypen, die je nach Einsatzart ausgewählt werden müssen. Im Normalfall, das heißt bei geringer Staubbelastung, reicht der Standardluftfilter, der als Naßluftfilter mit einem Kokosfasergestrick versehen ist, aus.

Bei höheren Staubbelastungen sollte jedoch ein Picoluftfilter bzw. ein Ölbadluftfilter vorgesehen werden. Beim Einsatz eines Ölbadluftfilters ist jedoch darauf zu achten, daß der Ölbadfilter der Luftleistung gut angepaßt sein muß. Ist der Filter zu groß ausgelegt, so wird er praktisch wirkungslos, da durch die Umlenkung die Gasgeschwindigkeit nicht mehr ausreicht, den Schmutz in der Umlenkung ins Ölbad zu schleudern. Ist der Filter zu klein ausgelegt, dann wird das Öl im Filter vom Luftstrom mitgerissen und der Filter wird bald wirkungslos (weitere Informationen dazu siehe Kapitel 3.2.).

d) Filter, Wasser- und Ölabscheider in der Druckluft, Kältetrockner

Da sich die Druckluft nach dem Kühler im Behälter und in der nachfolgenden Druckleitung immer noch weiter abkühlt, fällt auch noch weiteres Kondensat aus.

Dies kann vermieden werden, wenn vor oder nach dem Druckbehälter ein Kältetrockner installiert wird, mit dem die Druckluft bis auf ca. 3 °C heruntergekühlt wird, so daß bis zu diesem Drucktaupunkt die überschüssige Luftfeuchte als Kondensat ausfällt und dann von nachgeschalteten

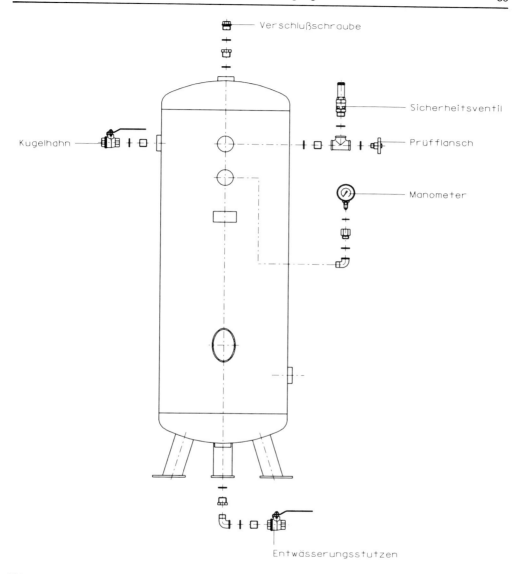

Bild 2.2.1-47: Behälter mit Armaturen

Filtern und Abscheidern abgeleitet werden kann. Damit lassen sich unnötige Kosten, die auf Grund von Störungen durch Korrosion in der Druckluftbereitstellung und -anwendung entstehen können, vermeiden.

Deshalb haben Kältetrockner in den letzten zehn Jahren beträchtlich an Bedeutung gewonnen (weitere Informationen dazu siehe Kapitel 3).

2.2.2 Liefermenge 200 bis 5000 m³/h

2.2.2.1 Grundlagen

2.2.2.1.1 Geschichtliches

Wie in Kapitel 2.2.1.1.1 bereits beschrieben, geht die Nutzung der Druckluft bis in die Bronzezeit zurück.

Mitte des vorigen Jahrhunderts kamen Kolbenkompressoren vor allem im Tunnelbau zum Einsatz; ihre Drehzahlen lagen zwischen ca. 16 und 50 U/min. Um die Jahrhundertwende setzte dann eine sprunghafte Entwicklung ein. Dank der von Linde entwickelten Luftzerlegungsanlage konnten bereits die ersten Hochdruckkolbenkompressoren eingesetzt werden, die Liefermengen bis 1000 m³/h bei Betriebdrücken bis 350 bar erreichten.

2.2.2.1.2 Allgemeiner Aufbau

Die Hauptbestandteile eines Hubkolbenkompressors sind:

– das Triebwerk, bestehend aus dem Kurbelgehäuse, der Kurbelwelle mit den zum Massenausgleich erforderlichen Gegengewichten, den Haupt- und Pleuellagern und den Pleuelstangen

– die Tauchkolben (bei einfachwirkender Ausführung)

– die Kreuzköpfe samt Kreuzkopfführungen und Kolbenstangen mit Scheibenkolben (bei doppeltwirkender Ausführung)

– die Zylinder mit Zylinderköpfen bzw. Zylinderdeckeln und Arbeitsventilen (Saug- und Druckventilen).

Funktionsweise

Der hin- und hergehende Kolben bewirkt die Verdichtung. Zunächst wird durch Volumenvergrößerung des Verdichtungsraumes Luft über das Saugventil angesaugt, dann durch Verkleinerung dieses Raumes verdichtet und über das Druckventil in die Förderleitung gedrückt. Pro Umdrehung der Kurbelwelle erfolgt ein Arbeitsspiel, das sich aus den Vorgängen Ansaugen, Verdichten und Ausstoßen zusammensetzt.

Wesentliche Begriffsbestimmungen (nach PNEUROP)

Hubvolumenstrom:

Das in der Zeiteinheit vom Kolben der ersten Stufe verdrängte Zylindervolumen.

$$V_H = F \cdot s \cdot n \ (m^3/min)$$

F = wirksame Kolbenfläche (m²)

s = Hub (m)

n = Drehzahl (min⁻¹)

Schadraum:

Das Volumen innerhalb des Verdichtungsraumes, in dem am Ende des Verdichtungshubes Druckluft eingeschlossen bleibt.

Relativer Schadraum:

Das Verhältnis von Schadraum zu dem vom Kolben verdrängten Volumen.

Ansaugvolumenstrom:

Das verdichtete, am Standard-Austrittspunkt geförderte Gasvolumen, bezogen auf den Zustand von Temperatur, Druck und Feuchtigkeit am Standard-Eintrittspunkt.

Liefergrad:

Das Verhältnis von Volumenstrom zu Hubvolumenstrom.

Ungleichförmigkeitsgrad:

Die dimensionslose Zahl, die man erhält, wenn man die Differenz zwischen maximaler und minimaler Momentanwellendrehzahl während eines Zeitraumes durch das arithmetische Mittel dieser beiden teilt.

$$d = 2 \frac{n_{max} - n_{min}}{n_{max} + n_{min}}$$

$n = min^{-1}$

Mittlere Kolbengeschwindigkeit:

Sie wird definiert durch die Formel

$$c_m = 2 \cdot s \cdot n/60$$

c_m = mittlere Kolbengeschwindigkeit (m/s)

s = Kolbenhub (m)

n = Drehzahl (min⁻¹)

Ventilspaltgeschwindigkeit:

Die mittlere Gasgeschwindigkeit einer Saug- oder Druckventilgruppe.

$$w = F/f \, c_m$$

w = mittlere Gasgeschwindigkeit (m/s)

F = Kolbenfläche (m²)

f = Ventilspaltquerschnitt (m²)

c_m = mittlere Kolbengeschwindigkeit (m/s)

Der Ventilspaltquerschnitt ist das Produkt aus dem Ventilhub und der Summe der Ventilöffnungsquerschnitte aller Ansaug- oder Druckventile der betreffenden Zylinderseite.

Spezifischer Leistungsbedarf:

Leistungsbedarf an der Motorwelle pro Einheit des Kompressor-Ansaugvolumenstroms.

Tatsächliche Stangenkraft:

Die infolge der Druckdifferenz am Kolben auf die Kolbenstange wirkende Kraft unter Berücksichtigung der Massenkraft.

Zulässige Stangenkraft:

Die maximale Stangenkraft, die der Hersteller für Dauerbetrieb zuläßt.

Aufgrund der ständig wachsenden Zahl der Einsatzgebiete für Druckluft nimmt die Bedeutung des Hubkolbenkompressors vor allem im Mittel- und Hochdruckbereich mehr und mehr zu.

Im Niederdruckbereich bis 14 bar hat der Schraubenkompressor mit Öleinspritzkühlung den einfachwirkenden Hubkolbenkompressor – von speziellen Anwendungsgebieten einmal abgesehen – weitgehend vom Markt verdrängt.

Nach wie vor im Einsatz sind die doppeltwirkenden Kreuzkopfkompressoren, und zwar nicht nur als Trockenläufer, sondern auch mit ölbenetzten Verdichtungsräumen. der Grund hierfür ist die Energieeinsparung durch den günstigen spezifischen Leistungsbedarf. Neben den doppeltwirkenden Kreuzkopfmaschinen im Leistungsbereich bis 5000 m³/h werden daher drei- bis fünfstufige Hubkolbenkompressorn für Betriebsdrücke bis 350 bar und ein- bis dreistufige Nachverdichter (Booster) im Mittelpunkt der folgenden Betrachtungen stehen.

Die Dynamik des Einkurbelkompressors

Massenausgleich

Um einen problemlosen Betrieb der Kompressoranlage zu gewährleisten, ist ein Massenausgleich unbedingt erforderlich. Die hin- und hergehende Bewegung des Kolbens, die Geschwindigkeit und die Beschleunigung bzw. die Verzögerung sind eine Funktion des Kurbelwinkels α und des Schubstangenverhältnisses.

Durch die Bewegung des Triebwerkes während des Verdichtungsvorganges entstehen dynamische Kräfte. Sie bestehen aus:

1. den Gaskräften, die infolge der Druckdifferenz am Kolben auf die Kolbenstange wirken,

2. den Massenkräften, die vom Kurbelgehäuse auf das Fundament übertragen werden,

sowie aus den sich ergebenden Massenmomenten bei mehrkurbeligen Kompressoren.

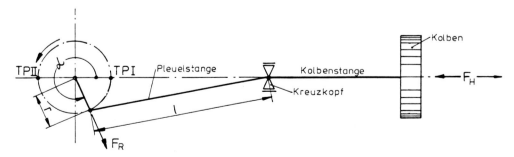

Bild 2.2.2-1: TPI – oberer Totpunkt, Kolbenstellung Deckelseite
                TPII – unterer Totpunkt, Kolbenstellung Kurbelseite

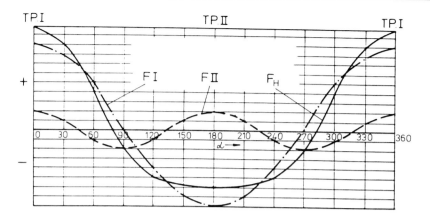

Bild 2.2.2-2: Verlauf der oszillierenden Massenkräfte erster und zweiter Ordnung bei Schubstangenverhältnis = 0,28

Hierbei sind zu unterscheiden:

a) rotierende Kräfte F_r;

zur Bestimmung der entstehenden Kräfte müssen alle mit der Welle umlaufenden Triebwerksteile (Kurbelzapfen, Kurbelwange, rotierender Teil der Pleuelstange sowie das Gegengewicht)
auf den Mittelpunkt des Kurbelzapfens bezogen werden. Der Umlauf erfolgt konstant mit der
Drehzahl.

$$F_r = m_r \cdot r \cdot \omega^2 \text{ [N]}$$

m_r = Masse der auf den Kurbelradius r reduzierten Triebwerksteile (kg)

r = Kurbelradius (m)

$$= \omega = \frac{\pi, n}{30} \text{ Winkelgeschwindigkeit (s}^{-1})$$

b) oszillierende Kräfte Fh;

davon sind alle hin- und hergehenden Triebwerksteile (Kolben, Kolbenstange, Kreuzkopf und
oszillierender Teil der Pleuelstange) betroffen. Sie werden auf den Mittelpunkt des Kreuzkopf-
zapfens (Kolbenbolzen beim Tauchkolbenkompressor) bezogen. Die entstehenden Kräfte wirken in Richtung der Zylinderachse.

$$F_h = m_h \cdot r \cdot \omega^2 \cdot (\cos \alpha + \lambda \cos 2\alpha) \text{ [N]}$$

m_h = Masse der oszillierenden Triebwerksteile (kg)

α = Grad Kurbelwinkel gezählt ab TPI

λ = r/l Schubstangenverhältnis

l = Länge der Pleuelstange (m)

Die oszillierenden Kräfte setzen sich zusammen aus den Kräften erster Ordnung, die während einer Umdrehung über 360° Kurbelwinkel mit einem periodischen Arbeitsspiel wirken. Sie erregen das Fundament daher mit der Drehzahlfrequenz.

$$FI = m_h \cdot r \cdot \omega^2 \cdot \cos \alpha \ [N]$$

Sie setzen sich weiterhin zusammen aus den Kräften zweiter Ordnung, die während einer Umdrehung mit zwei Arbeitsspielen wirken. Sie erregen das Fundament daher mit der doppelten Drehzahlfrequenz.

$$FII = m_h \cdot r \cdot \omega^2 \cdot \lambda \cdot \cos 2\alpha \ [N]$$

3. den wechselnden bzw. pulsierenden Drehmomenten.

Die Kurve des Drehmomentunterschiedes zum mittleren Drehmoment ist eine periodische Funktion mit annähernd sinusförmigem Verlauf. Sie ist abhängig von den Winkeln zwischen den Kurbeln und der Anzahl der Kurbeln. Dem Verlauf der Drehmomentkurve über 360° Kurbelwinkel kann man die Größe und Anzahl der Drehmomentspitzen (und damit die Ordnungszahl) sowie das konstante mittlere Drehmoment entnehmen.

$$n_m = i \cdot n \ [1/min]$$

n_m = Erregerimpulszahl (auf das Fundament wirkend)

i   = Ordnungszahl

$$M_{dw} = \pm \frac{M_{dmax} - M_{dmin}}{2} \ [Nm]$$

M_{dw} aus der Drehmomentkurve zu entnehmen

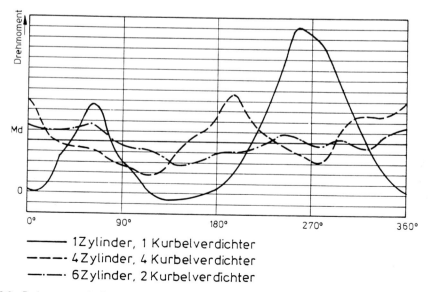

Bild 2.2.2-3: Drehmomentverlauf aus Gas- und Massenkräften

Mehrstufige Verdichtung

In der Regel wählt man die Anzahl der Verdichtungsstufen so, daß das Druckverhältnis bei Luftkompressoren mit ölgeschmierten Verdichtungsräumen in keiner Stufe größer als 4 wird. Entscheidend für diese Festlegung sind:

– Das Ansteigen der Verdichtungsendtemperatur bei zunehmendem Druckverhältnis.

– Die Verringerung des Liefergrades, denn am Beginn des Saughubes expandiert das im Schadraum verbliebene verdichtete Gas mit und verkleinert daher den nutzbaren Kolbenweg.

– Die wachsenden Stangenkräfte, die entscheidend für die Auswahl der erforderlichen Triebwerke sind.

– Die Unfallverhütungsvorschrift UVV (VBG 16), die festlegt, daß zur Vermeidung von Öldampfexplosionen in stationären Anlagen mit ölgeschmierten Druckräumen eine Temperatur von 160°C (bei einstufiger Verdichtung von 200°C) nicht überschritten werden darf.

Die Verwendung hochwertiger Werkstoffe für Kolbenringe und Stopfbüchsenpackungen erlaubt es, mit Trockenläufern zweistufig bis 20 bar zu verdichten. Eine eindeutige Abgrenzung des erreichbaren Enddruckes in Abhängigkeit von der Anzahl der Verdichtungsstufen ist nicht möglich. Weitaus höhere Verdichtungsverhältnisse werden bei Startluftkompressoren für Schiffsdieselmotoren (zweistufig bis 32 bar) und bei fahrbaren Hochdruckkompressoren zum Abdrücken von Rohrleitungen (dreistufig bis 100 bar) erreicht.

Ausreichende Zwischenkühlung nach jeder Verdichtungsstufe verringert den Energiebedarf. Eine Rückkühlung der Druckluft auf etwa 10 °C über Kühlwassereintrittstemperatur oder auf 10 bis 15 °C über Umgebungstemperatur bei luftgekühlten Kompressoren ist anzustreben. Eine steigende Stufenanzahl verringert ebenfalls den Energiebedarf, und zwar durch Annäherung an die Isotherme, das heißt durch Druckerhöhung bei konstanter Temperatur. Der daraus entstehende Vorteil wird allerdings durch die relativ hohen Druckverluste bei geringen Verdichtungsverhältnissen wieder aufgehoben.

2.2.2.2 Bauformen und Einsatzbereiche

Einfachwirkende Tauchkolbenkompressoren in ein- und zweistufiger Ausführung mit Betriebsdrücken bis 15 bar wurden früher als stationäre Kompressoranlagen mit Elektromotorantrieb zur Arbeitsluftversorgung in Werkstätten und Industriebetrieben und als fahrbare Anlagen mit Dieselmotorantrieb auf Baustellen usw. eingesetzt. Heute sind sie jedoch durch den einstufigen Schraubenkompressor mit Öleinspritzkühlung weitgehend vom Markt verdrängt.

Doppeltwirkende, ein- und zweistufige ölgeschmierte Kreuzkopfkompressoren in V- und L-Bauform sind weiterhin im Einsatz. Sie haben aber durch die Weiterentwicklung des ölgekühlten einstufigen Schraubenkompressors eine starke Konkurrenz erhalten.

Als ein- bis vierstufige Trockenläufer werden sie in der Lebensmittelindustrie, als Steuer- und Instrumentenluftkompressoren in der chemischen Industrie, in Raffinerien und Kraftwerken, auf Bohrinseln sowie in der Kunststoffverarbeitung eingesetzt.

Typische Einsatzgebiete für ölgeschmierte, drei- bis fünfstufige, sowohl einfach- als auch doppeltwirkende Mittel- und Hochdruckkompressoren sind:

Wasserkraftwerke (Steuerung von Turbinen, Erzeugung von Stabilisierungs- und Blasluft, Enteisungssysteme),

Dampfkraftwerke (Rußbläser),

Einfachwirkend

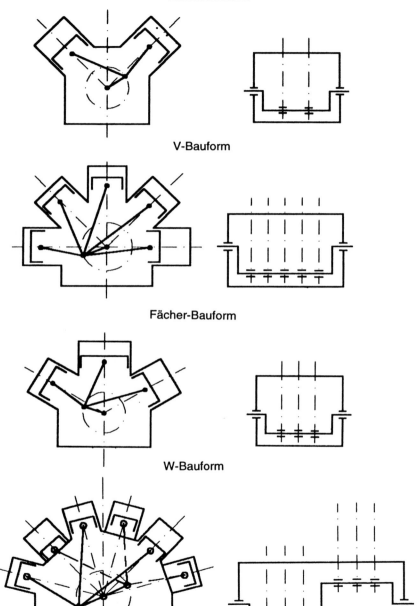

V-Bauform

Fächer-Bauform

W-Bauform

2 x W-Bauform

Bild 2.2.2-4: Bauformen

Doppelwirkend

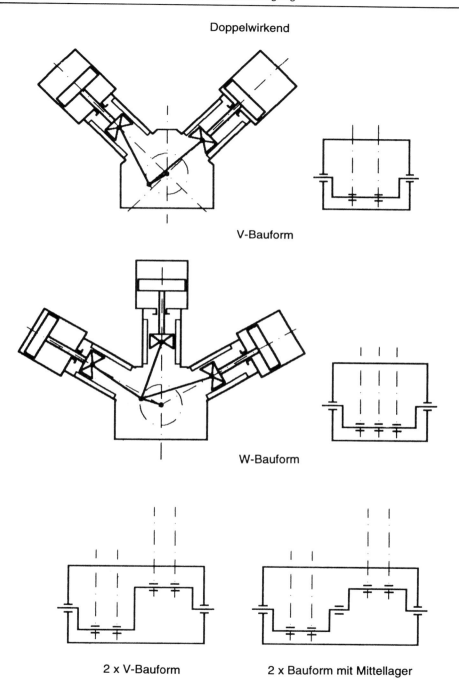

V-Bauform

W-Bauform

2 x V-Bauform   2 x Bauform mit Mittellager

Bild 2.2.2-4:   Bauformen (Fortsetzung)

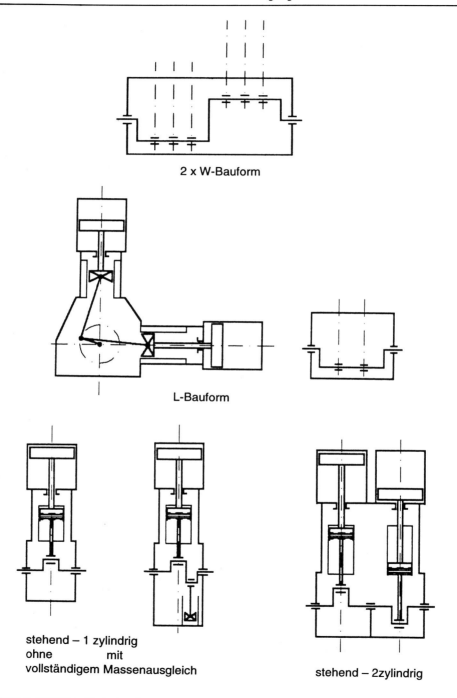

2 x W-Bauform

L-Bauform

stehend – 1 zylindrig
ohne   mit
vollständigem Massenausgleich

stehend – 2zylindrig

Bild 2.2.2-4: Bauformen (Fortsetzung)

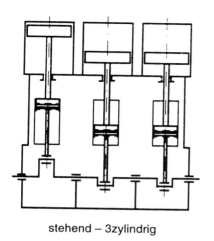

stehend – 3zylindrig

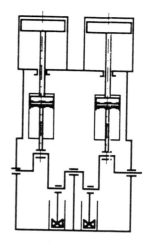

stehend – 2zylindrig
mit vollständigem Massenausgleich

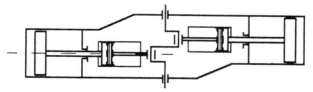

Boxerbauform, liegend, 2zylindrig

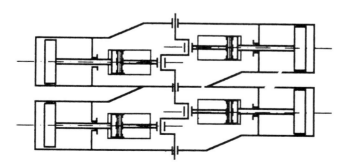

Boxerbauform, liegend, 4zylindrig

Bild 2.2.2-4: Bauformen (Fortsetzung)

Kernkraftwerke (Versorgung von Sicherheitssystemen),

Walzwerke (Entzunderungsanlagen, Stabilisierung hydraulischer Systeme, hydraulische Pressen),

Energieversorgung (Antrieb und Funkenlöschung für Hochspannungsanlagen),

Rohrleitungs-, Behälter- und Armaturenherstellung (Druckprüfung),

Rohrleitungsbau, ober-, unterirdisch und unter Wasser (Druckprüfungen, Molchen, Graben-, Servicespülverfahren),

Bohrtechnik (Luftbohren und Lufthebebohrverfahren),

Exploration (seismische Untersuchungen),

Flugtechnik (Ballistik, Atemluft, Starthilfen für Düsentriebwerke),

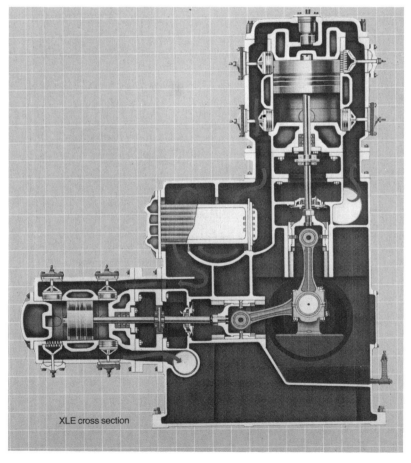

XLE cross section

Bild 2.2.2-5: INGERSOLL RAND Modell XLE, ölgeschmiert und ölfrei, Zweizylinder, zweistufig, doppeltwirkend, wassergekühlt.

Chemische und Petrochemische Industrie (Ab- und Umfüllen von Industriegasen, Inertisieren, Zerstäubungs- und Mischverfahren, Luftzerlegungsanlagen, Regeneration von Katalysatoren),

Tauchsport- und Gewerbe, Marine, Feuerwehren, Rettungsdienste, Bergbau (Atemluftversorgung).

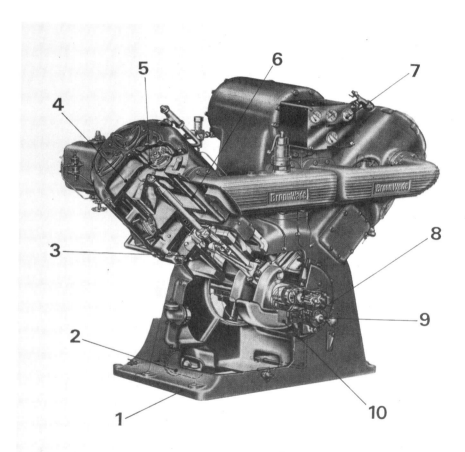

1	Solides Kurbelgehäuse aus Gußeisen	6	ausreichend dimensionierte Luftkanäle
2	automatischer Kondensatablass	7	Armaturentafel für leichte Überprüfung der Betriebsdaten
3	demontierbare Kreuzkopfführung		
4	ausreichend dimensionierte Kühlwassermäntel	8	Zahnradpumpe für Druckschmierung
5	wirtschaftliche und betriebssichere Ventile	9	Ölfilter
		10	Zylinderschmierung

Bild 2.2.2-6.1: COMPAIR V-MAJOR-Kompressor

Ausführungsbeispiele von Standardkompressoren

Die beiden Zylinder sind in L-Form angeordnet – der Niederdruckzylinder (1. Stufe) vertikal und der Hochdruckzylinder (2. Stufe) horizontal). Um einen Massenausgleich zwischen den oszillieren-den Teilen beider Kompressorstufen zu erreichen, ist der Kolben der ersten Stufe aus Leichtmetall und der Kolben der zweiten Stufe aus Grauguß gefertigt. Saug- und Druckstutzen sowie der Rip-pen- oder Zwischenkühler sind im Kurbelgehäuse integriert und über eingegossene Kanäle mit großem Querschnitt verbunden. Dank strömungsgünstiger Luftführung kommt es nur zu geringem Druckverlust. Haupt- und Pleuellager sowie Pleuelbüchsen und Kreuzkopfführungen werden durch

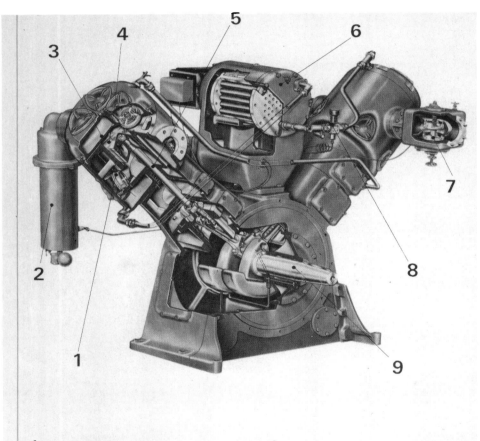

1 Rostfreie Ventile, Federn und Sitze	**6** Zwischenkühler mit ausziehbarem Rohrbündel
2 wirksamer Kondensatabscheider	**7** Saugregler
3 Korrosionsgeschützte Zylinderlaufbahnen	**8** thermostatisches Wasserventil
4 P. T. F. E.-Kolbenringe	**9** kurze, voll ausgewuchtete Kurbelwelle (mit Gegengewichten)
5 Kolbenstangenabdichtung	

Bild 2.2.2-6.2: COMPAIR V-MAJOR-Kompressor

eine im Kurbelgehäuse eingebaute Zahnradpumpe druckölgeschmiert. Die ölgeschmierten Versionen sind mit einem angebauten Zylinderschmierapparat ausgerüstet, der über die Kurbelwelle angetrieben wird.

STANDARDKOMPRESSOREN MIT KEILRIEMENANTRIEB
Liefermengen 20–32 m³/min
Betriebsüberdruck bis 10 bar ü
Antriebsleistung 110–280 kW

STANDARDKOMPRESSOREN-FLANSCHMOTOR
Liefermengen 49–78 m³/min
Betriebsüberdruck bis 10 bar ü
Antriebsleistung 300–500 kW

Den wassergekühlten, doppeltwirkenden Zweizylinder-Kompressor gibt es ölgeschmiert und ölfrei, in ein- und zweistufiger Version. Im Gegensatz zum INGERSOLL-Kompressor befinden sich die Zylinder jedoch in 90°-V-Anordnung.

Das Triebwerk wird zwangsweise von einer Zahnradpumpe geschmiert. Die Kurbelwelle läuft in Weißmetallagern mit stählernen Stützschalen, beide Pleuelstangen bewegen sich nebeneinander auf einem Kurbelwellenzapfen. Die Zylinder bestehen aus Gußeisen, die ölfreien Versionen sind zusätzlich mit einer korrosionsgeschützten, austenitischen, gehonten Gußeisenlaufbahn ausgerüstet. Bei den Trockenlaufversionen verhindert ein zwischen Kurbelgehäuse und Zylinder angeordnetes Zwischenstück, daß der Teil der Kolbenstange, der in den Laufwerkraum ragt, nicht in den Bereich des Verdichtungsraumes eindringen kann. Damit ist absolute Ölfreiheit gewährleistet.

Großdimensionierte Luftführungs- und Kühlwasserkanäle sorgen für einen widerstandslosen Luftstrom und wirkungsvolle Kühlung der verdichteten Luft. Saug- und Druckventile sind als Plattenventile ausgeführt. Bei den Trockenläufern sind Ventilführung und Ventilsitz cadmiumplattiert, Ventilplatten und -federn aus rostfreiem Stahl.

Die Verbindung zwischen Kreuzkopf und Kolben erfolgt durch eine Kolbenstange aus legiertem Stahl. Sie läuft in einer Stopfbüchse mit Metallpackung, bei den ölfreien Versionen mit Kohleringen. Der Teil der Kolbenstange, der mit der Kohlepackung in Berührung kommt, ist verchromt.

Alle zweistufigen Ausführungen verfügen über einen wassergekühlten Gegenstromzwischenkühler, der zwischen den beiden Zylindern montiert ist. Das Rohrbündel des Kühlers besteht aus Kupferrohrspiralen. Das Wasser fließt durch die Rohre, während die zu kühlende Luft sie umströmt.

EINSTUFIGE VERSIONEN
Liefermengen 28–90 m³/min
Betriebsüberdruck 1,5–4 bar ü
Antriebsleistung 125–248 kW
geschmiert/ölfrei

ZWEISTUFIGE VERSIONEN
Liefermengen 13–31 m³/min
Betriebsüberdruck 7,5–20 bar ü
Antriebsleistung 81–189 kW
geschmiert/ölfrei

Vollständig luftgekühlte einfachwirkende Mittel- und Hochdruckkompressoren der Leobersdorfer Maschinenfabrik AG

Es stehen die drei Triebwerke V17, V18 und V19 mit jeweils 90 mm Hub zur Verfügung. Ein Baukastensystem ermöglicht durch Tausch von Zylindereinheiten den Bau von Kompressoren mit unterschiedlichen Betriebsüberdrücken.

Liefermengen 3–7 m³/min
Betriebsüberdruck 30–350 bar ü
Antriebsleistung 37–100 kW

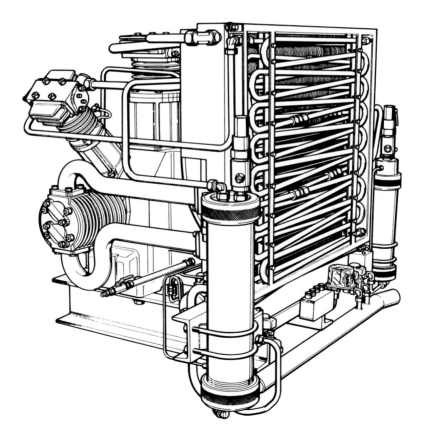

Bild 2.2.2-7.1: Luftgekühlte Hochdruckkompressoranlage V17/5518 L35, fünfstufig, 312 m³/h, Betriebsüberdruck 350 bar

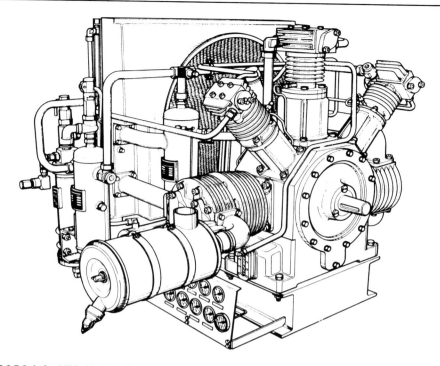

Bild 2.2.2-7.2: Luftgekühlte Hochdruckkompressoranlage V17/5518 L35, fünfstufig, 312 m³/h, Betriebsüberdruck 350 bar

Wassergekühlte einfachwirkende Mittel- und Hochdruckkompressoren

Es stehen zwei Triebwerke mit 100 mm Hub zur Verfügung. Auch hier ist durch Tausch von Zylindereinheiten der Bau von Kompressoren mit unterschiedlichen Betriebsüberdrücken möglich.

Liefermengen 4–7,5 m³/min
Betriebsüberdruck 30–350 bar ü
Antriebsleistung 47–127 kW

Wassergekühlte doppelwirkende Mittel- und Hochdruckkompressoren

Es stehen hier fünf Triebwerke mit 100 mm Hub zur Verfügung.

Typ	Zylinderzahl	Kolbenstangendurchmesser mm	max. zulässige Stangenbelastung kN
VGd	3	40	40
VHGd	6	40	40
VC	2	50	70
VCL	4	50	70

Bild 2.2.2-8: Luftgekühlte Hochdruckkompressoranlage V19/5621 L35, fünfstufig, 285 m³/h, Betriebsüberdruck 350 bar

Durch Aufbau von doppeltwirkenden Zylindereinheiten und Stufenzylindern mit Ausgleichsraum sind Betriebsüberdrücke bis 350 bar zu erreichen.

Liefermengen 4–22 m³/min
Betriebsüberdruck 30–350 bar ü
Antriebsleistung 51–320 kW

2.2.2.3 Bauteile

Kurbelgehäuse und Kurbeltrieb V19, 2kurbelig, 6-Zylinder, Hauptlager-Wälzlager, Pleuellager-Lagerschalen. Die Druckölschmierung erfolgt durch eine Zahnradpumpe, der Antrieb durch die Kurbelwelle. Versetzt angeordnete Zylinder gewährleisten eine gleichmäßige Verteilung des Kühlluftstroms. Der Ventilator wird durch die Kurbelwelle mittels Keilriemen angetrieben.

Bild 2.2.2-9: Wassergekühlter Hochdruckkompressor VHGd 5622 W20, 624 m³/h, 200 bar, direkt angetrieben durch 162-kW-Elektromotor mit Seewasserwärmetauscher, für Schiffseinbau zum Zwecke seismographischer Meeresbodenuntersuchung.

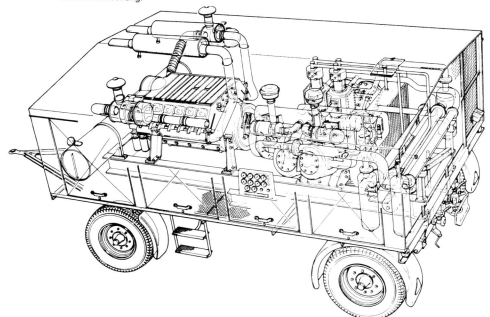

Bild 2.2.2-10: Straßenfahrbarer wassergekühlter Hochdruckkompressor, 690 m³/h, Betriebsüberdruck 100 bar, angetrieben durch luftgekühlten Deutz-Dieselmotor F12 L 413

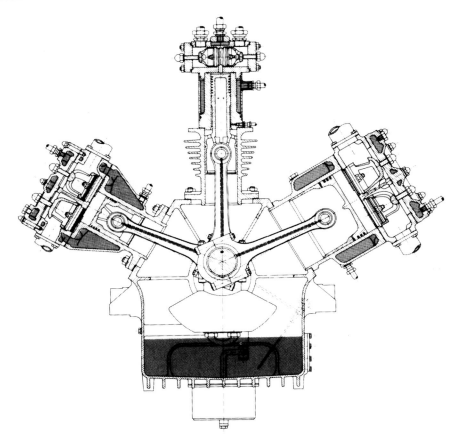

Bild 2.2.2-11: Schnittzeichnung eines dreistufigen VG-Kompressors

Werkstoffe: Gehäuse   – GG 25
             Kurbelwelle   - 50 CrMo 3 geschmiedet
             Pleuelstange - GS 60.3
             Pleuellager   - Mehrstofflager
             Pleuelbüchse - Carobronze
             Kolbenbolzen - 15 Cr 13

Werkstoffe: Niederdruckzylinder - GG 25
             Hochdruckzylinder   - GG 25 mit Laufbüchse aus Stahl
             Kolben   ND - AL, HD   - GG 25
             Kolbenringe   - GG
             Ventile   - St
             Innenteile   - Niro

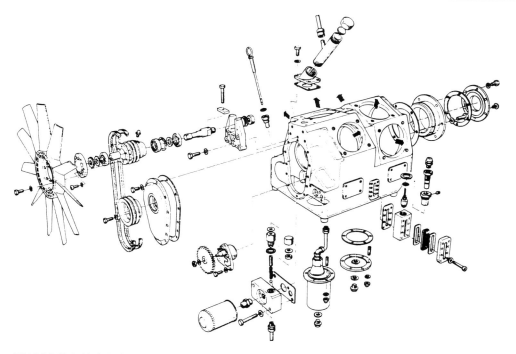

Bild 2.2.2-12.1: Kurbelgehäuse, 2 x W-Form, luftgekühlt

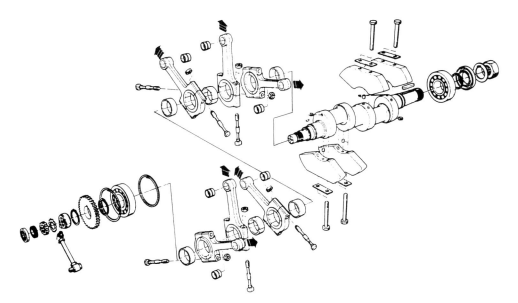

Bild 2.2.2-12.2: Kurbeltrieb, 2 x W-Form, luftgekühlt

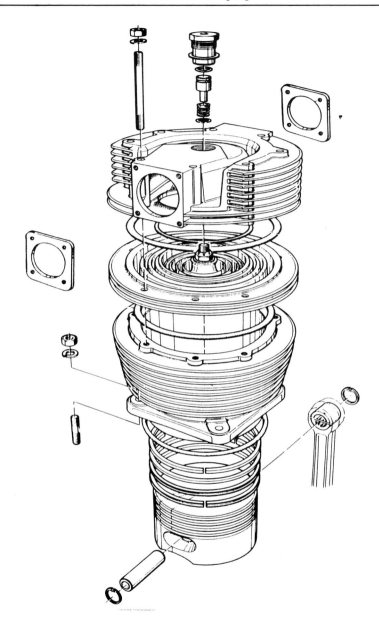

Bild 2.2.2-13: Niederdruckzylinder, einfachwirkend, luftgekühlt, mit Tauchkolben und konzentrischem Ventil

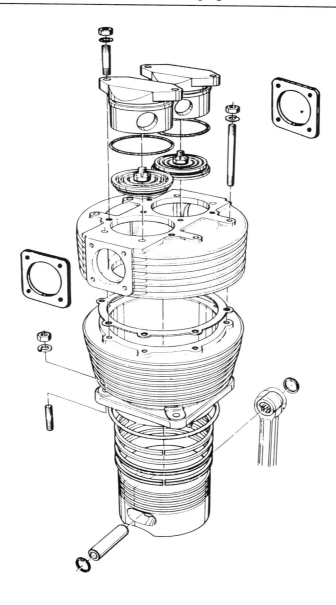

Bild 2.2.2-14: Niederdruckzylinder, einfachwirkend, luftgekühlt, mit Tauchkolben und Einzelventilen

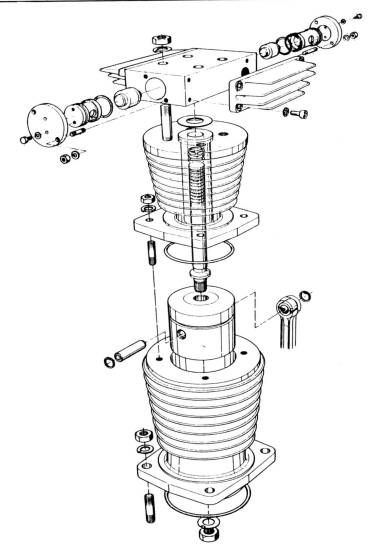

Bild 2.2.2-15: Hochdruckzylinder mit Führungskolben, luftgekühlt mit Einzelventilen

Gleicher Aufbau beider Triebwerke:

Hauptlager-Wälzlager, Pleuellager-Gleitlager. Die Druckölschmierung erfolgt durch eine Zahn-radpumpe, der Antrieb durch die Kurbelwelle.

Durch Anbau der in Bild 2.2.2-18 dargestellten Kreuzkopfeinheit ist auch der Aufbau doppelt-wirkender Zylinder möglich. Die Typenbezeichnung lautet dann VGd bzw. VHGd.

Die Kolbenpumpe zur Schmierölversorgung der Zylinder und Stopfbüchsen wird bis 150 bar über die Kurbelwelle angetrieben, darüber erfolgt der Antrieb durch Elektromotor.

Werkstoffe: Gehäuse   - GG 25
            Kurbelwelle - 50 CrMo 4 geschmiedet
            Pleuelstange - 28 Mn 6 geschmiedet
            Pleuellager - Mehrstofflager
            Pleuelbüchse - Carobronze

Werkstoffe: Kreuzkopfführung und Kreuzkopf - GG 25
            Kreuzkopfbolzen   - 15 Cr 13

Werkstoffe: ND-Zylinder   - GG 25
            HD-Zylinder   - GGG 40.3/Strangguß
            Kolbenstange - 34 CrAlMo 5
            Kolben   - Al, GG 25, Strangguß
            Kolbenringe   - GG
            Ventile   - St, Innenteile Niro

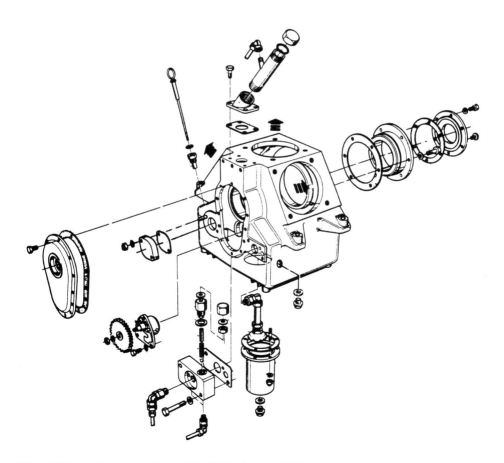

Bild 2.2.2-16.1: Kurbelgehäuse und Kurbeltrieb VG 1kurbelig, 3-Zylinder

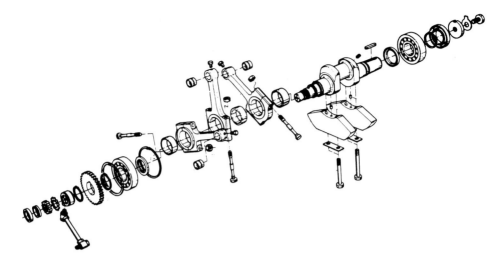

Bild 2.2.2-16.2: Kurbelgehäuse und Kurbeltrieb VG 1kurbelig, 3-Zylinder

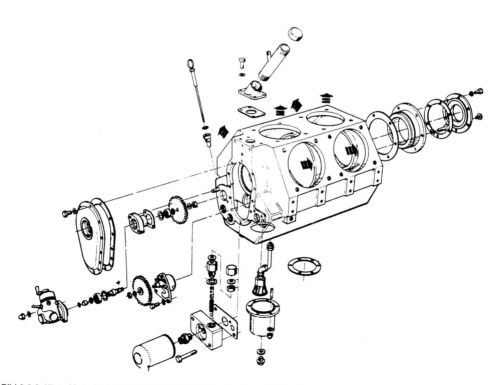

Bild 2.2.2-17.1: Kurbelgehäuse und Kurbeltrieb VHG, 2kurbelig, 6-Zylinder.

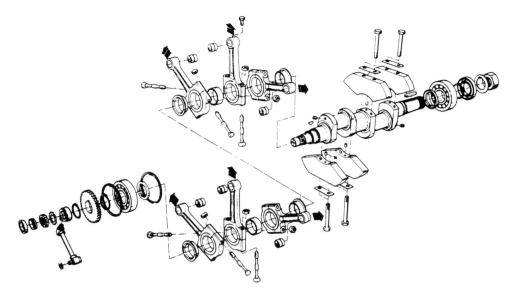

Bild 2.2.2:17.2: Kurbelgehäuse und Kurbeltrieb VHG, 2kurbelig, 6-Zylinder.

Die Auswahl der Triebwerksgrößen erfolgt nach Hub und Stangenbelastung. Die Bauweisen der verschiedenen Hersteller ähneln sich. Ausgezeichnete Laufeigenschaften werden durch ausgeglichene Massenkräfte und nur kleine Massenmomente ermöglicht. Daraus ergibt sich eine geringe Fundamentbelastung. Mit dieser Bauweise sind Liefermengen erreichbar, die weit über den hier zu behandelnden Bereich hinausgehen.

Werkstoffe: Kurbelgehäuse - GG 25
Kurbelwelle - 50 CrMo 4
Kreuzkopf - GSC 25/WM
Hauptlager - Dreistofflager
Pleuellager - Dreistofflager
Kreuzkopflager - Zweistofflager
Kolbenstange - 41 CrAlMo 7

Typenreihe		T91-93	T121-123	T151-153	T182, 183
Hub	mm	90	120	150	180
Stangen-belastung	kN	30	63	100	150
Zylinderzahl		1-3	1-3	1-3	2-3

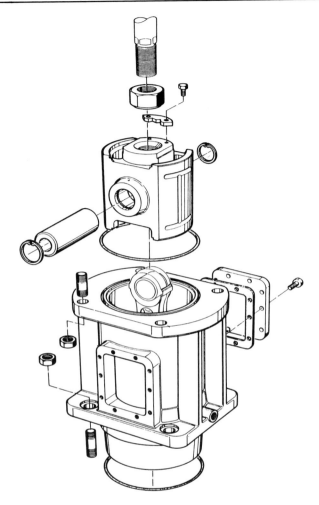

Bild 2.2.2-18: Kreuzkopfeinheit

2.2.2.4 Antriebsarten

Kolbenkompressoren werden in der Regel elektrisch angetrieben.

Man unterscheidet:

Direktgekuppelte Aggregate mit Drehzahlen von 740, 985 und 1485 min^{-1}. Bei dieser Bauart ist der Antriebsmotor über eine elastische Kupplung direkt mit der Welle des Kompressors verbunden. Daraus ergibt sich eine besonders kompakte, platzsparende Bauweise.

Keilriemanantrieb ist bis zu einer Antriebsleistung von 250 kW möglich. Der Vorteil eines Riementriebes (auch ein Flachriementrieb ist einsetzbar) besteht darin, daß die Drehzahl und damit

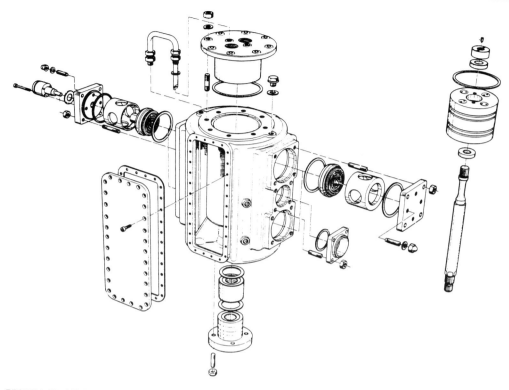

Bild 2.2.2-19: ND-Zylinder, doppeltwirkend

die Liefermenge des Kompressors ohne großen Aufwand durch einfaches Austauschen der Motorriemenscheibe an den tatsächlichen Luftbedarf angepaßt werden kann.

Bei fahrbaren Kompressoraggregaten dient häufig ein Dieselmotor als Antriebsmaschine. Moderne, schnell laufende Kompressoren werden über eine Fliehkraftkupplung direkt mit dem Dieselmotor verbunden.

Hochdruckkompressoren mit Drehzahlen von 1000 min-1 und darunter werden über eine ausrückbare Reibungslamellenkupplung, kombiniert mit einem einstufigen Stirnradgetriebe, durch einen Dieselmotor mit Drehzahlen von 1500–2300 min-1 angetrieben.

Darüber hinaus ist auch der Antrieb durch Gasmotoren und Dampfturbinen möglich.

2.2.2.5 Steuerungs- und Regelungsarten

a) Saugventilabhebung

Sie ermöglicht durch manuelles oder automatisches Abschalten von Zylinderseiten bei doppeltwirkenden Zylindern eine stufenweise Regelung von 100 % auf 50 % und 0 %. Diese Regelung wird auch zum entlasteten An- und Auslauf der Kompressoranlage benutzt.

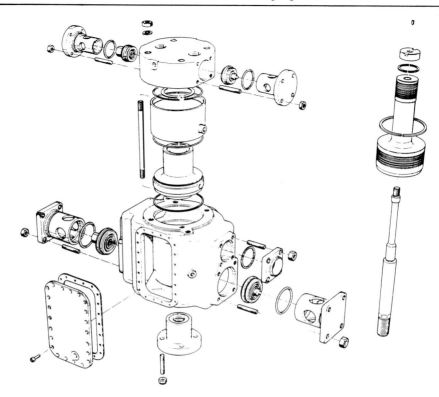

Bild 2.2.2-20: HD-Zylinder, ausgebildet als Stufenzylinder

b) Konstante Zuschalträume

Durch Vergrößerung des Schadraumes mit Hilfe konstanter Zuschalträume, die sich in den Zylindern oder Zylinderdeckeln befinden, ist eine fünfstufige Liefermengenregelung 0 – 25 – 50 – 75 – 100 % möglich. Sind zwei Zylinder pro Verdichtungsstufe vorhanden, so ist eine fünfstufige Regelung allein durch Saugventilabhebung möglich.

c) Veränderliche Zuschalträume

Sie werden im Niederdruckbereich verwendet und sind überwiegend im äußeren Zylinderdeckel angeordnet. Mit ihnen läßt sich die Fördermenge durch Veränderung des Zuschaltvolumens stufenlos regeln.

d) Stufenlose Mengenregelung nach dem Rückström-Staudruckverfahren (System HÖRBIGER)

Bei der Regelung nach dem Staudruckprinzip wird die Stauventilplatte während eines Teils des Förderhubes offen gehalten, so daß ein Teil des angesaugten Mediums wieder in die Saugleitung zurückgeschoben wird. Beim Zurückschieben des Mediums durch das Saugventil entsteht auf der Ventilplatte ein Staudruck, der mit der Kolbengeschwindigkeit wächst und gegen Hubmitte sein Maximum erreicht. Die stufenlose Regelung wird dadurch möglich, daß man die Ventilplatte durch

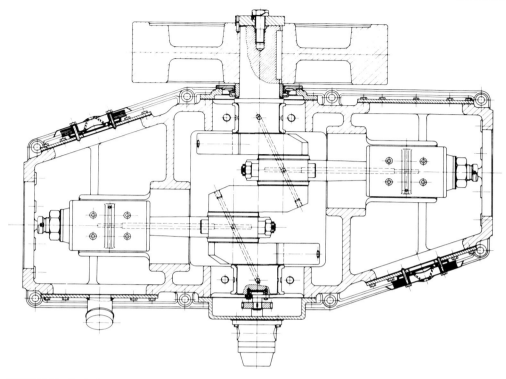

Bild 2.2.2-21: 2kurbeliger Boxerkompressor, Hub 160 mm, max. zulässige Stangenbelastung 100 kN, Kurbelgehäuse mit
                integrierter Kreuzkopfführung.

einen Greifer und eine zwischen Greifer und Abhebeeinrichtung vorgesehene Feder gegen den
anwachsenden Staudruck offen hält. Sobald der Staudruck die Federkraft überwindet, wird das im
Zylinder verbliebene Restgas verdichtet und ausgeschoben.

e) Automatische Stillsetzregelung durch Druckschalter bei Erreichen des Enddrucks

Der entlastete An- und Auslauf erfolgt entweder durch

–   Elektromagnetventile in den Niederdruckstufen und durch pneumatisch betätigte Ventile in den
    Hochdruckstufen

oder

–   durch Saugventilabhebung in den Niederdruckstufen kombiniert mit pneumatisch betätigten
    Ventilen in den Hochdruckstufen.

f) Vollast-Leerlaufregelung kombiniert mit Stillsetzregelung

    Bei dieser Regelungsart wird die Anlage zunächst auf Leerlauf geschaltet und dann nach Ver-
streichen einer den betrieblichen Erfordernissen angepaßten Zeitspanne automatisch stillgesetzt.
Dadurch vermeidet man sowohl lange Leerlaufzeiten als auch zu häufiges Einschalten des Elektro-
antriebsmotors.

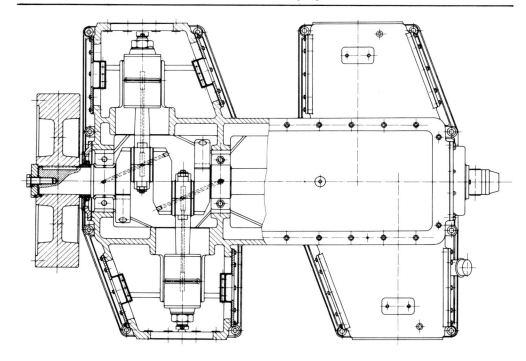

Bild 2.2.2-22: 4kurbeliger Boxerkompressor, Hub 160 mm, max. zulässige Stangenbelastung 100 kN, Kurbelgehäuse mit
integrierter Kreuzkopfführung.

2.2.2.6 Kühlung

a) Luftkühlung

Bild 2.2.2-7.1 zeigt die Ausführung eines fünfstufigen kombinierten Zwischen- und Nachkühlers. Letzterer ist an der Stirnseite des vierstufigen Zwischenkühlerblocks angeordnet, um eine möglichst niedrige Austrittstemperatur zu gewährleisten. Nach jedem Kühler ist ein Kondensatabscheider installiert. Der Ventilator wird über Keilriemen von der Kurbelwelle angetrieben.

b) Wasserkühlung

Für ölgeschmierte Kompressoren werden die Kühler aus üblichen Werkstoffen gefertigt: Mantel und Deckel aus Stahl, Rohre im Niederdruckbereich aus Kupfer, im Hochdruckbereich aus Stahl.
Bei Trockenlaufkompressoren neigen die luftberührten Teile aufgrund des fehlenden Ölfilms zu Stillstandskorrosion. Daher werden die Rohre für den Hochdruckbereich aus rostfreiem Stahl hergestellt.

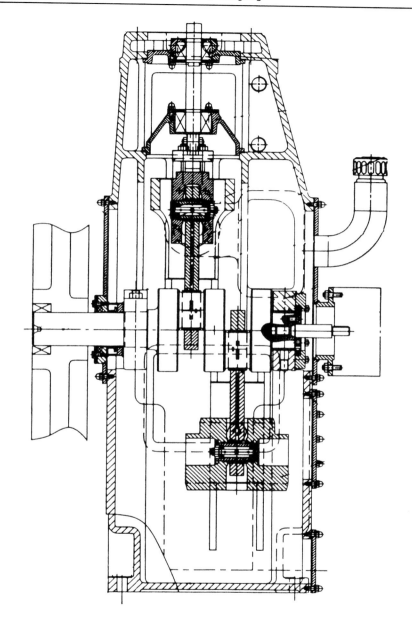

Bild 2.2.2-23: 2-kurbeliger, stehender 1-Zylinder-Kompressor mit Ausgleichskreuzkopf zum vollständigen Massenkraft-ausgleich, Kurbelgehäuse mit integrierter Kreuzkopfführung und integriertem Zwischenstück. Haupt- und Pleuellager sind baugleich. Die Auswahl der Typenreihe erfolgt auch hier nach Hub und Stangenbelastung.

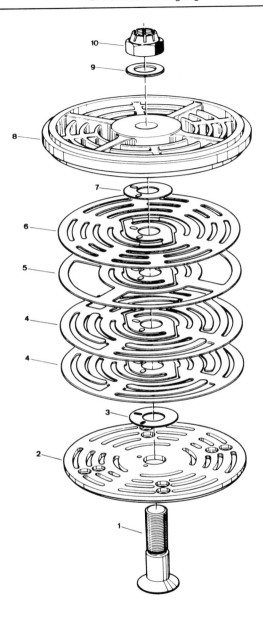

Bild 2.2.2-24: Saugventil mit Beschreibung
1 Senkkopfschraube, 2 Pufferplatte, 3 Hubbeilage obere, 4 Federplatte, 5 Dämpferplatte, 6 Ventilplatte, 7 Hubbeilage untere, 8 Ventilsitz, 9 Sicherungsmutter, 10 Scheibe 30-13 DIN 125

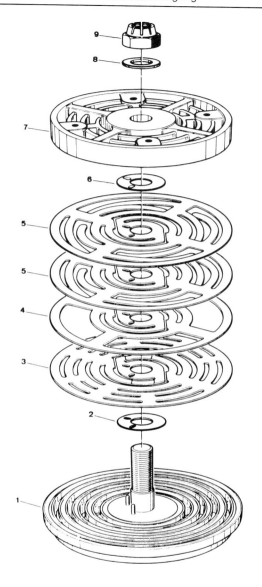

Bild 2.2.2-25: Druckventil mit Beschreibung
1 Ventilsitz, 2 Hubbeilage, 3 Ventilplatte, 4 Dämpferplatte, 5 Federplatte, 6 Hubbeilage obere, 7 Pufferplatte, 8 Scheibe, 9 Sicherungsmutter

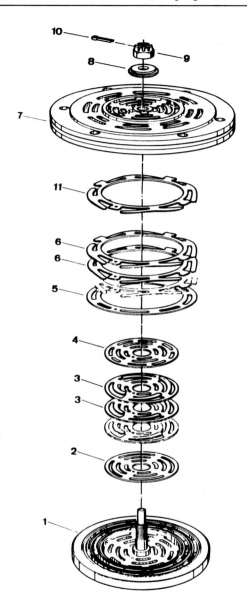

Bild 2.2.2-26: Konzentrisches Ventil mit Beschreibung
1 Unterteileinheit, 2 Polsterplatte, 3 Federplatte, 4 Ventilplatte, 5 Ventilplatte, 6 Federplatte, 7 Oberteileinheit, 8 Federteller, 9 Kronenmutter, 10 Splint, 11 Ausgleichsplatte

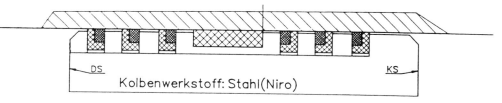

Kolbenwerkstoff: Stahl(Niro)

Bild 2.2.2-27: Kolbenringbestückung eines Trockenlaufkompressors mit stehender Zylinderanordnung, Differenzdruck 35 bar. Der breite Führungsring ist beim Trockenlauf unerläßlich, um eine Berührung von Kolben und Zylinder zu vermeiden. Bei liegenden Zylindern muß er zusätzlich das Kolbengewicht aufnehmen. Die beidseitig angeordneten Twin-Ringe sorgen während der gesamten Laufzeit für eine wirksame Abdichtung und verhindern ohne Verwendung eines Spannrings Leckage am Stoß.

2.2.2.7 Aufstellung

Moderne, schnellaufende, mehrzylindrige Kompressoren haben einen guten Massenausgleich. Es genügt daher die Aufstellung auf einer Betonplatte. Um zu verhindern, daß sich, bedingt durch die Elastizität des Baugrundes, Schwingungen des Fundaments auf die Umgebung übertragen, muß die Berechnung des erforderlichen Fundaments von Spezialfirmen ausgeführt werden.

Man unterscheidet

– hoch abgestimmte Fundamente bei gewachsenem Baugrund (hier liegen die Eigenschwingzahlen des Fundaments über der Erregerschwingzahl)

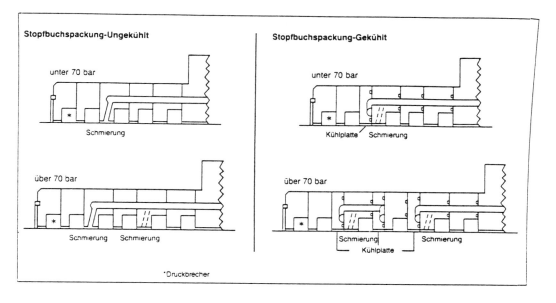

Bild 2.2.2-28: Stopfbüchspackung, gekühlt und ungekühlt mit Schmierung

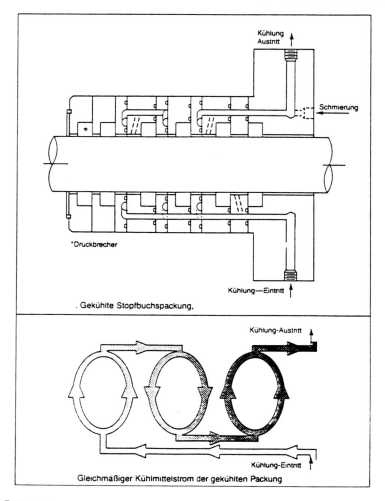

Bild 2.2.2-28:   Fortsetzung

und

– tief abgestimmte Fundamente mit Pfahlgründung bei weichem Baugrund (große Masse und weiche Abfederung ermöglichen es hier, die Eigenschwingzahl tief unter die Erregerschwingzahl zu legen).
  Zur Fundamentberechnung sind vom Kompressorenhersteller anzugeben:

a) Abmessungen, Lage und Gewicht der ständig ruhenden Lasten; das mittlere Drehmoment, errechnet aus der effektiven Leistung P_e [kW] und der Drehzahl n [min^{-1}]:

$$M = 9549 \cdot P_e/n \text{ [Nm]}$$

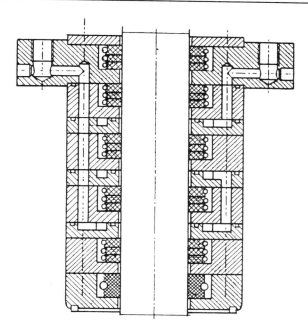

Bild 2.2.2-29: Wassergekühlte Stopfbüchse für Trockenlauf, Betriebsüberdruck 40 bar

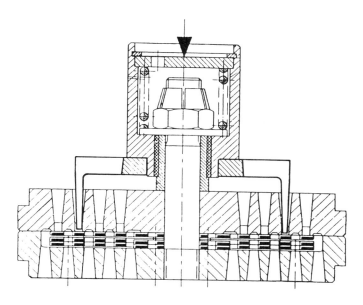

Bild 2.2.2-30: Saugventilabhebung

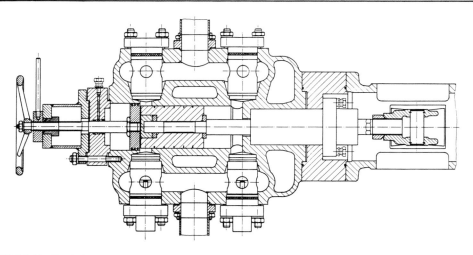

Bild 2.2.2-31: Zuschaltraumregelung

b) Massenkräfte und Massenmomente, die auf das Fundament übertragen werden, und zwar mit
    Hilfe eines Massenersatzsystems (siehe Abschnitt Massenausgleich).

2.2.2.8 Zubehör

Für die störungsfreie Verdichtung atmosphärischer Luft ist eine wirksame Staubabscheidung
wesentlich. Je nach den Verhältnissen am Aufstellungsort werden Trockenluftfilter mit auswechselbaren Filterpatronen oder – bei hohem Staubanfall – Zyklonfilter mit Vorabscheider eingebaut.
(siehe Kapitel 3.2.1)

Abscheider

Das nach der Verdichtung und Zwischenkühlung anfallende Kondensat muß wirkungsvoll abgeschieden werden. Mit Hilfe eines Zyklonabscheiders werden die im Luftstrom befindlichen Flüs-
sigkeitsstropfen an die Behälterwand des Abscheiders geschleudert, vereinigen sich dort zu größeren Tropfen und fließen in den Sammelraum ab. (siehe Kapitel 3.2.5)

Automatische Kondensatableiter

Im Niederdruckbereich werden für die automatische Kondensatableitung mechanische
Schwimmerableiter oder zeitabhängig gesteuerte Elektromagnetventile, bei höheren Drücken
pneumatisch betätigte Ventile eingesetzt. (siehe Kapitel 4.1)

Sicherheitsventile

Den Unfallverhütungsvorschriften entsprechend muß nach jeder Verdichtungsstufe ein Sicherheitsventil eingebaut werden. Die Sicherheitsventile müssen für den vollen Förderstrom des Kompressors ausgelegt sein.

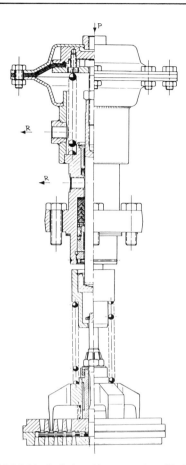

Bild 2.2.2-32: Stufenlose Mengenregelung (Fa. Hoerbiger)

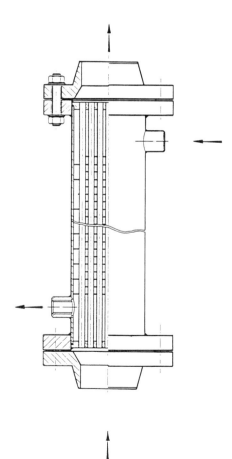

Bild 2.2.2-33: Festrohrbündelkühler: Luft strömt durch, Wasser um die Rohre; Einwegausführung, reiner Gegenstrom

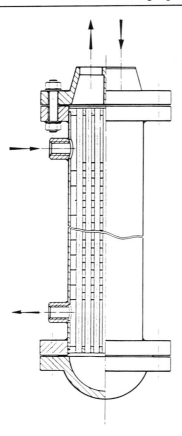

Bild 2.2.2-34: Als Alternative Festrohrbündelkühler: Luft strömt durch, Wasser um die Rohre; Mehrwegausführung

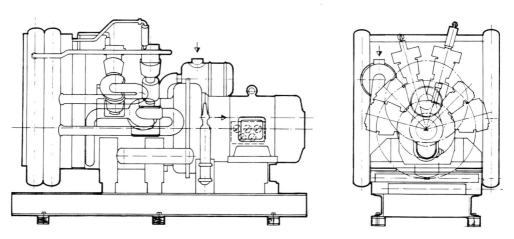

Bild 2.2.2-35: Kompressoranlage, verblockt mit Elektromotor, Grundrahmen mit Gummipuffern für elastische Aufstellung

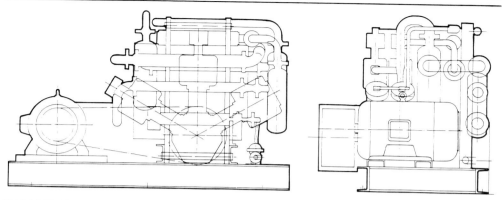

Bild 2.2.2-36: Kompressoranlage mit Keilriemenantrieb, Elektromotorantrieb für starre Fundamentaufstellung

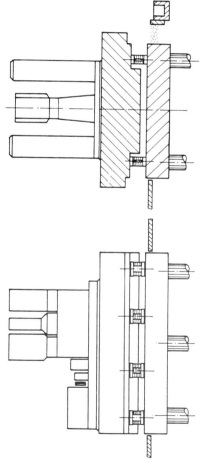

Bild 2.2.2-37: Schwingfundament mit Viskosedämpfer eines dreistufigen, dreizylindrigen Kompressors, direkt angetrieben durch frequenzgeregelten Elektromotor

2.2.3 Nachverdichter (Booster)

2.2.3.1 Grundlagen

Aufgrund der ständigen Erweiterung der Anwendungsgebiete für Druckluft gewinnen auch ölgeschmierte wie trockenlaufende Nachverdichter immer mehr an Bedeutung. Während bei Kompressoren, die Luft direkt aus der Atmosphäre ansaugen, lediglich die Umgebungsbedingungen zu berücksichtigen sind, müssen bei Nachverdichtern zusätzlich die Schwankungen der Betriebsverhältnisse an der Saugseite beachtet werden.

Vor allem bei einstufiger Verdichtung mit kleinem Verdichtungsverhältnis kann der Fall eintreten, daß trotz Verringerung des Ansaugdruckes der Arbeitsbedarf steigt. Erst durch ein weiteres Fallen des Ansaugdruckes wird auch der Arbeitsbedarf geringer.

In Abhängigkeit von der Größe des relativen Schadraumes tritt die maximale Leistungsaufnahme bei einem Verdichtungsverhältnis von etwa 2,2–2,4 auf.

Bei mehrstufiger Verdichtung steigt mit der Erhöhung des Ansaugdruckes auch die Leistungsaufnahme.

2.2.3.2 Bauformen

a) einfachwirkende Ausführungen: V-Bauform

W-Bauform

b) doppeltwirkende Ausführungen: V-Bauform

2xV-Bauform

W-Bauform

stehend 1- und 2-Zylinder

liegend 2- und 4-Zylinder

Die Auflistung erhebt keinen Anspruch auf Vollständigkeit; es sind lediglich die gebräuchlichsten Bauformen angeführt.

Einsatzbereiche

Druckprüfung von Armaturen: Erhöhung des Werksnetzdruckes von 6 bis 8 bar auf 250 bar

Exploration: Seismographische Meeresbodenuntersuchungen

Rohrleitungsbau: ober- und unterirdische sowie Bauarbeiten unter Wasser

Druckprüfungen, Molchen, Graben- und Servicespülverfahren

Dampfkraftwerke: Rußbläser

Bohrtechnik: Luftbohren, Lufthebe-Bohrverfahren

Turbinenprüfstand

Ausführungsbeispiele:

Kompressor	V18/3309 L25
Stufenzahl	3
Zylinderzahl	3

Bohrung	1 x 95; 1 x 55; 1 x 30 mm
Hub	90 mm
Drehzahl	1250 min^{-1}
Ansaugzustand	4–8 bar e/20 °C
Betriebsüberdruck	250 bar e
Liefermenge	max. 300 m^3/h bezogen auf 1,013 bar a/20 °C
Leistungsaufnahme	62 kW

Kompressor	VGd 2310 W10	VCS 2413 W14
Stufenzahl	2	2
Zylinderzahl	3	4
Bohrung	3 x 105/55 mm	2 x 135/65 mm
Hub	100 mm	100 mm
Drehzahl	1000 min^{-1}	1000 min^{-1}
Ansaugzustand	14,5 bar a/40 °C	14,5 bar a/40 °C
Betriebsüberdruck	100 bar e	138 bar e
Liefermenge	1500 m^3/h	3060 m^3/h
Leistungsaufnahme	140 kW	340 kW

Bild 2.2.3-1: Verbundkompressoranlage LMF 250D-VGd 2310 W10, angetrieben durch MERCEDES BENZ 404-kW-Dieselmotor, aufgebaut auf einen FAUN-Lkw, Liefermenge 1500 m^3/h, Betriebsüberdruck 100 bar

Der Kompressor VGd 2310 W 10 wird in einer zum Aufbau auf Lkw geeigneten Verbundanlage als Nachverdichter, der Kompressor VCS 2413 W 14 für den Schiffseinbau eingesetzt. Als Niederdruckstufe kommt dabei ein einstufiger Schraubenkompressor der Firma Kaeser mit einem Betriebsüberdruck von 15 bar a zum Einsatz. Der Vorteil des Aggregates liegt in seiner platzsparenden Bauweise. Abmessungen und Gewicht eines Kolbenkompressors gleicher Liefermenge sind weitaus größer.

Kompressor	VBC 2426 W6.4 (Trockenläufer)
Stufenzahl	2
Zylinderzahl	4
Bohrung	2 x 260 mm
Hub	160 mm
Drehzahl	740 min^{-1}
Ansaugzustand	11 bar a/30 °C
Betriebsüberdruck	64 bar a
Liefermenge	11600 m^3/h
Leistungsaufnahme	865 kW

Als Vorverdichter werden hier zwei trockenlaufende Schraubenkompressoren mit einer Liefermenge von je 5800 m^3/h eingesetzt.

Bild 2.2.3-2: Verbundkompressoranlage LMF 510D-VCS 2413 W14, angetrieben durch CATERPILLAR 876-kW-Dieselmotor für Schiffseinbau mit Seewasserwärmetauscher, Liefermenge 3060 m^3/h, Betriebsüberdruck 138 bar

2.2.3.3 Bauteile

Werkstoffe: Kurbelgehäuse – GG 25

Kurbelwelle – 50 CrMo 4 geschmiedet

Pleuelstange – 28 Mn 6 geschmiedet

Pleuellager – Mehrstofflager

Pleuelbüchse – Carobronze

Stufenzylinder 135/65 mm siehe Bild 20, Abschnitt 2.2.2.3.

2.2.3.4 Antriebsarten, Steuerung und Regelung

Hier ist bei Nachverdichtern für jeden einzelnen Fall eine differenzierte Betrachtungsweise erforderlich.

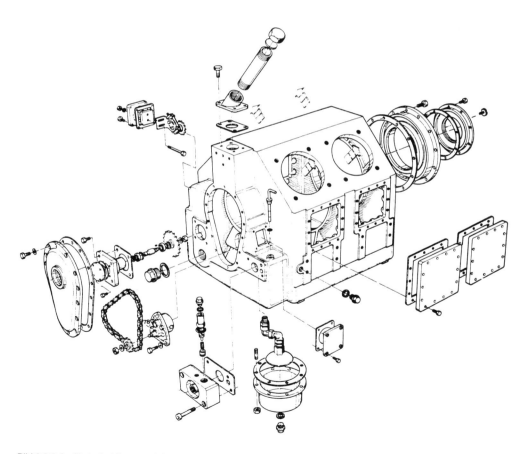

Bild 2.2.3-3: Kurbelgehäuse und Kurbeltrieb VCS, 2kurbelig, 4-Zylinder, Kreuzkopfausführung, Hauptlager-Wälzlager, Pleuellager-Gleitlager. Druckölschmierung durch Zahnradpumpe. Der Antrieb erfolgt über die Kurbelwelle. Die Kolbenpumpe zur Schmierversorgung der Zylinder und Stopfbüchsen wird durch einen Elektromotor angetrieben.

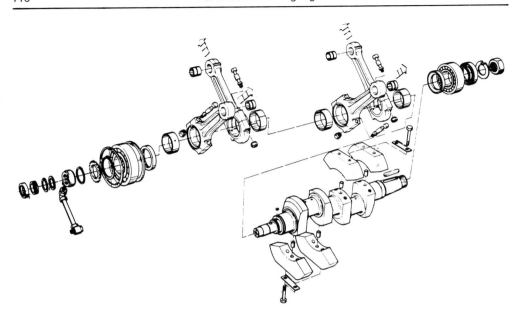

Bild 2.2.3-4: Kurbelgehäuse und Kurbeltrieb VCS, 2kurbelig, 4-Zylinder, Kreuzkopfausführung, Hauptlager-Wälzlager, Pleuellager-Gleitlager. Druckölschmierung durch Zahnradpumpe. Der Antrieb erfolgt über die Kurbelwelle. Die Kolbenpumpe zur Schmierversorgung der Zylinder und Stopfbüchsen wird durch einen Elektromotor angetrieben.

Nachstehend drei Beispiele:

Kompressor V18/3309 25

Antrieb durch Elektromotor über Keilriemenantrieb.

Regelung: Automatische Stillsetzregelung durch Druckschalter bei Erreichen des Enddrucks. Der entlastete An- und Auslauf erfolgt über pneumatisch betätigte Ventile.

Kompressor VGd 2310 W10, Bild 2.2.3-1

Der Kolbenkompressor wird über ein Zwischengetriebe und eine elastische Kupplung durch das zweite Wellenende des Dieselmotors angetrieben. Der Schraubenkompressor ist mit der Hauptan-triebsseite des Motors über eine elastische Kupplung direkt verblockt. Der Kompressor fährt unge-regelt im Dauerbetrieb, bis der Enddruck erreicht ist. Es ist lediglich eine Sicherheitsabschaltung vorgesehen.

Kompressor VCS 2413 W14, Bild 2.2.3-2

Der Kolbenkompressor wird über ein Zwischengetriebe und eine elastische Kupplung durch das zweite Wellenende des Dieselmotors angetrieben. Der Schraubenkompressor ist mit der Hauptan-triebsseite des Motors über eine elastische Kupplung direkt verblockt. Die Regelung der Liefer-menge erfolgt durch Drehzahlregelung des Dieselmotors von 100 auf 80 %. Die Überschußmenge wird über eine pneumatisch betätigtes Ventil ins Freie geblasen.

Kompressor VBC 2426 W6.4

Direktantrieb über eine elastische Kupplung durch einen Hochspannungsmotor. Die Regelung der Liefermenge zwischen 100 und 50 % erfolgt über ein pneumatisch betätigtes Bypass-Ventil.

2.2.3.5 Kühlung

Auch hier ist bei Nachverdichtern für jeden einzelnen Fall eine differenzierte Betrachtungsweise erforderlich, wie z. B.:

Kompressor V18 3309 W25:

Luftkühlung durch kombinierten Zwischen- und Nachkühler.

Kompressor VGd 2310 W10:

Wasserkühlung durch Süßwasserkreislauf mit Radiatorkühlung.

Kompressor VCS 2413 W14:

Wasserkühlung durch Süßwasserkreislauf mit Seewasserwärmetauscher.

Kompressor VBC 2416 W6.4:

Wasserkühlung über Kühlturm.

Eine weitere Beschreibung der unterschiedlichen Kühlungsarten erfolgt in Kapitel 7.4.

2.2.3.6 Aufstellung

Die Aufstellung erfolgt wie in Abschnitt 2.2.2.7 angegeben.

2.3 Rotationskompressoren

2.3.1 Einwellige Rotationsverdichter

2.3.1.1 Grundlagen

2.3.1.1.1 Einleitung

Mit der Entwicklung eines frischölgeschmierten Rotationsverdichters mit Laufringen durch Karl Wittig im Jahre 1908 wurde die Basis für eine Generation von Verdichtern und Motoren geschaffen, die heute weltweit in Gebrauch sind. Maßgeblich für die Erfindung war die Verwendung eines mitrotierenden Laufringes, der bei deutlich reduzierter Relativgeschwindigkeit des Rotorschiebers gegenüber dem Gehäuse die wesentlichen radialen Schieberkräfte aufnehmen konnte. Damit war die Grundlage für einen verschleißarmen Langzeitbetrieb bei gutem Wirkungsgrad gegeben.

2.3.1.1.2 Spezifizierung

Neben den Bezeichnungen Drehkolben-, Drehschieber- und Vielzellenverdichter wollen wir uns hier auf die Bezeichnung Rotationsverdichter einigen. Der Rotationsverdichter gehört zu den rotierenden, einwelligen Verdrängerverdichtern mit innerer Verdichtung. Er zeichnet sich durch einfachen Aufbau, kleine Abmessungen, geringe Masse, gleichmäßige, pulsationsarme Förderung, ruhigen Lauf und das Fehlen von oszillierenden Massen und Steuerorganen aus.

2.3.1.1.3 Aufbau und Funktionsprinzip

Bild 2.3.1-1 zeigt den Querschnitt einer Rotationsverdichterstufe. In einem zylindrischen Gehäuse ist ein zylindrischer Rotor exzentrisch gelagert. Die Achsen verlaufen parallel. Die Abmessungen von Rotor, Gehäuse, Rotorschiebern und Rotornuten sowie der Mittelpunktabstand e von Rotor und Gehäuse sind so gewählt, daß zwischen den rotierenden Bauteilen (Rotor und Rotorschieber) und dem statischen Gehäuse enge Dichtspalte entstehen. Die am Gehäuse vorhandenen Eintritts- und Austrittsöffnungen werden in Umfangsrichtung durch die Steuerkanten a,b,c und d begrenzt.

In den Rotor sind parallel zur Mittelachse verlaufende Nuten eingearbeitet, in denen die Rotorschieber geführt werden. Dreht sich der Rotor mit hinreichend hoher Drehzahl, so werden die Rotorschieber infolge der Zentrifugalkraft zur Gehäusewand bewegt. Dadurch entstehen durch das Gehäuse, den Rotor und die Rotorschieber begrenzte Arbeitsräume, Zellen genannt, die mit der Drehfrequenz des Rotors am Gehäuseumfang entlanggleiten. Bei jeder Umdrehung ändert sich ihr Rauminhalt zwischen einem Maximalwert am oberen Totpunkt und einem Minimalwert am unteren Totpunkt. Verfolgen wir nun eine einzelne Zelle während einer Umdrehung anhand der Bild 2.3.1-1: Während der in Drehrichtung voreilende Schieber gerade die Steuerkante d überfahren hat, öffnet sich die Zelle zum Saugraum hin. Bei der weiteren Rotordrehung vergrößert sich das Zellenvolumen. Das Gas wird infolge des entstehenden Unterdruckes in die Zelle gesaugt. Überfährt der der Zelle nacheilende Schieber die Steuerkante a, wird der Saugvorgang mit Erreichen des größten Zellenvolumens beendet. Durch das sich nun verkleinernde Zellenvolumen steigen Druck und Temperatur so lange an, bis der der Zelle voreilende Schieber die Auslaßsteuerkante b überfährt und die Zelle zum Druckstutzen hin öffnet. Danach wird das Gas infolge weiterer Verkleinerung der Zelle in die Druckleitung ausgeschoben, bis der nacheilende Schieber die Steuerkante c überfahren hat. Das in dieser Stellung zwischen der Steuerkante c und dem unteren Totpunkt verbleibende Restvolumen wird bei weiterer Drehung durch den Dichtspalt zwischen Rotor und Gehäuse gedrückt. Nach der Expansion des Gases auf den Ansaugdruck beginnt ein neues Arbeitsspiel. Das Arbeitsspiel der einzelnen rotierenden Zellen läßt sich dabei, wie in Bild 2.3.1-2 dargestellt, analog zu einem oszillierenden Verdrängerverdichter (Hubkolbenverdichter) in einem p,V-Diagramm darstellen.

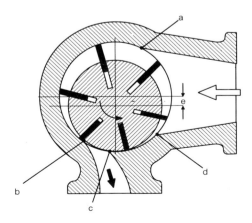

Bild 2.3.1-1: Querschnitt einer Rotationsverdichterstufe

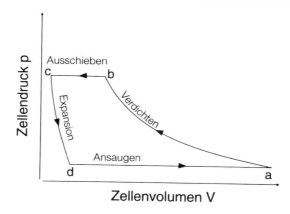

Bild 2.3.1-2: Verdichtungsverlauf im p,V-Diagramm

2.3.1.1.4 Einfluß der Auslaßsteuerkante

Der Rotationsverdichter arbeitet mit einer vom Rotordrehwinkel abhängigen inneren Verdichtung. Der Zellendruck vor Öffnung der Zelle zum Druckstutzen hin wird im Gegensatz zum Hubkolbenverdichter nicht durch den anliegenden Netzdruck, sondern durch die Lage der Auslaßsteuerkante also dem „eingebauten Druckverhältnis" bestimmt. Der ideale Verdichtungsprozeß liegt vor, wenn der Zellendruck unmittelbar vor Öffnung der Zelle zum Druckstutzen hin dem Netzdruck entspricht. Ist der anliegende Netzdruck größer, so liegt in der Zelle eine Unterverdichtung vor; bei kleinerem Netzdruck findet Überverdichtung statt. Bild 2.3.1-3 zeigt den Verdichtungsverlauf für die drei möglichen Verdichtungsarten. Zur Vermeidung unzulässig hoher Schieberbeanspruchung und Antriebsleistung infolge Überverdichtung werden bei stark schwankenden Druckverhältnissen z.B. bei Kältemittelverdichtern und bei Vakuumpumpen sogenannte Zellenventile als Überdruckventile eingesetzt, die bereits vor dem Erreichen der Auslaßöffnung eine Entlastung der Zellen durch einen vorzeitigen Gasaustritt in den Druckstutzen ermöglichen.

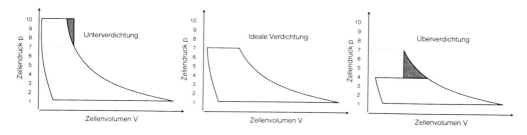

Bild 2.3.1-3: Verdichtungsverlauf bei wechselnden Netzdrücken

2.3.1.1.5 Zellenvolumenverlauf

Bild 2.3.1-4 zeigt die relative Änderung des Zellenvolumens in Abhängigkeit vom Rotordrehwinkel. Das Zellenvolumen ändert sich periodisch mit der Rotordrehung zwischen Minimalwert am unteren und Maximalwert am oberen Totpunkt. Die maximale Zellenfüllung wird erreicht, wenn die Zellenmitte gerade am oberen Totpunkt steht. Der theoretische Ansaugvolumenstrom pro Rotorumdrehung ergibt sich aus dem Produkt von größtem Zellenvolumen und Zellenzahl.

2.3.1.1.6 Zellendruckverlauf

Der Zellendruckverlauf wird unter anderem durch den Zellenvolumenverlauf, die Betriebsspiele der Verdichterstufe, die Art der Kühlung sowie die physikalischen Eigenschaften des Fördermediums beeinflußt. Der Endpunkt der inneren Verdichtung wird jedoch nicht nur durch die Lage der Auslaßsteuerkante gemäß Abschnitt 2.3.1.1.4, sondern auch durch das zu diesem Zeitpunkt eingeschlossene Zellenvolumen festgelegt. Somit kann das eingebaute Druckverhältnis neben Variation der Auslaßsteuerkante auch durch Variation der Rotorschieberzahl festgelegt werden. Bild 2.3.1-5 zeigt den Zellendruckverlauf in Abhängigkeit von der Lage der Auslaßsteuerkante für unterschiedliche Rotorschieberzahlen.

2.3.1.1.7 Leistungsbedarf

Bild 2.3.1-6 zeigt den Verlauf des effektiven Leistungsbedarfes in Abhängigkeit vom anliegenden Netzdruckverhältnis. Kurve a gibt den optimalen Verlauf der Antriebsleistung wieder. Dabei entspricht das in der Verdichterstufe eingebaute Druckverhältnis zu jedem Zeitpunkt dem anliegenden Netzdruckverhältnis. Die weiteren Kurven zeigen beispielhaft den Leistungsbedarf für drei fest eingebaute Druckverhältnisse. Die Verläufe des Leistungsbedarfs folgen jeweils einer Geraden, die die Kurve der optimalen Verdichtung a immer beim eingebauten Druckverhältnis schneidet. Ein Vergleich der Kurven a,b,c und d zeigt, daß beim Rotationsverdichter trotz eines fest eingebauten Druckverhältnisses ein großer Druckbereich bei gutem Verdichtungswirkungsgrad realisiert wird.

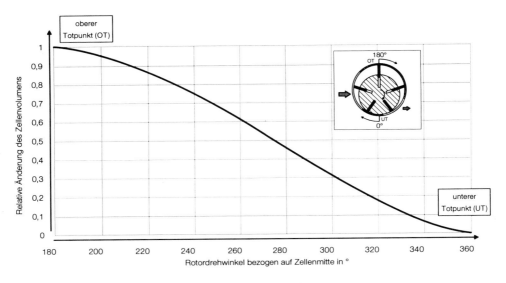

Bild 2.3.1-4: Zellenvolumenverlauf in Abhängigkeit vom Rotordrehwinkel

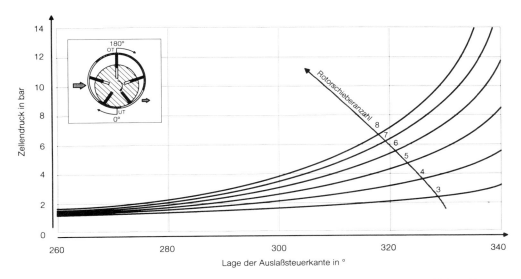

Bild 2.3.1-5: Zellendruckverlauf in Abhängigkeit von der Lage der Auslaßsteuerkante und der Rotorschieberzahl

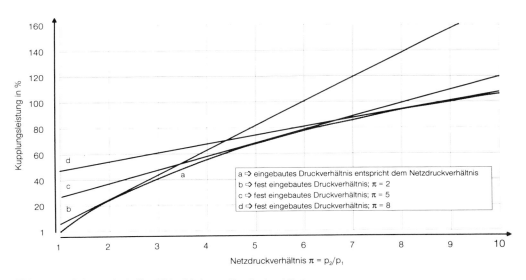

Bild 2.3.1-6: Leistungsbedarf in Abhängigkeit vom Netzdruckverhältnis

2.3.1.1.8 Wirkungsgrade

Volumetrischer Wirkungsgrad

Volumenstromverluste durch innere Undichtigkeiten, Strömungsverluste im Eintritts- und Austrittsbereich sowie Wärmeübergang im Ansaugsystem reduzieren den theoretischen Ansaugvolumenstrom auf den effektiven Ansaugvolumenstrom. Die Höhe dieser Verluste wird durch den volu-

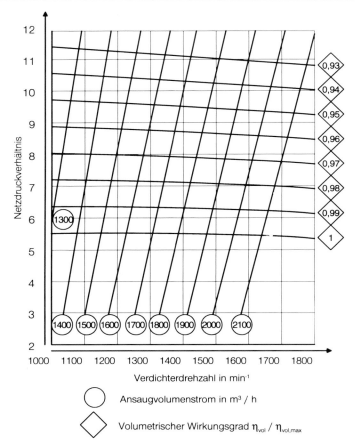

Bild 2.3.1-7: Verdichterkennfeld: Volumetrischer Wirkungsgrad und Ansaugvolumenstrom in Abhängigkeit vom Netzdruckverhältnis und der Drehzahl

metrischen Wirkungsgrad, auch Liefergrad genannt, dargestellt. Bild 2.3.1-7 zeigt das Kennfeld eines öleingespritzten Rotationsverdichters mit einem Auslegungsdruckverhältnis von $\pi = 8$. Die Kurven konstanten volumetrischen Wirkungsgrades und konstanten Ansaugvolumenstromes sind in
Abhängigkeit vom Netzdruckverhältnis und der Drehzahl dargestellt. Bemerkenswert ist die nahezu
gleichbleibende innere Dichtigkeit über den gesamten Drehzahlbereich. Bei konstantem Druckverhältnis variiert der volumetrische Wirkungsgrad um weniger als 1 %.

Thermodynamischer Wirkungsgrad

    Der thermodynamische Wirkungsgrad stellt den Quotienten von der theoretischen Leistung, die
z.B. bei einem isentropen Vergleichsprozeß aufzubringen ists, zur realen Antriebsleitung dar. Bild
2.3.1-8 zeigt die effektive Antriebsleistung und den isentropen Wirkungsgrad eines öleingespritzten
Verdichteraggregates in Abhängigkeit vom Netzdruckverhältnis und der Drehzahl bei Luftverdichtung. Signifikant ist hier der flache Verlauf des isentropen Wirkungsgrades über der Drehzahl und
dem Netzdruckverhältnis. Trotz des fest eingebauten Auslegungsdruckverhältnisses fällt der isentrope Wirkungsgrad nur relativ gering in den Randbereichen ab. Eine Änderung des eingebauten

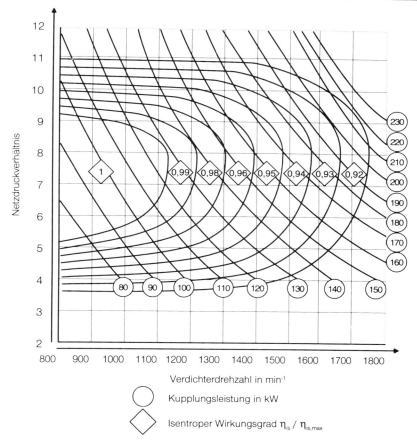

Bild 2.3.1-8: Verdichterkennfeld: Isentroper Wirkungsgrad und Kupplungsleistung in Abhängigkeit vom Netzdruckverhältnis und der Drehzahl

Druckverhältnisses in der Verdichterstufe führt zu einer entsprechenden parallelen Verschiebung der Wirkungsgradkurven in vertikaler Richtung. Damit ist das günstige Wirkungsgradverhalten dieses Verdichters mit einfachen Mitteln unterschiedlichen Netzdruckverhältnissen anzupassen.

2.3.1.2 Bauformen und Einsatzbereiche

Zur Differenzierung der verschiedenen Bauformen unterscheiden wir nach folgenden Kriterien:

- stationäre oder mobile Verdichter

- Verdichter mit geschmiertem oder ungeschmiertem Arbeitsraum

- Verdichter mit oder ohne Schieberführung durch Laufringe

- Verdichter mit Oberflächenkühlung oder Innenkühlung.

Bei allen Bauformen ist der Rotor in axialer Richtung kräftefrei zwischen den Gehäusedeckeln gelagert. Axiallager werden lediglich zur Fixierung des Mindestabstandes zwischen dem Rotor und den Gehäusedeckeln benötigt.

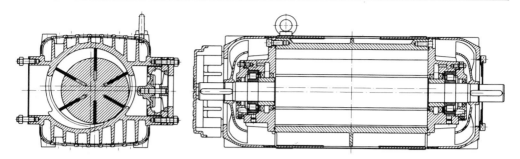

Bild 2.3.1-9: Luftgekühlter Trockenläufer

2.3.1.2.1 Trockenlaufende Rotationsverdichter

Der Trockenläufer eignet sich infolge seiner einfachen, kostengünstigen und wartungsarmen Konstruktion besonders als mobiler Luftverdichter auf Fahrzeugen. Die Stufenperipherie besteht bei luftgekühlten Maschinen lediglich aus einem Ansaugfilter, einem druckseitig angeordneten Rückschlagventil sowie einem eventuell vorhandenen Staubfilter. Die Lager werden durch eine Dauerfettfüllung geschmiert. Die Rotorschieber bestehen aus einem graphithaltigen Werkstoff. Ihre Schmierung geschieht durch einen permanenten, durch Mischreibung verursachten Schieberabrieb an den Kontaktstellen zu Rotor und Gehäuse. Während der Einlaufphase bildet dieser Abrieb in den Oberflächenporen des Gehäuse- und Rotorwerkstoffes eine Gegenlaufschicht aus. Nach Abschluß der Einlaufphase erreicht der Reibkoeffizient sein Minimum und bleibt während des weiteren Betriebes konstant. Mit dem in Bild 2.3.1-9 dargestellten luftgekühlten Trockenläufer wird ein Druckverhältnis von $\pi = 3,5$ bei einem Volumenstrom von 600 m³/h realisiert.

2.3.1.2.2 Frischölgeschmierte Rotationsverdichter

Frischölgeschmierte Rotationsverdichter mit Laufringen

Rotationsverdichter mit Laufringen, wie in Bild 2.3.1-10 dargestellt, werden luft- oder wassergekühlt als stationäre Verdichter oder Vakuumpumpen zur Luft- oder Gasförderung eingesetzt. Die Schmierung der Rotorschieber, Lager und der Wellendichtungen geschieht hier durch Frischöl, das nach Gebrauch in der nachfolgenden Anlage abgeschieden wird. Ein Teil des Gehäuses wird in Form von zwei mitrotierenden sogenannten Laufringen dargestellt, deren Innendurchmesser geringfügig kleiner ist als der des Gehäuses. Die Rotorschieber stützen sich in radialer Richtung auf diesen Laufringen ab und berühren somit nicht die Gehäuseoberfläche. Die Schieberlaufkante führt gegenüber dem Laufring nur eine äußerst geringe Relativbewegung aus. Das Schmiermittel wird durch eine direkt oder separat angetriebene Schmierölpumpe aus einem Ölvorratsbehälter angesaugt und über Leitungen den einzelnen Schmierstellen zugeführt. Zwischen den Rotorschiebern und deren Reibpartnern, den Laufringen und den Rotornuten, stellt sich Mischreibung ein.

Frischölgeschmierte Verdichter ohne Laufringe

Frischölgeschmierte Einheiten werden hauptsächlich im mobilen Betrieb als Luft-Verdichter oder Vakuumpumpen auf Fahrzeugen sowie im stationären Bereich als Gasverdichter eingesetzt. Mit der heutigen Verwendung temperaturbeständiger Kunststofflaminatschieber kann auf die Verwendung von Laufringen verzichtet werden, da sich durch das geringe spezifische Gewicht der Schieber kleine Anpreßkräfte an die Gehäusewand ergeben. Durch die gute Benetzbarkeit der

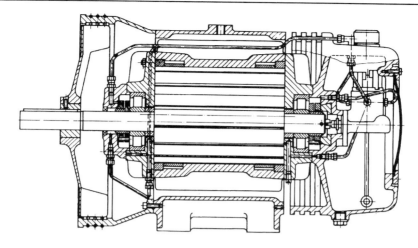

Bild 2.3.1-10: Luftgekühlter Rotationsverdichter mit Laufringen und Frischölschmierung

Schieberoberfläche mit Öl ergeben sich neben der praktischen Verschleißfreiheit gute Notlaufeigenschaften, wie sie inbesondere beim Neustart und im intermittierenden Betrieb gefordert sind. Frischölgeschmierte Rotationsverdichter sind unempfindlich gegen Verschmutzung, da die Schmutzpartikel mit dem Schmieröl aus dem Verdichtungsraum transportiert werden. Bild 2.3.1-11 zeigt einen luftgekühlten frischölgeschmierten Rotationsverdichter in Kompaktbauweise für den mobilen Einsatz auf Saug- oder Silofahrzeugen.

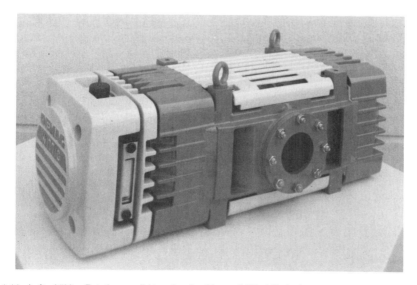

Bild 2.3.1-11: Luftgekühlter Rotationsverdichter ohne Laufringe mit Frischölschmierung

Bild 2.3.1-12: Rotationsverdichterstufe mit Öleinspritzkühlung

2.3.1.2.3 Öleingespritzte Rotationsverdichter

Bild 2.3.1-12 zeigt die leistungsfähigste Variante der Rotationsverdichter. Während des Verdichtungsvorganges wird Öl zur Schmierung, Kühlung und Abdichtung in den Verdichtungsraum eingespritzt. Mit der Öleinspritzkühlung wird ein großer Druckbereich bei niedriger Endtemperatur (75 bis 85 °C) realisiert, wodurch man sich dem Ideal der isothermen Verdichtung nähert. Bei allen auftretenden Betriebszuständen tritt hydrodynamische Schmierung und daraus resultierende Verschleißfreiheit an den Schiebergleitflächen auf. Die für die Verdichtung charakteristischen Spaltverluste werden durch die großen Ölmengen minimiert. Im Gegensatz zum trockenlaufenden oder frischölgeschmierten Rotationsverdichter wird hier eine Maschinenperipherie zur stetigen Ölabscheidung, Kühlung und Umwälzung des Öls benötigt. Die Ölumwälzung wird durch den Verdichtungsenddruck gewährleistet. Aus dem niedrigen Temperaturniveau im gesamten Verdichtungsraum resultiert eine sehr gute Eignung als Gasverdichter. Da viele brennbare Gase nur sehr geringe Mindestzündenergien benötigen, werden zur Minimierung von Schlag- und Reibungswärme die gerade beim Start des Verdichters auftritt, die bei Luftverdichtung verwendeten Aluminiumschieber durch Kunststofflaminatschieber ersetzt.

Bild 2.3.1-13 zeigt ein stationäres wassergekühltes Doppelaggregat mit einem Volumenstrom von 4600 m³/h für Luft- oder Gasverdichtung; Bild 2.3.1-14 zeigt ein mobiles Kompaktaggregat mit einem Volumenstrom von 12 m³/h für die Druckluftversorgung von S- und U- Bahnen oder Trolley-Bussen.

Anhand von Bild 2.3.1-15 läßt sich die Funktionsweise eines luftgekühlten Rotationsverdichteraggregates mit Öleinspritzkühlung beschreiben. Die Luft gelangt durch Luftfilter (1) und Ansaugregler (2) in die Verdichterstufe (3). Nach dem Schließen der Zelle zum Saugstutzen hin wird ein Kühl-/Schmierölvolumenstrom von ca 1 % des angesaugten Luftvolumenstromes durch Einspritzbohrungen in der Gehäusewand in die Zelle eingespritzt. Die feine Zerstäubung im Verdichtungs-

Bild 2.3.1-13: Stationäres, wassergekühltes Verdichteraggregat mit Öleinspritzkühlung

Bild 2.3.1-14: Mobiles, luftgekühltes Kompaktaggregat mit Öleinspritzkühlung

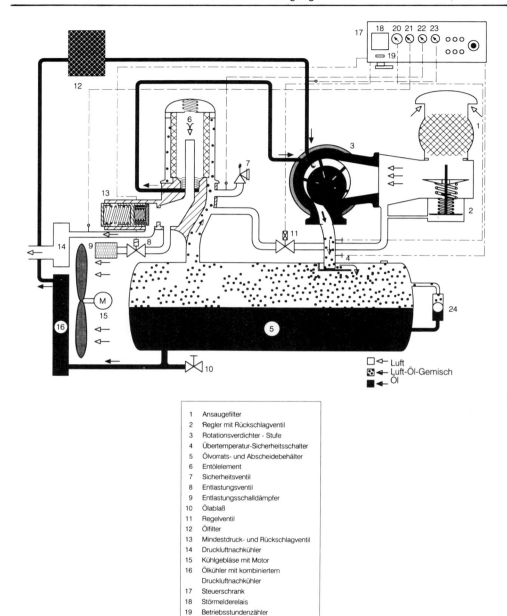

1	Ansaugefilter
2	Regler mit Rückschlagventil
3	Rotationsverdichter - Stufe
4	Übertemperatur-Sicherheitsschalter
5	Ölvorrats- und Abscheidebehälter
6	Entölelement
7	Sicherheitsventil
8	Entlastungsventil
9	Entlastungsschalldämpfer
10	Ölablaß
11	Regelventil
12	Ölfilter
13	Mindestdruck- und Rückschlagventil
14	Druckluftnachkühler
15	Kühlgebläse mit Motor
16	Ölkühler mit kombiniertem Druckluftnachkühler
17	Steuerschrank
18	Störmelderelais
19	Betriebsstundenzähler
20	Kontaktfernthermometer
21	Manometer - Netzdruck
22	Manometer - Betriebsdruck
23	Manometer - Öldruck
24	Ölstandsanzeige

Bild 2.3.1-15: Funktionsschema eines luftgekühlten Verdichteraggregates mit Öleinspritzkühlung

raum erzeugt einen intensiven Wärmeübergang zwischen Luft und Öl. Das nun vorhandene Öl-/Luftgemisch gelangt durch den Druckstutzen in den Ölvorabscheider (5), wo bereits bis zu 99 % des Öls aus der Druckluft entfernt werden. Nach Durchströmen des Ölfeinabscheideelementes (6) ist der Restölanteil der Druckluft auf 1 bis 3 ppm reduziert. Danach gelangt die Luft durch das Mindestdruck- und Rückschlagventil (13) in den Nachkühler (14). Vom unter Druck stehenden Ölvorrats- und Abscheidebehälter (5) gelangt das Öl zum Ölkühler (16). Hier werden bis zu 85 % der Antriebsleistung an das Kühlmedium Luft oder Wasser abgeführt. Vom Ölkühler gelangt das Öl über das Ölfilter (12) in die Verdichterstufe (3) wo die Wärmeaufnahme erneut beginnt.

2.3.1.2.4 Einsatzbereiche von Rotationsverdichtern

Aus der geringen Zahl an bewegten Teilen wie dem Rotor und den Rotorschiebern resultiert das hohe Maß an Zuverlässigkeit und Betriebssicherheit, wie es in vielen Bereichen gefordert wird.

Die heute übliche Bauweise von betriebsbereiten wasser- oder luftgekühlten fundamentlosen Kompaktaggregaten ermöglicht eine einfache und flexible Aufstellung beim Betreiber. Je nach Einsatzbedingung sind sämtliche für einen sicheren Betrieb notwendigen Sicherheitseinrichtungen, die Instrumentierung, die Verdichterregelung, sowie das erforderliche Zubehör wie Luftfilter, Druckluftnachkühler und Öl- Wasserabscheider untergebracht. Die notwendigen Sicherheitseinrichtungen beschränken sich bei allen Bauformen von Rotationsverdichtern auf die Überwachung von Druck und Temperatur; weitere Überwachungen z.B. der Rotorlager und des Öldruckes sind nicht erforderlich.

Die weitgehende Unempfindlichkeit gegen Verschmutzung erlaubt das Absaugen und Verdichten von verunreinigten Medien und die Aufstellung in extrem staubhaltiger Umgebung. Der materialzerstörenden Wirkung von korrosiven und abrasiven Bestandteilen im Fördermedium wird durch widerstandsfähige Werkstoffe und Schutzüberzüge sowie die Auswahl wirkungsvoller Filter in Verbindung mit entsprechenden Betriebsölen entgegengewirkt.

Bei der Forderung nach äußerst kompakter Bauweise in Verbindung mit niedrigem Wartungsaufwand finden trockenlaufende und frischölgeschmierte Rotationsverdichter ihre Anwendung. Typische Einsatzbereiche im stationären Bereich sind neben der Drucklufterzeugung die Verdichtung von Wasserstoff, Koks-, Faul- oder Erdgas sowie das Absaugen von Gasen und Dämpfen aus verfahrenstechnischen Prozessen in der chemischen, petrochemischen oder pharmazeutischen Industrie.

Im mobilen Bereich werden sie als Einzelstufen bis zu Enddrücken von 3,5 bar mit freier Antriebswahl zur Erzeugung von Druckluft z.B. für die pneumatische Förderung von Gips, Kalk und Zement und Vakuum z.B. zum Absaugen von Flüssigkeiten geliefert und mit entsprechendem Zubehör in den Fahrzeugaufbau von Silo- oder Tankfahrzeugen integriert. Luftgekühlte Trockenläufer benötigen hier den geringsten Wartungs-, Überwachungs- und Installationsaufwand.

Der Schwerpunkt öleingespritzter Verdichter liegt im Druckbereich von 1,5 bis 11 bar in der stationären und mobilen Luftverdichtung. Typische Einsatzorte für die stationäre Drucklufterzeugung sind z.B. Maschinenfabriken, Gießereien und Glasindustrie. Bei der Förderung von schüttfähigen Gütern durch pneumatische Förderanlagen finden wir sie in Zementwerken, Hafenanlagen und auf Versorgungsschiffen. Mobile Kompaktaggregate werden als Einbaumaschinen zur Druckluftversorgung in S- und U- Bahnen, Trolley-Bussen, Lokomotiven oder als Baukompressoren zur Förderung von Gips und Mörtel verwendet. Im Bereich der Gasverdichtung werden sie als stationäre Einheiten mit entsprechend erweiterten Schutz- und Regeleinrichtungen zur Verdichtung von z.B. Faul-, Klär-, Deponie-, Gruben- und Inertgasen eingesetzt.

2.3.1.3 Bauteile

Unabhängig von der Bauform ist der Rotationsverdichter durch folgende Bauteile gekennzeichnet:

- Gehäuse

- zwei Gehäusedeckel

- Rotor

- mehrere Rotorschieber

- zwei Rotorlager

Bild 2.3.1-16 zeigt sämtliche Bauteile einer Rotationsverdichterstufe mit Öleinspritzkühlung.

Gehäuse

Gehäuse werden als Fuß- oder Flanschversionen gebaut. Bei öleingespritzen Kompaktaggregaten, wie in Bild 2.3.1-14 dargestellt, ist das Stufengehäuse zusammen mit allen erforderlichen Bauteilen und Sicherheitseinrichtungen in einem gemeinsamen Gehäuseblock mit angeflanschtem Motor integriert. Günstige Formen der Ein- und Austrittskanäle minimieren die Strömungsverluste und die Geräuschemission.

Rotor

Rotoren werden mit ein- oder beidseitiger Lagerung aus dem Vollen oder in gebauter Form mit angeflanschten Rotorwellen gefertigt. Der Rotor ist infolge des einfachen Aufbaus bei äußerst geringer Beanspruchung durch pulsierende Kräfte ein Bauteil mit hoher Betriebssicherheit. Biege- und

Bild 2.3.1-16: Bauteile eines öleingespritzten Rotationsverdichters

Torsionsschwingungen treten aufgrund der unterkritischen Betriebsdrehzahlen nicht auf. Die Lagerbelastungen sind entsprechend klein. Der rotationssymetrische Aufbau und die geringen Drehzahlen machen ein Auswuchten nicht erforderlich.

Rotorschieber

Der Rotorschieber leitet den Kraftfluß aus dem Rotor in das zu verdichtende Gas. Dabei kommt dem Rotorschieber als Abdichtelement eine besondere Bedeutung zu. Die Führung des Rotorschiebers an der Gehäusewand geschieht durch die vorherrschenden Massenkräfte (Zentrifugal- und Corioliskraft). Die entscheidende Abdichtfunktion übernimmt jedoch eine zusätzlich auf die Schieberunterseite wirkende Gasdruckkraft. Durch diese zum Enddruck proportionale Kraft wird die Abdichtwirkung am Hauptspalt, also zwischen Schieber und Gehäuse, immer richtig dosiert, und es werden unnötig hohe Reibkräfte vermieden. Dieser Effekt kommt gerade bei drehzahlgeregelten Verdichtern in Form einer guten inneren Dichtigkeit zum Tragen. Als Schieberwerkstoff wird je nach Bauform Kohlenstoff, Kunststoff, Aluminium, Grauguß oder Federstahl eingesetzt.

Wellenabdichtungen

Die Wahl der Wellenabdichtung wird nur unwesentlich durch Bauform und Einsatzbereich des Rotationsverdichters bestimmt. Aufgrund der niedrigen Umfangsgeschwindigkeiten an den Abdichtungsstellen der Rotorwelle finden meist einfache Radialwellendichtringe und Gleitringabdichtungen Verwendung. Bei Maschinen, die sowohl im Saug- als auch im Druckbereich betrieben werden, wird die Dichtheit durch spezielle Kombinationen von Wellenabdichtsystemen gewährleistet.

2.3.1.4 Antriebsarten

Für Rotationsverdichter sind prinzipiell alle Antriebsarten verwendbar. Der Antrieb geschieht üblicherweise direkt über eine elastische Wellenkupplung oder indirekt über Riemenantrieb. Mobile Verdichter können den vorhandenen Einbauverhältnissen und Drehzahlen der Antriebseinheiten, wie z.B. Hydro- oder Verbrennungsmotore, durch die freie Wahl der Kraftübertragung, wie z.B. Gelenkwelle oder Riementrieb, optimal angepaßt werden. Stationäre Einheiten werden durch Elektro-, Verbrennungs- oder Gasmotore angetrieben, wobei der direkte wartungsarme Antrieb durch einen Elektromotor überwiegt. Durch Drosselung des Ansaugvolumenstromes kann das Anlaufdrehmoment des Verdichters stufenlos an das Drehmomentangebot des Antriebes angeglichen werden.

2.3.1.5 Steuerungs- und Regelungsarten

Bild 2.3.1-17 zeigt das typische Verhalten von Kupplungsleistung und Volumenstrom für die beim Rotationsverdichter verwendbaren Regelungsarten. Die passende Regelungsart ergibt sich nach den vor Ort beim Betreiber vorherrschenden Betriebsbedingungen. Die Verknüpfung mehrerer Regelungsarten zu einer Verbundregelung führt unter Zuhilfenahme einer integrierten Steuerung zu optimaler Leistungsbedarfsanpassung bei stark variierendem Teillastbetrieb.

Aussetzregelung

Bei Erreichen des maximalen Netzdruckes wird der Verdichter stillgesetzt. Mit Erreichen des minimalen Netzdruckes beginnt der Neustart. Der Einsatz dieser Regelungsart setzt in Abhängigkeit der zulässigen Bandbreite des Netzdruckes und der zulässigen Schalthäufigkeit des Antriebsmotors ein entsprechend großes Luftspeichervolumen voraus. Der Verdichter selbst unterliegt keiner Begrenzung der Schalthäufigkeit.

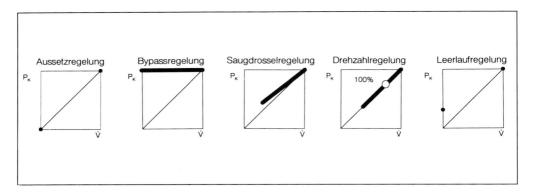

Bild 2.3.1-17: Verlauf von Kupplungsleistung P_K und Volumenstrom $\dot{V}$ in Abhängigkeit von der Regelungsart

Bypassregelung

Die Bypassregelung erlaubt eine stufenlose Volumenstromregulierung von 0 bis 100 %. Die Antriebsleistung des Verdichters bleibt im gesamten Regelbereich konstant. Mit Erreichen des maximalen Netzdrucks wird ein Überströmventil geöffnet und die bereits verdichtete Luft durch eine Bypassleitung eventuell über einen Kühler in den Saugbereich des Verdichters zurückgeführt. Diese Regelungsart findet besonders bei Gasverdichtern für brennbare und explosive Gase Verwendung, da hier in der Ansaugleitung des Verdichters kein Unterdruck entstehen darf. Damit ist das Entstehen eines zündfähigen Gasgemisches durch Eindringen atmosphärischer Luft ausgeschlossen.

Saugdrosselregelung

Die Verminderung der Fördermenge wird hier durch das Absenken des Ansaugdruckes mit Hilfe einer Drossel im Ansaugsystem des Verdichters erreicht. Die Fördermenge ändert sich dabei proportional zur Dichte des Fördermediums im Saugstutzen. Der Regelbereich liegt üblicherweise bei ca. 60 bis 100 % des Nennvolumenstromes.

Drehzahlregelung

Diese Regelungsart erlaubt beim Rotationsverdichter eine nahezu drehzahlproportionale Beeinflussung des Volumenstromes im Bereich von ca 50 bis 120 %. Wie die Bild 2.3.1-8 deutlich zeigt, verbessert sich sogar der Wirkungsgrad beim öleingespritzten Rotationsverdichter mit abnehmender Drehzahl. Dieser Umstand ist dadurch zu erklären, daß bei abnehmenden Reibungsverlusten die innere Dichtheit der Maschine erhalten bleibt. Die untere Drehzahlgrenze ist dadurch festgelegt, daß eine Führung der Rotorschieber an der Gehäusewandung durch die Fliehkräfte erhalten bleibt. Umgekehrt ermöglicht die hydrodynamische Schmierung der Rotorschieber einen Betrieb oberhalb der Nenndrehzahl. Eine einfache und preiswerte Drehzahlregelung ergibt sich beim Einsatz von polumschaltbaren Motoren. So lassen sich z.B. bei einem Doppelaggregat gemäß der Bild 2.3.1-13, mit polumschaltbaren Motoren in Verbindung mit der Aussetzregelung Volumenströme von 33 %, 50 %, 66 %, 83 % und 100 % des Nennvolumenstromes realisieren. Eine optimale Anpassung an den geforderten Druckluftbedarf bietet jedoch nur eine stufenlose Drehzahlregelung.

Leerlaufregelung

Die Regelcharakteristik ist dem Aussetzbetrieb gleichzusetzen. Bei Erreichen des maximalen Netzdruckes schließt ein saugseitiger Regler, wodurch im Saugstutzen ein Vakuum entsteht. Das druckseitige Rückschlagventil zur Förderleitung wird durch den Netzdruck geschlossen. Öleingespritzte Verdichter werden innerhalb des Aggregates bis auf einen Mindestdruck entlastet, der eine ausreichende Ölversorgung gewährleistet.

Verbundregelung

Bei stark variierenden Abnahmemengen kann ein energiesparender Betrieb durch eine Verbundregelung realisiert werden, wobei automatisch jeweils die günstigste Regelungsart ausgewählt wird.

2.3.1.6 Kühlung

Die Abfuhr der Verdichtungs- und Reibungswärme geschieht bei trockenlaufenden und frischölgeschmierten Verdichtern durch die Gehäusewand über Luft- bzw. Wasserkühlung. Bei mobilen Verdichtern gemäß Bild 2.3.1-11 eignet sich besonders die wartungsarme Luftkühlung. Vergleichbare wassergekühlte Versionen führen die Wärme über einen geschlossenen Kühlkreislauf mit Umwälzpumpe und Wasser-/Luftkühler an die Umgebung ab.

Bei Rotationsverdichtern mit Öleinspritzkühlung übernimmt das eingespritzte Öl den Abtransport der Wärme. Bild 2.3.1-18 zeigt beispielhaft die Wärmeverteilung der an der Verdichterkupplung zugeführten Wellenleistung für einen solchen Verdichter mit Druckluftnachkühler. Mit dem Kühlmedium Luft oder Wasser müssen hier insgesamt 93 % der Antriebsleistung in Form von Wärme aus dem Verdichteraggregat abgeführt werden. Durch Nutzung dieser Wärme in einer Wärmerückgewinnungsanlage wird der Primärenergieeinsatz z.B. zur Erwärmung von Heizungs- oder Brauchwasser gesenkt und die Wirtschaftlichkeit der Drucklufterzeugung gesteigert.

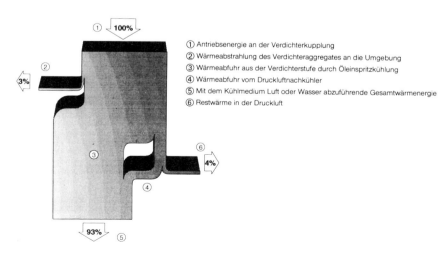

① Antriebsenergie an der Verdichterkupplung
② Wärmeabstrahlung des Verdichteraggregates an die Umgebung
③ Wärmeabfuhr aus der Verdichterstufe durch Öleinspritzkühlung
④ Wärmeabfuhr vom Druckluftnachkühler
⑤ Mit dem Kühlmedium Luft oder Wasser abzuführende Gesamtwärmenergie
⑥ Restwärme in der Druckluft

Bild 2.3.1-18: Wärmeflußdiagramm eines Rotationsverdichters mit Öleinspritzkühlung

Bild 2.3.1-19: Öleingespritztes Verdichteraggregat mit Schalldämmhaube

2.3.1.7 Aufstellung

Rotationsverdichter eignen sich aufgrund ihrer Schwingungsarmut für die fundamentlose Aufstellung. Bei fester Anordnung von z.b. frischölgeschmierten Maschinen genügt zur Fixierung von Verdichter und Motor ein leichtes Betonfundament oder eine gemeinsame Grundplatte.Stationäre öleingespritzte Verdichter werden als raumsparende Kompaktaggregate auf einem Grundrahmen

Bild 2.3.1-20: Fahrzeugaufbau eines mobilen Rotationsverdichters auf einem Silofahrzeug

plaziert. Verdichterstufe und Antriebsmotor sind durch einen Zwischenflansch direkt miteinander verbunden. Kompensatoren in den Verbindungsleitungen für Druckluft und Kühlwasser minimieren die Einleitung von Körperschall in die Umgebung. Besondere Anforderungen an die Schallemission, z.B. bei Aufstellung im Arbeitsbereich werden durch entsprechende Schalldämmung erfüllt. Bild 2.3.1-19 zeigt ein schallgekapseltes Verdichteraggregat.

Mobile Verdichter für Silo- oder Tankfahrzeuge werden direkt oder durch eine Grundplatte am Fahrzeugrahmen befestigt. Die Einbaulage und somit die Lage der Anschlußflansche ist durch Drehen des Verdichters um die Rotorachse beliebig wählbar. Bild 2.3.1-20 zeigt beispielhaft den Aufbau eines frischölgeschmierten Verdichters auf einem Silofahrzeug. Die gemeinsame Grundplatte ist durch Schwingelemente vom übrigen Fahrzeugrahmen abgekoppelt, um die Einleitung der Schwingungen des Dieselmotors in den Fahrzeugrahmen zu minimieren. Öleingespritzte Verdichter für die Druckluftversorgung moderner Fahrzeuge zur Personenbeförderung wie z.B. Trolley-Bussen, S- und U- Bahnen werden zusammen mit einer kompletten Druckluftaufbereitung zu wartungsfreundlichen Einschubeinheiten ergänzt.

2.3.2.1 Drehkolbengebläse

2.3.2.1.1 Grundlagen

Drehkolbengebläse werden auch als Wälzkolbengebläse bezeichnet, da die Flanken der beiden Rotoren wie bei einem Zahnrad aufeinander abwälzen. Darüber hinaus ist die Bezeichnung Rootsgebläse gebräuchlich, die auf den amerikanischen Erfinder aus dem 19. Jahrhundert hinweist. Wegen der relativ geringen Druckerhöhungen von bis zu 1000 mbar, die durch das Fehlen innerer Verdichtung begrenzt sind, ist es nicht üblich, hier schon von einem Kompressor zu sprechen.

Die vom Druckniveau her benachbarten Techniken sind nach unten hin das Seitenkanalgebläse, dessen dynamische Arbeitsweise (Strömungsmaschine) den wirtschaftlichen Einsatz auf 200 bis 300 mbar Druckdifferenz begrenzt, und nach oben hin der trockenlaufende Schraubenkompressor, bei dem durch innere Verdichtung etwa ein doppelt so hohes Verdichtungsverhältnis wie beim Drehkolbengebläse erzielt werden kann. Gegenüber dem Drehkolbengebläse hat der Schraubenkompressor allerdings den Nachteil eines erheblich kleineren Förderkammervolumens bezogen auf das Blockvolumen. Dies liegt an der Verdrillung der Rotoren, die die innere Verdichtung ermöglicht.

Die Arbeitsweise von Drehkolbengebläsen ist in Bild 2.3.2.1-1 als Bewegungsablauf dargestellt.

Die beiden Rotoren drehen sich gegenläufig, eng umschlossen vom Gehäuse. Durch die Synchronzahnräder der Rotoren wälzen ihre Profilbereiche aufeinander ab, ohne sich dabei zu berühren. Auf eine Schmierung der Rotoren innerhalb des Förderraums kann daher verzichtet werden. Ein Verunreinigen des Fördermediums ist somit ausgeschlossen.

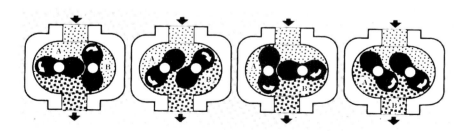

Bild 2.3.2.1-1: Arbeitsweise von Drehkolbengebläsen

Bild 2.3.2.1-2: Schnittmodell eines Drehkolbengebläseblocks

Um das Eindringen von Lagerschmierstoff in den Förderraum sicher zu vermeiden, werden die Wellendurchführungen mit doppelter Dichtung und Drainage ausgestattet. Hier haben sich reibungsarme Kolbenringabdichtungen bewährt.

Die Förderkammer, in die das angesaugte Medium einströmt, ist auf der einen Seite begrenzt durch den Rotor, auf der anderen Seite durch die Gehäusewandung. Sobald der obere Rotorkopf die saugseitige Steuerkante erreicht hat und senkrecht steht, ist die Förderkammer zur Saugseite hin verschlossen. Beim Weiterdrehen des Rotors streicht der untere Rotorkopf an der druckseitigen Steuerkante vorbei und setzt die Verbindung zur Druckseite frei.

Das Förderkammervolumen verändert sich zwischen dem Schließen zur Saugseite und dem Öffnen zur Druckseite nicht; eine Verdichtung findet also nicht statt. Das Verdichten des Fördermediums geschieht erst durch den Druckausgleich, der sich beim Öffnen der Förderkammer zur Druckseite einstellt. Hierbei strömt das bereits verdichtete Medium vom Druckstutzen und der angeschlossenen Rohrleitung mit hoher Geschwindigkeit in die Förderkammer ein und erhöht hier den Druck bis zum Druckausgleich. Die dazu erforderliche Umkehrung der Strömungsrichtung in der Druckleitung erzeugt unerwünschte Pulsationen.

Da der Gegenrotor ein Rückströmen zur Saugseite verhindert, verläßt die geförderte Gasmenge schließlich den Gebläseblock durch den Druckstutzen. Dieser Fördervorgang findet bei Gebläsen mit zweiflügligen Rotoren an jedem der beiden Rotoren zweimal pro Umdrehung, insgesamt also viermal pro Antriebswellenumdrehung statt.

2.3.2.1.2 Betriebsverhalten

2.3.2.1.2.1 Liefermenge

Das geförderte Ansaugvolumen beträgt unabhängig von Druck und Drehzahl je Umdrehung der Antriebswelle das Vierfache des Förderkammervolumens. Reduziert wird die Fördermenge eines Drehkolbengebläses durch die Rückströmverluste von der Druckseite zurück zur Saugseite an den engen Dichtspalten zwischen den beiden Rotoren und zwischen Rotor und Gehäuse, und zwar sowohl am Umfang der Gehäusebohrungen als auch an den Rotorstirnflächen.

Um diese Rückströmverluste so gering wie möglich zu halten, ist es erforderlich, alle Dichtspalte im Förderraum zu minimieren, allerdings nur so weit, daß sichergestellt bleibt, daß die sich gegeneinander bewegenden Bauteile nicht miteinander in Berührung kommen, was zur Zerstörung des Gebläses führen würde. Die Einhaltung engster Fertigungstoleranzen sowie die Verwendung von Bauteilen geringster Nachgiebigkeit sind folglich bei Drehkolbengebläsen besonders wichtig.

Bei der Bemessung der Dichtspalten ist auch die unterschiedliche thermische Ausdehnung der Bauteile im Betriebszustand zu berücksichtigen. Die Rotoren erwärmen sich stärker als das Gehäuse, das wiederum auf der Druckseite eine höhere Betriebstemperatur annimmt als auf der Saugseite.

Die absoluten Rückströmverluste eines vorgegebenen Gebläses im Betrieb sind lediglich abhängig von der Druckdifferenz und der Dichte des Fördermediums im Ausgangszustand, nicht aber von der Gebläsedrehzahl. Somit nehmen die anteiligen Rückströmverluste pro Umdrehung bzw. die auf die Fördermenge bezogenen Verluste mit steigender Gebläsedrehzahl ab. Der volumetrische Wirkungsgrad steigt also mit zunehmender Gebläsedrehzahl.

Der Erhöhung der Betriebsdrehzahl sind jedoch technische Grenzen gesetzt:

Füllungsgrad der Förderkammern:

Bei übermäßig hoher Drehzahl bleibt der angesaugten Luft nicht genügend Zeit, die Förderkammer vollkommen zu füllen, bevor sie sich schließt – und dies umso mehr, je länger der Gebläseblock im Verhältnis zum Achsabstand ist.

Lebensdauer der Wälzlager:

Sie nimmt bei gleicher Belastung mit steigender Drehzahl ab, was bei der Dimensionierung der Lager zu berücksichtigen ist. Die Verwendung von ölgeschmierten Zylinderrollenlagern hat sich in dieser Hinsicht besonders gut bewährt, wohingegen fettgeschmierte Lager erhebliche Einschränkungen in der Drehzahl erfordern.

Geräuschentwicklung:

Die Schallabstrahlung von Gebläsen nimmt mit steigender Drehzahl erheblich zu, was beim Betrieb mit hohen Drehzahlen besonders wirksame Schalldämmaßnahmen erforderlich macht.

2.3.2.1.2.2 Temperaturerhöhung

Die im Gebläseblock anfallende Wärme wird fast ausschließlich durch das Fördermedium abgeführt, indem es sich aufheizt. Lediglich ein sehr geringer Teil wird über die Gehäuseoberfläche an die Umgebung abgegeben. Die spezifische Verdichtungswärme ist bei Drehkolbengebläsen höher als bei Kompressoren mit innerer Verdichtung.

Die Temperaturerhöhung im Gebläse – die Differenz von Austritts-und Eintrittstemperatur – muß begrenzt werden, da sie zum Verziehen des Gehäuses führt, im Extremfall bis hin zum Berühren der bewegten Bauteile. Die Begrenzung liegt in der Regel bei 110 bis 120 K.

Innere Undichtigkeiten im Gebläseblock verursachen eine zusätzliche Aufheizung des Fördermediums, indem das bereits aufgeheizte Gas zur Saugseite hin strömt und dort nicht nur die Ausgangstemperatur des Verdichtungsvorgangs erhöht, sondern auch die Ansaugmenge und somit den kühlenden Massenstrom reduziert. Daher sind Drehkolbengebläse thermisch umso höher druckbelastbar, je höher ihr volumetrischer Wirkungsgrad ist (hohe innere Dichtheit, hohe Drehzahl).

Da die Wärmeabfuhr proportional zur Dichte des Fördermediums im Ansaugzustand ist, können Drehkolbengebläse im Vakuumbetrieb nur mit erheblich geringeren Druckdifferenzen als im Überdruckbetrieb belastet werden.

2.3.2.1.2.3 Verfahren zur Bestimmung der inneren Dichtheit

Eine hohe innere Dichtheit ist bei Drehkolbengebläsen von besonders großer Bedeutung, da Rückströmverluste nicht nur den Leistungsbedarf steigern, sondern auch die Einsatzgrenzen thermisch begrenzen. Ein technisch einfach zu realisierendes Verfahren zur Bestimmung der inneren Dichtheit von Drehkolbengebläsen ist die Schlupfmessung. Hierzu werden Saug- und Druckstutzen des Gebläses verschlossen und jeweils mit einer Druckmeßstelle versehen. Die Gebläsedrehzahl, die dann erforderlich ist, um eine definierte Druckdifferenz (100 mbar) zwischen Saug- und Druckstutzen zu erzeugen, wird als Schlupfdrehzahl bezeichnet und ist ein Maß für die inneren Rückströmverluste. Mit Hilfe der Schlupfdrehzahl läßt sich jeder beliebige Betriebspunkt des Gebläses berechnen.

2.3.2.1.2.4 Antriebsleistung

Das Drehmoment an der Antriebswelle ist abhängig von der Druckdifferenz und den Flächen, auf die sie wirkt, nicht von der Drehzahl. Die Antriebsleistung steigt also linear mit der Drehzahl. Die auf das Fördervolumen bezogene spezifische Antriebsleistung steigt mit sinkendem volumetrischem Wirkungsgrad, da die Rückströmverluste im Gebläseblock durch Erhöhung der Drehzahl um die Betriebsschlupfdrehzahl ausgeglichen werden muß. Die Reibungsverluste in Drehkolbengebläsen (Zahnräder, Wellendurchführungen, Lager) sind in der Regel gering. Die Werte für den jeweiligen Betriebspunkt lassen sich aus Diagrammen entnehmen.

2.3.2.1.2.5 Diagramme und Formeln zur Auslegung

2.3.2.1.3 Drehkolbengebläse-Aggregate

2.3.2.1.3.1 Grundaufbau

Drehkolbengebläse können sowohl in horizontaler als auch in vertikaler Förderrichtung betrieben werden. Gut bewährt hat sich die Förderung von oben nach unten, da sie den Vorteil aufweist, daß sich hierbei keine Verunreinigungen im Block absetzen können. Als Antrieb kommen üblicherweise Drehstrom-Asynchronmotoren zum Einsatz, die entweder direkt gekuppelt werden oder ihre Leistung über einen Riemenantrieb (in der Regel Keilriemen) an den Gebläseblock abgeben.

Durch den Keilriemenantrieb ist eine optimale – auch nachträgliche – Anpassung des Übersetzungsverhältnisses an den individuellen Einsatzfall möglich, was bei Drehkolbengebläsen wegen ihrer schlechten Regelbarkeit wichtig ist.

Meist werden Block und Motor auf einem stabilen Grundrahmen mit vier Beinen aufgebaut. Es kann aber auch der Druckschalldämpfer als tragendes Bauteil ausgeführt werden. In jedem Fall ruht das Aggregat auf elastischen Füßen, die dazu dienen, die Übertragung von Körperschall auf den Boden zu vermeiden.

Zunehmend setzen sich bei riemengetriebenen Drehkolbengebläse-Aggregaten automatische Keilriemen-Nachspannvorrichtungen durch. Hierzu wird der Motor auf einer Wippe montiert, die unabhängig von Riemendehnung und Verschleiß die Spannkraft konstant hält. Diese resultiert vorwiegend aus dem Motorgewicht und kann durch eine Spannfeder justiert werden. Die Vorteile sind optimaler Übertragungswirkungsgrad, deutlich erhöhte Riemenlebensdauer, weniger und einfachere Wartung sowie Schonung der Lager von Gebläse und Motor.

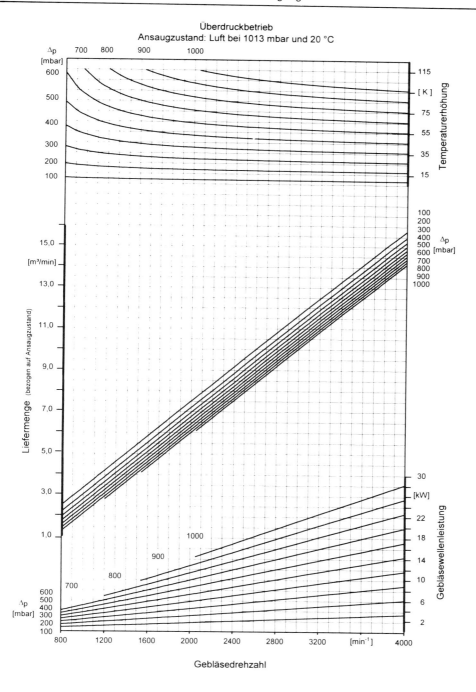

Bild 2.3.2.1-3: Kennlinien eines Drehkolbengebläses

Auslegungsformeln für Wälzkolbengebläse

Volumenstrom Q_1 (auf Ansaugzustand bezogen):

Überdruckbetrieb: „Liefermenge", Unterdruckbetrieb: „Saugvermögen"

$$Q_1 = Q_0 - Q_V$$

Q_0 theoretischer Volumenstrom $= q_0 \cdot n$
Q_V Rückströmung infolge von Spaltverlusten

für alle gasförmigen Fördermedien:

$$Q_1 [m^3 / min] = q_0 [m^3] \cdot \left(n[min^{-1}] - n_{Schlupf} [min^{-1}] \cdot \sqrt{\frac{\Delta p [mbar]}{\Delta p_{Schlupf} [mbar]} \cdot \frac{\rho_{0_{Luft}} [kg/m^3]}{\rho_{1_{Medium}} [kg/m^3]}} \right)$$

q_0 Verdrängung pro Umdrehung („Schluckvolumen") in m^3 = Wert in Liter / 1000 (aus techn. Daten)
n aktuelle Gebläsedrehzal in 1/min
$n_{Schlupf}$ Gebläsedrehzahl bei der sich mit verschlossenem Saug- und Druckstutzen eine Druckdifferenz von 100 mbar einstellt („Schlupfdrehzahl") in 1/min (aus techn. Daten)
Δp Druckdifferenz zwischen Druck- und Saugstutzen im Auslegungszustand in mbar
$\Delta p_{Schlupf}$ Druckdifferenz bei der die Schlupfdrehzahl des Gebläses ermittelt worden ist = 100 mbar
$\rho_{0, Luft}$ Dichte von trockener Luft im Standardzustand (1013 mbar; 0 °C) = 1,293 kg / m^3
$\rho_{1, Medium}$ Dichte des Fördermediums im Ansaugzustandzustand in kg / m^3

Antriebsleistung P_K (an der Gebläsewelle):

Für alle Medien:

$$P_K = P_{Verdichtung} (n; \Delta p) + P_{Leerlauf} (n)$$

$P_{Verdicht.}$ Antriebsleistung zur Überwindung der Gaskräfte, die auf die Kolbenflächen wirken
$P_{Leerlauf}$ Verlustleistung infolge von Dichtungs-, Zahnrad- und Lagerreibung sowie Strömungsdynamik

$$P_{Verdichtung} [KW] = \frac{q_0 [Liter] \cdot n [min^{-1}] \cdot \Delta p [mbar]}{6 \cdot 10^5}$$

Temperaturerhöhung ΔT (zwischen Druck- und Saugstutzen):

für alle idealen Gase:

$$\Delta T[K] = T_1 [K] \cdot \frac{\kappa - 1}{\kappa} \cdot \frac{(p_2 / p_1) - 1}{\eta_{vol}}$$

κ Verhältnis der spezifischen Wärmekapazitäten des Fördermediums c_p / c_v (Luft: $\kappa = 1,4$)
η_{vol} volumetrischer Wirkungsgrad des Gebläses im Auslegungszustand = $Q_1 / q_0 \cdot n$

Bild 2.3.2.1-4: Formeln zur rechnerischen Ermittlung der Betriebsparameter von Drehkolbengebläsen

Bild 2.3.2.1-5: Drehkolbengebläse-Aggregat mit automatischer Riemennachspannung

Bei der Verbindung Gebläseaggregat/Rohrleitung muß unbedingt ein Kompensator eingebaut werden, der gefährliche Verspannungen verhindert, das Schwingen des Aggregats auf den elastischen Füßen ermöglicht und die Rohrleitung von Körperschall isoliert.

2.3.2.1.3.2 Ansaugfilter

Um Drehkolbengebläse vor Beschädigung zu schützen, muß das Ansaugen von Partikeln, die größer sind als die Dichtspalte, durch Ansaugfilter verhindert werden – das gilt vor allem, wenn es sich um abrasive Partikel wie Sandkörner handelt. Hierzu genügen recht grobe Filter (z.B. Metallgestrick mit einer Feinheit von < 0,1 mm), die den Vorteil haben, lange Standzeiten aufzuweisen und sehr kompakt im Ansaugschalldämpfer integriert werden zu können. Die Anwendung der Gebläseluft kann allerdings eine feinere Filtrierung erforderlich machen. Dann ist besonderes Augenmerk auf den Differenzdruck des Filters (< 30 bis 40 mbar) und die Wartungsintervalle zu legen. Andernfalls kann leicht eine thermische Überlastung des Gebläses eintreten und die Antriebsleistung steigen.

2.3.2.1.3.3 Schalldämpfer

Auf der Saugseite von Drehkolbengebläsen finden meist mit Schaumstoff ausgekleidete Absorptionsschalldämpfer Verwendung. Auf der Druckseite können nur Materialien eingesetzt wer-

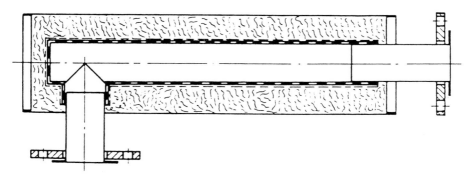

Bild 2.3.2.1-6: Schnitt durch einen Absorptionsschalldämpfer

den, die – wie Metall- oder Mineralwolle – den hohen Verdichtungsendtemperaturen von bis zu 160 °C dauerhaft standhalten. Hier kommt dem Schalldämpfer zudem die Aufgabe zu, die für Drehkolbengebläse typischen starken Pulsationen zu dämpfen und deren Fortpflanzung in die nachgeschaltete Rohrleitung weitestgehend zu verhindern.

Man unterscheidet zwei Wirkungsprinzipien von Schalldämpfern: den Absorptionsschalldämpfer, der mit schallschluckendem Material ausgekleidet ist, und den Resonanzschalldämpfer, bei dem eine genau abgestimmte Anordnung verschiedener Prallbleche Gegenwellen erzeugt mit dem Ziel, die zu dämpfenden Schallwellen auszulöschen. Ein Problem bei Resonanzschalldämpfern ist, daß eine optimale Abstimmung nur für jeweils eine Hauptfrequenz eingestellt werden kann. Bei Drehkolbengebläsen aber sind die Hauptfrequenzen je nach Betriebsdrehzahl veränderlich.

2.3.2.1.3.4 Schalldämmhauben

Wegen des recht hohen Schalldruckpegels bei Drehkolbengebläsen ist es erforderlich, sie mit Schalldämmhauben zu verkleiden, wenn sich in ihrer Umgebung Menschen aufhalten können. Als Dämmaterial findet kaschierte Mineralwolle oder schwerer Schaumstoff Verwendung. Gute Schalldämmhauben bewirken eine Verringerung des Schalldruckpegels um etwa 20 dB. Um eine ausreichende Kühlung des Motors sicherzustellen, Wärmestau unter der Haube zu verhindern und die Ansaugtemperatur des Gebläses nicht deutlich zu erhöhen, ist eine intensive Belüftung der Hauben durch einen Ventilator besonders wichtig. Die Zu- und Abluftöffnungen werden mit schalldämmenden Kulissen versehen. Die Wartungsstellen des Gebläseaggregats müssen über Öffnungen leicht zugänglich bleiben.

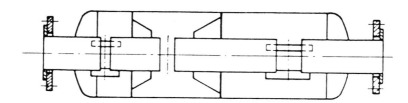

Bild 2.3.2.1-7: Schnitt durch einen Resonanzschalldämpfer

2.3.2.1.4 Zubehör

2.3.2.1.4.1 Druckabsicherung

Zum Schutz des Gebläseblocks und des Antriebsmotors vor thermischer Überlastung muß durch den Einbau eines Sicherheitsventils die Entstehung einer zu großen Druckdifferenz am Gebläse ausgeschlossen sein. Meistens werden federbelastete Ventile verwendet, es gibt jedoch auch gewichtsbelastete. Bei der Auslegung von Sicherheitsventilen ist zu berücksichtigen, daß selbst dann, wenn der gesamte Volumenstrom durch das Sicherheitsventil strömt, das Gebläse noch nicht überlastet wird.

2.3.2.1.4.2 Anlaufentlastung

Zur Reduzierung der Stromspitzen werden Drehstrom-Asynchronmotoren meist in Stern-Dreieck-Schaltung hochgefahren, wobei sicherzustellen ist, daß der Motor vor der Umschaltung vom Stern- in den Dreieckbetrieb annähernd seine Betriebsdrehzahl erreicht hat. Hierzu muß das Gebläse während der Sternphase entlastet werden, was das Anlaufentlastungsventil dadurch bewirkt, daß es in dieser Zeit die Druckleitung (überdruckbetrieb) bzw. die Saugleitung (Vakuumbetrieb) unmittelbar zur Atmosphäre öffnet. Das Ventil kann entweder elektrisch oder besser (sicherer) pneumatisch mit Membran (selbstbetätigend) gesteuert sein und ist im Ruhezustand geöffnet.

2.3.2.1.4.3 Rückschlagklappe

Wenn mehrere Gebläse in einem gemeinsamen Leitungsnetz betrieben werden, muß jedes Gebläse mit einer Rückschlagklappe versehen werden, um zu vermeiden, daß nach dem Abschalten eines Gebläses dieses im Leerlauf rückwärts läuft und der Druck in der Rohrleitung zusammenbricht.

Auch ein einzeln installiertes Gebläse muß dann eine Rückschlagklappe aufweisen, wenn das Druck-Volumen-Produkt der angeschlossenen Rohrleitungen bzw. Behälter groß genug ist, um das Gebläse nach dem Abschalten mit unzulässig hoher Drehzahl rückwärts laufen zu lassen. Es sollten nur besonders leichtgängige Klappen eingesetzt werden.

2.3.2.1.5 Steuerungs- und Regelungsarten

2.3.2.1.5.1 Abblasregelung

Sofern sich die Drehzahl des Antriebsmotors während des Betriebes nicht verändern läßt, was bei Drehstrommotoren nur per Frequenzumrichtung möglich ist, muß bei schwankendem Volumenstrom die überschüssig geförderte Menge abgeblasen werden. Der Druckschalterbetrieb (Last/Leerlauf oder Ein/Aus) ist bei Gebläsen nicht möglich, da wegen des relativ geringen Verdichtungsverhältnisses eine Speicherung unwirtschaftlich ist bzw. sich eine zu hohe Schalthäufigkeit ergeben würde. Auch die Saugdrosselregelung kommt hier nicht in Frage, da sich so ein unzulässig hohes Verdichtungsverhältnis (Überlastung) einstellen würde.

2.3.2.1.5.2 Polumschaltung

Eine sehr verbreitete und kostengünstige Methode, die Drehzahl von Gebläsen stufenweise zu verändern, ist der Einsatz polumschaltbarer Drehstrommotoren. Meist werden zweifach polumschaltbare Motoren (2-/4polig) mit den Drehzahlen 3000 1/min und 1500 1/min verwendet, manchmal auch dreifach polumschaltbare (4-/6-/8polig) mit den Drehzahlen 1500 1/min, 1000 1/min und 750 1/min. Wichtig ist hierbei zu überprüfen, ob das Gebläse bei der niedrigsten Drehzahl thermisch überlastet wird. Auch die Motorkühlung kann bei niedrigen Drehzahlen kritisch sein, weshalb der Einsatz von Kaltleiterfühlern zu empfehlen ist.

2.3.2.1.5.3 Frequenzumrichtung

Angesichts sinkender Preise für Frequenzumrichter rentiert sich deren Einsatz zur stufenlosen Liefermengenregelung bei stark schwankendem Volumenstrom durch Einsparung elektrischer Energie recht schnell. Bei Einbeziehung von entsprechend genauen Drucksensoren in die Regelung läßt sich zudem der Systemdruck über einen weiten Regelbereich konstant halten. Zweipolige Standard-Drehstrommotoren können normalerweise problemlos im Frequenzbereich von 20 bis 60 Hz betrieben werden. Allerdings ist auch hier der Einbau von Kaltleiterfühlern empfehlenswert und zu überprüfen, ob das Gebläse überlastet wird.

2.3.2.1.6 Sonderbauformen

2.3.2.1.6.1 Dreiflüglige Gebläse mit Überströmkanälen

Da die Hauptursache für die starken Pulsationen im Druckstutzen von Drehkolbengebläsen darin liegt, daß der Druckausgleich in der Förderkammer im Moment des Öffnens zur Druckseite schlagartig geschieht, ist es naheliegend zu versuchen, diesen Vorgang sanfter vonstatten gehen zu lassen. Dies kann dadurch erreicht werden, daß kurz nachdem der eine Rotorkopf an der saugseitigen Steuerkante die Förderkammer verschlossen hat, aber deutlich bevor der andere Rotorkopf durch Erreichen der druckseitigen Steuerkante die Förderkammer zur Druckseite hin öffnet, ein mit der Druckseite verbundener Kanal freigesetzt wird. Durch diesen Kanal wird die Förderkammer mit druckseitigem Gas befüllt. Im Idealfall sollte bis zum endgültigen Öffnen zur Druckseite hin der Druckausgleich bereits weitgehend abgeschlossen sein.

Diesem Bemühen sind bei zweiflügligen Rotoren dadurch Grenzen gesetzt, daß sich die saug- und die druckseitigen Steuerkanten nicht deutlich weiter als 180° voneinander entfernt anordnen lassen – was nur eine geringe Überdeckung bewirkt – ohne daß dabei der Ein- und der Austrittsquerschnitt zu stark eingeschnürt würden. Da bei dreiflügligen Rotoren die Rotorspitzen nur um 120° zueinander verdreht angeordnet sind, lassen sich bei deren Einsatz Überströmkanäle realisieren, die innerhalb eines Drehwinkels von knapp über 60° wirksam werden können.

Der Querschnitt dieser Kanäle muß so bemessen sein, daß er zum einen nicht so groß ist, daß der Druckausgleich schlagartig erfolgt, und er zum anderen wiederum nicht so klein ist, daß der Druckausgleich beim Erreichen der druckseitigen Steuerkante noch bei weitem nicht abgeschlossen ist und sich dann doch – wenn auch abgeschwächt – die unerwünschten Pulsationen einstellen. Die Beschaffenheit von Überströmkanälen muß also auf den jeweiligen Betriebspunkt (Drehzahl, Druckverhältnis) abgestimmt sein, damit sich der Pulsationsabbau im erwünschten Maß einstellt.

Aus Kostengründen rüstet jedoch bislang kein Hersteller Drehkolbengebläse serienmäßig mit veränderlichen Überströmkanälen aus. Vielmehr werden diese fest in das Gehäuse eingegossen. Ihre Wirksamkeit hinsichtlich des erwünschten Pulsationsabbaus ist dadurch stark herabgesetzt. Es verwundert daher auch nicht, daß die so ausgerüsteten Drehkolbengebläse im Vergleich zu modernen zweiflügligen Gebläsen ohne Überströmkanäle hinsichtlich ihres Schalldruckpegels keine Verbesserung darstellen.

2.3.2.1.6.2 Voreinlaßkühlung

Anstatt nach dem Verschließen der Förderkammer zur Saugseite, aber vor dem Öffnen zur Druckseite, einen Überströmkanal zur Druckseite freizulegen, besteht die Möglichkeit, durch ähnliche Kanäle kaltes Gas in die Förderkammern einströmen zu lassen. Auch hierbei sollte idealerweise die jeweils einströmende Gasmenge so bemessen sein, daß beim Öffnen zur Druckseite sich gerade der Verdichtungsenddruck eingestellt hat. Dadurch, daß die Verdichtung nicht durch Rückströmung von bereits aufgeheiztem druckseitigen Gas, sondern durch Einströmung von vergleichsweise kaltem Gas erfolgt, können erheblich niedrigere Verdichtungsendtemperaturen bzw. erheblich höhere Verdichtungsverhältnisse erzielt werden.

Im Vakuumbetrieb gegen Atmosphäre kann einfach Umgebungsluft durch die Voreinlaßkanäle in die Förderkammern eingesaugt werden. Im Überdruckbetrieb muß das druckseitige Gas hingegen zunächst in einem Wärmetauscher rückgekühlt werden, bevor es in die Förderkammern gelangt. Aufgrund dieses hohen Aufwandes wird diese Technik nur selten angewandt.

2.3.2.1.6.3 Gasdichte Ausführungen

Bei Drehkolbengebläsen für die Förderung von Luft dienen in der Regel doppeltwirkende Kolbenring-, Labyrinth- oder Stopfbuchsenabdichtungen bzw. Kombinationen hieraus mit mittiger Drainageabführung zur sicheren Trennung des Förderraums von den geschmierten Lagern. Gasdicht sind diese Wellendurchführungen jedoch nicht.

Um Gasdichtheit zu erreichen, müssen besondere Bauformen wie Gleitringdichtungen oder spezielle Dichtungspakete eingesetzt werden. Nachteilig wirken sich deren größere Baulängen aus, die wegen der dadurch erforderlichen Vergrößerung des Abstandes zwischen Rotorstirnfläche und Lager zu größeren Arbeitsspalten zwingt bzw. die Belastbarkeit der Rotoren verringert.

2.3.2.1.6.4 Brüdenverdichter

Aufgrund steigender Entsorgungskosten für nicht einleitfähige Abwässer gewinnt die innerbetrieblich Aufbereitung zunehmend an Rentabilität. Eine sehr sichere und wirtschaftlich interessante Methode zur Aufbereitung vor allem von stabilen wäßrigen Emulsionen – wie z.B. Kühlschmiermittel – stellt der Brüdenprozeß dar.

Der zu entsorgenden Flüssigkeit wird durch Verdampfen der Bestandteil mit dem jeweils niedrigsten Siedepunkt entzogen. Die zum Verdampfen erforderliche Wärme steht im Gleichgewicht mit der beim Kondensieren des abgeführten Brüdendampfes frei werdenden Wärme. Um die Kondensationswärme auf die siedende Brüdenflüssigkeit übertragen zu können, muß das Kondensieren bei einem höheren Temperatur- und somit Druckniveau stattfinden als das Verdampfen.

Hierbei hat sich der Einsatz von Drehkolbengebläsen besonders bewährt. Diese haben die Aufgabe, den Behälter mit der siedenden Brüdenflüssigkeit durch Absaugen der Dämpfe auf etwa 650 mbar (abs.) zu evakuieren und damit den Siedepunkt bei Wasser auf etwa 83 °C herabzusetzen. Der Brüdendampf kondensiert dann im nachgeschalteten, in die Flüssigkeit eingetauchten Wärmetauscher bei Atmosphärendruck (100 °C).

Für diesen Einsatz müssen die Drehkolbengebläse mit besonderen Wellenabdichtungen ausgerüstet und in geeigneter Weise vor Korrosion geschützt sein.

2.3.2.2 Schraubenverdichter

2.3.2.2.1 Grundlagen

In einem Schraubenverdichterblock sind zwei Rotoren, der angetriebene Hauptrotor und der Nebenrotor, parallel in einem Gehäuse angeordnet und stehen miteinander im Eingriff. Wie bei einem Zahnradpaar drehen sich die Rotoren in gegenläufiger Richtung. Durch unterschiedliche Zähnezahlen von Haupt- und Nebenrotor drehen sich diese mit unterschiedlichen Winkelgeschwindigkeiten. Hohlräume zwischen den beiden Rotoren und dem Gehäuse schließen dabei ein Gasvolumen ein. Bedingt durch die unterschiedlichen Winkelgeschwindigkeiten der Rotoren wird dieses eingeschlossene Gasvolumen kontinuierlich kleiner. Dadurch entsteht eine fortlaufende pulsationsfreie Verdichtung.

Bild 2.3.2.2-1: Schraubenkompressorblock

Für dieses Verdichtungsverfahren erhielt bereits 1878 Heinrich Krigar ein Patent, es konnte aber erst rund 80 Jahre später, in den 50er Jahren dieses Jahrhunderts, mit der Einführung der ersten industriell hergestellten Schraubenkompressoren wirtschaftlich genutzt werden. Diese ersten Schraubenkompressoren mit symmetrischem Profil konnten sich nicht am Markt durchsetzen, da sie energetisch ungünstiger waren als leistungsgleiche Kolbenkompressoren. Erst durch die Entwicklung asymmetrischer Rotorprofile in den 60er Jahren wurden bei gleichem Energieaufwand mit Kolbenkompressoren vergleichbare Leistungwerte erreicht.

Die asymmetrischen Profile wurden in den folgenden Jahren ständig weiterentwickelt, so daß moderne Schraubenverdichter vom Energieaufwand deutlich günstiger als Kolbenkompressoren betrieben werden können. Schraubenkompressoren sind darüber hinaus für den Dauerbetrieb geeignet, da keine Abkühlzyklen beachtet werden müssen.

2.3.2.2.2 Einsatzbereiche

Moderne Schraubenkompressoren werden vorwiegend für zwei Einsatzbereiche hergestellt:

1. Stationäre Schraubenkompressoren *(Bild 2.3.2.2-3)* für den industriellen Einsatz in Betrieben fast jeder Branche und Größe zur Erzeugung von Prozeßluft oder zum Antrieb von Druckluftwerkzeugen und/oder -vorrichtungen.

2. Straßenfahrbare Kompressoren (*Bild 2.3.2.2*-4), vorwiegend für den mobilen Einsatz auf Baustellen zum Antrieb von Aufbruchhämmern, Erdraketen oder zur Betonsanierung.

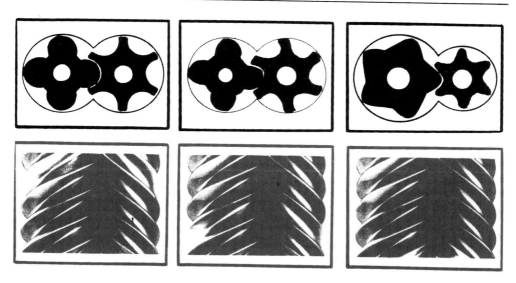

Bild 2.3.2.2-2: Profilformen – Symmetrisch-Asymmetrisch-Sigma

Bild 2.3.2.2-3: Schraubenkompressor BS 61

Bild 2.3.2.2-4: Straßenfahrbarer Kompressor Mobilair M32

2.3.2.2.3 Bauarten

Öleinspritzkühlung

Bei der am weitesten verbreiteten Bauart von Schraubenkompressoren wird während der Verdichtung Öl in den Raum zwischen den beiden Rotoren eingespritzt. Dieses Öl erfüllt drei Funktionen:

1. Schmierung der Rotoren. Dadurch ist keine Synchronisierung der Rotoren durch Steuerzahnräder außerhalb des Verdichtungsraumes notwendig, da direkte Berührung der beiden Rotoren auftritt.

2. Abdichtung der Spalte zwischen den Rotoren. Die Rückströmung von bereits verdichtetem Fördermedium wird verringert und dadurch der spezifische Energieaufwand reduziert.

3. Kühlung des Verdichtungsraumes. Die entstehende Verdichtungswärme wird durch das Öl aufgenommen und aus dem Kompressorblock abgeführt. Dadurch sind hohe Druckverhältnisse möglich, ohne daß die Verdichtungsendtemperatur 100 °C übersteigt.

Mit öleingespritzten einstufigen Schraubenverdichtern erreicht man pro Verdichtungsstufe Betriebsüberdrücke bis zu 15 bar.

Wassereinspritzung

Die wassereingespritzten Verdichter erfordern im Vergleich zu Kompressoren mit Öleinspritzung einen größeren konstruktiven Aufwand am Verdichterblock. Da Wasser nicht die Schmiereigenschaften von Öl besitzt, wird ein separates Synchrongetriebe außerhalb des Verdichtungsraumes angeordnet. Durch die Synchronisierung wird eine Berührung der Rotoren vermieden, so daß deren Schmierung entfallen kann. Für die Schmierung des Getriebes und der Lager außerhalb des Verdichtungsraumes ist jedoch ein separater Ölkreislauf erforderlich.

Das in den Verdichtungsraum eingespritzte Wasser kühlt diesen ab, indem es die bei der Verdichtung entstandene Wärme aufnimmt, und dichtet die Spalte zwischen den beiden Rotoren ab.

Wegen des im Vergleich zu öleingespritzen Kompressoren geringeren Volumenstroms des Wassers sind kleinere Spalte erforderlich.

Bei einem Wasserkreislauf besteht die Gefahr von Bakterienbildung sowie Kalkablagerung. Um die zulässigen Konzentrationen nicht zu überschreiten, ist daher eine ständige Erneuerung und/oder Aufbereitung des Wassers notwendig.

Trockenläufer

Bei trocken verdichtenden Schraubenkompressoren wird die Funktion „Dichten" durch minimierte Spalte erreicht. Wie bei wassereingespritzten Kompressoren ist eine externe Synchronisierung der Rotoren und ein separater Ölkreislauf für Lager und Getriebe notwendig.

Die Funktion Kühlung im Verdichtungsraum wird nicht erfüllt, daher sind nur relativ niedrige Verdichtungsverhältnisse (bis 1:3) pro Verdichtungsstufe realisierbar. Größere Verdichtungsverhältnisse können nur mehrstufig mit Zwischenkühlung erreicht werden.

2.3.2.2.4 Bauteile

Bei den am häufigsten eingesetzten stationären Schraubenkompressoren mit Öleinspritzkühlung lassen sich drei Hauptbaugruppen unterscheiden:

- Kompressorblock

- Antriebskomponenten

- Ölkreislauf

- Steuerung.

Der Ölkreislauf besteht aus Ölabscheidebehälter, Ölkühler, Ölfilter und Thermoventil.

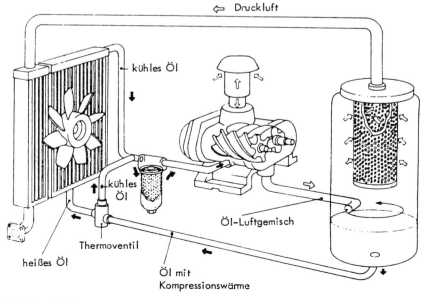

Bild 2.3.2.2-5: Ölkreislauf

Bei der Verdichtung entsteht durch die Einspritzung von Öl in den Verdichtungsraum ein Öl/Luftgemisch. Dieses Gemisch wird vom Kompressorblock zum Ölabscheidebehälter geleitet, in den es an einem niedrigen Punkt tangential eintritt. Die komprimierte Luft strömt zu einer Öffnung im Behälterdeckel. Dabei entsteht eine Drallbewegung, bei der durch Zentrifugalkräfte nahezu das gesamte im Gemisch enthaltene Öl an der Behälterwand abgeschieden wird und zum Boden des Behälters herabfließt. Restliche Ölpartikel, die sich noch in der Druckluft befinden, werden durch die Ölabscheidepatrone zurückgehalten, die vor der Austrittsöffnung im Behälterdeckel angeordnet ist.

Das Öl im unteren Teil des Behälters wird durch eine Öffnung im Behälterboden abgeleitet und kann erneut in den Kompressorblock eingespritzt werden. Ein Thermostatventil regelt die optimale Öltemperatur durch Leitung eines Teilvolumenstrom über einen Ölkühler oder den Bypass. Nach dem Zusammenleiten dieser beiden Teilvolumenströme wird das Öl im Ölfilter von eventuell enthaltenen Partikeln gereinigt, um dann erneut in den Kompressorblock eingespritzt zu werden.

2.3.2.2.5 Antriebsarten

Der Antrieb läßt sich in die Gruppen Motor und Getriebe gliedern.

Es kommen grundsätzlich zwei Motorbauarten zum Einsatz:

- Für den mobilen Einsatz von straßenfahrbaren Kompressoren werden hauptsächlich Verbrennungsmotore genutzt.

- Bei stationären Schraubenkompressoren für industrielle Anwendungen überwiegt jedoch der Elektroantrieb in einem Leistungsbereich von ca. 3 bis 500 kW.

Die Kraftübertragung vom Motor auf den Kompressorblock kann dabei auf drei Arten geschehen:

- Beim *Direktantrieb* entspricht die Kompressordrehzahl der Motordrehzahl. Um hier eine bestimmte Liefermenge des Kompressors zu erhalten, muß sich die Motordrehzahl regeln lassen. Daher kommt der Direktantrieb nur bei Maschinen mit Verbrennungsmotor oder mit einer Frequenzregelung (2.3.2.2.6.) zur Anwendung.

- Eine andere Möglichkeit, eine gewünschte Kompressorblockdrehzahl zu erreichen, ist ein *Zahnradgetriebe*. Durch die Wahl eines geeigneten Übersetzungsverhältnisses kann bei vorgegebener Motordrehzahl jede gewünschte Blockdrehzahl erreicht werden. Bei straßenfahrbaren Kompressoren wird häufig ein Zahnradgetriebe eingesetzt.

- Am weitesten verbreitet bei stationären Schraubenkompressoren ist jedoch der *Riemenantrieb*. Dieser bietet durch die Wahl geeigneter Riemenscheibendurchmesser ebenso die Möglichkeit, jedes gewünschte Übersetzungsverhältnis einzustellen. Darüber hinaus ist die Herstellung von Riemenscheiben weniger aufwendig als die von Zahnrädern.

Sind große Drehmomente zu übertragen, kann der Riemenantrieb durch die Anordnung von mehreren nebeneinanderliegenden Riemen ausreichend dimensioniert werden.

Ein Kompressoraggregat mit Riemenantrieb läßt sich sehr kompakt aufbauen, wenn der der Kompressorblock oberhalb des Antriebsmotors angeordnet wird: Die Gewichtskraft des Antriebsmotors kann in diesem Fall auch zur Vorspannung der Antriebsriemen genutzt werden.

Bild 2.3.2.2-6: Riemenantrieb 355 kW

Bild 2.3.2.2-7: Automatische Riemenspannung

2.3.2.2.6 Steuerungs- und Regelungsarten

a) Vollast-Leerlauf-Aussetzregelung

Diese Regelungsart wird bei stationären Schraubenkompressoranlagen aus wirtschaftlichen Gründen am häufigsten eingesetzt. Abhängig vom Druck im Druckluftnetz fördert der Kompressor entweder mit 0 oder mit 100% seiner Liefermenge.

Beim Start der Anlage ist ein Entlastungsventil geöffnet, damit bis zum Erreichen der Betriebsdrehzahl des Antriebsmotors nicht gegen eine Last gefördert wird.

Dieses Ventil wird geschlossen, sobald die Betriebsdrehzahl erreicht ist. Die Anlage beginnt dann zu fördern.

Wenn der Netzdruck den oberen Schaltpunkt erreicht, geht die Anlage in den Leerlaufbetrieb. Das Entlastungsventil öffnet, und der Motor läuft eine bestimmte Zeit im Leerlauf nach. Diese Nachlaufzeit wird zur Kühlung des Antriebsmotors benötigt. Fällt in dieser Zeit der Druck im Netz weiter ab, dann wird der Kompressor wieder in Vollastbetrieb geschaltet oder der Kompressor wird ganz abgeschaltet, wenn der Druck im Netz nicht weiter abfällt.

b) stufenlose Regelung

Stufenlose Regelungen werden eingesetzt, um eine Kompressorstation bei nur minimalen Druckschwankungen an schwankenden Druckluftverbrauch anzupassen.

Folgende Möglichkeiten der stufenlosen Regelungen können eingesetzt werden:

- Drosselklappenregelung:
  Bei einer Drosselklappenregelung wird die Lieferleistung des Schraubenkompressors reduziert, indem eine Drosselklappe geschlossen wird. Diese in der Anschaffung sehr preiswerte Lösung hat jedoch erhebliche wirtschaftliche Nachteile für den Betrieb der Anlage. Bei einer Liefermengenreduzierung auf 50% wird der Leistungsbedarf dieser Maschine lediglich auf 86 % gesenkt. Daher ist eine Drosselklappenregelung bei stationär betriebenen Kompressoranlagen aus wirtschaftlichen Gründen nicht sinnvoll.

  Dagegen wird bei fahrbaren Kompressorenanlagen die Drosselregelung in Kombination mit einer Drehzahlregelung eingesetzt. Die Drosselregelung kommt jedoch nur bei Liefermengen unter 50 % des Nennvolumenstromes zum Einsatz. Bei höheren Liefermengen erfolgt wird über die Veränderung der Drehzahl des Antriebsmotors geregelt.

- Gleichstromregelung:
  Die Gleichstromregelung mit Blindstromkompensation ist eine der wirtschaftlichsten Regelungsarten. Bei einer Reduzierung der Liefermenge auf 50 % wird die Leistungsaufnahme auf ca. 54 % verringert.

  Eine Maschine mit Gleichstromantrieb sollte jedoch nur als reine Spitzenlastmaschine eingesetzt werden, da nach ca. 600 Betriebsstunden die Kohlesätze erneuert werden müssen. Ein Betrieb als Grundlastmaschine ist wegen der höheren Wartungskosten nicht wirtschaftlich. Die Gleichstromregelung spielt heute keine große Rolle mehr, da inzwischen wirtschaftlichere Regelungen in Verbindung mit Drehstrommotoren realisiert werden können, wie z.B. die

- Frequenzumrichterregelung:
  Beim Einsatz von Drehstrom-Asynchronmotoren lassen sich durch den Einsatz eines Frequenzumrichters die Motordrehzahlen stufenlos regeln.

  Beim Schraubenkompressor ist damit eine wirtschaftliche stufenlose Liefermengenregelung möglich. Bei 50 % Liefermenge beträgt die Leistungsaufnahme ca. 55 % der Vollastwerte. Die Frequenzumrichterregelung ist allerdings mit relativ hohen Investitionen verbunden. Ihr Einsatz ist daher nur in bestimmten Fällen sinnvoll.

2.3.2.2.7 Kühlung

Bei öleingespritzten Schraubenkompressoren wird die Verdichtungswärme zum größten Teil durch das erwärmte Öl aus dem Kompressorblock abgeführt. Auch die verdichtete Luft ist wärmer als die Ansaugluft und wird durch einen Luftkühler vor dem Austritt aus dem Kompressor auf eine Temperatur um 8–10 K oberhalb der Ansaugtemperatur abgekühlt.

Die Temperatur des Öls wird wie bereits beschrieben vor der Einspritzung in den Kompressorblock durch einen Ölkühler reduziert. Dieser gibt die überschüssige Wärme an die Umgebungsluft ab, die zur Kühlung mit einem Ventilator durch den Ölkühler geblasen wird. Die abgegebene Wärmeenergie in der Kühlluft entspricht mehr als 90 % der vom Kompressor aufgenommenen elektrischen Energie.

Eine andere Möglichkeit der Kompressorkühlung ist die Wasserkühlung. Ölkühler und Druckluftnachkühler geben die Wärme an das Kühlwasser ab. Diese Möglichkeit ist besonders interessant, wenn der Kompressor z.B. in wärmesensiblen Bereichen aufgestellt wird und das Kühlwasser an entfernteren Stellen, das heißt z.B. über einen Kühlturm ins Freie geleitet wird.

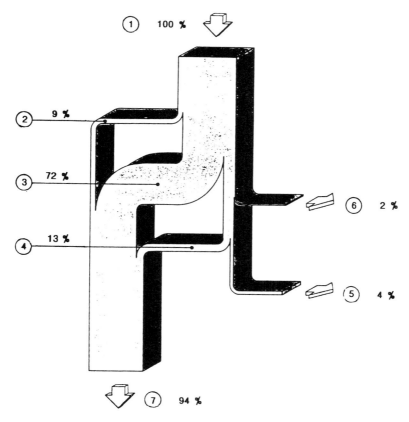

Bild 2.3.2.2-8: Wärmediagramm

2.3.2.2.8 Aufstellung

Moderne Kompressoren werden in der Regel betriebsbereit angeliefert. Da die Anlagen schwingungsisoliert aufgebaut sind und keine oszillierenden Massen besitzen, sind zur Aufstellung keine besonderen Fundamente notwendig.

Mit dem Druckluft- und dem Elektroanschluß kann die Maschine in Betrieb genommen werden.

Besondere Sorgfalt sollte jedoch bei der Belüftung der Kompressorstation angewendet werden. Da große Luftmengen durch einen Kompressor durchgesetzt werden, sind ausreichend große Zu- und Abluftöffnungen notwendig (siehe Kapitel 7).

2.3.2.2.9 Wärmerückgewinnung

Wie bereits erwähnt, werden bei einem Kompressor 90 % der aufgenommenen elektrischen Energie als Wärme an die Umgebung abgegeben.

Die Nutzung dieser Energie sollte aus ökologischen und wirtschaftlichen Gründen bei der Planung einer Kompressorstation berücksichtigt werden. Die Abwärme des Kompressors kann mit dem entsprechenden Zubehör entweder zur Raumheizung (siehe Kapitel 8) verwendet oder zur Warmwasseraufbereitung genutzt werden, ohne daß zusätzliche laufende Kosten entstehen.

Auf dem Weg zu Qualität und Sicherheit – Product-Finder

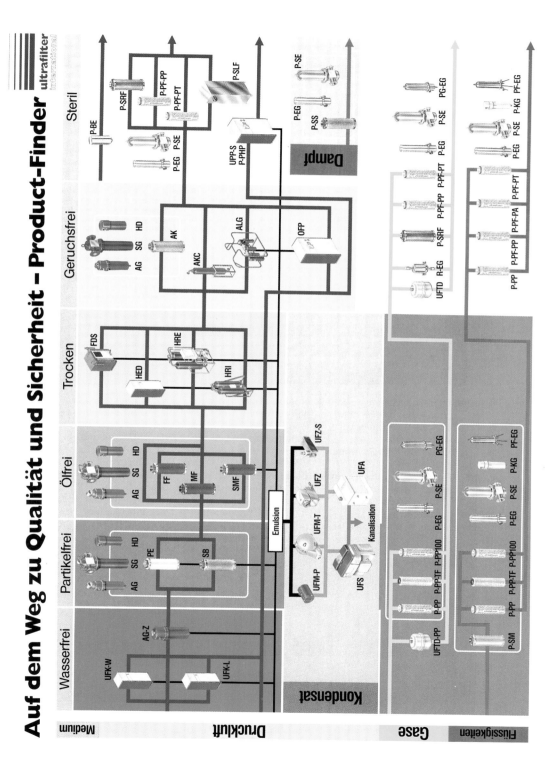

3. Druckluftaufbereitung

Ebenso wichtig wie eine wirtschaftliche Drucklufterzeugung ist eine anwendungsgerechte Druckluftaufbereitung. Eine wirtschaftliche Nutzung der Druckluft ohne entsprechende Druckluftaufbereitung ist nicht möglich.

Allerdings verursacht mehr Druckluftaufbereitung, als für die jeweilige Anwendung notwendig ist, ebenso eine Unwirtschaftlichkeit der Druckluftnutzung wie fehlende oder unzureichende Aufbereitung.

Bei der Druckluftaufbereitung lassen sich grundsätzlich zwei Verfahrensbereiche unterscheiden: Trocknung und Filtration (Bild 3.0-1).

Der grundlegende Unterschied besteht darin, daß bei der Drucklufttrocknung der Luft die Feuchte entzogen, das heißt, der Wasserdampf auf verschiedene Art und Weise von der Luft getrennt wird, während bei der Filtration Partikel oder Tröpfchen ausgeschieden werden.

Darüber hinaus gibt es Möglichkeiten, über eine Kombination von Trocknungs- und Filtrationsmethoden auch bestimmte Stoffe (z.B. Kohlenwasserstoffe) aus der Druckluft herauszuholen (Adsorption).

Die Drucklufttrocknung untergliedert sich wiederum in die Methoden der Kondensation, der Adsorption und der Absorption.

Zum Bereich Kondensation gehören Nachkühler und Kältetrockner. Beide können der Luft die Feuchte lediglich durch Taupunktunterschreitung (d.h. Abkühlung) entziehen, nicht aber das auskondensierte Wasser von der Luft trennen. Hierzu benötigen sie Zentrifugalabscheider, Filter oder Kombinationen von beiden.

Unter Absorption versteht man den Entzug der Luftfeuchte durch chemische Reaktion. Das heißt, das Trockenmittel bindet, indem es mit der Luftfeuchte chemisch reagiert, diese und entzieht sie so der Luft.

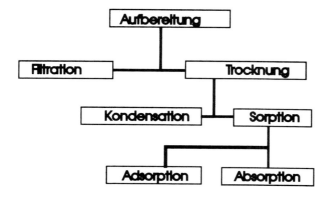

Bild 3.0-1: Grobgliederung Druckluftaufbereitung

Demgegenüber bedeutet Adsorption den Entzug der Luftfeuchte über Partialdruckveränderungen. Adsorptionstrockner können in der Regel regeneriert werden, wobei sich die Regenerationsmethoden nach der Größe des Trockners und nach der Höhe der zu entziehenden Wassermengen unterscheiden.

3.1 Luft- und Druckluftqualität

Druckluft als Energie- und Prozeßmedium hat längst einen festen Platz in der Industrie eingenommen. Marktprognosen zufolge ist auch weiterhin mit steigendem Druckluftbedarf zu rechnen.

Mit der Vielzahl der Anwendungen steigen allerdings auch die Bandbreite der Anforderungen an sichere, zuverlässige und wirtschaftliche Druckluftaufbereitung und die Ansprüche an die Druckluftqualität.

Die Anwendungsbereiche von Druckluft sind vielfältig; sie wird eingesetzt als

Energieluft: für Maschinenantrieb, Werkzeugantrieb, Bergbau, Bauwesen, Prüfinstrumente, Regelinstrumente, Hebewerkzeuge, Mikroindustrie

Prozeßluft: für Lebensmittelverarbeitung, Getränkeverarbeitung, Kosmetikherstellung, pharmazeutische Prozesse, Fermentationen

Aktivluft: für Textilmaschinen, Verpackung, fotografische Filmverarbeitung, zum Reinigen, Fördern, Sandstrahlen, Spritzen, Lackieren, Schweißen

Speicherluft: zur Tankbelüftung, als Lagerluft und Behälterluft

Jede Druckluftanwendung erfordert Luft einer bestimmten Qualität.

Im Rahmen der ISO (International Standard Organization) wurde 1989 für den Bereich Kompressoren die ISO-Dis 8573 erarbeitet. Sie ist auf der Grundlage der bekannten PNEUROP entstanden und enthält die beiden Teile „Verunreinigungen" und „Qualitätsklassen und Testmethoden".

Nach der Definition der Qualitätsklassen werden drei Verunreinigungsbereiche in der Industrie berücksichtigt:

– Teilchengehalt

– Drucktaupunkt

– Ölkonzentration

Nach dem Kompressor entspricht die Druckluft selten einer der geforderten Qualitätsklassen.

Dort, wo die Druckluft frei von störenden Bestandteilen sein muß, hilft nur die Filtration. Das gilt vor allem für Prozeßluftanwendungen, also in Einsatzfällen, in denen die Druckluft direkt mit Ausgangsmaterialien, Produkt oder Verpackung in Berührung kommt. Nicht nur in der Nahrungs-, Genußmittel- und Pharmaindustrie ist hohe Reinheit geboten, sondern auch bei anderen sensiblen Prozessen wie beispielsweise der Oberflächenbehandlung in der Metallverarbeitung.

Nicht immer schlagen die Folgen fehlender oder unzureichender Aufbereitung so deutlich zu Buche wie hier. So werden manche Betriebsstörungen, erhöhter Verschleiß und Korrosion in Kauf genommen, nur weil sie nicht als Folgen mangelhafter Druckluftaufbereitung identifiziert wurden, indirekt aber dort ihre Ursachen haben.

Bei der Sanierung, Erweiterung oder Optimierung des Druckluftnetzes spielt die Druckluftaufbereitung eine entscheidende Rolle. Aufbereitung bedeutet, Störfaktoren wie Öl, Schmutz und Feuchtigkeit aus dem Druckluftnetz zu entfernen und dadurch die angeschlossenen Systeme zu schützen. Zunehmende Bedeutung gewinnt die Aufbereitung bei der Sicherung des Produktionsablaufs in komplexen Produktionsanlagen sowie der Produktqualität, der Gesundheit der Beschäftigten und des allgemeinen Umweltschutzes.

Die zu entfernenden Verunreinigungen lassen sich grob in drei Gruppen gliedern:

– Feststoffe

– Flüssigkeiten

– gasförmige Stoffe

Atmosphärische Verunreinigungen werden vom Ansaugfilter des Kompressors nur unvollständig zurückgehalten und bei der Verdichtung entsprechend dem Verhältnis

$$\frac{\text{absoluter Betriebsdruck}}{\text{atmosphärischer Druck}}$$

angereichert, d.h. aus der Verdichtung auf 7 bar Überdruck oder 8 Atmosphären ergibt sich, verglichen mit der angesaugten Luft, die achtfache Konzentration an Verunreinigungen.

Hinzu kommt unvermeidlicher Abrieb aus Kompressor und Leitungen sowie Öle und deren durch Erhitzen entstandene Abbauprodukte, einerseits aus der Umgebungsluft, andererseits aus ölgeschmierten Kompressoren.

3.1.1 Verunreinigungen der angesaugten Luft

Messungen haben ergeben, daß die Umgebungsluft mit bis zu 140 Millionen Schmutzpartikeln pro Kubikmeter kontaminiert sein kann.

In Gebieten mit Schwerindustrie wurden auch weit höhere Werte festgestellt.

Auf 8 bar verdichtete „normale" Atemluft kann also 1120 Milionen Partikel pro Kubikmeter enthalten. Dazu kommen Wasserdampf und Öldämpfe aus Industrie, Verkehr und Heizungen.

Diese Verunreinigungen fallen in folgende Kategorien:

1. Festkörper:
   – anorganische und organische Stäube
   – Stäube aus lebenden Organismen, Mikroorganismen, Viren

Eine gebräuchliche Unterteilung der Feststoffe unterscheidet drei Größenklassen:

– Grobstäube mit einer Partikelgröße von mehr als 10 Mikron

– Feinstäube, deren Partikelgröße unter 10 Mikron liegt

– Feinststäube, die kleiner als 1 Mikron sind (Schwebstoffe)

2. Flüssigkeiten:
   – Wasser
   – Öl

Das Wasser entstammt der natürlichen Luftfeuchte und wird beim Abkühlen der Druckluft in größeren Mengen frei. Wenn man es der Luft nicht durch einen Trocknungsprozeß entzieht, kann es Korrosionsschäden verursachen und an den Gleitflächen der Druckluftwerkzeuge den Schmierfilm abwaschen. Zu den Korrosionsschäden gehört auch, daß sich von der Rostschicht in den Rohrleitungen Partikel ablösen, die die Filterstandzeiten verkürzen.

Mit der atmosphärischen Luft angesaugte Ölaerosole müssen ebenfalls aus der Druckluft herausgefiltert werden. Sie sind die Ursache dafür, daß ein ölfrei laufender Kompressor keine ölfreie Druckluft liefert. Durch hohe Temperaturen im Kompressor wird das Öl vercrackt. Es verliert an Gleitfähigkeit und ist daher zur Schmierung von nachfolgenden Werkzeugen nicht geeignet. Es kann im Gegenteil empfindliche Teile verklemmen oder verstopfen.

3. Gasförmige Stoffe:

    –   anorganische Gase, Säuren, Basen

    –   Kohlenwasserstoffe, organische Gase, Säuren, Basen

Die Ölmenge, die als Dampf in der komprimierten Luft enthalten ist, hängt von drei physikalischen Größen ab:

–   Gaskonstante des verwendeten Öls

–   Dampfdruck des Öls

–   Betriebsdruck der Druckluft

Der Dampfdruck des Öls wird im wesentlichen von der Ölsorte und der Betriebstemperatur der Druckluft bestimmt.

Darüber hinaus kann die Druckluft auch Gase wie Kohlenmonoxid (CO), Stickoxide (NO_x), Ammoniak (NH_3), Schwefelwasserstoff (H_2S) und Schwefeldioxid (SO_2) enthalten.

Mischformen kommen ebenfalls vor, z.B. in Wasser gelöste Säuren, die bei Temperaturänderungen wieder frei werden können.

3.1.2 Verunreinigungen der komprimierten Luft

Rund 80 Prozent der Partikel aus der Atmosphäre sind kleiner als 2 Mikrometer und passieren somit ungehindert die Ansaugfilter handelsüblicher Kompressoren (Bild 3.1-1: Durchmesser von Partikeln und Aerosolen), deren Porendurchmesser bei 5 Mikron liegt. Je nach Filtertyp werden auch größere Teilchen durchgelassen.

Ebenso ungehindert gelangen Gase, Dämpfe, Geruchsstoffe, Bakterien und Viren in den Kompressor und damit in die Druckluft.

Kompressor und Leitungssystem setzen Abrieb frei und transportieren Wasserdampf, der beim Abkühlen oder Entspannen der Druckluft auskondensiert. Öle und deren Verbrennungsprodukte passieren den Kompressor oder werden dort dem System zugeführt.

Als Gesamtbelastung am Verbrauchsort ergeben sich daraus folgende Kategorien:

1. Festpartikel, Flüssigkeiten und Gase aus der Atmosphäre

2. Wasserdampf aus der Luft

3. im Kompressor erzeugte Gase

4. Öleintrag durch den Kompressor

5. Festpartikel aus dem System

Maschinen und Anlagen, Produkte, Menschen und Umwelt sind dadurch erheblichen Schadstoffbelastungen ausgesetzt.

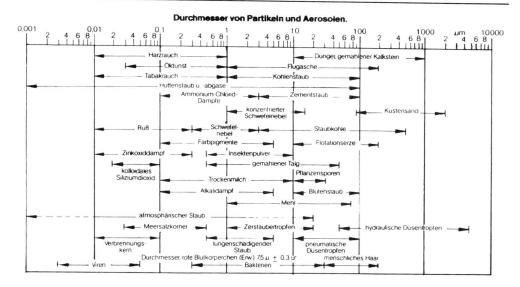

Bild 3.1-1:

Festkörper, z.B. Mineralien und Metalle, die zugleich scharfkantig und hart sind, fördern den Verschleiß von Maschinen und Anlagen, wenn sie zwischen gleitende Teile geraten. In Verbindung mit Wasser, Fett und Öl ergeben sie ein vorzügliches Schmirgelmittel.

Wie andere feste Partikel können sie beträchtliche Ablagerungen in Leitungen, Maschinen und Produkten bilden und diese auch wieder lösen, was dann zu größeren Schäden führt.

Pflanzenpollen, -sporen, Pilze, Bakterien und Viren verursachen Infektionen und Allergien am Arbeitsplatz. Kämen sie über Prozeßgase mit Lebensmitteln, Chemikalien und Pharmazeutika in Berührung, würde das zum Ausfall ganzer Chargen und zu Gefahren für die Anwender führen.

Neben den Feststoffen stören auch Wasser und Ölanteile in der Druckluft. Atmosphärische Luft enthält immer Wasserdampf. Druckluft, die aus dem Kompressor austritt, ist vollständig mit Wasserdampf gesättigt; der Wassergehalt ist proportional zur Temperatur und umgekehrt proportional zum herrschenden Druck.

Wasser fördert die Korrosion des gesamten Druckluftsystems – in großen Gebieten der Erde enthält es auch hohe Anteile gelöster Säuren – und begünstigt Leckagen sowie kostspielige Druckverluste.

Wasser stört beim Ölen und Schmieren von beweglichen Teilen und trägt so zu vorzeitigem Verschleiß bei (Bild 3.1-2). Vereist eine Druckluftleitung im Freien, dann fällt das ganze System aus. Beim Lackieren mit Druckluft bilden Wasser und Öl Blasen im Lack.

Öl beeinträchtigt die Qualität von Produkten und die Luftqualität am Arbeitsplatz, zumal Ölnebel Partikel aller Art transportieren.

Im Aufbereitungssystem verringert Öl die Wirksamkeit der nachfolgenden Komponenten: die Oberfläche von Adsorbentien wie Aktivkohle oder Trocknungsmitteln wird durch Öl inaktiviert.

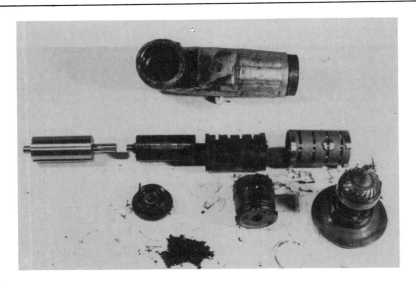

Bild 3.1-2:

Die genannten Störfaktoren in der Druckluft werden sinnvollerweise erst grob und dann immer feiner ausgeschieden. Weiterhin ist zu beachten, daß Stoffe, die bestimmte Glieder der Aufbereitungskette schädigen könnten, zuverlässig entfernt werden.

Nach dem Kompressor empfiehlt sich der Einsatz eines Zyklonabscheiders, um groben Schmutz, Wasser und auch größere Öltröpfchen zu entfernen, die aus dem Schmierfilm des Kompressors stammen.

Partikel größer als 20 Mikron sollten vor der eigentlichen Filterkombination durch Vorfilter abgefangen werden. Diese bestehen gewöhnlich aus Sintermaterialien, aus Polyethylen, Bronze, Edelstahl oder aus Edelstahl-Maschengewebe. Sie bieten den Vorteil, sich leicht reinigen zu lassen und die Standzeiten der nachfolgenden Filter erheblich zu verlängern.

Die Filterkombination besteht je nach gefordertem Reinheitsgrad aus Feinfilter, Mikrofilter und Submikrofilter. Sie halten kleinste Partikel bis zu 0,01 Mikron zurück. Der Unterschied bei dieser Art von Filtern liegt im Abscheidegrad (Prozent bezogen auf die definierte Partikelgröße) und im Restölgehalt.

Durch Trocknung läßt sich die Druckluftqualität weiter verbessern.

Kältetrockner kühlen die Druckluft nach dem Wärmetauscherprinzip ab, so daß die Feuchtigkeit auskondensiert. Mit diesem Anlagentyp lassen sich Drucktaupunkte bis +2 °C erreichen. Das bedeutet, in einer im Freien verlaufenden Druckluftleitung kann bei Frost das enthaltene Restwasser noch gefrieren.

Um niedrigere Drucktaupunkte zu erreichen, sind Adsorptionstrockner erforderlich. Mit ihnen läßt sich das Wasser bis zu einem Drucktaupunkt von −95 °C entfernen. Sie bestehen im wesentlichen aus zwei mit Adsorbens gefüllten druckfesten Behältern, die sich abwechselnd in Betrieb und in Regeneration befinden.

3.1.3 Qualitätsklassen nach ISO 8573

ISO (International Standard Organization) ist ein internationaler Normenausschuß. Zum Thema Druckluft und Druckluftanwendung hat er den Internationalen Standard ISO 8573 erarbeitet, der heute ein anerkannter Standard der Industrie ist.

ISO 8573 besteht aus zwei Teilen:

1. Verunreinigungen und Qualitätsklassen

2. Testmethode

Verunreinigung und Qualitätsklassen

Die Norm spezifiziert Qualitätsklassen von Druckluft in der Industrie am Anwendungsort, d.h ohne Berücksichtigung der Qualität, die aus dem Kompressor kommt.

Für direkte Beatmung und für Anwendungen in der Medizintechnik gelten andere Standards.

ISO 8573 beschreibt den Aufbau eines typischen Druckluftsystems mit Kompressor und Ansaugfilter, Nachkühler und Kondensatableiter, Druckluftbehälter, Filtern und Trockner.

Sie enthält die Hinweise,

– alle Anweisungen des Herstellers zur Wartung und Bedienung des Kompressors einzuhalten,

– möglichst unverschmutzte, kühle, trockene Luft anzusaugen,

– einen geeigneten Filter so nah wie möglich am Verbrauchsort anzubringen,

– Proben möglichst am Verbrauchsort zu entnehmen.

Die Entnahme von Luftproben ist erforderlich, weil der Anteil von Wasser, Öl und Partikeln mit Veränderungen der eingelassenen Luft oder veränderten physikalischen Bedingungen im System (Strom, Druck, Temperatur, Verschleiß von Bestandteilen) variiert. Will man die Druckluftqualität bestimmen oder überprüfen, so sind daher mehrere Messungen in bestimmten Zeitabständen durchzuführen.

Verunreinigungen der Druckluft werden in drei Hauptgruppen gegliedert, nämlich Feststoffe, Wasser und Öl. Diese beeinflussen sich gegenseitig: Staubpartikel ballen sich in Gegenwart von Wasser und Öl zu größeren Partikeln zusammen, Öl und Wasser emulgieren.

Staub, Verschleißteilchen, Rost usw. sind bei einem Rohrleitungssystem in gutem Zustand in Konzentrationen von 2 bis 4 mg/m³ zu erwarten. Spitzenkonzentrationen können aber auftreten, wenn der Luftstrom einsetzt oder wenn die Rohre einer mechanischen Erschütterung ausgesetzt sind. Der Staubanteil kann von neglectible value bis 1,4 g/m³ variieren (Tafel 3.1-1) .

Tafel 3.1.-1: Maximale Teilchengröße und -dichte

Qualitätsklasse ISO 8573.1	max. Teilchengröße µm	max. Teilchengröße mg/m³
1	0,1	0,1
2	1	1
3	5	5
4	40	10

Zur Begrenzung der Staubkonzentration werden Filter eingesetzt, deren Auswahl sich nach der Staubkonzentration in der angesaugten Luft und nach der Technologie der eingesetzten Kompressoren richtet. Dabei sind auch die Eigenschaften des Staubes, nämlich Form, Größe und Härte der Teilchen zu berücksichtigen. Schmale Staubpartikel führen leicht zu Ablagerungen, während Partikel größer als 5 Mikron Erosion verursachen, wenn die Anströmgeschwindigkeit hoch genug ist. Bestimmte Festsubstanzen sind aggressiv oder haben einen katalytischen Effekt, so daß sie verschleißfördernd wirken.

Die Teilchengröße kann durch folgende Methoden bestimmt werden:

– mit dem Kaskadenimpaktor, der auch bei hohen Temperaturen und bei hohem Druck eingesetzt werden kann

   oder

– mit Teilchenzähler und Lichtdispersionsphotometer, die normalerweise bei atmosphärischem Druck eingesetzt werden.

Die Proben sollten vor und nach dem Testfilter unter isokinetischen Bedingungen entnommen werden, d.h. Druck und Strömungsgeschwindigkeit in der Entnahmesonde und ihrer Umgebung müssen gleich sein. Als Meßreferenz wird genormter Teststaub empfohlen.

Die ISO 8573 weist darauf hin, daß diese Tests eine spezielle Ausrüstung und spezielle Kenntnisse erfordern und deshalb im allgemeinen nur von Filterherstellern oder wissenschaftlichen Institutionen durchgeführt werden.

Messungen bei atmosphärischem Druck sind die Regel; welche der möglichen Methoden angewendet wird, sollte spezifiziert sein, da verschiedene Methoden nicht unbedingt vergleichbare Ergebnisse liefern.

Als Methoden zur Ausscheidung von Feststoffen kommen laut ISO 8573 in Frage:

a) Schmutzabscheider (für Teilchengrößen über 100 Mikron)

b) Zyklonabscheider oder Prallflächenabscheider (für Teilchengrößen von 15 bzw. 20 Mikron)

c) poröse Sinterfilter (z.B. Sintermetall, Glas, poröser Kunststoff und Keramik für Teilchengrößen über 5 Mikron)

d) tiefenwirksames Faserfilterelement (für Teilchengrößen von 1 Mikron)

e) tiefenwirksames Mikrofaserfilterelement mit Koalescerwirkung (für Teilchengrößen von 0,01 Mikron).

Wasser

Nach dem Kompressor ist die Luft mit atmosphärischem Wasserdampf gesättigt, der beim Abkühlen oder Entspannen auskondensiert. ISO 8573 weist darauf hin, daß die Feuchtigkeit zu Korrosion, Vereisung usw. führen und auch das Endprodukt nachteilig beeinflussen kann, z.B. beim Farbspritzen (Tafel 3.1-2).

Die Wasserdampfkonzentration kann mit mehreren Methoden bestimmt werden:

a) Psychrometer (Das Meßprinzip beruht auf der Ausdehnung von organischem Material, z.B. Menschenhaar, proportional zur Luftfeuchtigkeit.)

b) Elektrische oder elektronische Feuchtigkeitsmesser (nach ISO 7183), bei denen ein Wechsel des elektrischen Widerstandes oder die Temperatur einer Spiegeloberfläche im Augenblick der beginnenden Betauung gemessen wird.

Tafel 3.1-2: Drucktaupunkt (Höchstwerte)

Qualitätsklasse ISO 8573.1	max. Taupunkt °C
1	−70
2	−40
3	−20
4	+ 3
5	+10

c) piezoelektrischer Sorptionsluft-Feuchtigkeitsmesser

Auch diese Messungen führen normalerweise nur Filterhersteller oder wissenschaftliche Institute durch.

Einige Lufttrocknertypen werden durch Öl geschädigt, indem z.B. die Kühlflächen von Wärmetauschern verschmutzt oder die Poren von Adsorbentien irreversibel verstopft werden. Manche Typen von Feuchtemessern werden ähnlich beeinflußt.

Zur Ausscheidung von Wasser empfiehlt ISO 8573:

a) Kondensation mit Abscheidung (durch Kühlung oder Drucktrocknung)

b) Sorption (Absorption oder Adsorption) nach ISO 7183

c) Filtration (nur für Wasser in der flüssigen Phase)

Öl

In Kompressoren mit ölgeschmiertem Verdichtungsraum nimmt die Luft unvermeidlich etwas Öl auf. Aber auch die Luft aus Kompressoren mit nicht ölgeschmiertem Verdichtungsraum kann Spuren von Öl enthalten, die sie möglicherweise mit der angesaugten Luft aufgenommen haben (Tafel 3.1-3). Öl kommt in der Druckluft als Flüssigkeit, Aerosol oder als Dampf vor. Ein beträchtlicher Anteil kondensiert im Zwischen- und Nachkühler aus.

Ob Ölprodukte und mitgeführtes Öl ausgefiltert werden können, hängt vom Typ des Kompressors und des Öls ab sowie von den Bedingungen im Kompressor, da diese Faktoren die Größe der Öltröpfchen und ihre Zusammensetzung beeinflussen.

Tafel 3.1-3: Höchster Ölgehalt

Qualitätsklasse ISO 8573.1	max. Konzentration mg/m^3
1	0,01
2	0,1
3	1,0
4	5
5	25

Der Ölgehalt läßt sich mit Hilfe der Absorptionsspektroskopie bestimmen.

Öldampfgehalte werden mit folgenden Methoden gemessen:

a) Flammen-Ionisations-Analysator

b) gaszellengeladener Infrarotanalysator

c) Oxidation der Kohlenwasserstoffe zu Kohlendioxid, das dann durch klassische chemische Methoden, Infrarotgeräte, Adsorptionsverfahren oder Gaschromatographie bestimmt werden kann.

Auch für diese Messungen gilt: sie sollten von Filterherstellern oder von wissenschaftlichen Instituten durchgeführt werden.

Öl läßt sich durch Hochleistungsfilter entfernen.

Öldämpfe werden mit Adsorbern abgeschieden. Aktivkohle dient dabei als Adsorbens. Die Variante für nicht polarisierte Moleküle ist für Mineralöldampf geeignet, für Synthetiköle und Wasser wird eine Variante für überpolarisierte Moleküle eingesetzt.

Um eine gute Wirkung zu erhalten, müssen zuerst Öl- und Wassertröpfchen abgeschieden werden.

3.2 Druckluftaufbereitung durch den Kompressor und das Druckluftnetz

Durch richtige Auslegung der Kompressoren, Auswahl des geeigneten Zubehörs, Filtration der angesaugten Luft und gut durchdachtes Verlegen der Rohrleitungen können in vielen Fällen bereits die groben Verunreinigungen aus der Druckluft herausgeholt werden. Um jedoch eine definierte Druckluftqualität zu erreichen, sind nachgeschaltete Trockner- und Filtersysteme unerläßlich. Genauer gesagt, durch entsprechende Auslegung lassen sich diese Systeme zwar nicht ersetzen, aber entlasten, und es können möglicherweise sogar kleiner dimensionierte Aufbereitungskomponenten eingesetzt werden.

3.2.1 Ansaugluftfilter

Aufbereitung der Ansaugluft bedeutet in erster Linie das Herausfiltern von Feststoffpartikeln. Es gibt mehrere Stufen der Feststoffteilchen-Filtration, die sich je nach Einsatzort und Gütegrad unterscheiden. Diese Reinigung der Ansaugluft trägt in erheblichem Maße zur Verlängerung der Kompressorenstandzeit und zur Verringerung der Wartungskosten bei.

3.2.1.1 Luftvorfiltration

Bei staubiger Umgebungsluft empfiehlt sich eine Filtration der Kühlluft bereits vor deren Eintritt in den Kompressorenraum. Das ist durch Kühlluftfiltermatten oder Rollbandfilter möglich (Bild 3.2-1 und 3.2-2). Auf diese Weise werden nicht nur die Kompressoren, sondern auch die Nebenaggregate geschützt.

Kleinere Kompressoreneinheiten sind häufig in Betriebs- und Arbeitsräumen aufgestellt. Eine Reinigung der Kühlluft bei Eintritt in den Kompressorenraum ist hier nicht möglich. Da es sich bei diesen Kompressoren häufig um Kompaktanlagen handelt, die den gesamten Kühlluftstrom gebündelt durch den Kompressor hindurchsaugen, ist es vorteilhaft, wenn solche Anlagen bereits mit einer Kühlluftfiltermatte ausgerüstet sind. Dieser Filter besteht aus einem Polyesterwirrfaservlies mit progressivem Aufbau. Er vermindert die Verschmutzung des Anlageninneren und verlängert die Reinigungsintervalle der meist luftgekühlten Nachkühler. Darüber hinaus entlastet er den eigentlichen Druckluftansaugfilter (Bild 3.2-3).

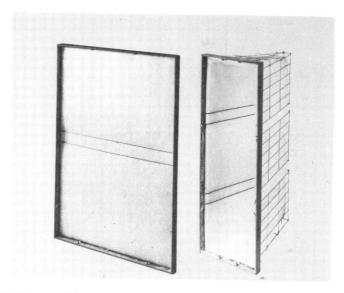

Bild 3.2-1: Kühlluftfiltermatte (Werkbild Firma Trox)

Bild 3.2-2: Rollbandfilter (Werkbild Firma Trox)

Bild 3.2-3: Austausch einer im Kompressor eingebauten Kühlluftfiltermatte (Werkbild Kaeser Kompressoren)

3.2.1.2 Naßluftfilter

Unter einem Naßluftfilter versteht man ein mit beölten Einsätzen versehenes Filtergehäuse. Die Fasern dieser Einsätze bestehen meist aus Stahlgestricken, Drillgeweben oder Streckmetall (Bild 3.2-4). Durch die Ölbenetzung des Filtermaterials schlagen sich hier die Schadstoffteilchen nieder und werden so zurückgehalten. Filter dieser Art kommen in der Regel bei kleineren Kolbenkompressoren zum Einsatz, die im Baustellenbetrieb arbeiten. Ihr anfangs niedriger Durchflußwiderstand erhöht sich durch die Verschmutzung rapide. Die Filter sollten deshalb des öfteren gereinigt oder ausgetauscht werden.

3.2.1.3 Ölbadfilter

In einem Ölbadluftfilter durchströmt die angesaugte und zu reinigende Luft ein Ölbad. Durch Umlenkung wird die Luft anschließend durch einen Filtersatz geführt, der die Staubteilchen von der Luft trennt. Der untere Teil des Filters wird durch ständiges Besprühen mit Öl von den abgeschiedenen Staubteilchen gereinigt (Bild 3.2-5). Der zweite Filtereinsatz hat lediglich die Aufgabe, die Luft von Ölaerosolen zu befreien. Das Ölbad sollte aus dem gleichen Öl bestehen, das im Kompressor eingesetzt wird. Ölbadluftfilter eignen sich in erster Linie für kleine und mittlere Kolbenkompressoren, wenn erschwerte Ansaugbedingungen (ca. 200 mg Staub/m³ Luft) gegeben sind. Der Vorteil der Ölbadluftfilter ist, daß sie über einen großen Leistungsbereich hin einen nahezu konstanten Abscheidegrad haben (Bild 3.2-6).

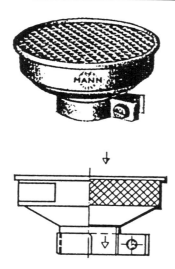

Bild 3.2-4: Naßluftfilter (Werkbild Mann und Hummel)

3.2.1.4 Papiersternpatronen

Papiersternfilterpatronen bestehen in der Regel aus einem Fasermaterial mit feingefächertem, großem Porenvolumen, das einen Entwicklungswert von bis zu 90 % aufweist. Die angeströmte Papierseite sollte eine extrem aufgelockerte, rauhe Struktur haben, wobei Papierdicke und Faltenzahl optimal aufeinander abgestimmt sein müssen (Bild 3.2-7).

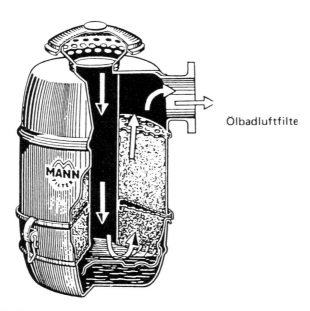

Ölbadluftfilte

Bild 3.2-5: Ölbadfilter (Werkbild Mann und Hummel)

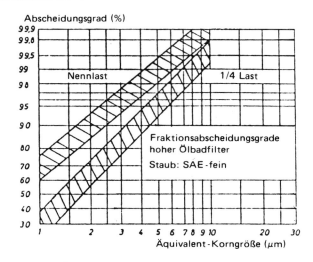

Bild 3.2-6: Abscheideleistung eines Ölbadfilters (Werkbild Mann und Hummel)

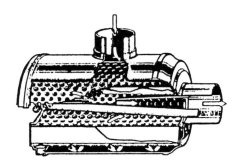

Bild 3.2-7: Filter mit Papiersternpatrone (Werkbild Mann und Hummel)

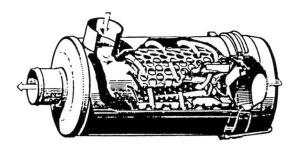

Bild 3.2-8: Filter mit Mantelzyklon und Papiersternpatrone (Werkbild Mann und Hummel)

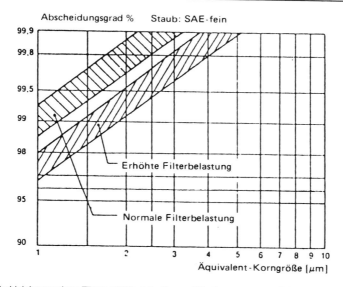

Bild 3.2-9: Abscheideleistung eines Filters mit Mantelzyklon und Papiersternpatrone (Werkbild Mann und Hummel)

Das Vorschalten eines Zyklonabscheiders bietet die Möglichkeit, die Standzeit der Papierstern-patrone erheblich zu verlängern: 85 % des anfallenden Staubes lassen sich bereits durch zykloide Vorabscheidung von der Luft trennen, so daß die eigentliche Patrone keiner starken Verschmut-zung mehr ausgesetzt ist (Bild 3.2-8). Die einfache Papiersternpatrone ist für eine Luftverschmut-zung von bis zu 10 mg/m³ geeignet, während die Zyklonpatrone bis 50 mg/m³ anwendbar ist. Diese Art von Luftfiltern wird in der Regel bei Schrauben- und Turbokompressoren bis zu einer Förderlei-stung von ca. 150 m³/min eingesetzt. Ihr Abscheidegrad ist je nach Belastung unterschiedlich, bleibt jedoch aufgrund der Feinporigkeit relativ konstant (Bild 3.2-9).

3.2.1.5 Stofftaschenluftfilter

Im Stofftaschenluftfiltergehäuse sind mehrere aneinandergereihte Holz- oder Metallrahmen eingebracht, die mit einer sogenannten Stofftasche aus Baumwoll- oder Synthetikmaterial überzo-gen werden Bild 3.2-10 bis 3.2-12. Stofftaschenluftfilter werden bei einer Luftverschmutzung von über 100 mg/m³ und auch dann eingesetzt, wenn in der Ansaugluft des Kompressors aggressive Stäube bestehend aus relativ kleinen Partikeln (ca. 1 Mikron) zu erwarten sind. Trotz dieses extre-men Einsatzbereiches kann mit Stofftaschenluftfiltern eine lange Standzeit und eine hohe Filterge-nauigkeit erreicht werden. Die Filter können aufgrund ihrer Größe nicht mehr innerhalb von Kom-pakteinheiten eingebaut, sondern müssen getrennt vom Kompressor installiert werden. Die Länge der Zuleitung ist mit dem Kompressorenhersteller abzustimmen. Es ist möglich, die Gehäuse wet-terfest oder auch für Innenraumaufstellung auszulegen (Material: Holz oder Stahlblech).

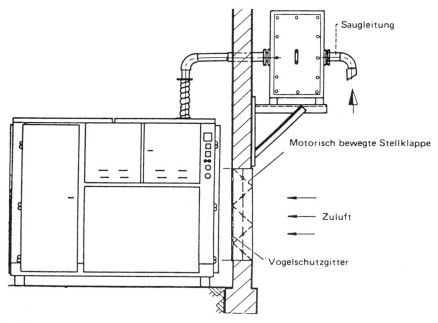

Bild 3.2-10:   Schraubenkompressor mit angebautem Stofftaschenluftfilter (Werkbild Kaeser Kompressoren)

Bild 3.2-11:   Einsatz eines Stofftaschenluftfilters im Salzbergbau (Reinluftseite)

Bild 3.2-12:   Einsatz eines Stofftaschenluftfilters im Salzbergbau (Schmutzluftseite)

3.2.2 Ölabscheider

Öleingespritzte Schraubenkompressoren sind heute standardmäßig mit Ölabscheidesystemen ausgerüstet. Diese Systeme sollten eine dreistufige Abscheidung enthalten:

1. Eine mechanische Trennung durch Leitbleche oder zykloides Einleiten des Luftstroms, wobei sich der Hauptölstrom von der Luft trennt (Trenneffekt ca. 98 bis 99 %; Bild 3.2-13).

2. Einen Zweistufen-Koaleszensfilter mit einer Filtergenauigkeit von ca. 1 Mikron, der in Verbindung mit einer niedrigen Verdichtungsendtemperatur (75 bis 80 °C) einen Restölgehalt von 3 bis 5 mg/m^3 garantiert (Bild 3.2-14).

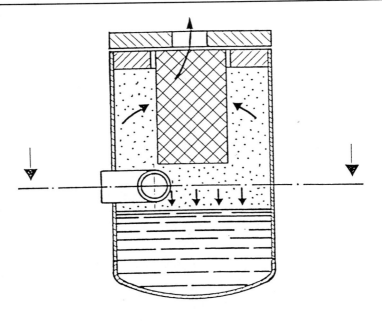

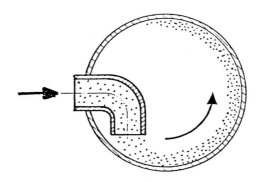

Bild 3.2-13: Mechanische Ölabscheidung durch zentrifugale Einleitung, Abscheidegrad 98–99 % (Werkbild Kaeser Kompressoren)

Bild 3.2-14:   Fein-Abscheidung durch Filtration (Werkbild Kaeser Kompressoren)

3.2.3 Nachkühler

In moderne Kompakteinheiten sollte bereits ein wasser- oder luftgekühlter Nachkühler integriert sein. Bei Altanlagen läßt sich die Druckluftaufbereitung durch Nachrüstung verbessern. Mit optimaler Auslegung ist heute eine Druckluftaustrittstemperatur erreichbar, die nur 5 bis 10 K über der Eintrittstemperatur des Kühlmediums liegt (Bild 3.2-15). Moderne Kompressorkompakteinheiten sollten generell diesen Erfordernissen entsprechen. Bei älteren Kompressorensystemen wird dagegen häufig erst durch Nachschalten separat stehender Kühler der Einsatz einer weiteren Druckluftaufbereitung möglich.

3.2.4 Kessel

Aufgrund seiner großen Oberfläche kommt es im Kessel häufig zur Rückkühlung der Druckluft und somit zur Kondensatausscheidung. Der Kessel bietet also eine fast kostenlose Möglichkeit, die Druckluftqualität zu verbessern und die nachgeschalteten Aufbereitungssysteme zu entlasten. Um diesen Effekt zu unterstützen, sollte die Einleitung der Druckluft in einen Kessel stets am unteren Druckstutzen geschehen, die Ausleitung am oberen. Die Luft wird dabei gezwungen aufzusteigen, schwerere Stoffe wie Wasser und Feststoffpartikel sammeln sich unten am Behälterboden an und können durch ein entsprechendes Kondensatableitungssystem ausgeschieden werden. Bild 3.2-16

Bild 3.2-15: Moderner Schraubenkompressor mit integriertem Kühler / für leichte Reinigung ausklappbar (Werkbild Kaeser Kompressoren)

3.2.5 Zyklonabscheider

Der Einsatz von Zyklonabscheidern nach dem Druckluftaustritt ist dann sinnvoll, wenn keine
Möglichkeit besteht, das nach dem Nachkühler anfallende Kondensat über Rohrleitungen oder
Kessel abzuleiten. Sie werden weiterhin eingesetzt, wenn zwischen Kompressor und Kessel längere Rohrleitungen vorhanden sind, die ein Ableiten des Kondensats verhindern Bild 3.2-17. Bei ordnungsgemäßer Installation in einem möglichst kühlen Bereich der Druckluftstation und bei richtiger
Dimensionierung (dies bedeutet einen Druckabfall von ca. 0,05 bar), kann man über einen Zyklonabscheider ca. 95 % des durch Abkühlung im Nachkühler ausgeschiedenen Kondensats aus
dem Druckluftsystem entfernen. Er ist ebenfalls mit einem Kondensatableiter zu versehen.
Bild 3.2-18

Bild 3.2-16:   Druckluftkessel unterstützen Kondensat- und Schmutzableitung

3.2.6 Wassersack

Im Feuchtbereich der Druckluftstation sollte die Kondensatableitung aus dem Rohrleitungssystem durch den Einbau eines Wassersackes unterstützt werden Bild 3.2-19. Auch hier können – wie in allen mechanischen Kondensatabscheidungssystemen – lediglich die bereits durch Nachkühlung ausgeschiedenen Wassermengen abgeschieden werden. Der Einbau von Wassersäcken unterstützt die Druckluftaufbereitung und verursacht sowohl bei der Anschaffung als auch bei der Wartung nur minimale Kosten.

3.2.7 Rohrleitung

Auch Rohrleitungen können bei entsprechender Verlegung zur Kondensatabscheidung genutzt werden. Man muß dabei jedoch dafür sorgen, daß das in der Hauptleitung sich ansammelnde Kondensat nicht in Stich- oder Verteilungsleitungen gelangt. In feuchten Rohrleitungssystemen sind die

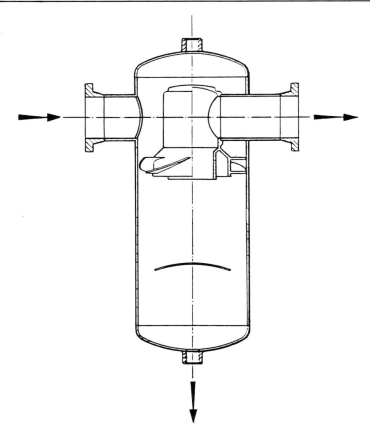

Bild 3.2-17:   Zyklonabscheider

Bild 3.2-18:   Zyklonabscheider mit angebautem Kondensatableiter

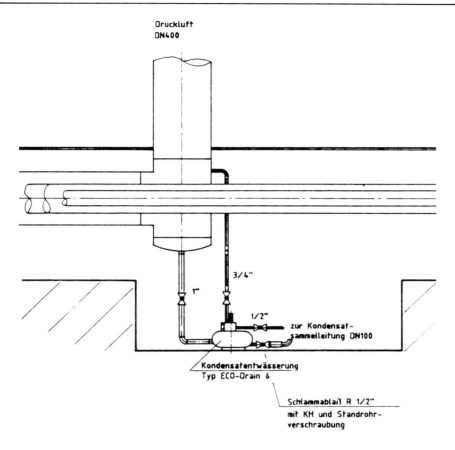

Bild 3.2-19:   Wassersack mit Kondensatableiter angebaut (Werkbild Kaeser Kompressoren)

Zu- und Abgänge der Druckluftleitung in jedem Fall durch einen sogenannten Schwanenhals (Bild 3.2-20) von oder nach oben oder durch seitliche Abgänge zu sichern (Bild 3.2-21).

Falls nur ein Trockner in der Druckluftanlage vorhanden ist, empfiehlt es sich, auch im Trockensystem Rohrleitungen auf diese Art und Weise zu verlegen, damit im Falle einer Störung des Trockners größere Schäden verhindert werden können. Im Feuchtsystem der Rohrleitungen sind alle Zu- und Abgänge so zu verlegen. Es muß aber darauf geachtet werden, daß die Hauptleitung eine Entwässerungsmöglichkeit über einen Wassersack und einen Kondensatableiter hat.

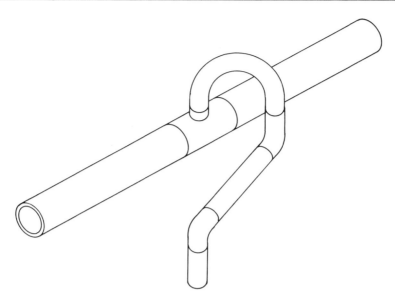

Bild 3.2-20:   Schwanenhals (Zu- oder Abgang an Hauptdruckluftleitung im Feuchtbereich)

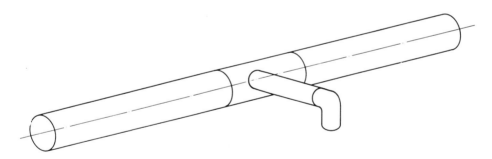

Bild 3.2-21:   Seitlicher Anschluß (zu empfehlen bei Sammelleitung über DN 100)

3.3 Druckluft-Trocknung

Jeder, der für Betrieb und Wartung von Druckluftsystemen zuständig ist, wird die Probleme kennen, die Wasser in der Druckluft verursacht. Sie sind nur allzu offensichtlich für die Betreiber von Farbspritzanlagen, Druckluftwerkzeugen, pneumatischen Steuerungen, Sandstrahlanlagen und Luftlagern: verstärkte Rostbildung in Druckluftleitungen, hohe Ausschußquoten bei Lackieranlagen, Verschleiß an Druckluftwerkzeugen durch abgewaschene Schmierfilme, Fehlfunktionen bei pneumatischen Steuerungen usw.

Probleme und Störungen dieser Art lassen sich durch den Einsatz eines auf den jeweiligen Einsatzfall abgestimmten Trocknungssystems leicht vermeiden.

Die DIN/ISO 7183 „Drucklufttrockner Anforderungen und Prüfung" nennt die heute hauptsächlich eingesetzten Bauarten von Drucklufttrocknern. Es sind dies Absorptionstrockner, Adsorptionstrockner, Kältetrockner und kombinierte Trocknungssysteme

Bevor die unterschiedlichen Trocknungssysteme besprochen werden, vorab einige grundlegende Informationen:

Eine bestimmte Menge Luft kann bei einer bestimmten Temperatur eine bestimmte Menge Wasser in Form von Dampf aufnehmen. Kapitel 4.1 Tafel 4.1-1 zeigt, welche Wasserdampfmengen bei unterschiedlichen Temperaturen von einem Kubikmeter Luft aufgenommen werden können. Eine Temperaturabsenkung wasserdampfgesättigter Luft führt zur Kondensation von Wasserdampf. Die Temperatur, bei der Wasserdampf zu kondensieren beginnt, bezeichnet man als Taupunkt. Die Aufnahmefähigkeit für Wasserdampf ist ausschließlich temperaturabhängig, der Druck der Luft beeinflußt hingegen diese Fähigkeit nicht.

Übertragen wir die Informationen aus Tafel 4.1-1 in ein typisches Druckluftsystem. (Bild 3.3-1):

Ein Kompressor saugt Luft mit einer Temperatur von +20 °C bei einer relativen Feuchte von 70 % an. In jedem vom Kompressor angesaugten Kubikmeter Luft sind demnach 17,31 · 0,7 = 12,117 g Wasserdampf enthalten. Nehmen wir an, daß unser Kompressor eine Luftmenge von 8 m³ ansaugt und auf einen Betriebsüberdruck von 7 bar (= 8 bar absolut) verdichtet. Die ursprünglich angesaugten 8 m³ Luft werden auf das Volumen von 1 m³ verdichtet. Während des Verdichtungsvorganges findet ein Temperaturanstieg statt, der je nach Bauart des Kompressors in einer Endtemperatur von 80 bis 180 °C resultiert. In diesem verbleibenden Kubikmeter ist nun die mit den 8 m³ angesaugte Wassermenge (8 · 12,117 = 96,936 g) enthalten.

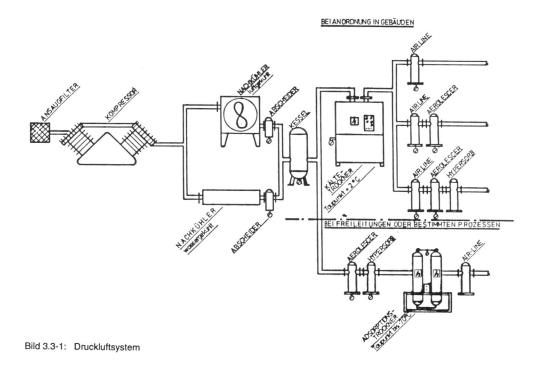

Bild 3.3-1: Druckluftsystem

Entscheiden wir uns in unserem Beispiel für eine Verdichtungsendtemperatur von 80 °C. Bei dieser Temperatur könnte die Luft eine Wassermenge von 293,4 g/m³ in Dampfform aufnehmen; die 96,936 g angesaugten Wasserdampfes sind demnach in unserem Kubikmeter Luft am Kompressoraustritt auch noch in Dampfform vorhanden.

Nur wenige Druckluftverbraucher werden jedoch mit heißer Druckluft betrieben (z.B. Schmiedehämmer). In der Regel wird die Druckluft in einem Nachkühler durch Wasser oder Umgebungsluft auf eine Temperatur von +35 °C gekühlt. Bis zu einer Temperatur von +53 °C ist die gesamte Wassermenge noch in Dampfform in der Luft gebunden. Erst wenn dieser Temperaturpunkt unterschritten wird, ändert sich für die Wassermenge, die über dem Sättigungspunkt liegt, der Aggregatzustand von gasförmig (= Wasserdampf), in flüssig (= Kondensat). Bei +35 °C liegt der Sättigungspunkt bei 39,65 g Wasserdampf pro Kubikmeter. Die Differenzmenge zu den ursprünglich in das System eingebrachten 96,936 g Wasserdampf kondensiert aus und fällt als 57,286 g Kondensat an.

Ein an dieser Stelle des Druckluftsystems installierter Kondensatabscheider mit angebautem Kondensatableiter sorgt dafür, daß die bis dahin auskondensierte Wassermenge der Druckluft entzogen und das nachfolgende Netz nicht belastet wird.

Da die Druckluft an dieser Stelle mit +35 °C wärmer ist als die Umgebungstemperatur, wird im nachfolgenden Druckluftnetz eine weitere Abkühlung erfolgen und Wasserdampf weiter auskondensieren. Die eingangs beschriebenen Störungen im Druckluftnetz sind somit vorprogrammiert.

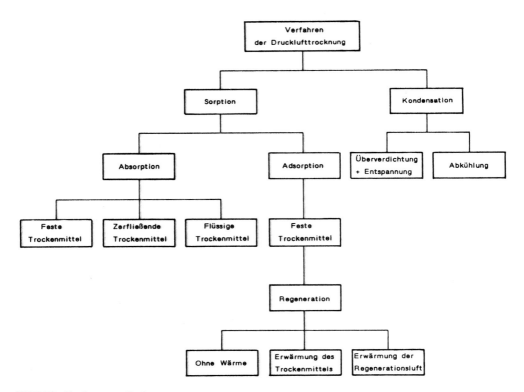

Bild 3.3-2: Trocknungsmethoden

Zuverlässige Abhilfe bringt hier nur der Einsatz eines Drucklufttrockners. Welcher Trockner der für den jeweiligen Einsatzfall richtige ist, kann allein nach sorgfältiger Prüfung der Anwendung entschieden werden. Nur eine Gegenüberstellung und ein Vergleich der unterschiedlichen Trocknungssysteme Bild 3.3-2 sowie der erforderliche Trocknungsgrad der Druckluft ermöglichen die richtige Entscheidung.

Druckluft, die für einen Anwendungsfall ausreichend getrocknet ist, kann durchaus für einen anderen Einsatz nicht trocken genug sein. Deshalb ist die korrekte Wahl des erforderlichen Taupunktes extrem wichtig.

Ein zu niedrig gewählter Taupunkt führt zu unnötig hohen Investitions- und Betriebskosten; ein zu hoch angesetzter Taupunkt kann zu Produktionsstörungen und verdorbenen Produkten führen. Um den richtigen Taupunkt wählen zu können, muß die Verwendung der Druckluft, die Führung des Leitungsnetzes (in Gebäuden oder im Freien) und die niedrigstmögliche Umgebungstemperatur bekannt sein.

Bevor die in der DIN/ISO 7183 aufgeführten Trocknerbauarten im Detail besprochen werden, noch einige Anmerkungen zu Trocknungssystemen, die begrenzte Einsatzmöglichkeiten aufweisen.

3.3.1 Überverdichtung

Die sogenannte Überverdichtung Bild 3.3-3 ist ein Trocknungsverfahren, das vorwiegend bei Druckluftanlagen im Hochdruckbereich angewendet wird. Soll z. B. ein Betriebsüberdruck von 200 bar erreicht werden, so kann eine Verdichtung auf 250 bar mit sofortiger Nachkühlung und Kondensatabscheidung bei diesem Druck ausgewählt werden. Danach wird der Druck der Luft auf die erforderlichen 200 bar reduziert. Durch die mit der Druckreduzierung einhergehende Volumenvergrößerung verteilt sich die in der Druckluft enthaltene Wasserdampfmenge auf ein größeres Luftvolumen; der Taupunkt der Luft wird herabgesetzt. Um jedoch nach diesem Verfahren ausreichend niedrige Taupunkte zu erreichen, sind große Unterschiede im Verdichtungsenddruck und Arbeitsdruck erforderlich. Der für diese Trocknungsmethode erforderliche hohe Energieaufwand beschränkt ihre Einsatzmöglichkeiten auf Einzelfälle.

3.3.2 Kühlung der Druckluft durch Eiswasser oder Sole

Strenggenommen handelt es sich bei dieser Technik nicht um die Trocknung von Druckluft, sondern lediglich um deren Kühlung. Sie ist beschränkt auf Anwender, die aus verfahrenstechnischen Gründen Eiswasser oder eine kalte Sole zur Verfügung haben. Hier wird die Druckluft in einem Nachkühler durch ein extrem kaltes Kühlmedium auf eine Temperatur nahe dem Gefrierpunkt abgekühlt. Ein nachgeschaltetes Abscheidersystem mit Kondensatableiter sorgt für die Trennung des angefallenen Kondensates vom Luftstrom. Die Druckluft ist an dieser Stelle mit Wasserdampf gesättigt. Der Taupunkt entspricht der Austrittstemperatur. Neben so unangenehmen Begleiterscheinungen wie Schwitzwasserbildung an der Außenseite der kalten Druckluftleitungen birgt dieses Verfahren einen weiteren gravierenden Nachteil. Mit Wasserdampf gesättigte Luft ist korrosiv, auch ohne die Anwesenheit von Wasser in flüssiger Form. Nicht zuletzt sei erwähnt, daß das nutzbare Volumen von kalter Druckluft gegenüber Druckluft mit normaler Temperatur erheblich kleiner ist.

3.3.3 Absorptionstrockner

Absorptionstrockner Bild 3.3-4 sind Behälter, die mit einem Trockenmittel gefüllt sind, das der Druckluft Wasserdampf entzieht, indem das Trockenmittel mit dem Wasserdampf eine chemische Lösung eingeht. Es verflüssigt sich hierbei und muß abgeleitet werden. Das einmal gelöste Trockenmittel kann nicht wiedergewonnen werden.

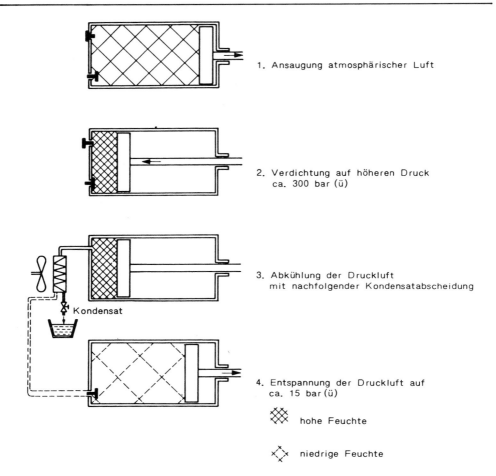

1. Ansaugung atmosphärischer Luft

2. Verdichtung auf höheren Druck
   ca. 300 bar (ü)

3. Abkühlung der Druckluft
   mit nachfolgender Kondensatabscheidung

Kondensat

4. Entspannung der Druckluft auf
   ca. 15 bar (ü)

      hohe Feuchte

      niedrige Feuchte

Die einfachste Methode zur Trocknung von Druckluft stellt die Überverdichtung dar. Bei größeren Luftmengen jedoch wird diese Trocknungsart immer unwirtschaftlicher.

Anwendungsbeispiele:

	Vorverdichtung	Betriebsdruck
1. Herstellung druckdichter Kabel:	30 bar	0,5 bar
2. Hochspannungsschutzschalter:	300 bar	15 bar

Bild 3.3-3: Überverdichtung

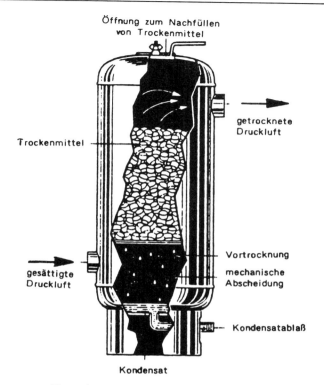

Öffnung zum Nachfüllen
von Trockenmittel

getrocknete
Druckluft

Trockenmittel

Vortrocknung

gesättigte
Druckluft

mechanische
Abscheidung

Kondensatablaß

Kondensat

Absorptionstrockner mit sich verflüssigendem
Trockenmittel

Bildnachweis: Pneumatik Kompendium
VDI-Verlag, Düsseldorf 1977

Bild 3.3-4:   Absorptionstrockner

Die in einem Absorptionstrockner erreichbaren Taupunkte sind abhängig von der Druckluft-Eintrittstemperatur, dem Alter und der Oberfläche des Trockenmittels und der Luftgeschwindigkeit im Behälter. Taupunktabsenkungen im Bereich von 10 bis 15 °C sind möglich. Die aufgrund des sich verbrauchenden Trockenmittels kurzen Wartungsintervalle und relativ hohen Betriebskosten begrenzen die Anwendungsmöglichkeiten dieses Trocknungsverfahrens. Der Einsatz eines Absorptionstrockners erfordert eine zuverlässige Ableitung der Trockenmittellösung, die aufgrund ihres hohen Salzgehaltes extrem korrosiv ist. Eine Fehlfunktion des Ableiters mit nachfolgendem Durchbruch der Lösung in das Druckluftsystem kann verheerende Folgen haben.

Nachstehend werden die am häufigsten in Druckluftsystemen eingesetzten Trocknerbauarten beschrieben.

3.3.4 Adsorptionstrockner

Adsorptionstrockner entziehen der Druckluft Wasserdampf durch Kondensation des Dampfes in den Kapillaren des Trockenmittels. Es läßt sich durch Austreiben des angelagerten Wassers wieder regenerieren. Mit Adsorptionstrocknern werden Taupunkte weit unter dem Gefrierpunkt erreicht. −40 °C Taupunkt bei Betriebsdruck der Luft gelten als eine der Standardauslegungen. Für spezielle Anwendungen sind Taupunkte bis −100 °C unter Druck möglich.

Die einfachste Form eines Adsorptionstrockners besteht aus einem mit Trockenmittel gefüllten Behälter. Während die Druckluft den Behälter durchströmt, sättigt sich das Trockenmittel mit Wasserdampf. Nach erfolgter Sättigung wird das verbrauchte Trockenmittel aus dem Behälter entnommen und durch trockenes, aufnahmefähiges ersetzt. Das gesättigte Trockenmittel kann durch Erhitzen in einem Ofen regeneriert werden. Adsorptionstrockner dieser Bauart sind nur begrenzt für sehr kleine Druckluftmengen einsetzbar.

Weitaus häufiger kommen Adsorptionstrockner mit zwei parallel angeordneten Trockenmittelbehältern zum Einsatz. Während die Druckluft in einem Behälter getrocknet wird, erfolgt gleichzeitig im zweiten Behälter die Regeneration des schon gesättigten Trockenmittels. Die Regenerationsmethode stellt das Hauptunterscheidungsmerkmal der Adsorptionstrockner dar.

3.3.4.1 Kaltregenerierte Adsorptionstrockner („Heatless-Trocknung"; Bild 3.3-5)

Die häufig benutzte Bezeichung „Heatless-Trockner" ist irreführend. Sowohl während der Adsorptionsphase (Beladung des Trockenmittels) als auch während der Desorptionsphase (Regeneration des Trockenmittels) ergeben sich meßbare Temperaturveränderungen, die der Bezeichung „wärmelos" entgegenstehen. In neuerer Zeit setzt sich der Terminus „Pressure Swing" (Druckwechseladsorber) mehr und mehr durch.

Druckwechseladsorber werden in kurzen Zyklen (10 Minuten) betrieben. Dabei wird ein Behälter zur Adsorption für 5 Minuten mit Druckluft beaufschlagt. Daran schließen sich für weitere 5 Minuten das Entlasten, die Regeneration sowie der erneute Druckaufbau im Behälter an, bevor der nächste Zyklus beginnt. Zur Regeneration wird ein Teilstrom (je nach Betriebsbedingungen ca. 15 bis 20 %) bereits getrockneter Luft durch eine Blende vom Hauptluftstrom getrennt, auf nahezu atmosphärischen Druck entspannt, durch das zu regenerierende Trockenmittelbett geführt und schließlich über Schalldämpfer ins Freie geleitet.

Während des Adsorptionsvorgangs wird im Trockenmittel Adsorptionswärme frei. Diese Wärme besteht aus:

a) Der Benetzungswärme, die mit der Molekularanziehung des Trockenmittels für Wasserdampf zusammenhängt.

b) Der Kondensationswärme, die entsteht, wenn Wasser vom dampfförmigen Aggregatzustand in den Kapillaren des Trockenmittels in die Flüssigphase übergeht und adsorbiert wird.

Am Beginn des Regenerationsvorgangs erfolgt zunächst eine schlagartige Druckreduzierung im zu regenerierenden Behälter. So wird der Partialdruck über dem Trockenmittel herabgesetzt, das in den Kapillaren angelagerte Wasser verdampft, von dem entspannten Teilstrom getrockneter Luft aufgenommen und aus dem Trockenmittelbett getragen. Zum Verdampfen des Wassers ist Desorptionswärme erforderlich.

Bei korrekter Konstruktion und Auslegung eines Druckwechseladsorbers kommt es zu einer fast vollständigen Speicherung der Adsorptionswärme im Trockenmittelbett; darüber hinaus wird die Regenerationsluft nahezu auf atmosphärischen Druck entspannt über das Trockenmittel geführt. Auf diese Weise läßt sich die zur Regeneration erforderliche Luftmenge auf ein Minimum begrenzen.

Während der Adsorptionsphase wird die Aufnahmekapazität des Trockenmittels nur zu einem geringen Grad ausgenutzt, um sicherzustellen, daß durch die nachfolgende kurze Regenerationsphase wieder ein ausreichend aktives Trockenmittel erreicht werden kann. Die geringen Unter-

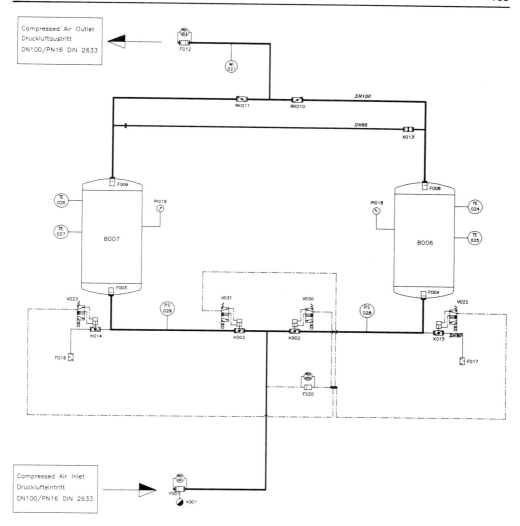

Bild 3.3-5: Schema Druckwechseladsorber

schiede zwischen beladenem und regeneriertem Trockenmittel erfordern große Sorgfalt bei der Konstruktion uns Auslegung der Druckwechseladsorber. Eine Überlastung des Trockners führt nämlich unweigerlich zu einem immer schlechter werdenden Taupunkt, wenn nicht gar zur Fehlfunktion des Trockners.

Die häufigsten in Adsorptionstrocknern eingesetzen Trockenmittel sind:

– aktiviertes Aluminiumoxid

– Molekularsiebe

– Silikagel

Bild 3.3-6: Druckwechseladsorber mit Vor- und Nachfilter

Neben der natürlichen Alterung des Trockenmittels, die in einem Zeitraum von 2 bis 4 Jahren einen Kapazitätsverlust von ca. 30 % mit sich bringt und durch eine gute Anlagenkonstruktion von Anbeginn berücksichtigt wird, beeinflussen Verunreinigungen des Trockenmittels die Wirksamkeit des Trockners erheblich. Wasser- und Öltropfen sowie Feststoffpartikel verlagern die wirksame Oberfläche des Trockenmittels, ja sie können im Extremfall zu seiner vollständigen Zerstörung führen. Wirksame Vorfilter gewährleisten hier einen ausreichenden Schutz. Heute bieten die meisten Hersteller von Druckwechsel- Adsorptionstrocknern sogenannte „Package Units" an, die neben den genannten Vorfiltern auch einen Nachfilter zum Zurückhalten eventuell anfallenden Trockenmittelabriebs enthalten (Bild 3.3-6).

3.3.4.2 Warmregenerierte Adsorptionstrockner (Thermal Swing)

Die Gruppe der warmregenerierten Adsorptionstrockner kann aufgrund unterschiedlicher Wärmezufuhr während der Regeneration in zwei Untergruppen gegliedert werden:

– Trockner mit interner Heizung

– Trockner mit externer Heizung

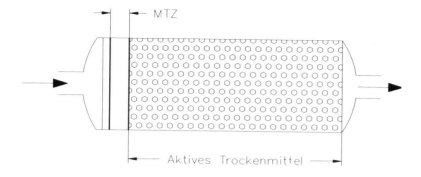

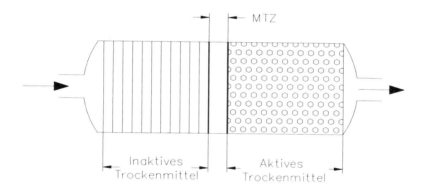

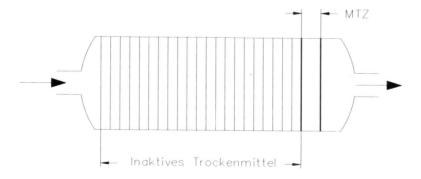

Bild 3.3-7: Verlauf der Sättigungszone

Anders als bei Druckwechseladsorbern wird das Trockenmittel in warmregenerierten Adsorbern weitaus mehr mit Wasserdampf beladen. Auch die Zykluszeiten sind erheblich länger als in den zuvor beschriebenen Anlagen. Zykluszeiten zwischen 8 und 16 Stunden sind keine Seltenheit.

Vergleicht man Zykluszeiten und Trockenmittelfüllungen der Behälter, so wird man feststellen, daß zwar die Behälter in einem warmregenerierten Adsorptionstrockner größer sind, aber nicht in dem Maß, wie die Zykluszeit verlängert ist. Wesentlich dafür verantwortlich ist die Beladung des Trockenmittels bis an die Kapazitätsgrenze.

Auch warmregenerierte Adsorptionstrockner bestehen im wesentlichen aus zwei parallel angeordneten Trockenmittelbehältern, die wechselseitig trocknen oder regeneriert werden. Das Trockenmittel in diesen Trocknern wird bis in die Tiefe der Kapillare gesättigt. Mit zunehmender Zeitdauer verläuft in Durchströmungsrichtung der Luft eine Sättigungszone durch den Behälter (Bild 3.3-7). Anders als bei Druckwechseladsorbern wird bei warmregenerierten Adsorbern bewußt auf die Speicherung und Adsorptionswärme im Trockenmittel verzichtet. Bei diesen Trocknern liegt das Schwergewicht vielmehr auf der Ausnutzung der Trockenmittelkapazität. Da die Adsorptionswärme mit der Druckluft den Trockner verläßt, sind Druckluftaustrittstemperaturen, die 10 bis 15 °C über der Eintrittstemperatur liegen, keine Seltenheit. Kurz vor dem Durchbruch der Sättigungszone zum Behälteraustritt wird auf den zweiten, inzwischen regenerierten Behälter umgeschaltet. Jetzt trocknet Behälter zwei, und Behälter eins wird regeneriert. Auch bei warmregenerierten Trocknern wird der Behälter zur Regeneration zunächst entlastet.

a) Adsorptionsstrockner mit interner Heizung

Zur Regeneration werden im Behälter eingebaute, vom zu regenerierenden Trockenmittel umgebene Heizelemente, auf die erforderliche Regenerationstemperatur erwärmt. Diese Temperatur ist abhängig vom gewählten Trockenmittel und den Auslegungsdaten des Trockners. Sie liegt in den meisten Fällen zwischen +120 °C und und 200 °C. Während der Aufheizung des Trockenmittels wird ähnlich wie bei einem Druckwechseladsorber eine Teilmenge getrockneter Druckluft entnommen, auf atmosphärischen Druck entspannt und über den zu regenerierenden Behälter geführt. Je nach Auslegungsdaten sind 2 bis 3 % Druckluft als Spülluft erforderlich. Die Spülluft hat die Aufgabe, den durch das Aufheizen aus dem Trockenmittel gelösten Wasserdampf aus dem Behälter zu transportieren, sowie für eine gleichmäßige Verteilung der Wärme im Trockenmittelbett zu sorgen.

Ist die durch den Anlagenkonstrukteur aufgrund der Einsatzdaten vorgegebene Regenerationsendtemperatur erreicht, endet der Regenerationsvorgang. Der Behälter wird wieder auf Systemdruck gebracht und steht nun im nächsten Halbzyklus wieder für die Adsorptionsphase zur Verfügung.

In der Regel werden in intern beheizten Adsorptionstrocknern elektrische Heizelemente eingesetzt; es können jedoch auch mit Dampf beaufschlagte Heizelemente verwendet werden.

b) Adsorptionstrockner mit externer Heizung

Der Adsorptionszyklus entspricht dem im Trockner mit interner Heizung beschriebenen Vorgang. Zur Regeneration des Trockenmittels wird über ein zum Trockner gehörendes Gebläse Umgebungsluft angesaugt und über ein externes Heizregister geführt. Die externe Lage dieses Heizregisters ermöglicht es, die unterschiedlichsten Heizmedien ohne einschneidende bauliche Veränderungen des eigentlichen Trockners einzusetzen.Die heiße Regenerationsluft wird über Strömungsverteiler gleichmäßig durch das Trockenmittelbett geführt, erhitzt das Trockenmittel und transportiert den desorbierten Wasserdampf aus dem Trockenmittelbett (Bild 3.3-8).

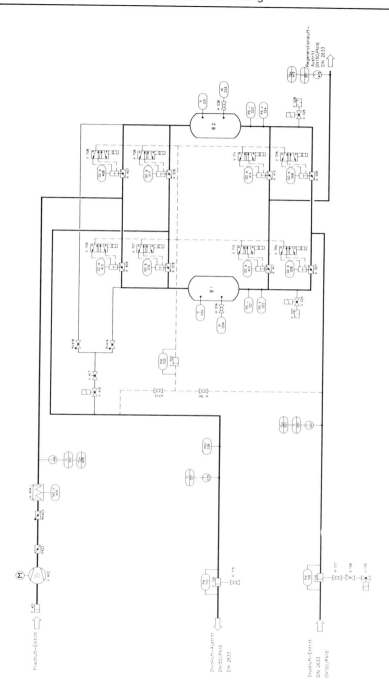

Bild 3.3-8:   Schema Adsorptionstrockner mit externer Heizung

Der Vorteil der Zugänglichkeit aller Anlagenbauteile dieser Trocknerbauart gegenüber intern beheizten Trocknern wiegt den Nachteil der etwas aufwendigeren Anlagenverrohrung auf.

Ähnlich wie bei der Adsorptionsphase durchläuft nun bei der Regeneration eine Temperatur- und Beladungszone den Behälter. Bricht die vorher ermittelte Regenerationstemperatur durch den Behälter, so ist der Regenerationsvorgang beendet.

Zur Vermeidung von Temperatur- und Taupunktspitzen wird für eine kurze Zeit das Heizregister abgeschaltet und mit dem Gebläse kühle Umgebungsluft durch das Trockenmittel geleitet. Diese Kühlphase ist sorgfältig zu bemessen, da bei zu langer Dauer das gerade regenerierte Trockenmittel möglicherweise bereits wieder mit Feuchtigkeit aus der Umgebungsluft beladen wird. Je nach Anlagenkonstruktion kann sich an diese Phase ein zweiter Kühlabschnitt anschließen, bei dem eine geringe Teilmenge der Trockenluft reduziert und zur Kühlung über den regenerierten Behälter geführt wird (Bild 3.3-9).

Abschließend für den Bereich der Adsorptionstrockner sollen hier noch zwei Verfahren vorgestellt werden, die vom Energiehaushalt eine interessante Lösung anbieten, aber aufgrund ihrer Konstruktion nur begrenzt einsetzbar sind.

c) Regeneration durch Kompressionswärme

– Sorptionstrockner

Bild 3.3-9: Adsorptionstrockner mit externer Heizung

Trockner dieser Bauart arbeiten nach dem Prinzip der Wärmeregeneration, kommen jedoch ohne Fremdenergie aus, da sie die zur Regeneration benötigte Wärme der Druckluft entziehen, bevor diese im Nachkühler des Kompressors abgekühlt wird. Der eigentliche Trockner besteht aus einer rotierenden Trommel, die mit einem durch hygroskopisches Salz imprägnierten, gewickelten Wellpapier gefüllt ist.

Die rotierende Trommel ist in zwei Segmente unterteilt. Im größeren der beiden Segmente wird die Druckluft beim Durchströmen des Papiers entfeuchtet. Eine Teilmenge der vom Kompressor erzeugten heißen Druckluft wird vor dem Nachkühler vom Hauptstrom getrennt und zur Regeneration des kleineren Segmentes der sich ständig drehenden Trommel herangezogen. Die mit dem desorbierten Wasserdampf beladene Druckluft wird in einem Bypass-Kühler gekühlt und über einen Ejektor dem Hauptluftstrom beigemischt.

Diese Art Trockner ist speziell auf Luftkompressoren abgestimmt. Sie erfordert eine ausreichend lange Einschaltdauer des Kompressors und eine ausreichend hohe Verdichtungsendtemperatur. Sorptionstrockner eignen sich allerdings nur für Kompressoren mit nichtgeschmierten Verdichtungsräumen.

– „Heat-of-Compression"-Trockner

Es handelt sich hierbei um Adsorptionstrockner mit zwei Behältern, die mit herkömmlichem Trockenmittel gefüllt sind. Ähnlich wie beim Sorptionstrockner wird auch hier die vom Luftkompressor erzeugte Kompressionswärme zur Regeneration herangezogen. Eine Teilmenge oder die gesamte Menge der Druckluft wird vor dem Durchströmen des Nachkühlers durch den zu regenerierenden Trockenmittelbehälter geleitet. Die heiße Druckluft erhitzt das Trockenmittel und übernimmt den Transport des desorbierten Wasserdampfes. Anschließend wird die Druckluft in einem Nachkühler gekühlt und das auskondensierte Wasser vom Luftstrom getrennt. Die Trocknung der gekühlten Luft geschieht in einem zweiten Trockenmittelbehälter

Auch für diese Trocknerbauart gelten einige Einschränkungen: Der Trockner muß in unmittelbarer Nähe des Luftkompressors aufgestellt sein. Die Rohrleitungen zwischen Kompressor und Trockner sind gegen Wärmeverlust zu isolieren. Der Einsatz dieses Trockners ist ebenfalls auf Kompressoren mit ölfreien Verdichtungsräumen beschränkt. Eine ausreichend hohe Verdichtungsendtemperatur sowie eine ausreichend lange Einschaltdauer des Kompressors sind erforderlich. Bei der Wahl dieses Trocknersystemes muß außerdem berücksichtigt werden, daß, bedingt durch das zweimalige Durch- strömen des Trockners, ein höherer Druckabfall zu erwarten ist als bei herkömmlichen Adsorptionstrocknern.

Die bei der Beschreibung der Druckwechseladsorber gemachten Aussagen hinsichtlich der Alterung des Trockenmittels sowie der Vor- und Nachfiltration treffen auch für warmregenerierte Adsorptionstrockner zu.

3.3.5 Kältetrockner

Kältedrucklufttrockner entfernen durch Kühlung Feuchtigkeit aus der Druckluft. Das Absenken der Drucklufttemperatur auf einen Wert nahe dem Gefrierpunkt führt zur Kondensation des größten Teiles des in der Druckluft enthaltenen Wasserdampfes. Ein wirksames Kondesatabscheidesystem mit einem automatischen Kondensatableiter sorgt für die Trennung des Kondensates vom Luftstrom (Bild 3.3-10).

Zur Kühlung der Luft wird in einem Kältetrockner immer ein Kälteaggregat eingesetzt. Die Hauptkomponenten dieses Kälteaggregates sind in allen Kältetrocknern mit geringen Abweichungen in Art und Ausführung immer wieder zu finden:

Bild 3.3-10:   Kältedruckluftrockner

– Kältemittelkompressor

– Kältemittelkondensator

– Entspannungsorgan

– Kältemittelverdampfer

Der Kältemittelkompressor saugt ein Kältemittelgas mit niedriger Temperatur an und verdichtet es auf ein höheres Druckniveau. Die Verdichtungswärme wird dem unter hohem Druck stehenden heißen Gas in einem luft- oder wassergekühltem Kältemittekondensator (Verflüssiger) entzogen: das Kältemittel verflüssigt sich. Über ein Entspannungsorgan (Expansionsventil oder Kapillarrohr) wird das flüssige Kältemittel im Druck reduziert in den Kältemittelverdampfer (Kältemittel/Luft-Wärmeaustauscher) eingespritzt. Durch die Wärmezufuhr aus der Druckluft verdampft das Kältemittel und wird vom Kältemittelkompressor wieder angesaugt. Damit ist der der Kreislauf geschlossen.

Auch auf der Luftseite eines Kältetrockners finden wir immer wieder die gleichen Hauptkomponenten:

– Luft/Luft-Wärmeaustauscher

– Kältemittel/Luft-Wärmeaustauscher (Kältemittelverdampfer)

– Kondensatabscheider

– Kondensatableiter

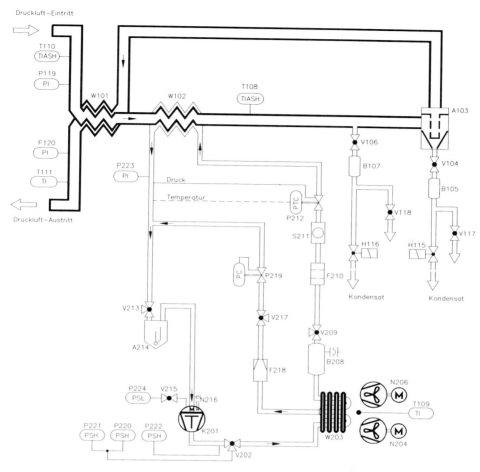

Druckluft−Eintritt

T110 (TIASH)

P119 (PI)

W101

W102

T108 (TIASH)

A103

F120 (PI)

T111 (TI)

P223 (PI)

Druck

Temperatur

PTC

P212

S211

V106

B107

V118

V104

B105

V117

H116

H115

Kondensat

Kondensat

Druckluft−Austritt

PC

P219

F210

V213

V217

V209

A214

F218

B208

P224 (PSL)

V215

el

N216

N206 M

T109 (TI)

P221 (PSH)

P220 (PSH)

P222 (PSH)

K201

W203

N204 M

V202

Flüssigkeits= abscheider	Gasfilter	Heißgas− Bypassregler	Kältemittel= verflüssiger	Lüfter mit Motor	Kältemittel= kompressor Sauggasgekühlt	Absperrventil	Filter / Trockner	Schauglas	Filter / Abscheider
Heizung	Temperatur− anzeige (mit Max.−alarm)	Druckanzeiger	Thermo−Ex= pansionsventil	Druckschalter Druck Min.	Magnetventil	Druckschalter Druck Max.	Kältemittel= sammler mit Berstscheibe	Absperr−Drei= wegeventil	Wärme= tauscher
el	(TIASH)	(PI)	PTC	(PSL)		(PSH)			

B0066/D077/16.07.92

Bild 3.3-11:   Schema Kältetrockner

Die in den Kältetrockner eintretende warme, mit Feuchtigkeit gesättigte Druckluft wird in zwei Schritten auf die gewünschte Taupunkttemperatur abgekühlt. In der ersten Stufe geschieht die Vorkühlung der eintretenden warmen Druckluft im Gegenstrom zur austretenden kalten. Anschließend wird die Druckluft in der zweiten Stufe durch verdampfendes Kältemittel im Kältemittel/Luft-Wärmeaustauscher auf Taupunkttemperatur abgekühlt. Ein den Wärmetauschern nachgeschaltetes Kondensatabscheidesystem sorgt für die Trennung des während der Kühlung auskondensierenden Wassers vom Druckluftstrom.

Die Ableitung des Kondensates geschieht durch automatische Kondensatableiter (Bild 3.3-11).

Bis hierhin mag der Eindruck entstanden sein, daß es keine unterschiedlichen Kältetrockner-Bauarten gibt. Tatsächlich lassen sich aber, je nach eingesetztem Kühlverfahren, zwei Bauarten unterscheiden.

3.3.5.1 Kältetrockner mit direkter Kühlung

Die vorherigen generellen Beschreibungen treffen am ehesten auf diese Bauart zu. Der Wärmeaustausch zwischen Druckluft und Kältemittel erfolgt direkt im Kältemittel/Luft-Wärmeaustauscher. Bis jetzt sind allerdings einige wichtige Details, die zu einem gut funktionierenden Kältetrockner gehören, nicht aufgeführt worden. Der eingangs beschriebene, prinzipielle Anlagenaufbau würde funktionieren, wenn der Kältetrockner immer so viel an Kühlleistung benötigte, wie das Kälteaggregat erzeugt. Da Druckluftanlagen jedoch durch schwankende Luftmengen und sich ändernde Umgebungstemperaturen auch eine unterschiedliche Wärmelast in den Trockner einbringen, ist eine Regelvorrichtung erforderlich, die verhindert, daß im Teillastbereich die Abkühltemperatur der Druckluft aufgrund überschüssiger Kälteleistung unter den Gefrierpunkt sinkt. Die Folge wäre ein Gefrieren des auskondensierten Wasserdampfes, ja im Extremfall ein Zufrieren des ganzen Trockners.

Zur Anpassung der Kälteleistung an Teillastbedingungen werden direktgekühlte Kältetrockner mit einem Heißgas-Bypass-Regler ausgerüstet. Die Phasenänderung von dampfförmig in flüssig und umgekehrt erfolgt bei Kältemitteln in einer festen Funktion von Druck und Temperatur. So entspricht eine Verflüssigungstemperatur einem bestimmten Verflüssigungsdruck und eine Verdampfungstemperatur einem bestimmten Verdampfungsdruck (Tafel 3.3-1).

Um die Temperatur im Kältemittel/Luft-Wärmeaustauscher (Verdampfer) nicht unter den Gefrierpunkt absinken zu lassen, wird über den Heissgas-Bypass-Regler Bild 3.3-12 der Verdampfungsdruck auf einem Wert gehalten, der einer Temperatur über +-0 °C entspricht. Sinkt der Verdampfungsdruck teillastbedingt unter den Einstellwert des Reglers, so öffnet dieser und läßt unter hohem Druck stehendes Heißgas überströmen. Der Druck im Niederdruckteil der Anlage und somit im Verdampfer wird über dem kritischen Punkt gehalten.

Tafel 3.3/1:   Kältemittel Drücke

°C	+ 12	+ 10	+ 8	+ 6	+ 5	+ 4	+ 3	+ 2	+ 1	0	-1	-2
R 134a p (bar)	3,5	3,2	3,0	2,7	2,6	2,5	2,4	2,3	2,2	2,1	2,0	1,9
R 22 p (bar	6,3	5,8	5,4	5,1	4,9	4,7	4,5	4,3	4,2	4,0	3,8	3,7

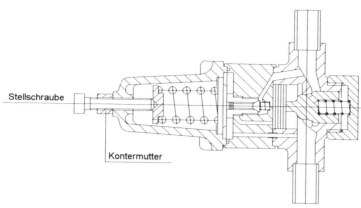

Bild 3.3-12:   Heißgas-Bypass-Regler

Kältetrockner für große Luftmengen werden zusätzlich mit mehrzylindrigen Kältemittelkompressoren ausgerüstet, bei denen sich einzelne Zylinder oder Zylindergruppen abschalten lassen, um so die Kälteleistung den Teillastbedingungen anzupassen (Bild 3.3-13).

Heißgas-Bypass-Regler sollten im Teillastbereich geringste Druckschwankungen im Kältemittelverdampfer verursachen, da die Forderung eines konstanten Taupunktes von Null- bis Vollast mit zu den Konstruktionsmerkmalen eines Kältetrockners gehört.

In den vergangenen Jahren wurden lebhafte Diskussionen darüber geführt, welche Verdampferbauart für einen Kältetrockner die geeignetste sei. Heute bietet der überwiegende Teil der Anlagenhersteller sogenannte „trockene" Verdampfer an. Diese Verdampfer bestehen meist aus einer

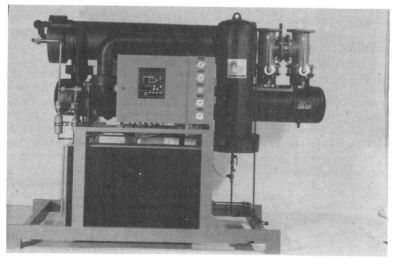

Bild 3.3-13:   Großtrockner

Rohr-in-Rohr-Konstruktion; im inneren Rohr strömt die zu kühlende Druckluft, während im Spalt zwischen den beiden Rohren das verdampfende Kältemittel im Gegenstrom zur Druckluft geführt wird. Durch das Gegenstromprinzip läßt sich in diesem Wärmeaustauscher die Forderung nach bestmöglichem Wärmeübergang und geringem Druckverlust verwirklichen.

Speziell in größeren Trocknern findet man noch das System der „überfluteten" Verdampfung. In einem als Rohrbündel ausgeführten Verdampfer strömt durch den Rohrraum die zu kühlende Druckluft. Der Mantelraum des Wärmetauschers ist mit flüssigem, unter niedrigem Druck stehenden Kältemittel gefüllt. Durch die Druckluft wird dem Kältemittel die zum Verdampfen erforderliche Wärme zugeführt.

Kältetrockner mit direkter Kühlung stellen den größten Anteil am Kältetrocknermarkt. Bieten Sie doch durch den direkten Wärmeaustausch die Gewähr für konstante Taupunkte auch bei schwankenden Luftlasten.

3.3.5.2 Kältetrockner mit indirekter Kühlung

Indirekt gekühlte Kältedrucklufttrockner verfügen über einen Wärmespeicher, der meist mit einer flüssigen Speichermasse gefüllt ist. Dieser Wärmespeicher ersetzt den in den Trocknern mit direkter Kühlung eingesetzten Heißgas-Bypass-Regler. Überschüssige Kälteleistung wird bei Trocknern dieser Bauart dem Kältespeicher zugeführt. Anders als bei direktgekühlten Trocknern arbeiten die Kältekompressoren in indirektgekühlten Trocknern mit einer Aussetzregelung. Ist die gewünschte Temperatur im Kältespeicher erreicht, so wird der Kältekompressor über eine thermostatische Steuerung abgeschaltet und die zur Kühlung der Druckluft erforderliche Kälteleistung dem Kältespeicher entnommen.

Durch diese Bauart mit Kältespeicher kommen indirektgekühlte Kältetrockner im Teillastbereich mit geringerer Leistungsaufnahme aus als direktgekühlte. Einige besondere Konstruktionsmerkmale der Trockner mit indirekter Kühlung sollten jedoch bei der Beurteilung der Wirtschaftlichkeit mit berücksichtigt werden.

Kältetrockner, die nach dem Prinzip der indirekten Kühlung arbeiten, sind mit mehr Bauteilen ausgerüstet, als Kälte- trockner, die direkt kühlen.

Bei Trocknern mit indirekter Kühlung wird zunächst durch den Kältemittelverdampfer die Speichermasse gekühlt. In der Speichermasse ist der Wärmeaustauscher eingebaut, der die Druckluft auf Taupunkttemperatur abkühlen soll. Um die gespeicherte Kälteleistung zu nutzen, ist es erforderlich, die Speichermasse mit einem Thermostaten zu überwachen, der den Kältekompressor bei einer maximal zulässigen Temperatur einschaltet und bei einer minimal zulässigen Temperatur abschaltet. Um die Schaltspiele für den Kältekompressor in einem vertretbaren Rahmen zu halten, ist eine ausreichende Differenz zwischen Einschalt- und Ausschalttemperatur des Kältekompressors erforderlich. Zu geringe Differenzen zwischen beiden Temperaturwerten führen zu einem vorzeitigen Verschleiß des Kältekompressors. Die meisten der in Kältetrocknern eingesetzten Kältekompressoren vollhermetischer Bauart verfügen nämlich über eine Schleuderölpumpe, die sowohl beim Anlauf als auch beim Auslauf des Kompressors nicht den erforderlichen Schmieröldruck gewährleistet. Dadurch werden Lager nicht ausreichend mit Schmieröl versorgt; erhöhter Verschleiß ist die Folge.

Es wird deshalb bei der Konstruktion dieser Trockner auf eine möglichst geringe Schalthäufigkeit besonderes Augenmerk gelegt. Dieses Ziel ist aber nur durch zwei konstruktive Maßnahmen zu erreichen. Zum einen läßt man zwischen Ein- und Ausschalten des Kältekompressors eine große Temperaturdifferenz zu und nimmt dabei in Kauf, daß der Taupunkt des Kältetrockner exakt um diese Temperaturdifferenz schwankt. Trockner mit extremen Taupunktschwankungen sind jedoch nicht mehr für jeden industriellen Einsatz tolerierbar.

Als zweite Maßnahme, die Schalthäufigkeit zu beeinflussen, steht dem Konstrukteur die Speichermasse zur Verfügung. Je größer die Speichermasse, desto geringer kann die Temperaturdifferenz zwischen Abschalten und Einschalten des Kältekompressors gewählt werden. Die Speichermasse zu vergrößern ist jedoch nicht die alleinige Maßnahme. Vielmehr ist es extrem wichtig, innerhalb der Speichermasse ein schnelle Verteilung der zu speichernden Kälteleistung bzw. eine schnelle Bereitstellung der gespeicherten Kälteleistung zu gewährleisten. Ein großer, jedoch träger Speicher kann nicht in der gewünschten Zeit die erforderliche Kälteleistung aufnehmen bzw. zur Verfügung stellen. Aus diesem Grund bieten sich vornehmlich flüssige Speichermassen an, die eine ausreichend hohe spezifische Wärme besitzen sowie konstruktive Hilfsmaßnahmen, die für eine hinreichend schnelle Temperaturverteilung innerhalb der Speichermasse sorgen. Bei flüssigen Wärmespeichern bieten sich für die Verteilung der Kälteleistung Pumpen oder Rührwerke an. Zusätzliche Einrichtungen dieser Art sind bei einer Wirtschaftlichkeitsbetrachtung mit Ihrer Leistungsaufnahme und ihrer Lebenserwartung ebenso zu berücksichtigen wie die Tolerierbarkeit eines schwankenden Taupunktes.

3.3.5.3 Kältemittel und Umweltverträglichkeit

Die in Kältetrocknern erforderliche Kälteleistung wird durch Kompressionskälteanlagen erbracht, in denen Frigene als Kältemittel eingesetzt werden. Frigene sind Fluor-Chlor-Verbindungen des Methans und Äthans. Noch bis vor kurzer Zeit galten diese Kältemittel als ideal, da sie wichtige positive Eingenschaften aufweisen: Sie sind nicht giftig, nicht brennbar, nicht explosiv und unschädlich für Lebensmittel. Die Frigene (Handelsname der Firma Hoechst) wurden aufgrund der oben beschriebenen Eigenschaften nicht nur als Kältemittel eingesetzt. Sie fanden ebenso als Treibgas in Spraydosen Verwendung, wie im Bereich der Isolierschaumerzeugung, in chemischen Reinigungen oder in der Medizintechnik.

Nicht erst seit der Konferenz von Montreal, die mit der Unterzeichung des Montrealer Protokolls am 16. September 1987 endete, ist bekannt, daß Frigene maßgeblich an der Entstehung des Ozonloches in der Stratosphäre beteiligt sind. Diese Aussage muß jedoch präzisiert werden. Wurden Frigene früher generell mit dem Oberbegriff FCKW benannt, so hat sich im Zusammenhang mit dem Ozonloch eine etwas differenziertere Unterteilung in vollhalogenierte Fluorchlorkohlenwasserstoffe (FCKW), z. B. R 12, und teilhalogenierte Fluorchlorkohlenwasserstoffe (H-FCKW), z. B. R 22, eingebürgert.

Mit dem Ozonproblem stehen hauptsächlich die FCKW in einem ursächlichen Zusammenhang. Aufgrund ihrer langen atmosphärischen Verweilzeit von 60 bis 120 Jahren gelangt theoretisch die gesamte emittierte Menge in die Stratosphäre und greift dort in das Ozon/Sauerstoff-Gleichgewicht ein. H-FCKW sind deutlich instabiler. Durch ihre mittlere Lebensdauer von etwa 20 Jahren erfolgt bereits in der Troposphäre ein weitgehender Abbau, und nur noch geringe Anteile erreichen die Stratosphäre.

Nimmt man für das FCKW R 11 willkürlich das Ozongefährdungspotential von 100 an, so beträgt der entsprechende Wert für das H-FCKW R 22 lediglich 5. Zur Zeit sind von der chemischen Industrie Ersatzstoffe für FCKW in der Entwicklung. Am weitesten fortgeschritten ist die Entwicklung des Substitutes für R 12, R 134 a. Für R 134 a gilt heute das Ozongefährdungspotential 0. Obwohl die chemischen Eigenschaften von R 134 a denen von R 12 sehr nahe kommen, sind jedoch noch einige Details vor dem serienmäßigen Einsatz von R 134 a in Kälteanlagen zu klären. Kältekompressoren, Schmieröle und Filtertrockner sind auf das neue Kältemittel abzustimmen. Des weiteren sind Fertigungsmethoden von Kälteanlagen mit R 134 a neu zu erstellen, da z. B. R 134 a mit herkömmlichen Lecksuchgeräten nicht erfaßt wird und R 134 a um ein vielfaches hygroskopischer ist als die bisher verwendeten Kältemittel.

Alle Hersteller von Kältedrucklufttrocknern sind bemüht, in ihren Kälteanlagen nur noch Kältemittel zu verwenden, die entsprechend dem heutigen Stand der Technik das geringstmögliche Ozongefährdungspotential aufweisen. So wird heute weitestgehend das H-FCKW R 22 eingesetzt, da hier der schnellste Ersatz möglich ist. Mit zunehmender Serienreife werden auch Kälteanlagen mit R 134 a Einsatz finden.

3.3.6 Trocknung durch Kombination mehrerer Systeme

An dieser Stelle soll ein Verfahren vorgestellt werden, das durch die Kombination aus Kältedrucklufttrocknern und warmregenerierten Adsorptionstrocknern Taupunkte unterhalb des Gefrierpunktes erreicht.

Die in die Trocknerkombination eintretende Druckluft wird zunächst in den Wärmetauschern des Kältetrocknerteiles der Kombination auf +3 °C gekühlt. Das während der Kühlung auskondensierte Wasser wird durch automatische Kondensatableiter vom Luftstrom getrennt. Anschließend wird die Druckluft in einem Hochleistungsfilter entölt. Die weitere Trocknung der Druckluft erfolgt im Adsorptionstrocknerteil der Kombination. Am Eintritt des Adsorptionstrockners ist die Luft zu 100 % gesättigt. Dadurch läßt sich die Kapazität des Trockenmittels zur Aufnahme von Wasserdampf in idealer Weise nutzen (Bild 3.3-14).

Die im Adsorptionstrockner auf den gewünschten Taupunkt entfeuchtete Druckluft wird während der Adsorption nur geringfügig erwärmt und zur Vorkühlung der eintretenden Druckluft wieder in den Luft/Luft-Wärmeaustauscher geleitet (Bild 3.3-15 und 3.3.16).

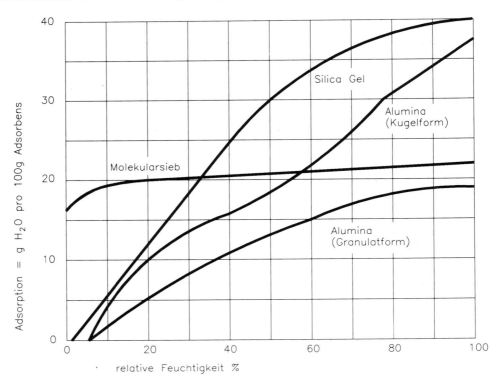

Bild 3.3-14: Trockenmittel

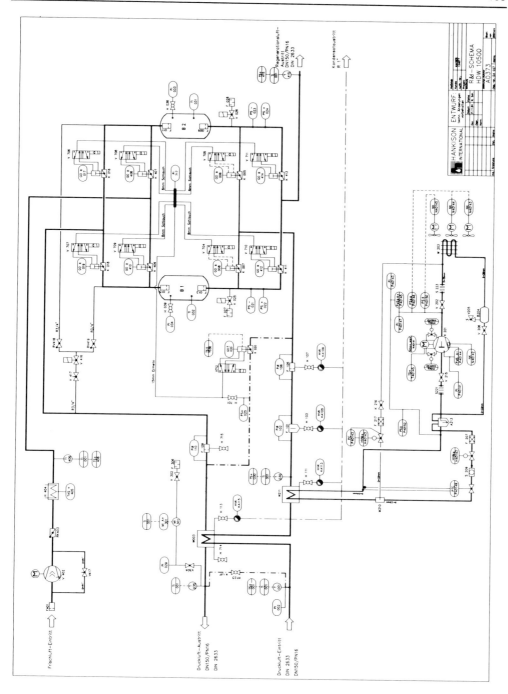

Bild 3.3/15: Schema Kombination

Bild 3.3-16:   Bild Kombination

Für Anwendungen, bei denen ein Taupunkt unter dem Gefrierpunkt nur in den Wintermonaten erforderlich ist, kann der Adsorptionstrocknerteil mit einer Umgehung ausgerüstet werden, so daß lediglich während der Winterzeit der Adsorptionstrockner mit in Betrieb ist. Dieses besonders wirtschaftliche Verfahren zeichnet sich durch folgende Merkmale aus:

— Niedrige Eintrittstemperaturen bei Sättigung erlauben die Ausnutzung der größtmöglichen Kapazität des Trockenmittels.

— Die niedrige Temperatur der Druckluft beim Eintritt in das Trockenmittel machen weitaus geringere Regenerationstemperaturen notwendig als bei herkömmlichen Adsorptionstrocknern.

— Geringere adsorbierte Wasserdampfmengen erfordern wesentlich kleinere Trockenmittelmengen als herkömmliche Trockner.

— Da geringere Wasserdampfmengen bei niedrigeren Temperaturen desorbiert werden müssen, ist die pro Kubikmeter Druckluft benötigte Heizleistung weitaus niedriger als bei herkömmlichen Adsorptionstrocknern.

— Durch die geringere thermische Belastung ergibt sich eine längere Lebensdauer des Trockenmittels.

3.3.7 Neue Technologien

Die bisher vorgestellten Methoden der Drucklufttrocknung sind weitgehend bekannte Techniken. Am Schluß dieses Kapitels soll aber noch ein Blick in die unmittelbare Zukunft der Trocknungstechnologie geworfen werden.

Bild 3.3-17:   Membrantrockner

Aus der Biologie sind Membranen bekannt: dünne, biegsame Substanzen mit Poren oder Öffungen, die Gase oder Flüssigkeiten durchwandern lassen. In der Chemie und der Medizin werden bereits seit einiger Zeit synthetisch hergestellte Membranen zur Trennung von unterschiedlichen Stoffen eingesetzt.

Als zukunftweisende Technik steht eine Entwicklung kurz vor der Markteinführung, die durch Einsatz von Membranen Bild 3.3-17 Wasserdampf von Druckluft trennt. Dieses Verfahren ermöglicht die Trocknung von Druckluft, ohne den Einsatz einer Fremdenergie. Die wasserdampfdurchlässige Membran ist als Hohlfaser ausgebildet, durch die die Druckluft strömt. Die austretende

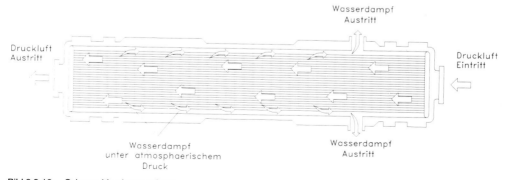

Bild 3.3-18:   Schema Membrantrockner

Druckluft ist um einen gewünschten Wert entfeuchtet. Anders als bei Kältedruckluft- oder Adsorptionstrocknern wird nicht ein fester Drucktaupunkt erreicht, sondern eine Absenkung des Eintrittstaupunktes. Mit dem Wasserdampf entweicht eine Menge Druckluft als Spülgas. Die Spülgasmenge liegt je nach erforderlichem Taupunkt zwischen 15 und 25 % der eintretenden Druckluft Bild 3.3-18. Zur Zeit sind Membranen ausschließlich für kleine Luftmengen (bis 30 m³/h bei 7 bar Betriebsdruck) verfügbar. Der Einsatz von Membranen ist auf ölfreie Druckluft beschränkt, die entweder durch ölfreie Kompressoren erzeugt wird oder den Einsatz von Ölabscheidefiltern erfordert.

Für welches Trocknungssystem sich ein Druckluftanwender entscheidet, wird von den jeweiligen betrieblichen Gegebenheiten abhängen. Jedes der oben beschriebenen Systeme hat seine eigenen Einsatzfelder. Der erforderliche Taupunkt ist auf jeden Fall ein Hauptentscheidungskriterium. Daneben müssen Investitions- sowie Betriebskosten und Wartungsaufwand mit in die Überlegungen einbezogen werden. Vielfach wird der einzelne Druckluftanwender mit der Bewertung der verschiedenen Kriterien überfordert sein. In diesem Fall ist eine ausführliche betriebliche Bestandsaufnahme und eine zukunftsorientierte Sollplanung in Zusammenarbeit mit einem Druckluftfachmann dringend angeraten.

3.4 Filtration

3.4.1 Grundlagen und Geschichtliches

„Schon die alten Römer ..." – ja, sie haben tatsächlich schon Fasermaterialien zur Filtration von Luft eingesetzt. In altrömischen Minen und Herstellungsbetrieben band man sich Tücher gegen den Staub vor Mund und Nase. Plinius mahnte in seiner „Naturgeschichte", daß man sich beim Umgang mit Bleisalzen vor Staub zu schützen habe – Bleicarbonat wurde damals als Kosmetikum und Bleioxid als Farbpigment benutzt.

Im Mittelalter, lange vor der Entdeckung von Krankheitserregern, hüllte man sich zum Schutz gegen die Pest ganz in Tücher. Leonardo da Vinci (1452-1518) erwähnt zum ersten Mal in der Militärgeschichte, daß Soldaten sich vor Rauchgasangriffen mit einem nassen Lappen vor Mund und Nase gerettet haben.

Das erste Atemschutzgerät wurde 1814 von Brisé Fradin entwickelt. Es war ein mit Baumwolle gefüllter Kasten, aus dem die saubere Luft über einen Schlauch in den Mund geleitet wurde. Die Nasenlöcher verstopfte man sich mit Baumwolle.

Tierkohle zum Atemschutz gegen Gase setzte zuerst John Stenhouse 1854 im St. Bartholomew's Hospital ein. Als Mittel zur Reinigung von Wasser war sie schon seit Jahrhunderten bekannt.

Um 1870 verwendete Olivier als Filtermaterial Werg, auch die ersten Filter mit Glaswolle kamen zu dieser Zeit auf.

1905 testete Esmarch die Wirksamkeit der bekannten Atemschutzgeräte gegen versprühte Bakteriensuspensionen.

Gasmasken entwickelte man am Anfang des 19. Jahrhunderts für Feuerwehrleute. Der Bergmann John Roberts wurde für seine Erfindung, eine Lederkappe mit Sichtfenstern aus Quarz und einem Atemschlauch mit Filter, der kurz über dem Boden endete, im Jahre 1825 von der Royal Society of Arts ausgezeichnet. Roberts nutzte nicht nur die Tatsache, daß sich bei einem Brand in Bodennähe am wenigsten Rauch befindet, sondern er differenziert in seiner Beschreibung auch zwischen Partikeln und Gasen, die zurückgehalten werden sollten. Das konnte ein einziges Material nicht leisten, deshalb kombinierte Roberts in seinem Filter Wolle und einen feuchten Schwamm.

Kostbare Stunden, die vergehen.

Filtrationen, die Stillstand-Zeiten verkürzen.

Unzureichend durchdachte Filtrationssysteme bringen häufig wertvolle Produktionsabläufe zum Erliegen. Mit der Wahl des Filters fällt die Entscheidung über Umfang und Eintritt von Ausfall-Zeiten. Domnick Hunter läßt zunächst einmal keine Fragen offen über die effektive Produktivität bei Einsatz geeigneter und ungeeigneter Filter. Und läßt damit weder unerwünschte Schadstoffe noch Produktions-Stillstände mit der Folge wirtschaftlicher Verluste durch-

gehen. Domnick Hunter Filtrations- und Trocknungssysteme lassen keine kostbare Zeit verstreichen.

domnick hunter gmbh
Kimplerstraße 282 · D-47807 Krefeld
Postfach 13 02 52 · D-47754 Krefeld
Telefon 02 151 / 83 66 - 0
Telefax 02 151 / 39 57 79

A 10

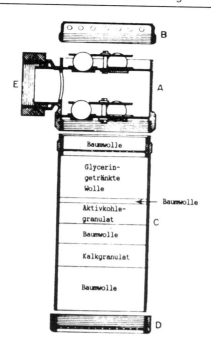

Bild 3.4-1:

Der bekannte Physiker John Tyndall erfand 1868 eine Gasmaske ohne Schlauch. Die Filterkombination bestand dabei aus Lagen dichtgepreßter Baumwolle mit Zwischenschichten aus Kalk, Tierkohle und glyceringetränkter Wolle. Bild 3.4-1

Als Väter der wissenschaftlichen Arbeit über Filtration gelten F. Albrecht (1931) und A. Kaufmann (1936).

Die Arbeit von Kaufmann bezieht sich direkt auf Atemschutzgeräte: Seitdem im Ersten Weltkrieg die Deutschen Giftgase wie Phosgen eingesetzt hatten, wurde dieses Gebiet intensiv erforscht. Neue Materialien wie Asbest, eingebettet in Wolle oder Papier, oder Papiere unterschiedlicher Textur, auch als Faltenfilter, wurden dabei erprobt.

Die ersten Kunststoffe, die man zu dieser Zeit entwickelte, brachten neue Eigenschaften mit sich: ihre Fasern nehmen im Gegensatz zu Naturfasern kein Wasser auf, bei einigen sind auch die Bindungskräfte an der Oberfläche viel geringer. Das hat die präzise Erforschung von Stäuben vorangebracht, da man nur so die Menge durch Wägen bestimmen oder die Partikel restlos von der Oberfläche ablösen kann.

Zu großen Fortschritten in dieser Richtung trugen auch Membranfilter bei. Natürliche Membranen werden zwar schon seit der Antike benutzt – ein Tierdarm um eine Fleischmasse, gemeinhin auch Wurst genannt, schließt Bakterien aus – doch war man sich über diese Wirkung nicht im klaren. Im 19.Jahrhundert wurden die ersten Membranfilter zur Filtration von biologischen Flüssigkeiten eingesetzt. Sie bestanden aus porösem unglasiertem Ton, der in eine Nitrocelluloselösung eingetaucht wurde. 1907 erforschte erstmals Bechtold die Zusammenhänge zwischen Porengrößenverteilung und Herstellungsverfahren.

Bild 3.4-2:

Seit 1955 sind Membranfilter zur Filtration von Aerosolen im Gebrauch. Die industrielle Herstellung von Kernporenfiltern begann 1968, als es technisch möglich war, dünne Polycarbonatfolien mit einem Strahl von Atomkernen zu perforieren. Solche Membranfilter sind sehr gleichmäßig in Porengröße und -verteilung Bild 3.4-2 und nicht hygroskopisch.

Kunststoffe bilden auch das Ausgangsmaterial für moderne gesinterte Filter. Im niedrigen Temperaturbereich stellen sie die preisgünstige Alternative zu Sintermetallfiltern dar, die in der Drucklufttechnik zur Grobabscheidung von Partikeln dienen.

Zum gleichen Zweck werden auch Filter aus feinem Metallgewebe eingesetzt. Metallfilter sind seit der Industrialisierung zum Abscheiden von Festpartikeln aus Medien aller Art im Einsatz.

In der Drucklufttechnik benutzte man bis in die 70er Jahre auch Filter aus ölbeschichtetem Metallgewebe für Partikel über 10 Mikrometer, allerdings nur bei hohem Ölgehalt in der Druckluft und mit Abscheideraten um 85 Prozent.

Wirkungsgrade von 96 bis 98 Prozent für Partikel über 10 Mikron und 90 Prozent für Partikel über 3 Mikron waren mit Ölbadfiltern erzielbar, allerdings mit dem Nachteil, daß sie die Druckluft mit Öl anreichern. Mit den damals auf dem Vormarsch befindlichen ölfreien Kompressoren ließen sie sich nicht vereinbaren, wie Rollins 1973 bemerkt.

Heutzutage werden sie als Ansaugfilter für Kompressoren ebenso eingesetzt wie ölbeschichtetes Metallgewebe, Papier, Stoffgewebe und Zyklonabscheider.

Glasfaserstoffe, deren Struktur der des Papiers ähnelt, erwähnt Batel 1972 als neuere Technologie. Sie verkraften höhere Temperaturen als die meisten Kunststoffe und halten aufgrund ihrer Tiefenfilterwirkung feinste Partikel bis 0,01 Mikron mit Abscheidegraden bis 99,99999 Prozent zurück.

Bindemittelfreie Mikrofaservliese haben ein größeres Hohlvolumen als bindemittelhaltige, was sich in geringerem Differenzdruck und längerer Standzeit auswirkt. Bild 3.4-3

Bild 3.4-3:

3.4.2 Filtrationsarten

Bei der Druckluftfiltration werden im wesentlichen drei Filtrationsarten ausgenutzt: Oberflächenfiltration, Tiefenfiltration und Adsorption.

A. Oberflächenfiltration

Bei der Oberflächenfiltration steht die Siebwirkung als Abscheidemechanismus im Vordergrund. Verunreinigungen, die größer als der definierte Porendurchmesser sind, werden an der Oberfläche zurückgehalten, wo sie während der Betriebszeit den sogenannten Filterkuchen bilden Bild 3.4-4 und 3.4-5. Dieser hat den Nebeneffekt, auch kleinere Partikel auszuschließen als das eigentliche Filter.

Zur Oberflächenfiltration sind gesinterte Metalle und Kunststoffe geeignet, feine Metallnetze und -siebe in mehreren Lagen in Fließrichtung Bild 3.4-6. Auch senkrecht zur Fließrichtung gesta-

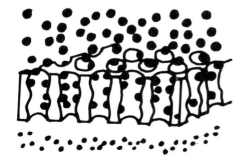

Bild 3.4-4:

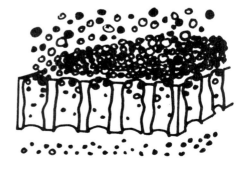

Bild 3.4-5:

Bild 3.4-6:

pelte Scheiben aus Papier, Filz, Metall oder Kombinationen dieser Materialien sind üblich, sogenannte Stab- und Plattenfilter. Sie lassen sich besonders leicht regenerieren, weil sich der Filterkuchen hauptsächlich an der Außenkante der Scheiben ablagert.

Auch Kunststoffmembranen wirken als Oberflächenfilter. Ihre Struktur mit mehreren Schichten ineinander übergehender Poren ähnelt einem Schwamm. Die Filtrationswirkung ist vergleichbar mit der eines mehrlagigen Siebes. Der sehr geringe Feststoffanteil von 15 bis 35 Prozent bedingt hohe Durchflußraten. Aufgrund dieser Eigenschaft können Membranfilter feinste Partikel, beispielsweise Bakterien, zurückhalten, ohne zu verstopfen, und eigenen sich als einzige Oberflächenfilter zur Sterilfiltration.

B. Tiefenfiltration

Zur Tiefenfiltration werden Faservliese verwendet, deren feinste Fasern in ähnlicher Anordnung wie bei Papier in relativ dicker Schicht verlaufen. Nach Form oder Größe definierte Poren sind nicht vorhanden Bild 3.4-7.

Die Siebwirkung an der Oberfläche ist hier nur ein Teil der Gesamtwirkung, zu der direkte Berührung, Stoßberührung (Trägheitskräfte), Diffusion / Brownsche Bewegung, elektrische Anziehung und Gravitation beitragen. Es werden Partikel abgeschieden, die auch wesentlich kleiner sind als die Hohlräume und Fasern, wobei die beteiligten physikalischen Kräfte komplex zusammenwirken.

Kronsbein (1989) faßt diese Gesamtwirkung folgendermaßen zusammen:

Feinere Fasern führen zu einer besseren Filterwirkung, weil die Wahrscheinlichkeit für Stoßberührung und die Berührungsfläche für diffundierende Teilchen größer sind.

Dichtere Packung und größere Schichtdicke des Materials verbessern ebenfalls die Filterwirkung.

Bei einer bestimmten Anströmgeschwindigkeit durchdringen Partikel einer bestimmten Größenordnung das Filter besonders gut. Der kritische Größenbereich liegt zwischen 0,1 und 0,4 Mikron, wie in zahlreichen Untersuchungen ermittelt wurde Bild 3.4-8.

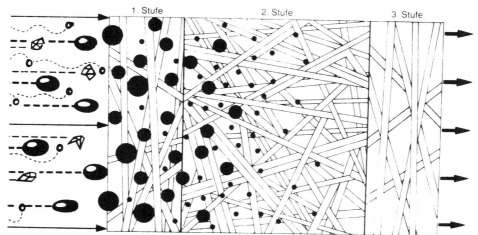

Unter Ausnutzung von direkter Beruhrung, von Stoßerscheinungen und Diffusion werden Flüssig- und Festkörper-Schwebstoffe von etwa nur 0,01 mikron Größe im Filter zurückgehalten.

Bild 3.4-7:

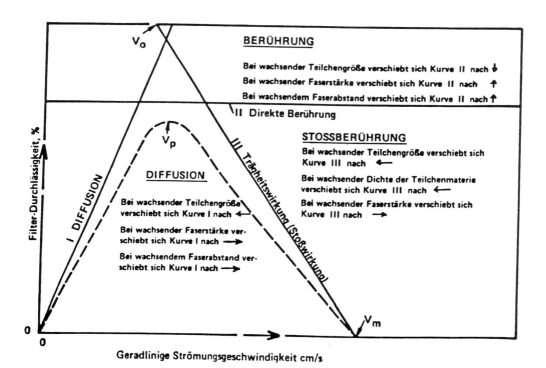

Bild 3.4-8:

Je kleiner die Teilchen, desto weiter dringen sie in das Filtermedium ein. Der Wirkungsgrad des Filters wächst durch eingelagerte Partikel an, allerdings auch der Strömungswiderstand. Ab einer gewissen Sättigung des Materials mit Einlagerungen wächst der Strömungswiderstand ausschließlich exponentiell mit der Zeit.

Je feiner die Fasern, je dichter und dicker die Schicht und je kleiner das Hohlvolumen, desto stärker ist der Druckabfall zwischen Eingang und Ausgang des Filters. Dieser hängt außerdem mit der Strömungsgeschwindigkeit zusammen.

Zur Aufrechterhaltung eines konstanten Druckes im Druckluftnetz , muß der Druckabfall im Filter kompensiert werden; erhöhter Energiebedarf ist die Folge. Bei feststehenden Anforderungen an den Filterwirkungsgrad kann der Energiebedarf positiv beeinflußt werden, wenn man ein bindemittelfreies Filtermedium, patentiert als ultrair, mit vergrößertem Hohlvolumen wählt.

C. Adsorption

Oberflächen- und Tiefenfilter halten ausschließlich Teilchen, d.h. Feststoffpartikel und Flüssigkeitstropfen, zurück. Gase werden durch Adsorption ausgefiltert. Dabei werden die Gasmoleküle an der Oberfläche eines geeigneten porösen Materials ohne chemische Veränderung festgehalten.

Mit zunehmender Verfeinerung aller Techniken, in denen Druckluft als Antriebs- und Prozeßmedium eingesetzt wird, ist es immer häufiger erforderlich, Öldämpfe, Geruchs- und Geschmacksstoffe zu entfernen. Das geeignete Material dafür ist Aktivkohle. Aktivkohle-Filterkerzen bestehen aus Gewebeschichten, entweder beschichtet mit Aktivkohle oder aus zu Aktivkohle veraschten Baumwollgeweben, die feinpulvrige Aktivkohle umschließen. Bild 3.4-9 und 3.4-10

Die eintretende Druckluft muß bereits frei von Öltröpfchen sein, denn die Aktivkohle soll ja die gasförmigen Kohlenwasserstoffe herausfiltern. Mit einem geeigneten vorgeschalteten Ölausscheider, z.B. dem Tiefenfilter ultrair SMF, läßt sich der Ölgehalt auf 0,01 mg/m^3 senken.

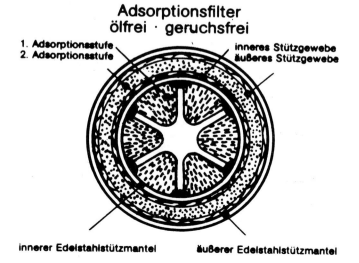

Adsorptionsfilter
ölfrei · geruchsfrei

1. Adsorptionsstufe
2. Adsorptionsstufe

inneres Stützgewebe
äußeres Stützgewebe

innerer Edelstahlstützmantel   äußerer Edelstahlstützmantel

Bild 3.4-9:

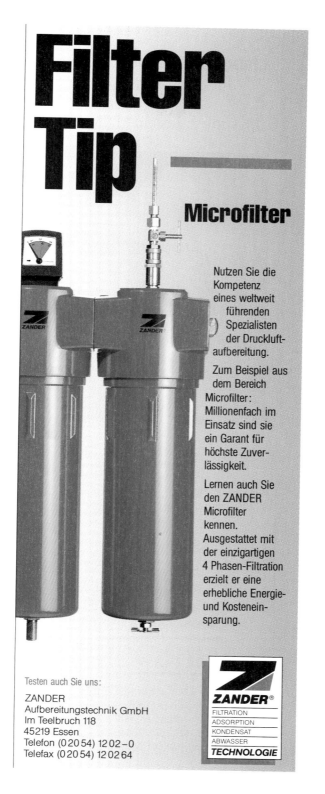

Filter Tip

Microfilter

Nutzen Sie die Kompetenz eines weltweit führenden Spezialisten der Druckluftaufbereitung.

Zum Beispiel aus dem Bereich Microfilter: Millionenfach im Einsatz sind sie ein Garant für höchste Zuverlässigkeit.

Lernen auch Sie den ZANDER Microfilter kennen. Ausgestattet mit der einzigartigen 4 Phasen-Filtration erzielt er eine erhebliche Energie- und Kosteneinsparung.

Testen auch Sie uns:

ZANDER
Aufbereitungstechnik GmbH
Im Teelbruch 118
45219 Essen
Telefon (0 20 54) 12 02 – 0
Telefax (0 20 54) 12 02 64

ZANDER®
FILTRATION
ADSORPTION
KONDENSAT
ABWASSER
TECHNOLOGIE

A 11

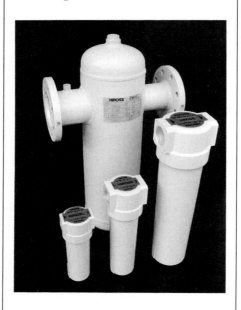

Bild 3.4-10:

Aktivkohle adsorbiert die meisten Kohlenwasserstoffe, aber nicht Kohlenmonoxid (CO). Wo Menschen mit Druckluft beatmet werden, beispielsweise in der Bau- und Medizintechnik, werden daher Katalysatoren eingesetzt, die CO in unschädliches Kohlendioxid umwandeln.

Je nach Qualitätsanforderung muß Druckluft nicht nur sauber und ölfrei, sondern auch trocken sein. Mit geeigneten mineralischen Adsorbentien, z.B. Silicagel und Aluminiagel oder Molekularsieben, läßt sich das Wasser bis zu einem Drucktaupunkt von –70°C entfernen. Kapitel 3.3

3.4.3 Filtermedien

Grobfiltration

Wo feinste Abscheidung nicht notwendig ist, wäre es unwirtschaftlich, Hochleistungsschwebstofffilter einzusetzen. Für schwere Maschinen kann es je nach Anwendung ausreichen, wenn die Druckluft frei von Partikeln größer als 40 Mikron ist (Güteklasse 4 nach ISO 8573).

Umgekehrt können Hochleistungsaufbereitungsanlagen nur wirtschaftlich, d.h. mit langen Standzeiten und hoher Betriebssicherheit funktionieren, wenn grober Schmutz entfernt wird. Auch in Fällen, wo höhere Feststoffanteile zwar noch toleriert werden können, aber die Druckluft weitgehend trocken oder ölfrei sein muß, sind Grobfilter erforderlich, um die nachfolgenden Aufbereitungsanlagen zu schützen. Filter mit Porenweiten zwischen 25 und 5 Mikron haben sich hierfür als geeignet erwiesen; Luft frei von Partikeln über 5 µm Durchmesser entspricht ISO-Güteklasse 3.

Das Druckluftnetz und dessen Anlagen sind am besten geschützt, wenn möglichst unmittelbar nach dem Kompressor bzw. Nachkühler mit der Aufbereitung begonnen wird.

Die Kondensatmengen, die der Nackkühler ausscheidet, können beachtlich sein. Schwebstoffe und Öl werden aber nur zum Teil vom auskondensierenden Wasser mitgerissen.

Entsprechend der Temperatur hinter dem Nachkühler verbleibt auch ein Wasseranteil in der Luft, der für die am Verbrauchsort erforderliche Druckluftqualität je nach Anwendung zu hoch ist.

Mohrig (1988) gibt an, 70 bis 80 Prozent des Gesamtwassergehaltes der angesaugten Luft würden in Zwischen- und Nachkühler sowie im Druckluftbehälter abgeschieden.

Verunreinigungen des Druckluftbehälters verhindert man mit einem Zyklonabscheider (Kapitel 3.2.5)in der zuführenden Leitung. Das Gerät enthält eine unbeweglich montierte Turbine, durch die die einströmende Luft in Rotation versetzt wird. Die Zentrifugalkraft schleudert die Verunreinigungen an die Wändes des umgebenden Gehäuses, von wo aus sie abgeleitet werden.

Je größer und schwerer die Verunreinigungen, desto höher ist der Wirkungsgrad. Für Tröpfchen mit 5 Mikron Durchmesser ist die prozentuale Abscheiderate noch hoch, während sie für Staub von 15 bis 20 Mikron schon sehr gering ist.

Solcher Staub bis zur maximalen Teilchendichte von 10 mg/m^3 kann höchstens für Brauch- und Blasluft der niedrigsten Qualitätsstufe toleriert werden. Allerdings empfiehlt es sich auch hier, zum Schutz des Druckluftnetzes und der Anlagen die Luft dezentral mit regenerierbaren Oberflächenfiltern zu entstauben.

Universell anwendbar im Temperaturbereich von −20 bis +80°C sind Filter aus gesintertem Kunststoff, Polyethylen oder Polypropylen, für Partikel größer als 25 μm.

Bis 120 °C Dauertemperatur verkraften Filter aus Sinterbronze. Sie sind auch mit 5 μm Porenweite erhältlich (bezüglich Partikel entsprechend ISO-Güteklasse 3).

Für extreme Temperaturen von −50 bis +200°C und für Druckluft und Gase mit aggressiven Bestandteilen ist Edelstahl das zweckmäßigste Vorfiltermedium.

Eine Variante der Edelstahlfilter besteht aus Sintermaterial in Porengrößen zwischen 1 und 25 μm. Der Feststoffanteil beträgt weniger als 50 Prozent, daher sind Durchlässigkeit und Strömungseigenschaften günstig. Das hochwertige Material läßt sich leicht und nahezu unbegrenzt oft regenerieren, verkraftet +200°C und aggressive Medien. Gase aller Art und auch Dampf, Chemikalien und Flüssigkeiten können mit Sinteredelstahl filtriert werden.

Filter aus Edelstahlmaschengewebe oder feinem Lochblech in mehreren Lagen Bild 3.4-11 finden ihren Einsatz vor allem bei starkem Schmutzanfall oder hochviskosen Flüssigkeiten.

Wo es auf besonders lange Standzeiten zwischen den Regenerationsvorgängen ankommt, sollten Faltenfilter aus Edelstahlmaschengewebe mit vergrößerter Oberfläche eingesetzt werden.

Im Übergangsbereich zwischen Grob- und Feinfiltration liegen Filter aus Edelstahlvlies mit Porenweiten von 5 oder 2 Mikron.

Das sind Tiefenfilter mit für diese Filterart großem Porenvolumen, die sich im Rückspülverfahren regenerieren lassen. Sie ermöglichen beispielsweise die häufige Entsorgung von kritischem Material unabhängig vom Filterwechsel.

Feinfiltration

Für Anwendungen, die bezüglich Partikelgehalt, Öl- oder Wassergehalt eine bessere Luftqualität erfordern als ISO-Güteklasse 3, müssen Feinfilter eingesetzt werden. Als Feinfilter sind in der neueren Literatur Elemente beschrieben, die Partikel zwischen 1 und 5 Mikron zurückhalten (Barber 1989). Das ist nur mit Tiefenfiltern möglich.

Das zur Zeit einzige geeignete Medium ist Glasfaservlies aus Fasern mit Durchmessern um 0,5 Mikron, dessen Feinstruktur der von Papier ähnelt.

Porenweite und -form lassen sich nicht definieren, sieht man davon ab, daß der Porendurchmesser nach oben begrenzt sein muß.

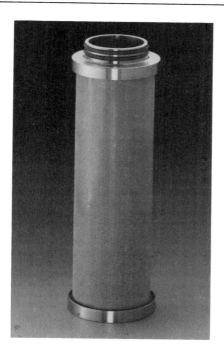

Bild 3.4-11:

Neben einem hohen Schmutzaufnahmevermögen und geringem Differenzdruck zeichnet sich dieses Filtermaterial durch einen hohen Abscheidegrad aus. Darüber hinaus verkraftet es Temperaturen bis zu 180 °C.

Glasfasern quellen nicht und behalten deshalb auch unter Einwirkung von Feuchtigkeit ihre Struktur. Daher gelten Mikrofaservliese aus Glas als das ideale Abscheidemedium für flüssige Aerosole.

Die Abscheidung erfolgt nach dem Koaleszenzprinzip: Durch die wasserabstoßenden Eigenschaften von Glas bilden sich Wassertröpfchen anstelle eines Wasserfilms. Die Tröpfchen vereinigen sich zu größeren Tropfen und fließen ab.

Öl hingegen bildet einen Film auf den Glasfasern. Die Abscheidung von Öltröpfchen bis in den Submikronbereich ist erst durch Vliese mit sehr geringem Faserdurchmesser möglich geworden.

Feinfilter, wie sie ein bekannter Hersteller definiert, scheiden 99,999 % aller Partikel mit 0,01 Mikron Durchmesser ab. Der Restölgehalt beträgt 1,0 mg/m³.

Solche Filter Bild 3.4-12 besitzen ein integriertes Vorfiltermedium, das flüssige und feste Partikel bis zu 1 Mikron zurückhält. Die zweite Filterstufe aus Mikrofaservlies bewirkt die eigentliche Feinfiltration mit hohem Abscheidegrad. Das Kondensat wird nach außen über einen Schaumstoffmantel in das Filtergehäuse abgeleitet, der das Mitreißen von Flüssigkeitsaerosolen in das saubere Filtrat verhindert.

Stützmäntel aus Edelstahl mit großer Freifläche verleihen dem Filterelement hohe mechanische Festigkeit, üblicherweise für Betriebsdrücke bis 16 bar.

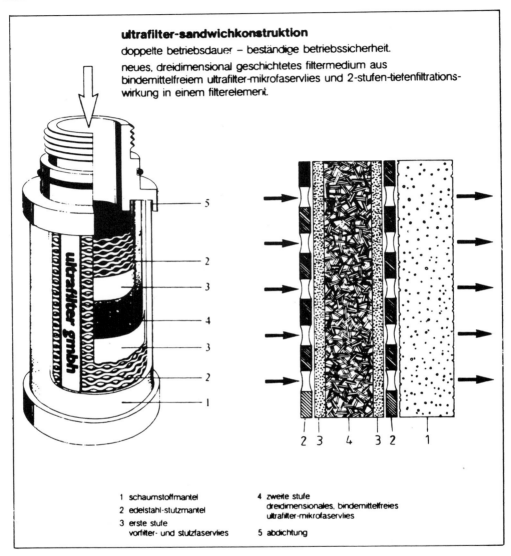

ultrafilter-sandwichkonstruktion

doppelte betriebsdauer – beständige betriebssicherheit.

neues, dreidimensional geschichtetes filtermedium aus
bindemittelfreiem ultrafilter-mikrofaservlies und 2-stufen-tiefenfiltrations-
wirkung in einem filterelement.

1 schaumstoffmantel   4 zweite stufe
2 edelstahl-stutzmantel   dreidimensionales, bindemittelfreies
3 erste stufe   ultrafilter-mikrofaservlies
   vorfilter- und stutzfaservlies   5 abdichtung

Bild 3.4-12:

Der Wirkungsgrad von Tiefenfiltern wächst durch eingelagerte Partikel an. Parallel dazu steigt der Strömungswiderstand. Zwischen Ein- und Ausgang des Filters ergibt sich eine Druckdifferenz.

Je feiner die Fasern, je dichter und dicker die Schicht und je kleiner das Hohlvolumen, desto stärker ist dieser Druckabfall.

Er hängt außerdem mit der Strömungsgeschwindigkeit zusammen.

Zur Aufrechterhaltung eines konstanten Druckes im Druckluftnetz muß der Differenzdruck im Filter kompensiert werden; erhöhter Energiebedarf ist die Folge.

Dieser kann, bezogen auf feststehende Anforderungen an die Abscheideleistung, niedrig gehalten werden, wenn man ein Filtermedium mit möglichst großem Hohlvolumen wählt.

Ein neues, bindemittelfreies Mikrofaservlies, patentiert als ultrair, hat mit 6 Prozent Feststoffanteil 24 Prozent mehr Hohlvolumen und ist bei bestimmten Anwendungen chemisch beständiger als andere Medien.

Mikrofiltration

Für die Mikrofiltration in der Drucklufttechnik gilt wie für die Feinfiltration, daß sie nur mit Tiefenfiltern aus Glasfaservlies funktioniert. Andere, im Porendurchmesser geeignete Materialien liefern nicht den gewünschten Koaleszenzeffekt oder haben einen zu hohen Feststoffanteil, der wiederum einen zu hohen Differenzdruck erzeugen würde.

Der grundsätzliche Aufbau eines Mikrofilters gleicht mit doppeltem Stützmantel aus Stahl, Vorfilter, Mikrofaservlies und Außenmantel dem eines Feinfilters. Bild 3.4-13

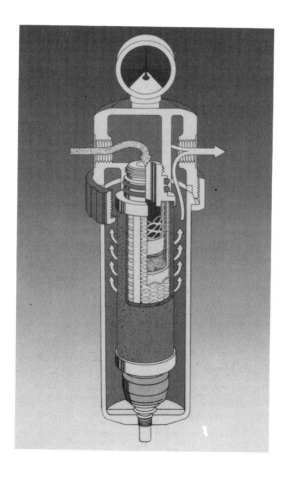

Bild 3.4-13:

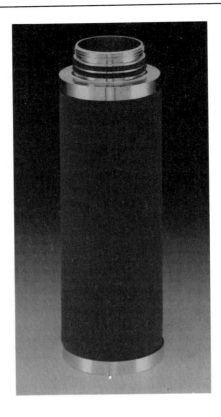

Bild 3.4-14:

Je feiner die Fasern, je dichter und dicker die Schicht, desto höher ist der Wirkungsgrad. Die Kombination dieser Eigenschaften läßt sich für Feinfilter optimieren bis zu Abscheidegraden von 99,99998 % bezogen auf Partikel von 0,01 μm. Der Restölgehalt kann dabei auf 0,05 mg/m^3 gesenkt werden. Voraussetzung dafür ist eine geeignete Vorfiltration mit aufeinander abgestimmtem Grob- und Feinfilter. So kann für Mikrofilter unter normalen Betriebsbedingungen eine Standzeit von mindestens einem Jahr gewährleistet werden.

Die von Mikrofiltern gelieferte Luftqualität entspricht ISO-Güteklasse 1, bezogen auf die Teilchengröße und ist, bezogen auf den Ölgehalt, besser als Güteklasse 2.

Submikrofiltration

Submikrofilter sind wie Fein- und Mikrofilter Tiefenfilter mit hoher Abscheiderate für Partikel und mit Koaleszenzeffekt, der die wirksame Abscheidung von Öl- und Wassertröpfchen bedingt. Ihr Bauprinzip mit doppeltem Stützmantel aus Stahl, Vorfiltervlies, Mikrofaservlies und äußerem Mantel entspricht Bild 3.4-14. Das verwendete Mikrofaservlies ist in Dichte, Dicke und Feinheitsgrad anderen Leistungsdaten angepaßt.

Abscheidegrade von 99,99999 % für Partikel von 0,01 μm sind erreichbar, und mit einem Restölgehalt von 0,01 mg/m^3 gilt die Druckluft als technisch ölfrei.

Die Partikelgröße unter 0,01 Mikron, die ein Mikrofilter liefert, übertrifft die hohen Anforderungen der ISO-Güteklasse 1. Viele Öltröpfchen sind wesentlich kleiner, so daß nach dem Mikrofilter noch ein Ölgehalt von 0,05 mg/m³ herrschen kann. Für alle Anwendungen, die Güteklasse 1 hinsichtlich des Ölgehaltes (0,01 mg/m³) erfordern, ist also ein Submikrofilter als Ölabscheider notwendig.

Druckluft, die trockener als Güteklasse 4 (Drucktaupunkt +3 °C) sein soll, läßt sich nur mit Adsorptionstrocknern entsprechend aufbereiten. Wirksamkeit und Haltbarkeit des Adsorbens werden durch Öl in jeder Form beeinträchtigt. Zur Ölausscheidung vor dem Adsorptionstrockner sind Submikrofilter erforderlich. Ein nachgeschalteter Aktivkohlefilter, der die Druckluft von Öl in gasförmigem Zustand befreit, kann nur wirtschaftlich – d.h. über eine lange Zeit hin wirksam – betrieben werden, wenn Öltröpfchen bereits mit einem Submikrofilter entfernt wurden. Das gilt auch für Aktivkohlefilter unabhängig von Adsorptionstrocknern, wie sie in der Prozeßtechnik eingesetzt werden, um Druckluft von Öl, Geruchs- und Geschmacksstoffen zu reinigen.

Sterilfiltration

Tiefenfilter sowie Oberflächenfilter sind zur Sterilfiltration von Druckluft und Gasen geeignet.

Als Tiefenfiltermedium hat sich in der Praxis hydrophobes Borosilikat-Faservlies, patentiert als ultrdepth®, durchgesetzt. Es handelt sich um ein Mikrofaservlies, das bindemittelfrei und damit

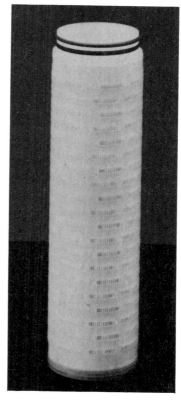

Bild 3.4-15:   Bild 3.4-16:

biologisch inert ist. Bindemittelfrei, das bedeutet auch großes Filtervolumen und damit hohe Durchflußleistung sowie besonders lange Standzeit. Störfaktoren wie Bakterien, Bakteriophagen und Viren werden vollständig ausgefiltert. Bild 3.4-15

Ein Vorfilterstützvlies, das dem eigentlichen Sterilfiltervlies von beiden Seiten anliegt, scheidet
aus der vorgereinigten Luft Partikel bis 1 µm ab. Das verlängert die Standzeit des dreidimensiona-
len Mikrofaservlieses, das Mikroorganismen bis zu 0,01 µm zurückhält. Zwei Edelstahlstützmäntel
halten Vorfilter und Mikrofaservlies in ihrer Position. Die Verbindung zu den Edelstahl-Endkappen
besteht aus Silikon.

Die Validierung dieser Filterelemente schreibt folgenden Test vor:

10^7 Phagen pro cm², z.B. T_1 coli-Phagen, werden aufgetragen und filtriert. Werden sie vollständig zurückgehalten, ist der Filter mit dem logarithmischen Rückhaltewert LRV > 7/cm² für diesen Phagen validiert. Solche Sterilfilter erfüllen die bekanntermaßen strengen Richtlinien der Food
and Drug Administration (FDA).

Ein bekannter Hersteller garantiert für seine Filterelemente mindestens 100 Sterilisationszy-
klen.

Die Alternative zu Tiefenfiltern sind Membranen aus Polypropylen, Teflon (PTFE) sowie Po-
lyvinylidendifluorid (PVDF). Diese Materialien sind ebenfalls wasserabstoßend. Bakterien fehlt
damit die zum Überleben notwendige Feuchtigkeit.

Handelsübliche Konstruktionen werden mit vergrößerter Filterfläche als plissierte Filter oder als
Hohlfadenmembransystem angeboten. Diese Membranfilter sind mit definierter Porenweite bis her-
ab zu 0,1 Mikron erhältlich. Bild 3.4-16

Voraussetzung für den Einsatz von Sterilfiltern ist eine entsprechende Vorreinigung der komprimierten Gase, d.h. Abscheidung von Verunreinigungen wie Feststoffen, Feuchtigkeit, Ölaerosolen und Öldämpfen.

3.4.4 Reinigung durch Adsorption

Adsorption ist definiert als der Prozeß, in dem sich bestimmte Moleküle (das Adsorbat) an die
Oberfläche eines porösen Feststoffes (Adsorbens, Adsorber) binden.

Der Vorgang ist noch nicht völlig erforscht; man geht davon aus, daß er in verschiedenen Phasen abläuft: Zuerst bildet sich eine dünne Schicht des Adsorbats an der Oberfläche der Feststoff-
poren.

Darauf lagern sich weitere Schichten an. Als drittes füllen sich die Poren durch Kapillarkonden-
sation auf, wenn die Bindekräfte stark genug geworden sind, um das Adsorbat von der Gasphase
in die flüssige Phase zu überführen.

Aktivkohle ist in der Drucklufttechnik das klassische und wirksame Adsorbens für Öldämpfe,
Geruchs-, Geschmacksstoffe und andere organische Verbindungen. Für optimale Wirksamkeit
muß das Adsorbat möglichst viel Oberfläche bieten, d.h. als feines Pulver oder Granulat vorliegen.

Öldampfadsorber für Druckluftanwendungen in der Industrie bestehen aus einem druckfesten
Behälter, der ein Aktivkohlegranulat enthält. Ein Eingangs- und Ausgangsdiffusor sorgen für
gleichmäßige Durchströmung des Filterbettes.

Das anschlußfertige System eines bekannten Herstellers enthält ein vorgeschaltetes Submikrofilter als Abscheider für Öltröpfchen und ein Feinfilter am Ausgang, das eventuell mitgerissene
Aktivkohlepartikel zurückhält.

Hochleistungsadsorptionsfilter in Form von Filterkerzen werden in der Prozeß- und in der Industrietechnik eingesetzt. Die Aktivkohle ist dabei in Gewebe und in zwei Stützmäntel aus hochdurchlässigem Edelstahlgitter eingebettet. Ein 2-Stufen-Design (Bild 3.4-9) ermöglicht besonders hohe Wirkungsgrade: Die Druckluft durchläuft in der ersten Stufe ein schweres Aktivkohlegranulat, das sich in sternförmig angeordneten Taschen befindet. Der Luftstrom wird hier verwirbelt. Das bedeutet lange Verweildauer zur wirkungsvollen Adsorption. Die zweite Adsorptionsstufe besteht aus sehr fein gemahlenem Aktivkohlestaub für die Endadsorption.

3.4.5 Kombinierte Filtration

Die Anforderungen an die Druckluftqualität für verschiedene Anwendungen reichen von partikelfrei über ölfrei, trocken bis steril. Die geforderten Güteklassen für Partikel, Wasser und Öl können für eine Anwendung einheitlich oder ganz unterschiedlich sein (Tafel 3.4-1). In der fotografischen Filmverarbeitung ist beispielsweise Güteklasse 1 nach allen drei Kriterien notwendig, während Druckluft zur Förderung von bestimmten Lebensmitteln und Getränken nicht unbedingt getrocknet, aber soweit wie möglich ölfrei sein muß.

Grundsätzlich gilt, daß zunächst die gröberen und dann die feinen Verunreinigungen entfernt werden müssen, um Wirksamkeit und hohe Standzeiten für nachfolgende Elemente des Aufbereitungssystems zu sichern.

Tafel 3.4-1: Empfohlene Güteklassen nach Verwendungszweck

Anwendung	Güteklassen		
	Feststoffe	Wasser	Öl
Rührluft	3	5	3
Maschinen für Schuhe und Stiefel	4	6	5
Maschinen für Steine und Glas	4	6	5
Reinigung von Maschinenteilen	4	6	4
Förderung			
– körnige Stoffe	3	6	3
– pulvrige Stoffe	2	3	2
Gießereimaschinen	4	6	5
Förderung von Lebensmitteln oder Getränken	2	6	1
Werkzeugmaschinen	4	3	5
Bergbau	4	5	5
Verpackungs- und Textilmaschinen	4	3	2–3
Photographische Filmverarbeitung	1	1	1
Bauwesen	4	5	5
Bohrhämmer	4	2–5	5
Sandstrahlanlagen	–	3	3
Spritzpistolen	3	2–3	1
Schweißmaschinen	4	6	5

Tafel 3.4-2:   Empfohlene Güteklassen nach Komponentenart

Komponententyp	Güteklassen für		
	Feststoffe	Wasser	Öl
Lagerluft	2	3	3
Prüfinstrumente	2	2	3
Druckluft als Antriebsenergie			
– Zylinder (linear	3	3	5
– Zylinder (rotierend)			
(Schwere Luftmotoren)	4	1–6	5
(Kleinmotoren)	3	1–3	3
(Luftturbinen)	2	2	3
(Handgeräte in der Industrie)	4	5–6	4–5
– Wegeventil			
– Fluidiks	2	1–2	2
– Strahlsensoren	2	1–2	2
Pneumatische Meßgeräte	4	6	4
Präzisions-Regelgeräte	3	2	3
Allgemeine Werksluft	4	6	5

[1] Die gegebenen Werte sind nur Beispiele. Für bestimmte Anwendungen muß mehr als eine Luftqualitätsklasse in Betracht gezogen werden. Bei der Zuordnung sind ebenfalls die Umgebungsbedingungen, insbesondere bei der Auswahl des Taupunktes, zu beachten.

Jeder Druckluftanwender, der eine Aufbereitungsanlage betreibt, sollte ein ausgewogenes Verhältnis zwischen Wirtschaftlichkeit, Qualität, Sicherheit und Wartungsfreundlichkeit anstreben. Die Frage, ob zentral, dezentral oder kombiniert aufbereitet wird, spielt dabei eine entscheidende Rolle. Wie Aufbereitungssysteme eingesetzt werden, ist in Bild 3.4-17 dargestellt. Daraus läßt sich generell ableiten, daß sich die Aufbereitung je mehr in Richtung Verbrauchsort verlagert, desto höher die geforderte Druckluftqualität ist. Bei der Entnahme direkt nach der Aufbereitungsanlage ist nämlich mit größtmöglicher Sicherheit auszuschließen, daß die Druckluft auf dem Weg zum Verbrauchsort verunreinigt wurde.

Versorgt ein Druckluftnetz Anlagen mit ähnlich hohen Anforderungen an die Druckluftqualität, dann liegt es nahe, zentral zu hoher Qualität aufzubereiten und am Verbrauchsort zur Sicherheit nachzufiltrieren. Werden sehr unterschiedlich empfindliche Anlagen und Prozesse aus einem gemeinsamen Druckluftnetz versorgt, dann kann es viel wirtschaftlicher sein, zentral nur bis zum niedrigsten geforderten Standard aufzubereiten und individuell abgestimmte Aufbereitungsanlagen am Verbrauchsort zu installieren.

In der Praxis vielfach bewährt haben sich Kombinationen aus folgenden wesentlichen Grundelementen:

– Vorfilter aus gesinterten, regenerierbaren Materialien zur Grobabscheidung. Üblicherweise beträgt die Porenweite zur Abscheidung von Partikeln und Druckluftkondensat 25 µm.

Bild 3.4-17:

- Fein-, Mikro- und Submikrofilter zur Entfernung von Ölaerosolen und feinsten Partikeln durch ein bindemittelfreies Filtervlies. Wirkungsgrad als Dreierkombination bis zu 99,99999 % bezogen auf 0,01 Mikrometer, Luftqualität technisch ölfrei.

- Aktivkohlefilter zur Reduzierung des Öldampfanteils und sonstiger Kohlenwasserstoffe. Restwassergehalt bis zu 0,0033 mg/m³, wesentlich höhere Qualität als für Atemluft vorgeschrieben.

- Trocknungssysteme auf der Basis von Kälte- und Adsorptionstrocknern. Sie reduzieren die Restfeuchte bis zu einem Drucktaupunkt von -70°C, verhindern somit Kondensatausfall an kritischen Stellen und Bakterienwachstum.

- Sterilfilter in Glasfaser- oder Membrantechnik je nach Erfordernis: auf jeden Fall validiert, testbar, regenerierbar.

3.4.6 Einsatzbereiche

Filter und Trockner zur Druckluftaufbereitung werden in der Prozeß- und Industrietechnik eingesetzt. Grundsätzliche Konstruktionsunterschiede gibt es bei den Filterkerzen für die beiden Einsatzbereiche nicht. Einzelne Bauteile und Materialien wie Endkappen, Vergußmasse zwischen Filterelement und Endkappen oder Dichtungsringe müssen sich allerdings unterscheiden.

Druckluftaufbereitung in der Industrie findet gewöhnlich bei Raumtemperatur statt. Besondere Temperaturbeständigkeit ist daher in den meisten Fällen nicht erforderlich. In der Industrietechnik werden die Materialien nach mechanischer Festigkeit und ausreichender Korrosionsbeständigkeit ausgewählt bzw. hergerichtet. Bild 3.4-18 In der Prozeßtechnik sind bestimmte Werkstoffe aus Gründen der Hygiene und Sicherheit vorgeschrieben; so soll beispielsweise Edelstahl anstelle von unedleren Metallen verwendet werden. Prozeßtechnische Anlagen sind höherer thermischer Beanspruchung ausgesetzt – in vielen Fällen werden sie dampfsterilisiert. Dichtungen und Vergußmassen müssen dieser Belastung standhalten und dabei chemisch beständig und inert bleiben.

Bild 3.4-18:

Diese Unterschiede wirken sich besonders auf Konstruktion und Design von Filtergehäusen aus. Stahl- und Aluminiumgehäuse mit stoß- und korrosionsfester Beschichtung oder Lackierung sind in der Industrietechnik üblich. Die Konstruktion ist den Eigenschaften dieser Werkstoffe angepaßt und berücksichtigt sicherheitstechnische Gesichtspunkte. Kontrollelemente wie Manometer, Flüssigkeitspegelanzeigen und akustische Kontrolleinrichtungen sind oft serienmäßig integriert. Die Gehäuse enthalten oft aus Sicherheitsgründen ein Totvolumen, damit sich Kondensat sammeln kann, ohne in die Nähe von gereinigter Druckluft zu gelangen. Die Anschlüsse bieten eine gewisse Vielfalt an Normmaßen und die Gewähr für problemlose Installation.

Gehäuse dieser Art werden in der Prozeßfiltration zum Vorfiltrieren vor der Sterilfiltration eingesetzt Bild 3.4-19. Sterilfilter dagegen erfordern entweder Einmalgehäuse aus Kunststoff Bild 3.4-20 oder hochglanzpolierte Edelstahlgehäuse ohne tote Ecken und Kanten sowie ohne Totvolumen Bild 3.4-21. Für Kontrollelemente und Ventile als Zubehör müssen Anschlüsse vorhanden sein, die sich strömungsgünstig ohne Totvolumen verschließen lassen, falls keine Messungen oder Ablaßvorrichtungen am Gehäuse nötig sind. Prozeßfiltergehäuse werden mit vielfältigen Anschlußmöglichkeiten geliefert; in der chemischen Verfahrenstechnik sind z.B. ganz andere Anschlüsse üblich als in der Molkereitechnik.

Bild 3.4-19:

3.4.7 Kostenvergleich

Lohnt sich Druckluftaufbereitung? Welche Vorteile sind davon zu erwarten? Das wird sich jeder fragen, der bisher ohne Aufbereitungsanlagen ausgekommen ist. Wirtschaftliche Vorteile bringt die Druckluftaufbereitung vor allem dann, wenn sie zu Kosteneinsparungen im Bereich der Pneumatik-Anlagen führt. Können in einem bestimmten Zeitraum mehr Betriebskosten eingespart werden als der Anschaffungspreis – umgerechnet auf diesen Zeitraum – beträgt, so ist ein Aufbereitungssystem auf jeden Fall rentabel.

Der Anschaffungspreis für ein Filtersystem richtet sich nach den technischen Erfordernissen. Keimfreie Luft zu erzeugen ist aufwendiger als lediglich groben Schmutz auszufiltern. Um den Qualitätsanforderungen in den diversen Anwendungsfällen und größtmöglicher Wirtschaftlichkeit gerecht zu werden, müssen Aufbereitungsanlagen jeweils individuell angepaßt werden Bild 3.4-22.

Fünf wesentliche Parameter bestimmen die Qualität der Druckluft:

Teilchengröße und Staubgehalt

Drucktaupunkt

Ölgehalt in Form von Tropfen, Aerosol und Dampf

Bild 3.4-20:

Keimfreiheitsgrad nach Menge und Art

Gehalt an verschiedenen Gasen, besonders an Kohlenmonoxid, Kohlendioxid und nitrosen Gasen

Alle diese Verunreinigungen werden bei der Verdichtung fein verteilt und können im gesamten Druckluftnetz auftreten.

Welche Kosten durch eine Sanierung des Drucklufsystems eingespart werden können und wie sie im Verhältnis zum Anlagenpreis stehen, zeigt ein Rechenbeispiel aus einem Elektrogerätewerk in Bayern.

Derzeit installierte Kompressorleistung:	3720 m³/h
Auslastung im Schnitt 70 %:	2650 m³/h
Betriebsdruck der Anlage:	8 bar

Ist-Situation:

Durch die Art der Erzeugung und Verteilung hat die Druckluft einen hohen Öl- und Wassergehalt. Das verursacht in den pneumatisch betriebenen Fertigungs- und Prüfeinrichtungen Störungen und Ausfälle der Ventile, Zylinder und Wartungseinheiten sowie Stillstandzeiten der Anlagen für Wartung, Reparatur und Austausch.

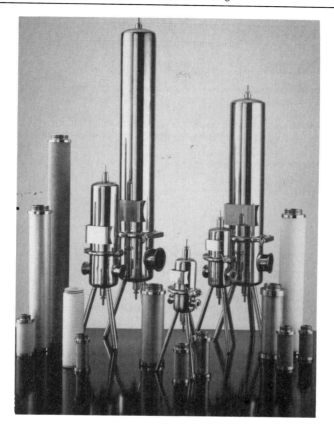

Bild 3.4-21:

Bild 3.4-22: Will man den wirtschaftlichen Nutzen eines Aufbereitungssystems ermitteln, ist fachmännische Beratung hilfreich

Versuch einer Aufstellung von Folgekosten und -erscheinungen durch schlecht bzw. nicht aufbereitete Druckluft:

a) Austausch von Antriebszylindern

Die Maschinenwarte wechseln durchschnittlich zwei Zylinder pro Woche aus. Die Hälfte davon wird auf den Einfluß unsauberer Druckluft zurückgeführt.

Der durchschnittliche Zylinderpreis beträgt 30 DM. Eine Maschinenwartstunde rechnet sich mit 26 DM, der durchschnittliche Zeitaufwand für die Montage mit 1 Stunde (h).

2 Zylinder (Zyl.) pro Woche x 1/2 = 50 Zyl./a

```
50 Zyl./a x 30 DM =              1 500 DM/a
26 DM/h  x 50 h/a =              1 300 DM/a
-----------------------------------------------------------------------
Aufwendungen für Zylinderaustausch    2 800 DM/a
```

b) Reparaturaufwand bei Magnetventilen

Reparaturen an 621 Magnetventilen seit 1987 durch verschmutzte Druckluft, das heißt 200 Stück/a bei Reparaturkosten von durchschnittlich 25 DM pro Ventil.

200 St./a x 25 DM = 5 000 DM/a

c) Reparatur und Reinigung von größeren Anlagen

Größere Schäden, Reinigung an Einrichtungen und deren Druckluftsteuerung werden in den Reparaturwerkstätten zu einem Stundensatz von 41 DM erledigt. Dabei müssen die Systeme regelrecht zerlegt werden. Die durchschnittliche Reparaturzeit (h/rep) liegt hier bei 12 Stunden. Mit 15 Stunden Nichtverfügbarkeit ist im Durchschnitt zu rechnen. 700 Anlagen sind vorhanden, von denen 200 häufiger defekt sind. Die durchschnittliche Einsatzzeit beträgt hier 0,5 a.

```
   12 h/rep x 2 rep/a x 41 DM  =      984 DM/a
200 Anlagen x 984 DM/a        = 196 800 DM/a
```

d) Nichtverfügbarkeit von Anlagen

Pro Ausfallstunde entstehen Durchschnittskosten von 48 DM.

Die Daten aus Punkt c) zugrundegelegt, ergibt das:

```
200 Anlagen x 2 rep/a x 15 h/rep = 6000 h/a Ausfallzeit
6000 h/a x 48 DM/h              = 288 000 DM/a
```

e) Kondensatablaß

Im wöchentlichen Turnus wird Kondensat aus Maschinen, Fertigungs- und Prüfeinrichtungen abgelassen. Zur Zeit verrichten Schmierdienst, Einrichter und Maschinenwarte diese Arbeit, ohne daß es einen direkt Verantwortlichen gibt. Ein Ablaßvorgang dauert 5 Minuten, das ergibt 60 Stunden pro Woche (wo). Bei einem Stundenlohn von 7,41 DM berechnen sich die Kosten wie folgt:

7,47 DM x 60 h/wo x 50 wo/a   =   22 410 DM/a

+ 66 % Lohnnebenkosten   =   14 791 DM/a

Lohnkosten insgesamt   37 200 DM/a

f) Wegfall von notwendigen Einzelfiltern

Jede Wartungseinheit muß wegen der Schmutzanteile in der Luft einen Filter haben. Je nach Größe kostet dieser zwischen 25 und 40 DM, durchschnittlich etwa 30 DM. Bei gut aufbereiteter Druckluft könnte dieser Kostenpunkt entfallen. Berechnet man nur die Kosten für neu hinzukommende Anlagen, das sind etwa 100 Wartungseinheiten im Jahr, ergibt sich eine Einsparmöglichkeit von

30 DM x 100 = 3 000 DM/a

g) Ölverbrauch der vorhandenenen Kompressoren

Kompressoren des eingesetzten Typs Rotella SX 30 brauchen mehr als 100 l Öl pro Monat.

DM 1,86/l x 100 l/mon x 12 mon/a = 2232 DM/a

h) Druckdifferenzausgleich

Durch den hohen Anfall von Wasser und Öl im Druckluftnetz ist der Leitungsquerschnitt verengt. Infolgedessen verringert sich der Betriebsdruck zwischen Erzeugern und Verbrauchern um 1,5 bis 2 bar. Legt man 8-Stundentage und 1 000 m³ Luft/h zugrunde, auf die sich der Druckabfall auswirkt, so errechnet sich der Verlust bei einem Strompreis von 0,1 DM/kWh:

Die mittlere Druckdifferenz von 1,7 bar entspricht 0,0117 kWh/m³.

0,0117 kWh/m³ x 8 h/d x 240 d/a x 1000 m³/h x 0,01 DM/kWh = 2 246 DM/a

i) Verschmutzung der Arbeitsräume

Abgeblasene Ölreste der Abluft lagern sich mit Staub an den Wänden und Inneneinrichtungen ab. Die Wände und Decken der Arbeitsräume müssen so häufiger renoviert werden. Dadurch entstehen mit Sicherheit Mehrkosten, die sich allerdings nur schwer bestimmen lassen.

k) Verschmutzung der Prüf- und Fertigungseinrichtungen

Ölnebel aus den Schalldämpfern der Magnetventile lagern sich an den Maschinen ab und binden große Staubmengen. Das Bedienungspersonal klagt häufig über den Schmutz. Beim Einrichten und bei Reparaturen sind Reinigungsarbeiten notwendig. Die Luft könnte mit Abluftentölern wirkungsvoll gereinigt werden.

l) Ausschuß bei Preßteilen

Die Preßformen werden mit Druckluft ausgeblasen. Trotz zusätzlicher Filterung gelangen immer wieder Öl- und Schmutzteilchen in die Formen. Vor allem bei Teilen mit Sichtflächen entstehen so hohe Ausschußquoten. Die entstehenden Mehrkosten ließen sich für diese Rechnung nicht ermitteln.

m) Funktionsstörungen an Geräten bei Kunden

Die Verkaufsabteilung berichtet von Funktionsstörungen an verkauften Geräten. So kam es vor, daß Kontakte verölt waren, die dann regelrecht isolierende Wirkung hatten. Die Fehler traten an ungeahnten Stellen auf, so daß die Fehlersuche viel Zeit in Anspruch nahm. Bei den Kunden entstanden auf diese Weise Zweifel an der Qualität der Geräte. Kosten, die aus solchen Ursachen resultieren, sind nicht abzuschätzen.

Die Summe der jährlich errechneten Ausgaben beträgt 537 278 DM plus nicht errechnete Ausfallkosten.

Bezogen auf die im Jahresmittel erzeugte Druckluftmenge von 2650 m³/h ergeben sich spezifische Mehrkosten durch ungefilterte Druckluft von

$$\frac{537\ 278\ \text{DM}}{2\ 650\ \text{m}^3/\text{h} \times 8\ \text{h}/\text{d} \times 240\ \text{d}/\text{a}} = 0,106 \text{DM}/\text{m}^3$$

Die Sanierung des Druckluftnetzes ist auf drei Wegen möglich:

1. Komplette Erneuerung der Anlage

   Optimallösung: Die neue Anlage mit Kompressoren, Kühlung, Leitungsnetz, Filtrierung, Trocknung und eventuell notwendigen Druckluftspeichern kann während des laufenden Betriebes installiert werden. Da die neuesten Erkenntnisse auf dem Gebiet der Drucklufterzeugung, -aufbereitung und -verteilung berücksichtigt werden, ergibt sich eine zukunftssichere Lösung für das Unternehmen. Die Kosten dafür würden sich auf rund eine Million DM belaufen.

2. Stufenweise Sanierung

   Ausfiltern von Öl und Trocknung der Luft bis zu einem Drucktaupunkt von +5°C nach dem vorhandenen Kompressor.

   Besser: Kompressoren neuerer Bauart mit wesentlich geringerem Ölverbrauch.

   Das vorhandene Rohrnetz wird trockengeblasen (Dauer 0,5 bis 1 Jahr). Speicher zur Stabilisierung des Druckes in entfernter liegenden Gebäudeteilen, soweit notwendig. Der kalkulierte finanzielle Aufwand würde 60 000 DM betragen.

   Vorteil: gegenüber dem ersten Vorschlag geringere Investitionskosten, wobei der Aufwand über mehrere Jahre verteilt werden kann.

3. Dezentrale Druckluftversorgung

   Diese Art der Druckluftversorgung sollte nur besonderen Problemlösungen vorbehalten bleiben, falls die genannten Schwierigkeiten nicht beseitigt werden können.

   Vorteil: individuelle Anpassung an die Erfordernisse am Verbrauchsort.

   Nachteile: hoher Investitions-, Wartungs- und Betreuungsaufwand sowie höherer Energiebedarf.

Wird eine der diskutierten Sanierungsmöglichkeiten verwirklicht, kann folgendes erreicht werden:

Bild 3.4-23:   Gegebenheiten und Erfordernisse vor Ort entscheiden über den optimalen Nutzen eines Aufbereitungssystems

– Beseitigung der genannten Probleme und Kosten

– Beseitigung vieler nicht erfaßbarer Kosten und unnötigen Ärgers

– Erzeugung ölfreier Abluft, damit weniger verschmutzte Innenräume sowie geringere Belastung für Umwelt, Wohlbefinden und Gesundheit der Mitarbeiter

Die beschriebenen Verhältnisse sind weitgehend typisch, so daß das Ergebnis auch auf andere Industriezweige übertragen werden kann.

Fazit

Durch wirkungsvolle Druckluftaufbereitung lassen sich in vielen Betrieben pro Jahr erhebliche Kosten einsparen. Die Amortisationszeit der erforderlichen Investitionen kann im Detail mit einer individuellen Wirtschaftlichkeitsanalyse ermittelt werden. Welche Aufbereitungsart einem Betrieb den größten Nutzen einbringt, hängt von den Gegebenheiten und Erfordernissen vor Ort ab Bild 3.4-23; es empfiehlt sich, hierfür den Rat von Fachleuten einzuholen.

4. Kondensatentsorgung

Bei der Verdichtung atmosphärischer Luft wird neben Druck und Wärme auch eine nicht unerhebliche Menge Kondensat produziert. Dieses unerwünschte Nebenprodukt entsteht immer dann, wenn es im Nachkühler des Kompressors durch Abkühlung der verdichteten Luft zur sogenannten Taupunktunterschreitung kommt.

Der Taupunkt wird ebenfalls unterschritten, wenn hundertprozentig mit Feuchtigkeit gesättigte Druckluft in Rohrleitungen, Speicherkesseln und Kältetrocknern weiter abgekühlt wird. Auch hier kondensiert dann Wasserdampf aus.

Das Kondensat in Druckluftanlagen besteht meist aus sehr stark verschmutztem Wasser, das eine Unzahl von Verunreinigungen enthält; Verunreinigungen, die aus der Atmosphäre angesaugt und während der Kondensationsphase im Nachkühler des Kompressors sowie im Kältetrockner aus der Druckluft größtenteils ausgewaschen werden. Hinzu kommt bei ölgeschmierten Kompressoren noch ein großer Ölanteil, der eine Konzentration von bis zu 11.500 mg/l (siehe Tafel 4.1-3) erreichen kann.

Korrosionspartikel aus Rohrleitungen, Kühlern und Abscheidern findet man ebenfalls in nicht unerheblichen Mengen im Kondensat vor. Im folgenden wird erläutert, woraus sich Kondensat zusammensetzt und wie man mit diesem problematischen Stoff in einer Druckluftanlage sinnvollerweise verfährt.

4.1 Kondensatableitung

4.1.1 Kondensatmengen

4.1.1.1 Allgemeines

Bevor auf den Zustand und die Behandlung des Kondensates eingegangen wird, ist zu klären, welche Kondensatmengen bei der Verdichtung atmosphärischer Luft entstehen.

Atmosphärische Luft enthält Wasser in Form von Wasserdampf. Mit steigender Temperatur steigt auch der Wassergehalt progressiv an. Tafel 4.1-1 gibt Auskunft über den Wassergehalt von Luft bei hundertprozentiger Sättigung in Abhängigkeit von der Temperatur. Die Temperatur, bei der die Luft hundertprozentig mit Feuchtigkeit gesättigt ist, nennt man „Taupunkt". Wird dieser Taupunkt durch Abkühlung unterschritten, dann kondensiert überschüssiger Wasserdampf aus. Ist die Luft nur zum Teil gesättigt, so gibt man dies mit der „Relativen Feuchte" (in %) an.

Druckluft hat das gleiche Wasserbindevermögen wie atmosphärische Luft. Da das tatsächliche Luftvolumen durch die Verdichtung erheblich verkleinert wurde, fällt zwangsläufig überschüssiger Wasserdampf als Kondensat an, wenn die verdichtete Luft abgekühlt und dabei der Taupunkt unterschritten wird (siehe Bild 4.1-1).

4.1.1.2 Berechnung der Kondensatmenge

Auf der Grundlage dieser Gesetzmäßigkeiten läßt sich die jeweils anfallende Kondensatmenge mit der folgenden Gleichung ermitteln. Dabei muß auch die Volumenänderung in Abhängigkeit von der Temperatur berücksichtigt werden, denn die Leistungsangaben für Kompressoren beziehen sich in der Regel auf eine Ansaugtemperatur von 293 K (20 °C).

Tafel 4.1-1: Wassergehalt von Luft bei 100 % Sättigung

Taupunkt °C	g m³	Taupunkt °C	g m³	Taupunkt °C	g m³	Taupunkt °C	g m³	Taupunkt °C	g m³
+100	588,208	+58	118,199	+16	13,531	−25	0,55		
99	569,071	57	113,130	15	12,739	26	0,51		
98	550,375	56	108,200	14	11,987	27	0,46		
97	532,125	55	103,453	13	11,276	28	0,41		
96	514,401	54	98,883	12	10,600	29	0,37		
95	497,209	53	94,486	11	9,961	30	0,33		
94	480,394	52	90,247	10	9,356	31	0,301		
93	464,119	51	86,173	9	8,784	32	0,271		
92	448,308	50	82,257	8	8,243	33	0,244		
91	432,885	49	78,491	7	7,732	34	0,220		
90	417,935	48	74,871	6	7,246	35	0,198		
89	403,380	47	71,395	5	6,790	36	0,178		
88	389,225	46	68,056	4	6,359	37	0,160		
87	375,471	45	64,848	3	5,953	38	0,144		
86	362,124	44	61,772	2	5,570	39	0,130		
85	340,186	43	58,820	1	5,209	40	0,117		
84	336,660	42	55,989	0	4,868	41	0,104		
83	326,469	41	53,274			42	0,093		
82	311,616	40	50,672	−1	4,487	43	0,083		
81	301,186	39	48,181	2	4,135	44	0,075		
80	290,017	38	45,593	3	3,889	45	0,067		
79	279,278	37	43,508	4	3,513	46	0,060		
78	268,806	36	41,322	5	3,238	47	0,054		
77	258,827	35	39,286	6	2,984	48	0,048		
76	246,840	34	37,229	7	2,751	49	0,043		
75	239,351	33	35,317	8	2,537	50	0,038		
74	230,142	32	33,490	9	2,339	51	0,034		
73	221,212	31	31,744	10	2,156	52	0,030		
72	212,648	30	30,078	11	1,96	53	0,027		
71	204,286	29	28,488	12	1,80	54	0,024		
70	196,213	28	26,970	13	1,65	55	0,021		
69	188,429	27	25,524	14	1,51	56	0,019		
68	180,855	26	24,143	15	1,38	57	0,017		
67	173,575	25	22,830	16	1,27	58	0,015		
66	166,507	24	21,578	17	1,15	59	0,013		
65	159,654	23	20,386	18	1,05	60	0,011		
64	153,103	22	19,252	19	0,96	65	0,0064		
63	146,771	21	18,191	20	0,88	70	0,0033		
62	140,659	20	17,148	21	0,80	75	0,0013		
61	134,684	19	16,172	22	0,73	80	0,0006		
60	129,020	18	15,246	23	0,66	85	0,00025		
59	123,495	17	14,367	24	0,60	90	0,0001		

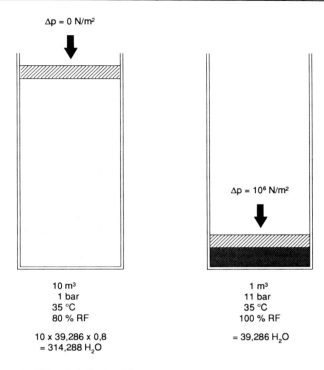

Bild 4.1-1:   Veränderung des Wasseraufnahmevermögens

$$M_K = V_K \cdot 293 \frac{(W_a \cdot RF - W_v \cdot p_1)}{(T_a \quad p_2 \cdot T_v)}$$

M_K = Kondensatmenge (g/h)

V_K = Ansaugvolumen bei 293 K (m³/h)

W_a = Wassergehalt der Ansaugluft, 100 % (g/m³)

W_v = Wassergehalt der Druckluft, 100 % (g/m³)

RF = Relative Feuchte

T_a = Temperatur der Ansaugluft (K)

T_v = Temperatur der Druckluft (K)

p_1 = Ansaugdruck (bar abs)

p_2 = Druck der Druckluft (bar abs)

Betrachten wir nun einen wassergekühlten Kompressor an einem heißen, schwülen Sommertag:

V_K = 900 m³/h

$T_a = 308$ K (35 °C)

RF = 85 %

$T_v = 315$ K (42 °C)

$p_2 = 11$ bar

$$M_K = 900 \cdot 293 \frac{39{,}286 \cdot 0{,}85}{308} - \frac{55{,}989 \cdot 1}{11 \cdot 315}$$

$M_K = 24.329{,}15$ g/h = 27,03 g/m³ Ansaugluft

Derselbe Kompressor produziert an einem kühlen Tag folgende Kondensatmenge:

$T_a = 274$ K (1 °C)

RF = 70 %

$T_v = 288$ K (15 °C)

$M_K = 2.448{,}85$ g/h = 2,72 g/m³ Ansaugluft

Läuft der Kompressor bei -15 °C, so entsteht folgende Situation:

$T_a = 258$ K (-15 °C)

RF = 50 %

$T_v = 288$ K (15 °C)

$M_K = -355{,}13$ g/h

Es ist ein Minuswert entstanden. Das bedeutet, daß selbst die Druckluft nach dem Kompressor-Nachkühler noch untersättigt ist.

Wird nun die Druckluft in einem nachgeschalteten Kältetrockner auf $T_v = 275$ K (2 °C) abgekühlt, so fällt wieder Kondensat an:

$M_K = 194{,}14$ g/h

Die Jahresdurchschnittswerte liegen in Mitteleuropa bei ca. 9 °C und RF = 70 %.

Bei $T_a = 282$ K (9 °C)

        RF = 70 %

        $T_v = 293$ K (20 °C)

ergibt sich

$M_K = 4.346{,}76$ g/h = 4,83 g/m³ Ansaugluft.

Das sind 17,9 % der Spitzenkondensatmenge, die an einem heißen, schwülen Sommertag entsteht.

4.1.1.3 Jahreskondensatmenge

Für die Ermittlung der Jahreskondensatmenge sind die jeweilige Monatsdurchschnittstemperatur und die durchschnittliche relative Feuchte als Berechnungsgrundlage heranzuziehen. Diese Daten können die von den Wetterämtern betriebenen Meßstationen liefern.

Betrachten wir nun einen ideellen Kompressor, der das ganze Jahr hindurch unter Vollast läuft und dem ein Kältetrockner nachgeschaltet ist, der einen effektiven Drucktaupunkt von 2 °C erreicht.

Kompressorleistung:	3.000 m³/h (wassergekühlt)
Betriebsüberdruck:	10 bar
Laufzeit:	8.760 h/Jahr
Auslastung:	100 %
Nachkühler-Austrittstemperatur:	10 °C über Umgebungstemperatur, mindestens jedoch 20 °C
Aufstellungsort:	Aachen (nach den Daten des Deutschen Weteramtes von 1985)

Tafel 4.1-2 zeigt anschaulich, welche Kondensatmengen in den einzelnen Monaten anfallen und wie sie sich auf den Kompressornachkühler und den Kältetrockner verteilen.

Tafel 4.1-2:

Ermittlung der Kondensatmenge für einen wassergekühlten Kompressor mit einer Verdichterleistung von 3.000 m³/h

Betriebsdruck	10 bar absolut
Laufzeit	8.760 h/Jahr
Auslastung	100 %
Druckluft-Austritts-Temperatur	10 °C über Umgebungstemperatur - minimal jedoch 20 °C
Aufstellungsort	Aachen - unter Berücksichtigung der Daten des Deutschen Wetteramtes von 1985

Monat	durchschnittliche Tages-Temperatur	durchschnittliche relative Feuchte	* Kondensatmenge Nachkühler	* Kondensatmenge Kältetrockner	* Kondensatmenge Gesamt
JANUAR	- 3,0 °C	85 %	4.597 l	2.502 l	7.099 l
FEBRUAR	- 0,6 °C	72 %	4.296 l	2.502 l	6.798 l
MÄRZ	4,0 °C	81 %	9.166 l	2.502 l	11.668 l
APRIL	8,8 °C	72 %	11.357 l	2.502 l	13.859 l
MAI	13,6 °C	74 %	16.510 l	3.914 l	20.424 l
JUNI	13,8 °C	75 %	16.556 l	3.864 l	20.420 l
JULI	18,0 °C	69 %	19.559 l	5.346 l	24.905 l
AUGUST	16,4 °C	73 %	19.038 l	4.960 l	23.998 l
SEPTEMBER	14,9 °C	78 %	18.552 l	4.108 l	22.660 l
OKTOBER	10,5 °C	78 %	14.666 l	2.750 l	17.691 l
NOVEMBER	2,5 °C	86 %	8.447 l	2.502 l	10.949 l
DEZEMBER	6,1 °C	80 %	10.831 l	2.502 l	13.333 l

Jahres-Kondensatmenge:	153.575 l	39.954 l	193.529 l
durchschnittliche Monats-Kondensatmenge:	12.797 l	3.329 l	16.127 l
Spitzen-Kondensatmenge bei: 36 °C, 85 % relative Feuchte:		87,1 l/h

* Die effektive Kondensatmenge wurde wegen der Progression der Wassergehaltstabelle um durchschnittlich 10 % erhöht.
Für den Kältetrockner jedoch nur für die Monate Mai - September.

Kompressoren laufen in der Regel nicht immer auf voller Leistung, sondern arbeiten intermittierend und sind unterschiedlich ausgelastet. Mit nachfolgender Formel kann die Jahreskondensatmenge einfach ermittelt werden:

$$M_K = 7,4 \cdot 10^{-6} \cdot V_K \cdot T_1 \cdot T_2 \times n$$

M_K = Kondensatmenge (m^3/Jahr)

V_K = Kompressorleistung (m^3/h)

T_1 = Maschinenlaufzeit (h/Tag)

T_2 = Maschinenlaufzeit (Tage/Jahr)

n = Auslastungsfaktor während der Laufzeit

4.1.2 Kondensatverunreinigungen

4.1.2.1 Angesaugte Schadstoffe

Kompressornachkühler, Kältetrockner und andere Wärmetauscher, in denen es durch Taupunktunterschreitung zum Auskondensieren von Wasserdampf kommt, haben die gleiche Wirkung wie Luftwäscher. Während der Kondensationsphase, die in der Regel in sehr turbulentem Zustand eintritt, wird eine sehr große Menge von Luftschadstoffen, die durch den Kompressor aus der Atmosphäre angesaugt werden, von den entstehenden Wasseraerosolen eingefangen. Fast sämtliche Luftschadstoffe, wie z.B. Schwermetallverbindungen, Kohlenwasserstoffe, Lösungsmittel sowie eine große Zahl verschiedenster Mikrostäube gelangen somit ins Kondensat und werden hier aufkonzentriert. Zur Verdeutlichung der Größenordnungen: 1 l Kondensat entsteht an einem heißen Sommertag aus einer angesaugten Luftmenge von 35 m^3, an einem kühlen Wintertag dagegen aus bis zu 370 m^3 Luft (siehe hierzu 4.1.1.2).

Geht man davon aus, daß der Wirkungsgrad der „Luftwäsche" aufgrund der geringen Kondensationsmenge im Winter nicht so hoch ist wie im Sommer, so könnte man durchaus annehmen, daß die Konzentration der Verunreinigungen im Kondensat bis zu 300fach größer sind als in der Luft, wenn man ppm-Luft zu ppm-Wasser ins Verhältnis setzt.

4.1.2.2 Kompressorenöl

Bei ölgeschmierten Kompressoren gelangt während des Verdichtungsvorganges zwangsläufig auch ein Teil des Schmieröles in die Druckluft. Auch wenn die Ölkonzentration in der Luft oft sehr niedrig ist, so muß doch wieder die Aufkonzentration durch die unter 4.1.2.1 beschriebene „Luftwäsche" brücksichtigt werden. Eine 30- bis 300fach höhere Konzentration Öl im Wasser als Öl in der Luft ist durchaus nachweisbar.

Der TÜV Rheinland hat im Jahre 1988 vier verschiedene Kompressorstationen analysiert. Tafel 4.1-3 gibt Auskunft über die Kohlenwasserstoffkonzentration beim Eintritt in ein Öl-Wasser-Trenngerät.

4.1.2.3 pH-Wert und Aggressivität des Kondensates

Vorab sollte erwähnt werden, was der pH-Wert besagt (siehe Bild 4.1-2). Kondensat ist kondensierter Wasserdampf, der zunächst einmal keinerlei Verunreinigungen enthält. Es ist somit sehr mineralhungrig und nimmt daher begierig alle Bestandteile auf, die sich ihm bieten. Da atmosphärische Luft überwiegend saure Bestandteile enthält (Stichwort saurer Regen), liegt der pH-Wert des Kondensates meist im sauren Bereich. Speziell die Aufkonzentrierung von Luftschadstoffen im Kondensat führt dazu, daß sein pH-Wert in Einzelfällen sogar bis unter 4 abfallen kann.

Tafel 4.1.-3:

Anlage	Tag der Probeentnahme	Anteil Kohlenwasserstoffe vor Öl-Wasser-Trenner (mg/l) (Mittelwert aus 3 Analysen)
2 x öleingespritzter Schraubenverdichter	21.06.1988 02.08.1988 07.09.1988	11533
3 x öleingespritzter Schraubenverdichter	21.06.1988 02.08.1988 07.09.1988	4266
1 x 2-stufiger Kolbenverdichter	21.06.1988 02.08.1988 07.09.1988	8333
2 x öleingespritzter Schraubenverdichter 1 x 2-stufiger Kolbenverdichter	21.06.1988 02.08.1988 07.09.1988	9633

pH - Wert

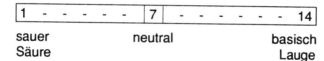

| 1 | - | - | - | - | - | 7 | - | - | - | - | - | - | 14 |

sauer   neutral   basisch
Säure   Lauge

Bild 4.1-2: pH-Wert

Gelangt Kompressorenöl ins Kondensat, dann verändert sich sein pH-Wert. Da Öl in der Regel einen pH-Wert von 10 aufweist, wirken sich Ölbeimengungen im Kondensat neutralisierend aus. Dies ist auch der Grund dafür, daß Kondensat aus ölgeschmierten Kompressoren meist nicht so aggressiv ist wie das aus ölfrei verdichtenden Kompressoren (siehe Bild 4.1-3).

	pH - Wert	Eigenschaft
ölfreie Verdichtung	< 4 - 7	meist aggressiv mit starker Korrosionswirkung
ölgeschmierte Verdichtung	> 6,5 - 8	meist neutral und wenig aggressiv, je größer der Ölanteil

Bild 4.1-3: Aggressivität des Kondensates

4.1.2.4 Kompressorenabrieb

Bei Kolbenkompressoren, insbesondere bei der ölfreien Variante, kommt es zum Abrieb von Dichtungsringen. Dieser Abrieb besteht z.B. aus feinsten Teflon- oder Graphitteilchen, die ebenfalls im Kondensat aufkonzentriert werden.

4.1.2.5 Korrosionsanteile

Rohrleitungen, Wärmetauscher, Speicherbehälter, Filtergehäuse und Drucklufttrockner werden mit hundertprozentig gesättigter und übersättigter Druckluft beaufschlagt. Sie sind damit permanent Kondensattropfen ausgesetzt. Dadurch bildet sich in diesen Systemen eine zum Teil sehr aggressive Umgebung, wie wir sie in der Atmosphäre nur äußerst selten vorfinden.

Sämtliche Materialien, die zur Korrosionsbildung neigen, wie Stahl, unbehandeltes Aluminium, Kupfer usw. werden angegriffen, und die dabei entstehenden Korrosionsprodukte gelangen ins Kondensat.

Rohrleitungs- und Aufbereitungssysteme nach ölfreien Kompressoren werden in der Regel durch eine wesentlich intensivere Korrosion belastet als solche nach ölgeschmierten Kompressoren. Hier wirkt sich der in Kapitel 4.1.2.3 beschriebene Einfluß des niedrigen pH-Wertes aus. Bei unbehandelten Stahlrohren niedriger Qualität kann es vorkommen, daß bis zu 2 % des Kondensates aus Korrosionsprodukten besteht. Dies sind zum Teil Metallpartikel bis zu einer Kantenlänge von 5 mm.

4.1.2.6 Sonstige Kondensatverunreinigungen

Kondensat muß immer am tiefsten Punkt von Abscheidern, Filtern, Trocknern und Speicherbehältern gesammelt werden. Hier fallen aber auch alle anderen Partikel an, die sich in einem Druckluftsystem befinden. Das sind z.B. Schlackepartikel von schlecht bearbeiteten Schweißnähten, Schrauben, die sich gelöst haben oder von jemandem vergessen worden sind, Teile von Dichtungen, die sich aufgelöst haben, Metallteilchen, die irgendwo abgebrochen sind, oder gar Styropor-Verpackungschips, die beim Auspacken in die Geräte gelangt sind. Es kommt auch vor, daß sich ganze Schweißelektroden im Kondensatsammelraum einfinden, die beim Schweißen von Rohrleitungen schlicht vergessen worden sind.

4.1.3 Kondensatabscheidung

Entsteht in Kühlern, Rohrleitungen, Speicherbehältern und Trocknern durch Taupunktunterschreitung Kondensat, so liegt es zunächst einmal als feines Wasseraerosol oder in feinen Tröpfchen vor und wird als Schwebstoff von der Druckluft getragen.

Es muß nun dafür gesorgt werden, daß sich diese feinen Tröpfchen zu großen Tropfen vereinen, damit sie sich durch den Einfluß der Schwerkraft nach unten bewegen und abgeschieden werden können. Dies geschieht durch Ausnutzen des Zykloneffektes in sogenannten Zyklonabscheidern, durch Koalieren in Filtergeweben, an Wärmetauscheroberflächen, Rohrleitungswänden und Speicherbehältern.

Auf die einzelnen Verfahren wird an anderer Stelle in diesem Buch näher eingegangen. Grundsätzlich ist jedoch in allen Abscheidern, Filtern, Wärmetauschern und Trocknern dafür zu sorgen, daß das Kondensat am tiefsten Punkt in turbulenzfreien Zonen gesammelt wird. Von dort läßt es sich dann aus dem Druckluftsystem ableiten.

4.1.4 Kondensatableiter

4.1.4.1 Manuelles Ableiten

Das Ableiten des Kondensats über handbetätigte Ventile ist heutzutage nicht mehr Stand der Technik. Die hohen Personalkosten rechtfertigen eigentlich immer den Einsatz automatischer Ableiter.

4.1.4.2 Schwimmergesteuerte Ableiter

Die älteste Form der automatischen Kondensatableitung ist der Schwimmerableiter. Hierbei wird die Auftriebskraft eines Hohlkörpers (Schwimmer), der im Kondensat auftreibt, dazu genutzt, um einen Ventilsitz zu öffnen, durch den das Kondensat abfließt.

Solche Geräte benötigen keinen zusätzlichen elektrischen Anschluß. Sie leiten das Kondensat entsprechend der anfallenden Menge diskontinuierlich ab.

Die Auftriebskraft des Schwimmers ist allerdings nur so groß wie die verdrängte Flüssigkeitsmenge, abzüglich des Eigengewichtes des Schwimmkörpers. Man kann einen Schwimmer jedoch nicht beliebig groß bauen, da sonst das Gehäuse zu groß und damit zu schwer und zu teuer würde. Um trotzdem einigermaßen große Ventilsitze öffnen zu können, wird der Schwimmer an einem Hebelgestänge aufgehängt, damit durch die Übersetzung größere Öffnungskräfte zur Verfügung stehen. Die so erreichbaren Kräfte erlauben in der Regel das Öffnen von Ventilen mit einem Sitzdurchmesser von 0,5 bis 2 mm. Die Hublänge des Ventilstößels beträgt oft nur ein Viertel bis die Hälfte des Sitzdurchmessers. Ein Beispiel für eine solche Konstruktionsform zeigt Bild 4.1-4.

Bedenkt man nun, welche Vielzahl von Partikeln im Kondensat anfallen kann (siehe Punkt 4.1.1.5 und 4.1.1.6), so ist leicht nachzuvollziehen, daß sich die verhältnismäßig kleinen Löcher bzw. Ringspalte schnell zusetzen können. Weiterhin besteht die Gefahr, daß der Auftriebskörper mit verharzenden und zähen Ölanteilen belegt und damit schwerer wird. Die Auftriebskraft wird dann unter Umständen zu gering und reicht nicht mehr aus, das Ventil noch zu öffnen. Das Kondensat wird nicht mehr abgeleitet, und es kommt zur Verschmutzung ganzer Druckluftsysteme. Verharzte und zähe Ölbestandteile können außerdem das Hebelgelenk verkleben. Oft bleibt dann der Schwimmer in der oberen Schaltstellung hängen. So geht permanent Druckluft durch Abblasen verloren, bis der Fehler vom Wartungspersonal erkannt wird. Ein großer Teil der vom Kompressor verbrauchten elektrischen Energie wird auf diese Weise vergeudet.

Aufgrund dieser Risiken ist es erforderlich, die Geräte in regelmäßigen Abständen vorbeugend zu warten. Sie sollten dabei geöffnet, gründlich gereinigt und Verschleißteile wie Dichtungen usw. ausgetauscht werden.

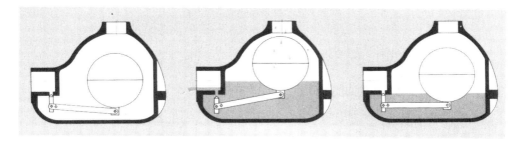

Bild 4.1-4: Funktionsbild eines Schwimmableiters

Bild 4.1-5: Magnetventil mit Zeitsteuerung

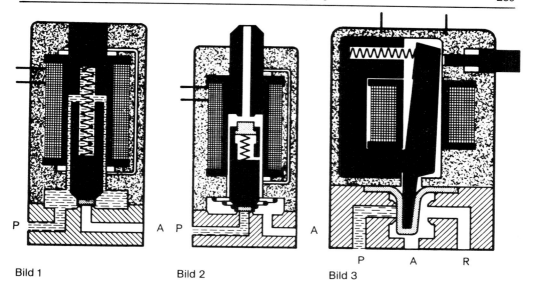

Bild 1   Bild 2   Bild 3

Bild 4.1-6: Magnetventil im Schnitt

4.1.4.3 Zeitabhängig gesteuerte Magnetventile

Magnetventile zeichnen sich in der Regel dadurch aus, daß bei äußerst kompakter Bauweise größere Ventilquerschnitte geöffnet werden können als bei kompakten Schwimmerableitern. Bis zu einem Betriebsüberdruck von 10 bar lassen sich Ventilsitze mit einem Durchmesser von max. 3 mm mit relativ preiswerten Magnetventilen öffnen. Werden solche Ventile mit elektronischen Zeitgliedern in Intervallen für z.B. 1 bis 10 Sekunden geöffnet, so sind sie als Kondensatableiter einsetzbar. Ein Ausführungsbeispiel zeigt Bild 4.1-5.

Magnetventile bestehen im wesentlichen aus einer Spule und einem Ventilkern (siehe Bild 4.1-6). Der Ventilkern wird in der Spule relativ eng geführt und durch die Magnetkraft hin- und herbewegt. Dadurch wird der Ventilsitz geöffnet und geschlossen. Gelangen nun Partikel in den Spalt zwischen Spule und Kern, so besteht die Gefahr, daß sich der Kern verklemmt. Entweder das Ventil öffnet dann nicht mehr, und das Kondensat wird nicht mehr abgeleitet, oder das Ventil schließt nicht mehr, und es entweicht konstant kostbare Druckluft. Da aber der Öffnungsquerschnitt der Ventile meist größer ist als der von Schwimmerableitern, entsteht ein noch wesentlich größerer Druckluftverlust.

Um derartigen Störungen vorzubeugen, werden vor die Ventile engmaschige Siebe eingebaut, die den Schmutz abfangen. Diese Siebe müssen jedoch vom Wartungspersonal regelmäßig gereinigt werden, denn sie setzen sich mit Schmutz zu. Es kann somit festgestellt werden, daß die Zuverlässigkeit von zeitgesteuerten Magnetventilen unter Umständen größer ist als die von Schwimmerableitern. Eine vorbeugende Wartung (Reinigen des Schmutzsiebes) ist aber trotzdem nach wie vor erforderlich.

Diese Ventile werden allerdings nicht nach dem Kondensatanfall gesteuert, sondern nach fest vorgegebenen Zeittakten. Die Intervall- und Öffnungszeit muß daher auf die Spitzenkondensatmenge eingestellt werden, damit das anfallende Kondensat zu diesem Zeitpunkt auch vollständig abgeleitet wird. Oben wurde festgestellt, daß die Spitzenkondensatmenge an heißen, schwülen

Sommertagen anfällt (vgl. Punkt 4.1.1.2). In Mitteleuropa sind solche Tage selten. Während der übrigen Zeit wird durch die zeitgesteuerten Magnetventile eine nicht unerhebliche Menge kostbarer Druckluft abgeblasen.

Zur Berechnung des jährlichen Druckluftverlustes können die Werte aus Punkt 4.1.1.2 genutzt werden.

Kompressorleistung:	900 m³/h
Spitzenkondensatmenge:	24.329 g/h
Jahresdurchschnittskondensatmenge:	4.347 g/h
Durchflußwert eines Ventils mit 5 mm Sitzdurchmesser bei einem Vordruck von 11 bar	
bei Wasser (Wirkungsgrad 0,5):	430 g/s
bei Luft:	0,039 m³/s

Als einzustellende Öffnungszeit des Ventils ergibt sich:

$$\frac{24.329}{430} = 56,6 \, \frac{s}{h}$$

Die Jahresdurchschnittskondensatmenge beträgt jedoch nur 17,5 % der Spitzenkondensatmenge. Somit bläst das Ventil im Jahresdurchschnitt 82,5 % der eingestellten 56,6 s/h = 46,7 s/h Druckluft ab.

Dies entspricht

46,7 · 0,039 = 1,82 m³/h Druckluftverlust.

Ist der Kompressor permanent eingeschaltet, ergeben sich

1,82 · 8.760 = 15.943,2 m³/Jahr.

Bei einem Druckluftpreis von 0,04 DM/m³ heißt das 637,73 DM jährlich - eine nicht unbedeutende Summe.

Da die Intervall- und die Öffnungszeit der Magnetventile einstellbar ist, kann man die Zeiten in den jeweiligen Perioden anpassen und damit Energie sparen. Es besteht jedoch die Gefahr, daß im Sommer nicht rechtzeitig genug die Maximalzeit eingestellt wird. Dann kann es zur Kondensatüberflutung des Druckluftsystems kommen. Oft weiß der Betreiber auch nicht genau, welche Durchflußrate das eingesetzte Ventil hat und welche Spitzenkondensatmengen an der jeweiligen Stelle anfallen; deshalb werden meist wesentlich längere Ventilöffnungszeiten eingestellt als tatsächlich notwendig. Der oben ermittelte Druckluft- bzw. Energieverlust kann sich so leicht verdoppeln oder auch verdreifachen.

Berücksichtigt man, daß in einer Kompressorenstation der oben angegebenen Leistungsgröße an Abscheidern, Kessel und Trockner insgesamt fünf zeitgesteuerte Magnetventile eingesetzt sind, dann arbeiten die Kompressoren an 3,5 bis 10 Tagen im Jahr, nur um nicht vorhandenes Kondensat abzuleiten.

Ein weiterer Nachteil zeitabhängig gesteuerter Magnetventile besteht in der Bildung stabiler Kondensatemulsionen, die in herkömmlichen Öl-Wasser-Trenngeräten zu Problemen führen. Eine ausführliche Beschreibung der Zusammenhänge und Gründe für diesen Effekt findet sich in Kap. 4.2.

Bild 4.1-7: Gruppenfoto BEKOMAT

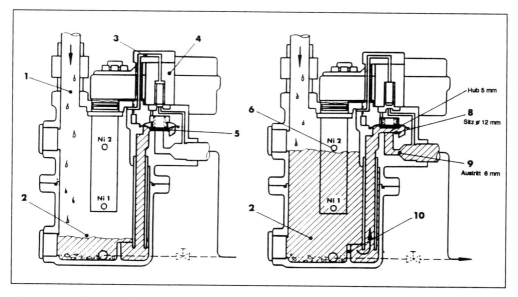

Bild 4.1-8: Funktionsbild BEKOMAT mit Beschreibung

4.1.4.4 Elektronisch niveaugeregelte Kondensatableiter

Seit 1982 sind Kondensatableiter unter dem Produktnamen BEKOMAT® auf dem Markt, die das Kondensat mit der Zuverlässigkeit eines kapazitiven Niveauregelkreises ableiten. Bild 4.1-7 zeigt drei verschiedene Größen der weltweit patentierten Ableiter. In Bild 4.1-8 ist der Funktionsablauf eines Gerätes mittlerer Größe beschrieben. Das System ist zuverlässig und überwacht sich selbst. Die bei anderen Ableitern üblichen Kontrollgänge des Wartungspersonals sowie vorbeugende Wartungsarbeiten entfallen.

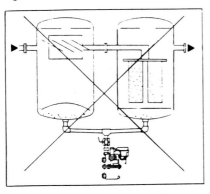
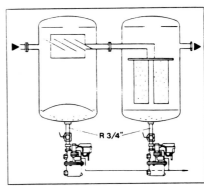
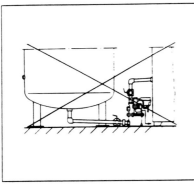
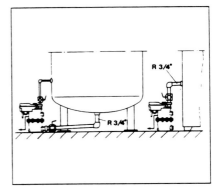
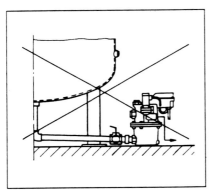

Bild 4.1-9: Installationsbeispiele

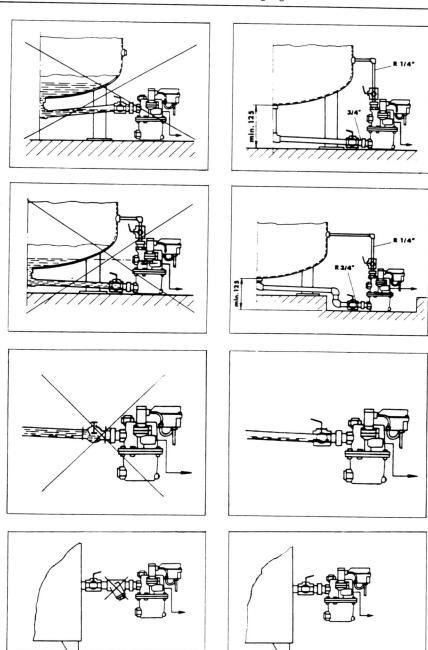

Bild 4.1-9: Installationsbeispiele (Fortsetzung)

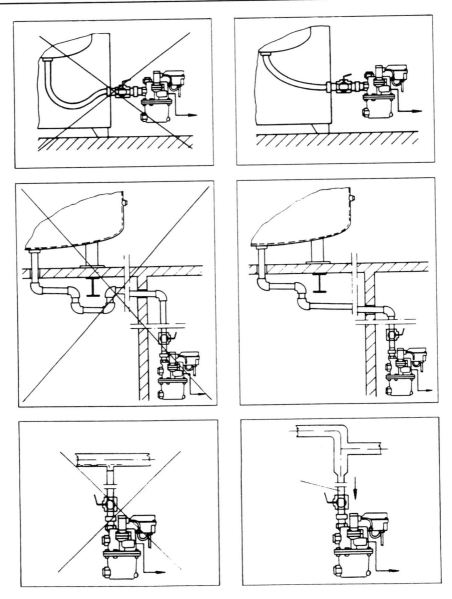

Bild 4.1-9:　Installationsbeispiele (Fortsetzung)

Ein sehr wichtiges Sicherheitsplus bei diesen Geräten ist die Ventilfunktion (siehe Bild 4.1-8). Das Ventil wird mit sauberer Druckluft aus dem oberen Bereich des Behälters vorgesteuert. Die Membrane ist in sich geschlossen. Anfallender Schmutz kann unterhalb der Membrane abgeleitet werden, ohne daß der Vorsteuerbereich mit seinen engeren Querschnitten (Sitzdurchmesser 2 mm) durch Partikel verstopft werden oder verklemmen kann.

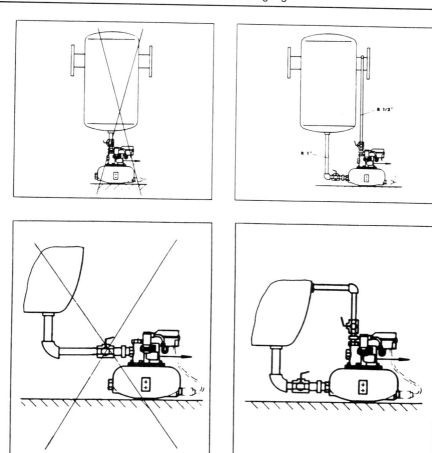

Bild 4.1-9: Installationsbeispiele (Fortsetzung)

Der Membranhub beträgt nicht, wie bei herkömmlichen Ventilen üblich, ein Viertel des Sitz-durchmessers. Bei einem Durchmesser von 12 mm beträgt der Hub 5 mm. Am Austritt wurde auf 6 mm Durchmesser reduziert. Dies bewirkt, daß die Strömungsgeschwindigkeit im Ventilsitz erheb-lich verringert ist und die Membrane, die speziell für Kondensatableiter entwickelt wurde, wenig belastet wird. Darüber hinaus können Partikel bis zu einer Kantenlänge von 5 mm problemlos abge-leitet werden. Partikel, die größer sind, bleiben ohnehin am Boden des Behälters liegen. Die einge-baute Schmutzbremse (siehe Bild 4.1-8, Pos. 10) verhindert das Eindringen in den Ablaufkanal.

Die Gehäuse werden aus Aluminium-Kokillenguß oder Edelstahl-Feinguß gefertigt. Für den Einsatz in frostgefährdeten Bereichen stehen auch Geräte mit thermostatisch geregelter Heizung und für explosionsgefährdete Zonen Ex-Schutz-Varianten zur Verfügung.

4.1.4.5 Installation von Kondensatableitern

Der zuverlässigste Kondensatableiter bringt jedoch keine zufriedenstellende Leistung, wenn er nicht richtig installiert ist. In der Betriebspraxis werden hier die meisten Fehler gemacht.

Bei der Installation der Geräte sollten immer die folgenden drei Grundsätze beachtet werden (Bild 4.1-9):

a) Niemals mehrere Kondensatstellen gemeinsam entwässern, denn aufgrund von Druckunterschieden können sich Bypass-Strömungen bilden.

b) Wasser kann auch in Druckluftsystemen nur bei Gefälle abfließen.

c) Ein Kondensatableitergehäuse kann sich nur mit Kondensat füllen, wenn die darin befindliche Luft ungehindert zu der Stelle zurück entweichen kann, von der das Kondensat kommt.

Die folgenden Bilder geben einige anschauliche Hinweise auf mögliche Fehlinstallationen.

4.2 Kondensataufbereitung

Wie im vorherigen Kapitel beschrieben, kann man davon ausgehen, daß alle Maßnahmen zur Druckluftaufbereitung in erster Linie dem Ausfällen von Kondensat und dessen sicherem Ableiten gelten. Ein zweiter und nicht minder wichtiger Punkt ist die Kondensataufbereitung. Ölgeschmierte Kompressoren benötigen zur Sicherstellung eines möglichst hohen Wirkungsgrades entsprechende Schmiermittel.

Sie dienen im Bereich der Kolbenkompressoren zur Schmierung von Kurbelwellen und Pleuellagern, des weiteren natürlich auch von Zylinder und Kolbenwand sowie deren Abdichtung.

Bei Schraubenkompressoren liegt die Hauptaufgabe des Öles in der Wärmeabfuhr und in der Spaltabdichtung zwischen den Läufern und den Gehäusewänden. Weitere wichtige Aufgaben sind die Schmierung der Lager sowie das Vermeiden von Kondenswasserbildung innerhalb des Verdichtungsraumes. Besonders bei hoher Temperatur und großer relativer Luftfeuchte sind Anlagen, die im Aussetzbetrieb arbeiten, der Gefahr der Kondenswasserbildung im Verdichtungsraum ausgesetzt. Ist das verwendete Öl nicht in der Lage, dieses Wasser aufzunehmen, dann sind Korrosionsschäden vorprogrammiert.

4.2.1 Grundlagen der Kohlenwasserstoffverbindungen

Der Ausgangsstoff Erdöl ist ein komplexes Substanzgemisch, das auch heute noch in der Analytik erhebliche Probleme bereitet.

Betrachtet man Kohlenwasserstoffe unter analytischem Gesichtspunkt, so kann man grob von drei chemischen Verbindungsklassen sprechen: Alkane (Normal- und Isoparaffine), Zyklo-Alkane (Zyklo-Paraffine bzw. Naphtine), Aromaten. Hierbei umfaßt die Stoffgruppe der Alkane die gesättigten, offenkettigen Kohlenwasserstoffe, während Zyklo-Alkane, ebenfalls gesättigte Kohlenwasserstoffe, durch ringförmige, geschlossene Kohlenwasserstoffgerüste charakterisierbar sind. Unter Aromaten versteht man ungesättigte, ringförmige Kohlenwasserstoffe. Ein typischer Vertreter ist das Benzol. Durch Destillation des Erdöls werden verschiedene Fraktionen gewonnen, wobei für den Bereich der Schmieröle die langkettigen Kohlenwasserstoffverbindungen (C20 bis C30) interessant sind.

Die Löslichkeit der Kohlenwasserstoffe ist vom Molekulargewicht der Verbindung abhängig. Daraus resultiert, daß langkettige, wenig flüchtige Verbindungen in Wasser kaum löslich sind. Der Grund für das hydrophobe (wasserabweisende) Verhalten ist in der geringen Polarität sowie im

ROHRE, ROHRLEITUNGSTECHNIK, ROHRLEITUNGSBAU

symmetrischen Aufbau der Alkane zu finden. In Verbindung mit Wasser als polarem Lösungsmittel kommt es kaum zur Lösung. Anders die Aromaten als ungesättigte Kohlenwasserstoffe: sie sind sehr gut wasserlöslich und haben aufgrund ihrer Toxizität für die Abwasserbehandlung eine besondere Bedeutung. Bei den hier angesprochenen Fällen spielen sie allerdings kaum eine Rolle.

Destillierte Grundöle wären mit ihren Eigenschaften kaum in der Lage, die Anforderungen zu erfüllen, die beim Einsatz in Kompressoren gestellt werden. Daher werden durch Zugabe von Additivpaketen die Eigenschaften des Öles dem Einsatzfall angepaßt. Typische Additive für Kompressorenöle sind in der folgenden Tabelle aufgeführt:

Verwendung:	Chemische Verbindung:
Detergent-Wirkstoffe	Kalzium, Barium und Magnesium-Sulfonate, Phenate oder Phosphonate
VI-Verbesserer	Polyisobutylene, Polymetakrylate, Ethylen-Propylen Styrol-Maleinsäureester Copolymere
Oxidationsinhibitoren	gehinderte Phenole, Amine, organische Sulfide, Zinkdithiophosphate
Verschleißschutzwirkstoffe (Antiwear)	Zinkdialkyldithiophosphate, Trikresylphosphate
Schauminhibitoren	Silikonpolymere, Tributylphosphat, zusätzlich Natrium oder gefettete Aminsalze sowie Sulfo- und andere organische Säuren als Emulgatoren, um Kondenswasser aufzunehmen.

Anhand dieser kurzen Auflistung von Ölzusätzen läßt sich ermessen, welch ein komplexes Gebilde ein modernes Schmieröl darstellt und wie die ursprünglichen Eigenschaften des Grundstoffes Öl verändert werden.

4.2.2 Kompressorenöle

4.2.2.1 Entwicklung der Kompressorenöle

Anfang bis Mitte der 70er Jahre begann mit der Einführung moderner computergestützter Fertigungsverfahren der Durchbruch des Schraubenkompressors auf dem Markt. Zur Erfüllung der oben genannten Anforderungen an die verwendeten Öle schienen damals Hydrauliköle vom Typ HL, HLP (nach DIN 51524 T1/T1) am ehesten geeignet: sie zeigten sich mit gutem Alterungs- und Demulgierverhalten sowie geringer Schaumneigung den Erfordernissen gewachsen. Allerdings traten schon nach relativ kurzer Zeit Schwächen auf, die beim Einsatz dieser Öle in Hydraulikanlagen nicht zum Tragen kommen:

So

- entstehen durch die innige Verwirbelung mit der Luft während des Einspritzvorganges extreme Oxidationsbeanspruchungen;

- hat das durch die Luftfeuchte anfallende Wasser häufig katalytische Eigenschaften, die die Alterungsgeschwindigkeit des Öles drastisch erhöhen;

- treten meßtechnisch kaum erfaßbare thermische Überlastungen durch „Blitztemperaturen" am Ende des Verdichtungsvorganges auf;

- ergibt sich eine weitere Beschleunigung des Alterungsprozesses durch Metallabrieb und Staub.

Produkte dieser vorzeitigen Alterung sind korrosive Säuren und Rückstände. Diese Rückstände führten einerseits zu Verstopfungen im Separationsfiltersystem, andererseits bildeten sich schlamm-, gummi- oder lackartige Ablagerungen in Kompressoren und nachgeschalteten Aufbereitungsanlagen. Außer daraus resultierendem erhöhtem Wartungsaufwand und Maschinenausfällen kam es zu Verpuffungen und Bränden, die auch den eingesetzten Ölen angelastet wurden.

Häufig kam als Alternative zum Hydrauliköl Turbinenöl zum Einsatz. Hervorragende Eigenschaften dieser Öle sind ausgezeichnetes Luftabgabevermögen, geringe Schaumbildung, sehr gutes Wasserabscheideverhalten sowie gute Alterungsbeständigkeit. Doch gerade das für eine erfolgreiche Kondensattrennung wichtige Wasserabscheidevermögen führte besonders bei Kompressoren, die im Aussetzbetrieb arbeiten, zu neuen Problemen. Es kam zu Taupunktunterschreitungen im Kompressor und Ölvorrat und damit zum Ausfall von Kondenswasser. Unmittelbare Folge des Kondenswasserausfalles sind a) erhöhte Korrosion im Kompressor mit den entsprechenden Konsequenzen, b) das Auswaschen wasserlöslicher Additive und die damit verbundene drastische Veränderung der Öleigenschaften sowie die schnelle Alterung der Öle. Die Folgen dieser Alterungsprozesse ähneln im großen und ganzen denen bei Hydraulikölen. Besonders stark waren diese Einflüsse immer dann, wenn Betriebs- und Umweltbedingungen stark von der Norm abwichen. So bei Intervallbetrieb mit der damit verbundenen Taupunktunterschreitung, bei erhöhtem Temperaturniveau durch schlechte Be- und Entlüftung oder geringen Kühlwasserdurchsatz, bei mit sauren und korrosiven Gasen wie Lösungsmitteln, Lackdämpfen usw. belasteter Ansaugluft, bei Kompressorwerkstoffen mit katalytischen Eigenschaften, z.B.in Kupferleitungen und Kühlern.

Die zuletzt genannten Faktoren verursachen auch bei modernen Kompressorölen immer wieder Probleme im Kompressor sowie in der nachgeschalteten Öl-Wasser-Trennung. Als weiteres Handikap ist der geringe FZG[*]-Wert der Turbinenöle anzusehen. So erreichen Turbinenöle maximale FZG-Werte von 8 bis 9, während Getriebehersteller einen Minimalwert von 10 vorschreiben. Damit ist der Einsatz in Kompressoren mit Getrieben, die ebenfalls vom Kompressorenöl geschmiert werden müssen, praktisch ausgeschlossen. Versuche, die in Kolbenkompressoren recht bewährten Motorenöle einzusetzen, zeigten ebenfalls keine befriedigenden Resultate – weder im Bereich des Kompressors noch im Bereich der nachfolgenden Kondensataufbereitung.

Der Grund dafür ist das hohe Wasseraufnahmevermögen der Motorenöle. Wasser wird in diesen Ölen rein emulgiert gebunden. Es entstehen stabile Emulsionen, die mit konventionellen Mitteln nicht mehr trennbar sind. Als ebenfalls problematisch erwies sich auch der Einsatz synthetischer Öle auf Ester-Basis. Die mit der Ansaugluft eingebrachten Nitrate, Sulfate und Chlorverbindungen führten zur Spaltung der Öle und zur Bildung von korrosiven Säuren.

4.2.2.2 Entwicklung spezieller Schraubenkompressorenöle

All die genannten Probleme führten zur Entwicklung erster, speziell konzipierter Schraubenkompressorenöle. Diese Öle, die im Ursprung Motorenöl-Charakter haben, zeigten sich in der Praxis den besonderen Anforderungen im Schraubenkompressor durchaus gewachsen. Die bei der Verwendung von Hydraulik- und Turbinenöl häufig aufgetretenen Probleme konnten so gelöst werden. Bei der ursprünglichen Konzeption dieser Öle war allerdings weniger Wert auf eine nachfolgende Kondensataufbereitung gelegt worden.

Als es Mitte der 80er Jahre aufgrund steigenden Umweltbewußtseins und der Novellierung des Wasserhaushaltsgesetzes (WHG) nicht mehr möglich war, das anfallende Kondensat bedenkenlos in die Kanalisation einzuleiten, traten neue Probleme auf. Die Motorenöl-Eigenschaft führte in vielen Fällen zur Bildung von stabilen Kondensatemulsionen, die mit gängigen Öl-Wasser-

---

[*]   Test der Forschungsstelle für Zahnräder und Getriebebau, München, zur Beurteilung der Freßgrenzbelastbarkeit eines Öles

Trennsystemen nicht gesetzeskonform aufbereitet werden konnten. Also kam in diesen Fällen nur eine sehr kostspielige, aufwendige Entsorgung durch Fachfirmen in Frage. Hier waren die Ölhersteller gefordert, es den Kompressorenbetreibern zu ermöglichen, das Kondensat mit verhältnismäßig kostengünstigen Öl-Wasser-Trenngeräten aufzubereiten.

Die konträren Eigenschaften, einerseits Fremdstoffe, Schmutz und Wasser zu binden, sowie andererseits die Forderung, den Ölen ein ausreichendes Wasserabgabeverhalten (Demulgierverhalten) zu verschaffen, machte die Konstruktion völlig neuer Öle notwendig. Die führenden Kompressorenölhersteller bieten hier mittlerweile für alle Seiten akzeptable Lösungen an.

Zusammenfassend läßt sich feststellen, daß bei modernen Schraubenkompressoren, die mit speziellen Schraubenkompressorenölen betrieben werden, in nahezu allen Fällen eine wirtschaftliche Kondensataufbereitung durch Öl-Wasser-Trennsysteme möglich ist. In Ausnahmefällen ist zu prüfen, ob emulsions- und alterungsfördernde Substanzen aus der Ansaugluft in das Druckluftsystem gelangen.

4.2.2.3 Kolbenkompressoren und Schmieröle

Ähnlich, jedoch bei weitem nicht so problematisch wie bei den Schraubenkompressoren stellt sich die Situation bei den Kolbenkompressoren dar. Diese Maschinen wurden in früheren Jahren standardmäßig mit normalen Motorenölen gefahren. Auf das hohe Emulgiervermögen dieser Öle wurde ja bereits im Zusammenhang mit den Schraubenkompressoren hingewiesen. Die Verschärfung der Umweltschutzgesetzgebung brachte natürlich auch hier neue Forderungen an die Qualität der Kompressorenöle mit sich.

Öle der VDL-Klassifikation waren in der überwiegenden Anzahl der Fälle die Lösung. Diese außerordentlich temperaturstabilen Öle zeichnen sich einerseits durch hervorragende Schmiereigenschaften in der Maschine sowie andererseits durch ein sehr gutes Demulgierverhalten bei der nachfolgenden Öl-Wasser-Trennung aus. Natürlich darf dabei nicht außer acht gelassen werden, daß ein Schmieröl im Kolbenkompressor nur einer verhältnismäßig geringen Belastung ausgesetzt ist: Es kommt zu keiner intensiven Vermischung mit dem Luftsauerstoff, wie es zum Beispiel im öleingespritzten Schraubenkompressor der Fall ist.

Mit einer gewissen Skepsis ist allerdings das Vorhaben zu betrachten, sehr alte Kolbenkompressoren, die bereits über lange Jahre mit Motorenölen betrieben wurden, auf moderne, VDL-klassifizierte Öle umzustellen. Durch die langjährige Verwendung von Motorenölen kommt es zu Ablagerungen im Kompressor. Da VDL-Öle detergierende (reinigende) Eigenschaften haben, werden diese Ablagerungen gelöst und beeinflussen die Grundcharakteristik der VDL-Öle stark negativ. Wird dennoch eine Umölung in Betracht gezogen, dann ist es ratsam, zunächst mehrere Spülfüllungen zu fahren, die nach jeweils 150 bis 200 Betriebsstunden gegen eine neue Füllung ausgetauscht werden sollten. Erst wenn das Kondensat eine ausreichende Trenneigenschaft zeigt, kann auf die normalen Ölwechselintervalle zurückgegangen werden.

4.2.2.4 Schmierung von Rotationskompressoren

In diesem Zusammenhang muß zunächst das Funktionsprinzip des Kompressors aus der Sicht der Kondensataufbereitung betrachtet werden. So steht bei umlaufgeschmierten Kompressoren mit gutem Ölabscheidesystem und in Verbindung mit ebenfalls gut demulgierfähigen Ölen einer konventionellen Öl-Wasser-Trennung eigentlich nichts im Wege. Völlig anders sieht es dagegen bei Rotationskompressoren aus, die noch mit einer Frischölschmierung arbeiten. Diese fast ausschließlich mit Motorenölen geschmierten, außerordentlich robusten und zuverlässigen Maschinen erzeugen als Kondensat sehr stabile Emulsionen mit einem hohen Anteil an freien Ölen. Hier kann nur der Einsatz von Emulsionsspaltanlagen eine umweltgerechte Aufbereitung des Kondensates garantieren.

4.2.3 Die Kompressorenölklassen im Überblick

4.2.3.1 Motorenöle

Motorenöle sind an der Bezeichnung HD oder SAE zu erkennen und werden vorwiegend in Kolben- oder Rotationskompressoren eingesetzt. Sie haben die Eigenschaft, Kondenswasser in emulgierter Form an sich zu binden. Bei thermisch höher belasteten Anlagen können die entstehenden Kondensate nur noch durch teure Emulsionsspaltgeräte aufbereitet werden.

4.2.3.2 Spezielle Schraubenkompressorenöle

Spezielle Öle für Schraubenkompressoren sind überwiegend mit der Klassifikation VCL im Handel. Der zulässige Temperaturbereich bei stationären Kompressoren geht bis $T_{max} = 160\ °C$. Das Trennverhalten dieser Öle reicht von gut bis mäßig, je nachdem, wie stark der Hersteller dem Problem der Öl-Wasser-Trennung Rechnung trägt. Für den Schraubenkompressor stellen sie sicherlich die optimale Lösung dar.

4.2.3.3 Kompressorenöle nach VDL-Klassifikation

Öle dieser Klassifikation sind für stationäre Kompressoranlagen bis 220 °C zulässig. Sie werden überwiegend in Kolbenkompressoren eingesetzt, wo bei entsprechender Kühlung sehr gute Trennergebnisse zu erzielen sind. Auch für thermisch höher belastete Schraubenkompressoren bieten sie eine Alternative. Allerdings sollte vor ihrem Einsatz Rücksprache mit dem Kompressorenhersteller genommen werden.

4.2.3.4 Turbinenöle

Turbinenöle sind für eine Öl-Wasser-Trennung nach einem Schraubenkompressor nahezu optimal, da sie hervorragendes Demulgierverhalten zeigen. Für den Kompressoreneinsatz unter leichten Bedingungen sind sie häufig vom Kompressorenhersteller freigegeben. Probleme bereiten sie aber bei Kompressoren, die im Aussetzbetrieb arbeiten, denn hier ist es möglich, daß sich Kondenswasser in der Maschine bildet. Bei stark verschmutzter Ansaugluft ist die Standzeit aufgrund schneller Alterung gering. Turbinenöle können sowohl in Schrauben- als auch in Rotationskompressoren eingesetzt werden.

4.2.3.5 Hydrauliköle

Ihre Klassifikationsbezeichnungen sind HL, HLP oder HLPD. Sie werden von den Kompressorenherstellern für Schraubenkompressoren kaum noch zugelassen.

4.2.3.6 Synthetische Öle

Synthetische Öle bringen teils hervorragende Trennergebnisse (z.B. in Großkolbenkompressoren mit hohen Drücken), teils haben sie eher mäßige bis schlechte Demulgiereigenschaften. Vor dem Einsatz synthetischer Öle sollte unbedingt die Verträglichkeit der Dichtungs- und Rohrleitungsmaterialien mit dem Öl geprüft werden.

In jedem Fall ist mit dem Kompressorenhersteller Rücksprache zu nehmen.

4.2.4 Besondere Einflüsse auf das Demulgierverhalten der Kompressorenöle

Wie schon gesagt, können erschwerte Umwelt- und Ansaugbedingungen die grundsätzlichen Eigenschaften der Kompressorenöle stark verändern. Vorzugsweise seien hier Betriebe genannt, in denen über die Ansaugkanäle Chloride, Lösungsmittel und ähnliches in die Ölfüllung des Kompressors eingebracht werden, die dann zur Veränderung des Öles führen.

Ein weiterer wichtiger Gesichtspunkt ist die thermische Belastung des Öles. Eine Erhöhung der Betriebstemperatur von 10°K verringert die Lebensdauer des Öles bereits um 50 %. In diesen Fällen sollten zwischen den erforderlichen Ölwechseln unbedingt entsprechende Analysen durchgeführt werden. Das von der Anlage erzeugte Kondensat kann hierbei als guter Indikator genutzt werden, denn häufig tritt an einem Öl-Wasser-Trenner, der lange Zeit problemlos funktioniert hat, plötzlich eine stabile, untrennbare Emulsion auf. Weiterhin sollten die Ölhersteller im Falle des Auftretens stabiler Emulsionen bei normalerweise gut trennbaren Ölen prüfen, ob katalytische Einflüsse durch die Ansaugluft oder die Maschine vorliegen.

4.2.5 Gesetzliche Grundlagen zur Behandlung ölhaltiger Druckluftkondensate

Daß ölgeschmierte Kompressoren ölhaltige Kondensate erzeugen, ist bereits angesprochen worden. Betrachtet man die früher übliche Praxis, so muß man zugeben, daß mit der Einleitung dieser Öl-Wasser-Gemische ins Abwassernetz jahrzehntelang äußerst nachlässig gehandelt wurde. Kaum in einem kleinen oder mittelständischen Industriebetrieb machte man sich Gedanken darüber, daß dieses Kondenswasser nicht unbeträchtliche Mengen Öl enthält. Sicherlich gab es den einen oder anderen Betrieb, in dem man durch Abscheidebecken mit Umlenkkammern versuchte, zumindest die reinen Ölanteile abzuscheiden. Eine grundsätzliche Aufbereitung wurde jedoch kaum als notwendig angesehen. Angesichts der zunehmenden Verschmutzung von Oberflächengewässern und Grundwasser und eines wachsenden Umweltbewußtseins war es dann nicht mehr als folgerichtig, daß auch die Aufbereitung von Kompressorkondensaten zu einem wichtigen Thema des Umweltschutzes wurde. Mit der letzten Novellierung des Wasserhaushaltsgesetzes (WHG) im Jahre 1987 legte die Abwassertechnische Vereinigung (ATV) die Grenzwerte für die Einleitung von Kohlenwasserstoffen bundesweit auf maximal 20 mg/l fest. Darüber hinaus können einzelne Kommunen oder Kreise diese Grenzwerte wesentlich niedriger ansetzen.

Der Grund für diese Maßnahme war die immer schlechter werdende Aufbereitungsqualität der kommunalen Kläranlagen, die unter anderem auch aus der Einleitung relativ großer Ölmengen herrührte.

Diese Öle behindern bei biologisch arbeitenden Kläranlagen den Sauerstoffeintrag in das zu behandelnde Abwasser. Infolgedessen kommt es zum Absterben der für den Klärprozeß erforderlichen Bakterien, und der Wirkungsgrad der Kläranlage wird stark reduziert. Bedenkt man, daß im Kompressorenkondensat Kohlenwasserstoffkonzentrationen bis über 11000 mg/l möglich sind (siehe Punkt 4.1.2.2 Kondensatableitung, Tafel 4.1-3), und vergleicht sie mit den vom Gesetzgeber erlaubten 20 mg/l, so wird die Diskrepanz deutlich. Oft ist es dem Betreiber einer Druckluftstation gar nicht bewußt, daß die Entsorgung oder Aufbereitung des Kompressorenkondensates nicht nur von seinem guten Willen abhängt, sondern daß beim Verstoß gegen die Bestimmungen des § 7a WHG außer hohen Geldbußen für juristische Personen (Unternehmen) auch strafrechtliche Konsequenzen nach den §§ 324, 330, 330a StGb für natürliche Personen (betrieblich Verantwortliche) vorgesehen sind. Es ist daher eine der vordringlichen Beratungsaufgaben der Kompressorenhersteller und Anlagenplaner, ihre Kunden von vornherein nicht nur über die technischen und wirtschaftlichen Möglichkeiten der Drucklufterzeugung und -aufbereitung zu informieren, sondern auch auf die Notwendigkeit der Kondensataufbereitung hinzuweisen.

4.2.5.1 Systeme und Möglichkeiten für die gesetzeskonforme Behandlung ölhaltiger Druckluftkondensate

DIN-Abscheider und die DIN 1999

In vielen Betrieben sind zur Aufbereitung ölhaltiger Abwässer aus Instandsetzungswerkstätten und Dampfstrahlwaschanlagen bereits Leichtflüssigkeitsabscheider nach DIN 1999 im Einsatz. Sehr häufig sehen die Anwender hier auch eine Möglichkeit, ölhaltige Kompressorenkondensate aufzubereiten. Stellt man aber die in der DIN 1999 festgelegten Anforderungen den technischen Erfordernissen bei der Aufbereitung von Kompressorenkondensaten gegenüber, dann wird man sehr schnell zu dem Ergebnis kommen, daß diese Alternative nicht zu dem gewünschten Erfolg führt. Maßgeblich ist in diesem Zusammenhang Absatz 1.2 der DIN-Vorschrift, wo es heißt: „Emulsionen und emulsionsbildende Substanzen können in Abscheidern nach dieser Norm nicht behandelt werden, sondern müssen in besonderen Verfahren, z.B. Emulsionsspaltanlagen, aufbereitet werden." Wie im Kapitel über Kompressorenöle bereits beschrieben, müssen alle Kompressorenöle verfahrensbedingt eine gewisse Emulsionsneigung besitzen. Bei der Aufbereitung durch Leichtflüssigkeitsabscheider würden diese mit einer Konzentration von > 20 bis 1000 mg/l und teilweise auch mehr in die Kanalisation eingeleitet.

Aufbereitung durch Entsorgungsfachfirmen

Eine sehr sichere, allerdings wohl auch die teuerste Möglichkeit, sich des unerwünschten Kondensates gesetzeskonform zu entledigen, ist die Entsorgung durch Fachfirmen. Die dabei entstehenden hohen Kosten ergeben sich aufgrund mehrerer Faktoren:

a) Sammlung der Kondensate

Da es sich hierbei um die Lagerung wassergefährdender Stoffe handelt, sind die Bestimmungen des WHG einzuhalten. Konkret bedeutet dies, daß die Kondensate nicht einfach in Fässern oder ähnlichem gelagert werden dürfen, sondern in entsprechenden, häufig doppelwandigen Sammelbehältern, die vom Deutschen Institut für Bautechnik, Berlin, für diesen Zweck zugelassen sein müssen. Obligatorisch für diese Behälter ist eine elektronische Überfüllüberwachung mit zentraler Meldeeinrichtung. Des weiteren verlangen die Wasserwirtschaftsämter in fast allen Fällen eine zusätzliche, mit ölfestem Anstrich versehene Abmauerung.

b) Transport und Aufbereitung der Kondensate

Daß der Transport der gesammelten Kondensate ausschließlich durch Unternehmen mit entsprechender amtlicher Zulassung erfolgen muß, versteht sich eigentlich von selbst. Natürlich wirken sich die nicht unerheblichen Aufwendungen für Spezialfahrzeuge und die Ausbildung von Fachkräften auf die Kosten Transportpreise aus. Das bedeutet in der Praxis beträchtliche Kosten schon für den bloßen Abtransport. Ein weiterer wichtiger Aspekt in diesem Zusammenhang ist die Tatsache, daß Kompressorenkondensate für Aufbereitungsunternehmen eigentlich relativ uninteressant sind. Der Grund dafür ist die geringe im Kondensat enthaltene Ölmenge. Während bei der Aufbereitung von Öl-Wasser-Gemischen und Emulsionen mit hohem Ölanteil der Energieeintrag durch Vakuumdestillation in einem wirtschaftlich vertretbaren Verhältnis zur Menge des aufbereitbaren Altöles steht, ist die Situation bei Kompressorenkondensaten völlig anders. In der Praxis liegen die Entsorgungspreise pro Kubikmeter Kondensat zwischen 350 und 600 DM.

Diese Kosten können allerdings leicht auf ein Vielfaches steigen, wenn durch Unachtsamkeit oder Unwissenheit solche wassergefährdende Stoffe in den Kondensat-Sammelbehälter gelangen, die nicht der Aufbereitung zugeführt, sondern nur in speziellen Hochtemperatur-Verbrennungsanlagen entsorgt werden dürfen. Daß es sich hierbei nicht nur um eine theoretisch denkbare Gefahr handelt, zeigt ein Fall aus der Praxis, in dem ein Druckluftfachhändler aufgrund der Unachtsamkeit eines Servicemannes für einen Kubikmeter ölhaltiges Wasser einen Entsorgungspreis von ca. 5000 DM zahlen mußte.

Aufbereitung durch spezielle Öl-Wasser-Trenngeräte

Rechnet man alle Kosten der Aufbereitung durch Fachfirmen zusammen, so kommt man häufig schon bei der Grundausstattung mit Sammelbehälter, Überfüllsicherung, Abmauerung usw. zu fünfstelligen Summen. Allerdings sind in dieser Rechnung noch nicht die Kosten für die Entsorgung von auch nur einem Liter Kondensat enthalten. Formaljuristisch betrachtet, sind die Forderungen des Gesetzgebers schon erfüllt, wenn man den Kohlenwasserstoffanteil des Kondensates so weit reduziert, daß die vorgeschriebenen Grenzwerte unterschritten werden. Hier haben sich die von Kompressorenherstellern und Druckluftfachhändlern häufig angebotenen Öl-Wasser-Trennsysteme mittlerweile einen festen Platz erobert. Sie ermöglichen es dem Betreiber im Normalfall, mit verhältnismäßig geringem finanziellen Aufwand die wasserrechtlichen Grenzwerte nicht nur einzuhalten, sondern manchmal sogar deutlich zu unterschreiten.

Aufbereitung durch Emulsionsspaltanlagen

Eine Aufbereitung durch Emulsionsspaltanlagen ist immer dann erforderlich, wenn durch das Verdichtungssystem oder durch den Eintrag emulsionsbildender Substanzen aus der Ansauglauft stabil emulgierte Öl-Wasser-Gemische entstehen. Bevor man sich allerdings für die Anschaffung einer fast immer teuren Spaltanlage entscheidet, empfiehlt es sich zu prüfen, ob durch Änderung der Ansaugbedingungen oder der Kondensatableitung (siehe Punkt 4.1.4.3) die Bildung stabiler Emulsionen vermieden werden kann.

In diesen Fällen ist die Aufbereitung mit einfacheren, kostengünstigeren Systemen möglich. Das lohnt sich besonders im Bereich kleiner und mittlerer Kompressorstationen, da hier die Investitionskosten für eine Emulsionsspaltanlage häufig in einem krassen Mißverhältnis zum Wert der Druckluftanlage stehen. Anders sieht es bei Anlagen aus, in denen größere Kompressorleistungen installiert sind. Hier sind Emulsionsspaltanlagen durchaus in der Lage, die anfallenden Kondensatmengen kostengünstiger aufzubereiten als konventionelle Trenngeräte.

Wichtigstes Kriterium für die Auswahl einer Emulsionsspaltanlage sollte jedoch nicht allein der Anschaffungspreis sein. Es ist darüber hinaus ratsam, sich genau über die Betriebskosten der jeweiligen Systeme zu informieren. Weitere wichtige Gesichtspunkte sind die Energiebilanz und die Bedienerfreundlichkeit. Auf die marktgängigen Verfahren wird im weiteren noch genauer eingegangen.

4.2.5.2 Prüfzeichen und Zulassung

Bei allen genannten Systemen und Lösungen handelt es sich um Abwasseraufbereitungsanlagen. Es ist von seiten des Gesetzgebers verständlich, daß die Funktion und die Wirksamkeit dieser Anlagen sichergestellt sein muß. Für den Betreiber eines Öl-Wasser-Trennsystems besteht daher die Verpflichtung, die zuständige Wasserbehörde über Installation und Betrieb einer solchen Anlage zu informieren. Die Behörde entscheidet dann, ob im Einzelfall ein aufwendiges wasserrechtliches Genehmigungsverfahren erforderlich ist oder ob eine einfache Anmeldung ausreicht. Vorteilhaft für den Anwender ist es in jedem Fall, Öl-Wasser-Trenner einzusetzen, die ein Prüfzeichen vom Deutschen Institut für Bautechnik, Berlin, besitzen. Bei diesen Geräten hat der Hersteller durch entsprechende Tests bewiesen, daß die Funktion des Gerätes den gesetzlichen Bestimmungen entspricht.

4.2.6 Verfahren zur Aufbereitung ölhaltiger Luftkompressorenkondensate

Diese Kondensate bestehen, wie schon erwähnt, aus Öl-Wasser-Gemischen, in denen Öl teils in reiner Form, teils als mikrofeine Dispersion oder sogar als stabile Emulsion vorliegt. Da zur Kompressorenschmierung in den meisten Fällen Mineralöle eingesetzt werden, sollen im folgenden die Möglichkeiten und Probleme der Aufbereitung dargelegt werden.

4.2.6.1 Theorie der Öl-Wasser-Trennung

Kohlenwasserstoffe kommen im Kondensat überwiegend in zwei Grundformen vor. Unter Umständen kann noch eine dritte auftreten:

1. Freie, ungelöste und nicht emulgierte Verbindungen, bei denen eine Schwerkraftabscheidung möglich ist, solange eine ausreichende Dichtedifferenz zum Wasser besteht.

2. Emulgierte Verbindungen, wobei zwischen Emulsionsbildung durch mechanische Einwirkungen (Kondensatableitung oder Abpumpen) oder durch den Einfluß oberflächenaktiver Substanzen (Lösemittel aus der Ansaugluft, Tenside), d.h. chemisch herbeigeführten Emulsionen zu unterscheiden ist.

3. Gelöste Kohlenwasserstoffe, die von der Art, der Substanz, der Löslichkeit und der Temperatur abhängig sind. Derartige Kohlenwasserstoffe sind optisch nicht mehr erkennbar. Ihr Eintrag erfolgt möglicherweise, wenn bei Reinigungsarbeiten Waschbenzin oder ähnliches benutzt wird oder wenn diese Stoffe bei Produktionsprozessen freigesetzt und mit der Umgebungsluft angesaugt werden.

Abscheidung durch Schwerkraft

Die Abscheidung der freien Öle erfolgt nach dem physikalischen Gesetz, daß leichtere Flüssigkeitstropfen in einer schwereren Flüssigkeit nach dem Auftriebsprinzip nach oben steigen. Geht man davon aus, daß es sich um kugelförmige Tropfen handelt, so kann man die Aufstiegsgeschwindigkeit nach dem Stoke'schen Gesetz errechnen. Beim Abscheidungsvorgang ist allerdings anzustreben, die Strömung des Kondensats im Abscheider im laminaren Bereich zu halten. Ein Aufschwimmen ist nämlich erst dann gewährleistet, wenn die vertikal gerichtete Aufstiegsgeschwindigkeit der Öltropfen größer ist als die horizontale Strömungsgeschwindigkeit des Wassers. Nach dem Stoke'schen Gesetz errechnet sich die theoretische Aufstiegsgeschwindigkeit wie folgt (vereinfacht):

$$VS = \left(\frac{g}{18\,\eta}\right) \cdot (\varphi_w - \varphi_ö)D^2$$

Hierbei bedeuten

VS = Steiggeschwindigkeit des Öltropfens (cm/sec)

g = Schwerkraftbeschleunigung (981 cm/sec^2)

η = absolute Viskosität des Wassers (Poise)

φ_w = Dichte des Wassers (g/cm^3)

$\varphi_ö$ = Dichte des Öls (g/cm^3)

D = Durchmesser des Öltröpfchens (cm)

Zum besseren Verständnis der aus dieser Formel resultierenden Einflußfaktoren auf eine effektive Schwerkrafttrennung sollen diese kurz analysiert werden:

Einflußfaktoren der Schwerkrafttrennung

– Viskosität des Wassers

Dynamische und kinematische Viskosität des Wassers ändern sich mit der Temperatur. Eine Dichte von 1 vorausgesetzt, sind beide gleich. Als idealisierte Berechnungsgrundlage wird eine

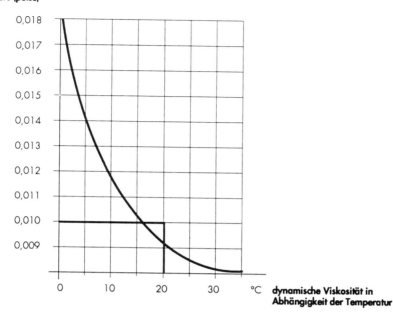

Bild 4.2-1:

Viskosität von 0,01 Poise für Wasser von 20 °C eingesetzt. Betrachtet man Bild 4.2-1, so wird ersichtlich, daß die Kondensattemperatur einen wesentlichen Einfluß auf die Ölabscheidung hat. Es läßt sich feststellen, daß eine höhere Temperatur die Abscheidung positiv beeinflußt.

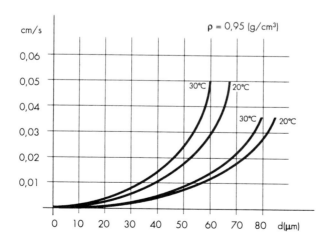

Bild 4.2-2:

– Dichtedifferenz

Je höher die Differenz zwischen Öl- und Wasserdichte, umso höher ist auch die Aufstiegsgeschwindigkeit des Öls. Öle, deren Dichte mehr zu 1 tendiert, z.B. Synthetiköle, können daher nur in relativ kleinen Mengen verarbeitet werden.

– Durchmesser

Der Tropfendurchmesser ist der einzige Parameter, der im Quadrat in die Berechnung nach dem Stoke'schen Gesetz eingeht. Daraus wird ersichtlich, daß dieser Faktor der wichtigste ist (Bild 4.2-2).

Tafel 4.2-1 zeigt den Zusammenhang zwischen Steiggeschwindigkeit, Durchmesser und Dichte bei 20 °C. Sie läßt erkennen, wie außerordentlich wichtig eine optimale Kondensatableitung und -zuführung ist. Nach Prof. Fries ist eine mechanische Schwerkrafttrennung nur dann erfolgversprechend, wenn die Tröpfchengröße > = 50 um beträgt.

Tafel 4.2.-1:

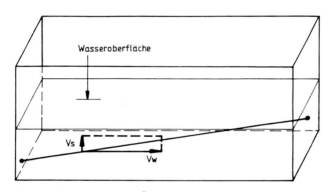

Wasseroberfläche

V_s

V_w

V_s = Vertikale Bewegung des Öltröpfchens im Wasser
V_w = Horizontale Strömung des Wassers in dem das Öltröpfchen aufsteigt

Steiggeschwindigkeit V_s = mm/h in Abhängigkeit von Dichte (20 °C) und Durchmesser

Öltröpfchen		Dichte g/cm³			
⌀ cm	⌀ μm	0,8	0,85	0,9	0,95
0,0005	5	0,58	0,47	0,29	0,14
0,001	10	2,38	1,62	1,19	0,61
0,002	20	9,43	7,06	4,68	2,34
0,003	30	21,17	15,88	7,34	5,29
0,005	50	58,82	44,10	29,41	14,58
0,009	90	190,51	142,88	95,26	47,63
0,015	150	529,27	396,86	264,64	132,34
0,025	250	1.471,50	1.103,62	735,77	367,88
0,050	500	5.886,00	4.558,50	2.943,00	1.471,50

Hier kommt ein wesentlicher Nachteil zeitabhängig gesteuerter Magnetventile zum Tragen: Wie bereits festgestellt, blasen diese Ventile im Jahresdurchschnitt bis zu 85 % der eingestellten Öffnungszeit Druckluft ab. Beim Öffnen des Magnetventils wird zunächst die anstehende Kondensatmenge über das Magnetventil in das Rohrleitungssystem gedrückt. Durch die nachströmenden großen Luftmengen entstehen hochturbulente Strömungen, die im Bereich des Ventilsitzes annähernd Schallgeschwindigkeit erreichen können. Bereits hier werden die Öltröpfchen mikrodispers zerschlagen. Durch die anschließend mit hoher kinetischer Energie aus dem Magnetventil schießende Druckluft erhalten die Öltröpfchen eine extreme Beschleunigung, und durch Reibung an den Rohrwänden und in der Luft entstehen gleichnamige elektrische Ladungen auf der Tröpfchenoberfläche. Das Ergebnis dieser Vorgänge ist eine äußerst stabile Emulsion.

4.2.6.2 Die Funktionsweise von Öl-Wasser-Trennern

Öl-Wasser-Trenner für nicht emulgiertes Kompressorenkondensat arbeiten in der Regel nach dem Verfahren der Schwerkrafttrennung für die im Kondensat enthaltenen reinen Ölanteile sowie anschließender selektiver Adsorption an Aktivkohle für die verbleibenden dispersen Ölpartikel. Trenner für Großanlagen, wie der ÖWAMAT 20, arbeiten zur besseren Vorabscheidung zusätzlich mit einer regenerierbaren Koaleszenzstufe.

Die Kondensatzuführung spielt bei der effizienten Schwerkraftabscheidung eine wesentliche Rolle. Hier sollte zum einen eine freie Expansion der beim Ableiten verdrängten Luft gewährleistet sein, zum anderen sollte das Kondensat dem eigentlichen Trennprozeß möglichst schonend zugeführt werden.

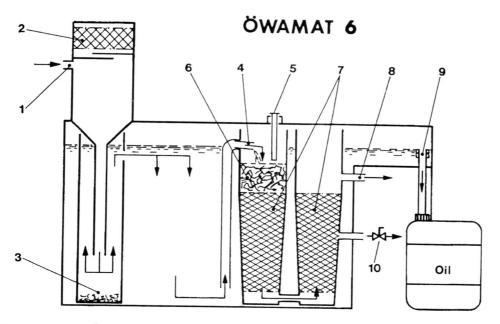

Bild 4.2-3: Schnittbild ÖWAMAT 6/20

1 Kondensateintritt, 2 Druckentlastungs- und Geräuschdämpfungskammer, 3 Schmutzauffangbehälter, 4 Überlaufrohr, 5 Niveaumelder, 6 oleophiler Vorfilter, 7 Adsorptionsfilter, 8 Wasserauslauf, 9 Ölüberlauf, höhenverstellbar, 10 Probeentnahme-Ventil

Eine effektive Lösung dieses Problems bietet die patentierte Druckentlastungskammer der ÖWAMAT-Kondensattrenner der BEKO Kondesat-Technik GmbH, Neuss. Bei diesen Geräten gelangt das Kondensat tangential über einen Rohrstutzen in die Kammer. Die Luft wird über einen mit Füllkörpern gefüllten Demister ohne Druckaufbau im System abgeleitet. Um ein Aufblasen auf das Trennbecken zu vermeiden, ist im Unterteil ein Tauchrohr, das in den Sammelbehälter eintaucht und einen hydrostatischen Gegendruck bildet (Bild 4.2-4).

Sedimentation

Daß sich im Kondensat außer Öl und Wasser auch nicht unerhebliche Mengen an Schmutz und Rostpartikeln befinden, wurde bereits im Zusammenhang der Kondensatableitung angesprochen. Dieser Schmutz lagert sich natürlich im Trennbehälter ab. Hier erweist sich das ÖWAMAT-System als vorteilhaft, das über einen leicht zu reinigenden Schmutzauffangbehälter verfügt. Bei einigen anderen Öl-Wasser-Trennern muß man von regelrechten Einwegsystemen sprechen, da die einzelnen Kammern komplett verschweißt sind und das Behältervolumen im Laufe der Zeit durch Ablagerungen so drastisch reduziert wird, daß eine eine ausreichnde Schwerkrafttrennung nicht mehr gewährleistet ist.

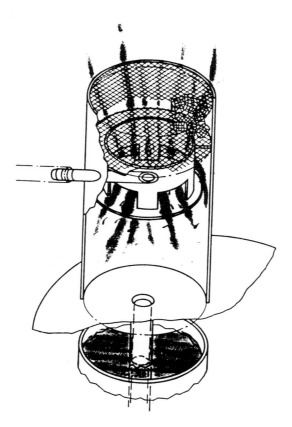

Bild 4.2-4: Schema Druckentlastungskammer

In der Praxis wird der Betreiber diesen Zustand zunächst an einem wesentlich erhöhten Aktiv-kohleverbrauch erkennen. Im weiteren Verlauf wird die Leistungsfähigkeit des Systems immer mehr bis hin zum Funktionsverlust reduziert.

Koaleszenzfilter

Die Abscheidung von Ölen in Wasser wird grundsätzlich durch den kolloid-chemischen Vor-gang der Koaleszenz unterstützt. Unter Koaleszenz ist das direkte Zusammenfließen von zwei oder mehreren Öltröpfchen zu verstehen, wobei die kleineren von den größeren aufgenommen werden. Durch diesen Vereinigungsprozeß bilden sich immer größere Tröpfchen, bis schließlich zwei Pha-sen vorliegen. Die Koaleszenz vollzieht sich in drei Abschnitten. Im ersten Abschnitt beginnt die Annäherung der Tröpfchen aneinander, im zweiten die Ausbildung und Drainage eines dünnen Films und im letzten das Einreißen und Verschwinden der kleineren Tröpfchen (Bild 4.2-5.1).

Die Koaleszenzstabilität kann grundsätzlich über die Wechselwirkung von Anziehungs- und Abstoßungskräften beschrieben werden. So sind die anziehenden vorwiegend van-der-Waal-Kräfte und die abstoßenden Kräfte elektrostatischer Natur. Nur bei einer Dominanz der van-der-Waalschen Anziehung ist eine Koaleszenz gewährleistet. Hieraus erklärt sich die emulsionsbilden-de Wirkung zeitgesteuerter Magnetventile: Durch Reibung der Moleküle entstehen starke elektro-statische Aufladungen, die eine Koaleszenz verhindern.

Homo- und Hetero-Koaleszenz

Koaleszenzvorgänge treten nicht nur zwischen einzelnen Öltröpfchen (Homo-Koaleszenz) auf, sondern auch an entsprechend präparierten Festkörperflächen (Hetero-Koaleszenz). Bei den hier zur Diskussion stehenden Öl-Wassertrennern erfolgt die Koaleszenz im zweiten Verfahren durch Koaleszenzfilter. Die Öltröpfchen strömen diesen aus einer spezifisch großen Oberfläche beste-henden Filter an und bilden einen dünnen Ölfilm.

Bild 4.2-5: Mustergültige Kondensatableitung und Aufbereitung in einer kleinen Kompressoranlage

Bild 4.2.-5.1:

Bild 4.2-5.2: So sollte eine vorbildliche Verdichteranlage aussehen

Behälterwand

Filtersack mit ge-
ringem Widerstand

Fluidbahn

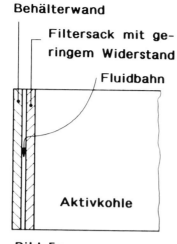

Aktivkohle

Behälterwand

Filtersack mit
hohem Widerstand

Fluidbahn

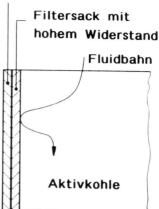

Aktivkohle

Bild 5a:

Schlechte Lösung,

da kein maßgenauer

Sack und dadurch

Spalt.

Bild 5b:

Gute Lösung, da

maßgenauer Sack

und dadurch kein

Spalt.

Bild 4.2-5.3:   Stallbauer „Randgängigkeit bei regellosen Schüttungen"

Nachfolgende Tröpfchen koalieren mit diesem Film. Bei Erreichen einer gewissen Schichtdicke reißt der Film aus, und der Öltropfen kann im Kondensat aufsteigen. Die Effizienz von Koaleszenzabscheidern wird zum einen durch die zur Verfügung stehende Oberfläche, zum anderen auch durch die Textur des Filters beeinflußt. Ein wichtiger Punkt ist die Abscheidung von meist in suspendierter Form vorliegenden Feststoffteilchen, die zur Bildung von Feinschlämmen führen. Diese Feinschlämme verursachen eine Verklebung des Koaleszenzfilters. Daher bedürfen Koaleszenzfilter einer regelmäßigen Wartung und Reinigung. Am Beispiel des für mittlere und größere Kompressorstationen konzipierten ÖWAMAT 20 zeigt sich, wie problemlos die zyklische Reinigung eines Koaleszenzfilters zu bewerkstelligen ist.

Aktivkohleadsorption

Durch Schwerkrafttrennung und Koaleszenz ist man in der Lage, den Ölanteil des Kondensates auf 200 bis 60 mg/l zu reduzieren. Zur Unterschreitung des gesetzlichen Grenzwertes ist also eine weitere Behandlungsstufe erforderlich. Hier wird allgemein Aktivkohle als Adsorptionsmittel verwendet. Versuche mit anderen adsorptiven Stoffen zeigten bis dato nicht den gewünschten Erfolg. Die geforderten Grenzwerte konnten kaum und wenn, dann nur für sehr kurze Zeit eingehalten werden. Bei den verwendeten Aktivkohlen handelt es sich in der Regel um offenporige Kohlen mit großen Oberflächen und daraus resultierend hoher Adsorptionsfähigkeit. Eine besondere Bedeutung kommt hier der Verarbeitung der Trennkammern und den verwendeten Filtersäcken zu. Da es sich bei den Filtern um regellose Schüttungen handelt, besteht die Gefahr, daß bei nicht optimaler

Bild 4.2-6: Foto ÖWAMAT-Gruppe o. Hintergrund. Neue Gruppe

Schüttdichte, grobmaschigen Filtersäcken und nicht exakt geformten Filteraufnahmen durch Randströmungen Bypass-Effekte entstehen, die die Leistung des Trennsystems negativ beeinflussen. Insbesondere bei einigen Billiggeräten sind diese Effekte zu beobachten.

Wichtig für Abscheidegrad und Durchsatzleistung sind natürlich auch die angeströmte Filteroberfläche sowie die Durchlaufzeit des Kondensates. Dabei hat sich im unteren und mittleren Leistungsbereich die Reihenschaltung von zwei Filterstufen hervorragend bewährt. Sie bringt dem Anwender einen wesentlichen wirtschaftlichen Vorteil, da hier nicht grundsätzlich beide Filter gewechselt werden müssen. Anders bei Parallelschaltungen: Hier ist der Zustand der einzelnen Filter nicht exakt definiert. Bei Überschreiten der Abwassergrenzwerte müssen grundsätzlich beide Filter gewechselt werden, was natürlich mit entsprechenden Kosten verbunden ist.

Die Standzeit der Filter ist in erster Linie von der Vortrennung und der Menge des zugeführten Kondensates abhängig. Es ist einleuchtend, daß Kondensate mit einem hohen Anteil mikrodisperser Öle größere Mengen an Adsorptionsmitteln benötigen. Als allgemeingültige Regel kann man davon ausgehen, daß an der Leistungsgrenze ausgelegte Öl-Wasser-Trenner mit etwa viermaligem Filterwechsel pro Jahr auskommen müssen. Allerdings wäre es nicht sinnvoll, zyklisch pro Quartal die Filter auszuwechseln, da die Belastung je nach Jahreszeit stark schwankt (siehe hierzu Kapitel 4.1 Kondensatableitung).

Kontrolle des Filterzustandes

Als erster Hersteller lieferte die BEKO Kondensat-Technik ihren Öl-Wasser-Trenner ÖWAMAT mit Probeentnahmehahn und Referenztrübungsset aus. Die Kontrolle des Filterzustandes bei so ausgestatteten Geräten ist relativ einfach und sehr effektiv. Nach etwa 75 % der gesamten Filter-

Bild 4.2-7:   Foto Filterwechsel

strecke wird eine Probe am Filter gezogen und mit einer definierten Referenztrübung verglichen. Liegt die Trübung der Probe unterhalb der Referenz, ist der Zustand des Filters in Ordnung. Selbst beim Überschreiten der Referenztrübung entspricht bei dieser Kontrollmethode das abfließende Wasser aufgrund der nach dem Probeventil vorhandenen 25 % Reserve in der Regel noch den vorgeschriebenen Grenzwerten. Allerdings muß in diesem Fall der Filter innerhalb einer angemessenen Frist gewechselt werden.

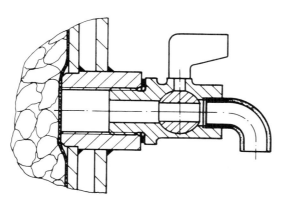

Bild 4.2-8:   Probeentnahme

Bild 4.2-9: Foto Probenvergleich Referenztrübung

Ableitung des abgeschiedenen Öls

Die durch Schwerkrafttrennung und Koaleszenz abgeschiedenen freien Ölanteile steigen an die Oberfläche des Sammelbehälters und müssen von dort natürlich entfernt werden. Die Betreiber sind sich häufig nicht darüber im klaren, in welchen Zeitabständen das geschehen muß. Wie aus dem bisher beschriebenen Verfahrensablauf zu ersehen ist, erfolgt die Öl-Wasser-Trennung in zwei Stufen. Die Menge des dabei anfallenden freien Öls hängt stark vom Ölaustrag des Kompressors und vom Dispersionsgrad des Kondensates ab. Da zwischen Wasserab- und Ölüberlauf eine Höhendifferenz besteht, sammelt sich zunächst eine gewisse Ölmenge an der Flüssigkeitsoberfläche an. Die Schichtdicke des Öls beträgt in der Regel zwischen 9 und 18 cm. Aufgrund der Fläche des Öl-Wasser-Trenners dauert die Ansammlung einer solchen Ölmenge verhältnismäßig lang. Zeiten von einem Jahr und mehr bis zum erstmaligen Abfließen des Öls sind durchaus normal. Bei nicht optimaler Ableitung entsteht daher leicht ein Problem: die Öle verharzen nämlich und neigen je nach Konsistenz des Kondensates zum Verkleben. Kleine Auslaßquerschnitte, einfache Armaturen des Ölablaufs können sich zusetzen und lassen dann das verklumpte Öl nicht mehr abfließen.

So entsteht die Gefahr von Öldurchbrüchen in die Kanalisation. Bild 4.2-10 zeigt einen optimal gestalteten Ölablaß, bei dem diese Gefahr ausgeschlossen ist.

Sammeln des abgeschiedenen Öls

In der Praxis kommt es immer wieder vor, daß abgeschiedenes Öl in offene Kanister oder Eimer geleitet wird. Solche Behältnisse sind ständig der Gefahr ausgesetzt, versehentlich umgestoßen zu werden. Sie stellen ein Sicherheitsrisiko dar und können bei behördlichen Kontrollen zu Problemen führen. Deshalb empfiehlt es sich, schon bei der Planung darauf zu achten, ob im Lieferumfang des Herstellers überlaufsichere Kanister enthalten sind.

4.2.6.3 Mögliche Betriebsstörungen

Unter normalen Umständen arbeiten Öl-Wasser-Trenner – abgesehen von gelegentlichem Aktivkohlewechsel und wöchentlicher Filterkontrolle – eigentlich wartungsfrei. Sicher ist es vorteilhaft, einmal jährlich den Schmutzauffangbehälter zu reinigen, wenn das Gerät darüber verfügt.

Eine typische Störung, die in der Regel kurz nach der Inbetriebnahme auftritt, ist der Anfall von Wasser im Ölkanister. Die Ursache hierfür ist in der Kondensatableitung zu suchen. Zum einen

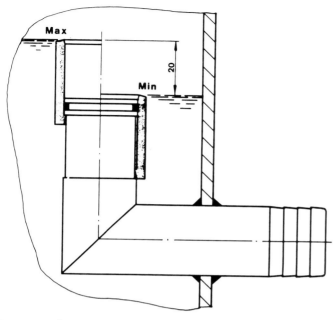

Bild 4.2-10:   Ölablaß – Detail an KT

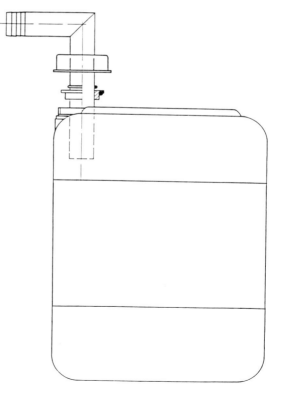

Bild 4.2-11:   Überlaufsicherung

besteht die Möglichkeit, daß zyklisch durch manuelle Entwässerung große Kondensatmengen zugeführt werden, zum anderen kann dieses Phänomen auch bei fehlerhaft installierten Kondensatableitern auftreten. Ähnlich stellt sich die Situation bei eher unterdimensionierten Geräten dar, wenn zu Zeiten hohen Kondensatanfalls mehrere Kondensatableiter gleichzeitig Kondensat ablassen.

Da gerade anfangs die ausgleichende Ölschicht noch nicht vorhanden ist, wird bei tiefsitzendem Ölüberlauf Kondensat in den Öl-Auffangbehälter abgelassen. Das Problem läßt sich z.B. beim ÖWAMAT durch einfaches Hochziehen des Ölüberlaufringes lösen. Etwas anders sieht es bei Geräten aus, die bereits längere Zeit im Einsatz sind. Ein in kurzer Zeit gefüllter Ölkanister deutet auf ein Zusetzen der ersten Aktivkohlefilterstufe hin. Zusetzende Stoffe können z.B. ausgefällte Additive sein, die in kleinen Flocken mit der Kondensatströmung in den Filter eingetragen werden und ihn undurchlässig machen. Oft hilft hier bereits ein kurzes Anheben und Drehen des Filters, um seine Funktionsfähigkeit wieder herzustellen. Allerdings sollte in diesem Fall grundsätzlich des Zustand des Öls kontrolliert werden. Bringt diese Maßnahme nicht den gewünschten Erfolg, so muß in jedem Fall der Aktivkohlefilter erneuert werden.

4.2.7 Emulsionsspaltanlagen

Wegen der in der Regel überdurchschnittlich hohen Anschaffungskosten für Emulsionsspaltanlagen empfiehlt es sich, bereits im Vorfeld von Investitionsentscheidungen sehr genau zu prüfen, ob eine Emulsionsspaltung überhaupt notwendig ist. Insbesondere bei kleineren und mittleren Druckluftstationen ist durch die Änderung einzelner Parameter bereits eine relativ preiswerte Aufbereitung mit Öl-Wasser-Trennern möglich. Dennoch gibt es Kompressorarten und Betriebsbedingungen, die den Einsatz von Emulsionsspaltanlagen erfordern oder auch aus wirtschaftlichen Erwägungen als durchaus sinnvoll erscheinen lassen.

In diesem Zusammenhang sind vorzugsweise zu nennen: Rotationsverdichter älterer Bauart, die mit Frischölschmierung arbeiten; thermisch hochbelastete, häufig luftgekühlte Kolbenkompressoren; Maschinen, die mit Motorenölen betrieben werden; sehr große Kompressoranlagen, bei denen fallweise die Kosten von konventioneller Öl-Wasser-Trennung und Emulsionsspaltung verglichen werden müssen.

Für die Emulsionsspaltung kommen grundsätzlich drei Verfahren in Betracht: Ultrafiltration, chemische Spaltverfahren, Adsorptionsverfahren.

4.2.7.1 Ultrafiltration

Bei der Ultrafiltration handelt es sich um ein altes, bewährtes Verfahren, bei dem die Emulsion aufkonzentriert wird, indem sie Permeat abtrennt. Das Verfahren wird im Regelfall diskontinuierlich durchgeführt. Das in einem separaten Sammelbehälter angefallene Kondensat wird durch eine Pumpe mit Drücken zwischen 4 und 10 bar im Kreislauf an den Mikro- oder Ultrafiltrationsmembranen vorbeigeführt. Unter diesen Bedingungen sind die Membranen für kleine Moleküle wie Wasser durchlässig; es wird als Permeat durch die Membrane gepreßt. Höher molekulare Stoffe wie Öle werden von der Membrane zurückgehalten und bleiben als Retentat zurück. Durch relativ hohe Strömungsgeschwindigkeit (ca. 5 m/s) versucht man, die empfindliche Rohrinnenseite der Membrane von groben Verunreinigungen frei zu halten. Durch die ständige Reduzierung des Wasseranteils steigt die Ölkonzentration des Retentates stark an. Hat sie Werte von 30 bis 50 % erreicht, dann geht die Permeatleistung stark zurück. In diesem Fall muß das Schmutzkonzentrat (Retentat) abgelassen und das Membransystem gespült werden.

Zur Rückspülung werden zwei Verfahren eingesetzt: a) Rückspülung durch Permeat; b) Spülung durch chemische Reinigungsmittel.

Bei der Permeatrückspülung wird ein Teil des Permeates in einem Zwischenbehälter gesammelt und entgegen der Filtrationsrichtung durch die Membrane zurückgedrückt. Damit wird die Schmutzschicht auf der Innenseite der Membrane aufgerissen und die ursprüngliche Filtrationsleistung wieder hergestellt. Während der Rückspülung muß das Filtrationsmodul drucklos geschaltet werden. Als problematisch ist die dabei auftretende mechanische Belastung der Membrane anzusehen. Darüber hinaus hat die Praxis gezeigt, daß zusätzlich zyklische Spülungen mit chemischen Reinigungsmitteln notwendig werden. Diese Verfahrensweise ist bei Ultrafiltrationsanlagen größerer Bauart regelmäßig anzutreffen. Hier wird die gesamte Anlage im Gegenstrom mit chemischen Spülmitteln, vorzugsweise Säuren, über einen gewissen Zeitraum gespült. Das Spülmittel mit den abgelösten Schmutzteilen wird anschließend zum Retentat abgeleitet. Die hohe Empfindlichkeit gegen Schmutzablagerungen und Verkrustungen ist das große Risiko aller Ultrafiltrationsanlagen. Lassen sich die Verschmutzungen nicht mehr lösen, dann ist die Membrane irreversibel geschädigt und muß erneuert werden. Da die Kosten für die Membranen mit bis zu 50 % des Anlagenpreises zu Buche schlagen, kommen hier schnell immense Ausgaben auf den Betreiber zu.

Gerade bei der Ultrafiltration hängt die Lebensdauer der Anlage sehr stark von der Vorreinigung des Kondensates ab. Ein nicht minder wichtiger Punkt ist der hohe Energiebedarf von Ultrafiltrationsanlagen, denn das Kondensat wird permanent mit Pumpen durch das Membransystem gedrückt. Die Energiekosten steigen mit längerer Betriebsdauer der Anlage stark an, da durch den feinen, abgelagerten Schmutz die Permeat-Leistung zurückgeht. Außerdem erfordern derartige Anlagen einen relativ hohen Wartungs- und Überwachungsaufwand. Für mannlosen Betrieb, wie er bei modernen Kompressorstationen angestrebt wird, sind sie in den seltensten Fällen geeignet.

4.2.7.2 Chemische Spaltverfahren

Die chemische Spaltung von Emulsionen beruht darauf, daß die Ladung der der anionischen Emulgatorgruppen durch die Zugabe von Chemikalien neutralisiert und damit die stabilisierende Wirkung aufgehoben wird. Sie ist daher immer dann erfolgversprechend, wenn die Emulgatoren Ion-aktiv sind bzw. die dispersen Phasen elektrische Ladungen aufweisen.

Chemische Spaltanlagen arbeiten in der Regel nach zwei Verfahren: durch Säurezugabe und durch Hydroxidfällung.

Reine Säurespaltung kommt aus verschiedenen Grunden für die Aufbereitung von Kondensatemulsionen kaum in Frage. Hier setzt man bei einer Betriebstemperatur von ca. 80 bis 90 °C der Emulsion dosiert Schwefelsäure zu. Um die Phasentrennung zu beschleunigen, wird in vielen Fällen eine Entspannungsflotation nachgeschaltet. Nach etwa einer Stunde Reaktionszeit bildet sich auf der Oberfläche eine abziehbare Ölphase. Allerdings enthält dieses Öl einen relativ hohen Säureanteil, was die Entsorgung erschwert. Das Abwasser mit Restölgehalten von < 50 mg/l muß in weiteren Verfahren behandelt und schließlich zur pH-Wert-Angleichung mit Natronlauge neutralisiert werden.

Häufiger ist die Hydroxidspaltung anzutreffen. Bei diesem in zwei bzw. drei Phasen ablaufenden Verfahren wird zunächst wie bei der Säurespaltung eine pH-Wert-Einstellung durch Säurezugabe erreicht. Danach werden Flockungsmittel, vorwiegend dreiwertige Metallsalze, als Eisen- oder Aluminiumverbindungen zugesetzt. Vorzugsweise sind folgende Salze bzw. deren Lösungen zu nennen: Aluminiumsulfat, Aluminiumchlorid, Eisenchlorsulfat, Eisen-3-Chlorid. Diese Salze dissozieren in wässerigen Lösungen. Die frei werdenden Metallionen neigen zur Hydration und bilden bei der Verwendung von Aluminiumsalzen das nahezu wasserunlösliche Aluminiumhydroxid. Im sauren Bereich bei pH-Werten von 5 bis 6 kommt es zur Bildung polymerer Komplexe mit positiven Ladungen. Diese Ladungen sind in der Lage, mit den negativ geladenen Emulsionsinhalten zu reagieren und diese zu neutralisieren. Aufgrund der van-der-Waal`schen Massenkräfte koagulieren diese Teilchen und können ausflotiert werden. Häufig wird dieser Prozeß durch die Zugabe von synthetischen Flockungshilfsmitteln (Polyelektrolyten) unterstützt. Dabei handelt es sich in erster Linie um Polyacrylamid-Derivate und Polyole als nichtionisch. Diese haben den Vorteil, daß sie weitgehend pH-unabhängig sind und die Flockungseigenschaften auch bei Überdosierung erhalten bleiben.

Anionische Flockungshilfsmittel wie Polyacrylsäure oder hydrolysiertes Polyacrylamid wirken zwar orthokinetisch (makroflockenbildend), haben aber den Nachteil, daß sie bei Überdosierung zur völligen Vernetzung der Kolloidteilchen und damit zur Restabilisierung der Emulsion führen. Als gemeinsames Problem ist die hohe Empfindlichkeit der Flocken gegen mechanische Einwirkungen zu nennen. Durch Rührwerke oder Paddel zerstörte Flocken lassen sich nicht mehr koagulieren; der Flotations- und Filtrationsprozeß wird dadurch erschwert oder gar verhindert. Auch mit diesen Verfahren gereinigte Abwässer sind im Regelfall zu sauer und müssen durch Nachneutralisation mit Laugen den Einleitungsanforderungen angepaßt werden.

Voraussetzung für die Spaltung ist hier, wie auch schon bei der Ultrafiltration, eine möglichst wirksame Vorabscheidung reiner Öle. In der Praxis bedeutet das, daß zunächst in entsprechend groß dimensionierten Sammelbehältern gepuffert werden muß. Aufgrund dieser Pufferung ist die Dosierung von Spalt- und Spalthilfsmitteln sehr aufwendig. Da das basische Öl zu ständig wechselnden pH-Werten in der Emulsion führt, der Spaltprozeß selbst aber grundsätzlich abhängig von der pH-Wert-Abstimmung ist, muß hier ein relativ hoher verfahrenstechnischer Aufwand getrieben werden. Verzichtet man auf diesen Aufwand, so ist eine kontinuierliche Fahrweise nur mit sehr großem personellem Aufwand möglich.

Die beiden beschriebenen Verfahren werden vorzugsweise bei Emulsionsmengen oberhalb von 0,5 bis 1 m3/h eingesetzt und arbeiten in diesem Mengenbereich verhältnismäßig wirtschaftlich. Voraussetzung ist allerdings – insbesondere bei der chemischen Emulsionsspaltung – eine in ihrer Zusammensetzung konstante Emulsion.

4.2.7.3 Adsorptionsverfahren

Das physikalische Adsorptionsverfahren eignet sich besonders für die relativ geringen, in der Abwassertechnik anfallenden Kondensatemulsionsmengen. Es hat den Vorteil, daß es in einer Stufe, ohne die Zugabe von Säuren und Laugen, eine hervorragende Abwasserqualität erreicht. Als Spaltmittel werden natürliche, umweltneutrale Mittel wie aktivierte Kieselsäuren, Ton, Bentonit und ähnliche verwendet. Die Spaltung der Emulsion erfolgt bei Raumtemperatur innerhalb von Minuten. Das derzeit einzige, speziell für Kompressorenkondensat konzipierte System BEKOSPLIT arbeitet im Bereich der Emulsionsspaltung nach dem Adsorptionsprinzip. Das BEKOSPLIT-Verfahren trägt den Erfordernissen der Emulsionsspaltung von Druckluftkondensaten in besonderer Art und Weise Rechnung.

Die Anforderung einer möglichst effektiven Vorabscheidung reiner Öle und Sedimentationen wird durch einen großdimensionierten Vorabscheidebehälter mit Koaleszenzabscheider erfüllt. Damit ist bereits eine Reduzierung des Kohlenwasserstoffgehaltes auf 60 bis 80 mg/l möglich. Das so vorgereinigte Kondensat wird anschließend mit einer Förderpumpe dem eigentlichen Trennprozeß zugeführt. Emulsionsspaltung und Flokulation erfolgen in einem Prozeß in zwei Reaktionsbehältern. Im ersten Behälter erfolgt mit hoher Umfangsgeschwindigkeit des Rührwerks die dosierte Zugabe des Reaktionstrennmittels über eine Förderschnecke. Aufgrund des Breitbandspektrums der eingesetzten Reaktionstrennmittel (pH 2-10) ist die Zugabe von Säuren oder Laugen überflüssig. Die im Reaktionstrennmittel verwendeten Tonerden sind Mineralien mit einer dreischichtigen, ausweitbaren Gliederung und einer Kationen-Austauschfähigkeit von 80 bis 100 m2/100 g und Korngrößenverteilungen von 0,1 bis 1,5 µm. Wegen der negativen Oberflächenladung werden die Ölpartikel von den kationischen positiven Polymeren angezogen. Polymere, die Ölanteile gebunden haben, laden sich positiv auf und werden von den Tonerdeteilchen überzogen. Dieser Vorgang

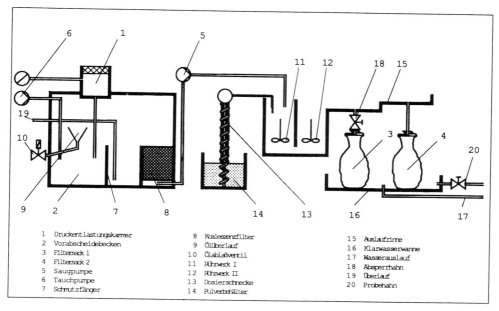

1	Druckentlastungskammer	8	Koaleszenzfilter	15	Auslaufrinne
2	Vorabscheidebecken	9	Ölüberlauf	16	Klarwasserwanne
3	Filtersack 1	10	Ölablaßventil	17	Wasserauslauf
4	Filtersack 2	11	Rührwerk I	18	Absperrhahn
5	Saugpumpe	12	Rührwerk II	19	Überlauf
6	Tauchpumpe	13	Dosierschnecke	20	Probehahn
7	Schmutzfänger	14	Pulverbehälter		

Bild 4.2-12:   Schema – ES 05

wiederholt sich so lange, bis alle Ölmoleküle und Verschmutzungen fixiert sind. Die während der Reaktion entstandenen Mikroflocken werden im zweiten Reaktionsbehälter bei geringerer Umfangsgeschwindigkeit des Rührwerks so lange in Schwebe gehalten, bis sich eine gut filtrierbare Makroflocke gebildet hat. Durch Reaktion mit dem im Reaktionstrennmittel enthaltenen Kalk bildet sich ein verkittendes, isolierendes Material, das nicht auslaugbar ist. Da sich die Reaktion zwischen Tonerde und Kalk relativ langsam vollzieht, setzt sich der Stabilisierungs- und Einkapselungsprozeß auch während der Reaktion weiter fort. Das Wasser-Flocken-Gemisch wird über eine Ablaufrinne einem Sackfilter mit definierter Porengröße zugeführt. Das ablaufende Filtrat kann bedenkenlos in die Kanalisation eingeleitet werden, während sich der verbleibende Filterkuchen kostengünstig entsorgen läßt.

Der gesamte Prozeß, von der Vorabscheidung bis zum Wasserauslauf, wird während des Betriebes konstant durch eine spezielle Sensorik überwacht. Alle Signale werden an eine Mikroprozessorsteuerung weitergeleitet, die die Anlage vollautomatisch fährt. Diese Steuerung verfügt über einen Wartungsmeldungs- und einen Alarmkreis. Während im Falle der Wartungsmeldung der Betreiber darauf hingewiesen wird, daß für den störungsfreien Betreib notwendige Arbeiten durchzuführen sind, und die Anlage weiter in Betrieb bleibt, führen Alarme zum direkten Abschalten der Anlage. Da diese Meldungen über SPS-fähige Signalausgänge weitergegeben werden können, ist sichergestellt, daß bis zum Eintreffen einer Wartungsmeldung außer einer routinemäßigen wöchentlichen Kontrolle des abfließenden Wassers kein weiterer Bedienungsaufwand erforderlich ist.

Zu den daraus resultierenden, sehr geringen Personalkosten kommt dank der hochwirksamen Vorabscheidung ein außerordentlich geringer Bedarf an Reaktionstrennmitteln. Auch der Energieverbrauch ist im Gegensatz zu Ultrafiltrationsanlagen sehr niedrig, so daß mit Kosten von etwa 9 bis 10 DM pro aufbereitetem Kubikmeter Kondensat gerechnet werden kann. Damit ist das BEKOSPLIT-System auch eine kostengünstige Alternative für größere Kompressorstationen, deren Kondensat sich durch herkömmliche Öl-Wasser-Trenner aufbereiten läßt.

Bild 4.2-13:   Emulsions-Spaltanlagen BEKOSPLIT. Die einfachste und praktischste Art stabile Kondensatemulsionen zu
               spalten.

4.2.8 Schlußwort

Die Aufbereitung von ölhaltigem Kompressorenkondensat ist keine Frage des guten Willens
oder der Einstellung des Betreibers zur Umwelt. Vielmehr schreibt der Gesetzgeber eindeutig vor,
wie mit diesem Kondensat umzugehen ist. Die Wahl des Verfahrens steht dem Betreiber dabei frei,
doch dürfte der Kostenfaktor den Ausschlag geben: Bei Entsorgungskosten von 400 bis 600 DM
pro Kubikmeter Kondensat haben sich die Investitionen für eine eigene Kondensataufbereitung in
der Regel in weniger als einem Jahr amortisiert. Vor der Entscheidung, ob eine konventionelle Aufbereitung oder eine Emulsionsspaltung durchgeführt werden soll, gilt es zu bedenken: Für kleinere
Kompressoranlagen reicht in fast allen Fällen die Aufbereitung durch Öl-Wasser-Trennsysteme mit
Prüfzeichen wie den ÖWAMAT aus. Im Bereich der Emulsionsspaltanlagen geht es hier immer um
eine mehr als fünfmal höhere Investitionssumme, vom Personalaufwand ganz zu schweigen. Anders bei Kompressoranlagen mit Liefermengen über 60 m³/min, für die der Einsatz speziell konzipierter Emulsionsspaltanlagen durch aus eine Alternative ist.

5. Druckluftverteilung

Die Druckluftverteilung durch ein Rohrleitungsnetz hat die Aufgabe, die Luft zwischen der Erzeugung und den Verbrauchern möglichst ohne Reduzierung der Luftqualität (durch Rost, Wasser, Schweißzunder usw.), der Luftmenge (durch Leckagen) und des Betriebsdruckes (durch zu geringe Nennweiten) mit geringsten Kosten zu transportieren. Die systematische Einordnung der Druckluftverteilung innerhalb der Drucklufttechnik ist aus Bild 5.1-1 ersichtlich.

Wie sieht nun ein optimales Rohrleitungsnetz aus?

Es hat einen Korrosionsschutz (durch Verzinkung, Edelstahl oder Kunststoff), ist dicht (geschweißt, gelötet oder geklebt) und beschränkt den Druckabfall zwischen Kompressor und Verbraucher auf maximal 1 bar.

Die jährlichen Kosten der Kompensation eines nicht gänzlich zu vermeidenden Druckabfalls in der Rohrleitung (kleiner als 1 bar) belaufen sich pro Bar auf ca. 10 % der installierten elektrischen Leistung.

In der Praxis sieht es allerdings anders aus. Häufig sind überalterte Druckluftnetze anzutreffen, bei denen 50 % und mehr der erzeugten Energie auf dem Transportweg verlorengehen. Verluste dieser Größenordnung werden schon bei einer Leckagenrate von 20 % und einem Druckabfall von 3 bar erreicht. Im Umkehrschluß ergibt sich daraus, daß das Energieeinsparpotential im Drucklufttechnik-Teilbereich Verteilung so groß ist, daß man daraus zusätzlichen Leistungsbedarf decken kann, ohne neue Kompressoren installieren zu müssen.

5.1 Rohrleitungen

5.1.1 Grundlagen

5.1.1.1 Der Zusammenhang Druckluftqualität/Rohrqualität

Saubere Druckluft erfordert korrosionsgeschützte Rohre.

Sowohl die Druckluft als auch die Umgebungsluft können den Rohrwerkstoff negativ beeinflussen. Während nachträgliche Korrosionsschutzmaßnahmen an den Rohraußenflächen durchaus möglich sind, besteht diese Möglichkeit an den Rohrinnenflächen meistens nicht.

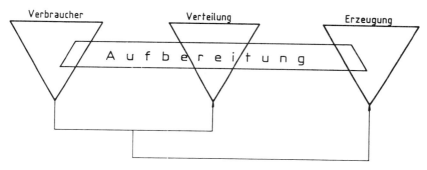

Bild 5.1-1: Aufbau eines Druckluftsystems

Durch ein korrosionsgeschütztes Rohr lassen sich Verschlechterungen der Druckluftqualität durch Rost, Zinkgeriesel, Zunder usw. vermeiden. Deshalb ist in jedem Fall ein Korrosionsschutz an den Innenflächen – zweckmäßigerweise aber auch außen – zu befürworten.

Korrosionsauslösende Faktoren sind:

Atmosphärilien, unterschieden nach Schadstoffgehalt (z.B. Schwefeldioxid- und Sauerstoffgehalt), Feuchtigkeitsgehalt, Temperatur; Salze und ihre Lösungen; organische Stoffe; Oxidationsmittel; Wasser; alkalische Verbindungen und ungleiche Metalle in Verbindung miteinander unter Einfluß eines Elektrolytes.

Bei Rohren aus Kupfer, Zinklegierungen und phosphoroxidiertem Kupfer ist auf Ammoniak und seine Derivate als auslösende Medien der Spannungsrißkorrosion besonderes Augenmerk zu richten. Ammoniak kann in einer Vielzahl von Baumaterialien und umgebenden Stoffen enthalten sein, z.B. in Gasbeton, Mörtel, Bausand, Verpackungsmaterial, Holzwolle, Reinigungsmitteln, Glas- und Mineralwolle, Teppichböden, Rostumwandlern, Farben, Gummi, Fäkalien, Düngemitteln usw.

In einem Rohrsystem kann bei ungetrockneter Luft die Druckluftqualität auch dadurch verbessert werden, daß die Entnahmeleitungen von den Verteilungsleitungen aus nach oben abgehen (Bild 5.1-2). Das Kondensat sollte dann nicht mit der Luft zusammen austreten, sondern in der möglichst mit Neigung verlegten Verteilungsleitung abfließen.

Dies sind die für den Zusammenhang Druckluftqualität/Rohrqualität relevanten Fakten; weiteres zum Thema Druckluftqualität, Kapitel 3.

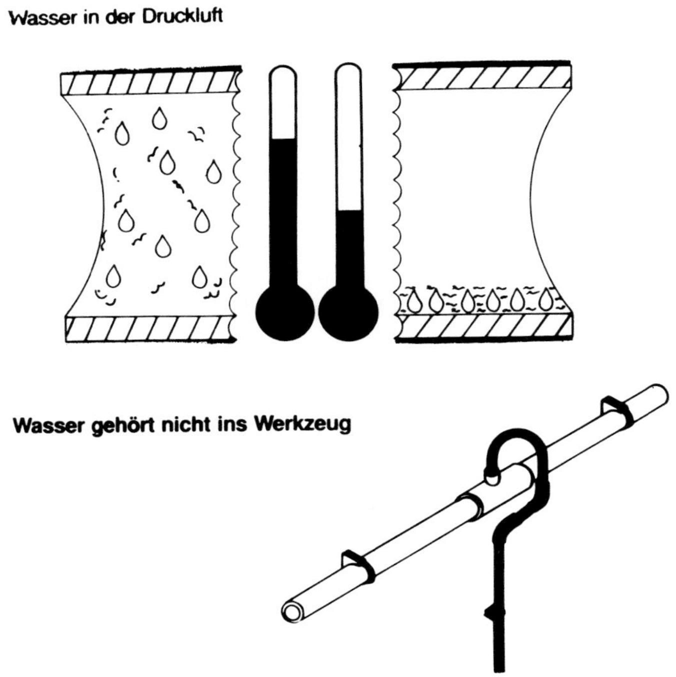

Wasser in der Druckluft

Wasser gehört nicht ins Werkzeug

Bild 5.1-2: Sanierung – Luftqualität

A 15

5.1.1.2 Vermeidung teurer Leckagen

Ein korrosionsgeschütztes Rohr sollte dicht sein. Bei der Projektierung muß daher Wert auf eine optimale Rohrverbindung gelegt werden, die Dichtheit garantiert (z.B. Schweißung, Lötung oder Klebung). So kann man sich von vornherein die sonst später zwangsläufig anfallenden, aufwendigen Such- und Beseitigungsaktionen sparen. Ganz lassen sich Leckagen natürlich nicht vermeiden, besonders bei den Maschinenanschlüssen. Hier bedarf es einer gründlichen Schulung des Wartungspersonals, so daß auftretende Undichtigkeiten (durch Vibrationen, thermische Einflüsse usw.) sofort beseitigt werden.

Was Energieverluste durch Leckagen kosten, ist aus Bild 5.1-3 ersichtlich.

5.1.1.3 Druckabfälle sind kostspielig

Jeder Druckluftverbraucher benötigt einen bestimmten Fließ- oder auch Betriebsdruck. Ein zu niedriger Fließdruck – z.B. verursacht durch zu enge Rohrquerschnitte – mindert die Leistung des Verbrauchers überproportional (Bild 5.1-4). Ein zu hoher Druck treibt nicht nur unnötigerweise die Energiekosten in die Höhe, sondern er verkürzt darüber hinaus auch die Lebensdauer der pneumatisch betriebenen Maschinen und Werkzeuge.

Leckagen kosten Geld

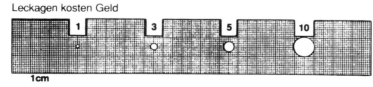

Lochdurchmesser mm	Luftverlust bei 6 bar$_e$ l/s		
1	1,238	0,3	480,–
3	11,14	3,1	4 960,–
5	30,95	8,3	13 200,–
10	123,8	33,0	52 800,–

[1] kW x 0,20 DM x 8 000 Bh/a

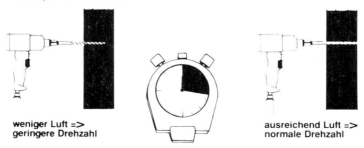

weniger Luft =>
geringere Drehzahl

ausreichend Luft =>
normale Drehzahl

Bild 5.1-3: Luftmengen

Bei zu niedrigen Fließdruck mindert sich die Leistung
der Verbraucher **überproportional.**

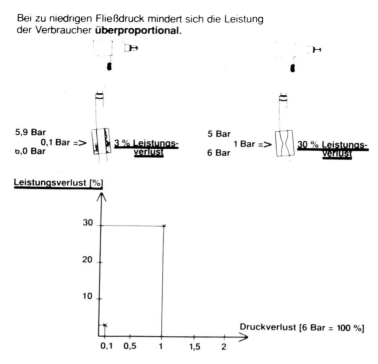

Bild 5.1-4: Betriebsdruck

5.1.1.4 Komponenten der Druckluftverteilung

Zweckmäßigerweise wird ein Rohrleitungsnetz systematisch nach Funktionen bzw. Einsatz-
plätzen in Abschnitte aufgeteilt. Wie das geschieht, wird im folgenden beispielhaft beschrieben
(Bild 5.1-5).

Kompressorenraum

Um Vibrationsübertragung zu vermeiden, sollten Gummischlauchleitungen oder flexible Rohre
zwischen Kompressor und Druckluftbehälter eingesetzt werden. Wenn verzinkte Stahlrohre vorgesehen sind, so empfiehlt sich – wie auch beim Einsatz in anderen Bereichen – die Verschweißung
mit Castolin, um der Korrosion an den verzinkten Rohrenden vorzubeugen. Aus Temperaturgrün-
den sollten keine Kunststoffrohre oder flexible Kunststoffschläuche mit Weichmachern verwendet
werden; die Weichmacher wandern mit der Druckluft aus.

Hauptleitung (HL)

Als Hauptleitung bezeichnen wir den Teil der Leitung zwischen Druckluftbehälter und Haupt-
verbrauchszentrum. Dieser Leitungsbereich muß immer ausreichend Reserven für künftige Erweiterungen haben.

Der Druckabfall sollte p = 0,04 bar nicht übersteigen.

HL = Hauptleitung

VL = Verteilungsleitung

AL = Anschlußleitung

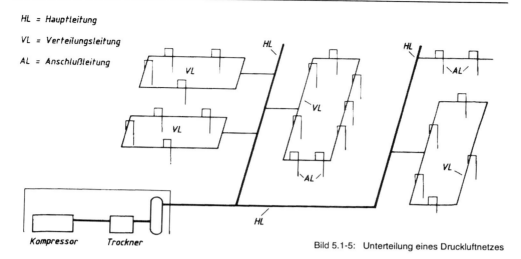

Bild 5.1-5: Unterteilung eines Druckluftnetzes

Bei Nennlängen (gemessene Länge + ca. 50 % Aufschlag für Einbauten) von ca. 100 m werden deshalb bei 6 bar Überdruck für unterschiedliche Volumenströme folgende Rohrgrößen empfohlen:

Q = l/s	Rohrgrößen
250	110 mm (i $\varnothing$ 90)
150	90 mm (i $\varnothing$ 75)
100	75 mm (i $\varnothing$ 63)
50	63 mm (i $\varnothing$ 50)
20	40 mm (i $\varnothing$ 32)

Die gesamte erzeugte Druckluftmenge muß jetzt und später mit dem o.g. geringen Druckabfall durch die Hauptleitung fließen können. Zu enge Hauptleitungen behindern spätere Erweiterungen. Da die Hauptleitungen in der Regel nicht sehr lang sind, ist der Investitionsaufwand für einen niedrigeren Druckabfall hier noch am geringsten.

Verteilungsleitung (VL)

Die Verteilungsleitung ist der Leitungsteil, der als Stich- oder Ringleitung die Luft innerhalb eines Verbrauchszentrums verteilt.

Der Druckabfall sollte p = 0,03 bar nicht übersteigen.

Unsere Rohrgrößenempfehlung bei 6 bar und 150 m Nennlänge (oder 300 m Nennlänge bei Ringanordnung und doppeltem Volumen) ist daher:

Q = l/s	Rohrgrößen
125	90 mm (i $\varnothing$ 75)
75	75 mm (i $\varnothing$ 63)
50	63 mm (i $\varnothing$ 50)
25	50 mm (i $\varnothing$ 40)
10	32 mm (i $\varnothing$ 25)

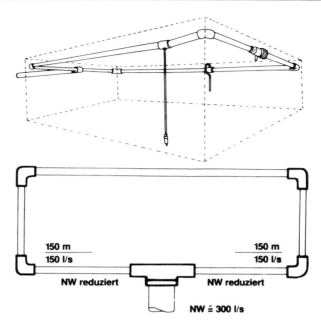

Bild 5.1-6: Verteilerleitung

Ringleitungen haben eine doppelt so hohe Kapazität wie Stichleitungen. Sie sind besonders sinnvoll, wenn die Verbraucher räumlich gleichmäßig verteilt sind (Bild 5.1-6). Aus einer Stichleitung kann sich bei Erweiterung zu einer Ringleitung also eine Verdoppelung der Kapazität ergeben. Es ist deshalb empfehlenswert, für spätere Anschlußleitungen gleich die T-Stücke für die Abgänge – z.B. nach einem Rastermaß von 6 m – mit einzuplanen.

Anschlußleitungen (AL)

Die Anschlußleitungen bilden die Verbindung zwischen der Verteilerleitung und dem Verbrauchsort.

Der Druckabfall sollte p = 0,03 bar nicht übersteigen.

Um das Kondenswasser möglichst weitgehend (auch bei Ausfall eines Trockners) vor dem Austritt der Druckluft abzuscheiden, empfiehlt es sich, mit einem 180-Grad-Bogen von der Verteilungsleitung abzugehen (Bild 5.1-2). Dei Anschluß mehrerer Werkzeuge sollten Anschlußdosen mit mehreren Ausgängen vorgesehen werden (Bild 5.1-7).

Unsere Rohrgrößenempfehlung bei 6 bar und einem max. Druckabfall von 0,03 bar sowie einer Nennlänge von 20 m für unterschiedliche Volumenströme ist:

Q = l/s	Rohrgrößen
30-50	50 mm (i ∅ 40)
20	32 mm (i ∅ 25)
10	25 mm (i ∅ 20)

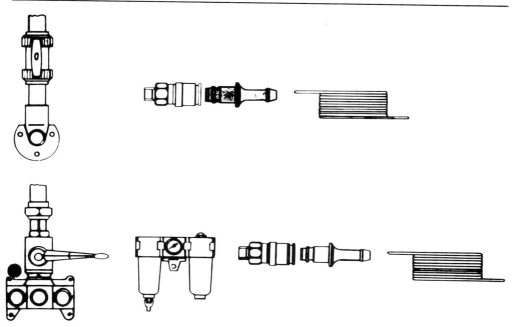

Bild 5.1-7: Armaturen- und Anschlußzubehör

Grundsätzlich sollten die Anschlußleitungen standardisiert werden. Bei industrieller Anwendung werden Abmessungen von ≥ 25 mm empfohlen.

Anschlußzubehör

Der Bereich des Anschlußzubehörs ist in den meisten Druckluftverteilungssystemen insofern ein neuralgischer Sektor, als hier unnötige Nennweitenreduzierungen erfolgen, ungeeignete Wartungseinheiten, Kupplungen oder zu lange Spiralschläuche eingesetzt werden .

5.1.2 Rohrdimensionierung

Das Rohrleitungsnetz einer Druckluftverteilung ist als Energieleitung besonders sorgfältig zu dimensionieren, um unnötige, sehr kostspielige Druckabfälle zu vermeiden.

5.1.2.1 Anschlußwerte von heute – Druckverluste von morgen

Bevor der Druckluftanwender sich mit Detailrechnungen befaßt, sollte er sich über folgendes im klaren sein: Wenn die Ursache für die Energieverluste durch überalterte Druckluftverteilungen darin zu suchen ist, daß die Leitungen im Laufe von Jahren in der Länge (nicht aber in der Nennweite) expandieren und damit dann auch zwangsläufig die Druckabfälle vergrößern, dann muß dieses Wachstum vorausschauend berücksichtigt werden. Eine Druckluftverteilung sollte außerdem hinsichtlich ihrer Anschlußwerte so ausgelegt sein, daß auch bei einer Änderung der Fertigungsstruktur die Kapazität immer groß genug ist.

Was die Frage höherer Investitionskosten bei sofortiger Berücksichtigung von Reserven im Gegensatz zu späteren Nachbesserungen betrifft, ist darauf hinzuweisen, daß im ersteren Fall die

Montagekosten sich kaum ändern, wenn eine um ein oder zwei Dimensionen größere Rohrleitung gewählt wird. Spätere Nachbesserungen – abgesehen davon, daß sie in der Regel nicht erfolgen – würden im Fall der Ausführung ein Mehrfaches von dem kosten, was bei sofortiger Berücksichtigung des möglichen Wachstums aufgewendet werden muß.

Komplizierte Verbrauchsrechnungen mit Einschaltdauer, Einschalthäufigkeit der Werkzeuge sind sicherlich wichtig für den augenblicklichen Bedarf, noch wichtiger aber ist es, darüber hinaus den Blick auf eine mögliche künftige Bedarfssituation zu richten. So ist es heute im industriellen Bereich gängige Praxis, die Verteilungsleitung (Ringanordnung) für Fertigungshallen mit Nennweiten von mindestens 63 mm zu standardisieren. Das gilt für Volumenströme bis 100 l/s, auch wenn der gegenwärtige Bedarf nur einen Teil dieser Leistung beträgt.

Bei einem Rohrschema ähnlich Bild 5.1-8 heißt das für

1. Die Hauptleitung:

   Die Größe der Hauptleitung sollte so gewählt werden, daß später auch zusätzliche Fertigungshallen versorgt werden können.

2. Die Verteilungsleitung:

   Die Verteilungsleitung sollte standardmäßig so ausgelegt werden, daß die Kapazität auch dann noch ausreicht, wenn die Zahl der Luftverbraucher vergrößert wird.

Am einfachsten ist es, dem Lieferanten einen Rohplan über die Baulichkeiten zu geben und darin die Leitungsführung und Befestigungsmöglichkeiten auszuweisen.

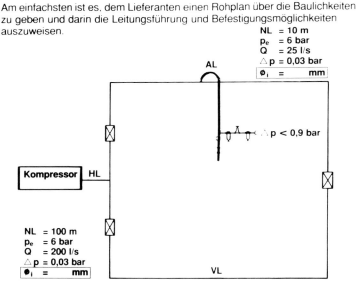

$NL = 10$ m
$p_e = 6$ bar
$Q = 25$ l/s
$\triangle p = 0,03$ bar
$\phi_i = \quad$ mm

$\triangle p < 0,9$ bar

$NL = 100$ m
$p_e = 6$ bar
$Q = 200$ l/s
$\triangle p = 0,03$ bar
$\phi_i = \quad$ mm

$\dfrac{NL}{2} = 150$ m
$p_e = 6$ bar
$\dfrac{Q}{2} = 100$ l/s
$\triangle p = 0,04$ bar
$\phi_i = \quad$ mm

Der Druckluftbetreiber muß folgende Angaben machen:
1. **gewünschter Betriebsdruck (Fließdruck)**
2. **gewünschte Volumenströme in den einzelnen Leitungsbereichen**
3. **höchstzulässige Druckabfälle**
4. **gewünschte Luftqualität**

Bild 5.1-8: Vorgehensweise bei der Ausschreibung

3. Die Anschlußleitungen:

Hier empfiehlt sich als kleinste Rohrgröße im Industriebereich eine standardisierte Nennweite von 25 mm. Kleinere Abmessungen sind von der Investition her nicht günstiger, sie bringen aber in der Regel zu hohe Druckverluste mit sich.

Im Bereich der Anschlußleitungen läßt sich beispielhaft demonstrieren, daß kleine Planungsfehler große Auswirkungen haben können:

Anläßlich der Installation eines neuen Verbrauchers wird unter vielen richtig dimensionierten Anschlußleitungen versehentlich eine unterdimensionierte Leitung eingeplant, die an Material und Montage zwar nur 150 DM kostet, aber einen Druckabfall von 1 bar verursacht: anstelle der notwendigen 6 bar tritt die Luft nur mit 5 bar aus.

Es könnte nun sein, daß der Betreiber auf den Gedanken kommt, zum Ausgleich dieses Druckverlustes die Verdichtung der Kompressoren um 1 bar höher einzustellen. Daraus würde sich bei einer installierten Leistung von 300 kW pro Jahr ein Kostenmehraufwand von ca. 50.000 DM ergeben.

5.1.2.2 Schritte zur richtigen Dimensionierung

Neben der schematischen Darstellung wie z.B. gemäß Bild 5.1-8 sind pro Leitungsbereich (HL, VL, AL) folgende Parameter festzulegen:

Nennlänge (in m): Man versteht darunter die gemessene Rohrlänge plus ca. 50 % als äquivalente Länge für Einbauten oder den durch genaue Berechnung der äquivalenten Länge nach Materialauszug und Ersatzlängenangabe der Formteilhersteller ermittelten Wert.

Volumenstrom (in l/s): Er basiert auf der Leistungsgröße der Kompressoren bzw. auf dem gegenwärtigen und künftigen Bedarfsvolumen der Luftverbraucher.

Betriebsdruck/
Überdruck (in bar): Er ist möglichst niedrig anzusetzen, meistens mit 6 bar. Selbstverständlich kann man durch eine für 6 bar ausgelegte Leitung ohne Leistungsverluste auch auf 8 bar verdichtete Luft schicken, aber nicht umgekehrt. Dei der Auslegung muß also der niedrigste Betriebsdruck eingesetzt werden, der gegenwärtig und auch später zum Tragen kommt.

Druckabfall
(in bar): In den einzelnen Leitungsbereichen sollte der Druckabfall folgende Werte nicht überschreiten:

Hauptleitung (HL)	0,03 bar
Verteilungsleitung (VL)	0,04 bar
Anschlußleitung (AL)	0,03 bar
Zubehörteile	<u>0,03 bis 0,90 bar</u>
	bis 1,0 bar

Nachdem diese Werte festliegen, ist mittels der Näherungsformel

$$d = \sqrt[5]{\frac{1,6 \cdot 10^3 \cdot Q^{1,85} \cdot L}{\Delta p \cdot p_e}}$$

d = Innendurchmesser des Rohres (m)
p_e = Anfangsdruck (Überdruck – Pa)
L = Nennlänge (m)
Q = Volumenstrom (m³/s)
Δp = Druckverlust (Pa)

der Innendurchmesser für stationäre Strömungen festzustellen.

Zur Erleichterung der recht umfangreichen Rechenarbeit kann die Ermittlung der Innendurch-messer im Rahmen einer short-cut-Methode vorgenommen werden, und zwar durch die Verwen-dung von Tabellen (Bild 5.1-9), Computerprogrammen oder ähnlichem.

5.1.2.3 Strömungsarten, -formen und -verhalten

Im Zusammenhang mit der Dimensionierung sollten noch einige Faktoren zum besseren Ver-ständnis der Bewertung des Druckverlustes bzw. der richtigen Rohrnennweite erwähnt werden.

Die Strömungsarten (Bild 5.1-10) unterscheidet man nach laminarer oder turbulenter Strömung. Bei der laminaren Strömung bewegen sich alle Luftpartikel in parallelen Schichten. Die Strömungs-geschwindigkeit nimmt von der Rohrmitte zur Rohrwand hin ab. An der Rohrwand ist die Luftströ-mungsgeschwindigkeit gleich null, d.h. die äußeren Luftteilchen stehen still. Laminare Strömung tritt nur bei niedrigen Geschwindigkeiten und/oder kleinem Rohrdurchmesser auf. Die weitaus

Volumenstrom in l/s		Nennlängen x) in m x) xx)													
		25	40	60	80	100	150	200	250	300	400	500	600	800	1000
10		21	23	25	27	28	31	32	34	35	37	39	40	42	45
20		28	30	33	35	36	39	42	44	45	48	50	52	55	58
50		38	43	46	49	51	55	56	61	63	67	70	73	77	80
80		46	50	55	58	60	66	70	73	76	80	84	87	92	96
120		53	58	64	68	71	77	81	85	88	93	97	101	107	112
180		62	68	74	78	82	89	94	99	102	108	113	117	124	130
250		70	77	84	88	92	101	106	111	115	122	127	132	140	147
300		75	83	90	94	99	108	114	119	124	130	136	142	150	157
400		84	92	99	105	110	120	127	132	137	145	152	158	167	174
500		90	99	108	115	120	130	138	143	150	158	165	171	181	190
600		97	106	116	122	128	140	147	154	159	169	176	183	194	203
800		108	118	129	136	142	155	164	171	177	188	196	203	216	226
1000		117	129	140	148	155	168	178	186	193	204	214	221	235	245
1500		136	150	162	172	180	195	207	216	224	237	248	257	272	285

Rohrinnendurchmesser in mm

Bild 5.1-9: Feststellung der Rohrinnendurchmesser bei Druckluftleitungen

wichtigere und häufiger vorkommende Strömungsart ist die turbulente Strömung. Bei dieser bewegen sich die Luftpartikel nicht parallel zur Rohrleitungsachse, und die Geschwindigkeitsstruktur ist nicht einheitlich.

Für jede Strömungssituation gibt es eine kritische Reynold-Zahl, die bei 2320 liegt und sich nach folgender Formel errechnen läßt:

$$Re = \frac{w \cdot d_i}{v}$$

w = die mittlere Strömungsgeschwindigkeit in m/s

d_i = der lichte Rohrdurchmesser in m

v = die kinematische Zähigkeit in m²/s

Bei Re über 2320 erfolgt der Übergang von laminarer zu turbulenter Strömung.

Neben der Strömungsart (laminar/turbulent) – charakterisiert durch die Reynoldsche Zahl – beeinflußt natürlich die relative Rauhigkeit (k/d_i) der Rohrwand den Druckabfall. Dabei bedeutet k die größte Vertiefung in der Wandoberfläche eines Rohres bzw. die größte Erhebung über die Wandoberfläche und d_i den Innendurchmesser der Rohrleitung in mm. Im Zusammenhang mit dem Medium Druckluft ist hier außerdem darauf hinzuweisen, daß rauhe Oberflächen die Inkrustationsbildung fördern und dann mit der Zeit der Innendurchmesser der Rohre durch Zubacken kleiner wird.

Strömungsart und Rauhigkeit bestimmen das Strömungsverhalten (Bild 5.1-11) und die Rohrwiderstandszahl (...) mit folgenden Unterteilungen:

1. hydraulisch glattes Verhalten

2. hydraulisch rauhes Verhalten

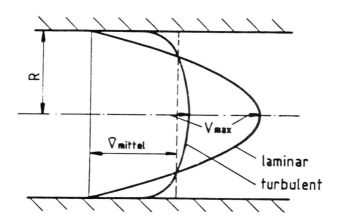

Bild 5.1-10:   Laminares und turbulentes Geschwindigkeitsprofil

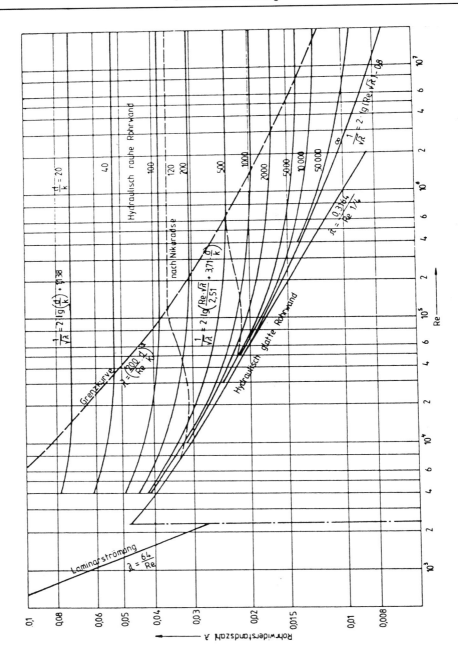

Bild 5.1-11:   Rohrwiderstandszahl λ in Abhängigkeit von der Reynoldszahl Re
               (Diagramm aus:: A. Jogwich, Strömungslehre)

3. Übergangsbereich zwischen hydraulisch glattem und rauhem Verhalten

Einflußgrößen sind:

Reynoldsche Zahl   (Re)

Innendurchmesser (d_i)

Rauhigkeit   (k)

Solange die Grenzschichtdicke die vorhandenen Rauhigkeiten einhüllt, verhält sich das Rohr hydraulisch glatt. Werden dagegen die vorhandenen Rauhigkeiten nicht mehr von der Grenzschicht eingehüllt, verhält sich das Rohr hydraulisch rauh. Wenn die vorhandenen Rauhigkeiten nur teilweise eingehüllt werden, dann zeigt das Rohr ein Übergangsverhalten.

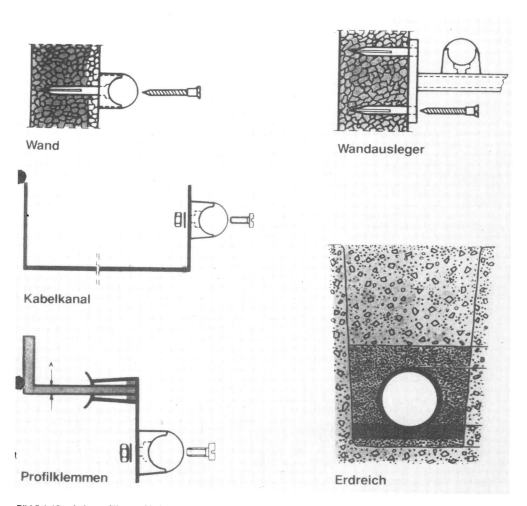

Wand

Wandausleger

Kabelkanal

Profilklemmen

Erdreich

Bild 5.1-12:   Leitungsführung, Verlegung

Neben den kontinuierlichen Widerständen gemäß Strömungsverhalten gibt es in Rohrsystemen örtlich konzentrierte Widerstände, z.B. Formstücke, Rohrbögen, Ventile usw.

Für die Berechnung des Druckverlustes in Rohrsystemen werden die örtlich konzentrierten Widerstände in gerade Rohrstücke gleichen Druckverlustes umgerechnet. Diese fiktiven geraden Rohrstücke ergeben die äquivalenten Rohrlängen oder auch Ersatzlängen (siehe Nennlängenermittlung). Sie werden zu den gemessenen Rohrlängen hinzuaddiert. Die so ermittelte Nennlänge geht dann in die Dimensionierungsberechnung ein.

Jeder gute Hersteller oder Anbieter von Rohrleitungssystemen für Druckluft verfügt über die Ersatzlängen der Einbauteile des von ihm produzierten oder gehandelten Systems.

5.1.3 Verlegung und Kennzeichnung von Rohrleitungen

5.1.3.1 Leitungsverlegung und -führung

Bild 5.1-12 zeigt unterschiedliche Verlegemöglichkeiten. Es ist in diesem Zusammenhang wichtig zu wissen, daß Kunststoffleitungen erheblich leichter sind als metallische Leitungen und somit die Zahl der Verlegemöglichkeiten – z.B. durch Befestigung an Lichtbändern, Kabelkanälen usw. – wesentlich größer ist.

Für die Verlegung im Boden eignen sich Kunststoffrohre wegen ihrer Korrosionsbeständigkeit besonders gut.

Medium	Gruppe	Farbe und Farbnummer	
Luft	3	grau	RAL 7001
Wasser	1	grün	RAL 6018
brennbare Flüssigkeiten	8	braun	RAL 8001
Gas	4/5	gelb	RAL 1012
Wasserdampf	2	rot	RAL 3003
Säure	6	orange	RAL 2000
Lauge	7	violett	RAL 4001
Sauerstoff	0	blau	RAL 5015

Bild 5.1-13: Kennzeichnung von Rohrleitungen

5.1.3.2 Kennzeichnung von Rohrleitungen

Gemäß VEG § 49 sowie DIN 2403 ist eine deutliche Kennzeichnung der Rohrleitungen nach dem Durchflußstoff im Interesse der Sicherheit, der sachgerechten Instandsetzung und der wirksamen Brandbekämpfung unerläßlich. Sie soll auf Gefahren hinweisen, um Unfälle und gesundheitliche Schäden zu vermeiden.

Die Kennzeichnung in den Farben nach DIN 2403 gibt im Klartext an Ort und Stelle Aufschluß über den jeweiligen Durchflußstoff. Die farbige Kennzeichnung muß am Anfang, am Ende, an Abzweigungen, an Wanddurchführungen, an Armaturen sowie durch Farbringe über die gesamte Leitungslänge erfolgen (Bild 5.1-13).

5.1.4 Rohrleitungsmaterialien

Jedes Druckluftleitungsnetz sollte folgende Eigenschaften aufweisen:

– Dichtigkeit

– Korrosionsschutz

– geringe Reibungswiderstände (u.a. zur Vermeidung von Inkrustationen)

Bei der Auswahl der Rohrmaterialien empfehlen wir, vorwiegend nach technischen Gesichtspunkten vorzugehen. Neben der erwähnten dichten Rohrverbindung und dem Korrosionschutz spielen in erster Linie die Anforderungen hinsichtlich der Drücke und Temperaturbelastungen eine Rolle.

In diesem Zusammenhang gibt es normalerweise bei metallischen Leitungen im Gegensatz zu solchen aus Kunststoff keine Probleme.

Kunststoffleitungen für Druckluft sollten bei einer Temperatur von 50 °C für einen Betriebsdruck von mindestens 8 bar geeignet sein. Wegen der aggressiven Bestandteile der Druckluft empfehlen wir – speziell beim Einsatz von noch nicht ausreichend erprobten Kunststoffrohren –, zur Vermeidung späterer Leckagen infolge von Spannungsrißkorrosionen auf eine langfristige Garantie Wert zu legen. Die Qualität von Kunststoffrohren, die durch die Art des verwendeten Werkstoffes und der Verarbeitung beeinflußt wird, kann in der Regel vom Anwender nicht immer ausreichend und risikolos beurteilt werden.

Ein weiterer Gesichtspunkt sind die eingesetzten Nennweiten, da bei manchen Rohrsystemen das Formteilprogramm im oberen Nennweitenbereich dünner wird. Die Verfügbarkeit eines kompletten Formteilprogramms – auch im Bereich größerer Dimensionen – vermeidet später den Zwang, die Rohrmaterialien zu wechseln.

Bild 5.1-14 und 5.1-15 zeigen die auf dem Markt erhältlichen Druckluftrohre aus Metall mit Angabe der wesentlichen Vor- und Nachteile. Das Materialvergleichsraster (Bild 5.1-16) erlaubt es, den Kriterien des jeweils gegebenen Einsatzfalles entsprechend auf einfache Weise die technisch in Frage kommenden Rohrmaterialien aus dem Gesamtangebot auszuwählen.

Was die Unterschiede bei den Investitionskosten betrifft, so liegen die Preise für die verschiedenen Rohrmaterialien so eng beieinander, daß sie mit Ausnahme des teuren Edelstahls vernachlässigt werden können. Der Druckluftanwender sollte deshalb seine Auswahl nur nach technischen Gesichtspunkten treffen.

Keinesfalls sollten aus Gründen der Kostenersparnis Kompromisse bei der Nennweite eingegangen werden. Solche auf den ersten Blick kostengünstig erscheinenden Lösungen kommen den Betrieb in der Regel sehr bald teuer zu stehen. Bild 5.1-17

z.B.	GIRAIR o.ä.	Polyamid	Polyäthylen	vernetztes Polyäthylen
Drücke bis 20°	12,5 bar	bis 100 bar	bis 10 bar	bis 20 bar
Abmessungen/ DIN	16-110 mm DN 8061/62	2-40 mm DN 16982	10-160 mm DN 8074	10-160 mm DN 16893
Druck/ Temperatur	bei 50° 8 bar	max. 50° 60 bar	bei 50° 3 bar	bei 90° 10 bar
Rohrenden	glatt	glatt	glatt	glatt
Rohrverbindung	Kleben	Verschraubung	Verschweißung	Verschraubung/ Preßsitz
Vorteile	dichtes System	hohe Drücke	dichtes System	hohe Temperaturbeständigkeit
	Rohre und Formteile aus einem Material	hohe chemische Beständigkeit	Rohre und Formteile aus einem Material	hohe chemische Beständigkeit
	schwer entflammbar			
	einfache Verlegung geringes Gewicht, Korrosionsbeständigkeit			
Nachteile	z.T. beschränkter Abmessungsbereich größere Längenausdehnung z.T. normale Entflammbarkeit z.T.statische Aufladung möglich z.T. nur gesetzliche Gewährleistung teilweise Formteile aus Metall			

* nur Rohre, die herstellerseits (mit Garantie) für **Druckluft** vorgesehen sind

METAPIPE GMBH

Bild 5.1-14:   Druckluftrohre aus Kunststoff

	Stahlrohre	Gewinderohre	Edelstahrohre	Kupferinstallations-rohre
Ausführung:	schwarz oder verzinkt nach DIN 2448	mittelschwer nach DIN 2440 schwer nach DIN 2441 schwarz oder verzinkt	nahtlos nach DIN 2462 geschweißt nach DIN 2463	weich in Ringen DIN 1786 hart in geraden Längen DIN 1754/1786
Material:	z.B. St 35 nach DIN 1629	nahtlos St 00 DIN 1629 geschweißt St 33 DIN 17100	z.B.W.S.T.4301, 4541, 4571	Kupfer
Abmessungen:	10,2-558,8 mm	1/8"-6"	6-273 mm	6 - 22 mm weich 6 - 54 mm hart 54 - 131 mm hart
Drücke:	12,5-25 bar	10-80 bar	bis 80 bar und z.T. höher	je nach Ausführung 16 - 140 bar
Rohrenden:	glatt	kegelig, glatt oder Gewinde	glatt	glatt
Rohrverbindung:	Schweißung	Verschraubung Verschweißung	Verschweißung (Schutzgas-schweißen)	Verschraubung, Löten (Fittings), Schweißen
Vorteile:	dichte Rohrver-bindung	viele Formteile (bei Ver-schraubung)	dichte Rohr-verbindungen keine Korrosion	keine Korrosion glatte Innenwände
Nachteile:	Korrosion (z.T. auch bei Ver zinkung)	Korrosion (z.T. auch bei Ver-zinkung)	Formteilangebot begrenzt	Kupfervitriolbilung möglich
	Verlegung durch erfahrene Installateure	Verlegung durch erfahrene Installateure	Verlegung nur durch erfahrene Installateure	Verlegung erfordert Fachkenntnisse
		Höhere Strömungs-und Reibungs-widerstände		
		Leckagen nach längerer Betriebs-zeit		
		zeitaufwendige Verlegung durch Gewindeschneiden		

METAPIPE GMBH

Bild 5.1-15:   Druckluftrohre aus Metall

Rohrwerkstoff / Anforderungskriterien	individ. Anforderungen	Stahlrohre DIN 2440, 2441, 2448 schwarz geschraubt	schwarz geschweißt	verzinkt geschraubt	verzinkt geschweißt	Kupfer DIN 1786, 1754	Edelstahl DIN 2462, 2463	Kunststoff Airline/ Metapipe ABS
Dimensionsbereich								
bis 50 mm		X	X	X	X	X	X	X
bis 100 mm	*	X	X	X	X	X	X	X
über 100 mm		(X)	X	(X)	X	(X)	X	X
Druckbereich								
bis 10 bar		X (DIN 2440/41)	X (DIN 2440/41)	X (DIN 2440/41)	X (DIN 2440/41)	X	X	X
bis 12,5 bar	*	X[1]	X[1]	X[1]	X[1]	X	X	X
über 12,5 bar		X[1]	X[1]	X[1]	X[1]	X	X	–
Korrosion/Luftqualität	*	3	3	2	2	2	1	1
Temperaturbereich								
bis 20° C		X	X	X	X	X	X	X
bis 50° C	*	X	X	X	X	X	X	(X)
bis 80° C		X	X	X	X	X	X	–
über 80° C		X	X	X	X	X	X	–
Strömungsverhalten	*	2	2	2	2	1	1	1
toxikologisches Verhalten		3	3	3	3	3	1	1
Antistatik		1	1	1	1	1	1	3
Einbauaufwand		3	2	3	2	2	2	1
Fachkräfte		X	X	X	X	X	X	–
andere Kräfte		–	–	–	–	–	–	X
Gewicht		3	3	3	3	3	3	1
Wartung		3	2	3	2	1	1	1
Dichtigkeit	*	3	1	3	1	1	1	1
Addition Punkte der * Kriterien		8	6	7	5	**4**	**3**	**3**
						techn. vorteilhaft		

*Beispiel:
hohe Anforderungen an Luftqualität (keine Korrosion), minimale Energieverluste (dicht und hydraulisch glatte Innenwände), einfache Montage.
normaler Betriebsdruck, z. B. 7 bar

z. B. für folgende Branchen: Luft- und Raumfahrt – Feinmechanik/Optik/Uhren – Holzverarbeitung – Elektrotechnik – Textilindustrie –
Druckereien – Lebensmittelindustrie – Büromaschinen/ADV – Maschinenbau – Chemie –

1 – Sehr gut   2 – ausreichend   3 – mit Einschränkungen

[1] DIN 2448 – je nach Gütevorschrift gemäß DIN 1692

FELDMANN/Mohrig/Stapel
Druckluftverteilung in der Praxis,
München 1985

Bild 5.1-16:   Materialvergleichsraster

5.1.5 Sanierung von Altsystemen

5.1.5.1 Feststellung von Leckagen und deren Beseitigung

Wie groß sind die Leckagen, wo befinden sie sich, und wie werden sie beseitigt? Bei der Quantifizierung wollen wir uns auf die beiden Verfahren beschränken, die bei Betriebsstille durchgeführt werden können.

1. Einsatzdaten

Druck: 6 bar
Nennlänge (NL):   200 m
Volumenstrom: 0,2 m³/s

2. Lösungsmöglichkeiten

Rohrrinnen-ø	Druckabfall	Investitionskosten	Energiekosten zur Kompensation des Druckabfalls
1. 90 mm	0,04 bar	TDM 20	DM 300,— p. a.
2. 70 mm	0,2 bar	TDM 15	DM 1.200,— p. a.
3. 50 mm	0,86 bar	TDM 6	DM 6.540,— p. a.

Wer bei den Anschaffungskosten „spart", wird bei den Folgekosten zur Kasse gebeten.

Bild 5.1-17:   Anmerkung zur Kostensituation

Leckagenmessung durch Kesselentleerung

Voraussetzung für die Durchführung dieses Verfahrens ist die Kenntnis des Druckluftbehältervolumens (VB), z.B. 500 l. Der Druckluftbehälter wird beispielsweise mit einem Druck (p_A) von 9 bar gefüllt. Sodann wird die Zeit gemessen, in der der Kesselenddruck (p_E) wegen eventuell vorhandener Leckagen auf 7 bar absinkt, z.B. innerhalb von 3 Minuten (t). Die Leckagegröße ergibt sich dann aus folgender Formel:

$$L = \frac{VB \cdot p_A - p_E}{t}$$

$$L = \frac{500\, l \cdot (9\, bar - 7\, bar)}{3\, min}$$

$$L = 333\, l/min$$

Leckagenmessung durch Kompressorlaufzeiten

Die Messung wird so durchgeführt, daß entweder Teilstränge oder das Gesamtsystem geprüft werden. Der Kompressor arbeitet allein auf dem Prüfstrang bzw. dem Prüfnetz. Reicht die Kapazität eines Kompressors nicht aus, dann sollte eine weitere Anlage ans Netz gehen und während der gesamten Messung zugeschaltet bleiben.

Das Rohrleitungssystem wird zur Messung beispielsweise mit 7 bar belastet. Wenn keine Leckagen vorhanden wären, dann würde der Kompressor, der so eingestellt ist, daß er sich bei einem Druckabfall von 6 bar wieder einschaltet, nicht wieder anlaufen. Im Normalfall ist aber das Netz nicht dicht, so daß der Kompressor nach einer bestimmten Zeit wieder anläuft. Mit einer Stoppuhr wird nun einmal die gesamte Prüfzeit gemessen und mit einer zweiten Stoppuhr jeweils die Arbeitszeit festgehalten, die der Kompressor braucht, um die Luft wieder auf den eingestellten Druck zu verdichten. Um Fehler auszuschließen, wird der Meßvorgang vier- bis fünfmal wiederholt (Bild 5.1-18).

Anschließend wird, vereinfacht gesagt, die zur Kompensation der Leckageverluste benötigte Arbeitszeit des Kompressors zur gesamten Prüfzeit in Beziehung gesetzt und auf die Leistung des Kompressors bezogen. So kann man den Teil des Volumenstroms ermitteln, der durch Undichtigkeiten ständig vergeudet wird. Im Beispiel von Bild 5.1-18 ergibt sich eine Leckage von ca. 20 %. Es ist dann einfach, über die installierte Leistung in kW, die Betriebsstundenzahl und den kWh-Preis den jährlichen Mehraufwand festzustellen.

Leckagemessung durch Einschaltzeitmessung des Kompressors, bei Betriebsstillstand

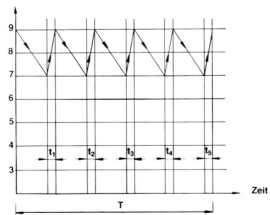

$$V_L = \frac{V_K \times t}{T}$$

$\dot{V}_L$ = Leckagemenge in m³/min
$\dot{V}_K$ = Kompressor Volumenstrom in m³/min
t = Zeiteinheiten, in denen der Kompressor belastet lief
T = Gesamtzeit

Bild 5.1-18:   Sanierung – Leckagemessung

Bei einer installierten Leistung von 500 kW, 6.000 Bh p.a. und einem kWh-Preis von 0,20 DM kostet der Leckageverlust dann:

$$0,2 \cdot 500 \cdot 6000 \cdot 0,2 = 120.000 \text{ DM pro Jahr}$$

Ermittlung der Leckagen an den Druckluftverbrauchern

In Betrieben, die eine Vielzahl von Druckluftwerkzeugen, -maschinen und -geräten verwendet werden, verursachen Schlauchanschlüsse und Ventile oft erhebliche Leckageverluste.

Mit den beiden vorgenannten Meßmethoden kann man die Messungen noch wie folgt unterteilen:

a) Werkzeuge, Maschinen und Geräte sind für den normalen Betrieb angeschlossen (Gesamtleckage).

b) Die Absperrventile vor den Anschlüssen der Druckluftausrüstungen sind geschlossen (Netzleckagen).

Die Differenz der Meßergebnisse von a) und b) ist dann der an Werkzeugen, ihren Armaturen und Fittings entstehende Verlust.

Auffinden und Beseitigen von Leckagen

Wenn die Leckagemengen bekannt sind, beginnt das Orten. Dazu geht man entweder bei Betriebsstille dem Zischen nach, oder man verwendet Ultraschallgeräte. Ein altbewährtes Mittel zur genauen Bestimmung der Schadstelle ist das Einschäumen mit Seifenlauge. Heute werden außerdem auch Sprays angeboten, die einfach zu handhaben sind.

Das eigentliche Problem ist aber das Beseitigen der Leckagen. Schweißverbindungen sind meist nur in Ausnahmefällen undicht. Schraub- und Flanschverbindungen dagegen werden schon häufiger zum Leckage-Problem. Diese lösbaren Verbindungen sind oft nur mit Teildemontagen dicht zu bekommen, für die häufig auch noch besonderes Personal abgestellt werden muß. Dieser Wartungsaufwand verdeutlicht, daß es in den meisten Fällen besser ist, das Leitungssystem schrittweise durch geschweißte, gelötete oder geklebte Rohre zu ersetzen.

Die Ausführungen haben erkennen lassen, daß besonders häufig im Bereich der Maschinenanschlüsse größere Leckagen auftreten. Gelingt es, dem Bedienungspersonal bewußtzumachen, wie teuer entweichende Druckluft ist, dann besteht die Chance, daß Leckagen beseitigt werden, bevor größere Verluste entstehen.

5.1.5.2 Orten von Druckabfällen und ständige Überwachung der Leistungsfähigkeit eines Druckluftnetzes

Im Gegensatz zu den Leckagen sollten Fließdruckabfälle bei eingeschalteten Verbrauchern festgestellt werden. Selbstverständlich kann man jeweils mit Manometern messen, die an den wichtigsten Stellen eingebaut wurden. Sind die Luftmengen bekannt, so können die Druckabfälle auch mit einem Computer errechnet werden. Dazu ist es normalerweise noch nicht einmal erforderlich, sich in den Betrieb zu begeben; es genügt ein Rohrschema mit Längen und Volumenströmen sowie die Angabe des Betriebsdruckes (Bild 5.1-19).

Im Interesse der Übersichtlichkeit empfiehlt es sich, bei dieser schematischen Darstellung Details, wie z.B. Einbauten, Armaturen usw. zu vernachlässigen. Als Basisdaten für eine Optimierung werden Nennlänge (gemessene Länge + pauschal ca. 50 % Ersatzlängen für Einbauten), Nennweite, Volumenstrom und Druckabfall pro Strang bzw. Haupt- oder Verteilungsleitung benötigt.

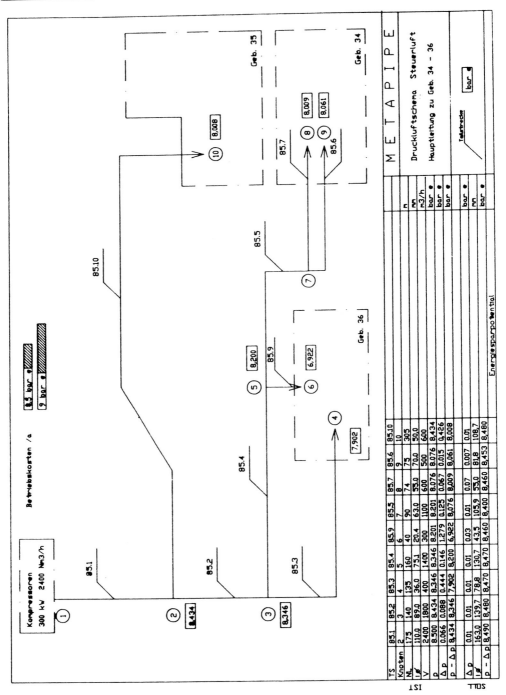

Bild 5.1-19:   Schemazeichnung Druckluftnetz

```
VOLUMENSTROMBERECHNUNG              PROJEKT :SHL 64

   ┌─ Eingabe-Daten ──────────────────────────────────────┐
   │                                                        │
   │  1 Leitungs Nr. (max.6 Zeichen)      :? 64.4          │
   │  2 Knotenpunkt (Anfang)              :3               │
   │  3 Knotenpunkt (Ende)                :4               │
   │  4 Betriebsdruck effektiv (bar)      :8.5             │
   │  5 Druckverlust (bar)                :0.06            │
   │  6 Nennlänge (m)                     :175            │
   │  7 Rohrrauhigkeit (mm) bei 0: 0.015mm  :0.015         │
   │  8 Temperatur (°C)    bei 0: 20°C    :20              │
   │  9 Innendurchmesser (mm)             :? 110          │
   │                                                        │
   │                                                        │
   └─ mit [⌐] bestätigen ─────────────────────────────────┘
                                   Anzahl Rechenläufe: 1
```

Bild 5.1-20.1: Eingabe Volumenstromberechnung


```
VOLUMENSTROMBERECHNUNG              PROJEKT :SHL 64

   ┌─ Ausgabe-Daten ──────────────────────────────────────┐
   │                                                        │
   │  Leitungssektion Nr.         :        64.4            │
   │  Knotenpunkt (Ende)          :        4               │
   │                                                        │
   │                                                        │
   │  Dichte            (kg/m^3):          11.296          │
   │  Kinematische Viskosität (m²/s):      0.15972E-05      │
   │  Luftgeschwindigkeit   (m/s):         7.482           │
   │  Reynoldszahl              :          515295          │
   │  Grenzschichtdicke     (mm):          0.069           │
   │  Rohrreibungswert Lambda   :          0.0131          │
   │  Strömung                  :          Turbulent       │
   │  Hydraulisches Verhalten   :          Glatt           │
   │  Betriebsdruck (Ende)  (bar):         8.434           │
   │  Volumenstrom       (m^3/h):          2400            │
   │                                                        │
   └─ weitere Rechenläufe  j/n ───────────────────────────┘
                                   Anzahl Rechenläufe: 1
```

Bild 5.1-20.2: Ausgabe Volumenstromberechnung

Die Feststellung des Druckabfalls muß durch Manometer im Bereich der einzelnen Knoten getroffen werden, und zwar möglichst mehrmals über längere Produktionszeiträume, um Fehler auszuschließen. Mit dem Computer rechnet man dann zur Ist-Analyse (Bild 5.1-20.1 und 5.1.-20.2) die Volumenströme bei den gegebenen Drücken und Druckabfällen aus. Zudem kann natürlich aus dem u.a. bekannten, notfalls über den Druckabfall errechneten Volumenstrom der Soll-Zustand (Idealzustand) ermittelt werden (Bild 5.1-21.1 und 5.1-21.2).

Die Feststellung des Ist-Zustandes kann schrittweise erfolgen, so daß es möglich ist, von dem Rohrleitungsnetz eines Werkes im Lauf der Zeit eine schematische Skizze zu erstellen, die den realen Proportionen der Druckluftverteilung entspricht. Dabei ist jedoch aus Gründen der Übersichtlichkeit Wert darauf zu legen, daß überall von der Realität abgewichen werden kann, wo ansonsten die Einfachheit und Übersichtlichkeit beeinträchtigt würden (Bild 5.1-22).

5.1.5.3 Beseitigung von Engpässen mit Hilfe eines Computers

Der größte Druckabfall bei den Ist-Werten in Bild 5.1-19 ist bei Knoten 6 mit 1,279 bar zu erkennen. Während alle anderen Knoten in der Ist-Situation einen Druck von ca. 8 bar aufweisen, beträgt der Druck bei Knoten 6 nur 6,9 bar. Um diesen Druck annähernd auf normales Niveau, also auf 8 bar Betriebsüberdruck, anzuheben, müßte der Kompressor die Luft für die gesamte Anlage theoretisch um etwa 1 bar höher verdichten. In der Praxis wird das Problem auch meistens so gelöst, aber zu welchem Preis? Bei 300 kW Antriebsleistung sind dafür ca. 10 %, also 30 kW, aufzubringen. Das sind bei 0,20 DM pro kWh 6 DM; bei 8000 Bh/a entspricht das insgesamt 48.000 DM im Jahr. Und diese Kosten fallen Jahr für Jahr an, wenn Schwachstellen im Druckluftverteilungssystem durch Druckerhöhung kompensiert werden.

Eine andere Methode, den Druck anzuheben, wäre, die Leitung 85.9 zu erweitern. Bei einer Nennlänge von 40 m beträgt die gemessene Länge ca. 27 m. Anstelle der Nennweite 20 müßte als Nennweite 43,5 mm eingesetzt werden. Das Austauschen dieser Leitung verursacht einmalige Kosten von höchstens 3.000 DM.

Den jährlichen zusätzlichen Betriebskosten von 48.000 DM für die Kompensation stehen also Investitionskosten von 3.000 DM für die Engpaßbeseitigung gegenüber. Der erste Weg ist freilich der bequemere. Die Kosten hierfür gehen in der jährlichen Energiebilanz unter, und das ist auch der Grund dafür, daß häufig so verfahren wird.

Durch Gegenüberstellung des Soll- und des Ist-Zustandes werden automatisch die Knoten mit den größten Abweichungen aufgezeigt. Es ist nunmehr relativ einfach, die einmaligen Änderungskosten in diesen Leitungsbereichen den an gleicher Stelle verursachten jährlichen Energieverlusten gegenüberzustellen, um dann der größeren Wirtschaftlichkeit entsprechend Investitionsentscheidungen zu treffen. Als Ergebnis einer solchen Schwachstellenanalyse sollte eine kurze Dokumentation mit Gegenüberstellung der einmaligen Sanierungskosten und der jährlichen Energieeinsparungen gemäß Bild 5.1-22 erfolgen.

Software-Programme mit den Bausteinen DRUCKVERLUSTBERECHNUNG/ROHRDIMENSIONIERUNG/VOLUMENSTROMBERECHNUNG (Bild 5.1-23) sind leicht, ohne Vorkenntnisse und Einarbeitung, zu handhaben. Ein derartiges Programm gehört in jedes Ingenieurbüro für Industrieplanung bzw. in jede für Energie- oder Qualitätsfragen zuständige Stelle großer Industriebetriebe, die Druckluft intensiv nutzen.

```
ROHRDIMENSIONIERUNG              PROJEKT :glh 85

┌─ Eingabe-Daten ──────────────────────────────────────────┐


   1 Leitungs Nr. (max.6 Zeichen)        : 85.7
   2 Knotenpunkt (Anfang)                : 7
   3 Knotenpunkt (Ende)                  : 8
   4 Betriebsdruck effektiv (bar)        : 8.46
   5 Volumenstrom (m^3/h)                : 600
   6 Nennlänge (m)                       : 74
   7 Rohrrauhigkeit (mm) bei 0: 0.015mm  : .015
   8 Temperatur ( °C)    bei 0: 20 °C    : 20
   9 Gewünschter Druckverlust (bar)      : .07




   Eingabe ok:    j/n  ████  [ESC]=Menü─────────────────────┘

                                 Anzahl Rechenläufe: 1
```

Bild 5.1-21.1: Eingabe Rohrdimensionierung

```
ROHRDIMENSIONIERUNG              PROJEKT :glh 85

┌─ Ausgabe-Daten ──────────────────────────────────────────┐

   Leitungssektion Nr.        :        85.7
   Knotenpunkt (Ende)         :        8

   Innendurchmesser      (mm):          53.820
   Dichte           (kg/m^3):           11.249
   Kinematische Viskosität (m²/s):      0.16039E-05
   Luftgeschwindigkeit    (m/s):        7.847
   Reynoldszahl               :         263296
   Grenzschichtdicke     (mm):          0.061
   Rohrreibungswert Lambda    :         0.0148
   Strömung                   :         Turbulent
   Hydraulisches Verhalten    :         Glatt
   Betriebsdruck (Ende)  (bar):         8.389
   Druckverlust          (bar):         0.0709

└─ weitere Rechenläufe  j/n ───────────────────────────────┘

                                 Anzahl Rechenläufe: 1
```

Bild 5.1-21.2: Ausgabe Rohrdimensionierung

METAPIPE
Rohrsystem und
Vertriebs GmbH
Hamburger Straße 130
D-4600 Dortmund

Telefon
(02 31) 52 79 95/96
Telex
8 22 225

Geschäftsführer
K. H. Feldmann
HRB 413 Lünen

Bankverbindungen
Commerzbank AG, Dortmund
BLZ 440 400 37
Konto 266 5818
Dresdner Bank AG, Lünen
BLZ 440 800 50
Konto 3 732 319

ANALYSE DRUCKLUFTVERTEILUNG

Firma : Demo GmbH   Teilnehmer Analysengespräch:

z.Hd.: Herrn W. Müller   Herr W. Müller/Demo

Straße : Industriestr. 3

PLZ/Ort : 1000 Berlin 27

1. IST-Situation   Soll-Situation

1.1 Kompressor

   Typ : Schraubenkompressor LKM

   Volumenstrom :   700   l/s

   Druckbereich :   7 (bis 10 bar)   bar
   Motorleistung: 300 KW

1.2 Hauptleitung   Art : verzinkt, geschweißt

   i. Ø :   3" (75mm)   mm

   gemessene Länge: 100   m

2. Verbesserungsmöglichkeiten

2.1 Hauptleitung

   Vorschlag : gelegentlich noch eine Leitung ≥ i Ø 75 mm zusätzlich installieren

   Kosten :   ca. TDM 8

2.3 Anschlußleitung(en)   30 St.

   Vorschlag :   Dimensionserweiterung auf i. Ø 35 mm

   Kosten :   ca. TDM 20

   Effekt :   Druckabfall sinkt von 2,3 auf 0,03 bar, d.h. bei 5.000 Bha
                 werden TDM 60 p.a. an Energieverlust eingespart.

2.5 Anmerkungen

Am wichtigsten ist die Querschnittserweiterung im Bereich der Anschlußleitungen und
des Zubehörs. Umbaukosten ca. TDM 35, Ersparnis an Energie ca. 40 %, d.h., ca. TDM 120.

Anschließend sollte die Hauptleitung vergrößert werden, Kosten = TDM 8 und Nutzen
TDM 15 p.a.

   ausgestellt am: durch:

   20.03.1986   Abb. 27

Bild 5.1-22:   Analyse Druckluftverteilung

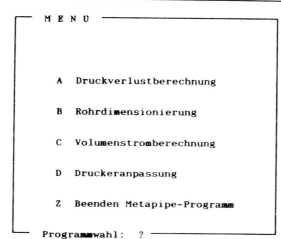

```
┌─ M E N Ü ──────────────────────────────────────┐
│                                                 │
│                                                 │
│   A   Druckverlustberechnung                    │
│                                                 │
│   B   Rohrdimensionierung                       │
│                                                 │
│   C   Volumenstromberechnung                    │
│                                                 │
│   D   Druckeranpassung                          │
│                                                 │
│   Z   Beenden Metapipe-Programm                 │
│                                                 │
└─ Programmwahl:   ? ─────────────────────────────┘
```

Bild 5.1-23:   Computerprogramm Berechnung Druckluftleitungen

5.2 Regelungstechnik/Regelarmaturen

5.2.1 Grundlagen

Die Anforderung, die an Regler bzw. Regelsysteme in Druckluftanlagen gestellt werden, lassen sich fast immer durch Standardregler mit oder ohne Hilfsenergie erfüllen. Das sind Proportional (P)-Regler, Integral (I)-Regler, (PI)-Regler oder selten Proportional-/Integral-/Differential (PID)-Regler, deren Übergangsfunktion und besondere Merkmale im folgenden beschrieben werden.

Vorab jedoch eine Erklärung, was unter dem Begriff „Regelung" zu verstehen ist:
Bei einer Regelung wird:

A. Die zu regelnde Größe (z. B. der Druck), die Regelgröße X, fortlaufend gemessen und mit einem vorgegebenen Wert, dem Sollwert W, auch Führungsgröße genannt, verglichen.

B. Besteht zwischen diesen beiden eine Differenz (Regelabweichung $Xw = X - W$ bzw. eine Regeldifferenz $Xd = W - X$, so wird eine von der Differenz und dem Regelalgorhitmus abhängige Verstellung der Stellgröße Y vorgenommen, die die Regelgröße direkt oder indirekt beeinflußt.

C. Das Kennzeichen der Regelung ist, daß ein geschlossener Wirkungskreis vorliegt (Bild 5.2-1), der Regelkreis genannt wird.

D. Auf einen Regelkreis können Störgrößen einwirken, z. B. bei einem Druckluftregelkreis kann sich die Temperatur der Strecke (Störgröße 1) und der Vordruck P1 ändern (Störgröße 2) sowie die Abnahme (Störgröße 3).

E. Die Kenntnis der Störgrößen, die auf einen Regelkreis wirken, sind dann entscheidend für die Auswahl der Meß- und Regelgeräte.

Die einzelnen Reglertypen P, I und PI werden anhand von Industriereglern erläutert.

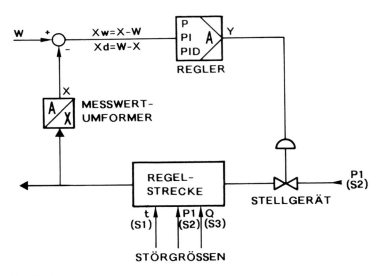

Bild 5.2-1: Der Regelkreis

1. P-Regler

am Beispiel eines mechanischen Reglers ohne Hilfsenergie (ROH) zur Regelung des Nachdruckes (Druckminderer) (siehe Bild 5.2-2).

Der Hub des Regelventils ergibt sich aus folgender Gleichung:

$$F_{P2M} - F_{SF} - F_{P1} + F_{P1D} = 0$$

In dieser Gleichung heben sich F_{P1} und F_{P10} bei Geräten mit Druckausgleichsbälgen oder -membranen auf und wenn man noch die dynamischen Kräfte und Reibungskräfte, wie hier geschehen, als vernachlässigbar ansetzt, ergibt sich $F_M - F_{SF} = 0$, wobei F_M die Kraft ist, die sich aus dem zu regelnden Nachdruck P_2 und der Fläche (A) der Membrane ergibt. Die Kraft $F_{P2M} = P_2 \cdot A$, wird mit der Kraft der Sollwertfeder F_{SF} verglichen, die sich aus der Federkonstanten K_F in kp/mm und dem Federweg in mm ergibt, so daß sich der Hub auf Grund einer Druckänderung von P_2 ergibt:

$$\delta h \cdot K_F = (F_{P21M} - F_{P22M}) \cdot A$$

$$\delta h = \frac{(F_{P21M} - F_{P22M}) \cdot A}{K_F}$$

Wobei F_{P21M} die Kraft ist, die der Nachdruck zum Zeitpunkt 1 und F_{P22M} die Kraft ist, die der Nachdruck zum Zeitpunkt 2 bewirkt, daraus ergibt sich, daß der Hub direkt proportional zur Druckänderung ist, es sich also um einen P-Regler handelt. Die Federkonstante bestimmt bei diesem Regler mit gegebener Membranfläche die Verstärkung. Die theoretische Gleichung eines P-Reglers lautet:

Geräteschnittbild

Sprungantwort

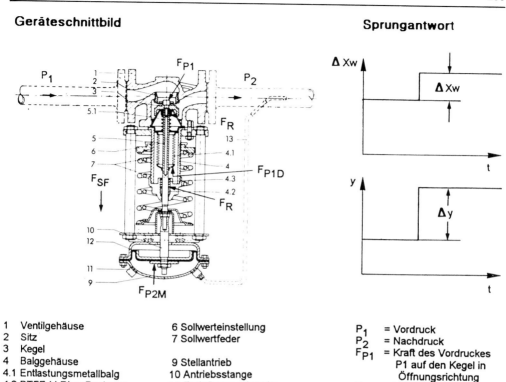

1 Ventilgehäuse
2 Sitz
3 Kegel
4 Balggehäuse
4.1 Entlastungsmetallbalg
4.2 PTFE-V-Ring-Packung
   oder Wellendichtring
4.3 Feder zu 4.2
5 Kegelstange
5.1 Feder
5.2 Kupplung (bestehend aus
   2 Schellen,
   2 Schrauben, 2 Muttern)

6 Sollwerteinstellung
7 Sollwertfeder

9 Stellantrieb
10 Antriebsstange
11 Entlüftungsschraube
12 Arbeitsmembran
13 Meßwertleitung
   (Verschraubung mit Drossel)

P_1 = Vordruck
P_2 = Nachdruck
F_{P1} = Kraft des Vordruckes
     P1 auf den Kegel in
     Öffnungsrichtung
F_{p1D} = Kraft des Vordruckes P1
     auf den Entlastungsbalg
     in Schließrichtung
F_{P2M} = Kraft des Druckes P2
     auf die Membran
F_{SF} = Kraft der Sollwertfeder
F_R = Reibungskraft

Bild 5.2-2: Druckminderer als P-Regler ohne Hilfsenergie

$$\delta y = \delta X_W \cdot K_P$$

δy = Hubänderung (Stellsignaländerung)

δX_W = Regelabweichungsänderung

K_P = Verstärkung des Reglers

    Das Kennzeichen eines P-Reglers ist, daß er nur beim eingestellten Arbeitspunkt keine Regelabweichung aufweist, das heißt z. B. bei P_1 = 3 bar und P_2 = 1,5 bar = W und Q = 100 Nm³/h X_w = 0,0 bar. Ändert sich jetzt der Durchfluß auf 150 Nm³/h, so sinkt der Ausgangsdruck P_2 ab, was zu einer Vergrößerung der Ventilöffnung entsprechend der Verstärkung führt. Der Ausgangsdruck P_2 fällt solange, bis sich wieder ein Kräftegleichgewicht entsprechend obiger Formel eingestellt hat. Man sagt daher, die P-Regler haben ein bleibende Regelabweichung.

Vorteile: schnelles Eingreifen in den Prozeß durch proportionale Wirkung und Stabilität bei richtiger Wahl der Verstärkung (K$_P$).

Nachteil: bleibende Regeldifferenz.

2. I-Regler

am Beispiel eines mechanischen Reglers ohne Hilfsenergie (ROH) zur Regelung des Vordruckkes (Überströmer) (siehe Bild 5.2-3).

Die Kräfte, die einen Hub des Regelventils zur Folge haben, wirken gemäß folgender Gleichung auf das Stellventil:

$$F_{P1M} - F_{SF} - F_{P1} + F_{D1} - F_{dyn} + F_R = 0$$

Bei Ventilen mit Druckausgleich heben sich F$_{P1}$ und F$_{D1}$ auf, und wenn man bei kleinen Differenzdrücken F$_{dyn}$ noch als vernachlässigbar klein ansetzt, ergibt sich eine konstante Kraft F$_V$, die den Kegel bewegt, wenn

$$F_V = F_M - F_{SF} = \text{konstant.}$$

Geräteschnittbild   **Sprungantwort**

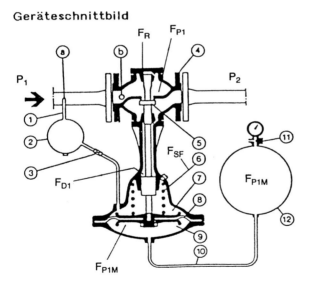
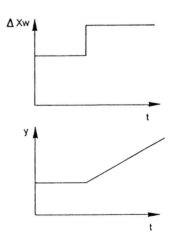

1 Plusdruck-Entnahme (an a oder b)
2 Abgleichgefäß 1190-8790
  (bei Temperaturen über 100°C)
3 Nadeldrosselventil
4 Gehäuse
5 Kegel
6 Öffnungsfeder
7 Minus-Kammer
8 Membrane
9 Sollwert-Kammer
10 Verbindungsleitung
11 Füllventil (Manometer als Zubehör)
12 Sollwertgefäß

P_1 = Vordruck
P_2 = Nachdruck
F_{P1} = Kraft des Vordruckes
     auf den Kegel in
     Öffnungsrichtung
F_{D1} = Kraft des Vordruckes
     auf den Druckentlastungs-
     kolben
F_{P1M}= Kraft des Sollwertdruckes
     auf die Membrane
F_{SF} = Kraft der Sollwertfeder
F_R = Reibungskraft

Bild 5.2-3: Vordruckregler (Überströmer) I-Regler

Da sich konstruktionsbedingt ein bestimmter Hub pro Zeiteinheit (Ki) ergibt, errechnet sich die Hubänderung, wie folgt:

$$\delta y = Ki \int X_w \, dt$$

Das ist die Gleichung des idealen I-Reglers.

Vorteil:Er hat keine nennenswerte bleibende Regelabweichung.

Nachteil:Er arbeitet nicht stabil (neigt zum Schwingen).

In der Praxis haben die gewichtsbelasteten oder mit einem Druckpolster (F_{P1M}) belasteten I-Regler noch eine schwache Feder (F_{SF}) zur dynamischen Stabilisierung, die einen kleinen P-Anteil bewirkt.

3. PI-Regler

PI-Regler werden heute fast ausschließlich pneumatisch oder elektronisch realisiert. Hier soll die Funktionsweise an einem pneumatischen Reglerbaustein (Bild 5.2-4.1) erläutert werden.

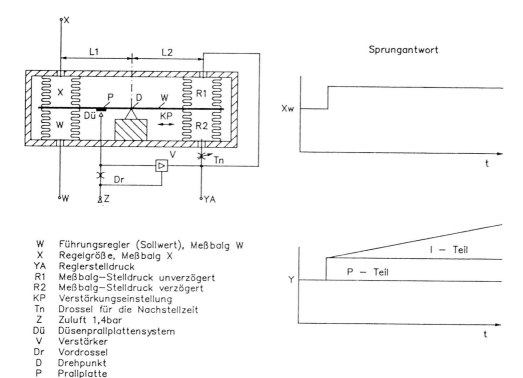

W   Führungsregler (Sollwert), Meßbalg W
X   Regelgröße, Meßbalg X
YA Reglerstelldruck
R1 Meßbalg—Stelldruck unverzögert
R2 Meßbalg—Stelldruck verzögert
KP Verstärkungseinstellung
Tn Drossel für die Nachstellzeit
Z   Zuluft 1,4bar
Dü Düsenprallplattensystem
V   Verstärker
Dr Vordrossel
D   Drehpunkt
P   Prallplatte
W   Waagebalken

Bild 5.2-4.1: Pneumatischer Reglerbaustein

Die Regelgröße x und Führungsgröße w gelangen als pneumatische Überdrücke zwischen 0,2 und 1 bar in die Metallbälge (x) und (w). Wird x größer als w, so neigt der Istwertbalg (x) den Waagebalken um den Drehpunkt (D) in Richtung Sollwertbalg (w), und die Düse (Dü) nähert sich der als Prallplatte (V) ausgebildeten Fläche. Dadurch steigt der Druck in der Düse und damit auch der vom Verstärker (V) ausgesteuerte Stelldruck Y_A. Dieser wird unverzögert auf den Balg (R1) und verzögert durch die T_n-Drossel (T_n) auf den Balg (R2) zurückgeführt. Die Lage des Waagebalkens und der Stelldruck Y_A ändern sich dadurch so lange, bis der Abstand von Düse und Prallplatte den Ausgangswert wieder erreicht und der Regelstelldruck Y_A einen Wert annimmt, der die Regelabweichung beseitigt.

Die Verstärkung wird durch Verschieben des Drehpunktes eingestellt (K_P = 1 wenn sich der Drehpunkt in der Mitte des Waagebalkens befindet; L1 = L2 und die 4 Bälge gleich groß sind) und die Nachstellzeit an der Drossel (T_N).

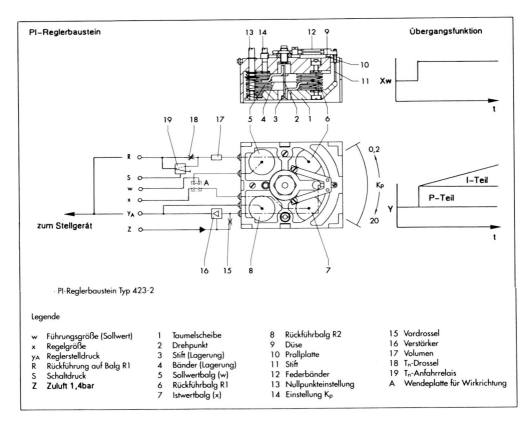

Bild 5.2-4.2: PI-Regler

Da sich ein PI-Regler konstruktiv nicht in der in Bild 5.2-4.1 dargestellten Form realisieren läßt, zeigt Bild 5.2-4.2 einen lieferbaren PI-Regler, der zusätzlich noch folgende Funktionsbaugruppen hat: eine Nullpunkteinstellung (13) zur Justage des Reglers, eine Wendeplatte (A), an der die Wirkungsrichtung steigender oder fallender Stelldruck Y_A bei steigender Regelgröße gewählt werden kann, einen Steueranschluß (s), über den der Regler auf P-Verhalten umgeschaltet werden kann.

5.2.1.1 Klärung der Aufgabenstellung

Entscheidend für die optimale Auswahl der Regelungeinrichtung ist die Klärung der Aufgabenstellung. Folgende Fragen müssen von den für die Verfahrenstechnik Verantwortlichen beantwortet werden:

1. Regelgröße z. B.

    a) Druck

    b) Durchfluß

    c) Druck mit Durchflußbegrenzung

    d) Durchfluß mit Druckbegrenzung

    e) Temperatur

2. Medium der Stellgröße z. B.

    a) Druckluft

    b) andere Gase

    c) Kühlwasser

    d) Heißwasser

    e) Dampf

    f) Kältemittel

3. Betriebsdaten der Stellgröße

Medium: ...

Vordruck P_1:   ... bar min.,   ... bar max.

Nachdruck P_2:   ... bar min.,   ... bar max.

max. Differenzdruck δp: ... bar gegen den das Stellorgan schließen muß

Durchfluß Q: (in m^3/h_n)   ... m^3/h_n min., ... m^3/h_n max.

          oder in t/h)   ... t/h min.,   ... t/h max.

Temperatur t: ... °C min.,   ... °C max.

Dichte im Normzustand φ_N: ... kg/m^3

4. Laständerung

Kontinuierlich :   von Qmin. auf Qmax. in minimal ...s

    von Qmax. auf Qmin. in minimal ...s

Sprungartig: max. ... % in minimal ... s

5. Sicherheitsanforderung

a) Keine speziellen Anforderungen?

b) Soll bei Hilfsenergieausfall das Stellventil schließen oder öffnen, oder die letzte Stellung beibehalten?

c) Soll bei Grenzwertverletzungen z. B. Pmax., Pmin., tmax., tmin., Qmax., Qmin. das Stellorgan in Sicherheitsstellung gehen, und/oder die Gesamtanlage abgeschaltet werden?

d) Ist eine Reserve-Regelung erforderlich (z. B. bei Tunnelvortriebsmaschinen) mit Umschaltung von Hand oder automatisch?

6. Welcher Geräuschpegel ist in 1 m Abstand vom Stellgerät zulässig (Angaben in dBA)?

7. Welche Hilfsenergie steht für die Regelung zur Verfügung:

a) Druckluft, Vordruck   ... bar max., ... bar min., ölfrei ?, wasserfrei?

b) Wechselstrom   ... V, ... Hz

c) Gleichstrom   ... V/DC

5.2.1.2 Berechnung des kv-Wertes und des Geräuschpegels

Um ein Stellgerät, z. B. Regler ohne Hilfsenergie, Ventile mit pneumatischem oder elektrischem Antrieb auswählen zu können, muß zuerst der erforderliche kv-Wert aus den unter 5.2.1.1.3 aufgenommenen Betriebsdaten ermittelt werden. Der kv-Wert ist der Durchflußkennwert eines Stellgerätes bezogen auf Wasser von 20 °C und 1 bar Differenzdruck über das Stellgerät bei x % Öffnung. Den Wert bei 100 % Öffnung des Stellgerätes nennt man Kvs-Wert, dieser wird von den Herstellern angegeben und dient zur Bestimmung der minimal erforderlichen Nennweite.

a) Die Berechnung für Flüssigkeiten erfolgt nach folgender Formel:

$$\text{Formel 1} \quad kv = Q \cdot \frac{G}{\sqrt{1000 \cdot \varphi_N \cdot (P1 - P2)}}$$

G = Durchfluß ... kg/h

$\delta p = P_1 - P_2 =$ (Vordruck – Nachdruck) bar

φ_N = Dichte ... kg/m^3

t = Mediumtemperatur ... °C

Beispiel 1: Wasser, P_1= 6 – 8 bar, P_2= 2 – 4 bar, Qmax.= 20 t/h, Qmin. = 5 t/h

$$kv\,max. = \frac{20.000}{\sqrt{1000 \cdot 1000 \cdot (6-4)}} = \frac{20.000}{1414} = 14{,}15$$

$$kv\,min. = \frac{5000}{\sqrt{1000 \cdot 100 \cdot (8-2)}} = 2{,}04$$

b) Die Berechnung für Gase z. B. Luft erfolgt nach folgender Formel:

Formel 2 für unterkritische Entspannung

Dies liegt vor, wenn $\delta p \leq P_{1/2}$ ist und ein einstufiges Stellgerät (mit nur einer verstellbaren Drosselstelle) zum Einsatz kommt (ca. 90 % aller Anwendungen).

$$Kv = \frac{QN}{514 \cdot P_1} \cdot \sqrt{\frac{\varphi_N \cdot T1 \left[1+(1-x)\right]}{(2x-x^2)(1-x)}}$$

Q_N = Volumendurchfluß in m³/h

N = Normzustand bei 20 °C und 1 bar

P_1 = Vordruck in bar

P_2 = Nachdruck in bar

Die Drücke sind als Absolutdrücke einzusetzen.

$$x = \frac{P_1 - P_2}{P_1} \text{ in bar}$$

φ_N = Normdichte in kg/m³

T1 = Eintrittstemperatur in K

Beispiel: Q_N = 3000 m$_n$³/h Gas

P_1= 8 bar, P_2= 5 bar, T= 20 °C

φ_N= 1,3 kg/m³

1. Schritt: Kontrolle, ob $P_2 > \dfrac{P_1}{2}$

$$\frac{P_1}{P_2} = \frac{8}{2} = 4 < P_2 = 5 \text{ bar}$$

Damit kann die obenstehende Formel angewendet werden.

2. Schritt: Errechnung von T

T= t + 273= 20 + 273= 293

3. Schritt   Berechnung von X

$$X = \frac{8-5}{8} = \frac{3}{8} = 0,375$$

4. Schritt: Errechnung des Kv-Wertes

$$Kv = \frac{3000}{514 \cdot 8} \cdot \sqrt{\frac{1,3 \cdot 293 \left[1+(1-0,375)\right]}{(2 \cdot 0,375 - 0,375^2)(1-0,375)}} = 0,7296 \sqrt{\frac{618,96}{0,381}}$$

$$= 0,7296 \sqrt{1624,56}$$

$$= 29,41$$

Formel 3 für überkritsche Entspannung

Dies ist gegeben, wenn $\delta p > \dfrac{P_1}{2}$ ist und ein einstufiges Ventil vorliegt (mit nur einer verstellbaren Drosselstelle, was für alle Standardarmaturen zutrifft).

$$Kv = \frac{Q_N}{257 \cdot P_1} \cdot \sqrt{\frac{\varphi_N \cdot T1 \left[1-(1-x)^2\right]}{\left(2x-x^2\right)}}$$

Q_N = Volumendurchfluß in m³/h

N = Normzustand bei 20 °C und 1 bar

P_1 = Vordruck in bar

P_2 = Nachdruck in bar

Die Drücke sind als Absolutdrücke einzusetzen.

$$x = \frac{P_1 - P_2}{P_1} \text{ in bar}$$

φ_N = Normdichte in kg/m³

T_1 = Eintrittstemperatur K

Beispiel: Q_N = 35000 m³/h
               P_1 = 6 bar, P_2= 2 bar
               φ_N = 1,3 kg/m³
               t = 60 °C

1. Schritt: Kontrolle, ob $P_2 > \dfrac{P_1}{P_2}$

$$P_2 = 2 \text{ bar} < \frac{P_1}{P_2} = \frac{6}{2} = 3 \text{ bar}$$

Damit kommt die obige Formel zur Anwendung.

2. Schritt: Errechnung von T

               T = 273 + 60= 333 K

3. Schritt: Berechnung von X

$$X = \frac{6-2}{6} = 0,667 \text{ bar}$$

4. Schritt: Errechnung des Kv-Wertes

$$Kv = \frac{35000}{257 \cdot 6} \cdot \sqrt{\frac{1,3 \cdot 333 \left[1-(1-0,66)^2\right]}{\left(2 \cdot 0,66 - 0,66^2\right)}}$$

$$= 22,7 \sqrt{\frac{382,86}{0,884}} = 22,7 \cdot \sqrt{433}$$

$$= 472,39$$

c) Die Vorausberechnung des Geräuschpegels, der in Abhängigkeit von den Betriebsdaten des Stellgerätes zu erwarten ist, gewinnt immer mehr an Bedeutung, da für fast alle Neuanlagen maximal zulässige Geräuschpegel vorgegeben werden. Der Geräuschpegel wird nach Gleichungen berechnet, in die die geräuschtechnisch relevanten Kennwerte der vorgesehenen Armaturen eingehen. Üblicherweise wird diese von den Stellgeräte-Herstellern durchgeführt, da ihnen die spezifischen Daten ihrer Stellgeräte bekannt sind. Bei höheren Differenzdrücken kann es dazu führen, daß keine Standardarmaturen mehr eingesetzt werden können, sondern geräuschkorrigierte verwendet werden müssen.

5.2.1.3 Auswahl des Regelsystems

Im folgenden werden einige Kriterien für die Auswahl des einzusetzenden Regelsystems aufgeführt. In Druckluftanlagen kommen üblicherweise folgende Systeme zum Einsatz:

a) Regler ohne Hilfsenergie

(hauptsächlich P-Regler) geeignet für folgende Einsatzfälle:

Nachdruck-Regelung (Druckminderer), Vordruck-Regelung (Überströmer), Durchfluß-Regelung, Temperaturregler und Druck-Regelung mit Durchflußbegrenzung oder Durchfluß-Regelung mit Druckbegrenzer. Sie können folgende Forderungen erfüllen:

1. $Q_{max.} : Q_{min.} \leq 10 : 1$

2. Regelabweichung zum Sollwert von ca. ± 5 % bei der max. Laständerung von 10 : 1.

Sie können nicht eingesetzt werden, wenn:

1. Eine Sicherheitsstellung verlangt wird (bei Ausfall der Regelfunktion).

2. Ein Ein- und Ausschalten (gesteuertes Schließen) der Regelarmatur verlangt wird.

3. Extreme Betriebsbedingungen vorliegen, wie Temperaturen des Mediums > +350 °C bzw. < +1 °C, Druck > 25 bar und keine Nennweite > DN 150 erforderlich ist.

4. Keine Sonderwerkstoffe verlangt werden.

5. Keine Gasdichtheit nach außen garantiert werden muß z. B. bei Abluftanlagen nach der TA Luft in der chemischen Industrie.

6. Große Entfernungen (> 10 m) zwischen Meßstelle und Stellgerät vorhandensind.

7. Eine Meßdaten Registrierung erforderlich ist.

b) Pneumatische Regelsysteme

Sie können zur Regelung aller Regelgrößen, die in der Drucklufttechnik vorkommen, eingesetzt werden wie z. B.:

Nachdruckregelung

Vordruckregelung

Temperatur-Regelung

Durchfluß-Regelung mit Druckbegrenzung

Druck-Regelung mit Durchflußbegrenzung

Folgende Forderungen lassen sich erfüllen:

1. Ein Lastverhältnis Q_{max}. : Q_{min}. zwischen 30 : 1 bis 50 : 1 mit einer normalen Industrie-Stellarmatur (Einsitzventil, Regeldrosselklappe, Drehkegelventil). Falls erforderlich, läßt sich dieses Lastverhältnis noch durch Parallelschaltung von zwei Stellgeräten auf 150 : 1 bringen. Die beiden Stellgeräte werden dann nacheinander im Splitrange angesteuert z. B. Ventil 1 von 0–30 % und Ventil 2 von 30–100 %.

2. Sicherheitsstellungen lassen sich durch federbelastete Membran- oder Kolbenantriebe mit Steuerventil realisieren, dessen Ansteuerungen von einem pneumatischen oder elektrischen Sicherheitskreis geschehen kann, in den Druck-, Differenzdruck-, Temperatur- oder Durchfluß-wächter sowie Not-Aus-Taster eingebunden werden können

3. Für alle Medien stehen Stellgeräte in entsprechenden Werkstoffen wie Grauguß, Stahlguß, Edelstahlguß und Sphäroguß zur Verfügung mit Standard-Stopfbuchspackungen oder mit Balgabdichtungen mit Sicherheitsstopfbuchse für Anlagen nach TA-Luft. Auch Temperaturen zwischen -200 und +450 °C sind problemlos beherrschbar.

4. Ex-Schutz, dieser ist durch das Betriebsmittel Druckluft gewährleistet.

5. Entfernungen bis zu 50 m zwischen Meßstelle, Meßumformer und Regler sowie Regler und Stellgerät, Gesamtlänge der Signalleitungen des Regelkreises kleiner 100 m.

6. Registrierung der Meßwerte durch Linienschreiber

7. Stellzeiten ≤ 10 s für 0–100 %

8. Regelgüte besser ± 1 % um den Sollwert

Folgende Forderungen können nicht oder nur aufwendig erfüllt werden:

1. Die Verknüpfung mit Prozeßleitsystemen

2. Die Archivierung und Protokollierung von Betriebsdaten und Bedienereingriffen

c) Elektronisch-pneumatische Regelsysteme

Die Meßumformer und Regler werden üblicherweise elektronisch ausgeführt, der Stellungsregler elektro-pneumatisch und der Antrieb als federbelasteter Membranantrieb. Mit dieser Instrumentierung lassen sich die gleichen Forderungen, wie sie bei den pneumatischen Regelsystemen unter b) aufgeführt sind, mit folgenden Abweichungen erfüllen:

1. Der Ex-Schutz erfordert speziell ausgeführte Geräte.

2. Die Leitungslängen zwischen Meßumformer, Regler und Stellgerät können beliebig lang sein.

3. Eine Verknüpfung mit Proßleitsystemen ist problemlos möglich.

4. Die Registrierung von Betriebsdaten und Bedienereingriffen sowie deren Archivierung ist möglich.

d) Elektronische Regelsysteme mit elektrisch angetriebenen Stellgeräten

Diese Variante wird in der Drucklufttechnik selten angewendet, da mit der Druckluft eine Hilfs-energie zur Verfügung steht, die es ermöglicht, die regeldynamisch hervorragenden Eigenschaften pneumatischer Antriebe zu nutzen, wie Stellzeiten < 10 sec., variable Laufzeit ohne großen Auf-wand und Sicherheitsstellung durch Schraubenfedern. So bleibt diese Variante den Anwendungen vorbehalten, bei denen bei Hilfsenergieausfall die letzte Stellung langfristig gespeichert werden muß, oder nicht Luft, sondern andere Gase zu regeln sind, mit denen die pneumatischen Antriebe aus Korrosions- oder Sicherheitsgründen nicht betrieben werden dürfen. Mit diesen Regelkreisen lassen sich alle Regelaufgaben, die unter b) und c) beschrieben sind, lösen, und zwar mit einer Regelgüte besser ± 1 %, wenn sich die Last oder die Störgrößen langsamer ändern als die Laufzeit des Antriebes. Es gilt:

$$t_{last} \text{ bzw. } t_{stör} > t_{Antrieb} \cdot 2$$

5.2.2 Anwendungsbeispiele

In diesem Abschnitt werden die wichtigsten Regelaufgaben, die in der Drucklufttechnik vor-kommen, anhand von Beispielen beschrieben, und die Lösung jeweils in den drei hauptsächlich vorkommenden Ausführungen aufgezeigt:

a) mit Reglern ohne Hilfsenergie

b) mit pneumatischen Regelsystemen

c) mit elektropneumatischen Regelsystemen

Hierbei sind jeweils die Anwendungsgrenzen zu beachten, die unter Punkt 5.2.1.3 „Auswahl des Regelungssystems" aufgeführt sind.

5.2.2.1 Überströmregelung (Vordruckregelung)

Ein Verdichter der keine Drehzahlregelung hat, soll vor Überlastung geschützt werden, wenn die Abnahme stark reduziert wird.

a) mit Regler ohne Hilfsenergie (ROH) gemäß Bild 5.2-5.2 und Schema 5.1

Zuerst muß der erforderliche Kv-Wert und die Nennweite des Überströmventils gemäß For-mel 3 bestimmt werden, da $P_2 < \dfrac{P_1}{P_2}$ ist

$$Kv = \frac{4000}{257 \cdot 5,5} \cdot \sqrt{\frac{1,3 \cdot 323 \left[1 - (1 - 0,818)^2\right]}{\left(2 \cdot 0,818 - 0,818^2\right)}} = 57 \qquad X = \frac{5,5 - 1}{5,5} = 0,818$$

Es ist ein ROH auszuwählen, dessen kvs-Wert ca. 30 % größer ist, damit der P-Bereich nicht zu groß wird und der gegen minimal 5,5 bar Differenzdruck schließen kann. Hierfür würde ein Ventil DN 80 mit Kvs= 80 ausreichen.Es ist jedoch noch zu prüfen, ob die maximal zulässige Austrittsge-schwindigkeit von 3/10 der Schallgeschwindigkeit von 360 m/s= 108 m/s bei 40 °C nicht überschrit-ten wird.

Formel 4

$$W_2 = \frac{Q_N \left(m^3/h\right) \cdot 4 \cdot T}{P_2 \, (bar) \cdot 3600 \cdot D^2 \, (m) \cdot 3,14 \cdot 273} = \frac{4000 \cdot 4 \cdot 323}{1 \cdot 3600 \cdot 0,08^2 \cdot 3,14 \cdot 273} = 261 \, m/s$$

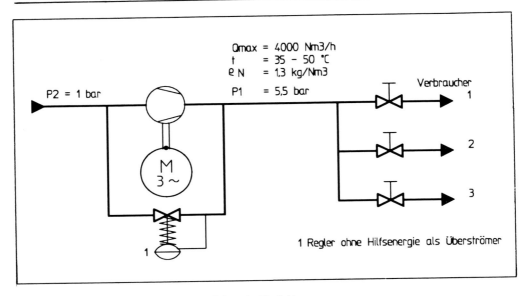

Bild 5.2-5-1: Überströmregelung mit ROH zum Schutz des Verdichters

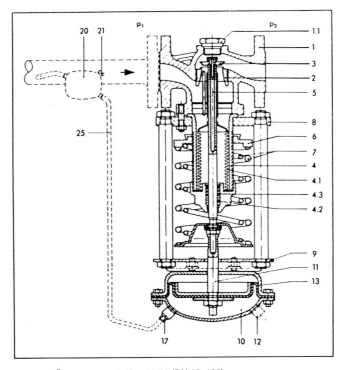

Bild 5.2-5.2: Schnittbild des Überströmventils Typ 41-73 (DN 15–100)

Es muß also wegen der Antrittsgeschwindigkeit eine größere Nennweite genommen werden. Die Kontrollrechnung für DN 125 ergibt, daß diese ausreichend ist.

$$W_2 = \frac{4000 \cdot 4 \cdot 323}{1 \cdot 3600 \cdot 0,125^2 \cdot 3,14 \cdot 273} = 107,2 \, m/s$$

Nun muß noch der Sollwertbereich ausgewählt werden. Der maximal einzustellende Sollwert sollte zwischen 85 und 95 % des Sollwertbereiches liegen, um die P-Abweichung möglichst klein zu halten. In diesem Fall 2–5 bar Überdruck. Zur Auswahl stünde auch noch der Bereich 4–10 bar, der jedoch einen größeren P-Bereich hat und damit zu größeren bleibenden Regelabweichungen bei gleichem Sollwert führt.

b) pneumatisch

Die Auslegung des Stellgerätes erfolgt nach den gleichen Kriterien wie beim ROH, nur reicht es hier aus, den Kvs-Wert 10 bis 20 % größer zu machen als den für den maximalen Lastfall errechneten. Die erforderliche Gehäusenennweite wird auch hier von der Strömungsgeschwindigkeit bestimmt, sie muß also ebenfalls DN 125 sein.

Nachdem der Ventiltyp ausgewählt wurde, ist der erforderliche Antrieb zu bestimmen. Hier wird ein Antrieb „Feder öffnet" gewählt, um den Kompressor vor einem unzulässig hohen Druck zu schützen, falls die pneumatische Hilfsenergie für den Regelkreis ausfällt. Die erforderliche Antriebsgröße ergibt sich aus dem zu beherrschenden Differenzdruck und dem zur Verfügung stehenden Instrumentenluftdruck.

Die erforderliche Antriebskraft errechnet sich, wie folgt:

Formel 5

$$F_A = d \cdot \pi \cdot f_1 + D \cdot \pi \cdot f_2 + D^2 \cdot \frac{\pi}{4} \cdot \delta p_{schl} + d^2 \cdot \frac{\pi}{4} \, (P_2 - P_A)$$

F_A = erforderliche Antriebskraft in N

d = Stangendurchmesser mm (bei DN 125= 2,5 mm)

D = Sitzdurchmesser mm (bei DN 125, kvs= 80, D= 65 mm)

f_1 = Packungsreibwert, typisch 1,6 N/mm bei PTFE-Packungen

f_2 = Schließkraftbeiwert, typisch bei metallischdichtenden Sitz-/Kegel-Kontruktionen von Einsitzventilen 2 N/mm

δp_{schl} = max. geforderter Differenzdruck gegen den der Antrieb schließen soll N/mm²

P_2 = Absolutdruck am Ventilaustritt

P_A = Atmosphärendruck bar (abs)

$$F_A = 25 \cdot 3,14 \cdot 1,6 + 65 \cdot 3,14 \cdot 2 + 65^2 \cdot \frac{3,14}{4} + 0,45 \cdot \frac{3,14}{4} \, (1-1)$$

$$= 125,6 + 408,2 + 1492,08 + 0$$

$$= 2026,30 \, N$$

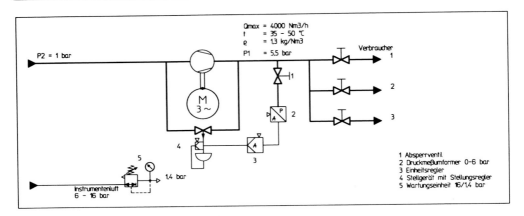

Bild 5.2-6: Überströmregelung mit pneumatischem Regelsystem

Errechnung des erforderlichen Drucks, der auf den Antrieb gegeben werden muß, um die erforderliche Stellkraft von 2027 N aufzubringen, bei einem Antrieb „Feder öffnet":

$$P_A = \frac{F_A}{A_A \cdot 100 + P_{FE}} \quad N/mm^2$$

P_A = erforderlicher Zuluftdruck für den Antrieb unter Vernachlässigung der Reibungskräfte im Antrieb N/mm²

F_A = erforderliche Antriebskraft in N

A_A = wirksame Fläche des Antriebes in cm²

P_{FE} = Druck der dem Endbereich der Federn entspricht, bei Funktion „Feder öffnet"

Für dieses Beispiel gewählter Antrieb 700 cm², Federbereich: 0,2 ... 1,0 bar

$$P_A = \frac{2026,3}{700 \cdot 100 + 0,1} = 0,0289 + 0,1$$

$$= 0,1289 \text{ N/mm}^2 \text{ entspricht 1,289 bar}$$

Ist die Antriebsgröße > 350 cm², oder der erforderliche Instrumentenluftdruck für den Antrieb > 1,4 bar, muß das Ventil mit einem pneumatischen Stellungsregler ausgerüstet werden.
Für die Meßwerterfassung und Regelung stehen zwei Alternativen zur Verfügung:

1. Feldregler mit eingebautem Meßwertaufnehmer

2. Pneumatische Druck-Meßumformer und Einheitsregler (Ein- u. Ausgangssignale 0,2–1,0 bar) für Feldmontage oder Tafeleinbauregler.

Welche der beiden Varianten gewählt wird, hängt von der gewünschten räumlichen Anordnung ab! Der Meßbereich sollte so gewählt werden, daß der maximale Sollwert zwischen 80 und 90 % des Meßbereiches liegt.

c) elektro-pneumatisch

Hierfür ist die gesamte Auslegung identisch, nur daß an Stelle des pneumatischen Meßumformers und Reglers ein elektrischer Druck-Meßumformer in Zweileitertechnik (4–20 mA Ausgangssignal) und ein elektrischer Einheitsregler mit Eingang 4–20 mA mit Meßumformerspeisung 24 V/DC und Ausgang 4–20 mA eingesetzt wird.

Falls ein Stellungsregler erforderlich wird, wird dieser üblicherweise elektropneumatisch ausgeführt. Bei Ex-Anlagen werden aber auch i/p-Umformer und pneumatische Stellungsregler eingesetzt.das Schema entspricht Bild 6, nur daß der Meßumformer und der Regler keine pneumatische Hilfsenergie erhalten, sondern der Regler mit elektrischer Hilfsenergie versorgt wird und dieser den Meßumformer mit 24 V/DC versorgt. Damit entfällt auch der Druckminderer Nr. 5 des Schemas.

5.2.2.2 Nachdruckregelung

Ein Druckluftverbraucher soll mit konstantem Zuluftdruck von 3 bar versorgt werden, bei schwankendem Netzdruck von 3,6–5,5 bar und einer maximalen Abnahme von 1500 Nm^3/h.

a) mit Regler ohne Hilfsenergie (ROH) gemäß Bild 5.2-7.1 und 5.2-7.2

Zuerst muß der erforderliche Kv-Wert und die Nennweite des Druckminderers bestimmt werden gemäß Formel 2, da $P_2 > \dfrac{P_1}{P_2}$ ist.

$$X = \frac{3,6-3,0}{3,6} = 0,167 \qquad\qquad T_1 = 40 + 273 = 313$$

$$Kv = \frac{1500}{514 \cdot 3,6} \cdot \sqrt{\frac{1,3 \cdot T_1 \left[1+(1-x)\right]}{\left(2\,x - x^2\right)(1-x)}}$$

$$Kv = \frac{1500}{514 \cdot 3,6} \cdot \sqrt{\frac{1,3 \cdot 313\left[1+(1-0,167)\right]}{\left(2 \cdot 0,167 - 0,167^2\right)(1-0,167)}}$$

$$Kv = 43,8$$

Es ist ein ROH auszuwählen, dessen kv ca. 30 % größer ist, damit der P-Bereich nicht zu groß wird, und der gegen den maximalen Differenzdruck von 5,5–3,0 bar sicher schließen kann. Hierfür würde ein Ventil DN 65 mit kvs = 50 ausreichen. Es muß auch hier geprüft werden, ob die max. zulässige Austrittsgeschwindigkeit von 3/10 der Schallgeschwindigkeit von 33,5 m/s bei 40 °C nicht überschritten wird (nach Formel 4).

$$W_2 = \frac{1500 \cdot 4}{3 \cdot 3600 \cdot 0,065^2 \cdot 3,14} = 41,88 \ \text{m/s}$$

Dies ist nicht der Fall. Damit kann die minimal mögliche Nennweite, die für den kv-Wert erforderlich ist, eingesetzt werden. Als Sollwertbereich stehen z. B. 0,8 ... 2,5 bar oder 2 ... 5 bar Überdruck zur Verfügung. Es ist der kleinere zu bevorzugen, da der Sollwertbereich auf Grund des kleineren P-Bereiches zu kleineren bleibenden Regelabweichungen führt.

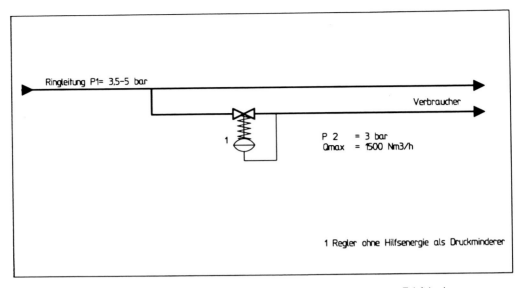

Bild 5.2-7.1: Nachdruckregelung mit ROH zur Versorgung eines Verbrauchers mit konstantem Zuluftdruck

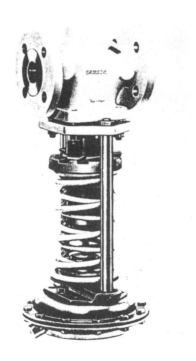

Bild 5.2-7.2: Druckminderer DN 32/PN 16 Typ 41-23

b) pneumatisch

Hier soll die Aufgabenstellung noch um eine Sicherheitsabschaltung bei zu hohem Druck ($P_{max.\ max.} = 35$ bar) und einem Alarm bei $+X_W$ und $-X_W$ von 0,2 bar gemäß Bild 5.2-8.1 und 5.2-8.2 erweitert werden.

Die Abschaltung der Zuluft des Reglers bei $P_{max.\ max.}$ und $X_W = +0,2$ bar führt zu einem sanften Anfahren des Reglers bei Freigabe des Ventils.

Die Auslegung des Stellgerätes geschieht nach den gleichen Formeln und Kriterien wie beim ROH, nur daß der kv-Wert nur 10 bis 20 % größer sein muß, als für den maximalen Lastfall errechnet. Es ergibt sich hier ein Ventil DN 65 kv = 63, da DN 50 nur eine kv-Wert von 35 hat. Nachdem

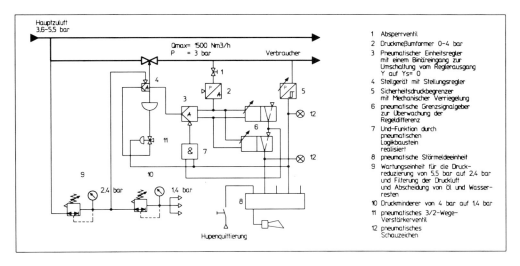

Bild 5.2-8.1: Nachdruckregelung mit pneumatischem Regelsystem

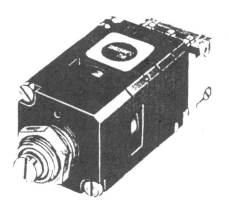
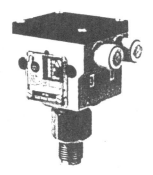

Bild 5.2-8.2: Pneumatischer Grenzsignalgeber 3.758 und pneumatischer Sicherheitsdruckbegrenzer 3994-0370

der Ventiltyp ausgewählt ist, ist der erforderliche Antrieb zu bestimmen. Es wird ein Antrieb ausgewählt, der bei Membranbruch, Luftausfall oder Überdruck von Pmax. max. durch eine Feder geschlossen wird. Die erforderliche Antriebskraft wird nach Formel 5 berechnet D = 40, d= 12, $\delta_{p\,schl}$ = 4,5 bar, damit das Ventil gegen den maximalen Vordruck schließt:

$$F_A = 12 \cdot 3,14 \cdot 1,6 + 40 \cdot 3,14 \cdot 2 + 40^2 \cdot \frac{3,14}{4} \cdot 0,55 + 12^2 \cdot \frac{3,14}{4} (3-1) = 1228\,N$$

Errechnung der erforderlichen Federvorspannung (Druck im Antrieb, bei dessen Überschreiten der Antrieb anfängt, das Ventil zu öffnen, ohne daß ein Differenzdruck auf den Kegel wirkt).

Formel 7

$$P_F = \frac{F_A}{A_A \cdot 100}$$

P_A = erforderliche Antriebskraft N

F_A = wirksame Fläche des Antriebes in cm²

P_F = Druck im Antrieb, bei dessen Überschreiben das Ventil anfängt zu öffnen

ausgewählte Membranfläche 350 cm²

$$P_F = \frac{1228}{350 \cdot 100} = 0,035\,N/mm^2 \text{ entspricht } 0,35\,bar$$

Der ausgewählte Federbereich ist 0,4–2,0 bar. Die Zuluft muß um 0,4 bar höher sein als der Endwert des Federbereiches = 2,4 bar.

c) elektro-pneumatisch

Hierfür ist die gesamte Auslegung identisch, nur daß an Stelle der pneumatischen Meß-, Regel- und Steuergeräte elektrische Komponenten treten (siehe Schema Bild 5.2-9.1 und 5.2-9.2)!

5.2.2.3 Durchflußreglung

Anwendungsbeispiel:Eine Produktionsmaschine soll mit einer konstanten Luftmenge gespült werden, um eine explosionsgefährdete Atmosphäre zu vermeiden. Bei Störung soll das Ventil öffnen.

a) mit Regler ohne Hilfsenergie (ROH) (siehe Schema Bild 5.2–10.1 und 5.2-10.2)

Hier ist durch die Konstruktion (Bild 5.2-2) sichergestellt, daß das Ventil bei Membranbruch öffnet.

Der Meßflansch wird auf einen Wirkdruck von 200–250 mbar ausgelegt, so daß sich ein bleibender Druckverlust von ca. 100 mbar ergibt, so daß der erforderliche Nachdruck des Reglers 1,5 bar + 0,1 bar= 1,6 bar beträgt. Die restliche Auslegung erfolgt gemäß den vorherstehenden Beispielen.

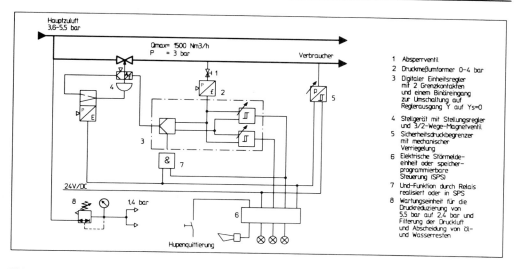

Bild 5.2-9.1: Nachdruckregelung mit elektro/pneumatischem Regelsystem

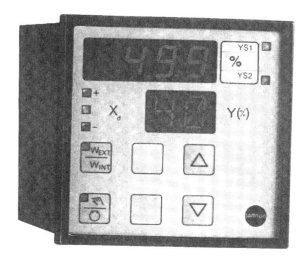

Bild 5.2-9.2: Digitaler Prozeßregler 96 x 96 mit Universaleingang mA, Pt 100, Thermoelement und mA – und 3 Punkt-Ausgang und Grenzkontakten Typ 6496

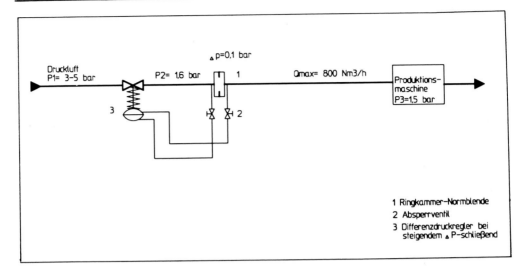

Bild 5.2-10.1: Durchflußregelung mit ROH

Bild 5.2-10.2: Differenzdruckregler ohne Hilfsenergie bei steigendem Differenzdruck schließend Typ 42

b) pneumatisch (siehe Schema 5.2-11)

Hier wird ein Stellgerät mit Sicherheitsfunktion „Feder öffnet" gewählt, damit bei Energieausfall und Membranbruch die Spülung mit Druckluft sichergestellt ist. Hier ist wie bei Beispiel 5.2-8.1 ebenfalls eine Regelabweichungsüberwachung mit Ansteuerung des Stellgerätes und einer Alarm-einrichtung möglich. Die Auslegung des Stellgerätes erfolgt wie in den entsprechenden vorherstehenden Beispielen.

c) elektro-pneumatisch

Der Aufbau ist hier identisch mit dem pneumatischen, nur daß Meßumformer und Regler elektrisch ausgeführt sind, wobei der elektrische Einheitsregler das Differenzdrucksignal ohne Mehrkosten radiziert und damit eine lineare Durchflußanzeige ermöglicht.

Der pneumatische Einheitsregler benötigt dagegen eine quadratische Skala, da eine Radizierung bei diesem Beispiel nicht erforderlich ist und sehr teuer wäre.

5.2.2.4 Druckregelung mit Durchflußbegrenzung oder Durchflußregelung mit Druckbegrenzung

Diese Aufgabenstellung gibt es häufig in der pneumatischen Fördertechnik und in großen Druckluftnetzen. Diese werden in den unterschiedlichen Realisierungen erläutert:

a) mit Reglern ohne Hilfsenergie (siehe Schema Bild 5.2-12)

Bei einem großen Druckluftnetz sollen die großen Verbraucher mit Nach-Druckreglern mit Durchflußbegrenzung versehen werden, um die Energieverteilung sicherzustellen!

Die Durchfluß-Meßblende befindet sich auf der Eintrittseite der Armatur, weil hier die kleineren Druckschwankungen kleinere Meßfehler der Durchflußmessung verursachen.

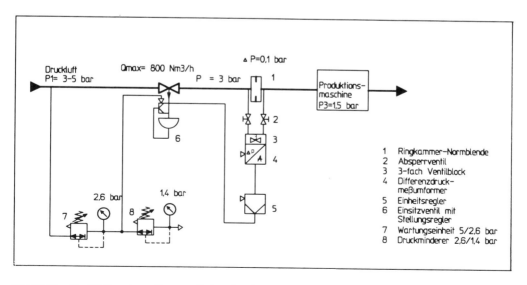

Bild 5.2-11:   Durchflußregelung mit pneumatischem Regelsystem

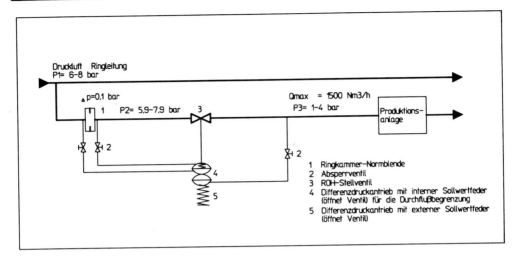

Bild 5.2-12:   Nachdruckregelung mit Durchflußbegrenzung mit ROH

b) pneumatisch (siehe Schema Bild 5.2-13)

Bei einer pneumatischen Förderanlage von Schüttgütern soll ein konstanter Luftdurchfluß als Trägerluft für das zu transportierende Gut gewährleistet sein. Zusätzlich muß jedoch der Druck hinter dem Regelventil auf einen maximal zulässigen Wert begrenzt werden.

Auch hier geschieht die Durchflußmessung vor dem Regelventil, da dort der konstantere Druck zu erwarten ist und damit der geringere Fehler. Die Auslegung des Stellgerätes geschieht wie bei den vorher aufgeführten Beispielen.

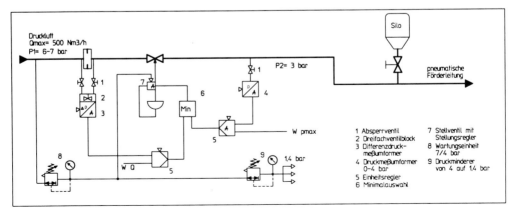

Bild 5.2-13:   Durchflußregelung mit Druckbegrenzung mit pneumatischem Regelsystem

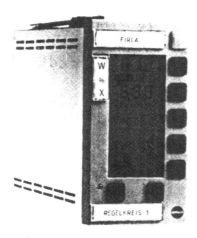

Bild 5.2-14: Digitaler Prozeßregler 72 x 144 mit 4 Universaleingängen 0 (2)-10 V, 0 (4-20 mA) und 3 Ausgängen 0 (2)-10 V, 0 (4)-20 mA, 1 3-Punkt-Ausgang, konfigurierbar als Festwertregler, Verhältnisregler, Kaskadenregler (mit Führungs- und Folgeregler) oder wie in diesem Beispiel als Druck-Regler mit Durchflußbegrenzungs-Regler Typ 6411

c) elektro-pneumatisch

Hier ist die Instrumentierung identisch Bild 5.2-13, nur daß die Meßumformer und Regler elektrisch ausgeführt sind. Die beiden Regler 5 und die Minimalauswahl lassen sich in einem digitalen Prozeßregler Bild 5.2-14. realisieren, bei verzögerungsfreiem Übergang des Stellsignales vom Druck- auf den Durchflußregler und umgekehrt.

5.2.2.5 Temperaturregelung

In der Drucklufttechnik besteht häufig die Forderung, die Druckluft nach der Verdichtung zu kühlen, um die nachfolgenden Geräte oder Prozesse vor ausfallendem Kondensat und vor zu hoher Temperatur zu schützen.

a) mit Regler ohne Hilfsenergie (siehe Schema 5.2-15.1 und 5.2-15.2)

Hier erfolgt die Berechnung des kv-Wertes gemäß Formel 1.

b) pneumatisch (siehe Schema 5.2-16)

Die Antriebsauslegung geschieht bei Wasser entsprechend Formel 5 und 6.

c) elektro-pneumatisch

Das Schema entspricht Bild 5.2-16, nur daß statt des Meßumformers 2 ein Widerstandsthermometer Pt 100 zum Einsatz kommt und der pneumatische durch einen elektrischen Regler mit Pt 100-Eingang ersetzt wird.

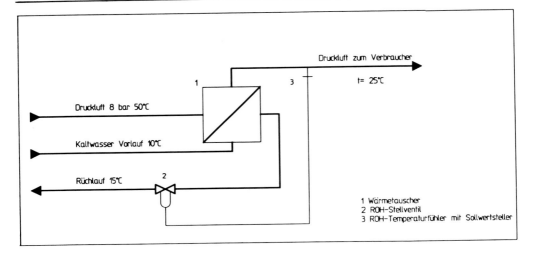

Bild 5.2-15.1: Temperaturregelung mit ROH

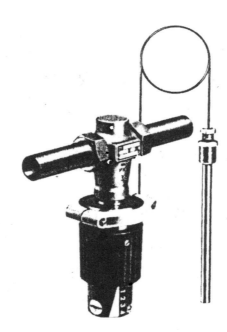

Bild 5.2-15.2: Temperaturregler ohne Hilfsenergie mit gasgefülltem Meßsystem Typ 43

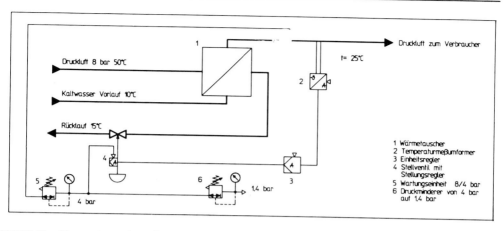

Bild 5.2-16:   Temperaturregelung mit pneumatischem Regelsystem

5.2.3 Schlußbemerkung

Die Anwendungsbeispiele entstammen ausgeführten Anlagen. Die Kennwerte für die Stellgeräte wurden den Katalogen der Firma SAMSON AG Meß- und Regeltechnik entnommen. Die Bilder stellte ebenfalls die Firma SAMSON zur Verfügung.

6. Druckluftbetriebene Maschinen

6.1 Druckluftmotoren

Die Geschichte der Anwendung von Druckluft als Energieträger reicht mehr als 2000 Jahre zurück. In prähistorischer Zeit wurden Druckluftantriebe zu kultischen Zwecken und in der Kriegstechnik eingesetzt. Durch die Erforschung der physikalischen Gesetzmäßigkeiten der Gase im 17. Jahrhundert erlangte die Nutzung der Druckluft dann eine größere praktische Bedeutung. Mit der Industrialisierung im 18. und 19. Jahrhundert setzte eine stürmische Entwicklung im Bereich der Druckluftantriebe ein, die auch heute bei weitem noch nicht abgeschlossen ist. Sie haben in sehr vielen Bereichen der menschlichen Gesellschaft Einzug gehalten, von der Windkraftanlage bis zum Dentisten-Werkzeug, vom schweren Antrieb in Bohrgeräten für den Bergbau bis zum druckluftbetriebenen Handwerkzeug. Der Druckluftmotor stellt in vielen Antriebsfällen eine echte Alternative zu elektrischen bzw. hydraulischen Antrieben dar.

6.1.1 Einsatzbereiche

Druckluftmotoren finden in allen Industriezweigen für Antriebs-, Steuer- und Regelungsaufgaben ein breites Anwendungsfeld. Der Druckluftantrieb kann eine Reihe von Eigenschaften vorweisen, über die andere Antriebsarten nicht oder nur unvollkommen verfügen:

– Leistung, Drehmoment und Drehzahl innerhalb weiter Grenzen stufenlos regulierbar (Regelbereich durchschnittlich 1:5 bis 1:7)

– ohne Schaden überlastbar bis zum Stillstand

– hohes Anfahrmoment, Anlauf auch gegen Last

– beliebige Schalthäufigkeit, 100 % ED möglich

– kein Nachlauf beim Abschalten

– kleine Abmessungen, geringes Gewicht, beliebige Einbaulage

– unempfindlich gegen Schmutz und Staub, Wasser, Dämpfe, Hitze, Kälte und Erschütterungen

– robust, langlebig, einfach zu reparieren

– explosions- und unfallsicher.

6.1.2 Bauarten und Wirkungsweise

Bei Druckluftmotoren sind eine ganze Reihe unterschiedlicher Bauarten bekannt, die sich jedoch auf vier Grundbauarten zurückführen lassen:

Lamellenmotor	Kolbenmotor	Zahnradmotor	Turbine
	– Radial	– Geradzahn	– Radial
	– Axial	– Schrägzahn	– Axial
		– Pfeilrad	– Tangential

6.1.2.1 Lamellenmotor

Beim Lamellenmotor ist der Rotor (2) exzentrisch im Rotorzylinder (1) gelagert. Rotor und Rotorzylinder schließen somit einen sichelförmigen Arbeitsraum ein, der beidseitig durch Lagerdeckel (3) abgedeckt ist. Die Lamellen (4), meist 3 bis 8 Stück, sind in Längsschlitzen des Rotors (2) geführt. Sie unterteilen den Arbeitsraum in einzelne Kammern. In der Nähe des „oberen Totpunktes" strömt Druckluft durch den Einlaß (5) in die erste Kammer des Arbeitsraumes. Infolge des Flächenunterschiedes der beiden diese Kammer begrenzenden Lamellen entsteht ein Drehmoment in Drehrichtung. Sobald die Kammer durch die Rotordrehung vom Einlaß abgesperrt wird, entspannt sich die eingeschlossene Druckluft entsprechend der Volumenvergrößerung des Arbeitsraumes. Die Expansionsarbeit wirkt infolge der Flächendifferenz der beiden die Kammer einschließenden Lamellen weiter in Drehrichtung, bis am Expansionsende in der Nähe des „unteren Totpunktes" die entspannte Arbeitsluft über Auslaßöffnungen (6) ins Freie ausströmt. Während des Betriebes werden die Lamellen durch die Fliehkraft an die Innenwand des Rotorzylinders gedrückt und dichten dadurch ab. Eine kleine Teilmenge der einströmendem Druckluft wird durch Bohrungen (7) in den Lagerdeckeln (3) unter die Lamellen geleitet. Diese Unterluft drückt die Lamellen ebenfalls nach außen gegen die Zylinderinnenwand und sorgt so für die Abdichtung im Augenblick des Anfahrens, wenn noch keine Fliehkraft auf die Lamellen wirkt. Je nach verlangter Arbeitsdrehzahl und erforderlichem Motormoment werden häufig entsprechende Getriebeuntersetzungen in den Motor integriert. Die Motoren laufen nur in einer oder umsteuerbar in beiden Drehrichtungen.

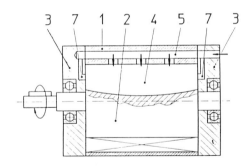

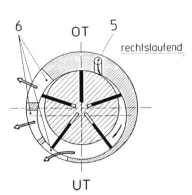

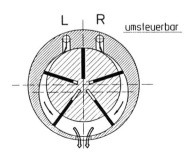

Bild 6.1-1: Aufbau und Wirkungsweise des Druckluft-Lamellenmotors

Die Motoren dieser Bauform haben unter allen Druckluftmotoren die größte Bedeutung. Anhand der Beziehung v = π · d · n läßt sich die Abhängigkeit der Drehzahl vom Rotordurchmesser darstellen. Im Leerlauf liegt die Umfangsgeschwindigkeit v bei ungeregelten Motoren je nach Konstruktion zwischen 24 und 30 m/s. In vielen Fällen sind Getriebe zur Drehzahl- bzw. Momentanpassung notwendig. Große Übersetzungsverhältnisse (i = 3,5...8 in einer Stufe) werden bei sehr hoher Leistungsdichte und hohem Wirkungsgrad mit ein- oder mehrstufigen Planetengetrieben erzielt. Meist werden sie zusammen mit dem Motor in ein gemeinsames Gehäuse eingebaut. Kleinere Übersetzungen realisiert man mit Hilfe von Stirnradgetrieben (i = 1,5...4). Bei beengten Platzverhältnissen sind auch Kegelradgetriebe und Schneckengetriebe im Einsatz.

6.1.2.2 Kolbenmotor

Der Kolbenmotor wird als Radial- oder Axialkolbenmotor gebaut. Beide arbeiten mit innerer Entspannung der Druckluft.

Beim Radialkolbenmotor wirkt die Kolbenkraft über Pleuel auf die Kurbelwelle. Meist sind vier Zylinder in Sternform angeordnet. Zur Verbesserung des Ungleichförmigkeitsgrades und des Anlaufverhaltens gibt es aber auch 5- und 6-Zylindermotoren, ebenfalls in Sternform.

Im oberen Totpunkt des Kolbens (1) strömt die Druckluft über den Einlaßkanal (2) eines Steuerschiebers (3) in den Zylinder. Nach Einlaßende expandiert die Luft und drückt den Kolben in den unteren Totpunkt, wo die entspannte Luft über den Auslaßkanal (4) und einen Überströmkanal (5) des Steuerschiebers (3) wieder ausströmt. Die Zylinder werden durch den synchron mit der Kurbelwelle rotierenden Steuerschieber nacheinander gefüllt und wieder entleert. Die Motoren laufen nur in einer Drehrichtung oder sie sind durch ein Umsteuerventil in beide Drehrichtungen umsteuerbar. Die Leistung wird entweder direkt von der Kurbelwelle oder von der Abtriebswelle eines nachgeschalteten Untersetzungsgetriebes abgenommen.

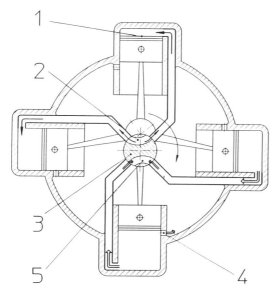

Bild 6.1-2: Radialkolbenmotor – Prinzipskizze

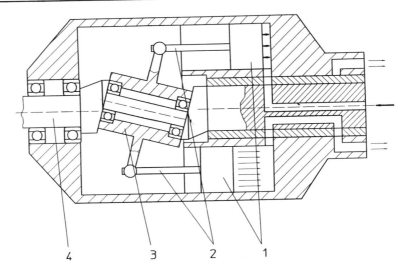

Bild 6.1-3: Axialkolbenmotor – Prinzipskizze

Beim Axialkolbenmotor sind die Zylinder (1) symmetrisch und parallel zur Motorachse angeordnet. Die Kolbenkraft (meist fünf Kolben) wirkt über Kolbenstangen (2) auf eine Taumelscheibe (3). Die Taumelscheibe (3) steht unter einem Winkel schräg zur Motorachse und überträgt die Kolbenkraft auf die Motorwelle (4), wo sie in der Regel über ein Untersetzungsgetriebe als Motormoment abgenommen wird. Durch die Erhöhung der Kolbenzahl wird das Anlaufverhalten und der Ungleichförmigkeitsgrad verbessert. Die Motoren sind entweder nur für eine Drehrichtung oder umsteuerbar für beide Drehrichtungen ausgelegt.

Kolbenmotoren sind besonders dann geeignet, wenn hohe Anlaufmomente oder sehr hohe Drehmomente bei kleinen Drehzahlen gefordert werden. Beide Motorbauarten sind inzwischen durch Lamellenmotoren fast vollständig verdrängt.

6.1.2.3 Zahnradmotoren

Zahnradmotoren lassen sich in Geradzahn-, Schrägzahn-, Pfeil- und Schraubenradmotoren einteilen. Da sie keine ausgesprochenen Verschleißteile besitzen, sind sie als Dauerläufer sehr gut geeignet.

Zahnradmotoren bestehen aus zwei oder drei miteinander kämmenden Zahnrädern meist gleicher Zähnezahl, die mit geringem Spiel in einem gemeinsamen Gehäuse laufen. Ein Rad ist drehfest mit der Abtriebswelle verbunden, die anderen Räder dienen zur Drehmomenterzeugung. Die einströmende Druckluft beaufschlagt sowohl die beiden gegenüberstehenden Zahnflanken (1) und (2) als auch die zwei kämmenden Flanken (3) und (4). Da die Zahnflanken (3) und (4) nur je zur Hälfte, die anderen Flanken (1) und (2) jedoch mit dem vollen Profil beaufschlagt werden, entsteht ein Drehmomentüberschuß in Drehrichtung. Bei der Drehung bleibt das in der Zahnlücke geradverzahnter Räder eingeschlossene Volumen konstant. Zahnradmotoren laufen deshalb als Vollfüllungsmaschinen ohne Expansion.

Mit zusätzlicher Entspannung können dagegen der Schrägzahnradmotor und der Pfeilradmotor arbeiten, weil während der Drehung eine Volumenvergrößerung der Zahnlücken auftritt. Bei

A 17

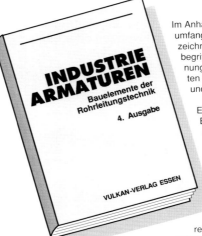

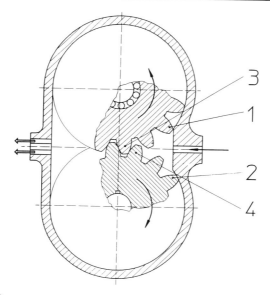

Bild 6.1-4: Zahnradmotor

Schrägzahnradmotoren muß die Axialkraft durch eine spezielle Lagerkonstruktion aufgenommen werden. Im Gegensatz zu den anderen Zahnradmotoren ist bei pfeilverzahnten Zahnradmotoren zur Drehrichtungsumkehr ein Wendegetriebe erforderlich.

Eine Sonderform der Zahnradmotoren stellt der Schraubenradmotor (Bild 6.1-5) dar. Er besitzt zwei Rotoren. Der Hauptläufer ist dabei über Gleichlaufräder mit dem Nebenläufer gekoppelt. Beide Rotoren sind meist mit unterschiedlichen Zähnezahlen und verschiedener Profilform ausgeführt. So hat z.B. der Hauptrotor mit vier Zähnen ein konvexes, der sechszähnige Nebenläufer ein konkaves Zahnprofil. Wegen der schraubenförmigen Verzahnung nimmt das Volumen zwischen zwei Zähnen bei der Drehung zu, die Druckluft kann sich entspannen. Der Schraubenmotor arbeitet deshalb mit innerer Expansion.

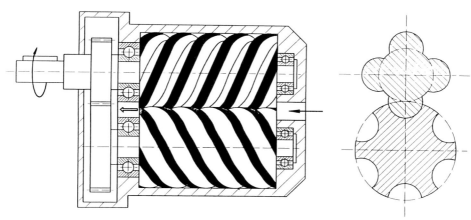

Bild 6.1-5: Schraubenradmotor

Zahnradmotoren können nur in einer Drehrichtung laufen oder auch umsteuerbar ausgeführt sein. Das Anlaufmoment gegen Last liegt etwa beim doppelten Nennmoment.

6.1.2.4 Turbine

Turbinen gliedert man nach der Strömungsrichtung der Druckluft in Radial-, Axial- und Tangentialturbinen. Die Luft strömt mit hoher Geschwindigkeit (annähernd Schallgeschwindigkeit) aus der Einströmdüse auf die Schaufeln des Laufrades, wobei die Strömungsenergie in mechanische Arbeit umgewandelt wird. In der Turbine (Bild 6.1-6) wird ausschließlich die kinetische Energie der Druckluft zur Arbeitsleistung ausgenutzt. Verglichen mit den anderen Bauarten erreichen Turbinen im allgemeinen nur niedrige Leistungen, aber die höchsten Drehzahlen.

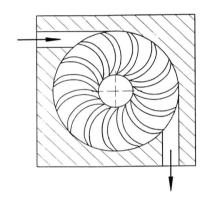

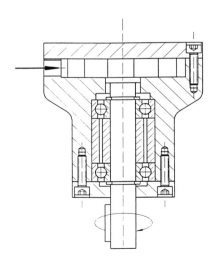

Bild 6.1-6: Turbine

6.1.3 Leistungsbereiche

Die Vielzahl verschiedener Bauarten bereitet den Anwendern häufig Probleme bei der Auswahl. Zunächst müssen die spezifischen Vor- und Nachteile der verschiedenen Bauarten in bezug auf den jeweiligen Bedarfsfall abgewägt werden. Das Auswahldiagramm (Bild 6.1-7) kann dabei in vielen Fällen eine erste Entscheidungshilfe sein.

Bei allen Bauarten fällt das Motormoment mit steigender Drehzahl annähernd linear ab. Signifikante Unterschiede zeigen sich vorwiegend im Anfahrverhalten gegen Last, im nutzbaren Drehzahlbereich und im spezifischen Luftverbrauch.

Das Anfahrmoment ist beim Kolbenmotor relativ am höchsten. Die Kolben sind konstruktiv mit Kolbenringen einfach abzudichten, was zu vergleichsweise geringen Leckverlusten führt. Daraus resultieren ein hohes Anfahrmoment (ca. zweifaches Nennmoment), gute Regelbarkeit des Lastmomentes und geringer spezifischer Luftverbrauch. Nachteilig sind der große Bauaufwand, das hohe Gewicht und die großen Abmessungen. Außerdem ist die Leistung auf etwa 5 kW und die Drehzahl auf ca. 3000 min⁻¹ beim Axialkolbenmotor, beim Radialkolbenmotor auf 25 kW und ca.

4000 min⁻¹ begrenzt. Der spezifische Luftverbrauch liegt zwischen 1,1 und 1,5 $\frac{m^3}{min \cdot kW}$.

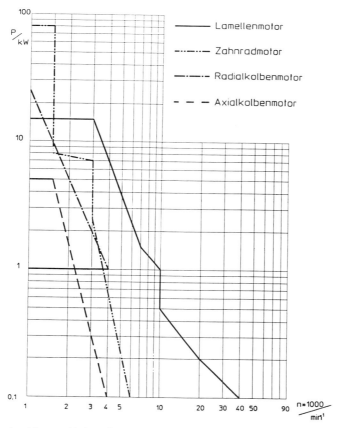

Bild 6.1-7: Leistungsbereiche verschiedener Druckluftmotoren

Zahnradmotoren zeigen ein ähnlich günstiges Anfahrverhalten gegen Last wie Kolbenmotoren. Bei kleinerem Bauvolumen ist der Bauaufwand geringer. Im spezifischen Luftverbrauch liegen diese Motoren allerdings erheblich ungünstiger (ca. 1,8 ... 2,5 $\dfrac{m^3}{min \cdot kW}$), weil sie als Vollfüllungsmaschinen ohne innere Entspannung arbeiten. Um den Luftverbrauch im Leerlauf zu reduzieren, werden sie gewöhnlich mit einem Drehzahlregler ausgerüstet. Die Drehzahl wird auf etwa 6000 min^{-1} bei Motoren mit großer Leistung begrenzt. In der Praxis werden Zahnradmotoren mit bis zu 80 kW Leistung eingesetzt.

Im Gegensatz dazu arbeiten Schraubenmotoren mit innerer Entspannung, so daß der spezifische Luftverbrauch günstiger ist. Im Anfahrverhalten entsprechen sie etwa den Zahnradmotoren, die Drehzahlgrenze wird erst bei etwa 8000 min^{-1} erreicht. Die Fertigung der Rotoren ist allerdings aufwendig, die Auswahl an Motoren daher gering.

Der Lamellenmotor arbeitet ebenfalls mit innerer Entspannung. Im Anfahrverhalten gegen Last ist er allerdings den anderen Bauarten unterlegen. Im Drehzahlbereich von 0 bis ca. 15 % der Höchstdrehzahl werden die Lamellen nur mit geringer Fliehkraft an die Rotorlauffläche angedrückt, es kommt zum Überströmen von einer Kammer in die nächste und damit nicht zum vollen Drehmomentaufbau. Das Anfahrdrehmoment schwankt etwa zwischen 100 % und 150 % des Nennmomentes. Der Lamellenmotor besteht jedoch aus nur wenigen, einfachen Bauteilen. Er hat das bei weitem geringste Bauvolumen und überdeckt mit Drehzahlen bis etwa 80 000 min^{-1} (in Sonderfällen bis 100 000 min^{-1}) den größten Drehzahlbereich. Von wenigen Anwendungsfällen abgesehen hat er heute alle anderen Bauarten verdrängt. Der Leistungsbereich liegt zwischen ca.

100 W und ca. 15 kW bei einem spezifischen Luftverbrauch von 1 ...1,5 $\dfrac{m^3}{min \cdot kW}$.

Turbinen laufen mit hohen Drehzahlen zwischen etwa 40 000 min^{-1} und 300 000 min^{-1}. Im allgemeinen beträgt die abgegebene Leistung maximal 500 W. Aus der Praxis sind jedoch auch Sonderfälle mit ca. 5 kW bekannt. Ein besonderes Merkmal der Turbine ist ihre starke Drehzahlabhängigkeit vom geforderten Drehmoment. Ihre Anwendung ist auf Fälle beschränkt, bei denen hohe Drehzahlen bei relativ kleinen Drehmomenten gefordert werden (z.B. Kleinschleifmaschinen). Turbinen haben einen relativ hohen Luftverbrauch $\left(1,8...3,5 \dfrac{m^3}{min \cdot kW}\right)$. Um den Luftverbrauch im Leerlauf zu begrenzen und die Wälzlager vor zu hohen Drehzahlen zu schützen, werden Turbinen mit Reglern ausgerüstet. Der Anlauf gegen Last ist zu vermeiden.

6.1.4 Kennlinien

In den folgenden Ausführungen sollen die einzelnen Kennlinien des bedeutendsten Druckluftmotors, des Lamellenmotors, näher betrachtet werden.

6.1.4.1 Drehmoment

Beim ungeregelten Lamellenmotor nimmt das Drehmoment bei konstantem Betriebsdruck mit fallender Drehzahl annähernd linear zu, bis bei Drehzahl 0 das Stillstands- oder Abwürgmoment erreicht wird (Bild 6.1-8). Es entspricht dem doppelten Nennmoment, vermindert um den Stillstandsverlust. Dieser Verlust, durch den Leckstrom verursacht, beträgt rund 10 %, so daß das Abwürgmoment nur auf das 1,9fache des Nennmomentes ansteigt.

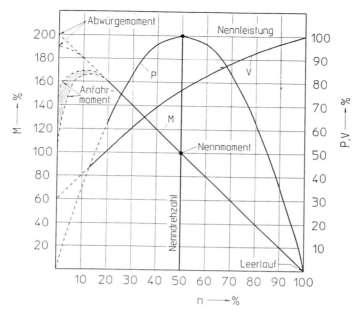

Bild 6.1-8: Kennlinien des ungeregelten Druckluft-Lamellenmotors

Das Anfahrmoment gegen Last ist niedriger als das Abwürgmoment. Die Größe wird durch die jeweilige Lamellenstellung in bezug auf den Einlaß im Augenblick des Anfahrens bestimmt (Bild 6.1-9). Befindet sich eine Lamelle kurz nach Einlaßende, so ergibt sich das niedrigste Anfahrmoment. Es entspricht etwa dem Nennmoment. Der größte Wert mit rund 150 % des Nennmomentes wird erreicht, wenn eine Lamelle kurz vor Einlaßende steht, so daß die vorauseilende Lamelle dieser Arbeitskammer eine große wirksame Druckfläche bildet. Im Bereich zwischen Drehzahl 0 und etwa 15 % der maximalen Drehzahl läuft der Lamellenmotor in einem instabilen Bereich mit starken

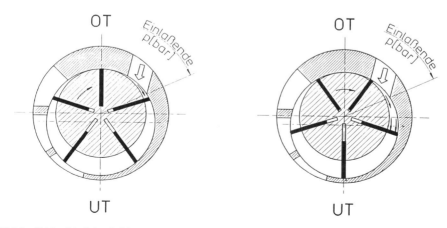

Bild 6.1-9: Abhängigkeit des Anfahrmoments von der Rotorstellung

Drehmoment- und Drehzahlschwankungen. Dieser labile Bereich wird durch unzureichende Abdichtung der Lamellen bei langsamer Rotordrehzahl verursacht. Bei der Auslegung eines Motors auf den Antriebsfall ist dieser Drehzahlbereich daher möglichst zu vermeiden.

6.1.4.2 Leistung

Der angenähert lineare Drehmomentverlauf über der Drehzahl ergibt eine parabolische Leistungskurve mit einem Leistungsmaximum bei $n_{max}/2$. Dieses Leistungsmaximum wird mit „Nennleistung", die zugehörige Drehzahl mit „Nenndrehzahl" bezeichnet. Die maximale Drehzahl, d.h. die höchste Drehzahl, die der Motor unbelastet (ohne Leistungsabgabe) annimmt, ist die „Leerlaufdrehzahl". Jeder Leistungspunkt unterhalb der Nennleistung wird mit zwei Drehzahlen erreicht, die symmetrisch zum Leistungsmaximum liegen. Ein Druckluftmotor kann daher nicht nach der Leistung, sondern nur nach dem erforderlichen Moment und der zugehörigen Drehzahl ausgewählt werden.

6.1.4.3 Einfluß des Betriebsdruckes

Nennleistung, Drehmoment und Drehzahl gelten in der Regel für einen Nennbetriebsdruck von 6 bar. Abweichende Betriebsdrücke beeinflussen die Leistungsdaten. Theoretisch ändern sich alle Werte mit dem Quadrat der absoluten Drücke. Wegen des hohen Anteils der Strömungs- und Leckverluste wirken sich Druckänderungen in Wirklichkeit allerdings nur annähernd linear aus .

6.1.4.4 Luftverbrauch

Der Luftverbrauch ergibt sich aus den Leckverlusten und dem Produkt aus Arbeitskammervolumen, Anzahl von Kammern und der Drehzahl. Das Arbeitsvolumen steigt linear mit zunehmender Drehzahl und erreicht beim ungeregelten Motor seinen Höchstwert bei maximaler Motordrehzahl. Ausgeführte Motoren weisen pro kW einen spezifischen Luftverbrauch von durchschnittlich 1,4 m^3/min bei kleinen Motoren (< 0,5 kW) und bis 1 m^3/min bei großen Motoren (> 2 kW) auf.

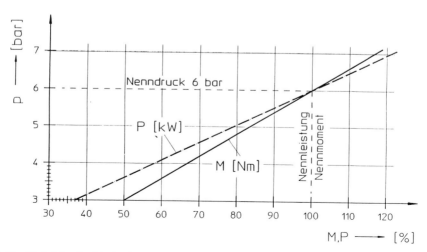

Bild 6.1-10:   Einfluß des Betriebsdrucks

6.1.4.5 Verluste

6.1.4.5.1 Reibungsverluste

Die Reibungsverluste bestehen im wesentlichen aus der Lamellenreibung und der Lagerreibung. Das Verlustmoment wird bestimmt durch die Werkstoffpaarungen Rotor/Lamelle und Lamelle/Rotorzylinder, durch die Oberflächenrauheiten und die Schmierverhältnisse. Der Anteil der Lagerreibung ist beim Einsatz von Wälzlagern vernachlässigbar. Je nach Konstruktion stellt sich im Leerlauf bei einer mittleren Umfangsgeschwindigkeit von 24 bis 30 m/s an der Lauffläche des Rotorzylinders das Gleichgewicht zwischen erzeugtem und Verlustmoment ein. Bei Werkstoffpaarungen, die ölfreien Betrieb gestatten, ist die Umfangsgeschwindigkeit etwas kleiner.

6.1.4.5.2 Strömungsverluste

Auf der Einlaßseite treten durch Querschnittsänderungen, Umlenkungen und unstete Übergänge erhebliche Strömungswiderstände auf, die zu Druckverlust führen. Dadurch wird die verfügbare Druckdifferenz und damit das Drehmoment reduziert.

Die Drosselverluste auf der Ausgangsseite sind vom gesamten Luftdurchsatz abhängig. Das Auslaßvolumen ist wegen der Entspannung der Druckluft bedeutend größer als das Einlaßvolumen. Bei ausgeführten Motoren erreicht die Austrittsgeschwindigkeit aus dem Zylinder meist Schallgeschwindigkeit, so daß der Drosselverlust im Auslaß hauptsächlich durch die Schallgeschwindigkeit bestimmt wird. Außerdem ist zu beachten, daß sich die Zustandsänderung bei der Entspannung des Arbeit verrichtenden Volumenanteils deutlich von der des Leckluftanteils unterscheidet. Am Auslaß stellt sich eine Mischtemperatur entsprechend den Massenverhältnissen ein. Die explosionsartige Entspannung der Druckluft auf der Auslaßseite führt zu hohen Schallpegeln, die im Arbeitsprozeß eine unzumutbare Belästigung oder gar Gesundheitsgefährdung darstellen. Deswegen sind heute Druckluftmotoren mit wirksamen Schalldämpfern ausgerüstet. Durch moderne Druckluftmaschinen wird das immer noch weit verbreitete Vorurteil, daß Druckluftmotoren laut seien, eindeutig widerlegt. Einerseits liegen die Schalleistungswerte unter denen, wie sie in den meisten Produktionsstätten anzutreffen sind, andererseits überwiegt bei vielen Maschinen das Arbeitsgeräusch gegenüber dem Geräusch des Druckluftmotors. Schalldämpfer stellen natürlich auch einen Strömungswiderstand dar. Wie durch die Einlaßdrosselung wird dabei die zur Arbeitsverrichtung verfügbare Druckdifferenz reduziert.

6.1.4.5.3 Leckverluste

Druckluftmotoren sind mit betriebs- und fertigungsbedingten Spielen behaftet. Diese Spiele liegen zwischen Rotor und Rotorzylinder im oberen Totpunkt sowie axial zwischen Rotor bzw. Lamelle und den beidseitig abschließenden Lagerdeckeln.

Bei den für Druckluftmotoren üblichen Betriebsdrücken liegt das Druckverhältnis zwischen Ein- und Auslaß unter dem Lavaldruckverhältnis. Die Leckströmung im engsten Spalt erreicht daher gerade Schallgeschwindigkeit, und der Leckstrom wird bei konstanter Temperatur unabhängig vom Einlaßdruck und der Motordrehzahl. Durch die Rotordrehung wird die Leckströmung dynamisch beeinflußt. Weiterhin bilden sich zwischen den Arbeitskammern sekundäre Leckströme, die meßtechnisch noch nicht zu erfassen sind. Der Leckstromanteil verringert den zur Arbeitsverrichtung vorhandenen Gesamtluftdurchsatz. Mit steigender Drehzahl nimmt der Leckstromanteil und damit auch das Verlustmoment ab.

6.1.5 Steuerung und Regelung

6.1.5.1 Steuerung

Zur Steuerung eines Druckluftmotors mit nur einer Drehrichtung genügt ein 2/2-Wegeventil (Absperrhahn) für die Druckluftleitung (Bild 6.1-11).

Motoren für beide Drehrichtungen können ebenfalls mit einem einfachen Durchgangsventil in der Druckluftleitung gesteuert werden, sofern der Motor für die Drehrichtungswahl ein Handumsteuerventil hat (Bild 6.1-11).

Für Fernsteuerung und für Antriebsmotoren mit nur je einem Luftanschluß für Rechts- und Linkslauf ist ein 4/3-Wegeventil erforderlich, damit die jeweils nicht beaufschlagte Rotorseite entlüftet wird, um leistungsmindernde Rückverdichtung zu vermeiden. Statt des 4/3-Wegeventils sind auch zwei 3/2-Wegeventile möglich. Diese Lösung ist oftmals bei größeren Motoren erforderlich, wenn ein 4/3-Wegeventil mit dem notwendigen Durchflußquerschnitt für die Luftdurchsatzmenge nicht erhältlich ist (Bild 6.1-11).

6.1.5.2 Drehzahlregelung

Der gewünschte Drehmoment-/Drehzahlwert kann infolge der Druckabhängigkeit der Drehzahl durch einfache Druckänderung eingestellt werden. Der Fließdruck soll zwischen dem minimal zulässigen Druck (ca. 3,5 bar) und dem konstruktiv festgelegten Höchstdruck (meist 7 bar) liegen (Bild 6.1-12).

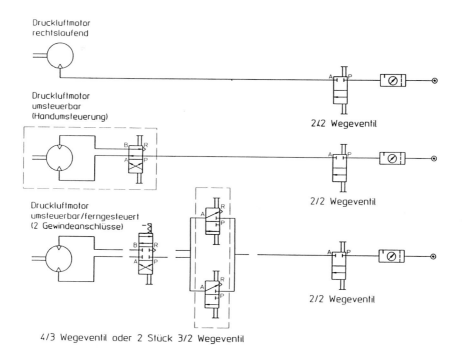

Bild 6.1-11: Schaltpläne für den Anschluß von Druckluftmotoren

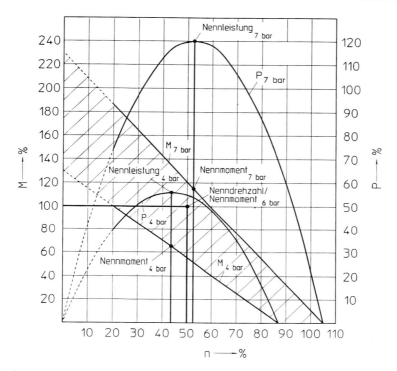

Bild 6.1-12:   Leistung und Drehmoment in Abhängigkeit vom Betriebsdruck

Die Drehzahl eines Druckluftmotors ändert sich jedoch nicht nur mit dem Betriebsdruck, sondern auch bei einer Laständerung. Bei völliger Entlastung steigt die Motordrehzahl auf die Leerlaufdrehzahl an und liegt damit beim doppelten Wert der Nenndrehzahl.

Bei den verschiedenen Antriebsaufgaben tritt zwar selten eine völlige Entlastung des Motors ein, vielmehr verbleibt wenigstens der Leerlaufkraftbedarf der anzutreibenden Maschine als Teillast. Der Drehzahlanstieg zwischen Vollast und Leerlauf liegt daher in der Regel niedriger und erreicht nicht die doppelte Nenndrehzahl. Dennoch ist bei vielen Antriebsaufgaben auch der geringere Drehzahlanstieg nicht zulässig. In solchen Fällen wird zur Drehzahlbegrenzung ein Regler vorgesehen, durch den der hohe Drehzahlbereich abgeregelt wird, so daß zwischen unbelastetem Leerlauf und Nennlast nur noch ein Drehzahlabfall zwischen etwa 7 und 20 % (je nach Reglerbauart) eintritt (Bild 6.1-13). Häufig werden wegen des einfachen Aufbaus Fliehkraftregler eingesetzt. Je nach Drehzahl bewegen sich die Fliehgewichte gegen eine Rückstellfeder und regeln über eine mechanische Verbindung die Luftzufuhr, bei hoher Drehzahl wird der Zuluftquerschnitt verringert und bei Drehzahlabfall wieder vergrößert. Eine Abstimmung ist über die Federvorspannung bzw. -auswahl möglich.

Bei anderen Reglerbauarten wird der Differenzdruck als Regelgröße verwendet, der sich beim Durchströmen einer Blende einstellt. Die Regelgenauigkeit der oben genannten Bauarten liegt liegt bei ca. ±10 %. Mit Kombinationen aus Fliehkraftregler und Differenzdruckregler kann die Regelgenauigkeit auf ±2 % verbessert werden.

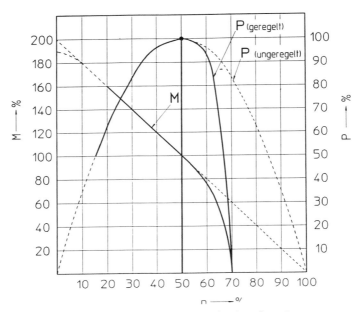

Bild 6.1-13:   Kennlinienvergleich des ungeregelten und des geregelten Lamellenmotors

6.1.6 Dimensionierung

Für die Auswahl eines Druckluftmotors benötigt man das erforderliche Lastmoment und die zugehörige Lastdrehzahl. Ist außer der Lastdrehzahl nur die Leistung P bekannt, so wird zunächst das Drehmoment errechnet:

Drehmoment   M (Nm)   Leistung P (kW)

$$M = \frac{9550 \cdot P}{n}$$ Drehzahl n 1/min)

Mit den Werten für Drehmoment und Drehzahl wählt man den nächstliegenden Motor aus. In den M/n- bzw. P/n-Schaubildern der verschiedenen Anbieter von Druckluftmotoren wird der Fließdruck als Parameter mit dargestellt. Mit Hilfe solcher Schaubilder kann man den für die Einstellung des Arbeitspunktes notwendigen Fließdruck durch Interpolation ermitteln.

6.1.7 Einsatzbeispiele

Die einfache Bauweise, das geringe Leistungsgewicht, die einfache Abstimmung auf den jeweiligen Anwendungsfall, das hohe Anfahrmoment, der große Drehzahlbereich und die Explosionssicherheit sichern dem Druckluftmotor ein breites Einsatzfeld.

Einige Anwendungsbeispiele aus der Praxis:

Allgemeiner Maschinenbau: Fertigungsmaschinen, Spritzmaschinen, Papiermaschinen, Textilmaschinen, Kalander, Bandsteuerungen, Drehtische und Teilapparate, Umreifungsgeräte, Hebezeuge, rotierende Druckluftwerkzeuge.

Bergbau und Fördertechnik: Ventilatoren, Fahrantriebe für Gewinnungs- und Lademaschinen, Häspel, Förderbänder, Schüttelrutschen, Bohrlafetten, Hydraulikpumpen für Grubenstempel, Blasversatzmaschinen, Winden.

Hütten- und Kraftwerke: Antrieb für Kippvorrichtungen, Ofentüren, Schleuderpfannen, Absperrschieber in Gas-, Dampf- und Druckwasserleitungen, Schleusentore.

Nukleartechnik: Manipulatoren, Montage- und Beschickungseinrichtungen.

Chemische Industrie und Raffinerien: Rührwerke, Pumpen und Gebläse, Antriebe für Schieber und Ventile , Stellantriebe für Anoden.

Schiffsbau: Rettungsboot-Davits, Anker- und Fallreepwinden, Ladebäume, Ladelukenantriebe.
Medizintechnik: Bohr-, Fräs- und Schleifmaschinen, Antriebe für Spezialmaschinen

6.2 Druckluftwerkzeuge in der Fertigung

6.2.1 Grundlagen und Geschichtliches

Obwohl die Verwendung verdichteter Luft als Energiequelle bereits für prähistorische Zeit belegt ist, beginnt der eigentliche, gezielte Einsatz von Druckluft als Werkzeugantriebsmedium erst mit dem Bau des Mont-Cenis-Tunnels um die Mitte des 19. Jahrhunderts. Zu den wohl ältesten Einsatzarten gehören das Feueranfachen und das Blasrohr. Schon anspruchsvoller waren Anwendungen, die aus dem Ägypten des 3. bis 1. Jahrhunderts v. Chr. überliefert sind: Weihwasserautomaten, Tempeltüröffner und zahlreiche Kriegsmaschinen.

Den Einsatz zu technischer Arbeitsleistung im heutigen Sinne brachte jedoch erst der Vorschlag Professor Colladons, die Gesteinsbohrmaschinen für den Bau des Mont-Cenis-Tunnels mit Druckluftantrieb an Stelle des bis dahin üblichen Seilantriebs auszurüsten und damit gleichzeitig auch das Problem der Belüftung zu lösen. Der Bau des zweigleisigen Eisenbahntunnels begann im Jahre 1857. Auf Schweizer Seite wurden die von Bartlett erfundenen Druckluft-Stoßbohrmaschinen eingesetzt, von denen neun Einheiten auf einem Eisenbahnwaggon montiert waren. Mit einer 40köpfigen Bedienungsmannschaft und zehn Kindern als Schmiermaxen erreichten diese Bohrwagen einen Bohrfortschritt bis 30 cm/min – das Zwanzigfache der bisherigen Leistung. Allerdings machte die geringe Lebensdauer der der Bohrmaschinen schwer zu schaffen: Während 9 Hämmer in Betrieb waren, mußten 54 ständig repariert werden. Dennoch erregten die Leistungen beim Bau des 13,6 km langen Tunnels weltweit großes Aufsehen, und man machte sich auf die Suche nach weiteren, neuen Anwendungsmöglichkeiten für Druckluft.

Die vor allem in Deutschland und England weiterentwickelten Stoßbohrmaschinen wurden bald in vielen Schachtanlagen eingesetzt. Auf der Pariser Weltausstellung von 1878 waren dann erstmals tragbare Nietmaschinen zu sehen; sie stammten aus Amerika. 1890 begann man dort bereits mit der Serienfertigung von Druckluftwerkzeugen und verkaufte sie auch nach Europa. Als erster deutscher Fertigungsbetrieb wurde um 1900 die Flensburger Werft mit Druckluftwerkzeugen ausgerüstet. In diese Zeit fällt dann auch der Fertigungsbeginn von Druckluftwerkzeugen in Deutschland.

Den Anfang machten schlagende Werkzeuge, d. h. Niethämmer für Schiffswerften, Kessel- und Lokomotivfabriken. Bald folgten weitere schlagende Werkzeuge wie Nietabscherhämmer, Meißelhämmer, Stockhämmer und schließlich Bauwerkzeuge.

Hinzu kamen drehende Werkzeuge: Nach dem Prinzip der Kolbendampfmaschine entwickelte man zunächst Zweizylinderbohrmaschinen. Wegen des besseren Ungleichförmigkeitsgrades ging man aber bald auf Vierzylinder-V-Motoren über (Bild 6.2-1).

Bild 6.2-1: 4-Zylinder-Bohrmaschine (Schnittmodell) (Werkfoto DEPRAG)

Dank der Erfindung des Lamellenmotors waren auf einen Schlag zwei Hindernisse für die weitere Entwicklung drehender Druckluftmaschinen beseitigt: die ungleichförmige Drehbewegung des Kolbenmotors und dessen hohes Gewicht. Mit dem Lamellenmotor stand nun eine kleiner, leichter Antrieb mit weit höherer Leistungsdichte zur Verfügung. Nun war es möglich, sowohl Bohrmaschinen größerer Bohrleistung bis 80 mm Bohrdurchmesser als auch kleine, handliche Maschinen mit Bohrfutter zu bauen. Bald folgten Radialschleifmaschinen, nachdem mit dem schnellaufenden Lamellenmotor die zum Schleifen erforderlichen hohen Drehzahlen ohne Getriebeunterstützung mühelos zu erreichen waren.

Der wirtschaftliche Aufschwung nach der Weltwirtschaftskrise der 30er Jahre sowie die rasant fortschreitende Technik nach dem zweiten Weltkrieg verhalfen auch den Druckluftwerkzeugen zu einer zeitweise geradezu stürmischen Weiterentwicklung. Zu den klassischen Anwendungen der Druckluft bei den schlagenden Werkzeugen wie Niet- und Meißelhämmern, Stampfern, Vibratoren, Abbau- und Aufreißhämmern sowie Bohrhämmern und einer Vielzahl von drehenden Maschinen wie Bohr- und Gewindeschneidmaschinen, Klein-, Radial- und Winkelschleifmaschinen sowie Fräsmaschinen gesellten sich neue: Druckluftsägen, -knabber und -blechscheren sind nur einige Beispiele.

Eine imposante Entwicklung nahmen Maschinen für die Schraubtechnik. Schlagschrauber, Winkel- und Ratschenschrauber fanden ein breites Anwendungsspektrum sowohl in der Neumontage als auch in den Bereichen Reparatur und Instandsetzung. Moderne Druckluft-Drehschrauber mit ausgeklügelten Kupplungssystemen und zunehmend auch mit Drehmomentgebern zur Datenerfassung und -auswertung erfüllen nicht nur am Handarbeitsplatz, sondern auch in Schraubeinheiten und Schraubautomaten bis hin zum Robotereinsatz die höchsten Anforderungen an Präzision und Zuverlässigkeit.

Druckluftmotoren, ursprünglich einmal für Antriebsaufgaben im Ex-Bereich von Kohlenbergwerken und Chemiebetrieben bestimmt, haben inzwischen eine unübersehbare Zahl der verschiedensten Einsatzarten gefunden. Nach mehr als 100 Jahren Entwicklung stellt Druckluft nach wie vor ein unentbehrliches Energiemedium in der gesamten Industrie dar. Das Druckluftwerkzeug – richtiger sollte man eigentlich von der Druckluftmaschine sprechen – ist heute mehr denn je unersetzlicher Bestandteil moderner Fertigungsstrukturen.

6.2.2 Bauformen

Die außerordentliche Typenvielfalt der Druckluftwerkzeuge basiert auf zwei Antriebsarten:

– dem rotierenden Drehkolben als Antrieb für drehende Maschinen

– und dem oszillierenden Kolben als Antrieb für schlagende Werkzeuge.

Beide Antriebe nutzen die Entspannung der Druckluft zur Arbeitsleistung, und dennoch unterscheiden sie sich erheblich im konstruktiven Aufbau wie auch in ihrer Funktion.

Beim drehenden Druckluftwerkzeug wird heute fast ausschließlich der Lamellenmotor (Bild 6.2-2) als Antrieb eingesetzt. Er zeichnet sich durch einfachen Aufbau, kleine Abmessungen und geringes Gewicht aus.

Im Rotorzylinder (1) ist der Rotor (2) exzentrisch gelagert und beidseitig durch Lagerschilder (3) abgedeckt. Die Lamellen (4; meist 4 bis 5 Stück) werden in Längsschlitzen des Rotors (2) geführt. Sie unterteilen den sichelförmigen Arbeitsraum in einzelne Kammern. In der Nähe des „oberen Totpunktes" strömt Druckluft durch den Einlaß (5) in die erste Kammer des Arbeitsraumes. Infolge des Flächenunterschiedes der beiden diese Kammern begrenzenden Lamellen entsteht ein Drehmoment in Drehrichtung. Sobald bei der Rotordrehung diese Kammer vom Einlaß abgesperrt wird, entspannt sich die eingeschlossene Druckluft entsprechend der Volumenvergrößerung des Arbeitsraumes. Die Expansionsarbeit wirkt infolge des Flächenunterschiedes der beiden die Kammer begrenzenden Lamellen weiter in Drehrichtung, bis am Expansionsende in der Nähe des „unteren Totpunktes" die entspannte Arbeitsluft über die Auslaßöffnungen (6) ins Freie strömt. Während des Betriebs werden die Lamellen durch die Fliehkraft an die Innenwand des Rotorzylinders gedrückt und dichten dadurch ab. Eine kleine Teilmenge der einströmenden Druckluft wird durch Bohrungen (7) in den Lagerschildern (3) unter die Lamellen geleitet. Diese Unterluft drückt die Lamellen ebenfalls nach außen gegen die Zylinderinnenwand und unterstützt die abdichtende

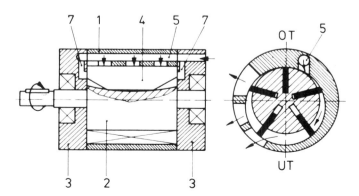

Bild 6.2-2: Längs- und Querschnitt eines Druckluft-Lamellenmotors

Wirkung der Fliehkraft. Sie sorgt außerdem für die Abdichtung im Augenblick des Anfahrens, wenn noch keine Fliehkraft auf die Lamellen wirken kann, so daß ein sicherer Anlauf selbst unter Last möglich ist.

Die Größe des Motormomentes ergibt sich aus dem mittleren Druck der expandierenden Druckluft und dem auf die Drehachse bezogenen Hebelarm des Kraftangriffspunktes. Die maximale Motordrehzahl ist vom Arbeitsdruck der Druckluft und vom Durchmesser des Rotorzylinders abhängig. Bei 6 bar Nennbetriebsüberdruck für Druckluftmaschinen beträgt die maximale Umfangsgeschwindigkeit der Lamellen an der Lauffläche des Rotorzylinders ca. 30 m/s.

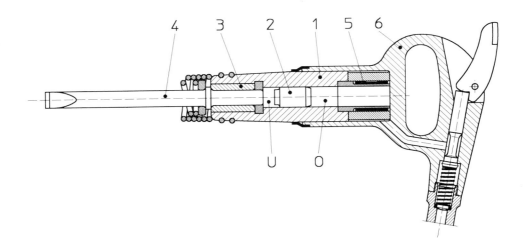

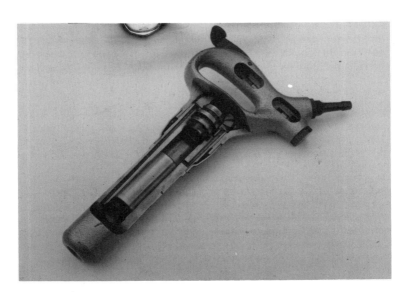

Bild 6.2-3: Drucklufthammer (Schnittmodell) (Werkfoto DEPRAG)

Aus der Formel für die Umfangsgeschwindigkeit $v = \dfrac{D \cdot \text{II} \cdot n}{60 \cdot 10^3}$ [m/s] ergibt sich mit v = 30 m/s

und D = Rotorzylinder-Innendurchmesser [mm] die Rotordrehzahl $n = \dfrac{30 \cdot 60 \cdot 10^3}{d \cdot \text{II}}$ [min⁻¹]

Hieraus folgt, daß beim Druckluftmotor allein durch zweckmäßige Wahl des Rotorzylinder-durchmessers in vielen Fällen, z. B. bei Schleifmaschinen, die für die jeweilige Werkzeugart optimale Drehzahl ohne zusätzliches Getriebe erreicht wird. Dies ist mit ein Grund für das unerreicht günstige Leistungsgewicht und den einfachen Aufbau drehender Druckluftmaschinen.

Das schlagende Druckluftwerkzeug (Bild 6.2-3a/b) besteht im Prinzip aus dem Zylinder (1) mit einem freiliegenden Kolben (2), der seine kinetische Energie aus der Entspannung der Druckluft bezieht und beim Schlag auf das Einsteckende überträgt. Eine Führungsbuchse (3) nimmt das Einsteckwerkzeug (4; Meißel, Döpper usw.) auf. Der Zylinder ist mit der Steuerung (5; Flatterventil, Vollventil, Rohrschieber u. a.) in einen zweckentsprechenden Griff eingeschraubt, z.B. Faustgriff, Pistolengriff, Doppelhandgriff usw.

Die Druckluft strömt bei geöffnetem Einlaßventil in den Zylinderraum O und treibt den Kolben (2) in Richtung Einsteckwerkzeug (4). Sobald der Kolben auftrifft, gibt er seine kinetische Energie als Schlag auf das Einsteckwerkzeug ab. Durch sinnreiche Steuerung der Druckluft wurde inzwischen die Luftzufuhr in den Zylinderraum O abgesperrt und dafür Druckluft in den Zylinderraum U geleitet, die nunmehr den Kolben in seine Ausgangslage zurückführt, wobei gleichzeitig die entspannte Druckluft aus dem Zylinderraum O ins Freie strömt. Im griffseitigen Totpunkt wird jetzt erneut umgesteuert, die Druckluft strömt wieder in den Arbeitsraum O, und der Kolben beginnt ein neues Arbeitsspiel.

Die Schlagarbeit ergibt sich aus

$$A = m \cdot v^2 / 2 \text{ [Nm]}$$

Das heißt bei einer gegebenen Kolbenmasse ist die Schlagarbeit umso größer, je höher die Schlagzahl und damit die mittlere Kolbengeschwindigkeit ist. Kolbengeschwindigkeit und Schlagzahl sind jedoch durch eine Reihe von Faktoren begrenzt, so daß für optimale Leistung je nach den Erfordernissen ein Kompromiß zwischen Kolbenabmessungen und Schlagzahl geschlossen werden muß.

Das Prinzip des freiliegenden, oszillierenden Kolbens verwendet man u. a. bei Niet- und Meißelhämmern, Abbau- und Aufreißhämmern sowie bei Bohrhämmern.

Bei Stampfern ist der oszillierende Kolben fest mit einer Kolbenstange verbunden. Auf das Kolbenstangenende mit Morsekegel wird das Arbeitswerkzeug, Guß- oder Gummistampfschuh, kraftschlüssig, aber lösbar aufgesteckt (Bild 6.2-4).

Bei einer weiteren Werkzeuggruppe, den Abklopfern und Vibratoren, ist der Kolben selbst gleichzeitig als Arbeitswerkzeug ausgebildet. Außerdem fehlt bei dieser Werkzeugart die bewegliche Steuerung für die Druckluft. Stattdessen sind im Zylinder und im Kolben entsprechende Kanäle und Bohrungen vorgesehen, die die Luft ähnlich wie beim Zweitaktmotor steuern (Bild 6.2-5).

6.2.3 Einsatzbereiche

Drehende Druckluftwerkzeuge sind in allen Zweigen der Fertigungsindustrie weit verbreitet. Ob es sich um Bohren, Reiben, Gewindeschneiden, Fräsen, Schleifen, Bürsten, Polieren, Sägen oder einen von zahlreichen weiteren Arbeitsvorgängen handelt – für jeden Anwendungsfall gibt es eine

Bild 6.2-4: Stampfer (DEPRAG)

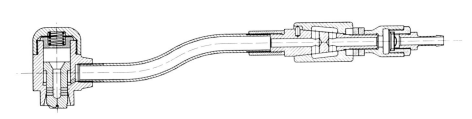

Bild 6.2-5: Abklopfer (DEPRAG)

DEPRAG

Top-Speed-Schleifer Formula 1

Schleifen und Fräsen

mit echten

100000 U/min

280/110

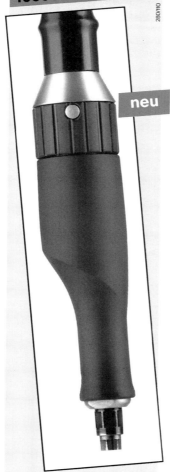

neu

Durch neues Antriebskonzept

- Optimaler Abtrag
- Hohe Standzeit
- Ölfrei
- Ergonomische Bestgestaltung

DEPRAG SCHULZ GMBH u. Co.
Postfach 1352, D-92203 Amberg
Kurfürstenring 12–18, D-92224 Amberg
Tel. (09621) 371-0, Fax (09621) 371-20

A 20

geeignete Druckluftmaschine. Trotz oder gerade wegen dieser Typenvielfalt kommt es allerdings auf eine sorgfältige und sachgerechte Auswahl an, wenn ein optimales Arbeitsergebnis erreicht werden soll.

6.2.3.1 Bohr- und Gewindeschneidmaschinen

Bei dieser Maschinengattung wird die Motordrehzahl durch eine oder mehrere Getriebestufen auf die erforderliche Spindeldrehzahl herabgesetzt. Wegen der günstigen Baumaße und der möglichen hohen Übersetzungsverhältnisse in einer Getriebestufe sind das meist Planetengetriebe. In wenigen Fällen werden auch Stirnradgetriebe eingesetzt. Winkelbohrmaschinen erhalten zusätzlich ein Kegelgetriebe.

Bei kleinen Maschinen ist die Bohrspindel zur Aufnahme von Zahnkranz- oder Selbstspannfuttern für zylindrische Bohrer bis 13 mm Durchmesser mit Bohrfutterkegel DIN 238 oder UNF-Gewinde ausgerüstet. Größere Maschinen für Bohrer mit Morsekegelschäften erhalten je nach Bohrbereich Spindeln mit MK 1 bis 5 nach DIN 228.

Die Auswahl der geeignetsten Maschine richtet sich neben dem Bohrdurchmesser bzw. Bohrbereich nach dem zu bearbeitenden Material. Abhängig von der Zerspanungsneigung des Werkstoffes sind für den gleichen Bohrdurchmesser ganz unterschiedliche Drehzahlen erforderlich. Ist die Drehzahl zu niedrig gewählt, dann verlängert sich die Bohrzeit; ist sie dagegen zu hoch, dann vermindert sich die Standzeit des Bohrers. Er muß häufig gewechselt und nachgeschliffen werden, so daß ein größerer Zeitverlust entsteht, als durch die höhere Drehzahl an Bohrzeit gewonnen wird. In Tafel 6.2.-1 sind Drehzahlrichtwerte für einige gängige Werkstoffe aufgelistet:

Tafel 6.2-1:   Drehzahlrichtwerte zum Bohren

Werkstoff Festigk. N/mm²	Unleg. Stahl 500–700	Leg. Stahl 900–1100	Rostfrei 800	Gußeisen		Leicht- metall (zäh)	Cu, Ms
				< 180	> 180		
Schnittgeschw. m/min	28	11	7	22	12	90	50
Bohrer ⌀ mm	Drehzahl min⁻¹						
2	4400	1700	1100	3500	1900	14000	8000
4	2200	850	550	1700	950	7000	4000
6	1500	570	365	1200	630	4600	2700
8	1100	425	275	875	475	3500	2000
10	880	340	220	700	380	2800	1600
12	740	290	185	585	320	2400	1325
16	560	220	140	440	240	1800	1000
20	445	175	110	350	190	1430	800
25	355	140	90	280	155	1150	640
30	300	115	75	235	125	950	530
40	220	85	55	175	95	715	400
50	180	70	45	140	75	575	320
60	150	58	37	115	64	480	265
80	110	44	28	88	48	360	200

Ein weiteres Kriterium ist schließlich die Bauform der Maschine: gerade Form, Pistolen- oder Winkelbauform.

Bohrmaschine werden nur rechtslaufend, d. h. mit nur einer Drehrichtung benötigt. Zum Gewindeschneiden sind dagegen beide Drehrichtungen erforderlich. Deshalb werden diese Maschinen mit umsteuerbaren Motoren für Rechts- und Linkslauf oder mit Wendegetriebe zur Drehrichtungsumkehr gebaut. Weiterhin sind andere Getriebeuntersetzungen eingebaut, weil zum Gewindeschneiden niedrigere Drehzahlen benötigt werden. Ansonsten gelten für die Auswahl von Gewindeschneidmaschinen die gleichen Kriterien wie bei Bohrmaschinen. Drehzahlrichtwerte für das Gewindeschneiden enthält Tafel 6.2.-2

Tafel 6.2-2:   Drehzahlrichtwerte zum Gewindeschneiden

Werkstoff Festigk. N/mm²	Unleg. Stahl 500–700	Leg. Stahl 900–1100	Rostfrei 800	Gußeisen < 180	Gußeisen > 180	Leicht- metall (zäh)	Cu, Ms
Schnittgeschw. m/min	11	5	2	10	4	22	14
Gewinde M ...	Drehzahl min⁻¹						
2	1700	800	320	1600	640	3400	2200
3	1100	530	215	1060	430	2300	1500
4	850	400	160	800	320	1700	1100
6	570	265	105	530	210	1200	735
8	425	200	80	400	160	875	530
10	340	160	65	320	130	700	440
12	290	135	55	265	105	585	365
16	220	100	40	200	80	440	280
20	175	80	32	160	65	350	220
24	145	66	26	130	53	290	185
30	115	53	21	105	42	235	150
36	97	44	18	88	35	195	125
42	83	38	15	75	30	165	105
48	73	33	13	66	26	145	95

Umsteuerbare Maschinen werden auch zum Rohreinwalzen eingesetzt. Deshalb gibt es die großen Bohrmaschinen mit Morsekegelspindel in gerader Bauform mit Doppelhandgriff und als Winkelborhmaschinen nicht nur rechtslaufend, sondern auch in umsteuerbarer Ausführung für beide Drehrichtungen.

Bei Bohr- und Gewindeschneidmaschinen unterscheidet man im allgemeinen folgende Bauformen:

— Kleinbohrmaschinen mit Bohrfutter

— Winkelbohrmaschinen mit Bohrfutter

— Gerade Bohrmaschinen mit Morsekegel

— Winkelbohrmaschinen mit Morsekegel

Bild 6.2-6: Kleinbohrmaschine mit Bohrfutter (DEPRAG)

Kleinbohrmaschinen mit Bohrfutter

Zu dieser Gattung zählen alle Maschinen mit Bohrdurchmesser bis 13 mm. Sie werden in gerader Bauform oder mit Pistolengriff geliefert (Bild 6.2-6). Je nach Bohrbereich sind ein- oder zweistufige Getriebe eingebaut, so daß der Drehzahlbereich von etwa 5000 bis 500 min^{-1} reicht. Die zugehörigen Leistungen liegen im Mittel zwischen 0,1 und 1 kW, die Gewichte bei 0,5 bis 2,5 kg. Für die Bohreraufnahme sind Zahnkranz- oder schlüssellose Schnellspannfutter mit Spannbereichen bis 6, 8, 10 und 13 mm, in Sonderfällen (z. B. bei Einbaubohrspindeln) auch Spannzangen vorgesehen.

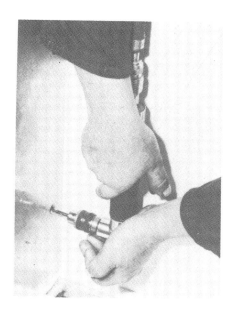

Bild 6.2-7: Winkelbohrmaschine mit Bohrfutter

Winkelbohrmaschinen mit Bohrfutter

Für den Einsatz an beengten Stellen stehen Winkelbohrmaschinen (Bild 6.2-7) zur Verfügung. Die meist im 90°-Winkel zur Maschinenachse liegende Bohrspindel wird über ein Kegelradgetriebe angetrieben. Neben Zahnkranz- und Schnellspannfutter mit Spannbereichen bis 6, 8, 10 und 13 mm findet man bei dieser Maschinengattung auch Spannzangen zur Bohreraufnahme, um die Bohrhöhe zu verringern. Die Leistungs- und Drehzahlbereiche stimmen in etwa mit denen der Kleinbohrmaschinen überein, die Gewichte liegen wegen des Kegelradgetriebes meist geringfügig höher. Neben den normalen Winkelbohrmaschinen gibt es für besonders beengte Einsatzverhältnisse, wie z. B. bei Tragflächen im Flugzeugbau, Spezialmaschinen mit einem minimalen Achsabstand von Bohrermitte bis Winkelkopf-Außenkanten von nur 6 mm bei einem Bohrdurchmesser von 4,5 mm (Bild 6.2-11).

Bohrmaschinen mit Morsekegel

Bohrmaschinen für Bohrdurchmesser über 13 mm erhalten für die Bohreraufnahme eine Spindel mit Morsekegel entsprechend den Bohrerschäften, wie sie in DIN 338 und 345 festgelegt sind. Zur Führung der Maschinen sind zwei seitliche Handgriffe vorgesehen (Bild 6.2-8). Für den Vorschub ist eine Vorschubspindel mit Handkreuz eingebaut. Sie dient gleichzeitig zum Auswerfen des Spiralbohrers beim Bohrerwechsel. Mit Leistungen von etwa 0,6 bis 4 kW bei Drehzahlen von 1000 bis 50 min^{-1} und Gewichten zwischen etwa 3 und 20 kg decken diese Maschinen einen Bohrbereich bis 80 mm in Stahl mit 400 N/mm^2 Festigkeit ab. Die gesamte Gruppe dieser Bohrmaschinen wird in rechtslaufender Ausführung zum Bohren und Reiben und in einer umsteuerbaren Version für Rechts- und Linkslauf auch zum Rohreinwalzen bis 120 mm Durchmesser und Gewindeschneiden bis etwa 100 mm Durchmesser eingesetzt.

Bild 6.2-8: Bohrmaschine mit MK-Spindel für Bohrdurchmesser bis 80 mm (DEPRAG)

Bild 6.2-9: Winkelbohrmaschine mit MK-Spindel (DEPRAG)

Winkelbohrmaschine mit Morsekegel

Winkelbohrmaschienn für Bohrdurchmesser über 13 bis 90 mm erhalten ebenfalls eine MK-Spindel für die Bohreraufnahme und eine Vorschubspindel. Wegen der meist beengten Platzverhältnisse, unter denen diese Bauart eingesetzt wird, verwendet man zur Betätigung der Vorschubspindel häufig eine umschaltbare Ratsche an Stelle des Handkreuzes (Bild 6.2-9). Die nur rechtslaufenden Maschinen werden ausschließlich zum Bohren oder Reiben bis 90 mm Durchmesser, umsteuerbare Maschienn auch zum Gewindeschneiden bis etwa 100 mm Durchmesser und zum Rohreinwalzen bis 120 mm Durchmesser verwendet.

Gewindeschneidmaschinen

Gewindeschneidmaschinen sind im konstruktiven Aufbau den Kleinbohrmaschinen mit Pistolengriff ähnlich (Bild 6.2-10). Sie erhalten jedoch zur Drehrichtungsumkehr einen umsteuerbaren Motor für Rechts- und Linkslauf oder ein Wendegetriebe, das durch Andruck der Maschine den Rechtslauf, durch Zurückziehen den Linkslauf einkuppelt. Die Gewindebohrer werden in speziellen Gewindeschneidfuttern aufgenommen, die häufig zum Ausgleich von Winkelabweichungen zwischen Bohrloch- und Maschinenachse als Pendelfutter ausgeführt sind. Als Sicherung gegen Überlastung der Gewindebohrer, besonders beim Schneiden von Scklöchern, werden oftmals Schnellwechselfutter mit auswechselbaren Einsätzen verwendet, die mit einer Rutschkupplung ausgerüstet sind.

Gewindeschneidmaschinen mit Pistolengriff sind mit Leistungen von 0,1 bis 0,7 kW und Lastdrehzahlen von etwa 500 bis 150 min⁻¹ für Gewinde bis M 14 in Stahl ausgelegt. Für größere Gewindedurchmesser setzt man umsteuerbare Bohrmaschinen mit MK-Spindel ein.

Bild 6.2-10: Gewindeschneidmaschine mit Pendelfutter (DEPRAG)

6.2.3.2 Schleifmaschinen

Diese Maschinengruppe umfaßt eine Vielzahl der unterschiedlichsten Bauformen. Gemeinsames Merkmal ist der getriebelose Aufbau, bestehend aus Motor, Spindel mit Aufspannung und Gehäuse. Die Maschinen werden nicht nur für alle möglichen Schleifverfahren, wie z. B. Schrupp- und Trennschleifen, Flachschleifen und Innenschleifen, sondern auch für viele andere spangebende Bearbeitungsverfahren, wie Fräsen, Bürsten, Polieren und Entgraten eingesetzt.

Für die Maschinenauswahl sind Form, Abmessungen und zulässige Umfangsgeschwindigkeit der Schleifscheibe (abhängig von der Bindung des Schleifkörpers) maßgebend. Zur Verwendung auf handgeführten Maschinen sind drei Schleifscheibenbindungen mit den zughörigen Scheiben-Umfangsgeschwindigkeiten zugelassen:

− keramische Bindung für 30 m/s

− Kunstharzbindung („Bakelit") für 45 m/s

− faserstoffverstärkte Scheiben für 80 m/s.

Aus dem jeweiligen Scheibendurchmesser und der Bindung ergibt sich die zulässige Maschinendrehzahl (Tafel 6.2-3).

Tafel 6.2-3: Zulässige Drehzahlen in Abhängigkeit von Schleifscheibendurchmesser und Bindung

	Schleifscheibendurchmesser [mm]												
	20	32	40	50	60	70	80	100	125	150	178	200	236
Bindung	zu. Drehzahl [min−1]												
Keramisch 30 m/s	28750	11000	14500	11450	9540	–	7150	5730	4600	3800	–	–	–
Bakelit 45 ,/s	–	26900	21500	17185	14300	–	10750	8600	6875	5730	–	4300	–
Faserstoff 80 m/s	–	–	–	30500	–	21800	–	13280	12200	10170	8600	–	6500

Form und Abmessungen der Schleifscheibe bestimmen die Bauart der Maschine:

Kleinschleifkörper (bis 50 mm Durchmesser) mit eingeklebtem Spannschaft, sogenannte Schleifstifte, werden auf Kleinschleifern mit Spannzangenaufnahme eingesetzt. Sie dürfen ohne Schutzhaube verwendet werden. Neben kunstharzgebundenen Schleifscheiben für 45 m/s Umfangsgeschwindigkeit werden häufig auch keramisch gebundene Schleifkörper eingesetzt, die trotz ihrer Bindung meistens ebenfalls für 45 m/s zugelassen sind. Einen Sonderfall stellen faserstoffverstärkte, gerade Trennscheiben für eine zulässige Umfangsgeschwindigkeit von 80 m/s dar. Mit max. 70 mm Durchmesser und bis 10 mm Scheibenbreite dürfen sie ebenfalls ohne Schutzhaube betrieben werden.

Für gerade und doppelkonische Schleifscheiben in allen drei Bindungsarten für 30, 45 und 80 m/s Umfangsgeschwindigkeit sind die Radialschleifer bestimmt. Gerade Schleifscheiben benötigen immer eine Schutzhaube; dagegen dürfen doppelkonische Scheiben ohne Schutzhaube betrieben werden, weil im Falle eines Scheibenbruchs die Bruchstücke wegen der konischen Seitenflächen der Scheiben von der Scheibenaufspannung festgehalten werden. Diese Regelung ist von besonderer Bedeutung für alle Arbeiten, bei denen die Verwendung einer Schutzhaube nicht möglich ist.

Schleifscheiben für 45 m/s Umfangsgeschwindigkeit müssen neben einem Aufkleber mit Angabe des Herstellers, der zulässigen Umfangsgeschwindigkeit und der maximalen Drehzahl einen blauen Diagonalstreifen tragen.

Faserstoffverstärkte Scheiben für 80 m/s erhalten einen roten Diagonalstreifen und zusätzlich eine DSA-Zulassungsnummer.

Faserstoffverstärkte Trenn- und Schruppscheiben für 80 m/s Umfangsgeschwindigkeit werden auf Vertikalschleifern, den sogenannten Winkelschleifern, eingesetzt. Die gleiche Bauart, jedoch mit entsprechend niedrigeren Drehzahlen, wird auch für Topfschleifscheiben und Schleifblätter verwendet.

Mit handgeführten Schleifmaschinen sind verschiedene Arbeitsverfahren gemäß folgender Übersicht zulässig:

Tafel 6.2-4   Zugelassene Arbeitsverfahren mit handgeführten Schleifmaschinen

	mit Schutzhaube					ohne Schutzhaube			
Maschinenart	Radialschleifmaschine		Vertikalschleifmaschinen (Winkelschleifer)			Radialschleifmaschinen		Kleinschleifmaschinen Kleinschleifkörper	
								Ø bis 50 mm	Ø bis 70 mm
Schleifart	Umfangs- u. Stirnschliff	Umfangs-schliff	Stim-(Flach-)schliff	Stim-(Flach-)schliff	Schleifen und trennen	Umfangs-schliff	Umfangs-schliff	je nach Schleifkör-perform	Umfangs-schliff
Schleifscheibe Form	wenig aus-gespart	gerade	wenig aus-gespart	tief ausge-spart	gekröpft Trennschei-ben auch ge-rade	gerade bis 40 mm Breite	konisch (DIN 190)	beliebig	gerade bis 10 mm Breite
Bindung K	keram.	keram.	keram.	–	–	keram.	keram.	keram.	–
Bindung B	Kunstharz	Kunstharz	Kunstharz	Kunstharz	–	Kunstharz	Kunstharz	Kunstharz	–
Bindung F	–	Kunstharz m. Faserstoff-verstärkung	Kunstharz m. Faserstoff-verstärkung	Kunstharz m. Faserstoffver-stärkung	Kunstharz m. Faserstoffver-stärkung	–	Kunstharz m. Faserstoff-verstärkung	–	Kunstharz m. Faserstoff-verstärkung
zulässige Höchst-Umfangs-geschwindig-keit K	30 m/s	30 m/s	30 m/s	–	–	30 m/s	30 m/s	30 m/s	–
B	–	45 m/s	45 m/s	45 m/s	–	–	45 m/s	45 m/s	–
F	–	80 m/s	80 m/s	80 m/s	80 m/s	–	80 m/s	–	80 m/s
Schutzhaube	180° umfas-send	180° umfas-send	geschlos-sener Ring	geschl. Ring axial nach-stellb.	180° umfas-send	–	–	–	–
Spann-flansch-Ø : Scheiben-Ø	1:3	1:3	1:3	1:3	Spezial-flansch	2:3 m. Gummizwi-schenlagen	1:2 konisch (DIN 190)	–	–

Für Schleifmaschinen und Schleifscheiben gilt die Unfallverhütungsvorschrift VBG 7 n 6. Sie enthält alle einschlägigen Bestimmungen, wie z. B. Kennzeichnung der Schleifscheiben, zugelassene Scheibenumfangsgeschwindigkeiten, Form und Abmessungen der Scheibenaufspannungen und Schutzhauben sowie Vorschriften über Aufbewahrung und Aufspannung von Schleifscheiben.

Für den Betreiber sind einige Paragraphen besonders wichtig. In § 7 ist vorgeschrieben, daß Schleifscheiben nur von zuverlässigen und erfahrenen Personen aufgespannt werden dürfen und daß anschließend ein Probelauf von mindestens fünf Minuten Dauer mit voller Betriebsdrehzahl bei abgesperrtem Gefahrenbereich durchzuführen ist. Weiterhin ist festgelegt, daß zwischen Schleifkörper und Spannflanschen Zwischenlagen aus elastischem Material zu legen sind. Diese Vorschrift ist durch die ohnehin vorgeschriebenen Scheibenaufkleber erfüllt. Es ist daher darauf zu achten, daß nur Scheiben mit den vorschriftsmäßigen Aufklebern aufgespannt werden.

§ 14 wendet sich ebenfalls an den Betreiber. Er schreibt das Tragen von Schutzbrillen bei Schleifarbeiten zwingend vor.

Beim Kauf von Schleifmaschinen ist darauf zu achten, daß die Maschinen Angaben über die zulässigen Schleifscheibendurchmesser und die Maschinendrehzahl tragen. Die Angaben müssen auf Dauer lesbar bleiben und bei einer Reparatur auf das neue, ausgetauschte Teil (meist Spindellager oder Haube) übertragen werden.

Man unterscheidet drei Hauptgruppen von Schleifmaschinen:

– Kleinschleifer

– Radialschleifer

– Winkelschleifer

Kleinschleifmaschinen

Weit verbreitet sind die Kleinschleifmaschinen (Bild 6.2-11). Das sind gerade (Radial-) Maschinen für Scheibendurchmesser bis 50 mm. Auf diesen Maschinen werden hauptsächlich Scheiben mit 20, 32 und 50 mm Durchmesser in keramischer oder in Kunstharzbindung verwendet. Entsprechend den zulässigen Scheibenumfangsgeschwindigkeiten von 30 bzw. 45 m/s liegen die Maschinendrehzahlen zwischen 28.600 min^{-1} und 11.500 min^{-1}. Die Leistungen bewegen sich etwa zwischen 0,2 und 1 kW, die Gewichte zwischen 0,4 und etwa 2 kg. Einige Hersteller liefern diese Bauart wahlweise mit Luftaustritt an der Spindelseite oder an der Schlauchanschlußseite. Bei Luft-

Bild 6.2-11: Kleinschleifmaschine beim Gußputzen (DEPRAG)

austritt an der Spindelseite wird der anfallende Staub ständig weggeblasen, so daß die Schleifstelle immer sauber bleibt, bei Luftaustritt an der Schlauchanschlußseite wird dagegen die Abluft von der Arbeitsstelle ferngehalten, so daß eine Staubbelästigung durch den Schleifer weitgehend entfällt. Bei der letztgenannten Bauweise wird meist zusätzlich ein Auspuffschlauch montiert, so daß die entspannte Druckluft erst in einiger Entfernung von der Maschine austritt und dadurch keinerlei Belästigung des Bedieners mehr auftreten kann.

Kleinschleifmaschinen findet man im gesamten Maschinenbau ebenso wie im Gesenk- und Vorrichtungsbau, im Schiffs- und Fahrzeugbau oder in Gießereien. Neben Schleifstiften werden auf diesen Maschinen häufig Formschleifkörper sowie für Fräs- und Entgratungsarbeiten Hartmetallfräser eingesetzt. Mit Diamantschleif- und Trennscheiben haben sie auch in der Kunststoffbearbeitung (Duroplaste und GFK) Eingang gefunden. Für den Innenschliff stehen Maschinen mit Spindelverlängerung oder mit anschlußseitiger Rohrverlängerung zur Verfügung.

Radialschleifmaschinen

Während die Gruppe der Kleinschleifmaschinen ohne Schutzhaube eingesetzt werden darf, ist das bei der nächsten Gruppe in der Regel nicht mehr zulässig. Für gerade oder wenig ausgesparte Schleifscheiben über 50 bis 200 mm Durchmesser ist die Reihe der Radialschleifmaschinen bestimmt (Bild 6.2-12). Mit Leistungen von etwa 1 bis 3 kW und Gewichten zwischen 3 und 7 kg sind diese Maschinen für schwere Schleifarbeiten ausgelegt. An Schleifscheiben stehen alle drei Bindungsarten für 30, 45 und 80 m/s Scheibenumfangsgeschwindigkeit zur Verfügung. Dementsprechend werden die hierfür vorgesehenen Schleifmaschinen mit drei Drehzahlreihen angeboten. Maschinen mit 45 m/s kommen am häufigsten zum Einsatz. Keramisch gebundene Schleifscheiben verwendet man meistens nur noch, wenn kunstharzgebundene Scheiben nicht eingesetzt werden können. Seit einigen Jahren sind auch faserstoffverstärkte Scheiben für 80 m/s auf dem Markt. Sie konnten sich jedoch eigenartigerweise noch nicht so recht durchsetzen, obwohl sie bei annähernd gleichem Preis mindestens die doppelte Schleifleistung erbringen wie 45-m/s-Scheiben. Als besonders vorteilhaft haben sich doppelkonische Schleifscheiben nach DIN 190 erwiesen, weil sie ohne Schutzhauben zugelassen sind und obendrein die konischen Seitenflächen eine große Sicherheit gewährleisten. Selbst bei einem Scheibenbruch werden die Bruchstücke zwischen den konischen Spannflanschflächen zuverlässig festgehalten und können deshalb nicht weggeschleudert werden. Der Verzicht auf Schutzhauben bei allen Umfangsgeschwindigkeiten, also auch bei 80 m/s, ist daher vollauf gerechtfertigt.

Bild 6.2-12: Radialschleifmaschine mit Schutzhaube, Schleifscheibendurchmesser 150 mm (DEPRAG)

Bild 6.2-13: Bandschleifmaschine beim Schleifen von Edelstahlbehältern (DEPRAG)

Die Einsatzgebiete für Radialschleifmaschinen sind vorwiegend Schruppschleifarbeiten in Stahlwerken und Gießereien, auf Werften, im Stahl-, Maschinen- und Behälterbau sowie in Schweißbetrieben. Mit Stahldrahtbürsten in weicher, gewellter oder harter, gezopfter Qualität verwendet man sie auch zum Entrosten, zum Entzundern von Walz- und Schmiedestücken sowie zum Entfernen von Kesselstein und Farbe.

Bandschleifmaschinen

Zum Schleifen gewölbter Flächen im Kessel- und Behälterbau dienen Bandschleifmaschinen, die aus einer Radialschleifmaschine mit Schleifbandaufsatz bestehen (Bild 6.2-13). Je nach verlangtem Schleifbild werden für grobe Schleifarbeiten schärfer angreifende gerillte, zum Blankschleifen dagegen glatte Kontaktscheiben eingesetzt. Für den Innenschliff von Behältern ist darauf zu achten, daß der Durchmesser der Kontaktscheibe größer als der Maschinendurchmesser ist, damit das Schleifband in seiner ganzen Breite aufgesetzt werden kann.

Vertikalschleifmaschinen (Winkelschleifer)

Große Bedeutung haben nach wie vor die Vertikalschleifmaschinen (Bild 6.2-14). Diese Hochleistungsschleifmaschinen für faserstoffverstärkte Schrupp- und Trennscheiben bis 230 mm Durchmesser mit 80 m/s Scheibenumfangsgeschwindigkeit werden häufig als Winkelschleifer bezeichnet, ein Ausdruck, der eigentlich nur für elektrische Maschinen mit Kegelradgetriebe zutrifft. Moderne Druckluftschleifer dieser Gruppr werden heute grundsätzlich getriebelos mit senkrecht angeordnetem Motor gebaut. Dieses Konstruktionsprinzip ermöglicht konkurrenzlose Leistungsgewichte. Mit rund 4 kg Gewicht werden 2,5 kW, mit 6 kg über 4 kW Spindelleistung erreicht. Die Maschinen finden in allen Industriezweigen Einsatz zum Trennen von Stahl, Guß, Aluminium, Buntmetall, Drahtseilen, Kabeln, Kunstglas und Preßstoff, Polyesterplatten, GFK, Natur- und Kunststein, Beton, Steinzeug, zum Abtrennen von Gußsteigern, zum Einstech- und Wurzelnahtschleifen und für Schrupparbeiten aller Art. Mit Gummischleiftellern und Vulkanfiberscheiben unterschiedlicher Körnung erbringen sie hohe Leistung beim Schleifen und Polieren ebener und gekrümmter Flächen.

Bild 6.2-14: Vertikalschleifmaschine beim Schleifen von Edelstahlrundstäben (DEPRAG)

Flächenschleifmaschinen

Von den Vertikalschleifern leitet sich die Gruppe der Flächenschleifmaschinen ab. Sie unterscheidet sich im wesentlichen nur durch niedrigere Drehzahlen, andere Schutzhauben und Scheibenaufspannungen. Bevorzugt finden diese Maschinen Verwendung mit keramisch oder kunstharzgebundenen Topfschleifscheiben zum Schleifen von Guß und Stahl, zum Knüppelschleifen u. a. Weitere Einsatzgebiete ergeben sich in Verbindung mit Gummischleiftellern und Fiberleinenscheiben beim Feinschleifen und Polieren (Bild 6.2-15). Mit Stahldraht-Topfbürsten werden sie auch zum Entrosten und Entzundern eingesetzt. Neben den Flächenschleifern in getriebeloser Bauart gibt es in dieser Maschinengruppe auch Winkelmaschinen, und zwar vorwiegend kleine Ausführungen für Schleifteller bis 120 mm Durchmesser.

Bild 6.2-15: Flächenschleifmaschine mit Gummischleifteller und Schleifblatt beim Polieren von Anoden (DEPRAG)

Die weit verbreiteten sogenannten Einhand-Winkelschleifer sind ebenfalls mit Kegelradgetriebe ausgerüstet, werden heute aber zunehmend auch schon ohne Getriebe mit senkrechter Motoranordnung gebaut.

Sonderbauarten

Neben den bisher erwähnten Schleifmaschinen für allgemeine Anwendung ist für Sonderzwekke eine ganze Reihe von Spezialmaschinen auf dem Markt. Hierzu gehören z. B. hochtourige Kleinstschleifer mit Drehzahlen bis 100 000 min⁻¹, die meist im Gesenkbau mit HM-Fräsern und Schleifstiften Verwendung finden, ferner langsam laufende Winkelmaschinen für den Naßschliff, Spezialflächenschleifmaschinen zum Bearbeiten von großen Maschinen- und Motorenfundamenten, Führungen und Kranbahnen mit Auftragsschweißungen sowie tragbare Trennmaschinen zum Trennen von Rohren, Band- und Profilstahl. Zunehmende Bedeutung für das Feinschleifen von Holz, Metall, Lack, Spachtel und Stein gewinnen Schwingschleifer, die oft auch für Naßschliff oder Staubabsaugung eingerichtet sind.

6.2.3.3 Fräsmaschinen

Fräsmaschinen für HSS-Fräser entsprechen im Aufbau den Kleinschleifmaschinen (Bild 6.2-16). Um die relativ niedrigen Spindeldrehzahlen zu erreichen, sind zwischen Motor und Arbeitsspindel einstufige Getriebe eingebaut. Die Fräser werden meist in Spannzangen mit 6 oder 8 mm Spanndurchmesser aufgenommen. Außer Fräsern kommen auf diesen Maschinen auch Stahldrahtbürsten und langsamlaufende Schleifkörper wie z. B. Schleifbandringe und Fächerscheiben zum Einsatz. Maschinen in gerader Ausführung liegen mit Leistungen von 0,2 bis 0,7 kW und Drehzahlen von 5000 bis 2000 min⁻¹ bei 1 bis 2,5 kg Gewicht. Für den Einsatz an beengten Stellen werden die gleichen Maschinen mit zusätzlichem Kegelradgetriebe in Winkelbauform angeboten.

6.2.3.4 Blechbearbeitungsmaschinen

Für die Blechbearbeitung gibt es eine Reihe von Druckluftmaschinen wie Blechscheren, Plattenscheren, Knabber und Schweißkantenhobler. Alle diese Maschinen arbeiten nach dem gleichen

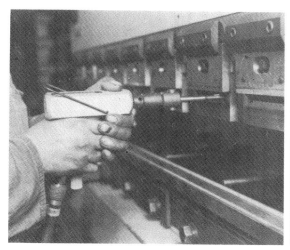
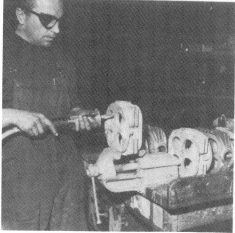

Bild 6.2-16: Langsamlaufende Fräsmaschine für HSS-Fräser (DEPRAG)

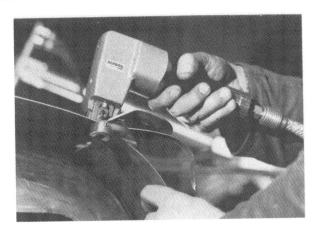

Bild 6.2-17: Blechschere für 2-mm-Stahlblech (DEPRAG)

Prinzip. Das durch Zwischengetriebe erhöhte Motormoment wirkt auf einen Kurbeltrieb, der die Drehbewegung in eine auf- und abgehende Linearbewegung umsetzt und damit das Schneidwerkzeug antreibt. Statt des Ober- und Untermessers wie bei der Blechschere sind beim Knabber ein Stempel mit Matrize, beim Schweißkantenhobler der Stoßstahl mit Gegenhalter vorgesehen.

Blech- und Plattenscheren

Blechscheren (Bild 6.2-17) werden in der gesamten Blechverarbeitung für gerade und für Kurvenschnitte eingesetzt, wie z. B. im Karosserie-, Behälter- und Schiffsbau, in Reparaturwerkstätten usw. Die Scheren werden in verschiedenen Größen für Blechdicken bis 3,5 mm Stahlblech (400 N/mm²) bzw. 4,5 mm Aluminiumblech (250 N/mm²) gebaut. Hubzahlen von 2000 bis 3000 min⁻¹ ergeben hohe Schnittgeschwindigkeiten von ca. 3 bis 7 m/min. Mit Gewichten zwischen etwa 1,5 und 4 kg sind die Maschinen trotz hoher Leistung sehr handlich.

Zum Trennen und Besäumen von Blechtafeln beliebiger Größe sowie zum Ausklinken sind Plattenscheren bestimmt. Ihr Schnitt ist völlig verwindungs- und gratfrei, die Schnittgeschwindigkeit liegt je nach Maschine und Blechdicke zwischen 1,5 und 7 m/min. Die maximal zu schneidende Blechdicke beträgt bei Stahlblech und Aluminium (400 N/mm²) 6,5 mm, bei hochfesten Blechen (800 N/mm²) 5 mm.

Knabber

Im Gegensatz zur Blechschere, bei der das Blech über den sogenannten Schneidtisch läuft und etwas verwunden wird, schneidet der Knabber (Bild 6.2-18) völlig verwindungs- und gratfrei nach Anriß oder Schablone. Er ist universell für alle Innen- und Außenschnitte mit beliebigen Formen, zum Trennen und Ausklinken an ebenen und gekrümmten Bauteilen, an Trapez- und Wellblechen sowie an Rohren einsetzbar. Die Schnittgeschwindigkeit liegt je nach Maschinengröße und Blechdicke zwischen etwa 1,4 und 2,4 m/min. Die Maschinengewichte reichen von 1,5 kg beim kleinsten Knabber für 1,5 mm Blechdicke bis etwa 10 kg bei der größten Maschine für 6,5 mm Blechdicke.

Schweißkantenformer

Diese auch als Kantenhobler bezeichneten Druckluftmaschinen (Bild 6.2-19) dienen der Schweißkantenherstellung für V-, K-, X- und Y-Nähte. Sie sind für alle Werkstoffe wie Baustähle,

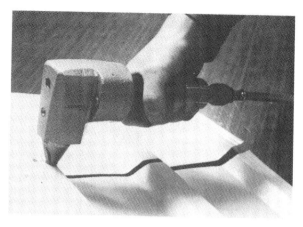

Bild 6.2-18: Knabber für 1,5-mm-Stahlblech (DEPRAG)

Aluminium, rostfreie Stähle usw. mit Dicken zwischen 4 und 32 mm verwendbar. Die maximale Schrägungslänge beträgt je nach Baugröße 10 oder 15 mm bei einer Materialfestigkeit von 400 N/mm². Die größte Vorschubgeschwindigkeit liegt bei etwa 2,5 m/min. Der normale Schrägungs- winkel ist 30°, jedoch sind auch andere Winkel zwischen 15 und 60° möglich. Neben beliebigen Bauteilen können auch Rohre bis zu einem kleinsten Innendurchmesser von 80 mm angefaßt wer- den.

6.2.3.5 Sägen

Zum Ablängen von Profilen, Rohren und Bohlen, zum Schneiden von Holz, Kunststoff, NE- Metallen, Stahl und Beton gibt es Sägen der verschiedensten Bauarten.

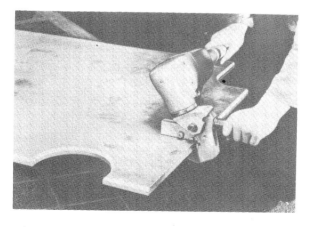

Bild 6.2-19: Schweißkantenformer zur Vorbereitung der Schweißnaht für V-, K-, X- und Y-Nähte (DEPRAG)

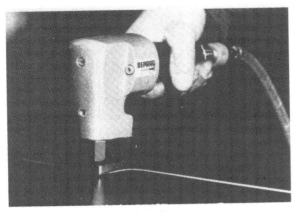

Bild 6.2-20:   Falzschließer für vorgebogene Stehfalze und Metalleinfassungen (DEPRAG)

Stichsägen

   Vorwiegend für Holz,aber auch für Kunststoffe, Hartfaserplatten, NE-Metalle und Stahlblech verwendet man Stichsägen (Bild 6.2-21) Die kleinsten Maschinen mit knapp 2 kg Gewicht sind als Einhandmaschinen gebaut. Das Sägeblatt mit unterschiedlicher Zahnung und einer maximalen Schnittlänge von 50 mm wird über eine Kurbelschleife im 90°-Winkel zur Maschinenachse angetrieben. Bei größeren Stichsägen werden die Sägeblätter mit einer Schnittlänge bis 300 mm über einen Exzenter in der gleichen Richtung wie die Maschinenachse angetrieben. Mit 1,2 kW Motorleistung ist eine Säge dieser Art für schwere Arbeit ausgelegt. Ihr Gewicht beträgt 8 kg.

Kettensägen

   Kettensägen werden hauptsächlich zum Schneiden von Rund- und Kantholz, Bohlen und Schalungsholz jeder Art eingesetzt. Angepaßt an die Schnittbedingungen, sind die Sägen mit Spitzzahn oder Hobelzahnketten in verschiedenen Längen bis zu einer maximalen Schnittlänge von 350 mm lieferbar.

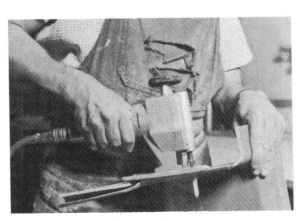

Bild 6.2-21:   Stichsäge tür Holz, Kunststoffe und Metalle (DEPRAG)

Bild 6.2-22: Kreissäge für Alu- und Kunststoffplatten, Schnittiefe 15 mm (DEPRAG)

Kreissägen

Mit entsprechenden Sägeblättern sind Kreissägen (Bild 6.2-22) für nahezu alle Materialien brauchbar. Ihr Hauptanwendungsgebiet ist das Trennen und Besäumen von Aluminium-, Buntmetall- und Kunststoffplatten sowie Holz. Der Schneidtisch ist schwenkbar, so daß auch Schrägschnitte (Gehrungsschnitte) bis zu 45° möglich sind. Die Schnittiefe beträgt maximal 75 mm. Bei Motorleistungen bis 3 kW liegen die Gewichte je nach Maschinengröße zwischen 4 und 9 kg.

6.2.4 Druckluftqualität

Atmosphärische Luft enthält je nach vorhandener relativer Luftfeuchtigkeit stets einen mehr oder weniger großen Anteil Wasserdampf, der vom Kompressor mit angesaugt wird. Beim Verdichtungsvorgang wird das angesaugte Luftvolumen auf ein dem Verdichtungsverhältnis entsprechendes, kleineres Volumen komprimiert (bei einem Verdichtungsenddruck von 7 bar beispielsweise auf etwa 1/7). Daher weist das verdichtete Luftvolumen einen relativ größeren Wasseranteil auf als die Ansaugluft. Die Wasserdampf-Aufnahmefähigkeit der Luft ist nur von der Temperatur und nicht vom Druck abhängig. Genauer gesagt, je höher die Temperatur, desto größer ist die Sättigungsmenge und umgekehrt. Dies bedeutet, daß bei der Entspannung gesättigter Luft je nach Temperaturgefälle erhebliche Wasserdampfmengen als kondensiertes Wasser anfallen.

In einer Druckluftmaschine sinkt die Lufttemperatur während der Arbeitsleistung durch die Entspannung ohne weiteres um 40 bis 50 °C. Das heißt bei einer Eintrittstemperatur von beispielsweise +25 °C liegt die Austrittstemperatur bei −20 °C. Gesättigte Luft von +25 °C enthält 22,8 g/m³ Wasser, Luft von −20 °C dagegen nur noch 0,9 g/m³. Es kondensieren also bei der Entspannung fast 22 g Wasser je Kubikmeter Luft aus – eine Menge, die erhebliche Schäden anden Maschinen hervorrufen kann, sei es durch allmählichen Rostansatz oder erhöhten Verschleiß, wenn zum Wasser noch Schmutz, Fett und Öl kommen und alles miteinander eine „Schmirgelpaste bildet. Deshalb ist es von eminenter Wichtigkeit, für gute Filtration der Druckluft und eine möglichst gute Wasserabscheidung zu sorgen.

In normalen Werkhallen mit einer Raumtemperatur von nicht weniger als +15 °C sollte deshalb für die Druckluft ein Drucktaupunkt von +2 °C angestrebt, und +5 °C sollten nicht überschritten werden. Wirksame Nachkühler bzw. Kältetrockner sind daher in einer modernen Druckluftstation unverzichtbar.

Für die Reinigung der Druckluft genügt keinesfalls ein Filter unmittelbar nach dem Kompressor oder dem Nachkühler, denn dadurch lassen sich die Schmutzablagerungen im Leitungsnetz nicht von den Maschinen fernhalten. Vielmehr muß darüber hinaus unmittelbar vor jeder Anschlußstelle einer Maschine ein Filter mit einem Einsatz von 20 bis 30 μm Porenweite installiert werden. Saubere Druckluft ist die wichtigste Voraussetzung für störungsfreien Betrieb, möglichst geringe Ausfälle durch Reparaturen und lange Lebensdauer der Maschinen.

6.2.5 Schmierung

Seit geraumer Zeit werden Druckluftmaschinen mit geringer Einschaltdauer wie z. B. Schrauber, kleine Bohr- und Gewindeschneidmaschinen auch für ölfreien Betrieb angeboten. Hier ist keine Schmierung erforderlich, weil im Motor Werkstoffe mit guten Trockenlaufeigenschaften bzw. mit selbstschmierenden Zusätzen eingesetzt sind. Gute Druckluftaufbereitung ist hier allerdings noch wichtiger als bei ölgeschmierten Maschinen.

Ansonsten gelten natürlich auch für Druckluftmaschinen die Gesetze der Tribologie: Für hohe Leistung und lange Lebensdauer wird neben trockener und sauberer Druckluft auch ein Mindestmaß an Schmierung benötigt, zumal das Öl auch noch andere Aufgaben als die der Schmierung übernimmt.

Das Schmiermittel erfüllt drei Aufgaben:

1. Es verhindert die direkte Berührung aufeinandergleitender Bauteile und vermindert damit den Verschleiß. Fehlende Schmierung und Trockenlauf führen zu erhöhtem Abrieb und Verschleiß sowie hohen Temperaturen bis hin zu Freßerscheinungen.

2. Es schützt vor Korrosion. Druckluftwerkzeuge sind durch den Feuchtigkeitsgehalt der Luft stets der Korrosionsgefahr ausgesetzt, und das besonders bei unzureichender Luftaufbereitung. Ein dünner Schmierfilm auf den entsprechenden Bauteilen bietet hier einen wirkungsvollen Schutz.

3. Es verbessert die Abdichtung. Druckluftwerkzeuge sind Maschinen hoher Fertigungsqualität mit sehr engen Passungen. Je kleiner die Laufspiele sind, desto geringer sind die Leckage- und Leistungsverluste. Schmiermittel in den unvermeidlichen Passungsspielen sichert hohe Leistung durch geringe Verluste und trägt dadurch zur Energieeinsparung bei.

Am besten und zuverlässigsten ist die Schmierung mit einem guten Leitungsöler, der unmittelbar nach dem Filter montiert wird.

Bei der Auswahl des Ölers sind einige Gesichtspunkte zu beachten:

1. Der Öler muß mit einem konstanten Mischungsverhältnis Öl:Luft arbeiten, damit auch bei wechselnder Luftentnahme stets die erforderliche Ölmenge zur Verfügung steht und weder Überschmierung bei geringer Abnahme noch Mangelschmierung bei hoher Luftentnahme auftreten. Öler mit diesen Eigenschaften sind als sogenannte Mehrbereichs-, Proportional- oder Selektoröler auf dem Markt.

Mikroöler eignen sich nicht für Druckluftmaschinen, weil sie zwar das Öl gut zerstäuben, hierzu jedoch funktionsbedingt einen Druckabfall von 2 bar und mehr benötigen. Druckabfall ist aber bei Druckluftmaschinen gleichbedeutend mit Leistungsminderung. Die Leistung ändert sich nahezu mit dem Quadrat der Drücke. So verringert sie sich z. B. bei 4 bar Betriebsüberdruck (= 5 bar absolut) gegenüber dem Nenndruck von 6 bar (= 7 bar absolut) im Verhältnis $7^2 : 5^2 = 49 : 25$, d. h. die Leistung ist bei 4 bar um rd. 50 % geringer.

2. Der Öler muß leicht und fein dosierbar einzustellen sein. Wünschenswert ist ein Bereich von etwa 1 bis 5 Tropfen je m^3 Luft. Das entspricht ca. 0,04 bis 0,2 g/m^3.

3. Der Öler muß rasch ansprechen, auch bei nur kurzzeitigem Betrieb der angeschlossenen Maschine.

4. Ölvorrat und Ölförderung müssen leicht zu überwachen (durchsichtige Ölbehälter), das Nachfüllen muß ohne Betriebsunterbrechung möglich sein.

Neben der sachgerechten Auswahl sind die richtige Einstellung des Ölers und die Verwendung einer geeigneten Ölsorte von ausschlaggebender Bedeutung.

Die Notwendigkeit eines Leitungsölers wird in der Praxis leider immer noch nicht überall erkannt. Noch häufig findet man die Meinung, zur Schmierung von Druckluftwerkzeugen genüge der ohnehin vorhandene Ölgehalt der Druckluft. Diese Ansicht ist jedoch grundfalsch. In Wirklichkeit ist der in der Druckluft häufig, aber keineswegs immer vorhandene Ölgehalt für die einwandfreie Schmierung von Druckluftwerkzeugen weder ausreichend noch geeignet. Bei ordnungsgemäßer Druckluftaufbereitung und Installation wird der Ölgehalt der verdichteten Luft zusammen mit der temperaturabhängigen Feuchtigkeit im Druckluftnachkühler, Abscheider und Trockner ausgeschieden. Er steht damit zur Schmierung der Werkzeuge nicht mehr zur Verfügung. Kompressorenöle sind zudem den Schmiererfordernissen des Kompressors entsprechend zusammengesetzt; für die Schmierung von Druckluftwerkzeugen sind sie ungeeignet.

Falsch ist auch die Empfehlung, zur Schmierung mit Petroleum vermischtes Öl zu verwenden. Der Einsatz von Petroleum ist sinnvoll zur Reinigung stark verschmutzter Werkzeuge, wenn anschließend sofort wieder ausreichend geschmiert wird. Für die ständige Anwendung ist ein Petroleum-Öl-Gemisch jedoch ungeeignet, weil es den erwünschten Ölfilm ablöst und dadurch die Rostbildung sogar begünstigt.

Als Schmiermittel kommt in erster Linie unlegiertes Mineralöl in Frage. Es muß dünnflüssig, harz- und säurefrei sein. Die Viskosität sollte etwa SAE 10 betragen. Öle höherer Viskosität sind ungeeignet, weil sie bei den tiefen Temperaturen, die bei der Entspannung der Druckluft während der Arbeitsleistung auftreten, zum Verkleben der Motorlamellen und der Steuerungsteile neigen. Legierte Öle und Hydrauliköle sind nicht einsetzbar, denn die meisten der in diesen Ölen enthaltenen Additive sind im Druckluftwerkzeug unwirksam oder werden überhaupt nicht benötigt (wie z. B. Wirkstoffzusätze zur Verbesserung der Ölalterungsbeständigkeit oder zur Neutralisation hohen Schwefelgehaltes im Kraftstoff). Sinnvoll sind dagegen Zusätze mit korrosions- und rostschützender Wirkung.

6.3 Druckluftwerkzeuge für die Montage

6.3.1 Grundlagen

Neben der bereits weitentwickelten Rationalisierung in der industriellen Fertigung konzentrieren sich die Bemühungen in letzter Zeit verstärkt auf den Bereich der Montage. Hierbei lassen sich mit druckluftgetriebenen Werkzeugen deutliche Fortschritte erzielen. Die Vielzahl der Montageaufgaben erfordert ein breites Spektrum entsprechender Werkzeuge. Einen Überblick über Verfahren der Montage gibt der Bereich „Fügen" der Norm DIN 8593.

Ein Vergleich dieser Verfahren zeigt, daß der Schraubverbindung durch die Ausgewogenheit ihrer Eigenschaften noch immer die größte Bedeutung zukommt. Trotz aller Bemühungen montagegerechter Konstruktion, Schraubverbindungen ganz zu vermeiden, stellen sie noch immer den größten Teil der zu montierenden Verbindungen dar.

Unter den druckluftbetriebenen Montagewerkzeugen kommt daher den Schraubwerkzeugen mit dem entsprechenden Umfeld eine herausragende Bedeutung zu. Die Antriebseigenschaften dieser

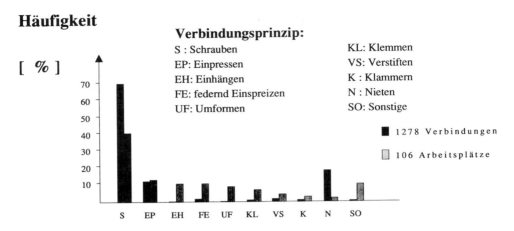

Bild 6.3-1: Häufigkeit verschiedener Montageaufgaben

Schraubwerkzeuge unterscheiden sich kaum von anderen Druckluftantrieben. Fragen der Leistungscharakteristik, der Schmierung, der Luftversorgung etc. sind bereits in den vorausgegangenen Kapiteln behandelt worden und sollen deshalb im folgenden nicht weiter ausgeführt werden.

6.3.2 Handwerkzeuge

6.3.2.1 Klassifizierungsmöglichkeiten

Ein erster Schritt zur Rationalisierung ist der Einsatz handgeführter Schraubwerkzeuge. Dabei läßt sich eine Klassifizierung nach den Merkmalen Steuerungsprinzip, Bauform, und Antriebsmedium vornehmen.

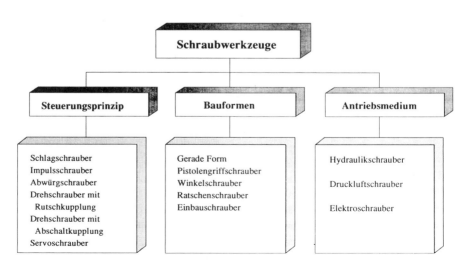

Bild 6.3-2: Klassifizierungsmöglichkeiten

DEPRAG

Das Original

280/101

Der Druckluft-Handschrauber
MINIMAT-ULTRA

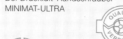

ULTRA
SCHRAUBTECHNIK

DEPRAG SCHULZ GMBH u. Co.
Postfach 1352, D-92203 Amberg
Kurfürstenring 12–18, D-92224 Amberg
Tel. (09621) 371-0, Fax (09621) 371-20

6.3.2.2 Steuerungsprinzipien

Schlagschrauber mit mechanischem Schlagwerk

Beim Schlagschrauber wird die über den antreibenden Lamellenmotor aus der Druckluft entnommene Energie periodisch gespeichert und über ein Schlagwerk in tangential gerichtete Drehschläge umgewandelt. Die an der Abtriebswelle abgegebenen Drehmomente liegen somit um ein vielfaches über dem maximalen Motormoment. Damit lassen sich sehr günstige Verhältnisse zwischen Drehmoment und Baugröße/Gewicht erreichen.

Schlagschrauber werden überwiegend bei Verbindungen M8 bis M48 eingesetzt. Die erreichbaren Drehmomentgenauigkeiten liegen jedoch nur im Bereich von ±25 %. Eine mechanische Drehmomentbegrenzung ist nicht vorhanden. Durch eine entsprechend lange Anzugszeit und damit erhöhte Anzahl von Schlägen läßt sich das Anzugsmoment nahezu beliebig erhöhen.

Schlagschrauber mit hydraulischem Schlagwerk

Um die wesentlichen Nachteile des mechanischen Schlagwerks (Lärm, geringe Genauigkeit, Gewicht) auszuschalten, wurden hydraulische Schlagwerke entwickelt. In diesen Schlagwerken wird die Energie des drehenden Druckluftantriebes über mit Öl gefüllte Kammern in Drehschläge umgesetzt. Die Geräuschentwicklung läßt sich damit wesentlich verringern. Im Gegensatz zu Drehschraubern treten durch die impulsartigen Drehschläge praktisch keine Rückdrehmomente auf. Auch bei konventionellen Schlagschraubern mit hydraulischem Schlagwerk bleibt aber die Drehmomentgenauigkeit sehr gering.

Zur Verbesserung dieser Genauigkeiten werden die hydraulischen Schlagwerke mit verschiedenen Abschalteinrichtungen kombiniert. Einfachste Ausführung ist eine Zeitsteuerung; bessere Ergebnisse werden mit einer Öldruck abhängigen Steuerung erreicht. Außerdem gibt es noch mechanische Systeme, die den Montagevorgang über die Schlagenergie des Einzelschlages beenden. Vor allem dank der letztgenannten Systeme lassen sich Schlagschrauber mit hydraulischem Schlagwerk als Montagewerkzeuge mit relativ hoher Arbeitsgenauigkeit ohne belastende Rückdrehmomente auch bei höheren Momenten einsetzen.

Abwürgschrauber

Als Abwürgschrauber bezeichnet man direkt angetriebene Schraubwerkzeuge. Hier wird der Schraubenanzug lediglich durch das maximale Motormoment begrenzt. Die daraus resultierende Genauigkeit begrenzt die praktische Bedeutung erheblich.

Drehschrauber mit Rutschkupplung

Um die Drehmomentgenauigkeit weiter zu verbessern, wird bei diesen Werkzeugen zwischen Antrieb und Abtrieb eine Rutschkupplung eingebaut. Über die Vorspannung der Reibpartner dieser Kupplung läßt sich auch eine Einstellung auf unterschiedliche Drehmomente verwirklichen. Die maximal erreichbare Genauigkeit liegt im Bereich von ±10 %.

Drehschrauber mit Abschaltkupplung

Abschaltkupplungen ermöglichen neben der Einstellung definierter Drehmomente das Auskuppeln von Antrieb und Abtrieb und das Abschalten des Druckluftantriebes. Damit läßt sich die Genauigkeit auf ±5 % verbessern. Durch besonders gestaltete Kupplungen kann zudem der Einfluß der Schraubfallelastizität und der kinetischen Energie reduziert werden, indem das übertragbare Moment bereits vor dem eigentlichen Schaltpunkt reduziert wird. Die Drehmomentgenauigkeit läßt sich damit auf ±3 % steigern.

Servoschrauber

Die Kategorie Servoschrauber umfaßt alle Schraubwerkzeuge mit Einrichtungen zur Regelung bestimmter Zielgrößen der Verschraubung. Dabei werden je nach Ausbau der Steuerungselektronik und den Erfordernissen des Schraubfalles Drehmoment und Drehwinkel als Führungsgrößen genutzt. In jedem Fall erfordert der Einsatz dieser Elektronik ein geeignetes Stellglied in der Regelkette. Für pneumatische Antriebe wird die Regelung zusätzlich durch die Kompressibilität der Druckluft erschwert. Die resultierenden Totzeiten in der Regelkette und die aufwendigen Stetigventile verhindern bislang den praktischen Einsatz pneumatisch angetriebener Servoschrauber. Angesichts der hohen Kosten für die elektronische Regelung kommen diese Werkzeuge nur bei extremen Anforderungen zum Einsatz.

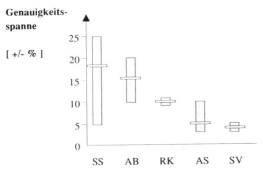

Abschaltprinzip

SS: Schlagschrauber
AB: Abwürgen
RK: Rutschkupplung
AS: Abschaltkupplung
SV: Servoschrauber

Genauigkeitsspanne

Mittelwert der betrachteten Schrauber

Bild 6.3-3: Drehmomentgenauigkeit der Steuerungsprinzipien

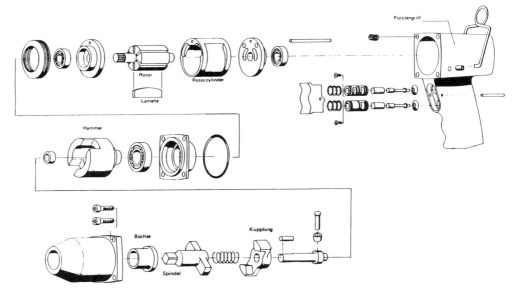

Bild 6.3-4: Konstruktionsbild eines Schlagschraubers

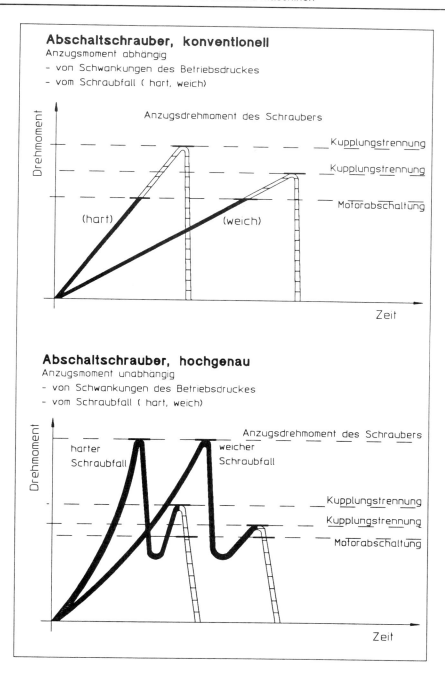

Bild 6.3-5: Funktionsprinzip hochgenauer Abschaltschrauber

Doppel-Impuls-System

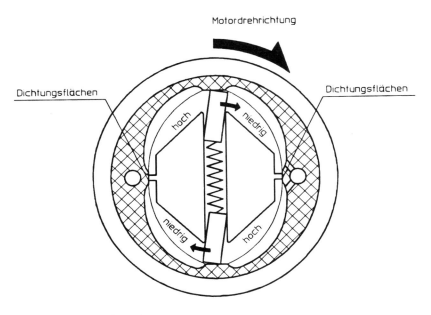

Bild 6.3-6: Prinzip eines Hydroschlagwerkes

6.3.2.3 Bauformen

Das breite Einsatzspektrum besonders pneumatisch angetriebener Werkzeuge hat zu einer enormen Vielfalt neuerer Bauformen geführt. Diese lassen sich in die dargestellten fünf Hauptgruppen zusammenfassen:

Stabform

Häufigste Ausführung ist die gerade Grundform (Stabschrauber). Sie wird besonders an Handarbeitsplätzen mit vertikaler Arbeitsrichtung und kleineren Montagemomenten eingesetzt. Als wirksames Hilfsmittel werden diese Werkzeuge oft in sogenannten Parallelogrammständern mit Gewichtsausgleicher aufgenommen. Damit kann einerseits die Schraubachse exakt eingehalten werden, andererseits können über die feste Aufnahme auch höhere Rückdrehmomente problemlos aufgenommen werden. Je nach Schraubfall und Werkzeugausführung sollten Anzugsmomente an Dauerarbeitsplätzen bereits ab 5 Nm, spätestens ab 10 Nm über derartige Aufnahmen abgestützt werden. Ergonomisch gestaltete Griffe mit entsprechenden Materialien sind an manuellen Arbeitsplätzen von großer Bedeutung.

Pistolenform

Für horizontale Arbeitsrichtung und höhere Momente werden vorzugsweise Pistolengriffschrauber eingesetzt. Bei Drehschraubern lassen sich die Momente zusätzlich durch am Werkzeug angebrachte Abstützungen aufnehmen.

Winkelbauform

Lassen die Platzverhältnisse am Bauteil den Einsatz von Stab- oder Pistolengriffschrauber nicht zu, dann bietet sich der Einsatz von Winkelschraubern an. Der geraden Grundform ist hier ein Winkelgetriebe angebaut. Damit verringert sich der in Schraubachse notwendige Freiraum erheblich. Durch den langen Hebelarm dieser Anordnung lassen sich auch wesentlich höhere Drehmomente manuell aufnehmen.

Bild 6.3-7: Handschrauber in geraden Bauformen (DEPRAG)

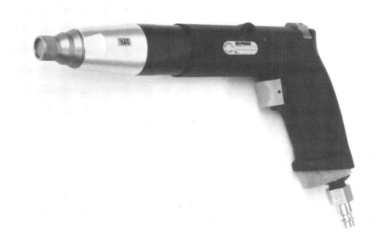

Bild 6.3-8: Handschrauber mit Pistolengriff (DEPRAG)

Bild 6.3-9: Handschrauber in Winkelbauform (DEPRAG)

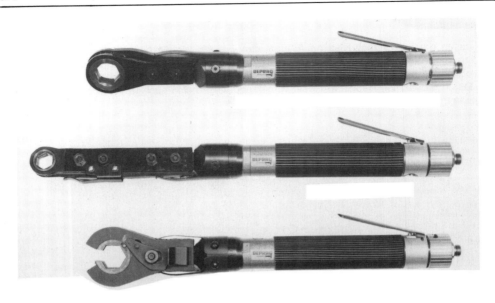

Bild 6.3-10:   Ratschenschrauber (DEPRAG)

Für den Einbau in Schraubautomaten spielt die äußere Gestaltung eine geringere Rolle. Meist wird hier eine gerade Bauform eingesetzt. Begrenzendes Merkmal für den Aufbau sogenannter Mehrspindelautomaten ist der geringste erreichbare Lochabstand (Teilkreisdurchmesser). Durch das hervorragende Leistungsgewicht kann hier der pneumatische Antrieb mit wesentlich geringeren Gehäusedurchmessern eingebaut werden.

6.3.2.4 Antriebsmedium

Die möglichen Antriebsmedien ergeben eine dritte Möglichkeit der Klassifizierung von Schraubwerkzeugen. Geringe Bedeutung haben hydraulisch angetriebene Schraubwerkzeuge, die nur bei extrem hohen Momenten zum Einsatz kommen (z. B. im Schiffsbau). Die übrigen Werkzeuge werden in etwa zur Hälfte elektrisch bzw. pneumatisch angetrieben. Bei elektrischen Antrieben sind noch einmal drei nennenswerte Antriebsprinzipien, der Gleichstromantrieb, der Hochfrequenzantrieb und die sogenannten elektronisch kommutierten Antriebe (EC) zu unterscheiden. Nach wie vor spielt jedoch der pneumatische Antrieb eine überragende Rolle. Das erheblich günstigere Leistungsgewicht, der robuste und wartungsfreundliche Aufbau sowie die sehr große Vielfalt angebotener Ausführungen sind die wichtigsten Gründe für den Einsatz pneumatischer Schraubwerkzeuge.

Als Pneumatikantrieb kommt immer ein Druckluftlamellenmotor zum Einsatz. Dessen Wirkungsweise und Einsatzmerkmale sind bereits im Kapitel V/1 ausführlich beschrieben worden. Wichtig für den Einsatz in Schraubwerkzeugen ist die Unterscheidung zwischen umsteuerbaren und rechts- bzw. linkslaufenden Antrieben. Bei den letztgenannten kann die Luft nahezu vollständig entspannt werden und der Motor somit einen etwas höheren Gesamtwirkungsgrad erzielen.

Anforderungen an die Druckluftqualität bzw. die Schmierung der eingesetzten Antriebe über die zugeführte Druckluft sind im Kapitel VI/1 und VI/2 ausführlich beschrieben. Sie gelten in gleicher Weise für druckluftbetriebene Montagewerkzeuge.

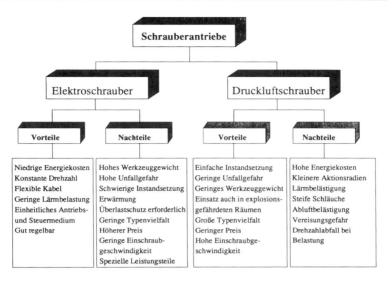

Bild 6.3-11:   Vergleich von Druckluft- und Elektroantrieb

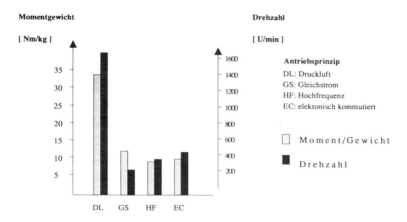

Bild 6.3-12:   Leistungsdaten verschiedener Antriebskonzepte

Die in jüngster Zeit verstärkt laut gewordene Forderung nach ölfreien Antrieben ist durch den Einsatz geeigneter Werkstoffe und Oberflächenbehandlungsverfahren weitgehend verwirklicht worden. Die bauartbedingte, mechanische Berührung zwischen Lamellen und Rotorzylinder in Druckluftlamellenmotoren wird jedoch immer zu einem gewissen Verschleiß führen. In jedem Fall kann dieser Verschleiß durch geeignete Schmierung verringert und damit die Lebensdauer des Werkzeuges erhöht werden. Die als umweltbelastend angesehenen Ölanteile der Abluft können über Abluftfilterschalldämpfer gesammelt und ausgeschieden werden. Zudem läßt sich der Ölanteil durch geeignete Dosierungseinrichtungen stark minimieren.

Häufig jedoch werden durch die Einsatzbedingungen (Einschaltdauern bei Schraubern < 10 %) nicht die gleichen hohen Lebensdaueranforderungen wie zum Beispiel bei Schleifmaschinen in der Fertigung gestellt. Der Einsatz ölfreier Werkzeuge ist dann eine echte Alternative.

6.3.3 Schraubautomaten

6.3.3.1 Allgemeines

Der Begriff des Schraubautomaten umfaßt eine vollständige Betriebsmittelanordnung einer Montageteilaufgabe aus der Schraubtechnik. Kern dieser Montageaufgabe ist das Herstellen von Schraubverbindungen. Sie besteht aus den dargestellten Komponenten. Im Mittelpunkt aller Bemühungen steht das zu montierende Produkt.

Zu handhaben sind in diesen Automaten immer Werkstücke und Verbindungsteile, häufig auch die Werkzeuge. Dabei ist dann die vergleichsweise geringe Masse des pneumatisch angetriebenen Werkzeuges von erheblicher Bedeutung.

Neben der üblichen Sensorik zur Ablaufsteuerung von Montageautomaten sind in der Schraubtechnik spezielle Aufnehmer für Drehwinkel und vor allem Drehmoment erforderlich. Organisiert wird der Ablauf der Montage durch eine geeignete Steuerung.

Verbindungselemente am Produkt und zugleich zwischen Montagestation und Produkt sind die zu verarbeitenden Schrauben. Sie beeinflussen ganz wesentlich die Ausprägung der Schraubstation und aller Komponenten. Die Geometrie der Schraube, die Gestaltung des Schraubenkopfes oder der Reinheitsgrad der Schraubenlose sind wichtige Merkmale.

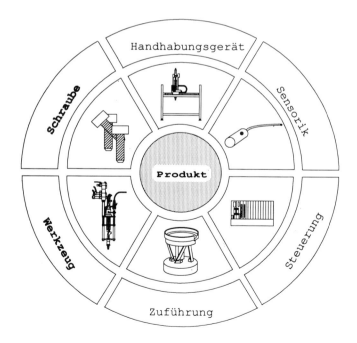

Bild 6.3-13:   Komponenten von Schraubstationen

Hardware	Zuführtechnik	Werkzeugsteuerung	Handhabung	Ablauf	Leitfunktion
pneumatisch	●	●	●	●	
Basis-SPS	●	●		●	●
erweiterte SPS			●		●
RC			●		
PC			●		●

Bild 6.3-14: Steuerungsfunktionen in Schraubstationen

6.3.3.2 Standardkomponenten

Nach dem Automatisierungsgrad der Schraubstation lassen sich bestimmte Standardausführungen definieren. Durch den Einsatz von Schraubwerkzeugen sind über die verkürzten Einschraubzeiten erste Rationalisierungseffekte zu erreichen. Beispielsweise kann die Eindrehzeit einer Schraube M6 x 40 mit ca. 20 mm Einschraublänge von 10 auf 1,2 Sekunden verringert werden.

Die automatische Schraubenzuführung bringt weitere Einsparungen an Montagezeiten. Mit einem handgeführten Schraubwerkzeug, eventuellen Positionierhilfen wie Gewichtsausgleicher oder Parallelogrammständer sowie einem Schraubenzuführgerät kann an manuellen Arbeitsplätzen eine optimale Produktivität erreicht werden.

Der Schritt hin zu vollautomatischen Stationen wird durch die automatisch ausgeführten Vorschubbewegungen der Schraubwerkzeuge und eventueller Positioniervorgänge der Montageteile erreicht. Neben weiterer Verkürzung der Prozeßzeiten läßt sich hier auch die Qualität weiter verbessern.

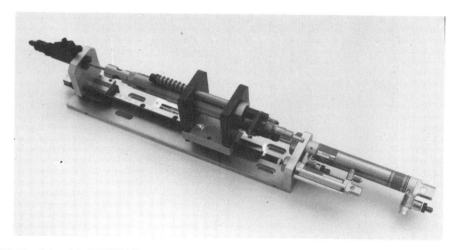

Bild 6.3-15: Anbaueinheit (DEPRAG)

Bei genügend großen Stückzahlen wird der Aufbau der Station mit mehreren Werkzeugen, die in der Anordnung der Schraubstellen montiert sind und parallel bewegt werden, ausgeführt. Begrenzendes Merkmal ist vor allem der Abstand der einzelnen Schraubstellen im Verhältnis zu den Abmaßen der Werkzeuge. Die notwendigen Vorschubbewegungen werden mit pneumatischen Zylindern erreicht. Sind die Anforderungen an die Schraubabstände nicht so hoch, kann die Station auch aus mehreren eigenständigen Einheiten aufgebaut werden, die beispielsweise an üblichen Aluminiumprofilgestellen angebracht werden. Damit läßt sich auch eine Veränderung der Schraubbilder schnell und einfach nachstellen.

Bei noch höheren Anforderungen an die Flexibilität sind frei programmierbare Systeme im Einsatz. Das Schraubwerkzeug wird dann an geeignete Handhabungsgeräte montiert und kann die entsprechenden Schraubpositionen anfahren. Den Portalausführungen mit zwei oder drei NC-Achsen kommt dabei der größte Stellwert zu. Gut geeignet sind auch sogenannte SCARA-Roboter, deren spezielle Kinematik den Anforderungen beim Schrauben gut entspricht (hohe Steifigkeit in axialer Richtung, relative Nachgiebigkeit in radialer Richtung).

Bild 6.3-16:   Mehrspindeleinheit (DEPRAG)

6.3.3.3 Schraubenzuführung

Wichtigste Rationalisierungskomponente ist in Verbindung mit dem Werkzeug die Schrauben-zuführungseinrichtung. Grundsätzlich besteht die Möglichkeit, die Schraube manuell an das Werk-zeug zu bringen, sie mit sogenannten „pick-and-place"-Verfahren aufzunehmen oder sie über Zu-führschläuche mit Druckluft dem Werkzeug zuzuführen. Beim „pick-and-place"-Verfahren müssen die Schrauben am Werkzeug mechanisch, magnetisch, über Vakuum oder mit kombinierten Ein-richtungen gehalten werden.

Da Schrauben in der Regel als Schüttgut bereitgestellt werden, müssen sie in automatisierten Montageeinrichtungen zunächst gespeichert, geordnet und weitergegeben werden. Dies geschieht entweder in sogenannten Vibrationswendelförderern oder in Hubschienenförderern als einer neuen, schonenderen Alternative. Übliche Füllvolumen liegen im Bereich von 0,1 bis 5 Liter. Die Ausbrin-gung erreicht je nach Ausführung 45 bis 200 Teile pro Minute.

Nach dem Auslauf aus dem Sortiertopf müssen die Schrauben separiert werden. Dazu gibt es verschiedene Ausführungen sogenannter Vereinzelungen. Bild.6.3-19 zeigt eine Doppelvereinze-lung mit Schiebertrennung. Durch diese Ausführung lassen sich aus einem Auslauf zwei Schrau-ben in Zwangsfolge entnehmen. Aufgrund der Zwangsfolge kann sie jedoch nur in stationären An-lagen eingesetzt werden. Aus Töpfen mit Doppelwendel lassen sich somit bis zu vier Schraub-werkzeuge versorgen.

Nach der Vereinzelung wird die Schraube mit Druckluft durch den Zuführschlauch an das Werkzeug gebracht. Voraussetzung dafür ist (als erste Näherung) eine Gesamtlänge der Schraube von mindestens Schraubenmaximaldurchmesser +2 mm. Am Werkzeug wird die Schraube durch

Bild 6.3-17:   Schraubenzuführgerät (VWF) (DEPRAG)

Bild 6.3-18:   Schraubenzuführgerät (HSF) (DEPRAG)

<u>Vereinzelung:</u>

Streifenvereinzelung: Schiebervereinzelung:
                               1-fach

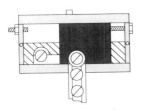   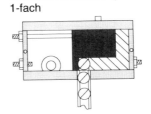

                               Schiebervereinzelung:
                               2-fach

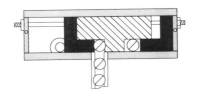

Bild 6.3-19:   Schraubenvereinzelung

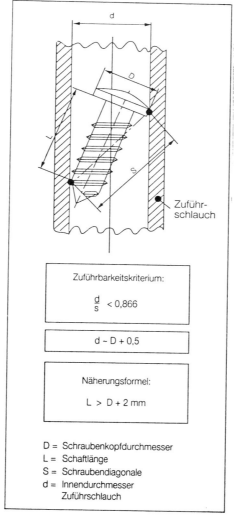

Bild 6.3-20: Zuführbarkeitskriterium

das Mundstück in die entsprechende Hülse geführt. Im Mundstück läßt sich die notwendige Relativbewegung zwischen Klinge und Hülse realisieren. In der Hülse wird die Schraube positioniert und bis zum Eingriff der ersten Gewindegänge gehalten.

6.3.3.4 Beispiele

6.3.4 Prozeßbeschreibung

6.3.4.1 Grundlagen

Zur Prozeßbeschreibung kann man die fünf dargestellten Ebenen nutzen. Der Verschraubungsprozeß wird definiert durch die beschreibenden Parameter wie Werkzeugdrehzahl, Moment-

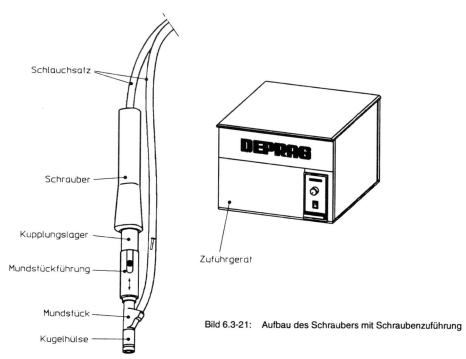

Schlauchsatz

Schrauber

Kupplungslager

Mundstückführung

Mundstück

Kugelhülse

Zuführgerät

Bild 6.3-21:   Aufbau des Schraubers mit Schraubenzuführung

Bild 6.3-22:   Einfachschraubeinheit (DEPRAG)

Bild 6.3-23:   Mehrfacheinheit (DEPRAG)

haltezeiten, Form- und Lagetoleranzen, Drehmomente, Kräfte etc. Eine Untermenge dieser Parameter wird zur Prozeßbeobachtung herangezogen und dazu mit den geeigneten Aufnehmern erfaßt. Schließlich müssen die einzelnen Signale verknüpft und interpretiert werden, um zu Prozeßaussagen über Qualität, Führungsgrößen, Istzustände etc. zu gelangen.

Abweichend von allgemeinen Montageprozessen sind die Drehmomentmessung sowie die verschiedenen Schraubenanzugsverfahren von besonderer Bedeutung.

6.3.4.2 Drehmomentmessung

Voraussetzung für nahezu alle Prozeßsteuerungsverfahren bzw. Basis zur Beobachtung ist die Erfassung des aufgebrachten Montagemomentes. Dabei kommen derzeit drei Verfahren zum Einsatz.

Die älteste Methode zur Drehmomenterfassung sind Aufnehmer mit Dehnmeßstreifen (DMS). Genutzter physikalischer Effekt ist der unter mechanischer Belastung geänderte Widerstand geeigneter elektrischer Leiter. Als nachteilig erweisen sich der benötigte, relativ hohe Bauraum, die zur Signalübertragung notwenigen Schleifringe und die meßtechnischen Eigenschaften bei großen Si-

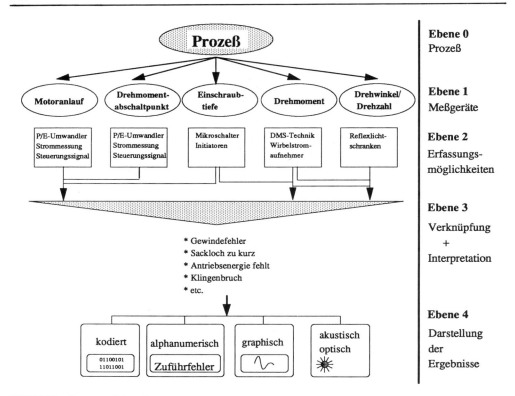

Bild 6.3-24:   Sensormodell zur Schraubtechnik

gnalbreiten und hohen Drehzahlen. Gerade bei Druckluftwerkzeugen werden jedoch große Momentbereiche auch bei höheren Drehzahlen gefordert.

Zur Vermeidung der Schleifringe als Verschleißteile entstand das sogenannte Wirbelstrommeßverfahren. An je einem Ende der Torsionswelle sind geschlitzte Hohlzylinder befestigt, die gegeneinander tordiert eine veränderliche Zylindermantelfläche erzeugen. Durch die Veränderung dieser Oberfläche wird das induzierte Feld, abhängig vom Drehmoment unterschiedlich stark gedämpft. Der benötigte Bauraum ist nach wie vor relativ hoch.

Neueste Verfahren benutzen piezoelektrische Aufnehmer zur Drehmomentmessung. Dabei werden Quarzkristalle elastisch verformt, so daß an definierten Außenflächen eine elektrische Ladung auftritt. Drehmomente lassen sich mit dem dargestellten Ringelement als Reaktionsmoment messen. Der Aufnehmer steht dabei unter hoher Vorspannung, um die auftretenden Momente als Schubkräfte zu übertragen. Da der Isolationswiderstand von Ladungsverstärker und Meßgerät nur endlich groß ist, fließt die entstandene Ladung langsam ab. Piezoelektrische Aufnehmer sind daher für statische Messungen nur bedingt geeignet. Zum Einsatz in Schraubwerkzeugen sind sie durch den geringen benötigten Bauraum, die fehlenden Verschleißteile sowie die hervorragenden meßtechnischen Eigenschaften bestens geeignet.

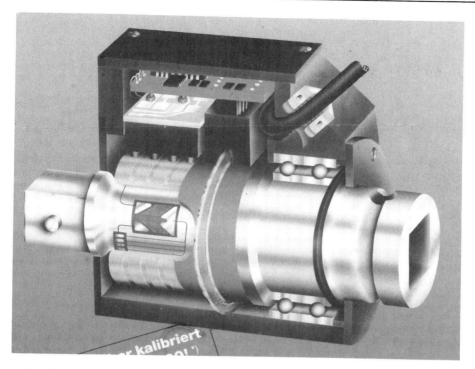

Bild 6.3-25:   DMS- Meßwertaufnehmer

6.3.4.3 Anzugsverfahren

Ziel des Verschraubungsprozesses ist entweder das Aufbringen einer definierten Haltekraft oder das Erbringen definierter Montagebewegungen. In Fällen der Justage- oder Demontagefunktion ist der Prozeß durch kinematische Zielgrößen, wie etwa dem Rückhubweg oder der Einschraubtiefe in mm oder der Justage in Anzahl der Umdrehungen beschrieben. Das Erreichen definierter Drehwinkel geschieht über übliche Drehgeber oder die Laufzeit des Schraubwerkzeuges.

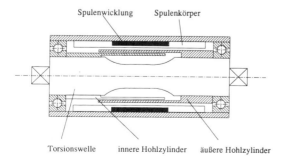

Bild 6.3-26:   Wirbelstromaufnehmer

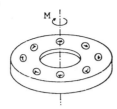

Bild 6.3-27: Piezoquarzaufnehmer

Mit Ausnahme einiger Sonderfälle ist in der überwiegenden Zahl aller Montagestationen das Aufbringen von an den jeweiligen Belastungsfall angepaßten Haltekräften Aufgabe der Schraubstation. Die Vorspannkraft der Verbindung Fv als Zielgröße der Montage ist so zu bestimmen, daß einerseits bei jeder möglichen auftretenden Betriebskraft die vorgegebene Funktion noch erreicht wird, die zulässige Belastung der Schraubverbindung aber andererseits nicht überschritten wird.

Da sich am laufenden Produkt die durch die Montage erreichten Vorspannkräfte nur mit sehr hohem Aufwand, beispielsweise genauen Längungsmessungen, kontrollieren lassen, weichen alle realisierten Verfahren auf das Erfassen indirekter Größen aus. Aus diesen indirekten Prozeßgrößen resultieren viele der Ungenauigkeiten beim Aufbringen definierter Vorspannkräfte.

Drehmomentverfahren

Wichtigster Parameter bei Drehmomentverfahren ist das sogenannte Anzugsmoment als das vom Werkzeug auf die Schraube oder Mutter aufgebrachte Drehmoment. In den weitaus meisten Anwendungsfällen wird dieses Moment zur Prozeßführung verwendet. Das notwendige Anzugsmoment kann nach den Grundformeln der VDI-Richtlinie 2230 aus der Vorspannkraft errechnet werden.

Die Reibung ist bei diesem Verfahren die wichtigste Einfluß- und zugleich Störgröße. Unterschieden werden in erster Linie Reibung zwischen Schraubenkopf und Bauteilauflage und die Gewinderreibung. Große Schwankungen bei den tatsächlich auftretenden Reibwerten führen bei diesem Verfahren zu großen Toleranzbreiten in der erreichten Vorspannkraft. Bild 6.3-28 verdeutlicht, daß die Kombination der beiden wesentlichen Störgrößen dieses Verfahrens, der Wiederholgenauigkeit des Werkzeuges und der Reibwertschwankungen, zu Abweichungen über 100 % vom vorgegebenen Sollwert führen. Insbesondere Oberflächenqualität und Verschmutzung der Schraubenlose beeinflussen die maßgeblichen Reibwerte. Dieser verhältnismäßig geringen Genauigkeit stehen vor allem die einfache, oft rein mechanische Umsetzung des Anzugsverfahrens und der eindeutige, rechnerisch nachvollziehbare Zusammenhang zwischen Vorspannkraft und Anzugsmoment als Vorteile gegenüber.

Die erreichbaren Genauigkeiten hängen von der Wiederholgenauigkeit der Werkzeuge und der Exaktheit sowie Konstanz der ermittelten Reibwerte ab. Bei optimaler Drehmomentwiederholgenauigkeit von beispielsweise ±2 % muß noch immer mit Schwankungen der erzielten Vorspannkraft von mindestens ±10 % gerechnet werden.

Zusätzlich werden zur Überwachung Grenzbedingungen für Drehmomente und Drehwinkel als Beurteilungskriterien für die Schraubverbindung überlagert.

Drehwinkelverfahren

Bei den sogenannten Drehwinkelverfahren werden sowohl Drehmoment als auch Drehwinkel der Schraubverbindung als Steuergröße herangezogen. Üblicherweise wird bis zur Schraubenkopfanlage drehmomentkontrolliert verschraubt, um nach Erreichen eines sogenannten Schwellmomentes einen definierten Nachspannwinkel als Steuergröße zu nutzen. Bestimmt wird der Nachspannwinkel vor allem vom Setzverhalten der Verbindung. Eine exakte rechnerische Bestimmung der Nachspannwinkel ist mit der hohen Zahl von Einflußgrößen ausgesprochen schwierig. Daher müssen die genauen Prozeßparameter durch aufwendige Experimente bestimmt werden.

Das Ausschalten der Reibwertabhängigkeit gelingt nur beim Anziehen der Verbindung in den plastischen Bereich. Hier wirkt sich die Streuung von Sollwerten nicht mehr so stark auf die erzielte Vorspannkraft der Verbindung aus.

Überlagert wird dieses Verfahren häufig von Grenzbedingungen, dem sogenannten grünen Fenster. Dabei werden für den Abschaltpunkt Minimal- und Maximalwerte für Drehmoment und Drehwinkel vorgegeben. Nur innerhalb dieses Fensters gilt der Schaltpunkt nach obigem Verfahren als korrekt. Auch diese Grenzwerte werden in der Praxis häufig noch experimentell bestimmt.

Vermieden werden mit dem Drehwinkelverfahren die Ungenauigkeiten durch die Reibwertschwankungen und der Drehmomentwiederholgenauigkeit der Schraubwerkzeuge. Die plastische Verformung der Schraubverbindung verhindert jedoch die Mehrfachverwendung der Schraube.

Streckgrenzengesteuertes Anziehen

Beim streckgrenzengesteuerten Anziehen werden ebenfalls Drehmoment und Drehwinkel als indirekte Prozeßgrößen herangezogen. Dabei wird als Steuergröße das Differential von Moment nach Drehwinkel genutzt. Der Anstieg des Anzugsmomentes pro Winkeleinheit (entspricht dem Weg) ist konstant, solange die Schraube im elastischen Bereich nach dem Hook'schen Gesetz gedehnt wird. Wenn die Proportionalitätsgrenze des Schraubenwerkstoffes überschritten wird, dann fällt der Gradient dM/dy ab. Diesen Effekt nutzt man zur Schaltsteuerung. Um den Einfluß schwankender Werkstoffdaten zu eliminieren, wird dabei der relative Abfall des Gradienten zum Maximalwert (etwa 50 %) und kein Absolutwert als Schaltgröße herangezogen. Zusätzlich kann auch hier wie beim Drehwinkelverfahren ein „grünes Fenster" über den Abschaltbereich gelegt werden.

Damit lassen sich nun die Ungenauigkeiten von Werkzeugen und Reibwerten einerseits, und das Belasten der Schraube bis in den plastischen Bereich mit den aufwendigen Experimenten beim Drehwinkelverfahren andererseits vermeiden. Bild 6.3-30 zeigt, wie schwankende Reibwerte durch unterschiedliche Anzugsmomente abgefangen werden können, wenn das Erreichen der Streckgrenze als Schaltgröße genutzt wird.

Sonderfälle

Die beschriebenen Anzugsverfahren eignen sich in erster Linie für das Verschrauben metrischer Gewinde mit metallischen Werkstoffen. Gerade im Bereich kleinerer Schraubendurchmesser mit reinen Befestigungsaufgaben und geringen Belastungen, wie sie in der Elektro- und feinmechanischen Industrie häufig anzutreffen sind, werden zunehmend Sonderschrauben eingesetzt. Für die Montage derartiger Sonderschrauben sind eine Reihe von Abweichungen bei Anzugsverfahren zu beachten, so daß die bisher genannten höheren Verfahren hier selten eingesetzt werden können.

Sowohl für Blechschrauben als auch für andere gewindeformende oder schneidende Schrauben gelten mehrere Drehmomentwerte als prozeßbestimmende Größen. Das sogenannte „Eindrehmoment" beschreibt das zum Eindrehen und den damit verbundenen Gewindeformprozeß notwendige Moment. Im Gegensatz zu fertigen Gewinden hängt das Eindrehmoment weniger von Reibwertschwankungen, sondern vielmehr von Materialeigenschaften, Kernlochdurchmesser, Gewindetiefen und weiteren Parametern ab. Es verändert seinen Verlauf über dem Einschraubweg zudem erheblich. Das „Überdrehmoment" bezeichnet das Moment, bei dessen Überschreitung das

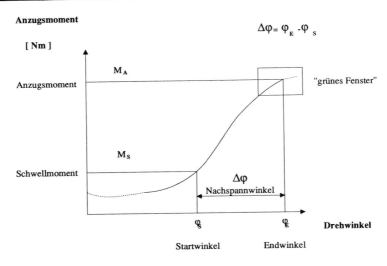

Bild 6.3-28: Drehwinkelgesteuertes Verfahren

geformte Gewinde beschädigt würde und keine Vorspannkraft mehr aufgebracht werden könnte. Zu beachten ist auch das Bruchmoment der Schraube, bei dessen Überschreiten es zum Versagen der Schraube und damit der gesamten Verbindung kommt.

Da die beiden erstgenannten Momente einen zeitlich stark veränderlichen Verlauf haben, muß der Prozeß kontinuierlich gesteuert werden. Ziel ist dabei, das Werkzeugmoment optimal zwischen Eindreh- und Überdrehmoment (Bruchmoment) zum Anzugsmoment zu führen. Erschwerend kommt dazu häufig der Umstand, daß maximal auftretende Einschraubmomente über dem abschließend notwendigen Anzugsmoment liegen, so daß eine reine Drehmomentsteuerung hier ebenfalls zu unvollständig durchgeführten Verschraubungen führen muß. Hier werden dann zusätzliche Kontrollen des Einschraubweges durchgeführt und die Drehmomentabschaltung des Werkzeuges vorübergehend überbrückt.

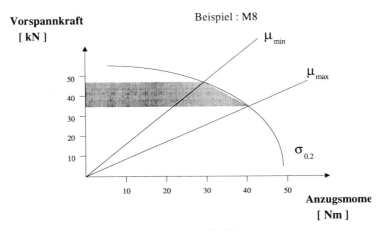

Bild 6.3-29: Reibungseinfluß beim streckgrenzengesteuerten Verfahren

Drehmoment
[Nm]

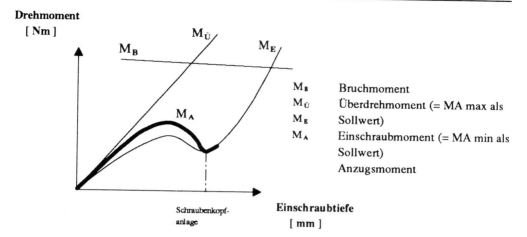

M_B Bruchmoment
$M_{\ddot{U}}$ Überdrehmoment (= MA max als
M_E Sollwert)
M_A Einschraubmoment (= MA min als
        Sollwert)
        Anzugsmoment

Einschraubtiefe
[mm]

Schraubenkopf-
anlage

Bild 6.3-30:   Sonderfälle

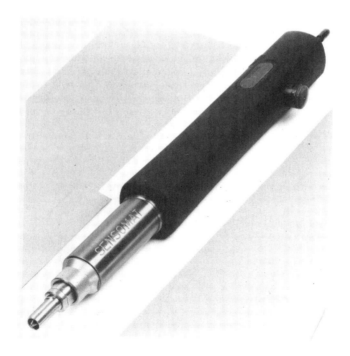

Bild 6.3-31:   Spezialwerkzeug für Sonderschraubfälle (DEPRAG)

Weitere Sonderfälle entstehen durch das Direktverschrauben in Kunststoff oder das Verschrauben mit Kunststoffschrauben; aber auch Verschraubungen in organische Werkstoffe wie Holz müssen gesteuert werden. Bei Kunststoffverschraubungen entstehen bei thermoplastischen Werkstoffen zu den oben genannten Prozeßparametern noch Anforderungen an die Drehzahl des Schraubwerkzeuges, um ein Aufschmelzen des Gewindes zu verhindern. Die Momentschwankungen beim Einschraubmoment dürfen nicht zu beliebigen Drehzahlüberschreitungen führen, so daß in Einzelfällen noch eine Drehzahlregelung überlagert werden muß. Diese Sonderfälle zeigen, daß es eine Reihe von unterschiedlichen Prozeßparametern gibt, die bei der Prozeßführung und damit bei der Konzeption von Werkzeug, Steuerung und der gesamten Schraubstation Berücksichtigung finden.

6.3.4.4 Qualitätssicherung

Die Durchführung geeigneter Qualitätssicherungsmaßnahmen sowie deren Dokumentation gewinnt vor allem auch im Bereich der Montage zunehmend an Bedeutung. Dies ist nicht zuletzt auf die Harmonisierungsbestrebungen der Europäischen Gemeinschaft zurückzuführen, die zu zahlreichen neuen Bestimmungen über Produkthaftung, Gerätesicherheit etc. geführt haben. Die entstandenen Qualitätszertifikate nach DIN/ISO 9000 ff. erfordern entsprechende Maßnahmen in der Montage. Auch druckluftbetriebene Schraubwerkzeuge werden daher mit Einrichtungen zur Dokumentation der Montageergebnisse ausgestattet. In erster Linie werden dabei Drehmomente gemessen.

Für manuelle Werkzeuge bietet sich die regelmäßige Kontrolle der eingestellten Drehmomente mit stationären Meßeinrichtungen an. Stationäre Werkzeuge müssen dazu entweder ausgebaut und separat geprüft oder mit geeigneten Einrichtungen in der Station geprüft werden. Automatisiert lassen sich Werkzeuge mit integrierten Meßwertaufnehmern prüfen.

Die gemessenen Werte können nach den Methoden der statistischen Qualitätskontrolle beurteilt werden. Dabei werden zunächst die Mittelwerte der Meßreihe (mindestens 10 Meßwerte) und deren Standardabweichung ermittelt. Bezieht man die ermittelte Standardabweichung auf den Mittelwert, so erhält man den relativen Fehler der Meßreihe. Mit dem Bereich ± Standardabweichung erfaßt man nach den Formeln der Wahrscheinlichkeitsrechnung bei einer Normalverteilung der Meßwerte jedoch nur 68,26 % aller Werte. Für eine optimale Prozeßsicherheit wird daher oft der Bereich ±3 x Standardabweichung zur Beurteilung herangezogen, der dann 99,73 % aller Werte beinhaltet.

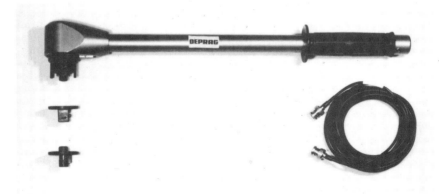

Bild 6.3-32:   Drehmomentmeßschlüssel (DEPRAG)

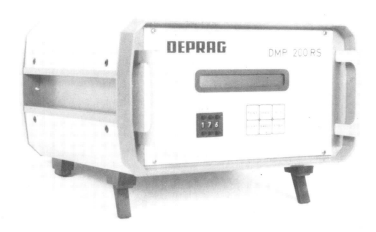

Bild 6.3-33:   Drehmomentmeßgerät (DEPRAG)

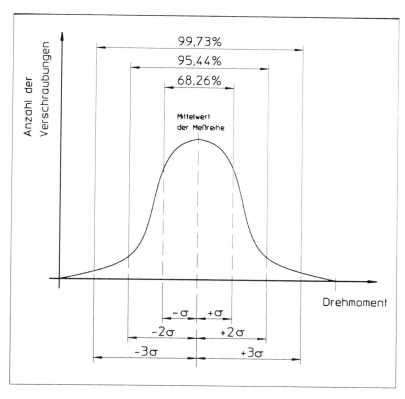

Bild 6.3-34:   Bedeutung der Standardabweichung

Werden Schraubwerkzeuge an unterschiedlichen Arbeitsplätzen und damit für verschiedene Schraubfälle eingesetzt, dann ist die Drehmomentkonstanz bei unterschiedlichen Schraubfällen ein wichtiges Qualitätsmerkmal. Bei der Einstellung bzw. Prüfung muß in jedem Fall eine möglichst gute Nachbildung des vorliegenden Schraubfalles in der Prüfvorrichtung angestrebt werden.

6.4 Webmaschinen

6.4.1 Grundlagen und Geschichtliches

Weben ist ein seit über 4000 Jahren bekanntes und heute noch immer das dominierende Verfahren der Textilherstellung. Wichtigstes Merkmal gewebter Stoffe sind die in einer Ebene angeordneten, um 90 Grad verkreuzten Fadensysteme, die ein festes und zugleich flexibles Flächengebilde entstehen lassen. Bereits 3000 Jahre vor unserer Zeitrechnung wurde in China Naturseide und um 2000 v. Chr. in Ägypten Baumwolle zu kunstvollen Geweben verarbeitet. Erstes Hilfsmittel war der Webrahmen. Die nächste Entwicklungsstufe stellte der Handwebstuhl dar, der über Jahrhunderte in seiner Funktion und seinem Aussehen nahezu gleich blieb.

Bis zur Erfindung der Dampfmaschine und später des Elektromotors bewegte man die Weblade und das Webschiffchen von Hand. Der eigentliche Aufschwung der Weberei begann aber erst mit der Erfindung der Kraftmaschinen. Gegenwärtig sind von diesen sogenannten Schützenwebautomaten weltweit noch etwa drei Millionen Exemplare im Einsatz. Bild 6.4-1 zeigt die wichtigsten Bauteile einer solchen Webmaschine.

Der Webvorgang besteht in der Verbindung von Kette und Schuß. Die Kette wird vom Kettbaum in Richtung Tuchbaum abgewickelt, wobei die Warenabzugsgeschwindigkeit die Schußdichte des Gewebes bestimmt. Die Kette wird so nachgelassen, daß die vorher festgelegte Kettspannung immer konstant bleibt. Die Webschäfte bilden das Webfach, in das der Schußfaden eingetragen werden kann.

Nach dem Schußeintrag wechselt das Fach, und das Webblatt schlägt den eingetragenen Schußfaden an das zum Tuchbaum hin ablaufende fertige Gewebe an.

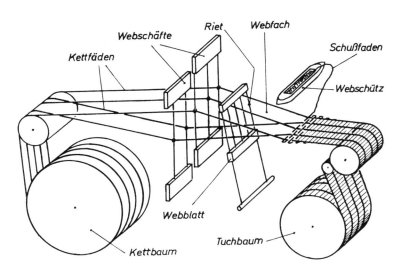

Bild 6.4-1: Die wichtigsten Bauteile einer Webmaschine

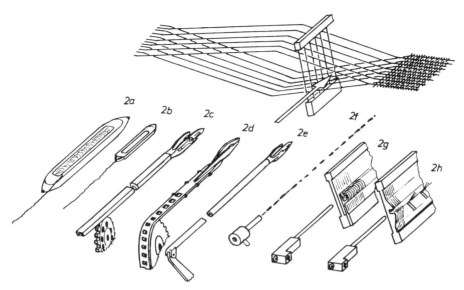

Bild 6.4-2: Verschiedene Schußeintrags-Verfahren

Die steigende Nachfrage nach gewebten Materialien und der Zwang zur Rationalisierung und Leistungssteigerung ließen den Erfindergeist der Menschen nicht ruhen. So ist im Laufe der letzten 100 Jahre eine Vielzahl von Web- und Schußeintragssystemen entstanden.

Bild 6.4-2 stellt einige der wichtigsten, bis zur Serienreife entwickelten Schußeintragsverfahren dar. Man unterscheidet zunächst zwischen Schützwebtechnik und schützenlosen Systemen. Das Weben mit einem Schützen oder Webschiffchen ist das einzige Verfahren, bei dem der Schußvorrat hin und her transportiert und Schuß für Schuß abgespult wird. Wenn die Spule leergelaufen ist, muß die leere Spule ohne Unterbrechung des Webvorgangs ausgeworfen und eine volle Spule in den Schützen eingedrückt werden.

Die sogenannten schützenlosen Verfahren dagegen ziehen den Schußfaden von einer feststehenden Spule außerhalb der Webmaschine ab. Beim Schußeintrag mit Projektil (Bild 6.4-2b) wird der Faden festgeklemmt in das Webfach gezogen, anschließend wieder gelöst und abgeschnitten. Bei den sogenannten Stangengreifer- (Bild 6.4-2c und 2e) und den Bandgreiferverfahren (Bild 6.4-2d) findet jeweils eine Mittenübergabe des Schußfadens statt. Der linke Greifer bringt den Schußfaden bis zur Maschinenmitte und übergibt ihn dann an den rechten Greifer, der die restliche Länge einzieht. Bild 6.4-2f stellt andeutungsweise den Schußeintrag durch Wasserstrahl dar. Dieses Verfahren eignet sich zwar für höchste Schußeintragsleistungen, jedoch sind seine praktischen Einsatzmöglichkeiten wegen der nassen Betriebsweise von den Kett- und Schußmaterialien her sehr eingeschränkt. Bild 6.4-2g und 2h zeigen zwei Eintragsverfahren mit Druckluft. Das Tunnelwebblatt (Bild 6.4-2g) wurde zuerst entwickelt. Es bereitete aber bei dichten Ketten Probleme, so daß heute alle namhaften Hersteller von Luftdüsenwebmaschinen stattdessen das Kanalriet (Bild 6.4-2h) einsetzen.

Die Leistungsfähigkeit einer Webmaschine wird in Schußeintragsmeter pro Minute angegeben. Damit ist die Länge des je Zeiteinheit eingetragenen Schußfadens gemeint. Noch in den 60er Jahren brachten es Schützenwebmaschinen erst auf 513 Schußmeter pro Minute bei einer Tourenzahl von 270 Schuß in der Minute und einer Webbreite von 1,90 m. Inzwischen gibt es Hochleistungs- luftwebmaschinen mit der vierfachen Webgeschwindigkeit von 2550 Schußmeter pro Minute - so zu sehen auf der Textilmaschinenmesse 1991 in Hannover.

6.4.2 Weben mit Druckluft

Die Idee, den Schußfaden mittels Druckluft einzubringen, ist nicht neu. Bereits im Jahr 1914 gab es in Amerika erste Patentanmeldungen zu diesem Thema. Zunächst favorisierte man jedoch das wenig erfolgreiche Konfusor-System (Bild 6.4-2g). Die ersten funktionierenden Luftdüsen- webmaschinen wurden dann 1959 auf der Internationalen Textilmaschinen-Ausstellung (ITMA) in Mailand von der Firma TE STRAKE vorgestellt. Der erste deutsche Webereibetrieb, der Luftdü- senwebmaschinen installierte, war die Seidenweberei Reutlingen, die im Jahre 1977 24 Rüti- Luftdüsenwebmaschinen in Betrieb nahm.

Das Schußeintragsverfahren mittels Druckluft, auf das im folgenden näher eingegangen wer- den soll, bietet sich aus verschiedenen Gründen als das für die Zukunft erfolgversprechendste, lei- stungsfähigste System an.

Die Vorteile sind:

— weniger bewegte Teile und weniger Reibung im Vergleich zu den anderen Verfahren, da keine zu beschleunigenden und abzubremsenden Eintragsorgane vorhanden sind

— schonende Garnbehandlung während des Schußeintrags durch einen günstigen Kraftangriff auf den Faden

— kleinere Maschinendimensionen, deshalb geringerer Platzbedarf und somit höhere Produktivität bezogen auf die überbaute Hallenfläche

— niedrigerer Geräuschpegel im Vergleich zu herkömmlichen Webmaschinen

— hohe Zuverlässigkeit und Bedienungsfreundlichkeit des Systems

— Möglichkeit der automatischen Schußeintragsregelung und automatischen Schußfehlerbehe- bung, dadurch weniger Personalbedarf

Natürlich hat das Weben mit Druckluft wie jedes technische Verfahren auch einige Nachteile und Grenzen. So eignet sich nicht jedes Garn für den Transport mit einem Luftstrahl. Z.B. bereiten extrem glatte Garne und extrem schwere Schußmaterialien Schwierigkeiten. Auch Noppengarne lassen sich mit Projektil-, Stangengreifer- oder Bandgreifermaschinen wirtschaftlicher eintragen.

Mit zunehmender Kettdichte, also der Anzahl der Kettfäden je Zentimeter Webbreite, nimmt auch die Gefahr des Verklammerns beim Fachwechsel zu. Ein klammernder Kettfaden ist ein Hin- dernis für den lediglich kraftschlüssig angetriebenen Schußfaden. Es kommt zu Schlingen- oder Knotenbildung und damit zum Stillsetzen der Webmaschine.

Der höhere Energieverbrauch der Luftdüsenwebmaschinen ist ebenfalls ein wichtiger Aspekt für Investitionsüberlegungen. Wer die bei der Erzeugung von Druckluft entstehende Wärmeenergie in Form von Prozeßwärme oder für die Gebäudeheizung einsetzen kann, ist in der Lage, die Ge- samtwirtschaftlichkeit seiner Luftdüsenweberei merklich zu verbessern (siehe auch Abschnitt 9).

In den letzten Jahren hat sich das auf Bild 6.4-3 dargestellte Verfahren zum Eintrag des Schußfadens mittels Druckluft durchgesetzt. Die Hauptdüse zieht den Schußfaden von der Spule ab, der ein elektronisch gesteuerter Schußfadenspeicher nachgeschaltet ist. Dieser Schußfaden- speicher wickelt ständig mehrere Schußlängen auf Vorrat auf und gibt synchron zur Webmaschine

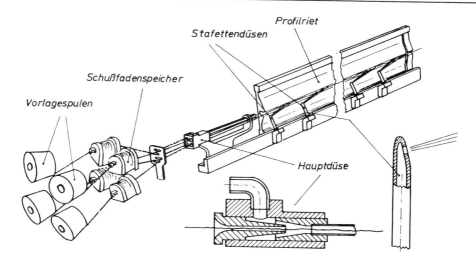

Bild 6.4-3:   Elemente des heute üblichen Schußeintrags-Verfahrens

jeweils auf den Zentimeter genau eine Schußlänge frei. Der Schußfaden gelangt in das Kanalriet und wird von den Stafettendüsen weitergetragen.

Die häufigste in der Praxis vorkommende Webbreite ist 1,90 m. Aus der Tatsache, daß auch Maschinen mit Webbreiten bis zu 4 m gebaut werden, ist ersichtlich, wie ausbaufähig dieses System ist.

6.4.3 Maschinensteuerung

Das Zusammenspiel von Schußeintrag, Blatt- und Schaftbewegung ist auf Bild 6.4-4 dargestellt. Die obere Kurve zeigt die jeweilige Lage der Ober- und Unterkettfäden in Abhängigkeit vom Drehwinkel. Dort, wo sich die beiden Kurven schneiden, befindet sich die Maschine in Fachgleichstellung. Das ist der Moment, in dem der Schußfaden durch die Kette abgebunden wird. Webtechnisch bedingt, kann dieser Punkt auch zu einem anderen Maschinendrehwinkel verschoben werden, so daß die Abbindung früher oder später (als die dargestellten 320 Grad) erfolgt.

Die untere Kurve zeigt die Blattbewegungscharakteristik. Man erkennt, daß nach dem Webblattanschlag und dem Öffnen des Webfachs eine bestimmte Zeit lang die Voraussetzungen für den Schußeintrag gegeben sind:

—   das Fach ist geöffnet,

        und

—   das Webblatt ist (vom Weberstand aus gesehen) hinten.

Dieses Schußeintragsfenster ist bei einer Maschine mit 600 Schuß je Minute, also 10 Schuß je Sekunde, ca. 40 Millisekunden lang geöffnet. ES sind jedoch auch schon Luftdüsenwebmaschinen mit 1500 Schuß pro Minute vorgestellt worden. Hier ist das Schußeintragsfenster nur noch etwa halb so groß.Aus diesen 16 Millisekunden errechnet sich bei einer Webbreite von 170 cm eine mittlere Eintragsgeschwindigkeit für den Schußfaden von über 380 km/h.

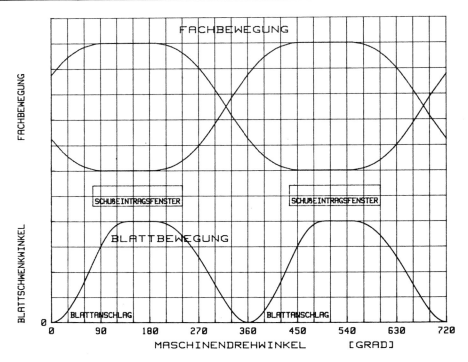

Bild 6.4-4: Blatt- und Schaftbewegung einer Luftdüsen-Webmaschine abhängig vom Maschinendrehwinkel

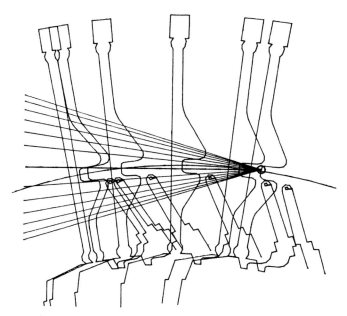

Bild 6.4-5: Bewegung von Blatt und Kettfaden

Begrenzt wird dieses Schußeintragsfenster durch das sich schließende Webfach und das sich zum Bindepunkt hin bewegende Webblatt. Die Stafettendüsen gelangen in den Bereich der Unterkette und es entsteht die Gefahr der Beschädigung der Kettfäden durch den Luftstrahl. Die Blaszeit und somit auch die Möglichkeit zum Schußeintrag muß also genau den Blatt- und Kettbewegungen angepaßt werden. Bild 6.4-5, das die Blattbewegung und die Bewegung der Kettfäden zeigt, läßt diesen Vorgang erkennen.

Wie die Blaszeiten der Haupt- und Stafettendüsen während einer Maschinendrehung gesteuert werden, ist aus Bild 6.4-6 ersichtlich. Auf der x-Achse ist die Eintragslänge und die Lage der Stafettendüsen dargestellt. Auf der y-Achse ist der Maschinendrehwinkel, also auch die Zeit, eingetragen. Man erkennt, daß zu Beginn des Schußeintrags die Hauptdüse und die erste Gruppe der Stafettendüsen bläst. Die übrigen Stafettendüsen folgen gemäß eines vorher festgelegten „Wanderfeldes", das so auf den Schußfaden abgestimmt wird, daß die Fadenspitze jeweils in eine bereits vorhandene Blasfront eintauchen kann. Die Linie, beginnend bei ca. 80 Grad Maschinendrehwinkel, stellt die ungefähre Lage der Fadenspitze während des Fadenfluges dar. Vor Ende des Schußeintrags endet auch die Blaszeit der Hauptdüse. Das Vorspulgerät, das die Fadenlänge begrenzt, muß dann den Schußfaden wieder bis zum Stillstand verzögern.

Im Zuge weiterer Optimierungen sowie durch den Einsatz von Mikroprozessorsteuerungen läßt sich das Zusammenspiel zwischen den Einstellparametern und den Schußeintragszeiten aber noch entscheidend verbessern. Die Fadenflugzeit kann durch die Hauptdüse in einem bestimmten Bereich beeinflußt und den sich ändernden Verhältnissen angepaßt werden.

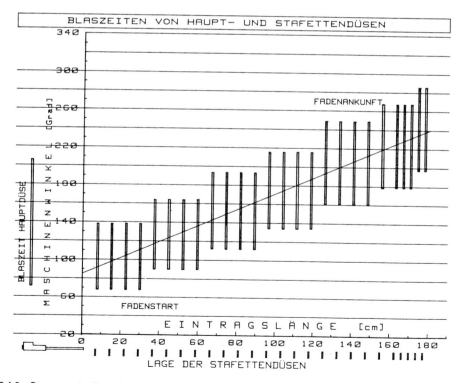

Bild 6.4-6: Steuerung der Blaszeiten

Viele unterschiedliche Faktoren beeinflussen die Fadenflugzeit während des Laufes, z.B.

– Garnveränderungen (Dicke, Haarigkeit usw.)

– Veränderungen der Spule (voll, leer, Farbveränderungen)

– Veränderungen im Webraum (Feuchte, Temperatur, usw.)

Drei bereits verwirklichte Möglichkeiten für eine automatische Variation der Wirkungsweise der Hauptdüsen sind:

– Anpassung der Blaszeit der Hauptdüse

– Anpassung des Luftdrucks vor der Hauptdüse

– mechanische Verstellung des Hauptdüsen-Innenteils und somit Veränderung des Fadenzug-verhaltens.

Hauptzweck dieser Maßnahmen ist ein möglichst störungsfreier und wartungsarmer Betrieb, da Stillstandszeiten, d.h. Zeiten zur Behebung von Defekten, den Nutzeffekt der Anlage sehr stark beeinträchtigen.

6.4.4 Druckluftqualität

Für den Betrieb von Luftdüsenwebmaschinen ist Druckluft mit folgenden Qualitätsmerkmalen erforderlich, die durch die verschiedenen Hersteller von Druckluftanlagen auch zuverlässig erreicht werden:

	CAGI-PNEUROP 6611/1984 Klasse ·	
Feuchte:	3	entsprechend einem Drucktaupunkt von +2 bis +6 °C im Kältetrockner
Restölgehalt:	2	max. 0,1 mg/m³: max. 0,1 ppm
Feststoffpartikel:	3	max. Größe 0,5 μm max.. Menge 0,5 mg/m³

Außerdem soll die Drucklufttemperatur vor der Webmaschine nicht mehr als 5 °C von der Temperatur im Websaal abweichen.

6.4.5 Dimensionierung

Bei Neuinstallationen kommen meistens Schrauben- oder Turbokompressoren (bei größeren Anlagen) zum Einsatz. Der Druck vor der Webmaschine beträgt 7 bis 8 bar.

Da der Luftverbrauch der Luftdüsenwebmaschinen von verschiedenen Parametern wie z.B. von der Webbreite, der Tourenzahl und dem eingestellten Druck an den Haupt- und Stafettendüsen abhängig ist, müssen oft Webversuche die Daten für die richtige Dimensionierung der Druckluftstation liefern. Der Luftverbrauch einer Maschine bewegt sich zwischen 40 und 100 m³/h i.N.

Die Planung und Dimensionierung einer Druckluftstation für eine Luftmaschinengruppe erfolgt meist in enger Zusammenarbeit mit dem Kompressorenhersteller.

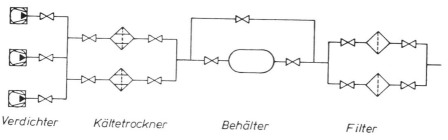

Verdichter   *Kältetrockner*   *Behälter*   *Filter*

Bild 6.4-7: Beispiel einer Verdichter-Station für Luftdüsen-Webmaschinen

Da Produktionsausfälle einer Weberei hohe Kosten verursachen, ist die Betriebssicherheit der Druckluftstation von großer Bedeutung. Die zu installierende Kompressoren-Gesamtleistung wird auf mehrere kleinere, im Wechselbetrieb arbeitende Kompressoreneinheiten verteilt, so daß auch während der Durchführung von Wartungs- oder Reparaturarbeiten noch immer ausreichend Druckluft zur Verfügung steht.

Bild 6.4-7 zeigt ein typisches Beispiel einer derartigen Druckluftstation. Es sind drei Kompressoreneinheiten installiert; zwei erzeugen die benötigte Druckluftmenge, während eine Einheit aussetzt. Kältetrockner und Filteranlage sind jeweils doppelt vorhanden. So kann bei Wartungsarbeiten oder Störungen umgeschaltet werden, und die Produktion muß nicht unterbrochen werden.

Bild 6.4-8: Ansicht der Schußeintragsseite einer Luftdüsen-Webmaschine

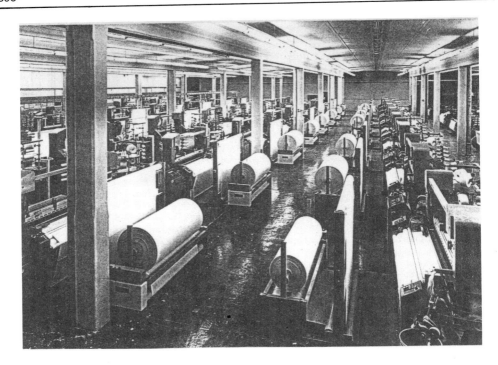

Bild 6.4-9: Websaal mit Luftdüsen-Webmaschinen

Auf Bild 6.4-8 ist die Schußeintragsseite einer Luft-Frottierwebmaschine für vier Farben darge-stellt. Die Fachbewegung erfolgt hier wegen der großflächigen Musterung mit einer Jacquard-Maschine. Deutlich sind auch die Haupt- und Stafettendüsen sowie das Kanalriet zu erkennen (siehe auch Bild 6.4-3).

Einen ganzen Websaal mit Luftdüsenwebmaschinen zeigt Bild 6.4-9. Der Druck an den Schußeintragsdüsen liegt bei 3 bis 5 bar, der Luftverbrauch einer Maschine beträgt zwischen 30 und 60 m³/h i.N.

6.5 Pneumatische Förderungsanlagen

6.5.1 Einleitung

Die pneumatische Fördertechnik hat sich in den vergangenen fast 100 Jahren derart weiter-entwickelt und in den verschiedenen Verfahren und Methoden abgewandelt, daß sie aus vielen Gebieten und Bereichen unserer modernen Technik nicht mehr wegzudenken ist.

Sie ist nicht nur eine Alternative zu klassischen mechanischen Förderverfahren, wie z.B. För-derband und Becherwerk, sondern oftmals die optimalere Lösung eines kontinuierlichen Herstel-lungs- bzw. Förderprozesses. In vielen Fällen ist der pneumatische Transport auch überhaupt nicht zu ersetzen, wie z.B. in Feuerungsanlagen von Kraftwerken und Zementdrehöfen oder in der me-tallurgischen Einblastechnik (Behandlung von Roheisen- und Stahlschmelzen).

Pneumatische Förderungsanlagen werden deshalb heutzutage in fast allen Industriezweigen für den Transport von Roh-, Zwischen- und Endprodukten eingesetzt. So werden z.b. um nur einige wenige Bereiche zu nennen, in der Baustoffindustrie Zement, Roh- und Kalksteinmehle und Staubkohle, in Kraftwerken Kohlenstaub, Kalk und Flugaschen und in der chemischen Industrie die verschiedensten Pulver, Granulate und Mischungen pneumatisch gefördert.

Die erforderlichen stündlichen Förderraten reichen von wenigen Kilogramm, z.B. beim Dosieren von Zuschlagstoffen in der Verfahrens- oder Einblastechnik, bis hin zu mehreren hundert Tonnen, beim Löschen von Getreide aus Überseeschiffen oder beim Transport von Zementrohmehlen nach der Mühle zum Vorratssilo. Es werden dabei Förderleitungslängen von wenigen Metern bis zu 1000 Meter verwendet. Für Sonderfälle sind aber auch schon Leitungen von 3 Kilometern gebaut worden. Je nach Förderleistung und Förderlänge werden Rohrleitungen von 10–600 mm Durchmesser eingesetzt. Die erforderlichen Luftmengen variieren dementsprechend zwischen 6 und 18.000 m³/h.

6.5.2 Förderprinzip und geschichtlicher Werdegang

Das Prinzip der pneumatischen Fördertechnik basiert auf der bekannten physikalischen Grundlage, daß strömende Luft unter bestimmten Voraussetzungen dazu fähig ist, schwere Feststoffe zu tragen und mitzuführen. Diese Tatsache ist als Naturerscheinung allgemein bekannt. Luftströmungen transportieren staubförmige und feinkörnige Feststoffe wie Sand, Laub und Samen über weite Entfernungen. Besonders deutlich wird dies bei Katastrophen wie z.B. Wirbelstürmen, die aufgrund ihrer hohen Geschwindigkeit gewaltige Massen zu bewegen vermögen.

Bei der pneumatischen Förderung wird dieses Prinzip gezielt technisch genutzt, indem zum Transport von pulverförmigen und körnigen Feststoffen strömende Luft als Trägermedium in Rohrleitungen verwendet wird. Das in die Rohrleitung eingebrachte Fördergut wird infolge des eigenen Strömungswiderstandes von der Luft beschleunigt und so durch die Leitung mitgeführt.

Obwohl das Förderprinzip dem Menschen schon immer geläufig war, wurde es erst sehr spät gezielt für Transportzwecke angewandt.

Die erste pneumatische Förderanlage wurde im Jahre 1893 von dem Engländer Duckham gebaut. Es war eine Sauganlage zum Löschen von Getreide aus Schiffen. Von Duckham wurde auch die erste Druckgefäß-Förderanlage entwickelt und installiert, so daß man ihn als Begründer der pneumatischen Fördertechnik ansehen darf.

In den folgenden Jahren wurden hauptsächlich Anlagen zum Umschlag von Getreide gebaut. Erst ganz allmählich wagte man sich an den Transport auch anderer Fördergüter heran. Zuerst war die Entwicklung jedoch langsam, da die Wirkungsgrade im Vergleich zu mechanischen Fördersystemen zu gering erschienen. Man sah zu sehr auf den Förderwirkungsgrad selbst. Aber mit zunehmender Entwicklung der Verfahrenstechnik und der Chemie trat der schlechtere Einzelwirkungsgrad zugunsten der Vorteile der pneumatischen Förderung innerhalb des ganzen Verfahrensprozesses in den Hintergrund.

Für die Auslegung der Anlagen gab es zunächst nur rein empirisch gewonnene Erfahrungswerte. Es waren nur sorgsam gehütete Eintragungen über Rohrleitungsdurchmesser, Luftgeschwindigkeit, Gutbeladung und Lufterzeugerdaten in den Unterlagen weniger Experten.

Die ersten wissenschaftlichen Arbeiten über die physikalischen Vorgänge beim „Materialtransport mittels strömender Luft" wurden zwar schon Mitte der zwanziger Jahre veröffentlicht, aber erst nach dem Zweiten Weltkrieg wurde in immer größer werdenden Umfang an den theoretischen Grundlagen gearbeitet. Es wurden mit speziellen Theorien und auf Experimente gestützt die verschiedensten Berechnungsverfahren entwickelt.

Bis heute haben aber diese Berechnungsverfahren kaum Eingang in die Praxis gefunden. Zum einen, weil die Grundlagen mit relativ kleinen Förderanlagen ermittelt wurden und die dabei getroffenen Annahmen und Voraussetzungen nicht ohne weiteres auf heutige Großanlagen übertragen werden können und zum anderen weil die für diese wissenschaftlich fundierten Berechnungsverfahren erforderlichen empirischen Beiwerte der Förderstoffe fehlen.

Trotz der großen Aktivität bei der Forschung auf dem Gebiet der pneumatischen Förderung berechnen demzufolge auch heute noch fast alle Hersteller ihre Anlagen mit Hilfe eigener Erfahrungswerte.

Man kann davon ausgehen, daß inzwischen mehr als 100.000 pneumatische Förderanlagen gebaut worden sind, von denen die allermeisten zufriedenstellend arbeiten. Das liegt vor allem an der jahrzehntelangen Erfahrung der einschlägigen Fachfirmen.

6.5.3 Vor- und Nachteile der pneumatischen Förderung

Die größten Vorteile der pneumatischen Förderung liegen in der Einfachheit des Förderprinzips selbst begründet. Man kann sich kaum einen einfacheren Förderweg denken als ein Rohr, durch welches das Fördergut geblasen oder gesaugt wird. Eine Rohrleitung ist billig, raumsparend und sehr anpassungsfähig. Sie kann sich den Gebäude- oder Geländeverhältnissen eng anpassen, erlaubt den Transport sowohl in horizontalen wie auch in vertikalen Richtungen und gestattet beliebig viele Umlenkungen. Durch den Einsatz von Rohrweichen sind schnelle Weg- und Richtungsänderungen möglich.

Durch die völlige Abgeschlossenheit werden sowohl Materialverluste und Staubentwicklungen vermieden als auch Verschmutzungen oder sonstige unerwünschte Beeinflussungen, z.B. Witterungseinflüsse, des Fördergutes verhindert. Nach Beendigung des Fördervorganges ist das Rohrsystem bei richtiger Dimensionierung der Anlage vollkommen leer und enthält keinerlei Materialablagerungen in toten Ecken. Diese Tatsache ist sehr wichtig beim Transport von Gütern, die bei längerer Lagerung verderben oder sich sonst ungünstig verändern. Weil die Förderleitung komplett entleert wird, können mehrere Fördergüter hintereinander mit der gleichen Transportanlage gefördert werden, ohne daß unerwünschte Vermischungen auftreten. Es können so auch abgewogene Chargen ohne Gewichtsverlust über größere Strecken transportiert werden.

Weitere Vorteile der pneumatischen Förderung sind die niedrigen Investitionskosten und der geringe Wartungsaufwand.

Durch die leichte Regelbarkeit von Strömungen sind pneumatische Anlagen auch hervorragend zur Automatisierung geeignet.

Während des Fördervorganges besteht die Möglichkeit, physikalische oder chemische Prozesse zwischen Fördergut und Strömungsmedium durchzuführen. Das Fördergut kann während des Transportes gekühlt, getrocknet, befeuchtet, gealtert oder sonst irgendwie chemisch beeinflußt werden. Luftempfindliche Stoffe können mit Schutzgas gefördert werden.

Alle diese Vorteile sind besonders im Bereich der verfahrenstechnischen Industrie von so ausschlaggebender Bedeutung, daß Nachteile, wie höhere Energiekosten, Verschleiß der Rohrleitungen besonders der Umlenkungen, der Abrieb oder die Zerkleinerung des geförderten Feststoffes, nur eine untergeordnete Rolle spielen.

Diese Nachteile lassen sich am wirkungsvollsten bekämpfen, wenn die pneumatische Anlage auf den zu fördernden Stoff optimal ausgelegt wird.

6.5.4 Einteilung der pneumatischen Förderung

Pneumatische Förderungsanlagen lassen sich nach den verschiedensten Gesichtspunkten einteilen. Die am häufigsten verbreiteten Einteilungen unterscheiden sich nach der Bauform, nach dem Druckniveau und nach dem Förderzustand (wichtige Einteilung für die Berechnung).

6.5.4.1 Einteilung nach der Bauform

Nach der Art der Bauform unterscheidet man Saug-, Druck- sowie kombinierte Saug-/Druckförderung.

Bei der Saugförderung ist das druckerzeugende Gebläse am Ende der Förderleitung installiert. In der gesamten Förderanlage herrscht gegenüber der Umgebung Unterdruck.

Saugförderanlagen bieten sich an, wenn Feststoffe von mehreren Aufgabestellen in einen Empfangsbehälter transportiert werden sollen (Sammeln von Schüttgut). Als Saugförderanlagen bezeichnet man somit auch alle Absauganlagen.

Bei Druckförderanlagen wird das Fördergas am Anfang der Förderleitung eingebracht. Bei diesen Anlagen werden Feststoffeinspeisegeräte benötigt, die den Feststoff in die unter Überdruck stehende Rohrleitung einspeisen. Druckförderanlagen werden für hohe Beladungen und wenn ein Schüttgut von einem Aufgabepunkt zu verschiedenen Abnehmern gefördert werden soll (Verteilung von Schüttgut) eingesetzt.

Bisweilen werden in der Praxis die beiden vorherigen Ausführungen kombiniert, um die Einzelvorteile der beiden Verfahren voll auszunutzen. Es wird dabei der erste Teil des Förderweges als Saugförderung ausgebildet, um das Fördergut einfach in die Rohrleitung aufzunehmen und der zweite Teil als Druckförderung, um bei größeren Förderwegen möglichst hohe Förderleistungen zu erzielen.

6.5.4.2 Einteilung nach dem Druckniveau

Nach der Höhe des Druckniveaus unterscheidet man Niederdruck- (bis 0,2 bar), Mitteldruck- (0,2 bis 0,8 bar) und Hochdruck-Anlagen (über 0,8 bar). Der Vorteil dieser Unterteilung der Druckförderanlagen liegt darin, daß damit gleichzeitig auch eine Klassifizierung der zum Erzeugen des Druckgefälles notwendigen Verdichter erfolgt.

Bei Niederdruckanlagen mit einem relativ kleinen Druckgefälle genügt der Einsatz von Ventilatoren, bei Mitteldruck-Anlagen werden Drehkolbengebläse und bei Hochdruck-Anlagen Schraubenkompressoren eingesetzt.

6.5.4.3 Einteilung nach dem Förderzustand

In einer pneumatischen Förderleitung stellen sich je nach Feststoffdurchsatz und Luftgeschwindigkeit unterschiedliche Förderzustände ein. Man unterteilt zwischen Flug-, Strähnen-, Ballen- oder Dünen-, Pfropfen- und Schubförderung.

Bei hohen Luftgeschwindigkeiten, die wesentlich größer sind als die Sinkgeschwindigkeit des Einzelkorns und geringem Feststoffanteil stellt sich ein Förderzustand ein, den man Flugförderung nennt. Die Feststoffteilchen sind weit genug voneinander entfernt, um sich gegenseitig nicht zu stören, so daß ein freier Flug der Teilchen möglich ist. Die Turbulenz der Strömung ist bei großen Geschwindigkeiten heftig genug, um sowohl grobe wie feine Partikel gleichmäßig im Querschnitt zu verteilen.

Ist die Luftgeschwindigkeit nur noch unwesentlich größer als die Sinkgeschwindigkeit der Einzelteilchen und das Mischungsverhältnis von Feststoff und Luft in mittlerer Größenordnung, so lagern sich Feststoffteilchen am Rohrboden ab. Dieser stark entmischte Förderzustand, bei dem sich ein erheblicher Teil des Feststoffes in einer Strähne am Rohrboden entlang bewegt, wird Strähnenförderung genannt. Die Querschnittsverengung durch die Strähne erhöht bei ausreichender Druckreserve die Luftgeschwindigkeit im freien Querschnitt, so daß sich eine stabile Strähnenhöhe einstellt.

Liegt die Luftgeschwindigkeit in der Nähe der Sinkgeschwindigkeit der Einzelteilchen, so kommt es zu festen Ablagerungen in der Rohrleitung. Über den Ablagerungen wird der Feststoff ballen- oder dünenartig bewegt. Man nennt diesen Förderzustand deshalb Ballen- oder Dünenförderung. Der Förderzustand verläuft instationär, es kann leicht zu einer Verstopfung der Rohrleitung führen, wenn die Druckreserve nicht ausreicht.

Bei weiterem Reduzieren der Luftgeschwindigkeit und Erhöhen des Mischungsverhältnisses von Feststoff und Luft wird der Feststoff pfropfenartig zusammengeschoben. Bei genügend großer Druckreserve wird aufgund der Druckdifferenz der Pfropfen gefördert, obwohl die Luftgeschwindigkeit kleiner als die Sinkgeschwindigkeit ist. Dieser Förderzustand wird Pfropfenförderung genannt. Zur Vermeidung längerer Pfropfen und der damit verbundenen Verstopfungsgefahr wird bei bestimmten Fördermaterialien längs der Leitung Zusatzluft eingegeben.

Mit grobkörnigem Feststoff ist bei sehr kurzen geraden Rohrleitungen eine Förderung mit komplett gefüllter Rohrleitung und sehr kleinen Geschwindigkeiten möglich. Dieser Förderzustand wird Schubförderung genannt. Der Feststoff wird in fester Packung ohne innere Bewegung der Feststoffteilchen gefördert.

6.5.5 Aufbau einer pneumatischen Förderanlage

Eine pneumatische Förderanlage besteht neben der Förderrohrleitung und dem Lufterzeuger aus Vorrichtungen für die Ein- und Ausschleusung des Fördermaterials aus der Rohrleitung.

6.5.5.1 Materialeinschleusung

Bei der pneumatischen Förderung ist die Einbringung des Fördergutes in den Förderstrom eine sehr wichtige Aufgabe. Entscheidend für günstige Förderzustände ist eine gleichmäßige und möglichst verlustarme Einführung des Fördergutes. Schwierig wird die Materialeinschleusung dann, wenn das Fördergut in die unter hohen Überdruck stehende Förderrohrleitung aus Räumen niedrigen Druckes eingeschleust werden muß.

Zur Lösung bedient man sich je nach Druckniveau und sonstigen Förderbedingungen der verschiedensten Aufgabevorrichtungen.

Die notwendigen Voraussetzungen für eine möglichst gleichmäßige Feststoffaufgabe in ein Fördersystem sind spezielle Bunker- und Siloaustragshilfen.

Auf eine Behandlung der Austragsvorrichtungen wird hier verzichtet.

Zur Materialeinschleusung werden, mit steigendem Förderdruck genannt, Saugdüsen, Injektoren, Zellenradschleusen, Durchblasschleusen, Wirbelschichtschleusen, Schneckenpumpen und Druckgefäße eingesetzt. Als pneumatische Förderanlagen besonderer Art sind noch die pneumatische Rinnenförderung und die Kesselwagenentleerung mit aufgenommen.

6.5.5.1.1 Saugdüse

Bei Sauganlagen wird das Fördergut von der Saugdüse aufgenommen. Bereits an dieser Stelle muß dafür gesorgt werden, daß das Fördergut im richtigen Verhältnis mit der Förderluft gemischt

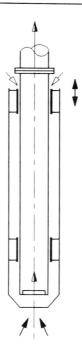

Bild 6.5-1: Saugdüse

wird. Das optimale Mischungsverhältnis kann nicht fest für eine bestimmte Anlage erstellt werden. Das Mischungsverhältnis ist abhängig vom Fördergut und von der Länge der Förderrohrleitung.

Bild 6.5-1 zeigt eine der gebräuchlichsten Saugdüsen. Die Saugdüse besteht aus dem Saugleitungsende, über das ein vorn verengtes Mantelrohr axial verschiebbar angeordnet ist. Durch axiale Verschiebung des Mantelrohres kann das Mischungsverhältnis reguliert werden. Die Saugdüse wird von oben in das Material hineingeführt.

Der für die Förderung erforderliche Luftstrom (Beiluft) gelangt von oben in den Mantelraum zwischen Außenrohr und innerem Förderrohr nach unten zur eigentlichen Saugdüse. Das Fördergut wird aufgenommen und für den Materialtransport nach oben mitgerissen.

Der Luftstrom kann über ein von Hand einstellbares Drosselventil vor dem Eintritt in den Mantelraum der Saugdüse reguliert werden. Für die Gewähr einer gleichmäßigen Förderung ist beim Einsatz darauf zu achten, daß die Düse nicht tiefer als bis zur Eintrittsöffnung der Luft in das Fördergut abgelassen wird, da es sonst zur Verstopfung (verschlucken) der Anlage kommt.

Eine weitere Saugdüse einfachster Bauart ist die Flachsaugdüse (Bild 6.5-2) bei der das Mantelrohr entfällt. Diese Düse wird vor allem zum Aufnehmen weniger gut zugänglicher Stellen des Fördergutes, z.B. in Flachlagern, Restentleerungen oder unter Überbauten in Laderäumen von Schiffen, verwendet. Der Einsatz dieser Saugdüse erfordert den Einsatz von beweglichen Rohren oder Stahlschläuchen in Förderrohrleitungen.

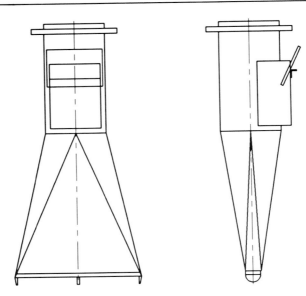

Bild 6.5-2: Flachsaugdüse

Das Eigengewicht von Saugdüsen sollte gering sein, um eine leichte Handhabung zu gewähr-leisten.

Vor und Nachteile:

+ bewegliche Gutaufnahme

+ einfacher Aufbau

− Arbeitsdruck wird durch Atmosphärendruck bestimmt.

6.5.5.1.2 Injektor

Injektoren werden im Niederdruckbereich bei relativ geringen Durchsatzleistungen (< 10 t/h) und kurzen Förderentfernungen (< 150 m), eingesetzt, insbesondere wenn das Fördergut z.B. durch hohe Temperaturen, Verschleiß, Schwierigkeiten bereitet.

Der Aufbau von Injektoren ist sehr einfach. Injektoren müssen so ausgelegt sein, daß dem För-dergut keine Gelegenheit zum Ablagern gegeben wird. Aus diesem Grunde verwendet man vor-wiegend Injektoren mit Ringdüsen für den Treibstrahl mit zentraler Guteinführung.

Bild 6.5-3 zeigt einen Injektor mit verstellbaren Ringdüsen. Der Injektor fungiert überwiegend als Schleuse. Dabei wird meist der gesamte Förderstrom als Treibstrahl verwendet. Er wird im Querschnitt so verengt, daß das zur Förderung notwendige Druckniveau des Gutaufgabebehälters abgesenkt wird. Bei der pneumatischen Förderung kann dies oft der Atmosphärendruck sein, aber gelegentlich auch Überdruck, z.B. bei vorgeschalteter Zellenradschleuse und dergleichen.

Die durch Injektoren überwindbaren Druckunterschiede sind nicht sehr hoch. Weiterhin weisen Injektoren im Vergleich zu anderen Aufgabevorrichtungen sehr große Verluste auf, die durch den Stoßverlust in der plötzlichen Erweiterung vom Treibstrahl zur Mischstrecke bedingt sind.

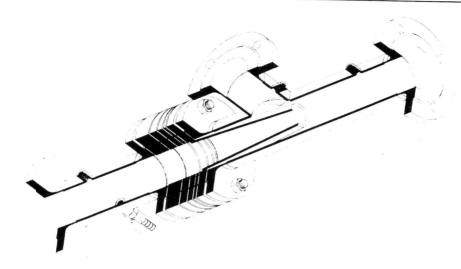

Bild 6.5-3: Injektor mit verstellbarer Ringdüse

Vorteile und Nachteile:

+   geringer Platzbedarf, niedrige Bauhöhen

+   geringer Wartungsaufwand

+   staubfreier Betrieb

−   hoher Energieverbrauch

6.5.5.1.3 Zellenradschleuse

Die Zellenradschleuse (Bild 6.5-4) eignet sich sowohl zum Ausschleusen des Fördergutes bei der Saugförderung als auch zum Einschleusen von Schüttgut in eine Förderrohrleitung mit Überdruck. Ungleichmäßig anfallendes Schüttgut wird bei Anordnung eines Pufferbehälters oberhalb der Schleuse gleichmäßig weitergeleitet. Die Zellenschleuse besteht aus einem Gehäuse, in dem eine Fächerwalze eingebaut ist. Die Fächerwalze wird direkt oder über eine Kette von einem Gleichstrom- oder von einem Getriebemotor angetrieben.

Das Fördergut fließt von oben durch die Schwerkraft in die Zellen (Fächer) oder Kammern des Zellenrades. Durch die Drehbewegung der Walze gelangt das Material zum Auslauf, an den die Förderrohrleitung anschließt. Die Zellenradschleuse trennt dabei zwei unterschiedliche Druckniveaus voneinander, entweder Unterdruck von der Atmosphäre bei Sauganlagen oder Überdruck von der Atmosphäre bei Druckanlagen. Das hat zur Folge, daß ständig unerwünschte Falschluft vom höheren Druckniveau in den Raum mit niedrigem Druck einfließt.

Die Falschluft setzt sich aus dem Expansionsteil und dem Leckluftanteil zusammen.

Der Expansionsanteil ist physikalisch bedingt und läßt sich nicht vermeiden, da während der Drehung immer Luft in den leeren Zellen zurückgefördert wird.

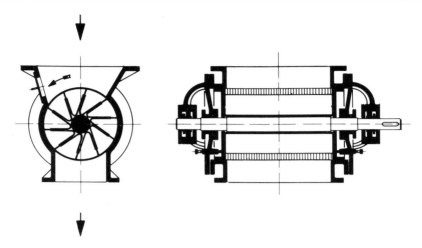

Bild 6.5-4: Zellenradschleuse

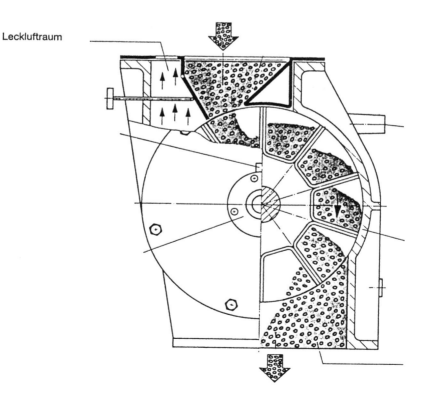

Bild 6.5-5: Leckluftabführung an Zellenradschleusen

Der Leckluftanteil ergibt sich dadurch, daß ständig aufgrund des Druckgefälles Luft durch den Spalt zwischen Zellenrad und Gehäuse strömt. Der Leckluftverlust ist auf ein Minimum zu reduzieren, da er sich negativ auf das Eintragsverhalten der Zellenradschleuse auswirkt. Die Falschluft kann entweder abgeführt werden (Bild 6.5-5) oder durch konstruktive Gestaltung der Rotorstegenden, z.B. durch Anbringung von Federstahllamellen mit Vorspannung, d.h., die Lamellen sind ein bis zwei Zehntel im Außendurchmesser größer als der Innendurchmesser des Gehäuses, vermieden werden.

Bei der Herstellung einer Schleuse muß daher auf sorgfältige Bearbeitung durch Schleifen der Bohrung im Gehäuse (Toleranzen) und präzise Einstellung der Federstahlbleche geachtet werden.

Vorteile und Nachteile:

+   geringe Bauhöhe

−   drehende Teile

6.5.5.1.4 Durchblasschleuse

Die Durchblasschleuse ist eine Weiterentwicklung der Zellenradschleuse. Die Zellen werden bei der Durchblasschleuse aber nicht durch Schwerkraft, sondern durch die Förderluft entleert, in dem die Zellen ausgeblasen werden (Bild 6.5-6). Die wesentlichen Konstruktionsmerkmale, wie austauschbare Verschleißbuchse, Seitendeckel und Trennung der Rotorwellen-Abdichtung von der Lagerung, entsprechen der Zellenradschleuse.

Damit das Eindringen von Fördergut in die Lager verhindert wird, steht der innere Ring der Wellenabdichtung durch separate Sperrluft unter Überdruck. Der Antrieb der Durchblasschleuse erfolgt über Getriebemotor mit Kettentrieb. Durchblasschleusen werden entsprechend den gestellten betrieblichen Anforderungen in Stahl, Edelstahl oder Aluminium gebaut.

Vorteile und Nachteile:

+   geringer Platzbedarf, niedrige Bauhöhe

+   geringer Wartungsaufwand

Bild 6.5-6: Durchblasschleuse

+ staubfreier Betrieb

– hoher Energieverbrauch.

6.5.5.1.5 Wirbelschichtschleuse

Die Wirbelschichtschleuse, auch pneumatischer Senkrechtförderer, Aeropol, Airlift oder Fluidlift genannt, ist dafür prädestiniert, auf engstem Raum wirtschaftlich senkrecht nach oben zu fördern (Bild 6.5-7).

Das Arbeitsgebiet liegt im Mitteldruckbereich. Transportiert werden alle trockenen staubförmigen bis feinkörnigen Massengüter.

Der pneumatische Senkrechtförderer besteht aus dem Fördergefäß mit Armaturen, Rohrleitungen und Füllstandsmelder sowie Auflockerungsboden mit Düse, Rückschlagsicherung, dem Dehnungsrohr, dem Förderrohr mit Gleit- und Festverankerung und je nach Einsatzfall dem Abscheider oder der Rohrverzweigung.

Im Fördergefäß ist die Förderrohrleitung senkrecht, zentral angeordnet und bis in die Nähe des Auflockerungsbodens geführt. Nach dem Fördergefäß ist eine Neigung der Förderrohrleitung von 80–85 Grad zugelassen.

Der Auflockerungsboden ist mit porösen Elementen und mit einer Düse ausgerüstet. Die Förderdüse ist das Verbindungsteil zwischen Luft- und Materialraum. Die Düse liegt in der Achse der Förderrohrleitung. Die Förderluft wird überwiegend durch die Düse zugeführt, während ein geringer

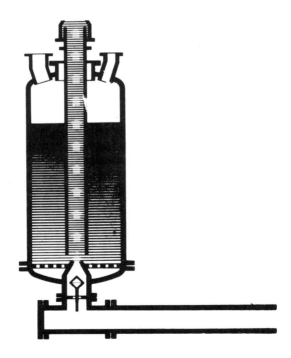

Bild 6.5-7: Wirbelschichtschleuse

Teil durch die porösen Elemente des Auflockerungsbodens zur Ausbildung einer Wirbelschicht im gesamten Bodenbereich benötigt wird.

Das Fördergut fällt durch den Material-Einfüllstutzen (oberer bzw. seitlicher Einlauf) in das Fördergefäß. Die Füllhöhe im Fördergefäß (Materialdruck) ist ein Maß für die Förderleistung, d.h. die Fördermenge nimmt mit steigender Füllhöhe im Gefäß zu, bis die max. Fördermenge bei einer bestimmten Höhe erreicht ist. Durch die Intensität der Bodenbelüftung wird das Fördergut mehr oder weniger in einen quasi flüssigen Zustand gebracht, fließt bzw. wird durch den Materialdruck vor die Düse gedrückt und durch den Luftstrahl in die Förderrohrleitung eingeschleust.

Das Fördergefäß muß nicht unter Überdruck stehen.

Vorteile und Nachteile:

+   einfacher Aufbau

+   geringer Wartungsaufwand

−   Bauhöhe der Anlage.

6.5.5.1.6 Schneckenpumpe

Die Schneckenpumpe (Bild 6.5-8) ist eine Erfindung des Ingenieurs Alonz G. Kinyon von Fuller Lehigh Pennsylvanien, USA, und daher unter der Bezeichnung „Fuller Kinyon Pump" bekannt. Der Begriff „Pumpe" für ein solches Fördersystem wurde also in den USA eingeführt und hat sich zwar durchgesetzt, jedoch handelt es sich tatsächlich um eine Preßschneckenschleuse.

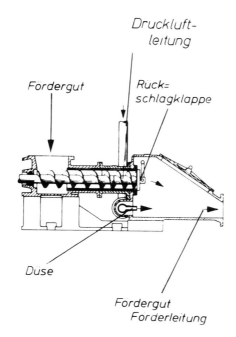

Bild 6.5-8:   Schneckenpumpe

Die Pumpe besteht aus einem auf einem Grundrahmen aufgebauten Gehäuse, in dem eine kurze Rohrschnecke eingebaut ist. Die Lagerung und Abdichtung kann ein- oder zweiseitig sein.

Die Schnecke fördert das Material durch das Schneckengehäuse zum Austrittsteil und in den Druckraum. Im Austrittsteil wird das Fördergut durch geringere Schneckensteigung komprimiert und bildet so einen Materialstopfen. Dieser Stopfen verhindert zusammen mit der freihängenden Rückschlagklappe ein Rückströmen der Förderluft.

Im Druckraum erfolgt die Vermischung des Fördergutes mit der Transportluft und die Übergabe in die Förderrohrleitung. Die Einspeisung der Transportluft in den Druckraum geschieht über einen Düsensatz.

Die Schnecke muß das Material gegen den vollen Förderdruck andrücken. Der Energieaufwand für den Schneckenantrieb ist nicht unerheblich, er kann fast genau so groß wie der Energieaufwand für den pneumatischen Transport des Fördergutes selbst sein.

Als drehendes Teil ist die Förderschnecke dem Verschleiß unterworfen. Wegen der benötigten Dichtheit zwischen Aufgabekasten und Druckraum sollte eine Schneckenpumpe nicht unter 70 % ihrer Nennleistung gefahren werden, da sonst der Verschleiß schnell ansteigt.

Die Schnecke kann direkt oder über Riemen angetrieben werden. Sie läuft mit einer Drehzahl zwischen 450 und 1.450 1/min. Der normale Betriebsdruckbereich liegt zwischen 0,5 und ca. 1,8 bar Überdruck in der Förderrohrleitung.

Vorteile und Nachteile:

+   durch gleichmäßige Beladung geringe Verstopfungsgefahr

+   durch geschlossene Bauweise staubfreier Betrieb

+   geringe Bauhöhe

−   hoher Engergieverbrauch

−   Verschleiß unterworfen

6.5.5.1.7 Druckgefäß

Bei langen Förderleitungen und den damit verbundenen hohen Förderdrücken kommt für die Einspeisung des Fördergutes in die Rohrleitung nur noch ein Druckgefäß in Frage.

Der Eingefäß-Förderer ist die einfachste Ausführung des Fördersystems (Bild 6.5-9). Ein Förderzyklus setzt sich aus den drei Phasen Füllen, Fördern und Entlüften zusammen.

Im drucklosen Zustand wird das Gefäß mit Fördergut gefüllt. Nach Erreichen des Füllstandsmaximums werden Einlauf und Entlüftungsventil geschlossen und der Druckaufbau beginnt. Nach Erreichen des vorgegebenen Oberdruckes wird der Auslauf geöffnet, das mit Hilfe von Auflockerungsdüsen fluidisierte Fördergut fließt in die Leitung und wird durch die Förderluft mitgerissen. Nach der Entleerung des Fördergefäßes muß dieses entlüftet werden. Eingefäß-Förderer arbeiten also diskontinuierlich, die spezifische Leistung muß um ca. 25 % höher liegen als die geforderte Stundenleistung.

Durch Hintereinanderschalten zweier Druckgefäße (Doppelgefäß-Förderer) werden die Energiekosten gesenkt und das Gefäßvolumen verkleinert (Bild 6.5-10). Die Förderphasen wechseln von einem Gefäß zum anderen, es wird also quasi kontinuierlich gefördert. Mit dieser Arbeitsweise braucht die spezifische Förderleistung nur gering über der geforderten Stundenleistung zu liegen.

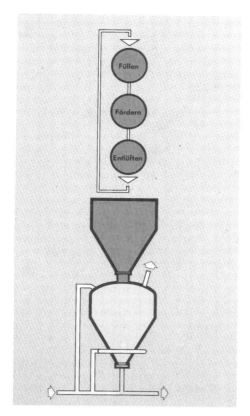

Bild 6.5-9: Eingefäßförderer

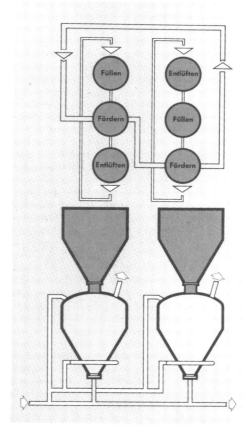

Bild 6.5-10: Doppelgefäßförderer

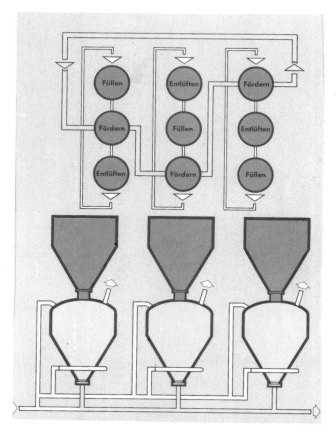

Bild 6.5-11:   Dreifachgefäßförderer

Um die Druckgefäße noch weiter zu verkleinern, und um die Einbauhöhe zu reduzieren, kann ein Dreifachgefäß-Förderer eingesetzt werden (Bild 6.5-11). Ein weiterer Vorteil liegt in den guten Notlaufeigenschaften. So läßt sich zeitweise ein Gefäß zur Wartung aus dem Förderrythmus ausschalten, während die beiden anderen Gefäße mit reduzierter Leistung weiter fördern.

Die Druckbehälter der Druckgefäß-Förderanlagen sind druckfest und mit entsprechenden Druckluftarmaturen und Sicherheitseinrichtungen ausgerüstet (Bild 6.5-12).

Vorteile und Nachteile:

+   durch geschlossene Bauweise staubfreier Betrieb

+   lange Förderwege möglich

+   einfache Bauweise

−   große Bauhöhe

−   bei Einzelgefäß diskontinuierlicher Betrieb

Bild 6.5-12:   Doppelgefäßförderer in einem Zementwerk

6.5.5.1.8 Förderanlagen besonderer Art

Als pneumatische Förderanlagen besonderer Art sind die pneumatische Förderrinne und die Kesselwagenentleerung zu nennen.

Pneumatische Förderrinnen sind Schwerkraftförderer, die durch die Hilfe fluidisierender Luft nur geringe Neigungswinkel bedürfen (Bild 6.5-13a/b).

Die pneumatische Förderrinne besteht aus einem Unter- und einem Oberschuß, die durch ein poröses Element (Gewebe, keramische Platten) voneinander getrennt sind. Der Unterschuß dient der Luftzuführung über Luft-Eintrittsstutzen, die in regelmäßigen Abständen am Unterschuß angebracht sind. Der Oberschuß wird für den Schüttguttransport und zur Abführung der Fluidisierungsluft benötigt.

Die Fluidisierungsluft durchströmt den porösen Zwischenboden der leicht geneigten Rinne und lockert das Schüttgut auf, das unter dem Einfluß der Schwerkraft als treibende Kraft die Rinne abwärts fließt.

Über Ein- und Ausläufe wird das Schüttgut eingetragen bzw. dem weiteren Verbraucher zugeführt. Rinnenverzweigungen teilen den Materialstrom auf. Über Rinnenbögen in Links- und Rechtsausführung kann das Schüttgut in eine andere Förderrichtung gebracht werden. Zur Kontrolle der Förderung dienen Kontrollöffnungen bzw. Reinigungsdeckel sowie Sichtfenster an zugänglichen Stellen des Oberschußes.

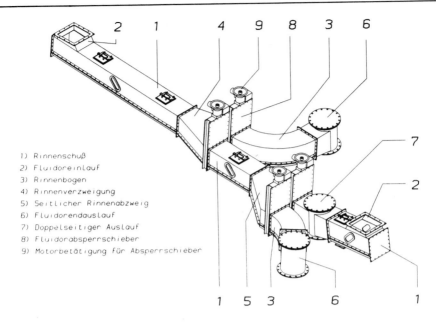

1) Rinnenschuß
2) Fluidoreinlauf
3) Rinnenbogen
4) Rinnenverzweigung
5) Seitlicher Rinnenabzweig
6) Fluidorendauslauf
7) Doppelseitiger Auslauf
8) Fluidorabsperrschieber
9) Motorbetätigung für Absperrschieber

Bild 6.5-13a: Bauteile der pneumatischen Rinnenförderung

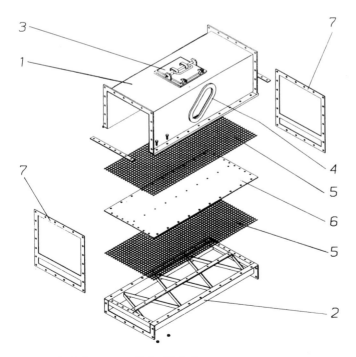

1) Fluidoroberschuß
2) Fluidorunterschuß
3) oberer Deckel
4) doppelseitiges Fenster
5) Drahtgewebe
6) Gewebegurt
7) Flanschdichtung

Bild 6.5-13b: Aufbau pneumatische Förderrinne

Vor- und Nachteile:

+ einfacher Aufwand

+ geringer Wartungsaufwand

+ staubfrei arbeitendes, verschleißarmes Fördermittel

+ sehr niedriger Energieverbrauch

− Bauhöhe zwischen Ein- und Auslauf bei großen Förderdistanzen durch Neigung bedingt.

Staubförmige Schüttgüter werden in großen Mengen per Bahnkesselwagen und Silo-LKW transportiert und müssen beim Verbraucher entladen werden. Von der Funktion her ist die Entleerung eine Druckgefäßförderung. Man benötigt dazu sogenannte Kesselwagen-Entladestationen.

Eine Kesselwagen-Entladestation (Bild 6.5-14) besteht aus einem Grundträger aus Profil-Stahl, den verbindenden Rohrleitungen mit Anschluß für die Luftversorgungsseite, dem LKW- bzw. Kesselwagenanschluß, dem Anschluß zur Mischdüse, der Förderrohrleitung und einem Bypass (An- und Abfahrbetrieb) oberhalb der Anschlußleitung zur Mischdüse (Stopper-Verhinderung). In den verbindenden Rohrleitungen sind Drosselklappen und pneumatisch betätigte Hauptabsperrklappen eingebaut.

An der Entladestation ist ein Vorort-Steuerkasten mit Tastern zum Starten und Stoppen der Entladung installiert.

Vor- und Nachteile:

+ einfaches, unkompliziertes Endladesystem

+ staubfreier Betrieb

6.5.5.2 Rohrleitung und Zubehör

Für pneumatische Förderrohrleitungen werden vorwiegend Rohre nach DIN 2448 bzw. DIN 2458 in Normalwandstärke eingesetzt. Bei abrasiven Fördermaterialien ist es empfehlenswert, dickwandigere Rohre oder Mantelrohre aus Normalstahl mit einem innenliegenden, gehärteten Rohr zu verwenden.

Man unterscheidet festverlegte und lösbare Rohrleitungen. Letztere werden in Längen von 6–12 m verwendet und mit schnell lösbaren Flanschverbindungen versehen (Bördel mit Losflansch). Flanschverbindungen werden im Bereich der Förderer, Krümmer bzw. Umlenktöpfe, Dehnungsstücken am Empfänger und bei schleißfördernden Materialien vorgesehen.

Im praktischen Betrieb muß besonders auf die Verwendung von Dichtungen und Dichtringen sowie auf Zentrierung (Bild 6.5-15) geachtet werden, da Undichtigkeiten und Versatz zu Turbulenzen mit nachfolgendem Verschleiß führen.

Wichtig ist auch die Auslegung der Befestigung (Gleit- und Festverankerungen) der Förderrohrleitungen, vor allen Dingen im Nennweitenbereich > DN 150, da der dynamische Anteil der Kräfte in Umlenkungen (Töpfe, Rohrbögen) nicht unerheblich ist.

Für die notwendigen Umlenkungen in pneumatische Förderrohrleitungen werden Rohrbögen oder Umlenktöpfe eingesetzt. Die Umlenkungen sind durch die Abbremsung des Fördermaterials besonders dem Verschleiß ausgesetzt. Zur Minderung des Verschleißes sind besondere Maßnahmen erforderlich, z.B. dickere Wandstärken oder Auskleidung mit geeigneten Schutzwerkstoffen wie Beton, verschleißfester Stahl, Schmelzbasalt (Bild 6.5-16).

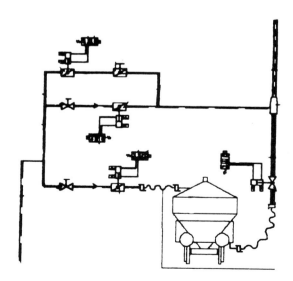

Bild 6.5-14:   Kesselwagen – Entladestation

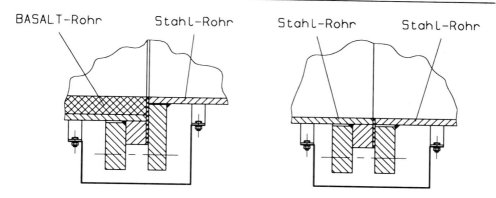

Bild 6.5-15: Zentrierung von Förderrohrleitungen

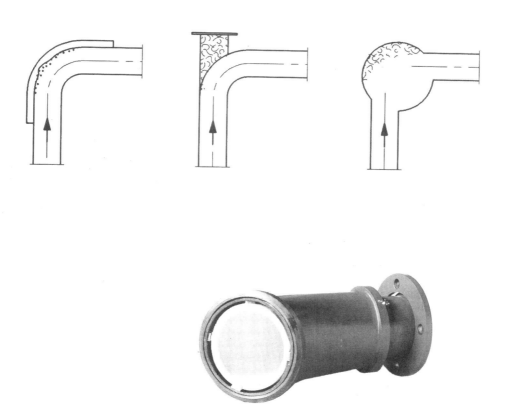

Bild 6.5-16: Maßnahmen zur Verschleißminderung

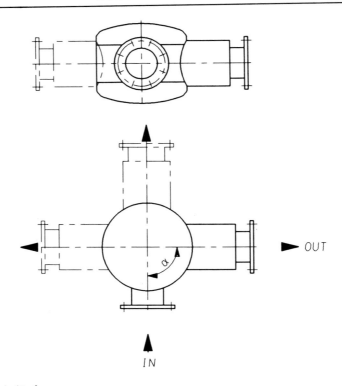

Bild 6.5-17:   Umlenktopf

Wenn Rohrbögen aus Platzgründen nicht eingesetzt werden können oder wegen des Verschleißes nicht die gewünschten Standzeiten erreichen, werden Umlenktöpfe eingesetzt (Bild 6.5-17).

Der Umlenktopf besteht aus Ein-und Austrittsstutzen mit einer dazwischenliegenden topfförmigen Erweiterung. Die Stutzenstellung kann in beliebigen Abgangswinkeln zu der Eintrittsförderrohrleitung erfolgen. Die beste Wirkungsweise wird jedoch bei einem 90 Grad-Winkel erreicht. Ein- und Austrittsstutzen ragen in den Topfinnenraum hinein. Durch diese Maßnahme ergibt sich zwangsläufig beim pneumatischen Transport eine Entspannung des Förderstromes. Die Entspannung bewirkt einen Materialausfall (Eigenschutz), der durch zwangsweise Führung des Stutzens im erweiterten Topf-Durchmesser festgehalten wird. Es baut sich eine Materialschicht im Außenbereich des Topf-Durchmessers auf (Bild 6.5-18).

Für die Förderung mit einer Rohrleitung zu verschiedenen Empfangsorten oder für die Aufspaltung des Förderstromes in mehrere Teilströme sind Weichen in der Förderrohrleitung erforderlich. Häufig eingesetzte Weichen sind Rohr- oder Zungenweiche (Bild 6.5-19) und der Rohrschieber als Abzweigstück oder Zweiwegeschieber (Bild 6.5-20 und 6.5-21).

Die Rohrweiche besteht aus einem Gehäuse, in das auf der einen Seite das Zuführungsrohr einmündet und auf der anderen Seite zwei Abgangsrohre gleicher Nennweite wie das Zuführungsrohr abgehen. Eine mit Dichtleisten und Verschleißauflage versehene Klappe lenkt den Förderstrom in die gewünschte Richtung.

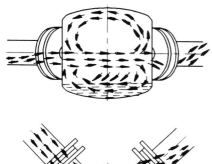

Bild 6.5-18:   Wirkungsweise Umlenktopf

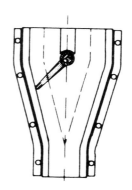

Bild 6.5-19:   Rohrweiche

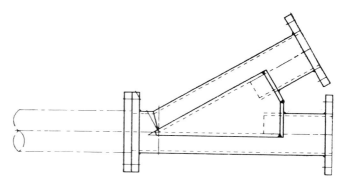

Bild 6.5-20:   Abzweigstück

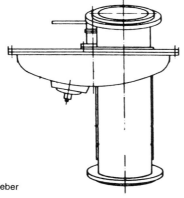

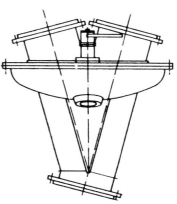

Bild 6.5-21:   Zweiwegeschieber

Bei Rohrschiebern als Abzweigstück können die Abgänge mit Kugelhähnen (Bild 6.5-22) oder Absperrschiebern (Bild 6.5-23) ausgerüstet werden. Bei Schlauch- oder Drehrohrweichen (Bild 6.5-24) wird ein flexibler Schlauch mit Hilfe einer mechanischen Führung an verschiedenen Abgangsleitungen angepaßt.

6.5.5.3 Abscheidevorrichtungen und Filter

Bei der pneumatischen Förderung ist es notwendig, das Fördergut nach Beendigung der Förderung wieder von der Förderluft zu trennen. Hier gibt es grundsätzliche Unterschiede zwischen Dünnstrom- und Dichtstromförderung. Ferner sind die Techniken bei Saug- und Druckförderung unterschiedlich.

Es wird zwischen mechanischen und filternden Abscheidern unterschieden. Die Auswahl hängt im wesentlichen von der Kornverteilung des Produktes und vom geforderten Abscheidegrad ab. Der Einsatz von Zyklonabscheidern ist seit langem bekannt. Bild 6.5-25 zeigt einen solchen Abscheider.

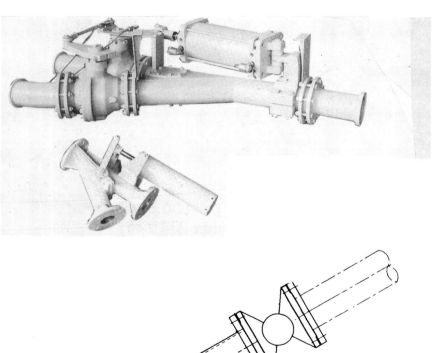

Bild 6.5-22:   Abzweigstück mit Kugelhähne

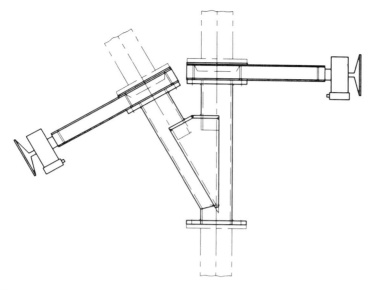

Bild 6.5-23:   Abzweigstück mit Absperrschieber

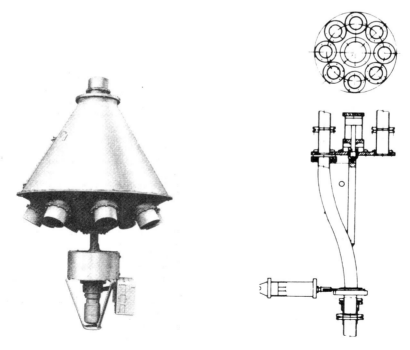

Bild 6.5-24:   Drehrohrverteiler und -weichen

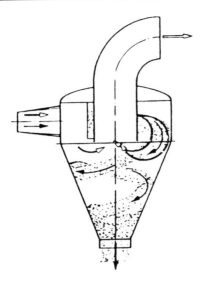

Bild 6.5-25:   Zyklonabscheider

Das Gemisch aus Fördergut und Förderluft wird tangential in dem zylindrischen Oberteil geführt. Die Luft wird in eine Kreisbewegung versetzt (Wirbelströmung). Das mitgeführte Material wird
an die Wand gepreßt, wo es durch die Schwerkraft nach unten rutscht, während die Luft nach oben
entweicht. Um ein Mitreißen von leichten Feststoffteilchen nach oben möglichst zu verhindern, ist
der Abscheider mit einem zentralen Tauchrohr versehen. Hierdurch wird die Luft gezwungen einen
Umweg zu nehmen, d.h. sie bewegt sich während der Zirkulation erst nach unten und strömt dann
in das unten offene Tauchrohr und kann nach oben entweichen. Zyklone scheiden ca. 99 % des
anfallenden Produktes ab. Zyklonabscheider können im Druckbetrieb mit unten offenem Auslauf
eingesetzt werden. Im Saugbereich ist dort stets eine Zellenradschleuse vorzusehen.

Eine Kombination aus einfachem Abscheider (Zyklon) und Filter zeigt Bild 6.5-26. Das Fördermaterial wird mit der Förderluft durch die horizontale Förderleitung radial in den konischen Teil gefördert, das mit einem relativ kleinen Querschnitt in einen großen Behälter einmündet. Die Geschwindigkeit sinkt aufgrund der plötzlichen Raumerweiterung. Der weitaus größte Anteil des Fördergutes gelangt nach unten in den Trichterauslauf und wird durch die darunter angebrachte Zellenradschleuse ausgetragen.

Die noch staubhaltige Förderluft wird an der im zylindrischen Teil des Abscheiders eingebauten
Filtereinheit abgereinigt und im oberen Teil vom Filterventilator abgesaugt und über einen Schalldämpfer an die Atmosphäre abgegeben. Um eine gute Abreinigung des Filterstoffes zu erreichen,
ist eine Vielzahl von einzelnen Filterschläuchen erforderlich. Die Schläuche sind auf Stützkörbe gezogen und ragen in die Staubluftkammer hinein. Die Reinluftkammer ist auf das Filteroberteil beschränkt und wird durch einen Zwischenboden von der Staubluftkammer getrennt, an dem die
Stützkörbe mit den Filterschläuchen befestigt sind.

Die Filterschläuche bestehen aus textilen Fasern bzw. Stoffen, sind oben offen und unten geschlossen. Die ungereinigte Luft tritt also von außen nach innen in die Filterschläuche ein und wird
dann als gereinigte Luft nach oben abgesaugt.

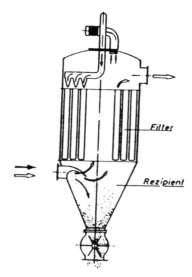

Bild 6.5-26: Kombination Zyklon/Filter

Die Filterschläuche oder auch Taschen werden mit Hilfe von öl- und wasserfreier Steuerluft abgereinigt. Dabei werden die einzelnen Filterschläuche über ein Steuergerät nacheinander mit Druckluftstößen nach dem Injektorprinzip abgeblasen. Die Reinigungswirkung wird durch das mit dem Luftstoß verbundene mechanische Aufweiten und Schütteln des Schlauches erreicht.

Die geometrischen Abmessungen dieses Abscheiders müssen konstruktiv so gestaltet werden, daß die Geschwindigkeit der nach oben abgesaugten Luft erheblich kleiner ist, als die Schwebegeschwindigkeit des Fördergutes, um ein Absinken der Feststoffteilchen sicherzustellen. Das konische Unterteil muß für kurze Förderleistungsspitzen als Pufferraum geeignet sein. Aus Verschleißgründen empfiehlt es sich, die Hauptaufprallstellen des Material-Luftgemisches mit Verschleißplatten zu versehen.

Filter kommen zum Einsatz, wenn hohe Abscheidegrade (z.B. > 99 %) bei feinen Teilchen und hohen Luftdurchsätzen erforderlich werden. Wichtig ist hier neben dem eigentlichen Abscheidegewebe und der Filterfläche die Art der Filterabreinigung. In einfachen Fällen reicht ein mechanisches Abrütteln oder einfache Luftgegenströmung.

Bei schwierigen Filteraufgaben kommen Jet-Schlauchfilter zum Einsatz. Hier werden die Filtertaschen oder Filterschläuche von innen über Düsen durch Preßluftbeaufschlagung, wie im vorherigen Abschnitt bereits beschrieben, abgereinigt.

Wichtig bei der Auslegung dieser Filter ist, daß die Anströmgeschwindigkeit auf die Filterelemente möglichst gering ist, so daß sich der weitaus größte Teil des Produktes im Behälter absetzt und nur die Feinanteile an das Filter gelangen, dort einen Filterkuchen bilden und bei der Abreinigung agglomeriert in den Behälter herabfallen. Übliche Bauformen von Gewebefiltern sind im Bild 6.5-27 dargestellt.

Zum Abschluß sei noch darauf hingewiesen, daß bei Niederdruckanlagen grundsätzlich Saugfilter eingesetzt werden sollten, da sie die Förderung durch den erzwungenen Unterdruck des Ventilators (kein Gegendruck am Empfänger) unterstützen.

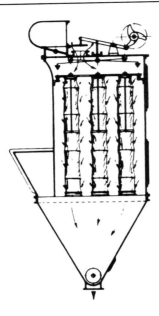

Bild 6.5-27:   Gewebefilter

6.5.5.4 Lufterzeuger

Im Niederdruckbereich, insbesondere bei der pneumatischen Rinnenförderung, werden Radialventilatoren eingesetzt. Im Gebiet des Mitteldruckes, mit Saugdüse, Injektor, Zellenschleuse, Durchblasschleuse oder Wirbelschichtschleuse als Materialeintragsorgan, werden überwiegend ölfrei arbeitende Drehkolbengebläse in Kompaktbauweise verwendet.

Den unteren Hochdruckbereich (Druckgefäß, Schneckenpumpe) von 1–3 bar decken ölfreie, einstufige Schraubenverdichter ab. Für den oberen Hochdruckbereich (Druckgefäß), 3–8 bar, kommen ölfrei arbeitende zweistufige Schraubenverdichter mit Zwischenkühlung oder einstufige öleingespritzte Schraubenverdichter in Frage.

Wenn Fördergüter feuchtigkeitsempfindlich sind oder Feuchtigkeit Auflockerungseinheiten verstopfen kann, sind nach den Verdichtern Lufttrockner vorzusehen.

6.5.6 Auslegung pneumatischer Förderanlagen

Auslegung einer pneumatischen Förderanlage bedeutet, daß bei vorgegebener Leitungsführung (horizontale und vertikale Leitungslängen, Anzahl der Umlenkungen), der erforderliche Förderleitungsdurchmesser, die benötigte Förderluftmenge und der Druckverlust (Verdichterdruck) bestimmt wird.

Wie bereits in Kapitel 6.5.2 erwähnt, gibt es keine allgemeingültige Berechnungsgrundlage für pneumatische Förderleitungen. Bei der Auslegung kann auf empirisch ermittelte Beiwerte der zu fördernden Stoffe nicht verzichtet werden. Deshalb werden hier auch nur einige grundlegende Ansätze wiedergegeben.

Der Gesamtdruckverlust einer pneumatischen Förderleitung ist gleich die Summe der Einzeldruckverluste infolge der Luft- und Gutströmung.

Der Druckverlust einer horizontalen Förderleitung setzt sich aus dem Förderwiderstand bei reiner Luftströmung und den Stoß- und Reibverlusten durch das Fördergut zusammen. Dabei machen die letzteren den wesentlichen Teil am Gesamtdruckverlust aus.

Während der Förderleitungswiderstand bei reiner Luftströmung, der sogenannte Leerwiderstand allgemeingültig berechnet werden kann, gibt es zur Bestimmung der Stoß- und Reibverluste mehr als zwei Dutzend Berechnungsverfahren, die aber alle ohne empirisch ermittelte Faktoren nicht auskommen. Es sind also auf jedem Fall, wenn nicht auf vorhandene Meßergebnisse zurückgegriffen werden kann, umfangreiche Förderversuche erforderlich.

In vertikalen Rohrleitungen muß der Hubverlust berücksichtigt werden, da er im lotrechten Rohr weitaus größer als der Reibverlust ist. Der Hubverlust ergibt sich aus dem Gewicht der sich bewegenden Schüttgutsäule.

Weiterhin muß der Druckverlust durch die Gutbeschleunigung berechnet werden. Er folgt aus dem Impulssatz und läßt sich im Gegensatz zum Stoß- und Reibungsverlust im Ansatz exakt berechnen.

Sowohl für die Berechnung des Hubverlustes als auch des Beschleunigungsverlustes muß die Materialgeschwindigkeit berücksichtigt werden. Das Verhältnis von Materialgeschwindigkeit zu Förderluftgeschwindigkeit hängt aber wiederum vom Förderzustand und vom Fördermaterial ab.

Im Krümmer wird das Fördergut durch die Reibung an der Außenwand infolge der Zentrifugalkraft verzögert. Die Wiederbeschleunigung des abgebremsten Materials macht den Hauptdruckverlust im Krümmer aus. Je nach Lage des Krümmers sind entsprechende Reib- und Hubverluste hinzuzurechnen.

Aufgrund des gezeigten sehr komplizierten und umfangreichen Rechenumfanges, sollte man sich zur Auslegung einer pneumatischen Förderanlage an die einschlägigen Fachfirmen wenden, die nicht nur die Erfahrung, sondern auch die entsprechenden Versuchsgeräte haben.

Wichtig für die Berechnung und Auslegung pneumatischer Förderanlagen und den strömungsfreien Betrieb sind, daß dem Hersteller vom Betreiber umfassende Informationen über das fördertechnische Problem gegeben werden.

Dabei sind neben der geforderten Durchsatzmenge und der genauen Rohrleitungsführung vor allem Angaben über die Betriebsbedingungen und über den Förderstoff erforderlich.

Besonders wichtig ist eine Beschreibung der vor- und nachgeschalteten Verfahrensvorgänge und die Art der Feststoffaufgabe, ob sie kontinuierlich oder diskontinuierlich ist.

Auch sollten mögliche Abweichungen von der Sollfördermenge nach Größe und zeitlicher Dauer und die effektive Betriebszeit pro Tag, Woche und Jahr angegeben werden. Angaben über den Aufstellungsort und die Umweltbedingungen dürfen ebenfalls nicht fehlen.

Um die Stoffeigenschaften des Fördergutes bestimmen zu können, sollte eine ausreichende Probe des Fördergutes zur Verfügung gestellt werden. Bei fehlender Probe muß das Fördergut vom Auftraggeber ausreichend beschrieben werden, wobei jeweils Max- und Minwerte angegeben werden müssen. Dabei dürfen Angaben über die Dichte, Schüttdichte, Korngrößenverteilung, Temperatur und Feuchte des Feststoffes nicht fehlen.

6.6 Sonderanwendungen

6.6.1 Druckluft im Dienst der Umwelt

In der Frühzeit der Industrialisierung wurden dem Energieträger Druckluft Eigenschaften beigegeben, die neben vielem anderen inzwischen zu Umweltproblemen geworden sind. Druckluft ist laut – Lärmbelästigung ist schädlich. Druckluft ist ein Vehikel – sie transportiert nicht nur sauber und zweckgerichtet Puddingpulver und Getreide, Pastillen und Getränke – sie schleppt auch Öl mit, belastet die Arbeitsluft und ist nicht zuletzt als Öldampf/Luftgemisch explosiv.

Allerdings ist in den letzten 15 Jahren im technischen Prinzip, aber auch in Anwendungsrandbereichen einiges geschehen, was die Druckluft umweltfreundlich, ja sogar zu einem Mittel gegen Umweltbelastungen hat werden lassen.

6.6.1.1 Druckluft in der Gewässersanierung

Das Lebenselement Wasser ist weltweit in Gefahr. In den sich ausbreitenden Wüstenregionen, in versteppten und zuvor rücksichtslos abgeholzten Arealen herrscht der Mangel – Stichwort Sahelzone in Mittelafrika. In Landstrichen und Kontinenten, die nicht unter Wassermangel leiden, ist eine fortschreitende Verschlechterung der Wasserqualität festzustellen. Das reicht bereits bis zu sterbenden Seen ohne Sauerstoff, deren anaerober Abbau der Sinkstoffe die Luft verpestet. Nur mechanisch gereinigte Zuflüsse in Trinkwasserreservoire lassen eine bräunliche Brühe aus den Wasserhähnen fließen. Eingeschwemmte Düngestoffe von angrenzenden Äckern, Wiesen und Weiden bewirken auch in sonst sauberen Wässern Eutrophien. Kurz: der Tod der Gewässer wirft seinen Schatten voraus.

Zu den Techniken und Verfahren, dieser bedrohlichen Entwicklung Einhalt zu gebieten und – im Idealfall – die Selbstheilungskräfte erkrankter Gewässer wieder zu voller Funktion zu erwecken, gehört in steigendem Maße die Druckluft. Einige Beispiele, die Hoffnung machen, werden im folgenden angeführt. Dabei darf man allerdings nicht vergessen, daß die Namen der sogenannten problem lakes, also der gefährdeten Seen und Gewässer, mittlerweile das Telefonbuch einer Mittelstadt füllen könnten.

Sanierung stehender Gewässer

Der Modellfall Ennepe-Talsperre:

Daß durch eine Verwirbelung von Wasser dessen Sauerstoffgehalt angereichert werden kann und daß sich auf gleiche Weise, sozusagen durch Luftblasen, Sperren im Wasser errichten lassen, weiß man seit über 40 Jahren. Die Erarbeitung wissenschaftlicher Grundlagen zum gezielten Einsatz dieser Möglichkeiten blieb jedoch den letzten Jahren vorbehalten. So hat der schwedische Hersteller des sogenannten Limno-Systems in Zusammenarbeit u. a. mit der Max-Planck-Gesellschaft in Plön (Holstein) vor etlichen Jahren im Grebiner See einen Versuch unternommen, der ermutigende Ergebnisse hervorbrachte. Vergleichbare Pilotprojekte wurden und werden in Schweden, in den USA, in der Schweiz und in Italien durchgeführt.

Ein herausragender Fall ist der Einsatz eines solchen Limno-Geräts, dessen Prinzip weiter unten erklärt wird, in der Ennepe-Talsperre im Sauerland. Am 2. November 1976 flog ein Hubschrauber der Bundeswehr dort ein Limno-Gerät ein und senkte es an der tiefsten Stelle der Talsperre ab, wo Taucher es anschließend verankerten.

Im Trinkwasserbecken Ennepe-Talsperre geht es darum, das Absinken der Trinkwasserqualität aufzuhalten und sie konstant zu halten. Das Reservoir mit einem maximalen Speichervolumen von 12,6 Millionen Kubikmetern dient vornehmlich der Trinkwasserversorgung von Schwelm, Ennepetal und Gevelsberg. Ein ausreichender Füllstand ist beileibe nicht die einzige Sorge des Betreibers, der AVU (Aktiengesellschaft für Versorgungsunternehmen) in Gevelsberg: Viel schlimmer ist, daß vor allem in heißen Sommermonaten aufgrund einer sehr spezifischen Sedimentzusammensetzung und gefördert durch höhere Wassertemperaturen nicht nur der Sauerstoffgehalt des Wassers abnimmt, sondern gleichzeitig der Mineralstoffanteil so hoch wird, daß die im Grunde geduldigen Wasserverbraucher protestieren. Mangan- und Eisenanteile sind es in erster Linie, die mit lediglich mechanisch gereinigten Abwässern etwa der Stadt Halver eingeschleust werden und zum Abbau große Sauerstoffmengen benötigen. Das Limno-Gerät hat nun die Aufgabe, durch Lufteintrag den Sauerstoffgehalt des Wassers zu erhöhen und damit das biologische Gleichgewicht wiederherzustellen bzw. zu halten. Eben dies ist die wesentliche Voraussetzung für Trinkwasser guter Qualität. Ein positiver Nebeneffekt besteht im Schutz der Versorgungsleitungen vor frühzeitigem Verschleiß: Bei Wässern mit unzureichendem Sauerstoffgehalt kommt es in den Rohrleitungsnetzen zu biochemischer Korrosion. Erreicht werden soll diese Sanierung durch Anlagerung von bis zu 300 kg atmosphärischem Sauerstoff pro Tag (abhängig von Sättigungsgrad und Wassertiefe) bei einem Luftdurchsatz von 7 m³ pro Minute. Die so wiederhergestellte Oxydation der Sedimente soll dafür sorgen, die Normwerte der Wasserzusammensetzung auch dann zu sichern, wenn kritische Hitzeperioden sich störend bemerkbar machen.

Das Funktionsprinzip des Limno-Systems:

Bei der Aufwirbelung von Gewässern zur Sauerstoffanreicherung und damit zur Wiederherstellung des biologischen Gleichgewichts ist eine wesentliche Tatsache zu berücksichtigen: Für Wassertiefen bis zu 7 m reicht es aus, perforierte Schlauchleitungen zu verlegen, sie mit Druckluft zu beaufschlagen, damit das sauerstoffärmste Wasser nach oben zu tragen und mit der atmosphärischen Luft in Verbindung zu bringen.

Bei größeren Tiefen ist das Wasser in verschiedenen Temperaturbereichen geschichtet. Die tiefste Schicht mit der größten physikalischen Dichte bei 4 °C ist extrem gefährdet und oft schon tot, wenn in den oberen Schichten noch pflanzliches und tierisches Leben existieren kann. Das Limno-Gerät wirkt mit seinen abstrahlenden offenen Rohren wie eine Pumpe, die das Wasser aus der tiefsten Schicht des Sees ansaugt und mit von oben eingespeister Druckluft vermengt. So kommt die Sauerstoffanreicherung in Gang. Zur Verdeutlichung sei eine Skizze beigegeben, deren Unterschrift sich auf eine Kurzbeschreibung der Arbeitsweise beschränkt. Ein Telefonat mit dem zuständigen Herrn bei der AVU in Gevelsberg bestätigte, daß die Erfahrungen des ersten Einsatzjahres positiv waren: die Trinkwasserqualität wurde nicht nur vor weiterem Absinken bewahrt, sie ist erkennbar gesteigert worden.

Sanierung fließender Gewässer

Es ist allgemein bekannt, daß nicht nur Seen, Teiche, Trinkwasserspeicher und vergleichbare stehende Gewässer vom Absterben bedroht sind, sondern auch die fließenden Gewässer. Daß die Wupper in der großen Zeit der Färbereien gelegentlich montags rot und donnerstags grün träge dahinfloß, hat jeder Anrainer noch vor 50 Jahren miterlebt. War die Ruhr dort, wo sie das Revier durchfließt, vor 40 Jahren noch eine nach Kohlenwäsche stinkende Rinne, so bezeichnen Petri-Jüngern sie heute als fischreichsten Fluß der Bundesrepublik. Die Abwässer der Industrie und der Kommunen werden inzwischen umweltgerecht gereinigt.

Das Fallbeispiel Seine:

Die Seine, die immerhin eine der schönsten Städte der Welt wie ein Band schmückt, hat enorme Verschmutzungsprobleme. Es sei dem Verfasser gestattet, sich in diesem Zusammenhang mit einer Pressemeldung vom Mai 1977 selbst zu zitieren: „Die Seine ist kaputt. Im tropischen Juni 1976 stiegen ihre Wassertemperaturen im Bereich der Hauptstadt Paris auf 27 °C. Gleichzeitig verringerte sich der Gehalt an gelöstem Sauerstoff auf 1,5 mg je Liter. Aber Fische brauchen zum Leben eine Sauerstoffmenge von knapp 4 mg je Liter als unterste Voraussetzung. Deshalb denkt man in Paris an Besserung. In einem (neuerlich allerdings wieder aufgeschobenen) Plaungsprojekt ist vorgesehen, in der Höhe von Notre Dame auf ca. 3 km Länge die mehr oder weniger kaputte Seine durch ein System von 60 perforierten Schläuchen zu beatmen. Darüber hinaus, und das ist der Plan, der sich über 20 Jahre erstreckt, sollen große Kläranlagen bei Valenton und rd. 1000 kleine Säuberungsbecken im Seineober- und -mittellauf gebaut werden. In dieses Projekt gehören einige große Staudämme; die Kosten werden lt. Plan pro Jahr auf 1 Mrd. Franc veranschlagt. Die Beatmungsaktion mit komprimierter Luft macht davon nur rd. 250.000 Franc, also 0,25 % aus."

Dieser Sauerstoffeintrag, der besonders in Niedrigwasserperioden und bei Sommertemperaturen mindestens 2 mg/l bringen muß, wird durch sogenannte Druckluftblasen-Vorhänge gesichert. Sie bestehen aus perforierten Schläuchen, die auf dem Flußbett liegen und mit Druckluft versorgt werden. Die Abstände zwischen den einzelnen Löchern und deren Durchmesser sind so berechnet, daß ein ausreichender Blasenstrom gesichert ist. Der in den Luftblasen enthaltene Sauerstoff regeneriert bei richtiger Auslegung der Anlage das Wasser.

Bezogen auf den Seineabschnitt in Paris heißt das: Vorzusehen ist ein Netz von 60 solcher Druckluftblasen-Vorhänge. Zu ihrer Versorgung sind drei Kompressorstationen erforderlich, die das ca. 9 km lange Schlauchnetz pro Minute mit 140 m³ Druckluft von 2,5 bar beschicken. Die Beatmungsschläuche haben einen Durchmesser von 32 mm. Zusammen mit den Luftversorgungsschläuchen ergibt sich ein Gesamtnetz von etwa 12 km Länge.

Dieses seit 1930 bekannte, aber über Jahrzehnte nur experimentell geübte Verfahren dient heute u. a. dazu, Fahrrinnen im Winter eisfrei zu halten, umkippende Gewässer zu regenerieren und Ölsperren in Häfen zu errichten. Inzwischen wurde es in hohem Maße verwissenschaftlicht. Dabei sind unterschiedliche Parameter zu berücksichtigen. Jede Installation vergleichbarer Art ist genau zu bemessen und ihre Wirksamkeit festzulegen. Die Kenntnis des Bewegungsablaufs der Luftblasen und die Festsetzung der Leistung verschiedener Hilfsaggregate sind unabdingbare Voraussetzung für die Bestimmung des Einsatzgebiets. Auch Wassermasse und -tiefe, Strömung, Wind und atmosphärischer Druck spielen eine maßgebliche Rolle. Weiterhin sind Temperatur, Wasserfärbung, Leitfähigkeit, pH-Wert, meßbar gelöster Sauerstoff, Schwefelwasserstoff, Phosphor, Stickstoff, Mangan, Silitium, Eisen, Plankton, Phytoplankton und Cooplankton während des Sanierungszeitraums, aber auch schon vorher, genau zu beachten, um einerseits Jahresdurchschnittswerte und andererseits präzise Vorgaben innerhalb bestimmter Zeiträume zu erhalten.

Zur Vervollständigung des Projekts der Seine-Reinigung muß ein möglichst großer Teil der schwimmenden Schmutzstoffe innerhalb des Stadtgebietes aus dem Wasser entfernt werden. Hierzu hat man ebenfalls ein Blasensystem vorgeschlagen: Eine schräg zur Fließrichtung der Seine liegende Druckluftblasensperre stromaufwärts von Paris würde eine Art Trichter bilden und die Schmutzstoffe an eine bestimmte Uferstelle treiben, wo sie dann abgesaugt würden.

Einsatz bei Ölunfällen auf dem Wasser

Es gibt eine permanente Ölkrise, die mit den Scheichtümern am Persischen Golf nichts zu tun hat: die Verschmutzungsgefahr für die Weltmeere. Daß auch Badestrände von dieser Gefahr nicht ausgenommen sind, ist bedauerlich. Die Gefährdung der Fischbestände jedoch könnte zur Katastrophe werden. Nicht zu unterschätzen sind in diesem Gefahrenumfeld die Ölhäfen. Wer wüßte nicht, daß bei Lade- und Löschvorgängen nicht immer sorgfältig gearbeitet wird. Hier fanden Druckluftingenieure eine weitere Einsatzmöglichkeit für Luftblasenvorhänge: die Errichtung gut funktionierender und dabei nicht einmal besonders kostspieliger Sperren. Was hier am Beispiel Gävle (Schweden) beschrieben werden soll, gibt es auch im Hafen von Emden, in Lüneburg, in

Duisburg und an vielen anderen Plätzen in Europa und der Welt. Im schwedischen Fallbeispiel wurden erstmals „durchgerechnete" Modelle entwickelt und installiert.

Es ist davon auszugehen, daß in Gävle ca. 200 Tanker im Jahr mehr als zwei Millionen Tonnen Öl löschen und den Hafen damit zu einem der größten Ölports machen. Vor einigen Jahren sicherte die Hafenverwaltung diesen Ölterminal durch eine Druckluftölsperre gegen Unfälle.

Eine solche Sperre, die auslaufendes Öl mit Hilfe computerberechneter Druckluftblasenvorhänge an der Ausbreitung hindert, umschließt in einer Länge von 475 m den Gävler Ölterminal „Frederiksen" in Form einer Ellipse. Das System besteht aus sogenannten Multi-Schlauchstrukturen, die am Boden des Hafenbeckens verankert sind und von einer Kompressorenstation an Land mit Druckluft beaufschlagt werden. Im Gefahrenfall bauen drei stationäre Schraubenkompressoren mit einem Volumenstrom von jeweils 56 m³ selbstverständlich ölfreier Luft die Sperre in weniger als drei Minuten auf. Das Signal wird über Knopfdruck von einem Beobachtungsstand am Pier gegeben. Allein in der Bundesrepblik Deutschland werden monatlich 12 derartiger Ölunfälle registriert.

Das System der Druckluft-Ölsperre hat besondere Vorteile: Es läßt sich genau an Wetter- und Wasserverhältnisse anpassen, und auch bei Bränden können Schiffe weiter passieren, ohne daß die Sperrwirkung verlorengeht. Zur Dimensionierung noch einmal das Beispiel Gävle: Die dortige Installation ist auf eine ausgeflossene Ölmenge von 800 m³ bei Windstille oder 150 m³ bei einer Windgeschwindigkeit von 10 m/s ausgelegt – das entspricht der Windstärke 6.

Das schon erwähnte Multi-Schlauchsystem ermöglicht es, sich auf die jeweilige Windrichtung, das heißt auf die besonders gefährdeten Sperrenabschnitte, durch Programmschaltung einzustellen. Die Berechnung der Sperre ist Computersache, denn Wind, Wellengang und Strömung müssen gegeneinander aufgerechnet oder addiert werden. Die Schemazeichnung läßt das Prinzip erkennen.

6.6.1.2 Druckluft in der Bodensanierung

Der Einsatz der Druckluft in der Bodensanierung und die damit verknüpfte Technik hat, wie der Energieträger selbst, eine eigene Geschichte. Der Initiator wurde schon genannt: Motorenbastler Eugen Zinck.

Einen ersten Bericht über diesen Vorstoß in drucklufttechnisches Neuland veröffentlichte der Verfasser in den „VDI-Nachrichten Nr. 14 vom 6. April 1985. Darin hieß es:

„Das maschinelle Pflügen mit tiefgreifenden Pflugscharen sei 'Sünde am Boden', meint der Erfinder eines 'Druckluftpfluges', Eugen Zinck, Bad Kreuznach. Das entwickelte Verfahren ist einfach und wird bereits auf dem Bonner Gelände der Bundesgartenschau angewandt: Ein Drucklufthammer treibt eine Sonde so tief in die Erde, wie es die jeweilige Bodenstruktur erfordert. Anschließend wird Luft von einem Kompressor impulsartig in die Sonde gedrückt und lockert den Boden auf. Je nach Tiefe des Sondenansatzes (50 bis 150 cm) wird der Boden im Umkreis von zwei bis vier Metern aufgelockert und leicht aufgewölbt. Dabei kann der nach oben wirkende Flächendruck im Umkreis von drei Metern immerhin rund 4000 t betragen. Die dabei entstehenden Risse und Schrunden (Kapillaren) werden danach über die gleiche Sonde mit Kunststoffperlen verpreßt. Gearbeitet wird mit Luftdrücken um die 10 bar. Träger der Versuchsreihe ist die erfindereigene Zinck-Motorentechnik in Zusammenarbeit mit der BASF sowie Atlas Copco, für das zugehörige Druckluft-Know-how.

Experten meinen, daß ein circulus vitiosus in Gang gesetzt sei, an dessen Ende tote Gründe und unheilbar zerstörte biologische Strukturen stehen. Gedachtes Heilmittel: ein 'Verfahren zur Anwendung von Druckluft bei der Lockerung, Belüftung, Entwässerung, Düngung und Verbauung des landwirtschaftlich, gärtnerisch oder forstwirtschaftlich genutzten Bodens sowie für weiches, verlustfreies Ernten von Wurzelfrüchten', das alles 'zur Harmonisierung der unumgänglich notwendigen Bodenpflegemaßnahmen mit den Bedürfnissen des Bodenlebens, der biologisch bedingten Bodenmechanik und der sich aus diesem Verfahren ergebenden Möglichkeit energiesparender, rationeller Erzeugung von biologisch wertvollen Nahrungsmitteln für Mensch und Tier' dient. Erste Versuche laufen in der Bonner Rheinaue, auf dem Areal der anstehenden Bundesgartenschauausstellung."

Bodenzerstörung durch die Agrartechnik

Wirtschaftlich definiert ist Boden einer der drei maßgeblichen Produktionsfaktoren neben Kapital und Arbeit. Gesellschaftlich betrachtet gliedert er sich in Wohnbereiche, landwirtschaftlich, gärtnerisch oder forstwirtschaftlich genutzte Areale sowie Reserven im Abseits der menschlichen Zivilisation. Darüber, daß eine immer intensivere Bearbeitung hochkultivierter Ackerböden eines Tages an die Grenzen der für die Ernten notwendigen und alljährlich zu reproduzierenden Kräfte stoßen mußte, sind viele sich seit langem mit Unbehagen im klaren.

Das Problem ist komplex: Der landwirtschaftlich genutzte Boden umfaßt eine Menge, oft nach starrem Schema bearbeiteter Teilbereiche. Feld-, Wald- und Hofwirtschaft – all das vollzieht sich auf Böden. Die Bedeutung der Hofwirtschaft im engeren Sinne ist seit dem Aufkommen der Hühner-, Kalbs- und Schweinemästereien zurückgegagngen. Gleichzeitig hat die chemische Düngung erheblich zugenommen. Was die eigentliche Feld- oder Ackerwirtschaftbetrifft, so ist der Pflug so alt wie die Landwirtschaft selbst. Ursprünglich von Menschenhand und später auch von Tieren gezogen, brachen kleine, flache Schare die Bodenoberfläche bis in eine Tiefe von 5 bis höchstens 10 cm, wie es heute noch in Indien, im Nildelta und auf den vulkanischen Feldern der Kanarischen Inseln der Fall ist. Sie ließen tiefere Bodenschichten unberührt. Eine Reihe von Ursachen führte später dazu, die Ackertechniken zu ändern, den Anbau zu intensivieren, die Hektarerträge zu erhöhen – letzten Endes um mit Hilfe eines geringeren Einsatzes menschlicher Arbeit und durch mehr Kapitaleinsatz in Form von Maschinen die menschliche Ernährung sicherzustellen. Das ist in einem mittlerweile zerstörerischem Ausmaß gelungen: Im Bereich der Europäischen Gemeinschaft werden landwirtschaftliche Produkte vernichtet, verheizt und durch Handelsschranken vom internationalen Austausch abgeschottet. Produktion auf dem Acker ist so in hohem Maße zu einem gefährlichen Selbstzweck verkommen; die Millionen Hungernder auf der Welt haben davon nichts, die Böden aber gehen zugrunde.

Daß der Boden als ein sehr komplexer und empfindlich reagierender Organismus zu verstehen ist, weiß man spätestens seit den Untersuchungen von R. H. Francé. Es ist bekannt, „daß die Bodenfruchtbarkeit eng verknüpft ist mit dem Wohlbefinden des Bodenlebens. Die Wirkung des Bodenlebens betreffen alle für das Pflanzenwachstum wichtigen Eigenschaften: die Bodenmechanik (Struktur – Gare), die Aufschließung und Bereitstellung von Nährstoffen aus den mineralischen Bestandteilen im Boden selbst und die Erzeugung des bodenbürtigen CO_2, das für die Pflanzen in der bodennahen Luft verfügbar wird..."

Mitte Dezember 1978 wurden Bodenuntersuchungen in der Rheinaue, dem Umfeld der Bundesgartenschau, abgeschlossen. Rasengründe über zerstörten Böden bieten vollkommen vergleichbare Aufgabenstellungen. Hier ging es darum, die Spätfolgen einer Atomisierung des Bodens festzustellen und mit geeigneten Mitteln zu beseitigen. In einem Kurzbericht über diesen Untersuchungszyklus, der allen zuständigen Bundesministerien, betroffenen Landesministerien, Verbänden, Universitäten, Technischen Hochschulen und Forschungsinstituten zugestellt wurde, heißt es unter anderem:

„Der angesprochene Problemkreis betrifft direkt und vordergründig die Bodenmechanik und die Bodenbiologie. Nachgeordnet, darum jedoch nicht weniger bedeutungsvoll, betrifft er das Leben von Mensch und Tier allgemein, insofern diese auf die Ernährung durch Nahrungsmittel angewiesen sind, die mit Hilfe des Bodens erzeugt werden. Bedenklich muß stimmen, daß etwa Bullen, die scheinbar ausgezeichnet ernährt werden, ihre Fortpflanzungsfähigkeit weitgehend verlieren können und ihre Zeugungskraft durch Umstellen auf natürlich gewachsenes Futter zumindest weitgehend wieder zurückerhalten. Die Methoden und die Verfahren der Bodenbearbeitung haben sich mit den rasch und unvorstellbar weitgehenden Möglichkeiten der allgemeinen Technik als technisches Spezialgebiet weiterentwickelt. Die Bodenbearbeitung wurde zu einem technischen Spezialgebiet für Konstrukteure. Diese setzten ihre nahezu unbegrenzten technischen Mittel ein, und sie lösten die gestellte Aufgabe perfekt. Der moderne landwirtschaftliche Unternehmer verfügt heute über technische Hilfsmittel, die es ihm erlauben, seine Produktion industriell zu planen ...

Traktoren mit beliebiger PS-Zahl – heute in Deutschland bis 500 PS, in den USA bis 750 PS – ermöglichen es, den Boden mechanisch nahezu unter allen Umständen gefügig zu machen, ihn so zu bearbeiten, daß bestellt und mit Hilfe der leistungsfähigen Chemie sowie unter Einsatz weiterer technischer Hilfsmittel wie etwa der Beregnung ein lohnender Ertrag erzwungen werden kann...“

Es wäre falsch zu bestreiten, daß diese neuartige Agrartechnik nicht, zumindest vordergründig, eine Reihe bislang bestehender Unsicherheitsfaktoren eliminiert und immer wieder auftretende Probleme der Landwirtschaft gelöst hätte. So konnte die Abhängigkeit vom Witterungswechsel verringert und teure menschliche Arbeit durch hohen Kapitaleinsatz auf ein Minimum reduziert werden.

Doch der Preis für diesen Fortschritt ist hoch: „Sofern der Boden, als Biotop, ein Mitspracherecht besäße, würde er mit Recht protestieren. Ihm wird mit geballter Kraft das Leben ausgepreßt und zerschlagen. Er besitzt kein Pufferungsvermögen mehr. Das Wasser bedrängt ihn entweder von oben – Einzelkornstruktur, dicht geschlämmt – oder von unten, weil es auf verdichtetem Untergrund stehenbleibt. Der Verlust der segensreichen Wirkung des Bodenlebens, die Eigenschaften der verschwundenen Gare, machen sich mehr und mehr bemerkbar.

Abhängigkeit von der Chemie bremsen

Verdichtungen im Untergrund müssen mit hohem technischen Aufwand, der seinerseits im Fahrbereich der Zugmaschinen und Geräte neue Verdichtungsschäden bewirkt, beseitigt werden. Nach wenigen Sonnenscheintagen muß beregnet werden, weil der Boden seine wasserhaltende Kraft mit seinem Bodenleben verlor. Ein circulus vitiosus ist in Gang gesetzt, die heute noch ausreichende Leistung kann morgen vielleicht schon nicht mehr ausreichen. Die dann erforderliche stärkere und auch schwerere Maschine wird mit ihrer vordergründig erfolgreich wirkenden Mehrkraft den Vorgang der Atomisierung, die Überführung des Ackerbodens in sterile Einzelkornstruktur und die damit verbundenen ungünstigen Bedingungen für das nützliche, aerobe Bodenleben beschleunigen.“

Aber: Auch wenn das alles stimmt – und daran kann wohl kein Zweifel bestehen – welcher landwirtschaftliche Unternehmer wird sich schon überreden lassen, zugunsten der Bodenbiologie oder „aus Rücksicht auf die biologische Wertigkeit der produzierten Nahrungsmittel“ freiwillig mehr Unsicherheit und Ertragsminderung in Kauf zu nehmen? Die am Bonner Versuch Beteiligten sehen in dieser Hinsicht sehr schwarz. Sie meinen, daß sich die entsprechende Einsicht erst durchsetzen werde, wenn die bis heute praktizierte Bodenbewirtschaftung solche Schäden verursacht haben wird, daß der Boden auch durch raffinierteste technische, mechanische und chemische Hilfen nicht mehr zum Mitwirken gebracht werden kann. Oder aber – und da scheint Hoffnung auf – „es gelingt, mit einer neuen Technologie sowohl die Wünsche der Landbewirtschafter als auch die der Bodenbiologie zu erfüllen ...“

Neue naturgemäße Bodenbearbeitung mit Druckluft

Die Alternative besteht in einer neuen Technologie, genauer gesagt einem Verfahrensbündel, das unter Anwendung von Druckluft bei der Lockerung, Belüftung, Entwässerung, Düngung und Verbauung des landwirtschaftlich, gärtnerisch oder forstwirtschaftlich genutzten Bodens eine Sanierung zu versprechen scheint.

Das Arbeitsprinzip ist einfach: Über eine Sonde, die als Zufuhrkanal dient, wird Druckluft in den Boden eingeführt. Je nach den Erfordernissen kann die Einführungstiefe bis zu einem Meter und tiefer sein. Wichtig ist, daß dabei Verdichtungszonen durchstoßen werden.

Die so schlagartig eingetragene Druckluft mit einem Druck von 10 bis 12 bar dringt von unten, oberhalb der Sondenspitze, in das umgebende Erdreich ein. Dort vorhandene, bzw. durch Luft entstehende feinste Risse und Spalten füllen sich mit Luft, werden ausgeweitet, reißen auf, und die nachströmende Druckluft „schafft sich stetig vergrößernde Hohlräume, deren Oberfläche schließlich so groß wird, daß der nach oben wirksame Flächendruck den Boden anhebt und die Luft eruptionsartig aus vielen Spalten und Rissen an die Oberfläche durchdringt und in die Atmosphäre entweicht ...“

Das alles spielt sich blitzschnell, in Bruchteilen von Sekunden, ab. Dabei wird im Gegensatz zur Tiefpflugtechnik der Boden in seiner Struktur nicht gestört. Er bricht an den vorgebildeten Schwachstellen, wird gelockert; und das alles, „ohne daß durch Wenden oder willkürliches Zerkleinern die Lebensbedingungen für das Edaphon grundsätzlich oder gar extrem geändert“ würden. Der extrem verdichtete und allmählich anaerob gewordene Boden wird erneut mit Sauerstoff vermengt, und Faulgase werden abgedrückt.

In Vorversuchen – wie auch auf der Bonner Rheinaue – hat sich gezeigt, daß mit diesem Verfahren verhärtete und teilweise versteinte Schichten wirksam aufgelockert werden können. Der von der Druckluft im Boden entfaltete, nach oben wirkende Flächendruck kann immerhin rund 4000 Tonnen betragen – eine gewaltige Aufbruchkraft, die den Boden aber dennoch pflegt und biologisch sinnvoller „pflügt“ als irgendeine mechanische Methode.

Die Zeichnung, die die Anordnung zeigt, verdeutlicht das technische Prinzip. Der auf 20 bar verdichtende, von einem Dieselmotor angetriebene Kompressor mit einem acht Liter fassenden Ausgleichsbehälter erzeugt die benötigte Druckluft. Sie wird zunächst über eine Schlauchleitung zum Versuchsgerät und dort in einen 20-l-Druckbehälter transportiert. Auf dem Behälter ist ein Verteilerstutzen, mit dem ein Druckminderventil und ein Hochdruck-Schnellverschlußventil fest verbunden sind. Über das Druckminderventil werden ein Drucklufthammer und ein Steuerventil mit Luft von 6 bar Druck versorgt. Die Drucklufthammer-Sonde ist fest mit einem Gleitwagen verbunden, der durch einen Pneumatikzylinder mit Hubgestell gehoben und gesenkt werden kann. Das untere Ende der Sonde besitzt eine schiebbare Spitze. „An dem Rohrschaft befinden sich die seitlichen Druckluftauslaßschlitze. Beim Einführen der Sonde in den Boden wird die bunte Spitze fest auf das untere Ende des Sondenrohrs gepreßt. Die seitlichen Auslaßschlitze liegen dabei im Sondenrohr. Nach Erreichen der gewünschten Eindringtiefe durch das Anheben der Sonde um ca. 30 mm wird der zylindrische Rohrschaft der Spitze aus dem Sondenrohr herausgenommen. Der Luftauslaß ist geöffnet. Damit der entstehende Lockerungseffekt nicht wieder verlorengeht, wird von einem bestimmten Zeitpunkt an über ein Ventil mit der einströmenden Luft ein für die Verbauung geeignetes Granulat (z. B. Styropor) eingepreßt und gegebenenfalls mit organischen oder anorganischen Düngern gemischt. Auf diese Weise lassen sich die entstandenen Hohlräume, Spalten und Risse dauerhaft verbauen. Ein erster Anstoß sorgt also für eine dauerhafte Belüftung und zugleich für die Ableitung des Oberflächenwassers durch geeignete Kanäle oder Adern.

Neue Bearbeitungsrhythmen

Während man Zuckerrüben, Kartoffeln, Hackfrüchte im weitesten Sinne heute mit Schwermaschinen aus dem Boden bricht und dieser erneut atomisiert wird, wollen die „Neu-Bauern" die Wurzelfrüchte mit geeigneten Sonden unterfahren und durch Freigabe von Druckluft unbeschädigt und weich aus dem Boden treiben. Das beschriebene Verfahren soll auch bei Dauerkulturen und Obstgehölzen, also großen Rasenflächen, Apfel- oder Sauerkirsch-Anbauflächen zum Einsatz kommen. Die Experten meinen: „Der günstigste Zeitpunkt für das Lockern, Belüften und Verbauen des Bodens sind der Herbst, der Spätherbst, der Winter, sofern der Boden nicht oder nur ganz gering gefroren ist – aber auch das zeitige Frühjahr kommt in Frage." Es fällt auf, daß die vorgeschlagenen Therapie-Perioden mit Zeiten hoher Bodenfeuchtigkeit zusammenfallen; dann nämlich erfordert das Einbringen der Sonde die geringsten Kräfte.

Wie lange wirken nun solche Lockerungseinsätze? „Das Absetzen des gepflügten und untergrundgelockerten Bodens erfolgt je nach Bodenart und Bodenzustand (Gare) verschieden rasch. Als Maßstab für die Lockerungswirkung wird das Luftporenvolumen angesehen. Es geht in der Regel bei Einsatz der modernen Geräte innerhalb einer Frist von acht bis 16 Wochen nach der Bodenbearbeitung wieder durch den Absetzvorgang auf das Ausgangsmaß zurück." Die mit Styromull oder Styroperl verbauten Lüftungsadern bleiben jedoch jahrelang im Boden erhalten. „Sofern durch wiederholte Anwendung des Verfahrens ein optimal dichtes Netz dieser Versorgungsadern hergestellt sein wird, ist es denkbar, daß die tiefere Bodenlockerung nur noch gelegentlich im Abstand von mehreren Jahren durchgeführt werden muß. Der ruhende Boden, mit feinverzweigten Versorgungsadern für Wasser- und Luftzufuhr versehen, bietet für das Edaphon ideale Voraussetzungen, die eine hervorragende Lebendverbauung und Gare zur Folge haben werden."

Als sicher darf gelten, daß die modernen Bodenbearbeitungstechniken genau auf die Unterstützung natürlicher Regenerationsvorgänge abzielen. Die Hoffnung, daß mit Hilfe von Druckluft, durch Ausblasen und Aufblähen, verfestigte Böden wieder lebendig gemacht werden können, muß sich allerdings erst noch erfüllen. Die Versuche in der Bonner Rheinaue verdienen darum höchste Aufmerksamkeit.

Druckluft im Einsatz gegen das Waldsterben

Ziemlich genau drei Jahre nach der Erstveröffentlichung in Sachen Druckluftpflug haben sich Gedanken und Verfahren sprunghaft weiterentwickelt. Aus dem anfänglichen Gerät, dem handgeführten Pflug, ist längst ein hochtechnisiertes Gebilde geworden: ein noch immer leichtes, inzwischen aber mit eigenem Motor ausgerüstetes Gerät, dessen Einsatzzwecke sich ausgeweitet haben. Die systematische Lockerung der Böden durch Lufteintrag und Auffüllen der Hohlräume mit humusfreundlichem Styroperl wurden in Obstplantagen ausprobiert: so bei der Deutschen Gesellschaft für Großbaumverpflanzung mbH, Frankfurt, aber auch in Weinbergen, wo Maschinen schwer einzusetzen sind und die Zincksche „Handsonde" sich als bedeutsam erwies.

Auf der Hannover Messe 1981 stellte sich die Entwicklung so dar: In Halle 7 (Forschung und Technologie) und in der Sonderschau „Jugend + Technik" waren funktionsfähige Versuchsgeräte zu sehen. 15 Geräte wurden über den Ladentisch verkauft.

Inzwischen traut Zinck seinem „Terralift" getauften Verfahren auch wirtschaftliche Alltagsanwendungen zu und glaubt, unterstützt vom Echo aus den Forstverwaltungen, eine Antwort auf das grassierende Baumsterben, oder weniger dramatisch ausgedrückt, auf den Krankheitsbefall der europäischen Wälder zu haben.

Wenig später, als die Schatten länger und die Angst größer wurden, schrieb der Verfasser folgendes:

„In vielen Gebieten Deutschlands- ganz zu schweigen von Skandinavien – hauptsächlich in Baden-Württemberg (Schwarzwald), im Bayerischen Wald und besonders stark in Nordrhein-Westfalen beginnen die Tannen (und Fichten) ihre Nadeln abzuwerfen und schüttere Zweige zu bekommen. Die Arbeitsgemeinschaft deutscher Waldbesitzer sprach gar von einer 'Bombe mit Zeitzünder' und betonte, auch Laubbäume seien betroffen und reagierten zum Teil sogar noch empfindlicher als Nadelhölzer. Eine Diagnose kann noch nicht gestellt werden. Noch sind die Ursachen (wahrscheinlich sind es mehrere angesichts der Komplexität der Ökologie) unbekannt. Aber 'es gibt da ganz bestimmt zwölf Theorien', schätzt Forstdirektor Peter Weidenbach vom Stuttgarter Ernährungsministerium. 'Die neue, noch unerforschte Seuche ... umweht wie ein apokalyptischer Hauch die Wipfel des deutschen Waldes, der immer noch fast ein Drittel der Republik bedeckt und als letztes, einigermaßen intaktes Öko-System auch im Seelenhaushalt ... eine vorrangige Stelle einnimmt', schrieb DER SPIEGEL in Nr. 29/81 und griff, zusammen mit den meisten Medien, die Theorie vom 'sauren Regen' als Ursache für das Tannen- und Fichtensterben auf.

Ursache saurer Regen?

Gewiß, saurer Regen ist eine Umweltbelastung ersten Grades. Verursacher sind Schwefel- und Stickstoffoxide aus den Rauchabgasen von Industrie und Kohlekraftwerken. Im Jahr 1980 sind allein im Ruhrgebiet 600.000 t Schwefel freigesetzt worden, schätzt der Klimatologe Wilhem Kuttler, der seit 1978 in einer Langzeitstudie an der Ruhruniversität die Auswirkungen des Regenwassers auf säureempfindliche Quarzitverbindungen in Sandstein und Beton untersucht. Im Revier enthält der Regen drei- bis fünfmal soviel Schwefel wie der Niederschlag im Schwarzwald.

Die Aggressivität des sauren Regens ist so groß, daß sich an den noch nicht so alten (Beton-) Gebäuden der Ruhr-Universität in Bochum bereits die schädigenden Wirkungen bemerkbar machen.

Wassermangel?

Nun muß der 'Tannentod', der Stuttgarter Oberforstdirektor Georg Lohrmann spricht lieber von 'Tannenkrankheit' (obwohl sich diese zunehmend auch unter Fichten ausbreitet) und möchte sie nur als 'Indikator' für schädliche Umwelteinflüsse gewertet wissen, die nicht notwendigerweise vom sauren Regen herrühren.

'Die Tanne ist stets einzeln krank, noch nirgendwo stirbt der Wald komplett', beruhigt denn auch Forstdirektor Hans Vogel aus Freiburg. Immerhin treffen zwei wichtige Faktoren – Witterungsschwankungen und veränderte Umweltbedingungen – die Tanne an ihrem wunden Punkt, dem Wassergehalt. Der empfindliche Baum reagiert ausgesprochen anfällig auf Trockenzeiten. Im vergangenen Jahrzehnt z. B. gab es mehrere Jahre mit geringer Winterfeuchte und einige trockene Sommer.

Calcium per Druckluft injizieren

Wie dem auch sei, Erfinder Eugen Zinck geht nun, angeregt durch Forstwissenschaftler, auch die Forstprobleme an. Die Waldfachleute erkannten, daß man mit seiner Druckluftsonde in bepflanzte, dicht verwurzelte Böden eindringen kann, ohne die Zusammenhänge zu stören oder gar zu zerstören. Und daß sich nicht nur Styroperlkügelchen, sondern alle granulierten oder staubförmigen Zuschläge, also auch 'Medikamente' für kranke Wurzelgründe dem bodenlockernden 'Druckluftschuß' beigeben lassen. Zinck denkt an Calcium: Es wirkt auf säurevergiftete Wald- und andere Böden wie ein gezielter Neutralisator; ein Heilmittel also, das über einen chemischen Prozeß das gestörte Gleichgewicht eines Biotops wieder herzustellen in der Lage sein kann.

Besonders schwer wiegt, daß nicht nur einschlagreife Bäume befallen werden. Bei den Tannen sind alle Generationen von der Entnadelung betroffen. Ein Forstmann dazu: 'Wenn uns die alten, die abhiebreifen Bäume allein abgingen, das würde kaum stören – bei gesundem Nachwuchs.' So ist die Baumart im ganzen vom Tod bedroht.

Es ist gelungen, den Druckluftpflug auch in der Behandlung des Biotops Boden einzusetzen, auf dem kranke Tannen und Fichten stehen. Die Luft lockert die Strukturlinien im Boden auf, erweitert sie und trägt genau dort ein, was fehlt, was unterstützt, was neutralisiert und was – hoffentlich – heilt."

Ein Teil der diesen Bericht stützenden Erkenntnisse ist überholt. Man weiß inzwischen, daß nicht der saure Regen allein, daß vielmehr Stickstoffoxid-Belastungen durch fotochemische Prozesse genauso schwer wiegen, daß alles miteinander die Gefahr vervielfacht. Man könnte sagen, Eugen Zinck hat eine Therapie versucht, bevor die Diagnose feststand. Dennoch – er hat einen Weg gewiesen. Was immer man injizieren, den Böden, dem Wurzelwerk eingeben will – die Luft trägt's.

7. Planung einer Kompressorenstation

7.1 Größenbestimmung von Kompressoren

Bei der Größenbestimmung eines Kompressors muß zunächst dessen Maximaldruck festgelegt werden. Danach wird die Förderleistung des Kompressors bei diesem Maximaldruck ermittelt.

7.1.1 Auslegung des Druckes

Die Festlegung des Maximaldruckes für den Kompressor beginnt mit der Feststellung des Druckes, bei dem das zu betreibende Werkzeug oder die zu betreibende Maschine 100 % seiner/ihrer Leistung erbringt. Zu diesem Druck wird dann der Druckverlust der Rohrleitungen zwischen Erzeuger und Verbraucher addiert.

Je nachdem, welche Druckluftqualität das zu betreibende Gerät benötigt, müssen für die Trocknung und Filtration der Luft die jeweiligen Druckverluste hinzugezählt werden. Bei einem Druckluftaufbereitungssytem (z.B. Filter) ist in jedem Fall der maximale Druckverlust zu berücksichtigen.

Das ist unbedingt notwendig, damit beispielsweise selbst kurz vor dem Wechsel eines verschlissenen Filters gewährleistet ist, daß der maximale Betriebsdruck, bei dem das zu betreibende Gerät 100 % seiner Leistung bringt, noch an diesem Gerät ansteht.

Um einen Kompressor oder eine Kompressorstation steuern zu können, arbeitet man in der Regel mit einer Druckdifferenz, d.h. man steuert die Kompressoren zwischen einem Minimal- und einem Maximaldruck, bei dem sich die Kompressoren ein- bzw. ausschalten.

Selbst kontinuierlich geregelte Maschinen, bei denen ein konstanter Druck ausgeregelt wird, brauchen unterhalb und oberhalb des Regeldruckes Grenzwerte. Sie verhindern, daß die geregelten Maschinen gewisse exakt definierte Randbereiche überschreiten, falls der Regelbereich des Kompressors kleiner ist als die Luftverbrauchsschwankungen des Systems. Diese Grenzwerte dienen darüber hinaus auch zum Ein- und Ausschalten eines Kompressors.

Je nachdem, ob ein oder mehrere Kompressoren gesteuert werden sollen oder ob moderne Mikroprozessor-Verbundsteuerungen, angesteuert über PI-Umformer, oder herkömmliche Grundlastwechselschaltungen, angesteuert über Druckschalter oder mechanische Kontaktmanometer, die Gesamtanlage steuern, kann die Schaltdifferenz in einer Kompressorenstation zwischen 0,2 und 2 oder 3 bar liegen. In Spezialfällen, und zwar vor allem bei Hochdruckkompressoren, kann die Schaltdifferenz 10 bar und mehr betragen.

Die Schaltdifferenz ist den Druckverlusten der Aufbereitung, des Rohrleistungssystems und dem Betriebsdruck des Gerätes hinzuzurechnen; das Resultat ergibt dann den Maximaldruck des Kompressors.

Durchschnittswerte sind der Tafel 7.1-1 zu entnehmen.

Beispiel 1 zeigt eine systematische Vorgehensweise, mit der man anhand einer Auflistung der Druckverluste und einem R- und I-Schema möglichst schnell zu dem erwünschten Ergebnis kommt.

Tafel 7.1-1:   Für die Auslegung einer Druckluftstation zu berücksichtigende Differenzdrücke der ins System eingebauten Einzelkomponenten

System	Δ p min. (bar)	Δ p max. (bar)
Rohrleitung	0,1	0,3
Kältetrockner	0,2	0,5
Adsorptionstrockner	0,1	0,3
Vorfilter	0,1	0,6
Submikronfilter	0,1	0,6
Aktivkohlefilter	0,1	0,3
Aktivkohleadsorber	0,1	0,3
Schaltdifferenz Kompressor	0,2	3

7.1.2 Auslegung der Fördermenge

Die Ermittlung der notwendigen Gesamtförderleistung einer Kompressorenstation zählt zu den schwierigsten Planungsaufgaben.

Grundsätzlich sind hier zwei mögliche Verfahrensweisen zu unterscheiden.

7.1.2.1 Einsatz von Altkompressoren zur Ermittlung der Luftverbrauchsmenge

Dem Ersetzen alter Kompressoren durch neue sollte zunächst die Ermittlung des betrieblichen Luftverbrauchs vorausgehen. Sind die zu ersetzenden Kompressoren in einem gutem Wartungszustand, dann kann man durch Einschalten eines Ampereschreibers in die Elektrozuleitung der Kompressoren Vollast-, Leerlauf- und Stillstandszeiten ermitteln.

Durch einen Vergleich der 100 % Förderleistung der Kompressoren mit dem Ausdruck des Ampereschreibers über ein bis zwei Wochen läßt sich der Luftverbrauch feststellen (Bild 7.1-1a + b).

Dies ist natürlich auch durch den Einsatz moderner Datenerfassungssysteme möglich (Bild 7.1-2).

Etwas schwieriger wird es, wenn man aufgrund des Wartungszustandes der Kompressoren nicht mehr sicher sein kann, daß die Anlagen auch nur annähernd ihre Förderleistung erbringen. Hier sollte der Luftverbrauch des Betriebes durch Einschalten eines Verbrauchsmeßgerätes (Meßblende, Venturidüse usw.) und durch Mitschreiben der Luftverbräuche über ein bis zwei Wochen ermittelt werden.

7.1.2.2 Ermittlung der Fördermenge durch Berechnung bei Neuplanung

Bei der Neuplanung eines Betriebes ist es wesentlich problematischer, die korrekten benötigten Förderleistungen der Kompressoren zu ermitteln.

In keinem Fall sollte man sich auf Schätzwerte verlassen, da es auch Fachleuten extrem schwerfällt, den Luftverbrauch von Druckluftgeräten zu schätzen. In jedem Fall ist vom Hersteller der druckluftbetriebenen Geräte der garantierte Luftverbrauch zu erfragen, wobei der genannte Luftverbrauch sich stets auf den entsprechenden Betriebsdruck beziehen sollte.

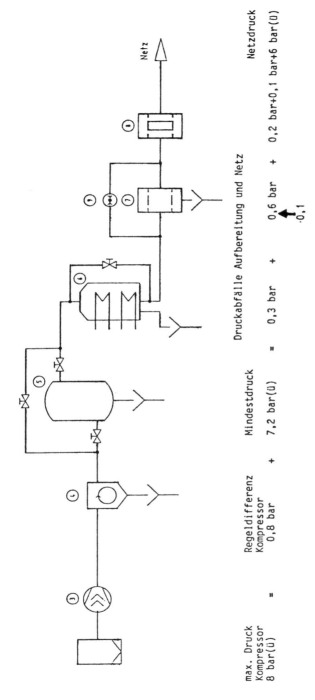

max. Druck   Regeldifferenz   Mindestdruck   Druckabfälle Aufbereitung und Netz   Netzdruck
Kompressor   Kompressor
8 bar(ü)   =   0,8 bar   +   7,2 bar(ü)   =   0,3 bar   +   0,6 bar   +   0,2 bar+0,1 bar+6 bar(ü)

3 Kompressor, 4 Zyklonabscheider (nicht immer erforderlich), 5 Kessel, 6 Kältetrockner, 7 Mikrofeinfilter, 8 Aktivkohlefilter,
9 Differenzdruckmanometer

Beispiel 1:

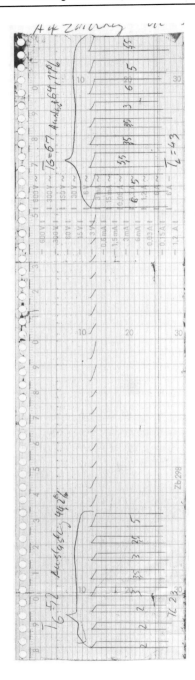

Bild 7.1-1a: Luftverbrauchsmessung durch Aufzeichnung des Ampereverbrauchs

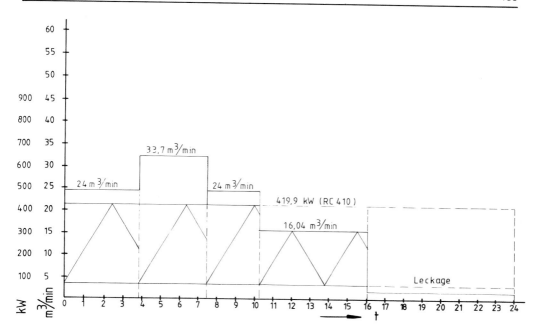

Bile 7.1-1b: Auswertung des Schreibstreifens

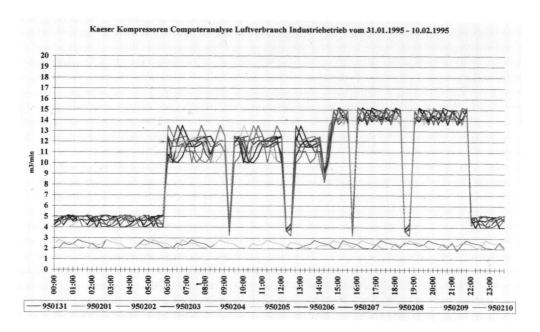

Bild 7.1-2:   Kaeser Kompressoren: Computeranalyse des Luftverbrauches eines Industriebetriebes vom 31.01.1995–
10.02.1995 (Werkbild Kaeser Kompressoren)

In vielen Fällen arbeiten die Maschinen aber nicht 100 % der Arbeitszeit, so daß in jedem Fall der Auslastungsfaktor der einzelnen Maschinen in die Berechnung des Luftverbrauchs mit einzubeziehen ist. Daneben ist auch die Gleichzeitigkeit des Maschineneinsatzes zu berücksichtigen.

In jedem Fall wird es in einem Druckluftnetz Verbraucher, wie z.B. Ausblasepistolen, geben, deren Luftverbrauch nicht eindeutig zu ermitteln ist. Hier sollte – je nachdem, wie häufig solche Geräte in Betrieb sind – ein Zuschlag zu dem ermittelten Luftverbrauch hinzugerechnet werden.

Tafel 7.1-2:   Fragebogen Kompressorauslegung

1.   Kompressoren Maximaldruck

2.   Luftverbrauch Werkzeuge / Maschinen

	Werkzeuge/ Maschinen Gruppe	Einzelluft Verbrauch Werkzeuge Maschinen V_{W1} (m³/h)	Anzahl Werkzeuge W (Stck)	Auslastung AL (%)	Gleich- zeitig- keit (GZ (%)	Luftverbrauch Gruppe $V_{W1} \times W \times \dfrac{AL}{100} \times \dfrac{GZ}{100}$ $= V_{Wg}$ (m³/h)
2.1						
2.2						
2.3						
2.4						
2.5						
2.6						
2.7						
2.8						
2.9						
2.10						
2.11						
2.12						

Gesamtluftverbrauch Werkzeuge / Maschinen

$$V_{Wges} = \quad \text{m³/h} \qquad \dots\dots\dots\dots$$

3.   **Gesamtluftverbrauch Betrieb**

3.1   Sonstige Verbraucher V_{sonst} = ... m³/h

3.2   Leckagen Druckluftnetz V_{Leck} = ... m³/h

3.3   Gesamtluftverbrauch Betrieb V_{ges} = ... m³/h

$$V_{ges} = V_{Wges} + V_{sons} + V_{Leck}$$

$$V_{ges} = \dots + \dots + \dots = \dots \text{m³/h}$$

Ein weiterer, wenn auch unerwünschter Luftverbrauch darf bei der Berechnung nicht vernachlässigt werden. Es sind die Leckagen, die in Anschlüssen, Rohrleitungsnetz und Werkzeugen auftreten.

Sie sollten zwar so gering wie möglich gehalten werden, es gibt aber nur sehr wenige Druckluftnetze, in denen die Leckageraten unter 10 % des Gesamtluftverbrauchs liegen.

Daher ist bei der Berechnung des Luftverbrauchs in der Regel ein Leckageanteil von 10 % hinzuzurechnen. In Gießereien, Schmieden, Bau- und Metallbaufirmen kann dieser Wert bis auf 20 % steigen.

Durch eine tabellarische Auflistung läßt sich der Luftverbrauch auf einfache Weise ermitteln (Tafel 7.1-2).

7.1.3 Aufteilung der Fördermenge auf einzelne Kompressoren

Nachdem der Luftverbrauch ermittelt wurde, muß man sich mit der Aufteilung der benötigten Liefermenge auf einzelne Kompressoren befassen. Trotz ständiger technischer Verbesserungen haben viele Unternehmen, die Druckluft intensiv nutzen und in den Einzelkomponenten wirtschaftlich erzeugen, nach wie vor ein Problem: die großen Luftverbrauchsunterschiede während der einzelnen Schichten.

Selten kann nämlich ein Großkompressor, der den Druckluftbedarf voll abdecken würde, während der gesamten Betriebszeit zu 100 % ausgelastet werden. Der Teillastbetrieb einer solch großen Maschine bedeutet aber immer auch eine Verschlechterung ihrer Gesamtwirtschaftlichkeit.

Darüber hinaus gilt, daß die Regelbarkeit eines Kompressors umso schlechter wird, je größer er ist. Dies gilt in besonderem Maße für Turbokompressoren, die zwar in einem Regelbereich von 10 bis 20 % eine optimale Wirtschaftlichkeit haben, doch vollkommen unwirtschaftlich werden, sobald sie unterhalb dieses Regelbereichs arbeiten. Dasselbe trifft für große Verdrängerverdichter zu, deren Schalthäufigkeit mit wachsender Größe abnimmt und die es somit dem Betreiber nicht ermöglichen, Luftverbrauch und Förderleistung durch eine niedrige Schaltdifferenz einander anzugleichen. In vielen Fällen hat das eine Erhöhung des Enddrucks und damit einen höheren Energieaufwand zur Folge. In diesem Zusammenhang sei daran erinnert, daß 1 bar Druckerhöhung ca. 6 % Energiemehrverbrauch verursacht.

Eine gute Lösungsmöglichkeit bietet da die Lastverteilung auf mehrere kleinere Kompressoreneinheiten.

Hierzu ein Beispiel:

In einem Unternehmen, das in der ersten Schicht 100 m³/min Luft verbraucht, jedoch in der zweiten Schicht nur 75 m³/min und in der dritten Schicht nur 50 m³/min, gibt es fünf Möglichkeiten für die Aufteilung der Druckluftversorgung auf verschiedene Kompressorengrößen. Für jede Arbeitsschicht ergeben sich je nach Aufteilung unterschiedliche Auswirkungen (Bild 7.1-3).

1. Ein Kompressor mit einer Liefermenge von 100 m³/min

    1. Schicht: – gute Wirtschaftlichkeit

                       – keine Absicherung

    2. Schicht: – Anlage geht in Teillastbereich

                       – Verschlechterung der Wirtschaftlichkeit

                       – keine Absicherung

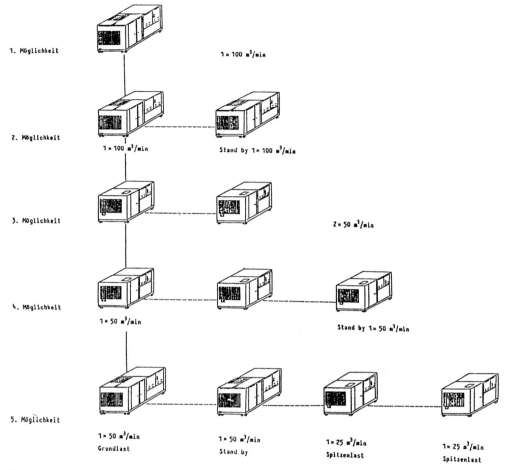

1. Möglichkeit   1 × 100 m³/min

2. Möglichkeit
1 × 100 m³/min   Stand by 1× 100 m³/min

3. Möglichkeit   2 × 50 m³/min

4. Möglichkeit
1 × 50 m³/min   Stand by 1× 50 m³/min

5. Möglichkeit
1 × 50 m³/min   1 × 50 m³/min   1× 25 m³/min   1× 25 m³/min
Grundlast   Stand by   Spitzenlast   Spitzenlast

Bild 7.1-3:   Aufteilungsmöglichkeiten des Maschinenparks bei Druckluftversorgung mit mehreren Kompressoreneinheiten und max. Druckluftbedarf von 100 m³/min (Werkbild Kaeser Kompressoren)

    3. Schicht: – Anlage zu 50 % ausgelastet

                      – nochmalige Verschlechterung der Wirtschaftlichkeit

                      – keine Absicherung.

2. Zwei Kompressoren mit einer Liefermenge von 100 m³/min

    1. Schicht: – gute Wirtschaftlichkeit

                      – vollkommene Sicherheit vorhanden

    2. Schicht: – Anlage geht in Teillastbereich

                      – Verschlechterung der Wirtschaftlichkeit

                      – vollkommene Sicherheit vorhanden

3. Schicht: – Anlage zu 50 % ausgelastet

                 – nochmalige Verschlechterung der Wirtschaftlichkeit

                 – vollkommene Sicherheit

3. Zwei Kompressoren mit einer Liefermenge von je 50 m^3/min

   1. Schicht: – gute Wirtschaftlichkeit

                 – keine Absicherung

   2. Schicht: – eine Anlage geht in Teillastbereich

                 – nur geringfügige Verschlechterung der Wirtschaftlichkeit

                 – teilweise Absicherung

   3. Schicht: – Vollast der Grundlastmaschine

                 – gute Wirtschaftlichkeit

                 – 100 % Absicherung

4. Drei Kompressoren mit einer Liefermenge von je 50 m^3/min

   1. Schicht: – gute Wirtschaftlichkeit

                 – vollkommene Absicherung durch Standby-Anlage

   2. Schicht: – Spitzenlastanlage geht in Teillastbereich

                 – nur geringfügige Verschlechterung der Wirtschaftlichkeit

                 – 100 % Sicherheit durch Standby-Anlage

   3. Schicht: – gute Wirtschaftlichkeit

                 – Grundlastmaschine voll ausgelastet

                 – 200 % Sicherheit

5. Zwei Kompressoren mit je 50 m^3/min Liefermenge und zwei Kompressoren mit je 25 m^3/min Liefermenge

   1. Schicht: – gute Wirtschaftlichkeit

                 – vollkommene Absicherung durch Standby-Anlage

   2. Schicht: – Grundlast 1 x 50 m^3/min

                 – Spitzenlast 1 x 25 m^3/min

                 – 100 % Sicherheit durch Standby-Anlage

                 – keine Anlage arbeitet im Teillastbereich

   3. Schicht: – gute Wirtschaftlichkeit

                 – Grundlastmaschine voll ausgelastet

                 – 200 % Sicherheit.

Dieses Beispiel beweist, daß die Kompressoranlagen durch richtige Größenbestimmung optimal an den wechselnden Luftverbrauch im Betrieb angepaßt werden können. Das gilt um so mehr, wenn die Anlagen mit der richtigen Steuerung bzw. Regelung ausgerüstet sind, z.B.:

- Dual-/Quadroregelung
- Gleichstromregelung
- Frequenzumrichterregelung
- Drosselklappenregelung
- Hydraulikkupplung

Leistungsbedarf Kompressoranlage (Schraubenkompressor)
bei 50 % Förderleistung

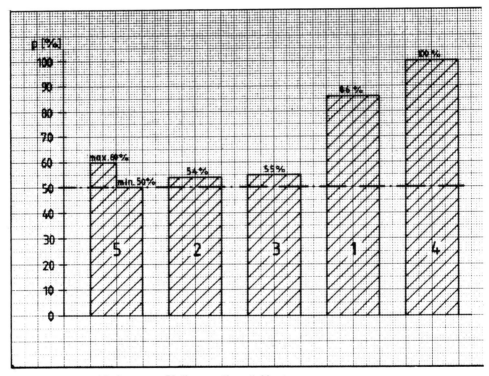

——·—— Liefermenge 50 % gegenüber Vollast

[//////] Leistungsbedarf der Gesamtanlage bei Liefermenge 50 %

1   Drosselklappenregelung
2   Gleichstromregelung
3   Frequenzumrichtung
4   Hydraulikkupplungsregelung
5   Quadroregelung

Bild 7.1-4:   Leistungsbedarf Kompressoranlage (Schraubenkompressor) bei 50 % Förderleistung (Werkbild Kaeser Kompressoren)

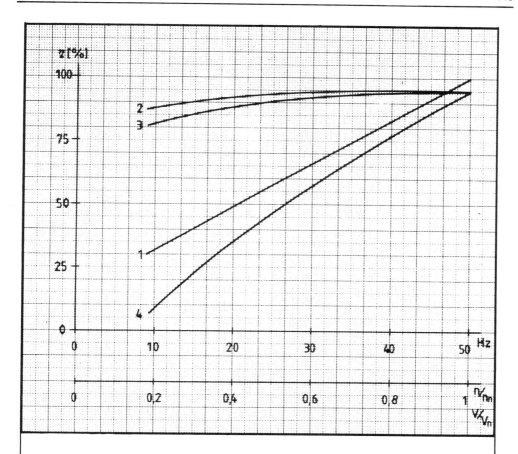

η wurde als Wirkungsgrad der Gesamtanlage aufgezeichnet.

Nicht berücksichtigt wurde der Motorwirkungsgrad, da dieser bei allen
Motoren in dieser Größe mit 0,95 angesetzt werden kann.

  1 Drosselklappenregelung
  2 Gleichstromregelung
  3 Frequenzumrichtung
  4 Hydraulikkupplungsregelung

Bild 7.1-5: Wirkungsgrad kontinuierlicher Schraubenverdichtersteuerung (Werkbild Kaeser Kompressoren)

7.1.4 Übergeordnete Steuerung der Kompressoren

Die Verteilung der Drucklufterzeugung auf mehrere Kompressoren hatte früher den Nachteil, daß das gestaffelte Einschalten der Anlagen lediglich über Membrandruckschalter oder mechanische Kontaktmanometer möglich war. Diese benötigten aufgrund ihrer geringen Wiederholgenauigkeit und ihrer großen Schalthysterese zwischen den einzelnen Schaltpunkten Druckabstände von 0,2 oder 0,3 bar.

Somit war bei einer Schaltkaskade für vier Kompressoren eine Schaltdifferenz von 1,5 bar notwendig. Diese Schaltdifferenz mußte auf den mindestens erforderlichen Betriebsdruck vor der Aufbereitung aufgeschlagen werden und erhöhte somit die Energiekosten der Kompressorenstationen verglichen mit einer Aufteilung auf nur zwei Kompressoren um ca. 5 %: Diese benötigten nämlich nur eine Schaltdifferenz von 0,9 bar (Bild 7.1-6).

Wird dagegen heute der Luftverbrauch auf nicht mehr als vier Kompressoren aufgeteilt und sind nicht mehr als zwei Maschinengrößen vorhanden, so besteht die Möglichkeit, diese Kompressoren sehr kostengünstig über eine mit PI-Umformer ausgestattete Steuerung größenabhängig zu steuern, die Schaltdifferenz auf 0,7 und die Schaltabstände auf 0,1 bar zu reduzieren (Bild 7.1-7).

Großsteuerungen können bereits bis zu 16 Kompressoren – auch in verschiedenen Druckluftnetzen – mit unterschiedlichen Drücken und einer Differenz von ±0,1 bar steuern. Eine moderne Elektronik ermöglicht dabei eine Bedienungsfreundlichkeit , wie sie von Grundlastwechselschaltungen bekannt ist (Bild 7.1-8).

Moderne, mit PI-Umformer und einer anwendergerechten Software ausgestattete Mikroprozessor-Verbundsteuerungen erlauben es, unterschiedliche Kompressorengrößen schichtabhängig anzusteuern oder die Drucklufterzeugung individuell nach dem Luftverbrauch auszurichten. Im Gegensatz zu bisherigen Steuerungen können sie nahezu beliebig viele Kompressoren in einem

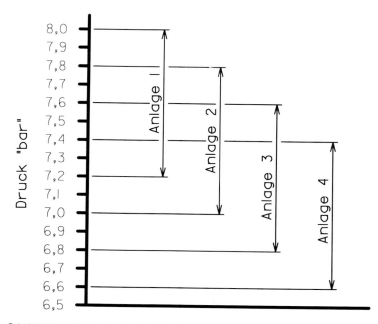

Bild 7.1-6: Schaltkaskade für Grundlastwechselschaltungen mit Membrandruckschaltern

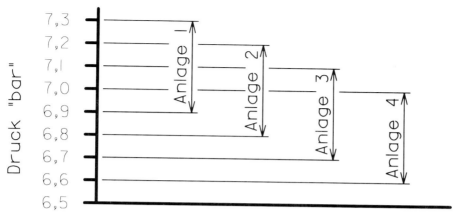

Bild 7.1-7: Schaltkaskade für moderne Grundlastwechselschaltungen (MAC 41 von Kaeser Kompressoren)

Druckbereich ansteuern, so daß die zur gezielten Ansteuerung eines Kompressors bislang erforderliche Kaskade entfällt und so der Gesamtschaltbereich auf die Schaltdifferenz eines Kompressors reduziert werden kann.

Der Einsatz elektronischer Druckaufnehmer und SPS-Steuerungen ist jedoch mit Vorsicht zu genießen. Eine gute Elektronik erfordert nämlich immer noch gewisse Betriebs- und Umgebungsbedingungen wie Staubfreiheit, Erschütterungsfreiheit und normale Temperaturen, die in einem Kompressorenraum oder an einem Kompressor meist nicht gegeben sind. Da häufig auch ältere Kompressoren verschiedener Bauarten vorhanden sind, die in die Gesamtsteuerung eingebunden werden sollen, ist ein einzelner Kompressor mit eingebauter Elektronik nicht in der Lage, sein volles Können zu entfalten.

Aus heutiger Sicht stellt folglich eine robuste und wartungsfreundliche Schützsteuerung die optimale Lösung dar, wie sie in erprobten Kompressoren verwendet wird. Die Schützsteuerung der einzelnen Kompressoren wäre dann durch eine leistungsfähige übergeordnete Elektronik, die durchaus in einer Leitwarte plaziert werden kann, miteinander zu verschalten. Bei Störungen könnte dann auf die herkömmliche Kompressorensteuerung umgeschaltet werden.

Dieses System hat den Vorteil, daß auch ältere Maschinen in die neue, moderne und wirtschaftlich arbeitende Schaltung integriert werden können. Die Vorzüge einer übergeordneten Elek-

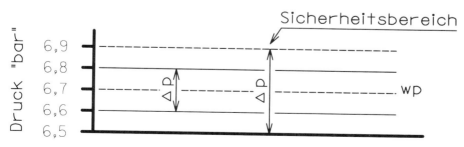

Bild 7.1-8: Druckbandsteuerung einer Verbundsteuerung (Vesis oder MVS von Kaeser Kompressoren)

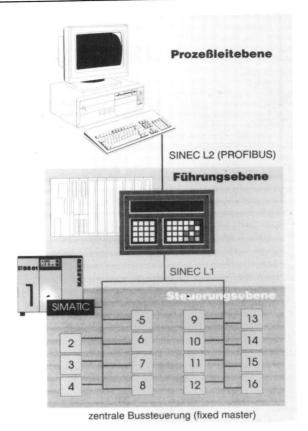

Bild 7.1-9: Steuerprinzip einer Verbundsteuerung auf Sinatic-Basis (Vesis von Kaeser Kompressoren)

tronik als Verbundsteuerung sind Einsparung von Energie, gleichmäßige Maschinenauslastung, Verlängerung der Wartungsintervalle der Kompressoren und wesentlich niedrigere Gesamtkosten.

Verfügt ein Betrieb über eine zentrale Leittechnik, so sollte sowohl der einzelne Kompressor als auch die übergeordnete Steuerung mit einem kompatiblen System, z.B. Simatic, ausgerüstet sein (Bild 7.1-9).

Zur Steuerung einer Kompressorenstation kann allerdings nicht jede beliebige Software eingesetzt werden. Sie muß vielmehr den speziellen Anforderungen zur Steuerung von Kompressoren gerecht werden.

So ist es notwendig, daß die Steuerung neben einer Anzeige des momentanen Ist-Druckes eine Systemwerterfassung bezüglich Maximal- und Minimaldruck über eine gewisse Zeitspanne hat. Automation sowie unterschiedliche Einschalthierarchien für Grund-, Mittel- und Spitzenlastkompressoren müssen je nach Luftverbrauch programmiert werden können. Ebenso müssen Störungs- und Wartungsmeldungen der Kompressoren erfaßt und angezeigt werden können sowie die Verbindung zu einer zentralen Leittechnik (ZLT) gewährleistet sein.

Darüber hinaus bietet es sich an, die Steuerung mit MSR-Technik zu kombinieren, die sämtliche Vorgänge innerhalb der Druckluftstation, sei es bei den Kompressoren, Trocknern, Filtern oder

Spezifischer Leistungsbedarf in kW/m³ für eine
Liefermenge zwischen ca. 3 und ca. 15 m³/min.
Obere Kurve: frequenzumrichter-geregelte Maschine
mit hohem Basis-Energiebedarf.
Untere Kurve: Zwei Standard-Kompressoren, Förder-
leistung 9 und 6 m³/min, gesteuert über eine moderne
Kompressor-Leittechnik Typ KAESER VESIS, mit
guter Grundwirtschaftlichkeit.
Schraffur: Erreichte Energieeinsparung durch die
beiden kleineren Anlagen mit Teillastregelung.

Bereich 1: der Kompressor mit 6 m³/min Liefermenge
läuft als Grundlastmaschine, der Kompressor mit 9 m³/min
steht still.
Bereich 2: der Kompressor mit 9 m³/min läuft als Grundlastmaschine, der Kompressor mit 6 m³/min erfüllt
Stand-by-Funktion.
Bereich 3: Der Kompressor mit 9 m³/min läuft als Grundlastmaschine, der Kompressor mit 6 m³/min deckt die
Spitzenlast ab.

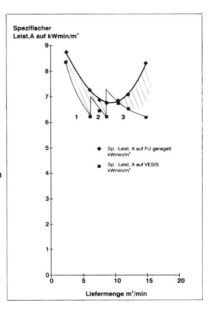

9

Bild 7.1-10: Leistungsvergleich: eine liefermengengeregelte Maschine gegenüber zwei Kleinkompressoren mit übergeord-
neter Steuerung

**Prozentuale
Darstellung der
Leistungsnutzung
in Liefermengen-
Teillastbereichen**

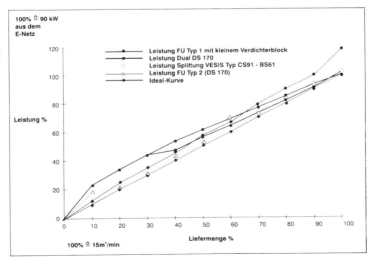

Bild 7.1-11: Steuerungen und Verbundsysteme – Prozentuale Darstellung der Leistungsnutzung in Liefermengen-
Teillastbereichen

bei der Kondensatableitung und -aufbereitung erfaßt und eventuelle Störung anzeigt oder an eine ZLT weitermeldet.

Solche modernen Mikroprozessor-Verbundsteuerungen können häufig sehr kostengünstig komplizierte Regelungen in Kompressoren ersetzen. Sie bieten außerdem die Möglichkeit, die jeweils benötigte Druckluftmenge durch Lastverteilung auf mehrere kleinere Kompressoren sehr wirtschaftlich zu erzeugen (Bild 7.1-10 und 7.1-11).

7.2 Größenbestimmung der Druckluftaufbereitung

Wie bereits in Kapitel 3 dargelegt, muß Druckluft für die meisten Anwendungen aufbereitet werden, wenn ihr Einsatz wirklich wirtschaftlich sein soll.

Häufig wird dabei aber nicht auf eine einheitliche Auslegung der einzelnen Komponenten wie Kompressor, Trockner, Filter und Rohrleitungsnetz geachtet. In diesen Fällen ist dann eine sichere, wirtschaftliche und qualitativ hochwertige Drucklufterzeugung und -aufbereitung nicht möglich.

Oft wird auch vergessen, daß die Liefermengen der Kompressoren auf den entspannten Zustand bezogen sind und daß durch Rohrleitungen und Aufbereitungsysteme der um das absolute Verdichtungsverhältnis verkleinerte Volumenstrom fließt.

Bei einem Kompressor mit einer effektiven Liefermenge von 1000 m³/h und einem absoluten Enddruck von 5 bar fließt ein Betriebsvolumen von 200 m³/h durch die nachgeschalteten Systeme. Würde jedoch der Kompressor mit der gleichen Liefermenge von 1000 m³/h diese Luftmenge auf einen absoluten Druck von 10 bar verdichten, dann würden lediglich 100 m³/h durch die anschließenden Rohrleitungen fließen.

Die meisten Aufbereitungssysteme sind heute von ihrem nominalen Durchsatzvolumen, das Prospekten und technischen Datenblättern zu entnehmen ist, auf einen Betriebsüberdruck von 7 bar (Absolut-Druck 8 bar) ausgelegt. Fährt ein Betreiber mit einem niedrigeren Druck als 7 bar, so kann er davon ausgehen, daß er in der Regel die Aufbereitungssysteme größer wählen muß. Fährt er mit einem Druck über 7 bar, so verkleinern sich in der Regel die erforderlichen Leistungsgrößen der Systeme gegenüber den Nenndaten im Prospekt.

Korrekturtabellen, die vielen technischen Datenblättern beigeheftet sind, helfen hier und sind auf jeden Fall zu beachten. Sind sie nicht verfügbar, so müssen sie unbedingt beim Lieferanten angefordert werden.

Ebenso ist zu beachten, daß nicht der maximale, sondern der minimale Betriebsdruck die ausschlaggebende Größe für die Auslegung eines Aufbereitungssystems ist. Wird zum Beispiel einem Kompressor mit 7,5 bar Maximalüberdruck und einer Schaltdifferenz von 0,5 bar ein Kältetrockner nachgeschaltet, so ist dieser Kältetrockner nicht auf einen Eintrittsüberdruck von 7,5 bar, sondern von lediglich 7 bar auszulegen.

7.2.1 Zyklonabscheider

Zyklonabscheider sollten in keinem Fall für den Gesamtvolumenstrom einer Druckluftstation ausgelegt, sondern jedem Kompressor direkt nachgeschaltet sein, da die Kondensatabscheidung von der Strömungsgeschwindigkeit im Abscheider abhängt (Bild 7.2-1).

Ein Zyklonabscheider, der in der Hauptabgangsleitung der Druckluftstation installiert ist, wäre entweder zu klein oder zu groß dimensioniert, da er ständig mit Teilliefermengen beaufschlagt würde. Er würde daher seinen optimalen Wirkungsgrad nur in Ausnahmefällen erreichen (Bild 7.2-2).

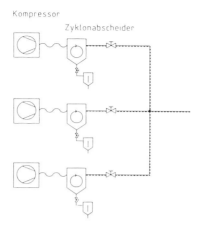

Richtige Zuordnung der Zyklonabscheider
zu den Kompressoren

Bild 7.2-1: Richtige Zuordnung der Zyklonabscheider zu den Kompressoren

Dagegen können Zyklonabscheider, die den Kompressoren direkt nachgeschaltet sind, exakt auf die Förderleistung des jeweiligem Kompressors ausgelegt werden und erreichen somit eine optimale Abscheidewirkung.

Die Auslegung eines Zyklonabscheiders ist dann richtig, wenn er bei maximaler Durchströmung einen Druckverlust zwischen 0,05 bar und 0,1 bar aufweist. Er beeinträchtigt somit kaum das Leistungsvermögen des Kompressors, und die Strömungsgeschwindigkeiten liegen in dem Bereich, in dem sich Wassertröpfchen optimal von der Luft trennen lassen.

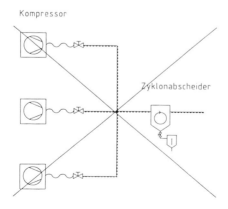

Falsche Zuordnung des Zyklonabscheiders
zu den Kompressoren

Bild 7.2-2: Falsche Zuordnung des Zyklonabscheiders zu den Kompressoren

Bild 7.2-3: Wassersack zur Kondensatabscheidung in einer Druckluftsammelleitung nach den Kompressoren

Zyklonabscheider sind für fast alle Kompressoren ein Muß. Einzige Ausnahme bildet hier der öleingespritzte Schraubenverdichter, bei dem laut VBG 16 ein Wasserabscheider nach dem Nachkühler angebracht werden muß, da bei ihm ein zur Kondensatabscheidung geeignetes Rohrleitungs- oder Kesselsystem ausreicht. Diese Abscheidesysteme können durchaus in der Sammelleitung der Kompressoren eingebaut sein, da ihre Wasserabscheidungsfunktion nicht an eine bestimmte Strömungsgeschwindigkeit gebunden ist. Ihr Abscheidegrad verbessert sich der mit sinkender Strömungsgeschwindigkeit der Luft, die in keinem Fall über 5 m/s liegen sollte (Bild 7.2-3 und 7.2-4).

Bild 7.2-4: Kessel als Kondensatabscheider nach den Kompressoren

Da Zyklonabscheider lediglich denjenigen Wasseranteil aus der Luft abscheiden können, der zuvor im Nachkühler auskondensiert wurde, ist es besonders wichtig, den Abscheider im kalten Bereich der Druckluftstation zu installieren. Er sollte in gar keinem Fall innerhalb der Schalldämmhaube einer Kompressor-Kompakteinheit angebracht sein, da es hier sonst zu einer Rückerwärmung des Luftstroms käme. Weiterhin sollte er auch keinesfalls im warmen Abluftstrahl der Kühlluft eines luftgekühlten Kompressors angebracht sein. Dies würde ebenfalls zu einer Rückerwärmung der Druckluft und zu einer erneuten Verdampfung des bereits ausgeschiedenen Kondensats führen und die Effektivität des Zyklonabscheiders deutlich herabsetzen.

7.2.2 Trockner

Bei den Trocknern muß außer dem Auslegungsdruck auch noch die Drucklufteintrittstemperatur beachtet werden. Andernfalls kann es zu einer ungenügenden Trocknung oder gar zu einer Zerstörung des Trockners kommen.

7.2.2.1 Kältetrockner

Neben der Drucklufteintrittstemperatur und dem Drucklufteintrittsdruck sind beim Kältetrockner auch noch die Temperaturen des jeweiligen Kühlmediums zu beachten. Da Kältetrockner Kälteaggregate enthalten, die nur eine gewisse, vom verwendeten Kühlmedium abhängende Kälteleistung zur Verfügung haben, sind auch dessen Temperaturen zu berücksichtigen. Besonders kritisch ist dies bei größeren luftgekühlten Trocknern. Kann nämlich ein Kältetrockner die ihm über die Druckluft zugeführte Wärmemenge nicht genügend abbauen, so ergibt sich eine Taupunkterhöhung. Das kann dazu führen, daß die Druckluft noch eine Restfeuchte behält, die einen erneuten Kondensatausfall in der Rohrleitung verursacht. Kältetrockner haben jedoch den Vorteil, daß im Überlastungsfall nicht unbedingt mit einer Zerstörung des Gerätes zu rechnen ist.

Diese Trockner sollten in der Regel hinter Zyklonabscheidern und Druckbehälter installiert werden, denn diese wirken als Grobabscheider und können, vorausgesetzt, der Kompressor verfügt über einen guten Nachkühler, schon 60 bis 80% des aus der Druckluft auszuscheidenden Kondensats vom Luftstrom trennen (Bild 7.2-5). Dies gilt, solange der Betrieb einen kontinuierlich schwankenden Luftverbrauch hat, der nie über die Gesamtkompressorenleistung hinausgeht.

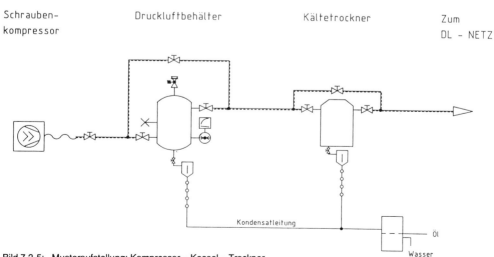

Bild 7.2-5: Musteraufstellung: Kompressor – Kessel – Trockner

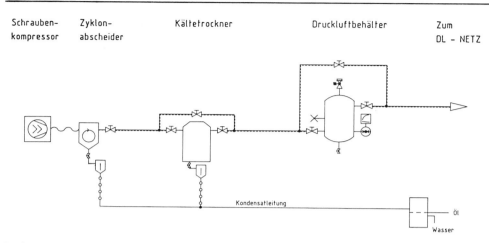

Bild 7.2-6: Musteraufstellung: Kompressor – Zyklonabscheider – Trockner – Kessel

In Ausnahmefällen, d. h. bei stark schwankenden Luftverbräuchen, die diskontinuierlich auftreten, wie z. B. beim Sandstrahlen, Filterreinigen oder pneumatischen Transport, sollte jedoch der
Kältetrockner nach dem Zyklonabscheider und vor dem Druckbehälter installiert werden (Bild 7.2-
6). Hier können nämlich kurzzeitig größere Luftmengen aus dem Druckbehälter herausgeführt werden, die eine kurzfristige Überlastung eines nach dem Kessel installierten Kältetrockners bewirken
würden. Bei dieser Aufstellung steht dem Kältetrockner jedoch nicht mehr die schützende Wirkung
(Rückkühlung) durch den vorgeschalteten Druckbehälter zur Verfügung. Daher muß seine Auslegung überprüft und möglicherweise bei der Auslegung eine bis 5 K höhere Drucklufteintrittstemperatur angesetzt werden.

7.2.2.2 Adsorptionstrockner

Ebenso wie beim Kältetrockner sind auch beim Adsorptionstrockner neben der durchzusetzen-
den Menge der Eintrittsdruck und die Eintrittstemperatur des Mediums für die Auslegung ausschlaggebend.

Im Gegensatz zu modernen Kältetrocknern, die keinen Schutz durch Vorfilter benötigen, muß
vor einem Adsorptionstrockner in jedem Fall ein Vorfilter installiert werden, der bereits ausgeschiedene Wasser- und Ölteilchen sowie Feststoffe vom Adsorbens fernhält, da sonst erhöhter Verschleiß auftritt. Ebenso sollte nach dem Adsorptionstrockner ein Filter installiert werden, damit die
Abriebteilchen des Adsorbens nicht die nachgeschalteten Druckluftsysteme verunreinigen.

Adsorptionstrockner dürfen im Gegensatz zu Kältetrocknern nicht überlastet werden, da dies
zur Zerstörung des Adsorptionsmittels führen kann. Sie sind somit auf die maximalen Drucklufteintrittstemperaturen des Jahres, die maximalen Luftdurchsatzmengen und den niedrigsten Eintrittsdruck auszulegen. Eine Mißachtung dieser drei Punkte führt unweigerlich zur Fehlfunktion des Adsorptionstrockners.

Ebenfalls im Gegensatz zum Kältetrockner, bei dem das Kondensat abgeleitet wird, nimmt das
Adsorbens des Adsorptionstrockner das Wasser auf. Folglich muß es nach einer gewissen Zeit (bei
kaltregenerierten Adsorptionstrocknern nach fünf Minuten, bei warmregenerierten mitunter nach 8
Stunden) wieder aus dem Adsorbens entfernt werden. Hierzu ist Regenerationsenergie erforder-

Tafel 7.2-1:   Physikalisch bedingte Regenerationsluftmengen in % des maximal durchgesetzten Druckluftvolumens

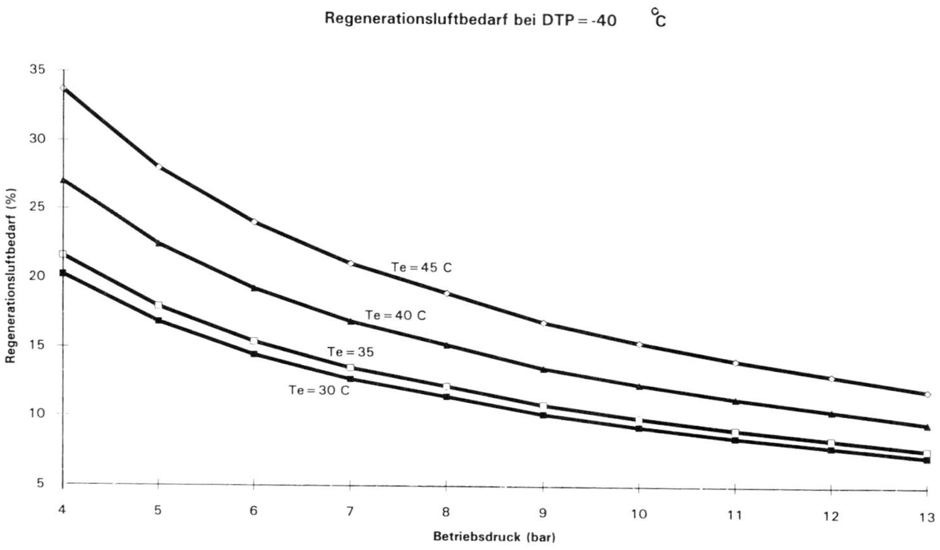

Regenerationsluftbedarf bei DTP = -40   °C

lich. Je nach System wird ein Teil der Druckluft als Spülluft verwendet oder zusätzliche Heizenergie eingesetzt.

Bei kaltregenerierten Trocknern kann man davon ausgehen, daß je nach Eintrittsbedingungen (Temperatur/Druck) 10 bis 30 % der durchgesetzten Druckluft wieder als Regenerationsluft verwendet werden.

Je höher die Eintrittstemperaturen und je niedriger der Eintrittsdruck sind, desto mehr Spülluft muß prozentual angesetzt werden (Tafel 7.1-1). Diese Regenerationsluftmengen sind sowohl bei der Auslegung der Kompressoren- als auch der Trocknergrößen voll zu berücksichtigen.

Bei intern warmregenerierten Adsorptionstrocknern reduziert sich die als Spülluft einzusetzende Druckluftmenge und beträgt dann nur 5 bis 8 %. Allerdings ist hier noch die elektrische Energie zur Beheizung des Systems hinzuzurechnen.

Extern warmregenerierte Adsorptionstrockner werden durch erwärmte Gebläseluft regeneriert. Die Beheizung geschieht durch Elektroenergie, Dampf, Kompressorenverdichtungswärme oder andere Wärmequellen. Zur Rückkühlung werden ca. 2 % Druckluft verwendet. Moderne Druck-Vakuumtrockner benötigen zur Rückkühlung keine Druckluft.

Auch bei der Auslegung eines Adsorptionstrockners gelten im übrigen die Korrekturtabellen von Temperatur und Druck. Sie sind in jedem Fall beim Hersteller anzufordern.

7.2.3 Filter

Zunächst einmal muß klar die Korngröße definiert werden, die aus dem System herausgefiltert werden soll. Korrekturfaktor des Filters ist der Druck, lediglich im Falle von Drucklufteintrittstemperaturen über 50 °C im Filter muß dies zusätzlich bei der Materialzusammensetzung der Filter berücksichtigt werden. Ebenso muß die Filtergenauigkeit bezüglich Fremdstoffen, die bei höheren

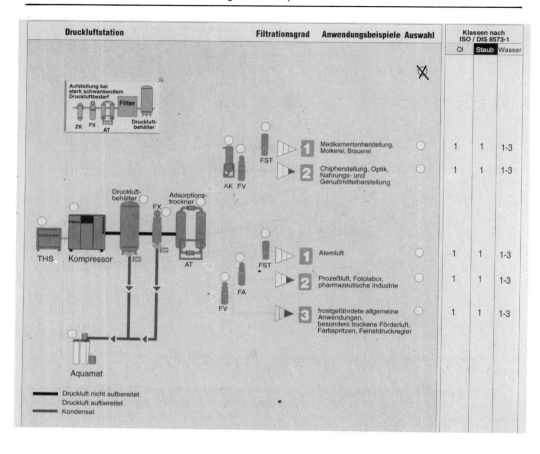

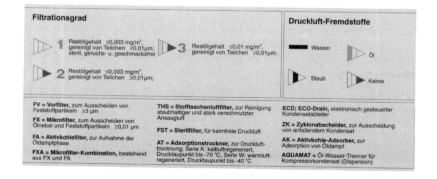

Bild 7.2-7/1: Aufbereitungsmöglichkeiten bei gewünschten Drucktaupunkten unter 0 °C

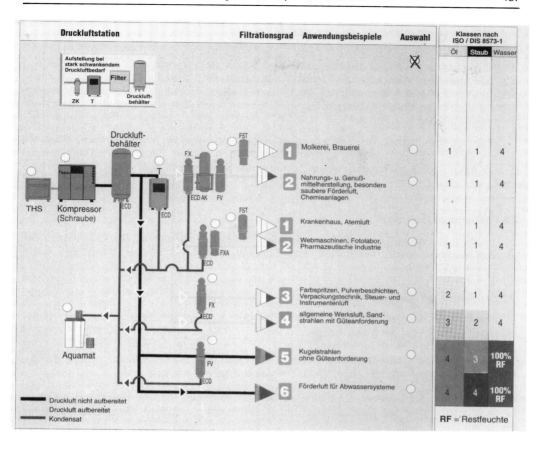

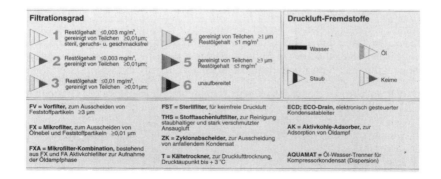

Bild 7.2-7/2: Aufbereitungsmöglichkeiten bei gewünschten Drucktaupunkten von ≥ +3 °C

Temperaturen verdunsten (Öl- und Wassertröpfchen), im Temperaturbereich über 20 °C korrigiert werden.

Mit Ausnahme von Aktivkohlefiltern und Aktivkohleadsorbern separieren Filter lediglich Partikel, d. h. auskondensierte Teilchen oder Feststoffe aus der Druckluft. Eine Erhöhung der Drucklufttemperatur wird eine Verschlechterung des Filterwirkungsgrades ergeben. Aus diesem Grund müssen Aktivkohleadsorber, konstante Standzeiten vorausgesetzt, auch über die Drucklufteintrittstemperatur korrigiert werden.

Filter sind Feinstaufbereitungssysteme und sollten in der Regel nach der Trocknung eingesetzt werden, da sie vor der Trocknung zu schnell verschleißen würden. Einzige Ausnahme stellt der Einsatz eines Submikronfilters vor einem Adsorptionstrockner dar, da er hier zum Schutz des Adsorptionstrockners dient.

7.2.4 Zusammenfassung

Um die Aufbereitung wirtschaftlich zu gestalten, sollten die geforderten Reinheitsklassen eingehalten werden. Dies kann mit Ausnahme der Trocknung auch dezentral geschehen (Bild 7.2-7).

7.3 Größenbestimmung der Kessel

Der Druckbehälter oder Kessel gehört zu den wichtigsten Bestandteilen eines Druckluftsystems. Er wurde früher bei Kolbenkompressorenstationen hauptsächlich dazu benötigt, die Pulsation der geförderten Luft einzudämmen. Diese Funktion wird heute kaum mehr benötigt, da z. B. Schraubenkompressoren, die inzwischen in der überwiegenden Zahl der Anwendungsfälle die alten Kolbenkompressoren ersetzt haben, die Luft nahezu pulsationsfrei fördern.

Die Aufgabe, die Druckluft abzukühlen und als Grobabscheider das Kondensat aus der Druckluft herauszuholen, ist dem Druckbehälter jedoch auch in vielen modernen Kompressorenstationen geblieben.

Die häufig gestellte Frage, ob sich ein zu großer Druckbehälter negativ auf den Betrieb eines Druckluftsystems auswirkt, läßt sich nur so beantworten: Ein zu großer Druckbehälter kann die Wirtschaftlichkeit eines Druckluftsystems verbessern. Ein zu kleiner Behälter dagegen kann das System funktionsuntüchtig machen.

Bei der Aufstellung großer Druckbehälter ergibt sich für den Betreiber oft das Problem mangelnden Platzes. Er sollte es auf gar keinen Fall durch Unterschreiten der erforderlichen Behältermindestgröße lösen, denn damit sind Störungen der Druckluftversorgung praktisch schon vorprogrammiert. In solchen Fällen wäre die Außenaufstellung der Druckbehälter eine Lösungsmöglichkeit, allerdings müßten dann die Kondensatableiter beheizbar sein, um sie vor Frost zu schützen.

Natürlich gibt es auch zu dieser Regel eine Ausnahme, die vor allem auf Großbetriebe zutrifft. Diese Betriebe haben oft 5 bis 10 oder gar 20 km lange Rohrleitungen mit DN 400 oder DN 500. In diesen Fällen stellt schon das Rohrleitungssystem ein gewaltiges Speichervolumen dar, und das erklärt auch, weshalb bei den größten Druckluftstationen in der Regel kaum Druckbehälter vorzufinden sind.

Bei kleinen und mittleren Betrieben sind dagegen die Rohrleitungsdimensionen so gering, daß sie kaum ein anrechenbares Speichervolumen darstellen. Bei diesen Betriebsgrößen erfüllt der Kessel weitere Funktionen (Bild 7.3-1).

Bild 7.3-1: Standardaufstellung: 2 Schraubenkompressoren je 7–12 m³/min Förderleistung → Kessel → Kältetrockner

7.3.1 Kessel zur Kompressorensteuerung

Das Puffervolumen eines Kessels kann dazu dienen, die Schalthäufigkeit der Kompressoren zu reduzieren. Nicht zuletzt aus Gründen der Energieeinsparung versucht man heute nämlich, mit möglichst kleinen Schaltdifferenzen der Kompressoren auszukommen. Um die maximale Schalthäufigkeit des Spitzenlastkompressors nicht zu überschreiten, ist eine Berechnung zur Optimierung des Verhältnisses zwischen Behältervolumen und Kompressorliefermenge erforderlich:

– VB = Behältervolumen in m³

– ΔP = Schaltdifferenz des Kompressors in bar

– Z = zulässige Schaltspiele des Kompressors bei Durchlaufbetrieb bzw. des Motors bei Aussetzbetrieb pro Stunde

– $\dot{V}1$ = Liefermenge des Kompressors in m³/h

– $\dot{V}2$ = Luftverbrauch des Betriebes in m³/h

– A = $\dot{V}2 : \dot{V}1$ = Auslastungsfaktor des Kompressors

$$VB = \frac{\dot{V}1(A - A^2)}{Z \cdot \Delta P}$$

Die Berechnung muß jeweils für den größten schaltenden Kompressor durchgeführt werden. Die maximal erlaubten Schalthäufigkeiten sind beim Kompressorenhersteller zu erfragen.

Die Schalthäufigkeit des Kompressors (Vollast-Leerlauf) wird in jedem Fall über der Schalthäufigkeit der eingebauten Motoren liegen.

7.3.2 Kessel als Pufferbehälter

Häufig müssen pneumatische Notsysteme auch dann mit Druckluft versorgt werden, wenn durch totalen Energieausfall keine Förderung durch den Kompressor mehr möglich ist. In solchen Fällen muß ein dezentraler Pufferbehälter, der über ein Rückschlagventil vom restlichen System getrennt ist, für die Luftversorgung dieses Systems sorgen.

Ebenso gibt es hin und wieder in bestimmten Betrieben größere, schlagartig auftretende Luftentnahmen. Da man heute aber aus Gründen der Energieeinsparung die Schaltdifferenzen der Kompressoren möglichst klein hält und somit den Maximaldruck möglichst nah an den Betriebsdruck der Werkzeuge heranführt, lassen sich diese schlagartig auftretenden Luftentnahmen nicht mehr durch entsprechende große Druckpolster abpuffern. Statt dessen muß ein ausreichend dimensionierter Druckbehälter eingesetzt werden, der die Zeitspanne zwischen dem Auftreten des erhöhten Luftverbrauchs und dem Zuschalten des Kompressors überbrücken kann.

Die Größe des entsprechenden Behältervolumens läßt sich mit folgender Formel errechnen:

$$VB = \frac{\dot{V}1 \cdot t}{\Delta P}$$

- VB = Behältervolumen in m³
- ΔP = erlaubter Druckabfall in bar
- t = Überbrückungszeit in min
- V̇1 = benötigte Luftmenge in m³/min

Bei all diesen Berechnungen muß man davon ausgehen, daß ein Behälter mit größerem Volumen wesentlich kostengünstiger ist als ein auf Dauer höherer Betriebsdruck. Letzterer führt zwar zum gleichen Resultat, nämlich zu einer höheren verfügbaren Luftmenge. Wegen der auf Dauer höheren Energiekosten ist aber ein größerer Kessel unstreitig die bessere Lösung.

7.3.3 Installation des Kessels im Druckluftsystem

Ein Kessel, der zur Steuerung der Kompressoren dient, sollte direkt nach den Kompressoren und vor der Aufbereitung installiert sein. Hier übernimmt er außerdem die Aufgabe der Kondensatabscheidung. Bei vorschriftsmäßiger Rohrleitungsverlegung können darüber hinaus, je nachdem welche Kompressoren installiert sind, Zyklonabscheider und Ableitungssysteme eingespart werden. Derartige Druckbehälter werden in der Regel als Durchgangskessel gebaut und mit einer Umgehungsleitung für Prüfzwecke versehen (Bild 7.2-5 und 7.2-6).

Betriebe, bei denen schlagartig größere Luftverbräuche auftreten, sollten den Kessel nach der Aufbereitung in das Rohrleitungssystem einbinden. In diesen Anwendungsfällen sollte nicht vergessen werden, nach den Kompressoren Zyklonabscheider zu installieren, um die Trockner zu entlasten. Der nach dem Aufbereitungssystem installierte Kessel kann durchaus als sogenannter Stichleitungskessel eingesetzt werden, das heißt, er erfüllt keine Durchgangsfunktion, sondern ist mehr oder weniger ein Ausgleichsgefäß im Druckluftsystem (Bild 7.3-2).

Diese beiden Kesselarten werden in der Druckluftstation untergebracht. Ein Splitting des Kesselvolumens auf kleinere im Betrieb verteilte Behälter kann mitunter bei kurzzeitig auftretenden größeren Luftverbräuchen in Teilbereichen des Betriebes zu hohe Druckverluste in zu klein dimensionierten Rohrleitungssystemen verhindern. Dies kann jedoch keine Dauerlösung sein und gilt nicht für Langzeitverbräuche.

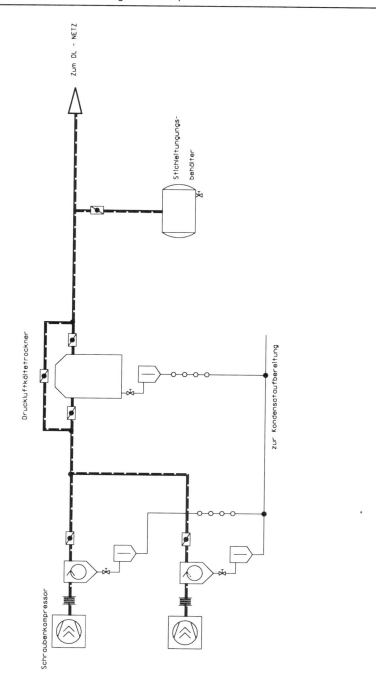

Bild 7.3-2: Druckluftsystem mit Stichleitungskessel

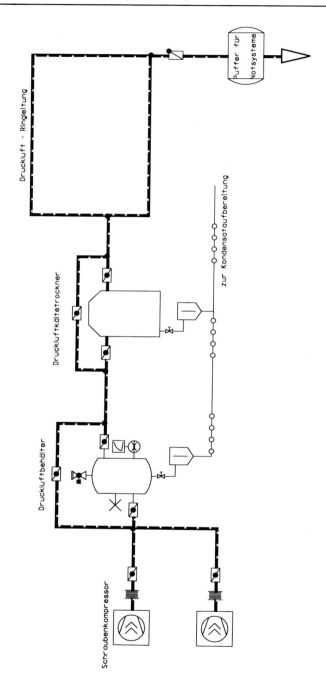

Bild 7.3-3: Druckluftsystem mit Pufferkessel für Notsysteme

Kessel, die zur Druckluftversorgung von Notsystemen vorgesehen sind, sollten in jedem Fall dezentral in der Nähe dieser Systeme aufgestellt werden. Damit eine Entleerung der Pufferbehälter durch andere Verbraucher nicht möglich ist, müssen derartige Kessel darüber hinaus durch eine Rückschlagklappe vom restlichen System getrennt werden (Bild 7.3-3).

7.4 Kühlung der Kompressorenstation

7.4.1 Belüftung der Kompressorenstation

Bei der Kompression von Luft werden in der Regel 100 % der aus dem elektrischen Netz aufgenommenen Energie in Wärme umgewandelt. Hierzu trägt bei, daß man um der Verbesserung der Druckluftqualität und besserer Anpassung der nachgeschalteten Aufbereitungssyteme willen bereits in den üblicherweise als Kompakteinheiten eingebauten Kühlern des Kompressors die Druckluft fast auf das Niveau der Ansaugtemperatur zurückkühlt. Dieser Tatsache sind sich viele Kompressorenbetreiber nicht bewußt und legen deshalb die Ansaugöffnung der Kühlluft sowie die Abluftöffnung zu klein aus. Das wiederum führt häufig besonders in den warmen Sommermonaten zu Störungen bei den Kompressoren.

Oft wird auch nicht berücksichtigt, daß nicht nur bei luftgekühlten, sondern auch bei wassergekühlten Kompressoren eine Belüftung der Kompressorenstation notwendig ist. Schließlich müssen ja die Abwärme des elektrischen Antriebsmotors und die Strahlungswärme innerhalb der Anlage – zusammen ca. 10 % der Antriebsleistung des Kompressors – auch weiterhin abgeführt werden (Bild 7.4-1). Wird dies nicht beachtet, kommt es zu einer Überhitzung des Elektromotors und der elektrischen Bauteile, was ebenfalls zu Störungen am Kompressor führt.

Allgemein muß auch berücksichtigt werden, daß eine übermäßige Verschmutzung der Kühlluft zu kürzeren Wartungsintervallen und einer größeren Störanfälligkeit der Kompressoren führt. Daher sollte bereits in der Zuluftöffnung des Kompressorenraumes eine Kühlluftfilterung durch Kühlluftfiltermatten oder Rollbandfilter vorgesehen werden.

Bild 7.4-1: Wassergekühlter 450-kW-Schraubenkompressor mit angebautem Kühlluftsystem

7.4.1.1 Umgebungsbedingungen

Die Umgebungsbedingungen, in denen Kompressoren betrieben werden dürfen, sind in der Unfallverhütungsvorschrift „13.4 Verdichter", (VBG 16) festgelegt. In § 12, Abschnitt 1 heißt es dort: „Verdichter sind so aufzustellen, daß sie ausreichend zugänglich sind und die erforderliche Kühlung gewährleistet ist." In den Durchführungsanweisungen wird unter anderem darauf hingewiesen, daß die Umgebungstemperatur bei luftgekühlten, stationären ölgeschmierten Anlagen die Temperatur von 40 °C nicht überschreiten sollte. Ferner enthält § 15 den Hinweis: „... im Ansaugbereich von Verdichtern dürfen gefährliche Beimengungen nicht freigesetzt werden."

Diese Vorschriften der VBG 16 müssen als Minimalforderung verstanden werden, die dazu dienen, einen ungefährlichen Betrieb aufrechtzuerhalten. Zwischen diesen Minimalforderungen und den Anforderungen, die an einen wirtschaftlichen und wartungsarmen Kompressorenbetrieb zu stellen sind, besteht allerdings ein großer Unterschied.

So sollte der Raum von Staub und Verunreinigungen freigehalten werden und der Boden des Raumes abriebfest sein. Optimal wäre eine Naßreinigungsmöglichkeit des Kompressorenraumes. Darüber hinaus sollte darauf geachtet werden, daß im Kompressorenraum nach Wartungsarbeiten keine Verunreinigungen wie Putzwolle oder Reinigungspapier zurückbleiben.

Besonders große Verunreinigungen sind dann die Folge, wenn Kühlluftansaugöffnungen für Kompressorenräume an Fahrwegen mit hohem Staubanfall plaziert sind oder die Luft z.B. aus der Umgebung von Gießereiwerkstätten angesaugt wird. Ebenso werden Kompressoren, deren Kühlluftansaugöffnung unterhalb einer Laderampe liegt, durch Rußpartikel aus Lkw-Auspuffanlagen belastet und neben einer verminderten Laufleistung auch höhere Wartungskosten aufweisen.

Bei derartigen oder ähnlichen Belastungen sollte deshalb die Filtration der Kühlluft intensiviert werden. In jedem Fall ist es wichtig, daß nicht nur die zur Verdichtung angesaugte Luft durch einen eingebauten Filter gereinigt wird, sondern auch die Kühlluft, und dies gilt besonders für luftgekühlte Anlagen. Es empfiehlt sich daher, moderne Kompaktanlagen von vornherein mit einer Kühlluftfiltermatte auszurüsten (Bild 7.4-2).

Bild 7.4-2:　Luftgekühlter 132-kW-Schraubenkompressor mit Kühlluftfiltermatten

Ebenso ist darauf zu achten, daß die Temperatur der in den Kompressorenraum geführten Kühlluft besonders im Sommer den niedrigsten örtlichen Umgebungstemperaturen gleicht. Es ist daher zu empfehlen, Kühlluftansaugöffnungen nicht auf die Südseite von Kompressorenstationen zu legen, da man sonst sehr leicht zu Ansaug- und Kühllufttemperaturen von 40 oder 45 °C kommt. Das aber beeinträchtigt die Zuverlässigkeit des Kompressors und erhöht seine Wartungskosten.

Die Größe der Kühl- und Abluftöffnungen richtet sich in jedem Fall nach der Art der Belüftung und nach der Leistungsgröße der installierten Kompressoren. Die Literatur kennt heute mehrere mögliche Arten der Belüftung.

7.4.1.2 Natürliche Belüftung

Bei der natürlichen Belüftung wird die Kühlluft vom Kompressor angesaugt, am Kompressor erwärmt, steigt dann im Raum nach oben auf und wird schließlich durch den Überdruck im Raum über eine obenliegende Abluftöffnung herausgedrückt. Diese Belüftungsart sollte jedoch nur mehr in Ausnahmefällen und bei Kompressorenleistungen unter 7,5 kW verwandt werden, da bereits Sonneneinstrahlungen oder auf die Abluftöffnung drückender Wind den Zusammenbruch der natürlichen Belüftung zur Folge hat (Bild 7.4-3).

7.4.1.3 Künstliche Belüftung

Eine häufig angewandte Möglichkeit der Kompressorenraumbelüftung ist die künstliche Belüftung. Hierbei kann man von einem geleiteten Kühlluftstrom ausgehen.

Es empfiehlt sich in jedem Fall, die künstliche Belüftung thermisch zu steuern, um vor allem in der kalten Jahreszeit Temperaturen unter +3 °C im Kompressorenraum zu vermeiden. Diese würden zu einer Beeinträchtigung der Funktion des Kompressors sowie der Kondensatableitung und Aufbereitung führen. Die thermische Steuerung ist notwendig, da der Kompressorenraum bei der künstlichen Belüftung einem gewissen Unterdruck ausgesetzt wird und kein Rückströmen der erwärmten Luft in den Kompressorenraum möglich ist. Es gibt zwei Möglichkeiten der künstlichen Belüftung:

7.4.1.3.1 Belüftung mit externem Ventilator

Bei diesem Verfahren wird mit einem externen Ventilator, der in der Abluftöffnung des Kompressorenraums installiert ist und mit einer thermischen Steuerung ausgerüstet sein sollte, die warme Luft aus dem Kompressorenraum herausgesaugt. Es ist in jedem Fall darauf zu achten, daß die Kühlluftansaugöffnung nicht zu klein dimensoniert ist, da sonst ein zu großer Unterdruck im Raum entsteht. Dies führt zu einer höheren Lärmbelästigung durch zu hohe Strömungsgeschwindigkeiten in der Zuluftöffnung und gefährdet zudem die Kühlung der Kompressorenstation.

Die Lüftung ist in diesem Falle so auszulegen, daß durch die abzuführende Kompressorenwärme eine Temperaturerhöhung des Kühlluftstroms von nicht mehr als 7 K entsteht.

Anderenfalls wird es zu einem Wärmekurzschluß im Raum kommen, der zum Ausfallen der Kompressoren führt. Nachteile dieser Belüftungsart sind zusätzliche Energiekosten durch den Ventilator, die letztendlich die Gesamtwirtschaftlichkeit der Drucklufterzeugung verschlechtern (Bild 7.4-4).

7.4.1.3.2 Belüftung mit Lüftungskanal

Als vor einigen Jahren der Einsatz von sogenannten Kompakteinheiten, besonders von Schraubenkompressoren, aktuell wurde, konnte neben den Methoden der natürlichen und der künstlichen Belüftung mit externem Abluftventilator endlich auch die eigentlich ideale Methode der Belüftung mit Hilfe eines Abluftkanals angewandt werden.

Der erforderliche Kühlluftstrom (Kühlluftmenge) ist in Tafel 1 zusammengestellt. (Vereinfachte Berechnung: Umfassungselemente - Decken, Böden, Türen und Fenster - dem Mauerwerk gleichgesetzt).
Raumtemperatur 35 °C
Temperaturgefälle außen - innen = 15 °C
Mauerstärke 25 cm
Aus Tafel 2 ist für die Kühlluftmengen und verschiedenen Höhendifferenzen zwischen Zu- und Abluftöffnung die notwendige Abluftöffnung zu entnehmen. Die Zuluftöffnung f_{zu} ist mit Rücksicht auf den Einbau von Jalousien, Gittern u. ä. entsprechend größer als die Abluftöffnung f_{ab} auszuführen.

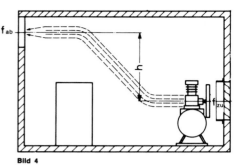

Bild 4

Tafel 1

Kühlluftstrom

Raumgröße J m³	Kompr.-Motor-Leistung NM kW	Erforderlicher Kühlluftstrom V m³/h Wände des Kompressorraumes aus		
		Kiesbeton B 160 DIN 4108	Ziegelstein DIN 4108	Bimsbeton DIN 4108
	3	50	150	250
	4	200	370	400
25	5,5	700	870	1000
	7,5	1100	1300	1500
Höhe	11	1800	2000	2200
2,5 m	15	2700	3000	3100
	18,5	3300	3600	3700
	22	4000	4200	4300
	3			25
	4		180	350
50	5,5	400	650	900
	7,5	800	1100	1350
Höhe	11	1400	1800	2100
2,5 m	15	2400	2700	3000
	18,5	3000	3300	3600
	22	3700	4000	4250
	3			100
	4			250
100	5,5		300	750
	7,5	200	800	1200
Höhe	11	900	1500	1900
3 m	15	1800	2400	2800
	18,5	2400	3000	3400
	22	3200	3700	4100
	3			
	4			170
150	5,5		50	600
	7,5		500	1000
Höhe	11	400	1250	1800
3,5 m	15	1800	2100	2600
	18,5	1900	2700	3200
	22	2600	3400	3900
	3			
	4			50
200	5,5			400
	7,5		200	900
Höhe	11		1000	1600
4 m	15	900	1800	2500
	18,5	1500	2500	3100
	22	2200	3200	3800

Tafel 2

Abluftöffnung

Kühlluftstrom V m³/h	Raumhöhe h m	Abluftöffnung f ab m²
500	2	0,3
	3	0,25
	4	0,2
	5	0,15
1000	2	0,6
	3	0,5
	4	0,4
	5	0,3
1500	2	0,9
	3	0,7
	4	0,6
	5	0,5
2000	2	1,2
	3	0,9
	4	0,8
	5	0,7
2500	2	1,4
	3	1,2
	4	1,2
	5	0,9
3000	2	1,7
	3	1,4
	4	1,2
	5	1,1
3500	2	2
	3	1,7
	4	1,4
	5	1,3
4000	2	2,3
	3	1,9
	4	1,7
	5	1,5

Bild 7.4-3: Natürliche Belüftung

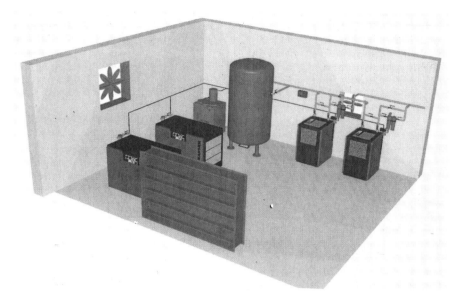

Bild 7.4-4: Künstliche Belüftung mit externem Ventilator (Werkbild Kaeser Kompressoren)

Hierbei wird direkt an den Kompressor ein Abluftkanal angeschlossen, der die warme Abluft direkt aus dem Kompressorenraum befördert. Der entscheidende Vorteil dieser Methode besteht darin, daß der Kühlluftstrom erheblich stärker erwärmt werden kann, und zwar auf ca. 20 K, wodurch sich die Menge der benötigten Kühlluft erheblich verringert. In der Regel können diese Abluftkanäle mit den bereits in den Kompressoren eingebauten Lüftern betrieben werden. Das heißt, es ist auch kein zusätzlicher Energieaufwand erforderlich.

Beim Einsatz von Abluftkanälen sind allerdings einige Auslegungskriterien zu beachten:

Die Restpressung der in den Kompressoren eingebauten Ventilatoren darf nicht überschritten werden. Sonst müßten nämlich teure Zusatzventilatoren eingesetzt werden. Diese Restpressung beträgt je nach Hersteller und Anlagengröße zwischen 20 Pa und 80 Pa. Großdimensionierte Abluftkanalsysteme können hier Energie sparen helfen (Bild 7.4-5).

Um eine Auskühlung des Kompressors und des Kompressorenraumes im Winter zu vermeiden, muß der Abluftkanal mit einer thermisch gesteuerten Umluftjalousie ausgerüstet sein. Dadurch erhält man problemlos ideale Kühlbedingungen für Kompressoren (Bild 7.4-6).

Werden im Kompressorenraum zusätzlich luftgekühlte Trockner aufgestellt, so ist dies bei der Belüftung zu berücksichtigen.

Es empfiehlt sich, bei Temperaturen über 25 °C den Kühlluftdurchsatz mit einem thermisch gesteuerten Zusatzlüfter zu erhöhen. Ein Anschluß an einen Abluftkanal ist wegen der geringen Restpressung bei den eingebauten Standard-Ventilatoren nicht zu empfehlen.

Kompressor und Trockner dürfen sich lüftungstechnisch gegenseitig nicht beeinflussen. (Bild 7.4-5)

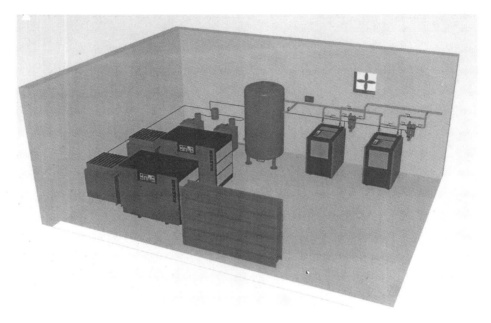

Bild 7.4-5: Künstliche Belüftung mit Lüftungskanal (Werkbild Kaeser Kompressoren)

Bild 7.4-6: Kompressor mit thermisch geregeltem Umluft-Abluftsystem

7.4.2 Wasserkühlung der Kompressorenstation

Noch vor 15 Jahren waren wassergekühlte Kompressoren in Betrieben, die Kompressoren mit einer Antriebsleistung über 30 kW benötigten, Standardausstattung. Dies hing damit zusammen, daß in erster Linie Kolben- oder Vielzellenverdichter eingesetzt wurden, die relativ hohe Betriebstemperaturen aufwiesen. Sie konnten nur durch eine intensive Kühlung der Bauteile mit Wasser und über Zwischenkühlung auf passable Laufleistungen und Wartungskosten gebracht werden.

Auch heute ist davon auszugehen, daß Kompressoren ohne internes Kühlsystem, wie z.B. ölgekühlte Schraubenkompressoren, ab 30 kW und in einem Druckbereich über 4 bar lediglich durch Wasserkühlung Laufleistungen bringen, die für Betreiber solcher Anlagen interessant sind.

Während sich bei öleingespritzten Schraubenkompressoren mit einer durchschnittlichen Verdichtungsendtemperatur von 75 bis 80 °C im Druckbereich bis 14 bar die Grenze der Luftkühlung bis auf 250 kW nach oben verschob, sollten Kompressoren ohne Kühlmitteleinspritzung (ölfreie Schraubenkompressoren, Turbokompressoren) bereits im Druckbereich von 8 bis 10 bar und ab 30 kW wassergekühlt werden. Damit wird für diese Anlagen eine in diesem Druckbereich gerade noch vertretbare Wirtschaftlichkeit und Zuverlässigkeit erreicht.

Die Entwicklung, daß heute immer größere Kompressoren mit Luftkühlung angeboten werden, hat natürlich auch darin ihre Ursache, daß das Kühlmedium Wasser knapp und teuer geworden ist. Darüber hinaus sind gerade bei Oberflächengewässern nicht mehr so häufig die Wasserqualität anzutreffen, die sich bedenkenlos zum Kühlen von Maschinen einsetzen lassen. Man sollte sich allerdings auch darüber klar sein, daß in einem Leistungsbereich von 300 kW und darüber Luftkühlung auf Grund der dann erforderlichen Kühlluftmengen in der Praxis nahezu undurchführbar ist. Daher wird man in diesem Bereich keine luftgekühlten Kompressoren mehr als Kompaktanlagen antreffen.

Bevor sich ein Betreiber jedoch mit dem Thema Wasserkühlung beschäftigt, muß er sich zunächst Klarheit über die verfügbare Kühlwasserqualität verschaffen. Sie sollte gewissen Mindestanforderungen entsprechen, um Standardkühler in Kompressoren einsetzen zu können (Tafel 7.4-1).

Tafel 7.4-1: Um Betriebsstörungen, die durch Verkalkung, Verschlammung und Verunreinigung von Kühlern entstehen, nach Möglichkeit zu verhindern, müssen folgende Mindestanforderungen an das Kühlwasser gestellt werden

pH Wert	7 bis 10
Carbonathärte (KH)	$\leq 5°d \,\hat{=}\, 1,8$ mval/l Säurekapazität (bis pH 4,3)
Gesamthärte (GH)	$\leq 40°d \,\hat{=}\, 14,0$ mval/l
Chloridgehalt (Cl)	≤ 200 mg/l $\,\hat{=}\, 5,6$ mval/l
Eisengehalt (FE)	$\leq 0,2$ mg/l
Kieselsäure (SiO_2)	≤ 200 mg/l
Sulfatgehalt (SO_4)	≤ 200 mg/l
Gesamtsalzgehalt (GSG)	≤ 1000 mg/l $\,\hat{=}\, 2000$ µS/cm
Phosphatgehalt (PO_4)	≤ 15 mg/l
Aussehen	möglichst klar, farblos ohne Bodensatz
Algenwachstum	nicht zulässig
Feststoffe	ungelöste absetzbare Feststoffe $\leq 0,1$ mm Partikelgröße

Ist eine derartige Kühlwasserqualität nicht zu erreichen, muß der Einsatz von Kühlern aus besonderen Materialien in Erwägung gezogen werden. Eine andere Möglichkeit besteht darin, die Drucklufterzeugung auf kleinere Kompressoreneinheiten aufzuteilen, die dann luftgekühlt betrieben werden können.

In der Regel werden fünf unterschiedliche Wasserkühlsysteme für Kompressoren eingesetzt:

7.4.2.1 Naturwasserkühlung

Darunter versteht man Kühlwasser, das Oberflächengewässern (Flüssen, Seen) entnommen und wieder in diese zurückgeführt wird. Auch Wasser, das aus firmeneigenen Brunnen gewonnen wird, zählt hierzu.

In früheren Zeiten galten diese Kühlwasserquellen als die preiswerteste Art, Industriebetriebe mit Kühlung zu versorgen. Jedoch wurde dabei nicht an mögliche Folgeschäden gedacht. Heute hat dagegen weiß man, daß die Rückführung des aus Oberflächengewässern entnommenen und durch Kühlprozesse aufgeheizten Wassers zu einer Erwärmung von Flüssen und Seen führt, die die Flora und Fauna unserer Umwelt erheblich beeinträchtigt. Daher gibt es inzwischen gesetzliche Vorschriften, die die Entnahme und die Rückeinleitung von Kühlwasser regeln.

Aber auch ohne diese gesetzlichen Einschränkungen ist heute die Kühlwasserentnahme aus Oberflächengewässern wegen der erheblich verschlechterten Qualität vieler Gewässer eher bedenklich. Nicht selten endet nämlich der Einsatz derartigen Kühlwassers in Standardkühlern mit der Zerstörung des Kühlsystems. Hohe Investitionen und die Anschaffung von Sonderkühlern sowie unvermeidlich hohe Wartungskosten sind die Folge. Daher sehen heute viele Betriebe davon ab, Oberflächen- oder Brunnenwasser zur Kühlung von Kompressoren einzusetzen.

7.4.2.2 Kreislaufwasserkühlung

Es gibt zwei verschiedene Arten von Kühlwasserkreisläufen: Hermetisch geschlossene und offene Kühlwasserkreisläufe.

7.4.2.2.1 Hermetisch geschlossene Kühlwasserkreisläufe

Bei dieser Art des Kühlwasserkreislaufs wird das Kühlmittel einmalig eingefüllt und dann hermetisch gegen die Atmosphäre abgedichtet. Es bleibt daher stets gleich gut, garantiert eine stetige gute Wärmeübertragung und reduziert die Betriebs- und Wartungskosten für die Kühlung auf ein Minimum. In der Regel werden diese Kühlwasserkreisläufe über sekundäre Luft/Wasserwärmetauscher gekühlt.

Sind diese Kühlsysteme frostgefährdet, so ist das Kühlmedium mit Glykol zu versetzen. Allerdings sind beim Einsatz von Glykol sowohl die Auslegung der Primärkühler in den Kompressoren als auch die Auslegung der Kühlermaterialien zu prüfen.

Der Nachteil dieser hermetisch geschlossenen Kreisläufe ist, daß im Sommer relativ hohe Kühlwassereintrittstemperaturen am Kompressor vorliegen. Sie betragen je nach Auslegung der Wasser/Luftwärmetauscher 5 bis 10 K über Umgebungstemperatur.

Um dies zu umgehen, werden in diese Kühlwasserkreisläufe Plattenwärmetauscher als Hilfskühler eingebaut, die im Bedarfsfall (bei zu hohen Temperaturen) das System mit Frischwasser über einen Sekundärkreislauf zusätzlich kühlen.

So kann die relativ aufwendige Installation von Kühlturmkreisläufen vermieden und trotz hoher Umgebungstemperaturen eine akzeptable Kühlwassereintrittstemperatur am Kompressor erreicht werden. Dadurch, daß die Frischwasserkühlung nur bei Bedarf zugeschaltet wird, reduzieren sich auch die Kosten der relativ teuren Frischwasserversorgung (Bild 7.4-7).

Schema : Rückkühlschema A

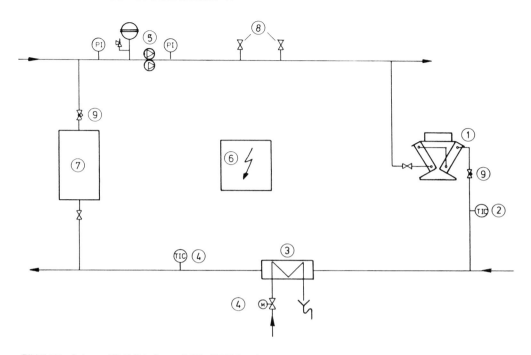

Bild 7.4-7: Schema Rückkühlschema A (Werkbild Hiross)
1 ECOS-Rückkühlmodul ARN/ARL oder ACR, Außenaufstellung, 2 Thermostat bzw. elektron. Stufenregler mit Fühler zur Steuerung der Ventilatoren, 3 Hilfskühler HK, 4 Regelkreis RK für den Hilfskühler, 5 Kompl. Pumpenanlage EPS/DPS, 6 Anlagen-Steuer-, Regel- und Überwachungsschrank SK, 7 Druckluft/Gas-verdichter, 8 Blindanschlüsse für nachrüstbare Wärmenutzung durch ECOS-Hallengeräte ARN/ARL (System C), 9 Strang-Regulierventile

Die Kosten sind wegen der enorm gestiegenen Frischwasserkosten jedoch insgesamt relativ hoch. Deswegen werden an Stelle der Frischwassersysteme häufig sogenannte Cooling Units eingesetzt.

7.4.2.2.2 Offene Kühlwasserkreisläufe

Die wohl gängigste Art, Kreislaufwasser zu kühlen, ist der Einsatz von Kühltürmen. Es gibt unterschiedliche Bauarten, bei denen eine Annäherung der Kühlwasserrückkühltemperatur an die Umgebungstemperatur nahezu vollständig erreicht werden kann.

Diese Art der Wasserrückkühlung ist die günstigste Rückkühlmethode, bei der kein Einspeisen von Frischwasser benötigt und eine für Kompressoren vernünftig nutzbare Wassertemperatur erreicht wird. Ein Nachteil dieser Systeme besteht jedoch in der Verunreinigung des Kühlwassers, da dieses mit der Luft in Berührung kommt, die Verschmutzung der Kühlluft teilweise herauswäscht und dem Kühlwasserkreislauf zuführt. Zwangsläufige Folge ist somit eine häufiger notwendige Reinigung der Kühlsysteme.

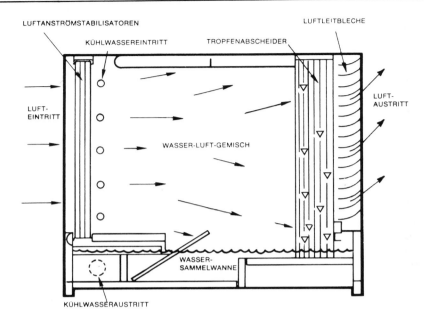

Bild 7.4-8: Kühlturm Ejektor-Prinzip (Werkbild Baltimore)

Die große erforderliche Luftmenge wird durch das über Sprühdüsen an der Eintrittsseite des Gehäuses zugeführte Kühlwasser induziert. Ein wirkungsvolles Mischen von Luft und Wasser bewirkt den Verdunstungsvorgang ohne Füllkörpereinsätze, die bisher benötigt wurden. Das Kühlwasser fällt in die Wassersammelwanne und wird zu erneutem Umlauf von der Kühlwasserpumpe angesaugt. Das Wasser passiert dabei ein Doppelfiltersystem, um eine einwandfreie Düsenfunktion zu gewährleisten. Die im gesättigten Fortluftstrom mitgerissenen Feuchtigkeitspartikel werden in Abscheidern abgefangen und die Fortluft strömt durch Luftleitbleche aufwärts ab. Dies alles wird äußerst wirkungsvoll erreicht, durch eine einzige – außerhalb der Kühlturmeinheit gelegene Energiequelle – nämlich die Kühlwasserpumpe.

Durch das Fehlen des Füllkörpers und den Fortfall beweglicher Teile ergeben sich für den Ejector-Kühlturm wesentliche Vorteile.

Bei Kompressorenkühlung mit derartigen Kühlwasserkreisläufen wird häufig ein Fehler begangen, indem bei der Auslegung der Kühler in den Kompressoren lediglich mit der mittleren Jahrestemperatur des Kühlwassers gerechnet wird. Oft wird vergessen, daß die maximale Kühlwassertemperatur, die dem Kompressor zur Verfügung steht, ähnlich hoch ist wie die Temperatur der Umgebungsluft der Kühltürme im Sommer.

Deren Kühlmöglichkeiten sind abhängig von der Feuchtkugeltemperatur, und die Rückkühlung des Kühlwassers wird ungefähr 3 bis 6 K über Feuchtkugeltemperatur betragen.

Somit wäre es illusorisch, bei der Berechnung eines Kompressorkühlers für den Sommer bei 30 °C Umgebungstemperatur eine Kühlwassertemperatur von 15 °C anzusetzen (Bild 7.4-8).

7.4.2.3 Frischwasserkühlung

Als Frischwasserkühlung bezeichnet man diejenige Kühlung, bei der Wasser aus den öffentlichen Leitungsnetzen zur Kühlung der Kompressoren eingesetzt wird. Von der Temperatur und dem

Tafel 7.4-2: Kühlluftmengen für wassergekühlte Kompressoren mit luftgekühlten Motoren

Installierte Motornennleistung kW	Kühlluftmenge m³/h
30	2200
55	4000
132	5000
250	9500
355	15000

Reinheitsgrad des Wassers stellt diese Art der Kühlung die technisch optimale Lösung für Wasserkühlung dar. Sie wird jedoch durch die hohen Preise von bis zu 5 DM pro m³ Kühlwasser absolut unwirtschaftlich. Darüber hinaus ist festzustellen, daß dieses Wasser nicht grenzenlos zur Verfügung steht und man es heutzutage als Verschwendung ansehen muß, wenn knappes und teures Trinkwasser zur Kühlung von Kompressoren eingesetzt wird. Und das, wo es doch mit Luftkühlung oder anderen Kühlwasserkreisläufen ähnlich effektive Systeme gibt, die eine Frischwasserkühlung nicht unbedingt erforderlich machen.

7.4.2.4 Belüftung

Häufig wird vergessen, daß auch Kompressoren mit Wasserkühlung ein erhebliches Maß von Strahlungswärme an ihre Umgebung abgeben. Die Elektromotoren, die heute selbst in Großanlagen mit wassergekühlten Kompressoren weiterhin luftgekühlt arbeiten, sind daran maßgeblich beteiligt. Die Motorverluste luftgekühlter Motoren liegen, je nach Größe und Wirkungsgrad des Motors, zwischen 4 % und 10 % und müssen in jedem Fall durch eine Belüftung des Kompressorenraumes abgeführt werden. Weiterhin sind Strahlungsverluste des Kompressors in der Höhe von 5 bis 10 % der Verdichterwellenleistung ebenfalls über Belüftung des Kompressorenraumes abzuführen.

Ebenfalls wird häufig übersehen, daß die Ventilatoren im Elektromotor nahezu keine Restpressung aufweisen, mit der Schalldämmhauben von Kompressoren oder andere Aggregate noch zusätzlich belüftet werden könnten. Daher sollte selbst in wassergekühlten Anlagen, besonders in sogenannten Kompakteinheiten mit geschlossener Schalldämmhaube, ein kleiner Stützventilator die Bestrebung des Elektromotors unterstützen, die warme Luft aus der Schalldämmhaube abzuführen. Andernfalls wäre eine thermische Überlastung des Elektromotors die Folge, und diese würde schließlich zu einem Ausfall des Motors führen.

Die zur Belüftung von wassergekühlten Kompressoren benötigten Kühlluftmengen sind jedenfalls nicht zu unterschätzen und müssen bei der Konzeption einer wassergekühlten Kompressorenstation in jedem Fall berücksichtigt werden (Tafel 7.4-2).

7.5 Rohrverlegung in einer Kompressorenstation

Während in Kapitel 5 die allgemeinen Kriterien für die Verlegung von Rohrleitungssystemen behandelt werden, befaßt sich dieses Kapitel speziell mit der Verlegung von Rohrleitungen in Kompressorenstationen. Durch die Art und Weise der Verlegung wie durch die Dimensionierung läßt sich häufig das eine oder andere Bauteil einsparen. Das hilft die Investitionskosten für die Kompressorenstation zu senken und macht sie betriebssicherer.

7.5.1 Dimensionierung

Für die Rohrleitungsdimensionierung einer Kompressorenstation gilt ähnliches wie für die Dimensionierung von Rohrleitungen im allgemeinen (siehe Kapitel 5). Hierzu können auch die entsprechenden Unterlagen verwendet werden.

Bei der Dimensionierung ist zu berücksichtigen, daß Kompressorenstationen in der Regel nach einer gewissen Zeit erweitert werden. Das heißt, die anzusetzende Durchflußleistung muß nicht nur den aktuellen Stand der Kompressorenstation erfassen, sondern auch Erweiterungen, die geplant und bautechnisch möglich sind.

Der Druckverlust in den Rohrleitungssystemen innerhalb der Kompressorenstation sollte nicht mehr als 0,03 bar betragen. Die Strömungsgeschwindigkeiten sollten nicht über 5 m/s liegen.

Wer bei der Dimensionierung der Rohrleitung in der Kompressorenstation spart, hat möglicherweise schon den Grundstein für die Unwirtschaftlichkeit seiner Druckluftversorgung gelegt. Druck-

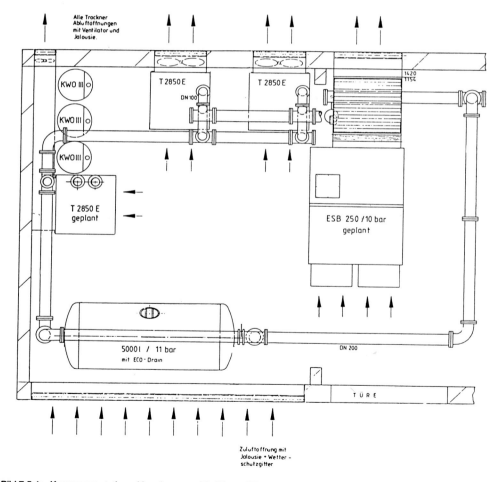

Bild 7.5-1: Kompressorstation – Verrohrung und Belüftung (Werkbild Kaeser Kompressoren)

luftrohrleitungen in den Kompressorenstationen sollten in jedem Fall so dimensioniert sein, daß in keinem Fall Engpässe auftreten können (Bild 7.5-1).

Eine großdimensionierte Rohrleitung ist besonders dann sinnvoll, wenn Kolbenkompressoren eingesetzt werden. Sie kann die in der Kompressorenstation eingebauten Kessel bei der Pulsationsdämpfung unterstützen.

7.5.2 Materialauswahl

Während zur Verteilung der Druckluft im Betrieb nahezu alle Rohrleitungsmaterialien von Edelstahl bis hin zu speziellen Kunststoffen geeignet sind, sollten in der Kompressorenstation nur metallische Materialien eingesetzt werden. Das ist besonders dann erforderlich, wenn Kompressoren mit hohen Verdichtungsendtemperaturen und hohen Druckluftaustrittstemperaturen (Kolbenkompressoren, ölfreie Verdichter) eingesetzt werden. In diesen Fällen reicht die Festigkeit von Kunststoffen doch häufig nicht aus.

Darüber hinaus ist ein weiterer kritischer Punkt zu berücksichtigen: Vielerorts, vor allem in Industriegegenden, ist die angesaugte Luft mit aggressiven Schadstoffen belastet. Während bei Kompressoren mit ölgeschmierten Druckräumen diese Aggressivität in vielen Fällen durch das Öl gemindert wird, steigert sich die Aggressivität bei Kompressoren mit ölfreien Druckräumen noch.

Das im Feuchtluftbereich der Kompressorenstation ausfallende Kondensat hat in den meisten Fällen einen pH-Wert von 3 bis 6. Deswegen kommt es in Kompressorenstationen mit sogenannten ölfreien Kompressoren im Druckluftnetz vor der Aufbereitung häufig zu Korrosionsschäden. Hier ist unbedingt darauf zu achten, daß VA-Materialien eingesetzt werden. Ebenso müssen Kondensatsammeltöpfe und Abscheidesysteme aus korrosionsbeständigen Materialien bestehen.

Bei Kompressoren mit öleingespritzten Druckräumen ist man dagegen in der Auswahl der Materialien wesentlich freier. Hier kann ohne weiteres schwarzes oder verzinktes Stahl- oder Kupferrohr eingesetzt werden.

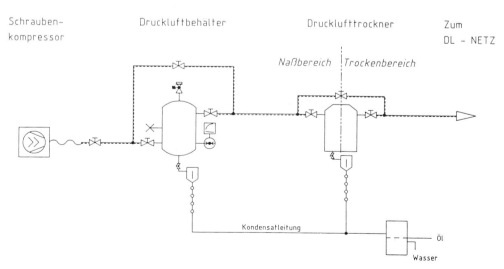

Bild 7.5-2: Unterteilung des Druckluftsystems in Naßbereich/Trockenbereich

7.5.3 Verlegung im Naßbereich

In einer modernen, mit zentraler Drucklufttrocknung ausgerüsteten Kompressorenstation gibt es in der Regel einen feuchten und einen trockenen Rohrleitungsbereich. Beide Bereiche unterscheiden sich in der Art und Weise, wie die Rohrleitung verlegt werden muß (Bild 7.5-2).

Bild 7.5-3:   Richtiger Rohranschluß (Kompressor/Trockner) an die Sammelleitung, um Kondensatrückfluß zu verhindern

Bild 7.5-4:   Rohranschluß des Kompressors an die Sammelleitung durch Schwanenhals

Bild 7.5-5: Rohranschluß des Kompressors an die Sammelleitung seitlich (Ø > DN 100)

Im Feuchtbereich muß jeweils ein Zurücklaufen des Kondensats in den strömungstechnisch davor liegenden Teil verhindert werden. Ebenso ist zu verhindern, daß sich in einem Standby-Kompressor oder -Trockner das Kondensat aus den Druckluft erzeugenden Anlagenteilen sammelt (Bild 7.5-3). Dazu müssen die Rohrleitungszu- und -abgänge in die die Komponenten verbindende Sammelleitung jeweils von oben (Bild 7.5-4) oder bei Rohrleitungsdimensionen über DN 100 alternativ auch von der Seite eingeführt werden (Bild 7.5-5). Sollte dies nicht möglich sein, so müssen definierte Kondensatableitungsstellen (z.B. Wassersäcke) zum Schutz der jeweiligen Komponenten eingebaut werden (Bild 7.5-6).

Bild 7.5-6: Wassersack zur gezielten Kondensatableitung

Bild 7.5-7: Zyklonabscheider zwischen Kompressor und Druckluftsammelleitung

Bild 7.5-8: Sammelleitung mit Kondensatsammeltopf zur gezieleten Kondensatableitung

Nie sollte die Zuführungs- oder die Abgangsleitung von der Sammelleitung direkt nach unten abgehen, da es sonst zu größeren Wasseransammlungen in einem Bereich kommen kann, der nicht definitiv vom Kondensat befreit wird. Ist das z.B. der Nachkühler eines Kompressors, der als Standby-Anlage fungiert, so würde das beim Starten des Kompressors zu einem Wasserschlag und zur Zerstörung des nachgeschalteten Systems führen.

Sind die Rohrleitungen niveaumäßig über dem Druckluftaustritt des Kompressors angebracht, so sollte zur Sicherheit jeder Anlage ein Zyklonabscheider mit Kondensatableiter nachgeschaltet werden (Bild 7.5-7). Liegt die Sammelleitung unterhalb des Druckluftaustritts der Kompressoren, so ist ein Zyklonabscheider nicht unbedingt erforderlich, denn eine gut dimensionierte Rohrleitung kann als Hauptkondensatabscheidung verwendet werden (Bild 7.5-8). Dies gilt insbesondere dann, wenn zwischen Kompressor und Druckluftaufbereitung ein Kessel installiert ist, der die Kondensatabscheidung unterstützt.

In jedem Fall müssen Rohrleitungen im Naßbereich der Druckluftstationen mit Gefälle verlegt werden, damit das Kondensat an einer definierten Stelle durch einen an die Rohrleitung angebauten Kondensatsammeltopf abgeleitet werden kann (Bild 7.5-9).

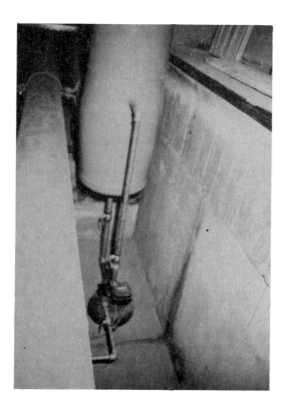

Bild 7.5-9: Kondensatsammeltopf DN 400 zur Kondensatableitung von 19 000 m³/h Druckluft

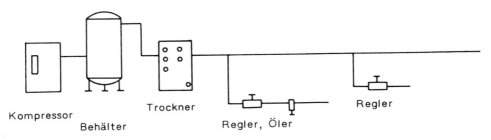

Bild 7.5-10:   Druckluftnetz mit Drucklufttrockner

7.5.4 Trockenbereich

Der Trockenbereich einer Druckluftstation beginnt nach der Drucklufttrocknung (Bild 7.5-2). Die Verlegung der Druckluftleitung in diesem Bereich hängt im wesentlichen davon ab, ob bei der Trocknung mit Standby-Systemen gearbeitet wird, die beim Ausfall eines Aggregates weiterhin für trockene Druckluft sorgen, oder ob wie in vielen Fällen die Trocknung einem System überlassen wird.

Ist letzteres der Fall, so ist unbedingt auch hier in der Sammelleitung eine Entwässerungsmöglichkeit vorzusehen, und die Druckluftabgänge sind nach oben oder seitlich von der Hauptleitung zu setzen. Für den Fall einer Störung der Trocknung muß eine Schutz- und Entwässerungsmöglichkeit vorhanden sein.

Ist in der Druckluftstation auch bei der Trocknung für 100 % Sicherheit gesorgt, so kann statt der aufwendigen Verlegungsart der Druckluftleitung eine sehr einfache mit Abgängen direkt nach unten, und ohne die Möglichkeiten der Entwässerung gewählt werden (Bild 7.5-10).

Bild 7.5-11:   Anbindung eines Kompressors an das Druckluftnetz mit flexiblem Schlauch

Bild 7.5-12:   Anbindung eines Kompressors an das Druckluftnetz mit Axialkompensator

7.5.5 Kompressorenanbindung

Kompressoren sind über flexible Schläuche (Bild 7.5-11) oder Axialkompensatoren (Bild 7.5-12) an das Rohrleitungssystem anzuschließen. Dies verhindert, daß Schwingungen vom Kompressor auf die Rohrleitungen übertragen werden. Beschädigungen des Rohrleitungssystems und eine Erhöhung des Schallpegels in der Kompressorenstation können dadurch verhindert werden.

7.6 Sicherheitsvorschriften

Das Arbeiten mit Kompressoren ist in den verschiedenen Ländern häufig durch unterschiedliche Normen, Richtlinien und Vorschriften geregelt. In Europa wird seit dem 1.1.1995 die Normierung europaweit geregelt, obwohl die neuen Europanormen teilweise nur in Entwürfen vorhanden sind. Daher enthält die nachfolgende Auflistung auch nationale Vorschriften, die bereits durch Euro-Normen ersetzt sind, oder in Zukunft ersetzt werden.

Darüber hinaus gibt es einige internationale Normen (ISO Normen).

Verbände wie z.B.:

PNEUROP – (European Commitee of Manufacturers of Compressors, Vacuum Pumps and Pneumatic Tools)

CAGI   – (Compressed Air and Gas Institute USA),

schaffen internationale Richtlinien, an die sich Betreiber von Kompressoren halten können.

Oft wurden Normen und Empfehlungen von nationalen Verbänden wie z.B.

VDMA (Verband deutscher Maschinen- und Anlagenbauer), oder von VDI und VDE, oder der DIN-Norm übernommen.

Die folgenden Normen, Richtlinien und Unfallverhütungsvorschriften sind für den Betrieb von Kompressorenstationen am wichtigsten.

Europanorm:

EN 1012	Kompressoren und Vakuumpumpen (Sicherheitsgrundlagen)
EN 378	Kälteanlagen und Wärmepumpen
EN 286-1	Einfache, unbefeuerte Druckbehälter für Luft oder Stickstoff Teil 1 (bis P*V 10000)
EN 292-1/2	Sicherheit von Maschinen Grundbegriffe
EN 294	Sicherheit von Maschinen – Sicherheitsabstände
EN 418	Sicherheit von Maschinen-Not-Aus-Einrichtungen
EN 563	Sicherheit von Maschinen, Temperaturen berührbarer Oberflächen
EN 837-1	Druckmeßgeräte
EN 50081-2	Elektromagnetische Verträglichkeit- Störaussendung
EN 50082-1	Elektromagnetische Verträglichkeit- Störfestigkeit
EN 50099-1	Sicherheit von Maschinen Grundsätze für Anzeiger, Bedienteile und Kennzeichnung
EN 60204-1	Sicherheit von Maschinen – Elektrische Ausrüstung

Internationale Normen:

ISO 1217	Abnahmeversuche von Verdrängerkompressoren
ISO 7183	Drucklufttrockner Spezifikation und Messung
ISO 8573	Druckluft (Verunreinigung und Qualitätsklassen)
ISO 4126	Sicherheitsventile
ISO 3857-1/2	Verdichter, Druckluftwerkzeuge und -maschinen
ISO 6743-3A	Schmierstoffe

Nationale Normen:

DIN 1945	Abnahmeversuche von Verdrängerkompressoren
DIN 1952	Durchfluß-Meßregeln
DIN 4563	Geräuschmessung
DIN 51506	Kompressorenschmieröle
DIN 2448	Rohrleitungen
DIN 2403	Kennzeichnung von Rohrleitungen
DIN 3188	Druckluft für Atemgeräte
DIN 13260	Versorgungsanlagen für medizinische Gase
DIN 2481	Wärmekraftanlagen

Richtlinien:

VDMA 4362	Kleinkolbenverdichter bis 2 cm³ pro Minute Bestimmung der Liefermenge (Volumenstrom)
VDI 2041/41	Bestimmungsgrundlage für Durchflußmessung
VDI 2045	Abnahme- und Leistungsversuch
VDE 0100	Bestimmung für das Errichten von Starkstromanlagen mit Nennspannungen bis 1000 V
VDE 0105	Bestimmungen für den Betrieb von Starkstromanlagen
VDI 2056	Beurteilungsmaßstäbe für mechanische Schwingungen

Unfallverhütungsvorschriften:

GSG	Gesetz über technische Arbeitsmittel (Gerätesicherheitsgesetz)
VBG 16	Verdichter
VBG 121	Lärm
BGBl 1 1989	Druckbehälterverordnung
TRB	Technische Regeln, Druckbehälter

Empfehlungen (PNEUROP):

PN8 NT C 2.2.	Messung von Schallemissionen für Kompressoren und Vakuumpumpen
PN2 CPT C1	Abnahmeversuch für Verdrängerkompressoren – Elemente
PN2 CPT C2	Abnahmeversuch für Verdrängerkompressoren – elektrisch getriebene Komplettanlagen
PN2 CPT C3	Abnahmeversuch für Verdrängerkompressoren – verbrennungsmotorgetriebene Komplettanlagen

Die entsprechenden Normen und Gesetzestexte können von den jeweiligen Verlagen bezogen werden und dürfen ohne deren Genehmigung nicht vervielfältigt werden.

8. Bewertung der Wirtschaftlichkeit einer Drucklufterzeugung

Das einzige Kriterium für die Bewertung der Wirtschaftlichkeit einer Drucklufterzeugung sind die Kosten, die jeweils bei der Erzeugung eines Kubikmeters Druckluft entstehen. Einzig und allein dieser Wert kann darüber Aufschluß geben, ob eine Druckluftstation wirtschaftlich arbeitet oder ob Verbesserungen erforderlich sind.

Generell läßt sich keine Aussage darüber treffen, in welchem Bereich sich der Preis der Druckluft bewegt, da die Größe der Druckluftstation, die Höhe des zu erzeugenden Druckes und die örtlichen Energiepreise diesen Wert beeinflussen. Außerdem spielt es eine Rolle, inwieweit Nutzungsmöglichkeiten für die Abwärme der Kompressoren vorhanden sind.

So können bei einem Netz mit 7 bar (ü) und einer Station mit einer Förderleistung von 60 m³/h ohne Wärmerückgewinnung die Kosten für den Kubikmeter Druckluft bei bis zu 0,04 DM/m³ Druckluft liegen. Bei einer gut ausgesteuerten Station mit einer Förderleistung von 4000 m³/h und mehr sowie optimaler Nutzung der Kompressorenabwärme kann sich der Wert bis auf 0,003 DM/m³ verringern.

Oberstes Gebot für eine wirtschaftliche Drucklufterzeugung ist eine ordnungsgemäße, dem Bedarf entsprechende Größenbestimmung der Kompressoren (Kapitel 7.1) und die richtige Auswahl der dem Druck- und Liefermengenbereich entsprechenden Kompressorenbauarten (Kapitel 2). Weiterhin muß das Ganze durch eine Steuerung koordiniert werden, die zum richtigen Zeitpunkt den richtigen Kompressor zur Abdeckung des Druckluftbedarfs auswählt.

Häufig werden in gewissen Einsatzbereichen verschiedene Kompressorenbauarten angeboten, teilweise, weil es sich um einen Übergangsbereich handelt, in dem mehrere Kompressorenbauarten eingesetzt werden können, oder weil der eine oder andere Hersteller in diesem Bereich keine andere Bauart zur Verfügung hat. Hier kann nur eine Wirtschaftlichkeitsberechnung (Bild 8.1-1), die alle Kostenstellen berücksichtigt, beantworten, welches der richtige einzusetzende Kompressor ist.

8.1 Anschaffungskosten

„Es ist unklug, zuviel zu bezahlen, aber es ist noch viel schlechter, zuwenig zu bezahlen. Wenn Sie zuviel bezahlen, verlieren Sie etwas Geld, das ist alles. Wenn Sie dagegen zuwenig bezahlen, verlieren Sie manchmal alles, da der gekaufte Gegenstand die ihm zugedachte Aufgabe nicht erfüllen kann. Das Gesetz der Wirtschaft verbietet es, für wenig Geld viel Wert zu erhalten. Nehmen Sie das niedrigste Angebot an, müssen Sie für das Risiko, das Sie eingehen, etwas hinzurechnen. Und wenn Sie das tun, dann haben Sie auch genug Geld, um für etwas Besseres zu bezahlen."[1]

Dieser Ausspruch verdeutlicht mit relativ wenigen Worten die Problematik. Die Ausrüstung der zur Auswahl stehenden Kompressoren muß in jedem Fall vergleichbar sein. Hier läßt sich durch genaueres Hinsehen häufig schon die Spreu vom Weizen trennen (Bild 8.1-2). Dabei sollte auf folgende Merkmale geachtet werden:

- doppelte oder einfache Schwingungsisolierungen

- Kühlluftfiltermatten oder keine

- Luftnachkühler ausklappbar oder nicht

---

[1] Zitat von John Ruskin, englischer Sozialreformer (1819–1900)

WIRTSCHAFTLICHKEITSBERECHNUNG KOMPRESSOREN

         Firma:

Druckluftbedarf/Jahr	*1000 m3/a	6720,00
Betriebsstunden/Jahr	Bh/a	4000
Laufzeit; Abschreibungszeit	Jahre	5
Zinssatz	%	8,0%
Stromkosten	DM/kWh	0,25
Wasserkosten	DM/m3	0,20
ölkosten	DM/l	3,65

		Anlage 1	Anlage 2	Anlage 3	Anlage 4	Anlage 5
Fabrikat		SCHRAUBE	SCHRAUBE		0	0
Kompressortyp		öLEINGESPRITZT	NICHT	TURBO	0	0
Hersteller Kompressor			öLEINGESPRITZT		0	0
Schrauben=1; ölfr.Schraube=2						
Kolben=3; ölfr.Kolben=4; Rot.=5		1	2	2	0	0
Anlagenwert	DM	147.000	207.000	187.370	0	0
Kühlung; sep.Lüftermotor	l(W); j(n)	w,j	w,n	w,n	0	0
Betriebsüberdruck max.	bar	8	8	8	0	0
Effektive Liefermenge	m3/min	28,13	29,00	28,48	0,00	0,00
Drehzahl (Block)	min-1	1192	10875	3000	0	0
Motornennleistung inst.	kW	160,0	200,0	200,0	0,0	0,0
Motorabgabeleistung bei Pmax	kW	160,0	175,0	188,0	0,0	0,0
Wirkungsgrad (Hauptmotor)	%	93,5%	94,0%	94,0%	0,0%	0,0%
Lüfterleistung inst.	kW	0,6	0,0	0,0	0,0	0,0
Wirkungsgrad (Lüftermotor)	%	71,0%	0,0%	0,0%	0,0%	0,0%
Ges.Leistungsaufnahme (Netz) bei Pmax	kW	171,90	186,17	200,00	0,00	0,00
spezifische Leistung	kW/m3min-1	6,11	6,42	7,02	0,00	0,00
Motorabgabeleistung (Leerlauf)	kW	28,8	29	30	0	0
Wirkungsgrad (Leerlauf)	%	87,0%	88,0%	88,0%	0,0%	0,0%
Ges.Leistungsaufnahme (Netz) Leerlauf	kW	33,88	32,95	34,09	0,00	0,00
Anteil Stillstandzeit Leerlauf	%	0,0%	0,0%	0,0%	0,0%	0,0%
Kühlwassermenge	m3/h	9,17	9	13	0	0
ölinhalt gesamt	l	150	65	152	0	0
ölverbrauch	l/h	0,017	0,00002	0,0002	0	0
ölwechselintervall	h	4000	2000	10000	0	0
Jährliche Kapitalkosten	DM/a	36.456,00	51.336,00	46.467,76	0,00	0,00
Vollastzeit	h/a	3.981,51	3.862,07	3.932,58	0,00	0,00
Energiekosten (Vollast)	DM/a	171.103,23	179.750,55	196.629,21	0,00	0,00
Leerlaufzeit	h/a	18,49	137,93	67,42	0,00	0,00
Energiekosten (Leerlauf)	DM/a	156,56	1.136,36	574,57	0,00	0,00
Stillstandzeit	h/a	0,00	0,00	0,00	0,00	0,00
Jährliche Wasserkosten	DM/a	7.336,00	7.200,00	10.400,00	0,00	0,00
Jährliche ölkosten	DM/a	247,05	0,28	2,87	0,00	0,00
ölwechselkosten	DM/a	544,97	458,14	218,18	0,00	0,00
Wartungskosten	DM/a	2.205,00	4.761,00	4.309,51	0,00	0,00
Jährliche Gesamtkosten	DM/a	218.048,82	244.642,33	258.602,10	0,00	0,00
Druckluftkennzahl	DM/m3	0,032	0,036	0,038	0,000	0,000
Mehrkosten zur wirtsch. Anlage	DM/a	0,00	26.593,51	40.553,28	0,00	0,00

Bild 8.1-1: Wirtschaftlichkeitsberechnung von Kompressoren (Beispiel für den Vergleich verschiedener Verdichtungssysteme)

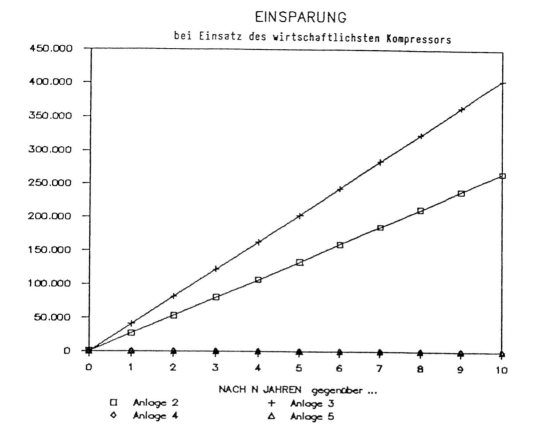

EINSPARUNG
bei Einsatz des wirtschaftlichsten Kompressors

NACH N JAHREN gegenüber ...

□   Anlage 2   +   Anlage 3
◊   Anlage 4   △   Anlage 5

– selektive Wartungs- oder Störmeldeanzeigen vorhanden oder nicht

– niedrige oder hohe Verdichterdrehzahlen

– maximale zulässige Umgebungstemperatur 35 °C oder 40 °C:

Diese Anlagenmerkmale sind häufig Kriterien, die erkennen lassen, ob ein Kompressor optimal ausgelegt ist oder ob an entscheidenden Punkten gespart wurde und ob dies möglicherweise die Lebensdauer des Kompressors beeinträchtigt und/oder später auf die Wartungskosten der Anlage entscheidende Auswirkungen haben wird.

Bevor man bei den Anschaffungskosten am falschen Ort zu sparen beginnt, sollte man sich folgendes vor Augen halten: Unter üblichen Bedingungen, nämlich bei einer 5jährigen Abschreibungszeit und einem Zinssatz von 8 %, sind je nach Anzahl der Betriebsstunden eines Kompressors die Anschaffungskosten an den jährlichen Gesamtkosten der Druckluft nur mit 10 bis 25 % beteiligt (Bild 8.1-3).

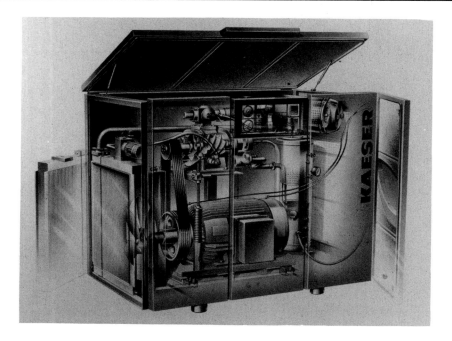

Bild 8.1-2: Optimal ausgelegter Kompakt-Schraubenkompressor für niedrige Energie- und Wartungskosten sowie hohe Betriebssicherheit (Werkbild Kaeser Kompressoren)

8.2 Energiekosten

Im Gegensatz zu den Anschaffungskosten sind die Energiekosten je nach Betriebsstunden des Kompressors an den jährlichen Erzeugungskosten der Druckluft mit 70 bis 90 % beteiligt. Sie stellen also den Hauptkostenfaktor der Drucklufterzeugung dar.

Unterschiedliche Leistungsangaben der verschiedenen Kompressorenhersteller (unterschiedliche Bezugs- und Meßpunkte) und unterschiedliches Verhalten der einzelnen Kompressorenbauarten in Abhängigkeit von sich ändernden Umgebungsbedingungen (Verdrängerkompressor, dynamischer Kompressor) erschweren es dem Betreiber allerdings, einen optimalen Vergleich durchzuführen.

8.2.1 Vergleichbarkeit der Angebote

Bei Kompressoren mit einer Förderleistung über 3000 m³/h ist es häufig problematisch, die Angebote zu vergleichen, da sich hier   zwei verschiedene Verdichterprinzipien gegenüberstehen (Bild 8.1-4).

8.2.1.1 Der Verdrängerkompressor

Der spezifische Leistungsbedarf von Verdrängerkompressoren ist in Grenzen relativ unabhängig von den Aufstellungsbedingungen. Für Mitteleuropa kann man daher feststellen, daß sich die Anlagen bei Umgebungstemperaturen zwischen +10 und +30 °C und bis zu einer Aufstellungshöhe von 500 m ü. NN jederzeit nachmessen lassen.

Der Energiesparer.
Erster Schraubenkompressor mit
serienmäßiger Drehzahlregelung.

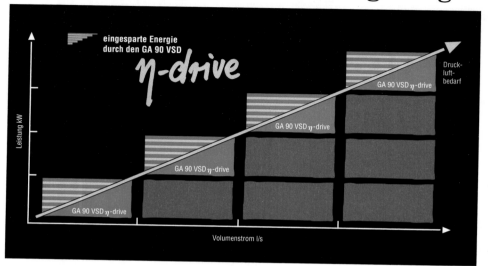

Die gewünschte Druckluftmenge, mit dem gewünschten Druck zur gewünschten Zeit – das ist der richtige Dreh für optimale Wirtschaftlichkeit.

Der neue öleingespritzte GA 90 VSD η-drive paßt den Volumenstrom in Sekundenschnelle dem jeweiligen Druckluftbedarf an. Dabei nimmt der Motor (90 kW Nennleistung) nur die Leistung auf, die er gerade für die Drucklufterzeugung benötigt.

Der GA 90 VSD η-drive ist damit der ideale Einzel- oder Spitzenlastkompressor für schwankenden Druckluftbedarf.

Stufenlose Volumenstromregelung von 40-250 l/s, konstanter Druck zwischen 4-10 bar einstellbar, Motor ohne Start/Stopplimits, keine Energieverluste durch Leerlaufphasen…

Das alles zahlt sich für Sie in Energiekosten-Einsparungen von einigen Tausend DM p.a. aus.

Drucklufttechnische Innovationen kommen von Atlas Copco. Profitieren Sie von unserem Vorsprung.

Gefertigt nach ISO 9001

Innovative Drucklufttechnik aus Tradition.

Atlas Copco Kompressoren GmbH
Ernestinenstraße 155 · 45141 Essen
Telefon (02 01) 89 19-0 · Telefax (02 01) 29 28 95

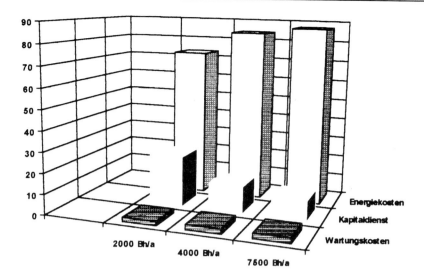

Basis:

Stromkosten	0,23 DM/kwh
Abschreibungszeit	5 Jahre
Zinsen	8%

Bild 8.1-3:   Zusammensetzung der Druckluftkosten bei ein- und mehrschichtigem Betrieb

Kosten für / in %	2000 Bh/a	4000 Bh/a	7500 Bh/a
Wartungskosten	2	2,5	2,7
Kapitaldienst	25	13,5	10,3
Energiekosten	73	84	87

Führt man dann bei einer Nachmessung das Meßergebnis auf die Ansaugbedingungen vor Ort zurück, so darf der spezifische Leistungsbedarf nur innerhalb der Meßtoleranz schwanken. Diese wird in den Normen (DIN 1945, ISO 1217) mit maximal ± 4 % angegeben. Wichtig ist jedoch, daß bei einer solchen Messung die Luftfeuchte beachtet wird, das heißt, das ausgeschiedene Kondensat nach dem Nachkühler als angesaugtes Wasserdampfvolumen umgerechnet wird und somit ein jederzeit nachvollziehbares Meßergebnis entsteht.

8.2.1.2 Dynamische Kompressoren

Dynamische Kompressoren sind stark von den Umgebungsbedingungen abhängig. Bei hohen Umgebungstemperaturen und niedrigem Ansaugluftdruck verringert sich nämlich der spezifische Leistungsbedarf solcher Maschinen enorm. Man sollte daher die Leistungsdaten, die man mit einem Verdrängerkompressor vergleichen will, auf die mittleren, am Aufstellungsort im Jahresdurchschnitt vorhandenen Wetterwerte, d.h. den atmosphärischen Luftdruck, die relative Luftfeuchte und die Umgebungstemperatur beziehen.

Da diese Kompressoren in der Regel wassergekühlt sind und die Kühlwassertemperatur auch einen erheblichen Einfluß auf den Leistungsbedarf der Anlagen hat, müssen die Garantien die Kühlwasserbedingungen bei einem eventuellen Nachmessen ebenfalls beinhalten.

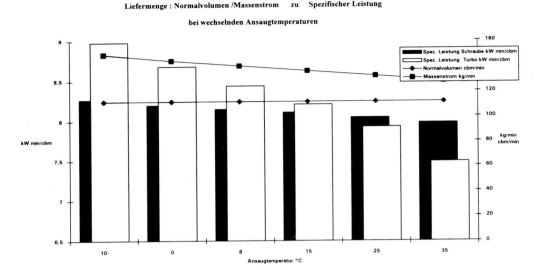

Bild 8.1-4: Leistungsverhalten Turbokompressoren/Schraubenkompressor

8.2.1.3 Liefermenge – Volumenstrom

So paradox es klingen mag, der effektive Volumenstrom ist nicht die tatsächliche Liefermenge pro Zeiteinheit, die in komprimierter Form am Druckstutzen der Gesamtanlage dieselbe verläßt, sondern die dort effektiv gemessene Luftmenge, rückgerechnet auf die Ansaugbedingungen des Kompressors (Bild 8.1-5).

Durch diese Umrechnung ist es relativ leicht möglich, die Luftverbräuche in einem Druckluftnetz, die auch häufig bei unterschiedlichen Drücken angegeben werden, einfach zusammenzuzählen und sie der Liefermenge des Kompressors gegenüberzustellen.

Besonders wichtig sind hierbei der Verdichtungsendüberdruck, bei dem die Anlage gemessen wird, die Bezugsbedingungen, auf die ihre Liefermenge zurückgerechnet wird, sowie die sonstigen Meßbedingungen.

Die ISO 1217 und ihre deutsche Übersetzung, die DIN 1945, geben zwar hier dem Käufer von Kompressoren wieder genaue Anhaltspunkte, es ist aber dann für ihn unbedingt erforderlich, sich genauestens mit diesen Normen zu befassen, um die Feinheiten herauslesen zu können. Es wäre daher sehr nützlich, wenn gewisse Richtlinien aufgestellt würden, die die Leistungsangaben überprüfbar machen.

Das Problem ist hierbei, daß die in den Normen teilweise genannten Referenzbedingungen, bei denen die Anlagen gemessen werden sollen, nämlich ein Eintrittsdruck von 1 bar, eine Lufteintrittstemperatur von 20 °C und eine Luftfeuchte von 0%, praktisch nie gegeben sind. Der Betreiber sollte daher die Leistungsdaten auf seine mittleren jährlichen Umgebungstemperaturen beziehen und vor allem auf den maximalen Betriebsenddruck des Kompressors.

Laut DIN 1945, Teil 1, Anhang C 1 wird die effektive Liefermenge von Verdrängungskompressoren, der sogenannte nutzbare Volumenstrom, bei Kompressoren mit einem Leistungsbedarf von

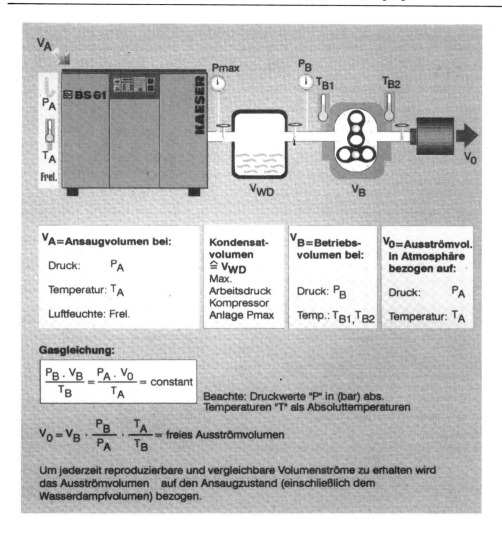

Gasgleichung:

$$\frac{P_B \cdot V_B}{T_B} = \frac{P_A \cdot V_0}{T_A} = \text{constant}$$

Beachte: Druckwerte "P" in (bar) abs.
Temperaturen "T" als Absoluttemperaturen

$$V_0 = V_B \cdot \frac{P_B}{P_A} \cdot \frac{T_A}{T_B} = \text{freies Ausströmvolumen}$$

Um jederzeit reproduzierbare und vergleichbare Volumenströme zu erhalten wird
das Ausströmvolumen auf den Ansaugzustand (einschließlich dem
Wasserdampfvolumen) bezogen.

Bild 8.1-5: Liefermengenmessung nach DIN 1945 Teil 1 Anhang F ISO 1217 Teil 1 Anhang C, PN 2 CPT C2

unter 10 kW mit ±6% toleriert, bei einer Leistung von 10 bis 100 kW mit ±5 % und bei einer Leistung von über 100 kW mit ±4 %.

Häufig werden jedoch auch die Begriffe Normal- und Normkubikmeter verwechselt.

8.2.1.3.1 Luftmenge/Luftgewicht/Normkubikmeter

Diese drei schillernden Begriffe prägen häufig die Diskussion, wenn über Druckluft gesprochen wird. Allzu oft kommt es hierbei jedoch zu Verwechslungen, die eine Falschauslegung des Kompressors oder eine Fehlbewertung seiner Leistungsdaten zur Folge haben.

Zunächst einmal muß man zwischen vier grundlegenden Volumenangaben unterscheiden:

a) Normvolumen nach DIN 1343:

Bezugspunkte:

 – Temperatur 0 °C = 273,15 K

 – Druck 1,01325 bar

 – Luftfeuchtigkeit relativ 0 %

 – Luftgewicht 1,249 kg/m³

b) Normvolumen nach DIN / ISO 2533:

Bezugspunkte:

 – Temperatur 15 °C = 288,15 K

 – Luftdruck 1,013 25 bar

 – Luftfeuchtigkeit relativ 0 %

 – Luftgewicht 1,225 kg/m³

c) Normalvolumen:

Bezugspunkte:

 – die jeweils am Arbeitsort vorhandene Temperatur

 – der jeweils am Arbeitsort vorhandene Luftdruck

 – die jeweils am Arbeitsort vorhandene Luftfeuchtigkeit

 – das Luftgewicht ist variabel

(Achtung, Liefermengen von Verdichtern werden in Normalvolumen angegeben.)

d) Betriebsvolumen:

Unter Betriebsvolumen versteht man die mit dem jeweiligen Verdichtungsverhältnis komprimierte Luftmenge, die im Rohrleitungsnetz des Druckluftnetzes fließt oder sich im Druckbehälter befindet. Ihre Temperatur entspricht in der Regel der Umgebungstemperatur, ihre relative Luftfeuchte dem Grad der Aufbereitung. Das Luftgewicht ist somit ebenso variabel wie beim Normalvolumen.

8.2.1.3.2 Umrechnung von Normalvolumen auf das Normvolumen nach DIN 1343

In der Regel werden die Liefermengen von Kompressoren bezogen auf den jeweiligen Ansaugzustand angegeben. Das bedeutet, die Liefermenge wird auf das sogenannte Normalvolumen bezogen. Da dieses Normalvolumen aber in einigen Anwendungsfällen (pneumatische Förderung, Webtechnik, Luftzerlegung) nicht ausreicht, sondern in diesen Anwendungsfällen ein exaktes Luftgewicht benötigt wird, muß das jeweilige Normalvolumen auf den sogenannten Normkubikmeter nach DIN 1343 bezogen werden. Dieser stellt ein exaktes Luftgewicht dar. Als Grundlage der Rückrechnung dient die allgemeine Gasgleichung.

Die Vorgehensweise ist dem nachfolgenden Rechenbeispiel (Bild 8.1-6 und 8.1-7) zu entnehmen. Für eine überschlagsmäßige Berechnung können die Formeln Bild 8.1-8 und 8.1-9 eingesetzt werden.

Zu beachten ist, daß die Liefermenge von Kompressoren auf den Normalzustand bezogen ist. Bei der Rückrechnung auf den Normzustand ist immer die äußerste Bedingung, d.h. die wärmste Umgebungstemperatur, der niedrigste Luftdruck und die maximale Luftfeuchte am Aufstellungsort einzusetzen.

Als Grundlage für die Rückrechnung dient die allgemeine Gasgleichung

$$\frac{P_N \times V_N}{T_N} = \frac{P_0 \times V_0}{T_0} = const.$$

Umrechnungsbeispiel von Normalvolumen in Normvolumen nach DIN 1343:

Von einer Maschine werden 30 Nm³ nach DIN 1343 benötigt.
Die extremsten Ansaugbedingungen für den Kompressor betragen:

- Ansaugdruck 0,992 bar
- Ansaugtemperatur 30°C
- rel. Luftfeuchtigkeit 40 %.

Um herauszufinden, wie groß nun der Kompressor laut Angabe des Kompressorenhersteller sein muß, ist folgende Rückrechnung auf das Normalvolumen durchzuführen:

P_N = 1,01325 bar

V_N = 30 m³/min   Normzustand nach DIN 1343

T_N = 273,15 K

P_0 = 0,992 - (0,4 x 0,0424) * (siehe Tabelle 1)

V_0 = ?   Normalzustand
                                        (Umgebungsbedingungen)
T_0 = 303,15 K

$$\frac{1,01325 \times 30}{273,15} = \frac{(0,992 - (0,4 \times 0,0424)) \times V_0}{303,15}$$

$$V_0 = \frac{30 \times 1,01325 \times 303,15}{273,15 \times (0,992 - (0,4 \times 0,0424))}$$

V_0 = 34,6 m³/min

Aufgrund dieser Berechnung muß bei diesen Ansaugbedingungen die Förderleistung des Kompressors bezogen auf den Normalzustand 34,6 m³/min betragen.

Bild 8.1-6: Umrechnung Normvolumen (DIN 1343) in Normalvolumen

- 10 : 0,0026	+ 10 : 0,0123	+ 30 : 0,0424
- 9 : 0,0028	+ 11 : 0,0131	+ 31 : 0,0449
- 8 : 0,0031	+ 12 : 0,0140	+ 32 : 0,0473
- 7 : 0,0034	+ 13 : 0,0150	+ 33 : 0,0503
- 6 : 0,0037	+ 14 : 0,0160	+ 34 : 0,0532
- 5 : 0,0040	+ 15 : 0,0170	+ 35 : 0,0562
- 4 : 0,0044	+ 16 : 0,0182	+ 36 : 0,0594
- 3 : 0,0048	+ 17 : 0,0184	+ 37 : 0,0627
- 2 : 0,0052	+ 18 : 0,0206	+ 38 : 0,0662
- 1 : 0,0056	+ 19 : 0,0220	+ 39 : 0,0699
0 : 0,0061	+ 20 : 0,0234	+ 40 : 0,0738
+ 1 : 0,0064	+ 21 : 0,0245	+ 41 : 0,0778
+ 2 : 0,0071	+ 22 : 0,0264	+ 42 : 0,0820
+ 3 : 0,0074	+ 23 : 0,0281	+ 43 : 0,0864
+ 4 : 0,0081	+ 24 : 0,0298	+ 44 : 0,0910
+ 5 : 0,0087	+ 25 : 0,0317	+ 45 : 0,0968
+ 6 : 0,0094	+ 26 : 0,0336	+ 46 : 0,1009
+ 7 : 0,0100	+ 27 : 0,0356	+ 47 : 0,1061
+ 8 : 0,0107	+ 28 : 0,0378	+ 48 : 0,1116
+ 9 : 0,0115	+ 29 : 0,0400	+ 49 : 0,1174
		+ 50 : 0,1234

Bild 8.1-7: Auszug aus der Tabelle Wasserdampfdruck für Luft
Sättigungsdruck p_D (bar) bei Lufttemperatur t (°C)

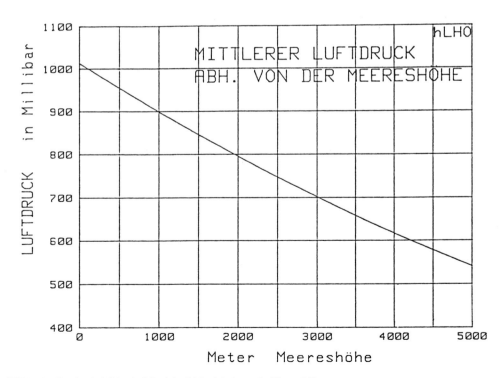

Bild 8.1-8: Durchschnittlicher Luftdruck in Abhängigkeit von der Meereshöhe

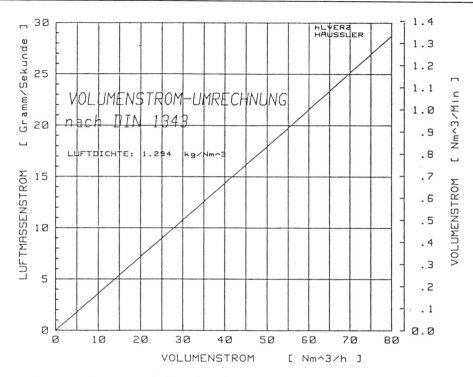

Bild 8.1-9: Umrechnung Massenstrom im Normvolumen (DIN 1343)

8.2.1.4 Leistung

Für die Wirtschaftlichkeit eines Kompressors ist nicht allein seine Liefermenge entscheidend, außerordentlich wichtig ist auch die Leistung, die der Kompressor zur Erzeugung der Liefermenge benötigt.

Fehlende Einheitlichkeit und Klarheit der Terminologie im Bereich der Leistungsmessung erschweren dem Anwender jedoch bislang den Vergleich.

Folgende Definitionen sind maßgebend (Bild 8.1-10):

a) Kompressorwellenleistung; das ist diejenige Leistung, die der Verdichter an der Welle benötigt.

b) Motorabgabeleistung; das ist diejenige Leistung, die der Motor an der Welle abgibt.

c) Motornennleistung; das ist die auf dem Typenschild des Motors angegebene Leistung, die der Motor bei 100 % Einschaltdauer an der Welle abgeben kann.

d) Motoraufnahmeleistung; das ist diejenige Leistung, die der Motor aus dem Netz aufnimmt, inkl. aller elektrischen Verluste. Sie ist um den Motorverlust höher als die Motorabgabeleistung.

Weiterhin ist zu beachten, daß, falls separate Lüfter oder Ölpumpenmotoren in der Anlage eingebaut sind, deren Leistungsbedarf beim Gesamtleistungsbedarf der Anlage berücksichtigt werden muß.

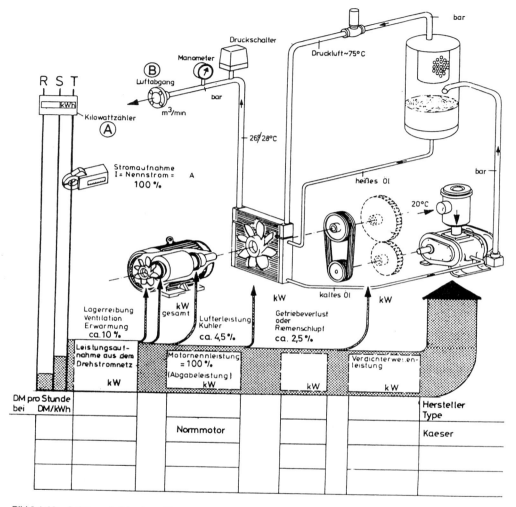

Bild 8.1-10:   Leistungsfluß in einem Kompressor (Werkbild Kaeser Kompressoren)

Hilfreich für den Anwender ist es, die Angaben über Motorabgabe- und Motornennleistung zu vergleichen, um eine mögliche Überlastung des Elektromotors zu erkennen.

8.2.1.5 Druckangabe

Bei der Druckangabe ist darauf zu achten, daß eindeutig definiert ist, ob der Anlagenenddruck auf den Überdruck oder auf den Absolutdruck bezogen ist. Die Angabe der Motorabgabeleistung und der effektiven Liefermenge sollte sich jeweils auf den maximalen Anlagenüberdruck beziehen, da nur so ein optimaler Vergleich der angebotenen Kompressoranlagen durchführbar ist (Bild 8.1-11).

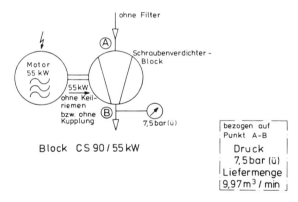

Bild 8.1-11: Liefermengenvergleich Anlagenwert / Blockwert (Werkbild Kaeser Kompressoren)

8.2.1.6 Spezifischer Leistungsbedarf

Der spezifische Leistungsbedarf wird auf die Bezugspunkte nach ISO 1217 (DIN 1945) für den Block und ISO 1217, Teil 1, Anhang C (DIN 1945, Teil 1, Anhang F) für die Komplettanlage bezogen.

Um einen Vergleichswert zwischen den Anlagen zu bekommen, hat die Norm den Begriff des spezifischen Leistungsbedarfs geschaffen, der sich nach folgender Gleichung errechnen läßt:

$$P_{sp} = \frac{P}{\dot{V}}$$

P_{sp} = spezifischer Leistungsbedarf kW min/m³

P = Motorabgabeleistung kW

$\dot{V}$ = effektive Liefermenge der Anlage m³/min

Im Vergleich sollte hierbei der Bezugspunkt nach DIN 1945, Teil 1, Anhang F oder ISO 1217, Teil 1, Anhang C gewählt werden, also bezogen auf die Anlage.

Dieser Wert ist in DIN 1945, Teil 1, Anhang C bei Punkt 3 im vereinfachten Abnahmeversuch wie folgt toleriert:

– bei Kompressoren unter 10 kW mit ±7 %

– bei Kompressoren zwischen 10 und 100 kW mit ± 6 %

– bei Kompressoren über 100 kW mit ±5 %

Will der Anwender den spezifischen Leistungsbedarf auf die elektrische Leistungsaufnahme beziehen, so muß er lediglich an Stelle der Motorabgabe- die Motoraufnahmeleistung in die Gleichung einsetzen.

Die Toleranz für einen derartigen Abnahmeversuch wird von DIN 1945 in Teil 1, Anhang C 2.3. mit ±4 % angegeben. In Absatz F dieses Anhangs wird festgelegt, daß die Meßtoleranz in der Toleranz der spezifischen Leistung integriert sein muß.

8.2.1.7 Stromaufnahme

Die Stromaufnahme (Bild 8.1-10) der Anlage in Verbindung mit der Spannung ist von grundlegender Bedeutung, wenn es darum geht, die Querschnitte der elektrischen Zuleitung und die Absicherung festzulegen. Jeder Hersteller sollte in der Lage sein, die maximale Stromaufnahme seiner Anlage anzugeben, damit der Betreiber vorab die elektrische Zuleitung festlegen kann.

Interessant dürfte in diesem Zusammenhang sein, daß der auf dem Typenschild des Motors angegebene Nennstrom bei Nennspannung und bei einer Nennmotorbelastung – d.h. Motorabgabeleistung ist gleich Motornennleistung – gleich dem aus dem Netz gezogenen Strom ist. Hiernach müssen dann die Leistungsquerschnitte ausgelegt werden, wobei eventuell separat eingebaute Lüftermotoren zu berücksichtigen sind.

Der rechnerische Zusammenhang ergibt sich aus der Formel:

$$P_N = \sqrt{3} \cdot U_n \cdot I_n \cdot \cos\varphi \cdot \eta$$

P_N = Motornennleistung in W

U_N = Nennspannung in V

I_N = Nennstrom in A

$\cos\varphi$ = Leistungsfaktor

η = Motorwirkungsgrad

P_N und $\cos\varphi$ sind auf dem Typenschild eines Motors angegeben. Die Istwerte sollten von den Sollwerten nur innerhalb der Toleranz der Motorenhersteller abweichen.

8.2.1.8 Wärmerückgewinnung

Wärmerückgewinnung bei Kompressoren ist auf jeden Fall ein überlegenswerter Punkt. Öleingespritzte Schraubenkompressoren sind hierfür die prädestinierten Anlagen, da über das Anzapfen des Ölkreislaufes in der Anlage Wasser mit Temperaturen von bis zu 70 °C gewonnen werden kann. Dies ist bei fast keinem anderen Verdichtungssystem möglich.

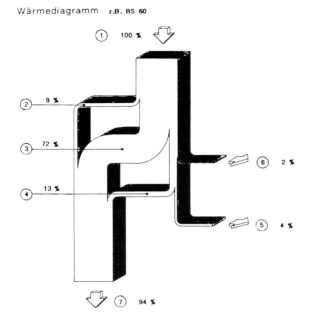

Bild 8.1-12:   Wärmediagramm z.B. BS 60 (30 kW Motorabgabeleistung/Liefermenge 6,17 m³/min, p_{max} 7,5 bar ü (Werkbild Kaeser Kompressoren)

Auch andere Kompressorensysteme setzen natürlich die gesamte Leistung in Wärme um. Das Temperaturniveau der Kühlsysteme endet aber in der Regel bei 40 bis 45 °C und ist somit für den Betreiber kaum verwendbar.

Da öleingespritzte Schraubenkompressoren bis 250 kW Antriebsleistung sowohl luft- als auch wassergekühlt geliefert werden können, kann je nach Bedarf sowohl beheizte Kühlluft als auch beheiztes Wasser zur Verfügung gestellt werden.

8.2.1.8.1 Wärmerückgewinnung bei öleingespritzten Schraubenkompressoranlagen

Beim Betrieb eines Schraubenverdichters fallen ca. 110 % der Motornennleistung (ca. 100 % der effektiven Leistungsaufnahme) als Abwärme an, die an die Umgebung abgegeben wird (Bild 8.1-12).

Die Abwärme setzt sich wie folgt zusammen:

ca. 72% vom Ölkühler

ca. 13% vom Druckluftnachkühler

ca. 9% vom Motor als Verlustwärme

ca. 4% in der abgeführten Druckluft (nicht verwertbar)

ca. 2% Wärmeabstrahlung an die Umgebung

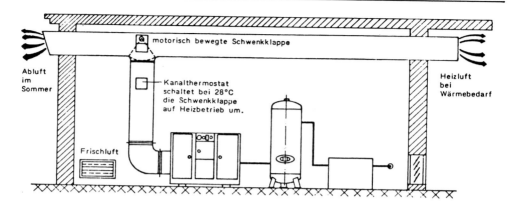

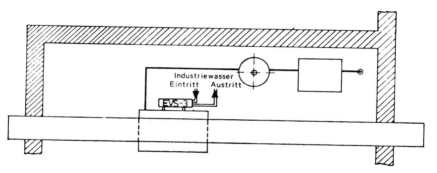

Bild 8.1-13:   Raumheizung durch Abluftwärme (Werkbild Kaeser Kompressoren)

Die Abwärme kann in der kalten Jahreszeit sowohl als Heizluft als auch in Verbindung mit einem Energieverbundsystem (EVS-3) zur Industriewassererwärmung genutzt werden. Das EVS-3-System bietet auch in der warmen Jahreszeit gute Möglichkeiten zur Energieeinsparung (Industriewassererwärmung).

Die im folgenden dargestellte Druckluftstation mit einem Schraubenverdichter und angebautem Energieverbundsystem EVS-3 zeigt den prinzipiellen Aufbau. Hier läßt sich die anfallende Wärme sowohl zur Raumbeheizung als auch zur Industriewassererwärmung nutzen (Bild 8.1-13).

Mit Hilfe der beigefügten Tafeln 8.1-1 und 8.1-2 kann jeder Betreiber die in seinen Anwendungsfall mögliche Energieeinsparung durch Wärmerückgewinnung ermitteln, und er wird dabei feststellen, daß sich die Mehrkosten für ein Wärmerückgewinnungssystem bereits nach etwa einer Heizperiode amortisieren.

Nutzt man die Wärmerückgewinnung optimal, so können die für die Druckluft allein zu berechnenden Kosten um bis zu 80 % reduziert werden.

Tafel 8.1-1:   Heizkostenersparnis

Nennleistung	nutzbare Wärme in der Abluft		nutzbare Luftmenge	Heizkostenersparnis DM/Jahr (Ölpreis 0,70 DM/l)		Ölmengenersparnis in Ltr./Jahr	
kW	kcal/h	Aufheizung Δt ca. °C	ca. m³/h	2000 Heizstunden	4000 Heizstunden	2000 Heizstunden	4000 Heizstunden
4	3606	8	1500	850,–	1700,–	1410	2820
5,5	4943	11	1500	1170,–	2340,–	1940	3880
7,5	6758	15	1500	1590,–	3180,–	3640	5280
11	9910	13	2500	2340,–	4680,–	3480	6960
15	13300	18	2500	3140,–	6280,–	4650	9300
18,5	16405	20	3000	3870,–	7740,–	5800	11600
22	19510	23	3000	4600,–	5200,–	6750	13500
30	26507	18	5000	6250,–	12500,–	9300	18600
30	26507	15	6200	6250,–	12500,–	9300	18600
37	32477	19	6200	7660,–	15320,–	11400	22800
45	39641	18	8000	9350,–	18700,–	13950	27900
55	48476	23	8000	11430,–	22860,–	16980	33960
75	64715	24	10000	15270,–	30540,–	22560	45120
75	64715	15	16000	15270,–	30540,–	22560	45120
90	77610	18	16000	18310,–	36620,–	27200	54400
110	94565	21	16000	22310,–	44620,–	33000	66000
122	104833	21	18000	24730,–	49460,–	36600	73200
132	113430	16	26000	26720,–	53520,–	44450	88900
132	113430	16	26000	26720,–	53520,–	44450	88900
160	137549	19	26000	32450,–	64900,–	53900	107800
160	137549	19	26000	32450,–	64900,–	53900	107800
200	171936	15	40000	40560,–	81120,–	67370	134740
250	214920	19	40000	50700,–	101400,–	84200	168400

Tafel 8.1-2:   Warmwassermengen mit dem System EVS-3

Nenn-leistung	Nutzbare Wärme	Industriewassermenge bei Aufheizung von								Einsparung bei* 2000 h
		$\Delta t = 40°$		$\Delta t = 30°$		$\Delta t = 20°$		$\Delta t = 15°$		
kW	kcal/h	m³/h	Δp bar	m³/h	Δp bar	m³/h	Δp bar	m³/h	Δp bar	DM
7,5	5160	0,129	0,1	0,172	0,1	0,258	0,1	0,344	0,15	1200,–
11	7570	0,189	0,1	0,252	0,1	0,387	0,15	0,504	0,15	1790,–
15	10316	0,258	0,1	0,344	0,15	0,516	0,15	0,688	0,3	2430,–
18,5	12728	0,317	0,15	0,423	0,15	0,635	0,2	0,846	0,35	3000,–
22	15140	0,378	0,15	0,505	0,15	0,757	0,3	1,01	0,4	3570,–
30	20632	0,52	0,1	0,690	0,1	1,03	0,15	1,38	0,15	4870,–
30	20632	0,52	0,1	0,690	0,1	1,03	0,15	1,38	0,15	4870,–
37	25552	0,64	0,1	0,850	0,1	1,27	0,15	1,70	0,3	6030,–
45	31044	0,77	0,1	1,03	0,15	1,55	0,2	2,06	0,4	7330,–
55	37730	0,95	0,15	1,26	0,15	1,89	0,35	2,52	0,5	8900,–
75	51581	1,29	0,3	1,72	0,3	2,58	0,5	3,44	0,8	12170,–
75	51581	1,29	0,5	1,72	0,8	2,58	1,5	3,44	2,5	12170,–
90	61849	1,55	0,7	2,06	1,0	3,10	2,0	4,13	3,0	14590,–
110	75700	1,89	1,0	2,52	1,5	3,78	3,0	5,05	5,0	17860,–
122	84058	2,10	1,3	2,80	2,2	4,20	4,0	5,6	6,5	19830,–
132	90744	2,27	0,4	3,02	0,5	4,54	0,6	6,05	0,7	21410,–
132	90744	2,27	0,4	3,02	0,5	4,54	0,6	6,05	0,7	21410,–
160	110087	2,75	0,5	3,66	0,6	5,50	0,7	7,33	0,8	25970,–
160	110087	2,75	0,5	3,66	0,6	5,50	0,7	7,33	0,8	25970,–
200	138026	3,45	0,4	4,60	0,5	6,90	0,6	9,20	0,8	32560,–
250	172414	4,30	0,4	5,73	0,5	8,60	0,6	11,46	0,8	40680,–
315	217308	5,42	0,5	7,23	0,6	10,84	0,8	14,45	1,0	51270,–
355	244770	6,11	0,7	8,15	0,8	12,22	1,0	16,3	1,2	57780,–

* Heizwert des Öles 35,5 MJ/l   1 MJ   = 238,8 kCal
  Heizungswirkungsgrad: 0,7   1 MJ/h = 0,278 kW
  Heizölpreis: 0,70 DM/l

8.3 Wartungskosten

Neben den Energiekosten spielen natürlich auch die Wartungskosten bei der Berechnung der Wirtschaftlichkeit einer Drucklufterzeugung eine wichtige Rolle.

Die Wartungskosten sind der Hauptgrund dafür, daß Kolbenkompressoren im Druckbereich bis 15 bar Überdruck und ab einer Förderleistung von 1 m³/min nahezu vollständig von den Schraubenkompressoren verdrängt wurden. Ermittlungen ergaben, daß z. B. bei einer Förderleistung von 20 m³/min und einem Anlagenenddruck von 10 bar (ü) ein öleingespritzter Schraubenkompressor im Dreischichtbetrieb während 10.000 Betriebsstunden nur ungefähr 15 % der Wartungskosten verursachte wie ein vergleichbarer Kolbenkompressor. Ausschlaggebend für diesen eklatanten Unterschied sind in erster Linie der Verschleiß der Kolbenringe sowie der durch das Zusetzen mit Ölkohle hervorgerufene Verschleiß der Einlaß- und Auslaßventile bei der Kolbenmaschine.

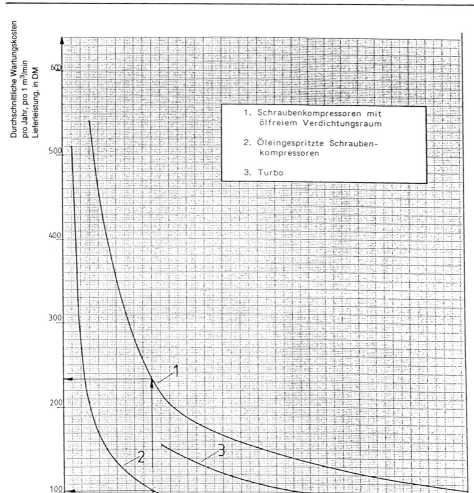

Bild 8.3-1: Gegenüberstellung der durchschnittlichen jährlichen Wartungskosten von öleingespritzten Schraubenkompressoren und Schraubenverdichtern mit ölfreiem Verdichtungsraum, bezogen auf 2000 h/a und 10 Jahre Laufzeit

Bei öleingespritzten Schraubenkompressoren sollte darauf geachtet werden, daß die Betriebstemperatur zwischen 75 und 80 °C liegt. Sind die Durchschnittstemperaturen höher, so nimmt die Standzeit des Kompressorenöls nämlich enorm ab. Darüber hinaus sollten bei einer Antriebsleistung von ca. 30 kW die Filter- und Abscheidesysteme automatisch überwacht werden, damit eine ordnungsgemäße Wartung und eine somit eine möglichst gute Druckluftqualität verbunden mit minimalem Energieaufwand erreicht werden kann.

Beim Vergleich zwischen ölfreien und öleingespritzten Verdichtungssystemen macht sich der Enddruck des Schraubenkompressors in puncto Wartungskosten deutlich bemerkbar. Denn: von dem Augenblick an, ab dem ölfreie Systeme aufgrund des Anlagenenddruckes zweistufig gefahren werden müssen (ca. 4 bar (ü)), verlieren sie bei einer Gegenüberstellung der Wartungskosten beider Systeme rasch an Boden.

In Bild 8.3-1 sind die Wartungskosten verschiedener Verdichtungssysteme in Abhängigkeit von der Anlagengröße, bezogen auf 2000 Betriebsstunden pro Jahr und eine Laufzeit von 10 Jahren, einander gegenübergestellt. Die Angaben beruhen auf Erfahrungswerten der jeweiligen Hersteller.

Bei der Berechnung geht man wie folgt vor:

Wie in dem eingezeichneten Beispiel, das sich auf einen Kompressor mit einer Förderleistung von 20 m³/min bezieht, geht man bei 20 m³ senkrecht nach oben bis zur Linie 2 für öleingespritzte Schraubenkompressoren, dann waagrecht nach links, dort trifft man in diesem Fall auf die Zahl 100. Sie gibt die Wartungskosten bei einem öleingespritzten Schraubenkompressoren pro Kubikmeter Förderleistung und 2000 Betriebsstunden Laufzeit pro Jahr an.

Für eine solche Maschine mit 20 m³/min Förderleistung würde in diesem Fall ein Wartungsaufwand pro Jahr und 2000 Betriebsstunden von 20 x 100 DM = 2000 DM anfallen.

Wird jeder Kompressor in dem jeweils richtigen Druckbereich eingesetzt, so kann man heute davon ausgehen, daß ungefähr 2 bis 5 % der Kosten, die für die Erzeugung eines Kubikmeters Druckluft aufgewendet werden müssen, Wartungskosten sind.

Es empfiehlt sich deshalb in jedem Fall, schon beim Kompressorenkauf nachzufragen, ob der jeweilige Hersteller für das Bedienungs- und Wartungspersonal des künftigen Betreibers eine Schulung durch kompetente Servicefachleute anbietet. Eine solche fachgerechte Einweisung kann nämlich durch die Vermittlung der Fähigkeit, einen Wartungsbedarf oder Anzeichen von sich anbahnenden Fehlfunktionen rechtzeitig zu erkennen, dazu beitragen, die Wartungskosten zu minimieren und die Sicherheit des Bedienungspersonals beim Umgang mit der Kompressorenstation zu erhöhen. Mitunter helfen auch mit dem Hersteller abgeschlossene Inspektions- und Wartungsverträge die laufenden Kosten kalkulierbar zu machen und die Betriebssicherheit der Anlage zu erhöhen.

8.4 Betriebssicherheit

Betrachtet man die Betriebssicherheit der Baukomponenten einer modernen Druckluftstation, so läßt sich feststellen, daß die Anlagen in dieser Hinsicht ein sehr hohes Niveau aufweisen. Moderne Verdichterstationen haben an ihren Einzelkomponenten ein Überwachungs- und Wartungsanzeigesystem (Bild 8.4-1). Es besteht aber auch die Möglichkeit, durch Textstörmeldesysteme (Bild 8.4-2 und 8.3-3) ein übergeordnetes Warn- und Wartungssystem aufzubauen. Dadurch ist es heute möglich, Verdichterstationen im Durchschnitt mit weniger als einem Mann Bedienungspersonal zu fahren.

Die meisten Störungen in Verdichterstationen werden aber durch Einflüsse ausgelöst, die weder auf den Kompressorenhersteller noch auf den Kompressor zurückzuführen sind. So haben

Bild 8.4-1: Schraubenkompressor BS 61 mit selektiver Störmelde- und Wartungsüberwachung (Werkbild Kaeser Kompressoren)

Bild 8.4-2: Modernes Leitsystem einer Kompressorenstation (Typ Kaeser MVS/VESIS)

Bild 8.4.-3: Steuer- und Meldestand einer 4-MW-Kompressorenstation in einer zentralen Leitwarte (Typ Kaeser MVS/ VESIS)

viele Kompressorenstationen zu klein ausgelegte Zuluftöffnungen, was im Sommer zur Überhitzung und zu Ausfällen der Anlagen führt.

Ölwechsel werden häufig zuwenig durchgeführt. Dies führt zu erhöhtem Verschleiß der Lager und somit früher oder später zum Ausfall des Kompressorblocks. Dasselbe gilt für den Einsatz falscher Öle.

Mitunter wird auch nicht darauf geachtet, daß auch ungenügende Filtration der Ansaugluft und Eindringen von aggressiven Stäuben die Betriebssicherheit und die Lebensdauer eines Kompressors gefährden. Darüber hinaus werden viele Kompressorenstationen noch immer in Räumlichkeiten mit unzureichender Sauberkeit untergebracht.

Die Bedeutung dieser Gesichtspunkte kann man eigentlich gar nicht hoch genug einschätzen, denn 70 % aller Störungen an Kompressoren sind wartungs- oder aufstellungsbedingt.

Daher ist es dringend erforderlich, auf der Seite der Druckluftanwender die Einstellung zur Druckluftversorgung und zu den Kompressoren zu ändern. In vielen Betrieben werden nämlich Kompressoren noch immer vollkommen ungerechtfertigt als Nebenenergieerzeuger und relativ unwichtiger Teil der Betriebsanlagen betrachtet. Tatsächlich aber sind sie in einem modernen Betrieb die zweitwichtigsten Energieversorger, und zwar gleich nach dem elektrischen Strom.

8.5. Wirtschaftlichkeitsberechnung

Betriebssicherheit kann man nicht berechnen, man kann sie lediglich einplanen.
Dagegen lassen sich die reinen Investitions- und Betriebskosten einer Druckluftstation durchaus mit einer gewissen Genauigkeit berechnen. Hierzu zählen die Punkte 8.1-8.3.

Auch die Art der Kühlung spielt eine Rolle. Luftkühlung bietet hier, sofern sie möglich ist, erhebliche Kostenvorteile (Bild 8.5-1).

Neben der betriebssicheren Auslegung der Anlage, die berücksichtigen muß, ob Motoren überlastet werden können oder nicht, ob die Ölmengen richtig kalkuliert wurden oder nicht, ob die Verdichterdrehzahlen möglichst niedrig sind oder nicht, sollte der Preis für 1 m³ Druckluft ausschlaggebend dafür sein, welches Verdichtersystem im jeweiligen Druck- und Liefermengenbereich eingesetzt wird. Denn man sollte sich in diesem Zusammenhang immer darüber im klaren sein, daß nicht ein Kompressorensystem allein für alle Druck- und Liefermengenbereiche das ideale System ist.

Für einfache Berechnungen können nachstehende Formulare verwendet werden (Bild 8.5-2). Hat man diese Zeit nicht, sollte man beim jeweiligen Kompressorenhersteller nachfragen, der diese Wirtschaftlichkeitsberechnungen seiner Kompressoren als Computerprogramm liefern kann (Bild 8.5-3).

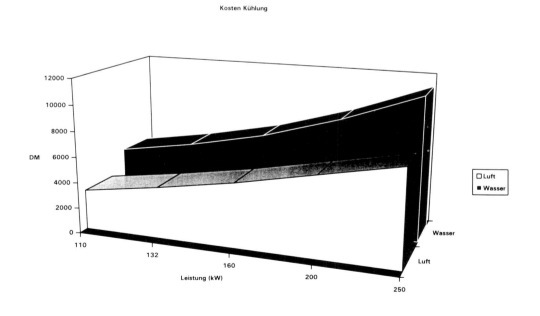

Bild 8.5-1: Kostenvergleich der Kühlung bei Schraubenkompressoren von 110 kW–250 kW Motorabgabeleistung

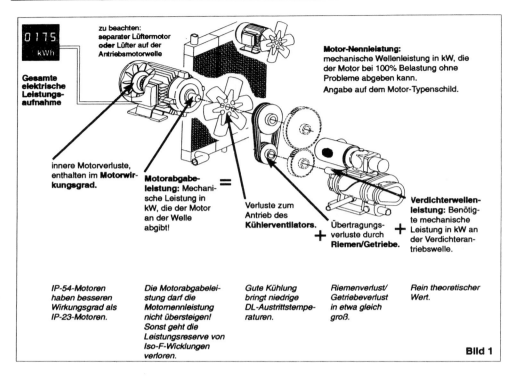

zu beachten:
separater Lüftermotor
oder Lüfter auf der
Antriebsmotorwelle

Gesamte
elektrische
Leistungs-
aufnahme

Motor-Nennleistung:
mechanische Wellenleistung in kW, die
der Motor bei 100% Belastung ohne
Probleme abgeben kann.
Angabe auf dem Motor-Typenschild.

innere Motorverluste,
enthalten im **Motorwir-**
kungsgrad.

Motorabgabe- $=$
leistung: Mechani-
sche Leistung in
kW, die der Motor
an der Welle
abgibt!

Verluste zum
Antrieb des
Kühlerventilators.

Übertragungs- $+$
verluste durch
Riemen/Getriebe.

Verdichterwellen-
leistung: Benötig-
te mechanische
$+$ Leistung in kW an
der Verdichteran-
triebswelle.

IP-54-Motoren
haben besseren
Wirkungsgrad als
IP-23-Motoren.

Die Motorabgablei-
stung darf die
Motornennleistung
nicht übersteigen!
Sonst geht die
Leistungsreserve von
Iso-F-Wicklungen
verloren.

Gute Kühlung
bringt niedrige
DL-Austrittstempe-
raturen.

Riemenverlust/
Getriebeverlust
in etwa gleich
groß.

Rein theoretischer
Wert.

Bild 1

Effektive Liefermenge am Verdichterblock

nach: ISO 1217 bzw. DIN 1945
- ohne Luftfilter,
- ohne Übertragungsverluste (Getriebe/Keilriemen),
- ohne Lüfterleistungen,
- ohne anlageninterne Druckverluste (Ölabscheider,
Ölkühler).

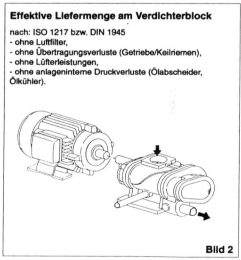

Bild 2

Effektive Liefermenge der Gesamtanlage

bei Höchstüberdruck am Druckstutzen
nach: DIN 1945, Teil1, Anhang F
        ISO 1217, Teil1, Anhang C, (1986)
- Alle anlageninternen Verluste sind berücksichtigt.
- Die effektive Liefermenge wird auf
Ansaugbedingungen zurückgerechnet.

Bild 3

Bild 8.5-2: System zur Ermittlung der Energiekosten bei der Drucklufterzeugung (Werkbild Kaeser Kompressoren)

Belastung des Antriebsmotors

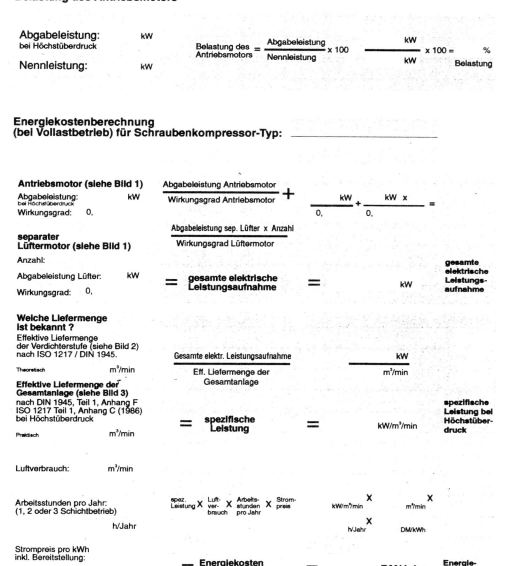

Abgabeleistung: kW
bei Höchstüberdruck

Nennleistung: kW

$$\text{Belastung des Antriebsmotors} = \frac{\text{Abgabeleistung}}{\text{Nennleistung}} \times 100 \qquad \frac{kW}{kW} \times 100 = \quad \% \text{ Belastung}$$

**Energiekostenberechnung
(bei Vollastbetrieb) für Schraubenkompressor-Typ:** _____

Antriebsmotor (siehe Bild 1)

Abgabeleistung: kW
bei Höchstüberdruck

Wirkungsgrad: 0,

$$\frac{\text{Abgabeleistung Antriebsmotor}}{\text{Wirkungsgrad Antriebsmotor}} + \qquad \frac{kW}{0,} + \frac{kW \ x}{0,} =$$

**separater
Lüftermotor (siehe Bild 1)**

Anzahl:

Abgabeleistung Lüfter: kW

Wirkungsgrad: 0,

$$\frac{\text{Abgabeleistung sep. Lüfter x Anzahl}}{\text{Wirkungsgrad Lüftermotor}}$$

= gesamte elektrische Leistungsaufnahme = kW **gesamte elektrische Leistungsaufnahme**

**Welche Liefermenge
ist bekannt?**
Effektive Liefermenge
der Verdichterstufe (siehe Bild 2)
nach ISO 1217 / DIN 1945.

Theoretisch   m³/min

**Effektive Liefermenge der
Gesamtanlage (siehe Bild 3)**
nach DIN 1945, Teil 1, Anhang F
ISO 1217 Teil 1, Anhang C (1986)
bei Höchstüberdruck

Praktisch   m³/min

$$\frac{\text{Gesamte elektr. Leistungsaufnahme}}{\text{Eff. Liefermenge der Gesamtanlage}} \qquad \frac{kW}{m^3/min}$$

= spezifische Leistung = kW/m³/min **spezifische Leistung bei Höchstüberdruck**

Luftverbrauch: m³/min

Arbeitsstunden pro Jahr:
(1, 2 oder 3 Schichtbetrieb)

    h/Jahr

Strompreis pro kWh
inkl. Bereitstellung:

    DM/kWh

$$\text{spez. Leistung} \times \text{Luftverbrauch} \times \text{Arbeitsstunden pro Jahr} \times \text{Strompreis}$$

$$kW/m^3/min \times m^3/min \times h/Jahr \times DM/kWh$$

= Energiekosten pro Jahr = **DM/Jahr** **Energiekosten**

Es ist in jedem Fall wichtig, daß sich Wirtschaftlichkeitsberechnungen für jeden Druck- und Liefermengenbereich durchführen lassen. Nur so kann man nämlich erkennen, welches Kompressorensystem für den jeweiligen Anwendungsfall das geeignetste ist. Pauschalaussagen sind in jedem Fall gefährlich und können dazu führen, daß man in bester Absicht gerade das falsche Kompressorensystem plant.

Wirtschaftlichkeitsberechnung

28.06.1995

Betreiber :						
Luftverbrauch	m³/a * 1000	0				
Betriebsstunden	h/a	0				
Zinssatz	%	0				
Abschreibungzeit	a	0				
Energiekosten	DM/kWh	0				
Kühlwasserkosten	DM/m³	0,00				
Ölkosten	DM/l	0,00	0,00	0,00	0,00	0,00
Wartungskostenberechnung	Ja/Nein	Nein				
Ölkostenberechnung	Ja/Nein	Nein				
		Anlage1	Anlage2	Anlage3	Anlage4	Anlage5
Typ Anlage						
Hersteller Anlage						
Hersteller Block						
Typ Block						
Bauart		Schraube ölgkühlt	Schraube ölgkühlt	Schraube ölgkühlt	Schraube ölgkühlt	Schraube ölgkühlt
" " = ölg.B.;1 = ölfr.B.;2 = Kolb.;3 = Turb;4 = Rot.						
Anzahl Grundlastanlagen	Stck.	0	0	0	0	0
Anzahl Spitzenlastanlagen	Stck.	0	0	0	0	0
" " = Luft; 1 = Wasser						
Kühlung		Luft	Luft	Luft	Luft	Luft
Sep. Lüftermotor	Ja/Nein					
Betriebsüberdruck max.	bar	0	0	0	0	0
Betriebsüberdruck min.	bar	0	0	0	0	0
Liefermenge bei Überdruck max	m³/min	0,00	0,00	0,00	0,00	0,00
Drehzahl Block Stufe 1	min⁻¹	0	0	0	0	0
Drehzahl Block Stufe 2	min⁻¹	0	0	0	0	0
Motornennleistung	kW	0	0	0	0	0
Motordrehzahl	min⁻¹	0	0	0	0	0
Motorbelastung bei Überdruck max	%	0,00	0,00	0,00	0,00	0,00
Motorabgabelg. bei Überdruck max	kW	0,00	0,00	0,00	0,00	0,00
Motorwirkungsgrad	%	0,00	0,00	0,00	0,00	0,00
Lüfterleistung bei Restpress. max.	kW	0,00	0,00	0,00	0,00	0,00
Motorwirkungsgrad	%	0,0	0,00	0,00	0,00	0,00
El. Aufnahmelg. bei Überdruck max	kW	0,00	0,00	0,00	0,00	0,00
Spez. El. Leistung	kWmin/m³	0,000	0,000	0,000	0,000	0,000
Motorabgabelg. bei Leerlauf	kW	0,00	0,00	0,00	0,00	0,00
Motorwirkungsgrad	%	0,00	0,00	0,00	0,00	0,00
El. Aufnahmelg. bei Leerlauf	kW	0,00	0,00	0,00	0,00	0,00
Anteil Stillstand/Leerlauf	%	0,00	0,00	0,00	0,00	0,00
Kühlwasserverbrauch	m³/h	0,00	0,00	0,00	0,00	0,00
Ölinhalt	l	0	0	0	0	0
Ölwechselintervall	h	0	0	0	0	0
Vollaststunden Grundlast	h	0,00	0,00	0,00	0,00	0,00
Vollaststunden Spitzenlast	h	0,00	0,00	0,00	0,00	0,00
Leerlaufstunden	h	0,00	0,00	0,00	0,00	0,00
Stillstandsstunden	h	0,00	0,00	0,00	0,00	0,00
Kaufpreis	DM	0,00	0,00	0,00	0,00	0,00
Kapitalkosten	DM/a	0,00	0,00	0,00	0,00	0,00
Ölkosten	DM	0,00	0,00	0,00	0,00	0,00
Wartungskosten	DM	0,00	0,00	0,00	0,00	0,00
Kühlwasserkosten	DM	0,00	0,00	0,00	0,00	0,00
Energiekosten Vollast	DM	0,00	0,00	0,00	0,00	0,00
Energiekosten Leerlauf	DM	0,00	0,00	0,00	0,00	0,00
Gesamtkosten	DM	0,00	0,00	0,00	0,00	0,00
Druckluftkennzahl	DM/m³	0,00000	0,00000	0,00000	0,00000	0,00000
Einsparung bei Kauf der Best. Anlage	DM	0,00	0,00	0,00	0,00	0,00

Bild 8.5-3:   Computergestützte Gesamtkostenberechnung der Drucklufterzeugung

Literaturhinweis

Kapitel 2.1

1. Pneumatik Kompendium, VDI Verlag 1977
2. Ruppelt: Fragen vor dem Kompressorenkauf. In: Drucklufttechnik 1989–1991
3. Feldmann: Optimierung von Druckluftleitungsnetzen; Expert Verlag 1987

Kapitel 2.2.2.1

1. Küttner: Kolbenverdichter Springer 1991
2. Bouché, Wintterling: Kolbenverdichter, 4. Auflage, Springer 1968
3. Atlas Copco: Handbuch Drucklufttechnik.
4. Atlas Copco: Pneumatik Kompendium, VDI-Verlag 1977
5. Nüral: Kolbenhandbuch, Ausgabe 1972
6. FMA Pokorny: Taschenbuch für Druckluftbetrieb, Ausgabe 1968
7. Klein: Einführung in die DIN-Normen, 9. Auflage , Stuttgart, Teubner 1985
8. Maßblätter und Druckluftvorschriften der Ventilhersteller wie Hoerbiger Wien und Dienes Köln
9. Maßblätter und Druckschriften des Kolbenringherstellers Goetze und Elring
10. Bosch: Kraftfahrtechnisches Handbuch , 20. Auflage VDI-Verlag , 1987
11. Winter: Technische Wärmelehre, Girardet-Verlag, 9. Auflage 1979

Kapitel 2.3.2.1

1. Etzold, S.: Drehkolbenkompressoren, Konstruktionsmerkmale, Einsatzbereiche, Geräusch
2. Deutsche Pumpen, Kompressoren, Vakuumpumpen 1994, VDMA, Frankfurt 1994
3. Mack, K.: Untersuchung zur Verbesserung des Wirkungsgrades und der Betriebssicherheit von Drehkolbengebläsen. Dissertation, TU München, 1978
4. Platzhoff, A.: Beitrag zur Berechnung der Förderverluste von ROOTS-Gebläsen. Dissertation, TU Dresden, 1977
5. Potz, D.: Einfluß der Steuergeometrie auf die Geräuschemission eines ROOTS-Verdichters. Fortschr.-Ber. VDI-Z., Reihe 7, Nr.89, VDI-Verlag Düsseldorf, 1984
6. Tippelmann, G.: Beitrag zur optimalen Auslegung von ROOTS-Gebläsen. In: Konstruktion 22 (1970) H.1, S.21–24

Kapitel 2.3.2.2

1. Konka, Karl-Heinz: Schraubenkompressoren: Technik und Praxis, Düsseldorf, VDI-Verlag, 1988
2. VDI-Gesellschaft Energietechnik: Schraubenmaschinen; Tagung Dortmund; Düsseldorf, VDI-Verlag, 1994
3. VDMA-Fachgemeinschaft Pumpen; FG Kompressoren und Vakuumpumpen [Hrsg.]: Pumpen, Kompressoren, Vakuumpumpen; Dr. Harnisch Verlagsgesellschaft, Nürnberg (Jahresbände)
4. Beutel, Wolfgang: Schraubenkompressoren mit Öleinspritzkühlung zur Drucklufterzeugung (1991)
5. Walther, Norbert: Einsatzgebiete und Entwicklungstendenzen von Schraubenkompressoren im Druckluftmarkt (1989)

Kapitel 3.0

1. Pneumatik Kompendium VDI Verlag 1977
2. Ruppelt: Fragen vor dem Kompressorenkauf. In: Drucklufttechnik 1989–1991
3. Feldmann: Optimierung von Druckluftleitungsnetzen, Expert Verlag 1987
4. Kaeser Kompressoren, Druckluftseminar 1989

Kapitel 3.1

1. Barber, A.: Pneumatic Handbook, Morden 1989
2. Davies, C. N.: Air Filtration, London 1972
3. Dickenson, C.: Filters and Filtration Handbook, Morden 1987
4. ISO 8573
5. Schmalz, W.: Aufbereitung, Haan 1990 (unveröffentlicht)

Kapitel 3.2

1. Pneumatik Kompendium VDI Verlag 1977
2. Ruppelt: Fragen vor dem Kompressorenkauf. In: Drucklufttechnik 1989–1991
3. Feldmann: Optimierung von Druckluftleitungsnetzen, Expert Verlag 1987
4. Kaeser Kompressoren: Druckluftseminar 1989
5. Rollins: Compressed Air and Gas Handbook, CAGI 1973
6. TROX Technik: Technische Unterlagen, 1989

Kapitel 3.4

1. Barber, A.: Pneumatic Handbook, Morden 1989
2. Batel, W.: Entstaubungstechnik, Heidelberg 1972
3. Davies, C. N.: Air Filtration, London 1972
4. Rollins, John P.: Compressed Air and Gas Handbook, New York 1973
5. Dickenson, C.: Filters and Filtration Handbook, Morden 1987
6. ISO 8573
7. Kronsbein, D.G.: Filter für die Druckluftaufbereitung. In: F & S – Filtrieren & Separieren, 3. Jg., H. 1 (1989)
8. Schmalz, W.: Aufbereitung, Haan 1990, (unveröffentlicht)
9. Mohrig, W.: Druckluftpraxis, Gräfelfing 1988
10. Händler, V., Karsten, L.: Zuverlässige Aufbereitung – hohe Sicherheit. In: chemie-anlagen + verfahren 8 (1991)
11. Brandes, A., Pauli, S., Karsten, L.: Filtration in der Prozeßtechnik – Beispiel Lebensmittel- und Getränkeindustrie. In: ZFL 42 (1991)
12. Kronsbein, D. G.: Reinheit ist gefordert. In: neue Verpackung 5 (1991)
13. ultrafilter gmbh: Druckluft-Aufbereitung wirtschaftlich und sicher. In: Druckluft Antrieb 4 (1987)
14. Klee, P.-J.: Kostensenkung durch aufbereitete Druckluft. In: Der Betriebsleiter 11 (1986)
15. Marek, V.: Lohnt sich die Druckluftaufbereitung? In: Fluid, Dezember 1986

Kapitel 4

1. Belouschek/Weiler: Bestimmung der direkt abscheidbaren Leichtstoffe – Differenzierende Analyse der lipophilen Leichtstoffe in Wässern. In: Korrespondenz Abwasser 9 (1983)
2. Fries: Mechanische Verfahren zur Trennung von Öl-Wasser-Gemischen. Festschrift des Institutes für Siedlungswasserwirtschaft und Abfalltechnik der Universität Hannover, Heft 60 (1986)
3. ATV-Fachausschuß: Problemkreis Kohlenwasserstoffe im Hinblick auf das Einleiten von Abwasser in eine öffentliche Abwasseranlage. In: Korrespondenz Abwasser 10 (1985)
4. Belouschek/Weiler: Entsorgung ölhaltiger Abwässer. In: Korrespondenz Abwasser ... (1985)
5. Anonymus: Öl und Detergentien im Wasser und Abwasser. München ...
6. Breitmeier/Jung: Organische Chemie I, Grundlagen, Stoffklassen, Reaktionstypen. Stuttgart 1978
7. Schulze, H.J.: Physikalisch-chemische Elementarvorgänge des Flotationsprozesses. Berlin (Ost) 1981
8. Weiler, W.: Abscheidung von Leichtstoffen. Lehr- und Handbuch der Abwassertechnik, 3. Aufl., Bd. III. 1983
9. Anonymus: Übersicht über Verfahren zur Spaltung von Öl-/Wasser-Emulsionen. Zentrum für Umwelttechnik, Batelle Institut. Frankfurt/M. 1990
10. Kara, W.H.: Schmierstoffe. Herstellung, Eigenschaften, Anwendung. Firmenschrift Deutsche Shell AG
11. Waldmann/Seidel: Kraft- und Schmierstoffe. Firmenschrift der Aral AG (1979)
12. Eckhardt, F.: Luftverdichter. Schmierung und Wartung. Firmenschrift der Mobil Oil AG, 2. Aufl. 1988
13. Herrmann: Erfahrungen mit Schmierölen für einspritzgekühlte Schraubenkompressoren zur Verdichtung von Luft. VDI-Bericht Nr. 859 (1990)
14. Brinkhoff, H.-W.: Neue Wege zur Aufbereitung von ölhaltigen Kondensatemulsionen. In: Drucklufttechnik 7–8 (1991)

Kapitel 6.3

1. Bauer, C.-O.: Handbuch der Verbindungstechnik. Carl Hanser Verlag, München, Wien, 1991
2. Deutscher Automatische Schraubenmontage. Schraubenverband: Hans-Herbert Mönnig Verlag, Iserlohn 1993
3. N. N.: Systematische Berechnung hochbeanspruchter Schraubenverbindungen, VDI-Norm 2230
4. Pfeiffer, R.; Steber, M.: Meßdaten flexibel an Schraubstationen erfassen. Werkstatt und Betrieb, 122 (1989) Nr.10 S. 872–876
5. Pfeiffer, R.: Technologisch orientierte Montageplanung am Beispiel der Schraubtechnik. Carl Hanser Verlag, München Wien, 1990
6. Scharf, P.; Großberndt, H.: Die automatische Montage mit Schrauben. Expert Verlag, 1994
7. Warnecke, H. J.; Walter, J.: Automatisches Schrauben mit Industrierobotern. In: wt 74 (1984) S. 137–140

Kapitel 6.5

1. Weber, M.: Strömungs-Fördertechnik. Krausskopf-Verlag, 1974
2. Hesse, T.: Pneumatische Förderung. Helen M. Brinkhaus Verlag, 1984
3. Siegel, W.: Berechnung von pneumatischen Saug- und Druckförderanlagen. In: Fördern und Heben 33 (1983), Nr. 10
4. Wirth, K.-E.: Die Grundlagen der pneumatischen Förderung. In: Chem.-Ing.-Technik 55 (1983), Nr. 2
5. Bohnet, M.: Fortschritte bei der Auslegung pneumatischer Förderanlagen. In: Chem.-Ing.-Technik 55 (1983), Nr. 7
6. Günther, F.A.: Die pneumatische Förderung, Dünnstrom- und Dichtstromförderanlagen. In: Fördern und Heben (1966), Messe Sonderausgabe

Kapitel 7

1. Pneumatik Kompendium, VDI Verlag 1977
2. Ruppelt: Fragen vor dem Kompressorenkauf. In: Drucklufttechnik (1989–1991)
3. Feldmann: Optimierung von Druckluftleitungsnetzen, Expert Verlag 1987
4. Kaeser Kompressoren: Druckluftseminar 1989
5. Rollins: Compressed Air and Gas Handbook, CAGI 1973
6. Baltimore Aircoil: Technische Unterlagen, 1974
7. Hiross: Handbuch für Planer und Anwender, 1990
8. Kaeser Kompressoren: Drucklufttechnik für Webmaschinen, 1988

Kapitel 8

1. Pneumatik Kompendium, VDI Verlag 1977
2. Ruppelt: Fragen vor dem Kompressorenkauf. In: Drucklufttechnik (1989–1991)
3. Feldmann: Optimierung von Druckluftleitungsnetzen, Expert Verlag 1987
4. Kaeser Kompressoren: Druckluftseminar 1989
5. Rollins: Compressed Air and Gas Handbook; CAGI 1973
6. Bahr / Ruppelt: Druckluft wirtschaftlich und zugleich umweltschonend erzeugt – ein Widerspruch? In: Drucklufttechnik (1994)
7. Ruppelt: Energieeinsparung bei der Drucklufterzeugung mit Hilfe intelligenter Steuerungen und Verbundsysteme, TÜV Rheinland 1994
8. Kaeser Kompressoren: Drucklufttechnik für Webmaschinen, 1988
9. Atlas Copco: Druckluft Kommentare, 1/1987

Stichwortverzeichnis

A

Abblasregelung 143
Abklopfer 344
Ableitung des abgeschiedenen Öls 264
Abscheidevorrichtung 418
Abscheidung durch Schwerkraft 254
Absorptionstrockner 181
Abwürgschrauber 365
Abzweigstück 417
Abzweigstück mit Absperrschieber 419
Abzweigstück mit Kugelhähne 418
Adsorption 208
Adsorptionstrockner 183, 454
Adsorptionstrockner mit externer Heizung 188
Adsorptionstrockner mit interner Heizung 188
Adsorptionstrockner, kaltregenerierter (Heatless-Trocknung) 184
Adsorptionstrockner, warmregenerierter (Thermal Swing) 186
Adsorptionsverfahren 268
Agrartechnik 428
Aktivkohleadsorption 261
Aktivluft 156
Altsystem, Rohrleitungssanierung 288
Anlagenwert (Liefermenge) 497
Anlaufentlastung 143
Anordnung der Zylinder 35
Ansaugfilter 141
Ansaugluftfilter 68, 164
Ansaugvolumen 71
Anschaffungskosten 485
Anschlußleitung 276
Antrieb, direktgekuppelter 56
Antriebsart 96, 115, 131, 150
Antriebskeilriemen 55
Antriebsleistung 138
Antriebsmedium 370
Anziehen, streckgrenzengesteuertes 383
Anzugsverfahren 381
Arbeit, mechanische 1
Arbeit, spezifische 1
Armaturen für den Druckbehälter 68
Aufbau Kolbenkompressor 70
Aufbau Vielzellenkompressor 118

Aufbereitung durch Emulsionsspaltanlagen 253
Aufbereitung durch Entsorgungsfachfirmen 252
Aufbereitung durch spezielle Öl-Wasser-Trenngeräte 252
Aufstellung 117, 134, 154
Aufteilung der Fördermenge auf einzelne Kompressoren 441
Ausführung, gasdichte 145
Auslaßsteuerkante 119
Auslegung der Fördermenge 436
Auslegung des Druckes 435
Aussetzregelung 58, 131
Auszug aus der Tabelle Wasserdampfdruck für Luft 494
Axialkompensator 481

B

Bandschleifmaschine 355
Bauart Druckluftmotor 325
Bauart Schraubenkompressor 148
Bauform Druckluftwerkzeuge 341, 368
Bauform Kolbenkompressor 28, 75, 112
Bauform Vielzellenkompressor 123
Bauteil Kolbenkompressor 38, 86, 115
Bauteil Schraubenkompressor 149
Bauteil Vielzellenkompressor 130
Behandlung ölhaltiger Druckluftkondensate, gesetzliche Grundlagen 251
Belüftung 473
Belüftung mit externem Ventilator 465
Belüftung mit Lüftungskanal 465
Belüftung, künstliche 465
Belüftung, natürliche 465
Berechnung Druckluftverbrauch bei Neuplanung 436
Betriebsdruck, Einfluß 334
Betriebssicherheit 504
Betriebsvolumen 492
Bewegung von Blatt und Kettfaden 392
Blaszeit, Steuerung 393
Blechbearbeitungsmaschine 357
Blechschere 358
Blockwert 497
Bodenbearbeitung mit Druckluft 430

Bodensanierung in Abhängigkeit von der Chemie 429
Bohrmaschine mit Morsekegel 348
Bohrschneidmaschine 345
Brüdenverdichter 145
Bypassregelung 132

C

CAGI 481
Calcium per Druckluft injizieren 432
CARNOTscher Kreisprozeß 11
Computeranalyse des Luftverbrauches 439

D

Demulgierverhalten 250
Dichte 1
Dichtheit, innere 138
Dimensionierung Drucklufterzeugung 394
Dimensionierung Rohrleitung 279
DIN 1945 490, 497
DIN 1999 251
DIN-Abscheider 251
DIN/ISO 7183 181
Direktantrieb 34, 150
DMS-Meßwertaufnehmer 381
Doppelgefäßförderer 409
Drehkolbengebläse 135
Drehkolbengebläse-Aggregat 138
Drehmoment 332
Drehmoment, pulsierendes 74
Drehmoment, wechselndes 74
Drehmomentmeßgerät 387
Drehmomentmessung 379
Drehmomentverfahren 382
Drehrohrverteiler 419
Drehrohrweiche 419
Drehschrauber mit Abschaltkupplung 365
Drehschrauber mit Rutschkupplung 365
Drehwinkelverfahren 382
Drehzahlregelung 132, 336
Drehzahlrichtwert zum Bohren 345
Dreifachgefäßförderer 410
Dreiflügliches Gebläse mit Überströmkanälen 144
Drosselklappenregelung 152, 444
Druchflußregelung mit Druckbegrenzung 319
Druck 1, 5
Druck, statischer 2

Druck-Regelung mit Durchflußbegrenzung 308, 319
Druckabfall 273, 291
Druckabsicherung 143
Druckangabe (DIN 1314) 5
Druckangabe 496
Druckbandsteuerung einer Verbundsteuerung 447
Druckbehälter 67
Druckdifferenz 6
Druckentlastungskammer 258
Druckgefäß 408
Druckluft im Dienst der Umwelt 424
Druckluft im Einsatz gegen das Waldsterben 431
Druckluft in der Bodensanierung 427
Druckluft in der Gewässersanierung 424
Druckluft- und Elektroantrieb, Vergleich 371
Druckluft-Trocknung 178
Druckluftaufbereitung 155, 221
Druckluftaufbereitung durch das Druckluftnetz 164
Druckluftaufbereitung durch den Kompressor 164
Druckluftaufbereitung, Größenbestimmung 450
Drucklufterzeugung 16, 23
Drucklufterzeugung, Bewertung der Wirtschaftlichkeit 485
Drucklufterzeugung, Geschichtliches 70
Druckluftkosten, Zusammensetzung 489
Druckluftmotor 325
Druckluftmotor, Dimensionierung 338
Druckluftmotor, Steuerung 336
Druckluftqualität 156, 361
Druckluftqualität/Rohrqualität, Zusammenhang 271
Druckluftsystem mit Pufferkessel für Notsysteme 462
Druckluftsystem mit Stichleitungskessel 461
Druckluftversorgung, dezentrale 226
Druckluftverteilung 271
Druckluftverteilung, Komponenten 274
Druckluftverwertung 18
Druckluftwerkzeug für die Montage 363
Druckluftwerkzeug für die Montage, Grundlagen 363
Druckluftwerkzeug in der Fertigung 339
Druckluftwerkzeug in der Fertigung, Grundlagen und Geschichtliches 339

Dual-/Quadroregelung 444
Durchblasschleuse 405
Durchfluß-Regelung mit Druckbegrenzung 308
Durchflußregelung 316
Durchschnittlicher Luftdruck in Abhängigkeit von der Meereshöhe 494

E

Eigenfrequenz 64
Eingefäßförderer 409
Einkurbelkompressor, Dynamik 72
Einsatz bei Ölunfällen auf dem Wasser 426
Einsatzbeispiel Druckluftmotoren 338
Einsatzbereich Druckluftmotoren 325
Einsatzbereich Druckluftwerkzeuge 343
Einsatzbereich Filter 219
Einsatzbereich Kolbenkompressor 28, 75
Einsatzbereich Schraubenkompressor 146
Einsatzbereich Vielzellenverdichter 123
Einzelventil 50
Empfehlung (PNEUROP) 483
Empfohlene Güteklassen Druckluft nach Verwendungszweck 217
Emulsionsspaltanlage 266
Energie, spezifische innere 1
Energiekosten 488
Energieluft 156
Energiewandlung 7
Ennepe-Talsperre 424
Enthalpie, spezifische 1
Entropie 10
Entropie, spezifische 1
Ermittlung der Luftverbrauchsmenge 436
Europanorm 482

F

Feinfiltration 210
Festkörper 157
Feuchte Luft 19
Feuchtigkeit, relative 1
Filter 68, 418, 455
Filterelement, Validierung 216
Filtermedium 209
Filterzustand, Kontrolle 262
Filtration 202
Filtration, Grundlagen und Geschichtliches 202
Filtration, kombinierte 217

Filtrationsart 205
Fläche 1
Flächenschleifmaschine 356
Flachsaugdüse 402
Flüssigkeit Luftverunreinigung 157
Förderanlage besonderer Art 411
Förderkammer, Füllungsgrad 137
Fördermenge 436
Förderprinzip und geschichtlicher Werdegang 397
Förderungsanlage, pneumatische 396
Förderungsanlage, pneumatische, Einleitung 396
Fragebogen Kompressorauslegung 440
Fräsmaschine 357
Frequenzumrichterregelung 152, 444
Frequenzumrichtung 144
Frischwasserkühlung 472
Fundamente für Kolbenkompressoren 63
Funktionsprinzip Vielzellenverdichter 118

G

Gas, Gemisch aus 4
Gas, ideales (vollkommenes) 3
Gasförmiger Stoff 158
Gaskonstante 1
Gaskonstante der Luft 7
Gastheorie, kinetische 1
Genauigkeitsspanne 366
Geräuschentwicklung 137
Geräuschpegel 304
Geschichtliches, Kolbenkompressoren 25
Geschwindigkeit 1
Gewebefilter 422
Gewindeschneiden, Drehzahlrichtwerte 346
Gewindeschneidmaschine 345, 349
Gewindeschneidmaschine mit Pendelfutter 350
Gleichstromregelung 152, 444
Grobfiltration 209
Größe 2
Grundaufbau Drehkolbengebläse 138
Grundbegriff 2
Grundlage Booster 112
Grundlage Drehkolbengebläse 135
Grundlage Schraubenkompressor 145
Grundlage Vielzellenkompressor 117

H

Handwerkzeug 364

Hauptleitung 274
Heißgas-Bypass-Regler 195
Heizkostenersparnis 501
Hochdruckkompressoranlage, luftgekühlte 84
Hubvolumenstrom 70
Hydraulikkupplung 444
Hydrauliköl 250
Hydroschlagwerk, Prinzip 368

I

I-Regler 300
Injektor 402
Installation des Kessels im Druckluftsystem 460
Installationsbeispiel Kondensatableiter 242
Isentrope 12
Isentropenexponent 1
ISO 1217 490, 497
ISO Norm 481
Isobare 12
Isochore 12
Isotherme 12

J

Jahreskondensatmenge 233

K

Kältemittel und Umweltverträglichkeit 197
Kältetrockner 68, 191, 453
Kältetrockner mit direkter Kühlung 184
Kältetrockner mit indirekter Kühlung 196
Keilriemenantrieb 55
Kessel 173
Kessel als Kondensatabscheider 452
Kessel als Pufferbehälter 460
Kessel zur Kompressorensteuerung 459
Kessel, Größenbestimmung 458
Kesselwagen - Entladestation 414
Kettensäge 360
Klassifizierungsmöglichkeit Handwerkzeug 364
Kleinbohrmaschine mit Bohrfutter 347
Kleinschleifmaschine 353
Knabber 358
Koaleszenzfilter 259
Kohlenwasserstoffverbindung, Grundlagen 246
Kolben, ölfrei 45

Kolben, ölgeschmierter 39
Kolbenform 43
Kolbengeschwindigkeit, mittlere 71
Kolbenkompressor 249
Kolbenkompressor Liefermenge 200 bis 5000 m³/h 70
Kolbenkompressor, Begriffsbestimmung 26
Kolbenkompressor, Liefermenge im Bereich von 3 bis 200 Nm³/h 25
Kolbenkompressor, Regelungsart 58
Kolbenkompressor, Steuerungsart 58
Kolbenmotor 327
Kolbenring, ölfrei 45
Kolbenring, ölgeschmierter 39
Kombination Zyklon/Filter 421
Kompakt-Schraubenkompressor 488
Komplette Erneuerung der Anlage 226
Kompressor mit Ölringschmierung 32

Kompressor mit thermisch geregeltem Umluft-Abluftsystem 468
Kompressor, Aufstellung 63
Kompressor, dynamischer 23, 489
Kompressor, Größenbestimmung 435
Kompressor, ölfrei verdichtender 33
Kompressor, straßenfahrbarer 146
Kompressorbauart 23
Kompressoreinheit, Ausführung 38
Kompressoren, übergeordnete Steuerung 446
Kompressoren, Wirtschaftlichkeitsberechnung 486
Kompressorenabrieb 236
Kompressorenanbindung 481
Kompressorenöl 234, 247

Kompressorenöl nach VDL-Klassifikation 250
Kompressorenöl, Entwicklung 247
Kompressorenraum 65, 274
Kompressorenstation, Belüftung 463
Kompressorenstation, Kühlung 463
Kompressorenstation, Planung 435
Kompressorenstation, Wasserkühlung 469
Kompressorwellenleistung 495
Kondensat, Aggressivität 234
Kondensat, pH-Wert 234
Kondensat, Sammlung 252
Kondensat, Transport und Aufbereitung 252
Kondensatableiter 237
Kondensatableiter, automatischer 108

Kondensatableiter, elektronisch niveaugere-
gelter 242
Kondensatableiter, Installation 246
Kondensatableiter, manuell 237
Kondensatableiter, schwimmergesteuert 237
Kondensatableitung 229
Kondensatabscheider 108
Kondensatabscheidung 236
Kondensataufbereitung 246
Kondensatentsorgung 229
Kondensatmenge 229
Kondensatsammeltopf 479
Kondensatverunreinigung 234
Kondensatverunreinigung, sonstige 236
Korrosionsanteil Kondensat 236
Kostenvergleich der Kühlung 507
Kostenvergleich Filtration 221
Kraft 1
Kreislaufwasserkühlung 470
Kreissäge 361
Kreuzkopf 28
Kühlluftfiltermatte 165
Kühlung 61, 100, 117, 133, 153
Kühlung der Druckluft durch Eiswasser oder
Sole 181
Kühlwasser, Mindestanforderung 469
Kühlwasserkreislauf, hermetisch geschlos-
sener 470
Kühlwasserkreislauf, offener 471
Künstliche Belüftung mit externem Ventilator
467
Künstliche Belüftung mit Lüftungskanal 468
Kurbelflansch, geklemmter 54
Kurbelwelle mit fliegendem Kurbelzapfen 53
Kurbelwelle, beidseitig gelagerte 53
kv-Wert 304

L

Lamellenmotor 326
Lamellenventil 50, 52
Leckage 273, 288
Leckagemessung durch Kompressorlaufzei-
ten 290
Leckverlust 335
Leerlaufregelung 133
Leistung 1, 334, 495
Leistungsbedarf 16, 120
Leistungsbedarf Kompressoranlage 444
Leistungsbedarf, spezifischer 71, 497
Leistungsbereich 331

Leistungsbereich verschiedener Druckluft-
motoren 331
Leistungsdaten verschiedener Antriebskon-
zepte 371
Leistungsfluß in einem Kompressor 496
Leistungsnutzung in Liefermengen-
Teillastbereichen 449
Leistungsvergleich: eine liefermengengere-
gelte Maschine gegenüber zwei Klein-
kompressoren mit übergeordenter Steue-
rung 449
Leistungsverhalten Turbokompresso-
ren/Schraubenkompressor 490
Leitsystem 505
Liefergrad 1
Liefermenge - Volumenstrom 490
Liefermenge 136
Limno-System 425
Literaturhinweis 511
Luftdüsen-Webmaschine, Blattbewegung
392
Luftdüsen-Webmaschine, Schaftbewegung
392
Luftdüsen-Webmaschine, Schußeintragssei-
te 395
Luftdüsen-Webmaschine, Verdichter-Station
395
Luftdüsenwebmaschine, Druckluftqualität
394
Lufterzeuger 422
Luftgewicht 492
Luftkühlung 100
Luftmenge Definition 492
Luftqualität 156
Luftverbrauch Druckluftmotor 334
Luftverbrauchsmessung durch Aufzeichnung
des Ampereverbrauchs 438
Luftvorfiltration 164

M

Magnetventil, zeitabhängig gesteuertes 239
Maschine, druckluftbetriebene 325
Maschinensteuerung 391
Masse 1
Massenausgleich 72
Massenstrom 1
Materialauswahl Druckluftverteilung 475
Materialeinschleusung 400
Mechanische Arbeit bei Zustandsänderun-
gen von Gasen 8

Mehrspindeleinheit 374
Membrantrockner 201
Mengenangabe 4
Mengenregelung, stufenlose 98
Mikrofiltration 213
Molekülvolumen 2
Montageaufgabe 364
Motor für Kolbenkompressor 56
Motorabgabeleistung 495
Motoraufnahmeleistung 495
Motorenöl 250
Motornennleistung 495
Musteraufstellung: Kompressor - Kessel -
    Trockner 453
Musteraufstellung: Kompressor - Zyklonab-
    scheider - Trockner - Kessel 454

N

Nachdruckregelung 307, 313
Nachverdichter (Booster) 112
Naßbereich 476
Naßluftfilter 166
Naturwasserkühlung 470
Norm 2
Norm, internationale 482
Norm, nationale 482
Normalvolumen 492
Normalzustand, atmosphärischer 4
Normkubikmeter 492
Normvolumen nach DIN 1343 492
Normvolumen nach DIN/ISO 2533 492
Normzustand 6

O

Oberflächenfiltration 205
Öl, synthetisches 250
Öl-Wasser-Trenner, Funktionsweise 257
Öl-Wasser-Trennung, Theorie 254
Ölabscheider 68, 171
Ölbadfilter 166
Öleinspritzkühlung 148
Öler, Auswahl 362
Ölkreislauf 149

P

P-Regler 298
Papiersternpatrone 167
PI-Regler 301
Piezoquarzaufnehmer 382

Pistolenform 368
Plattenschere 358
Pleuel 54
Pleuel mit Ölstift 31
Pneumatische Förderanlage, Aufbau 400
Pneumatische Förderanlage, Auslegung 422
Pneumatische Förderrinne, Aufbau 412
Pneumatische Förderung, Einteilung 399
Pneumatische Förderung, Einteilung nach
    dem Druckniveau 399
Pneumatische Förderung, Einteilung nach
    dem Förderzustand 399
Pneumatische Förderung, Einteilung nach
    der Bauform 399
Pneumatische Förderung, Vor- und Nachtei-
    le 398
Pneumatische Rinnenförderung, Bauteil 412
PNEUROP 481
Polumschaltung 143
Polytropenexponent 1
Prozeßbeschreibung 377
Prozeßbeschreibung, Grundlagen 377
Prozeßluft 156
Prüfzeichen Kondensattrennsysteme 253

Q

Qualitätsklasse nach ISO 8573 161
Qualitätssicherung in der Montage bei Ein-
    satz von Druckluftwerkzeugen 386

R

Radialschleifmaschine 354
Ratschenschrauber 370
Raumheizung durch Abluftwärme 500
Realgasfaktor 1
Regelarmatur 297
Regelgröße 303
Regelsystem mit elektrisch angetriebenen
    Stellgeräten, elektronisch 308
Regelsystem, Auswahl 307
Regelsystem, elektronisch-pneumatisches
    308
Regelsystem, pneumatisches 307
Regelung Booster 115
Regelung durch Abschalten einzelner Kom-
    pressoren 60
Regelung durch Verändern der Drehzahl 60
Regelung durch Verschließen der Sauglei-
    tung 59

Regelung, stufenlose 152
Regelungsart 97, 131, 143, 152
Regelungstechnik 297
Regelungstechnik/Regelarmatur, Grundlagen 297
Regeneration durch Kompressionswärme 190
Regenerationsluftbedarf 455
Regenerationsluftmenge, phasikalisch bedingte 455
Regler ohne Hilfsenergie 307
Reibungsverlust 335
Reinigung durch Adsorption 216
Repulsionsmotor 57
Richtlinie für Betreiber 483
Riemenantrieb 34, 150
Rohranschluß (Kompressor/Trockner) 476
Rohranschluß des Kompressors 477
Rohrdimensionierung 277
Rohrleitung und Zubehör 413
Rohrleitung zur Kondensatabscheidung 175, 271
Rohrleitung, Grundlagen 271
Rohrleitung, Kennzeichnung 284
Rohrleitung, Verlegung 284
Rohrleitungsdimensionierung einer Kompressorenstation 474
Rohrleitungsmaterial 285
Rohrverlegung in einer Kompressorenstation 473
Rohrweiche 417
Rollbandfilter 165
Rotationskompressor 117
Rotationskompressor, Schmierung 249
Rotationsverdichter, Einsatzbereich 129
Rotationsverdichter, einwelliger 117
Rotationsverdichter, frischölgeschmierter 124
Rotationsverdichter, öleingespritzter 126
Rotationsverdichter, trockenlaufender 124
Rotorschieber 131
Rückschlagklappe 143

S

Säge 359
Sammelleitung mit Kondensatsammeltopf 478
Sammeln des abgeschiedenen Öls 264
Sanierung fließender Gewässer 425
Sanierung fließender Gewässer: Seine 425

Sanierung, stufenweise der Druckluftqualität 226
Saugdrosselregelung 132
Saugdüse 400
Saugventilabhebung 97
Schadraum, relativer 71
Schadstoff, angesaugter 234
Schalldämmhaube 142
Schalldämpfer 141
Schallpegel 38
Schaltkaskade für Grundlastwechselschaltungen mit Membrandruckschaltern 446
Schaltkaskade für moderne Grundlastwechselschaltungen 447
Schlagschrauber mit hydraulischem Schlagwerk 365
Schlagschrauber mit mechanischem Schlagwerk 365
Schlagschrauber, Konstruktionsbild 366
Schleifmaschine 350
Schmieröl 249
Schmierung von Druckluftwerkzeugen 362
Schneckenpumpe 407
Schraubautomat 372
Schraubautomat, Allgemeines 372
Schraubenkompressor 146
Schraubenkompressor mit Öleinspritzkühlung 149
Schraubenkompressor, stationärer 146
Schraubenkompressorenöl, speziell 248, 250
Schraubenradmotor 329
Schraubenverdichter 145
Schraubenzuführgerät 375
Schraubenzuführung 375
Schrauber mit Schraubenzuführung, Aufbau 378
Schraubstation, Komponente 372
Schraubstation, Steuerungsfunktion 373
Schußeintrags-Verfahren 391
Schwanenhals 178, 476
Schweißkantenformer 358
Sedimentation 258
Sensormodell zur Schraubtechnik 380
Servoschrauber 366
Sicherheitsventil 108
Sicherheitsvorschrift 481
Sonderanwendung 424
Spaltverfahren, chemisches 267
Speicherluft 156
Spezifizierung Rotationskompressor 117

Stabform 368
Stampfer 344
Standardabweichung 387
Standardkompressor mit Keilriemenantrieb 83
Standardkompressoren-Flanschmotor 83
Standardkompressoren-Flanschmotor, einstufiger 83
Standardkompressoren-Flanschmotor, zweistufiger 83
Stangenkraft, tatsächliche 72
Stangenkraft, zulässige 72
Stellgröße, Betriebsdaten 303
Stellgröße, Medium 303
Sterilfiltration 215
Steuerprinzip einer Verbundsteuerung 448
Steuerungsart Kompressor 97, 115, 131, 143, 152
Steuerungsprinzip Druckluftwerkzeuge 365
Steuerungsprinzip, Drehmomentgenauigkeit 366
Stichsäge 360
Stillsetzregelung, automatische 99
Stofftaschenluftfilter 169
Stromangabe 4
Stromaufnahme 498
Strömungsart 280
Strömungsform 280
Strömungsverhalten 280
Strömungsverlust 335
Stufenkolben 28
Submikrofiltration 214

T

Tauchkolben 28
Technische Arbeit der Luft 18
Temperatur, thermodynamische 1
Temperaturanstieg 17
Temperaturerhöhung 137
Temperaturregelung 307, 321
Thermodynamik der trockenen und feuchten Luft 1
Tiefenfiltration 206
Trockenbereich 480
Trockenläufer 149
Trockner 453
Trocknung durch Kombination mehrerer Systeme 198
Trocknungsmethode 180

Turbine 330
Turbinenöl 250

U

Überdruck 6
Überströmregelung (Vordruckregelung) 309
Überverdichtung 181
Ultrafiltration 266
Umgebungsbedingungen 464
Umlenktopf 416
Umrechnung Massenstrom im Normvolumen 495
Umrechnung von Normalvolumen auf das Normvolumen 492
Unfallverhütungsvorschrift 483
Ursache saurer Regen? 432

V

VDE 481
VDI 481
VDMA 481
Ventil Bauarten 49
Ventil, konzentrisches 52
Ventilspaltgeschwindigkeit 71
Verbindungsleitung des Kompressors mit dem Druckluftnetz 65
Verbundregelung 133
Verdichtung, mehrstufige 75
Verdrängerkompressor 23, 488
Verdrängungsprinzip 23
Verfahren zur Aufbereitung ölhaltiger Luftkompressorenkondensate 253
Vergleichbarkeit der Angebote 488
Verringerung der Liefermenge durch Zuschalträume 60
Verschleißminderung, Maßnahme 415
Verteilungsleitung (VL) 275
Vertikalschleifmaschine 355
Verunreinigung der angesaugten Luft 157
Verunreinigung der komprimierten Luft 158
Vollast-Leerlauf-Aussetzregelung 152
Vollast-Leerlaufregelung kombiniert mit Stillsetzregelung 99
Volumen 1
Volumen, spezifisches 1
Volumenangabe 4
Volumenstrom 1
Volumenstrom, spezifischer 1
Vordruckregelung 307
Voreinlaßkühlung 144

W

Wälzkolbengebläse, Auslegungsformel 140
Wälzlager, Lebensdauer 137
Wärmediagramm 153

Wärmekapazität 1, 9
Wärmekapazität, spezifische 1
Wärmemenge, spezifische 1
Wärmerückgewinnung 154, 498
Wärmerückgewinnung bei öleingespritzten
    Schraubenkompressoranlagen 499
Wärmeübergang 9
Warmwassermenge 502
Wartungskosten 502
Wasserabscheider 68
Wasserdampfgehalt 1, 20
Wassereinspritzung 148

Wassergekühlter einfachwirkender Mittel-
    und Hochdruckkompressor 85
Wasserkühlung 100
Wassermangel 432
Wassersack 175, 452, 477
Weben mit Druckluft 390
Webmaschine 388

Webmaschine, Grundlagen und Geschichtli-
    ches 388
Wechselstrom-Kondensator-Motor 56
Wellenabdichtung 131
Winkelbauform 369
Winkelbohrmaschine mit Bohrfutter 348
Winkelbohrmaschine mit Morsekegel 349
Wirbelschichtschleuse 406
Wirbelstromaufnehmer 381
Wirkungsgrad 1, 121

Wirkungsgrad kontinuierlicher Schrauben-
    verdichtersteuerung 445
Wirkungsgrad, isentroper 16
Wirkungsgrad, isothermer 16
Wirkungsgrad, thermodynamischer 122
Wirkungsgrad, volumetrischer 17, 121
Wirkungsweise 325
Wirtschaftlichkeitsberechnung 507

Z

Zahnradgetriebe 150
Zahnradmotor 328
Zellendruckverlauf 120
Zellenradschleuse 403
Zellenvolumenverlauf 120
Zubehör 67, 108, 143
Zuführbarkeitskriterium 377
Zugelassene Arbeitsverfahren mit handge-
    führten Schleifmaschinen 352
Zulässige Drehzahlen in Abhängigkeit von
    Schleifscheibendurchmesser und Bindung
    351
Zulassung 253
Zuschaltraum, konstanter 98
Zuschaltraum, veränderlicher 98
Zustandsänderung 2
Zustandsänderung der Luft 12
Zustandsänderung, allgemeine 14
Zustandsänderung, spezielle 12
Zustandsgleichung der trockenen Luft 6
Zustandsgröße 2
Zweiwegeschieber 417
Zyklonabscheider 174, 420, 450, 478
Zylinder 47
Zylinderzahl 35

Inserentenverzeichnis

Atlas Copco Kompressoren GmbH, 45141 Essen A24

BEKO KONDENSAT · TECHNIK GMBH, 41468 Neuss .... A13, nach S. 246

DEPRAG SCHULZ GMBH u. Co., 92224 Amberg ..... A17, nach S. 328; A19, nach S. 344 und A21, nach S. 364

Hankison international, 47443 Moers .... Vorsatz

Friedrich Wilhelm Heider GmbH Behälter- und Apparatebau, 57477 Wenden .... A5, nach S. 66

Hiross Deutschland GmbH, 41199 Mönchengladbach .... A12, vor S. 209

domnik hunter gmbh BEREICH INDUSTRIE, 47754 Krefeld .... A9, nach S. 202

M. K. Juchheim GmbH & Co., 36935 Fulda .... A5, nach S. 66

Kaeser Kompressoren GmbH, 96410 Coburg.. A3, nach S. 46

METAPIPE GmbH, 44135 Dortmund .... A15, nach S.272

Neumann & Esser Maschinenfabrik GmbH & Co. KG, 52531 Ubach-Palenberg. A1, nach S. 26

SABROE GMBH Druckluft- und Gastechnik, 24916 Flensburg .... A8, vor S. 155

Sehrbrock GmbH, 59394 Nordkirchen A23

Ultrafilter GmbH, 42781 Haan .... A7, nach S. 154

Vulkan-Verlag GmbH, 45039 Essen . Vorsatz, A2, A4, A6, A10, A14, A15, A16, A18, A20, A22

ZANDER Aufbereitungstechnik, 45219 Essen .... A11, nach S. 208